全国中等职业学校机械类专业通用教材
全国技工院校机械类专业通用教材（中级技能层级）

车工工艺与技能训练

（第三版）

人力资源社会保障部教材办公室组织编写

中国劳动社会保障出版社

简介

本书主要内容包括：车削的基本知识和基本技能、车轴类工件、车套类工件、车圆锥、车特形面和滚花、车螺纹和蜗杆、车床工艺装备、车复杂工件、车床、典型工件的车削工艺分析、中级技能训练课题等。

本书针对教学重点和难点制作了视频、动画等多媒体素材，使用移动终端扫描书中相应位置处的二维码即可在线观看。

本书由史巧凤、孙喜兵任主编，王公安、袁桂萍任副主编，刘艳、徐小燕、王一臻、王农为参加编写，李素兰任主审，崔兆华参加审稿。

图书在版编目（CIP）数据

车工工艺与技能训练 / 人力资源社会保障部教材办公室组织编写．-- 3 版．-- 北京：中国劳动社会保障出版社，2022

全国中等职业学校机械类专业通用教材　全国技工院校机械类专业通用教材．中级技能层级

ISBN 978-7-5167-5547-1

Ⅰ．①车…　Ⅱ．①人…　Ⅲ．①车削 – 中等专业学校 – 教材　Ⅳ．①TG510.6

中国版本图书馆 CIP 数据核字（2022）第 161731 号

中国劳动社会保障出版社出版发行

（北京市惠新东街 1 号　邮政编码：100029）

*

北京市白帆印务有限公司印刷装订　　新华书店经销

787 毫米 ×1092 毫米　16 开本　29.5 印张　698 千字

2022 年 11 月第 3 版　　2024 年 5 月第 3 次印刷

定价：59.00 元

营销中心电话：400-606-6496

出版社网址：http://www.class.com.cn

http://jg.class.com.cn

前言

为了更好地适应全国技工院校机械类专业的教学要求，全面提升教学质量，人力资源社会保障部教材办公室组织有关学校的一线教师和行业、企业专家，在充分调研企业生产和学校教学情况、广泛听取教师对教材使用反馈意见的基础上，对全国技工院校机械类专业通用教材中所包含的车工、钳工、铣工、焊工、冷作工等工艺（理论）与技能训练（实践）一体化教材进行了修订。

本次教材修订工作的重点主要体现在以下几个方面：

第一，合理更新教材内容。

根据机械类专业毕业生所从事岗位的实际需要和教学实际情况的变化，合理确定学生应具备的能力与知识结构，对部分教材内容及其深度、难度做了适当调整；根据相关专业领域的最新发展，在教材中充实新知识、新技术、新设备、新材料等方面的内容，体现教材的先进性；采用最新国家技术标准，使教材更加科学和规范。

第二，紧密衔接国家职业技能标准要求。

教材编写以国家职业技能标准《车工（2018 年版）》《钳工（2020 年版）》《铣工（2018 年版）》《焊工（2018 年版）》等为依据，涵盖国家职业技能标准（中级）的知识和技能要求，并在与教材配套的习题册、技能训练图册中增加了针对相关职业技能鉴定考试的练习题。

第二，精心设计教材形式。

在教材内容的呈现形式上，尽可能使用图片、实物照片和表格等形式将知识点生动地展示出来，力求让学生更直观地理解和掌握所学内容。针对不同的知识点，设计了许多贴近实际的互动栏目，在激发学生学习兴趣和自主学习积极性的同时，使教材“易教易学，易懂易用”。在教材插图的制作中采用了立体造型技术，同时部分教材在印刷工艺上采用了四色印刷，增强了教材的表现力。

第四，提供全方位教学服务。

本套教材配有习题册、技能训练图册和方便教师上课使用的电子课件，电子课件和习题册答案可通过技工教育网（http://jg.class.com.cn）下载。另外，在部分教材中使用了二维码技术，针对教材中的教学重点和难点制作了动画、视频、微课等多媒体资源，学生使用移动终端扫描二维码即可在线观看相应内容。

本次教材的修订工作得到了辽宁、江苏、浙江、山东、河南等省人力资源和社会保障厅及有关学校的大力支持，在此我们表示诚挚的谢意。

人力资源社会保障部教材办公室

2020 年 8 月

目录

绪　论

一、车削在机械制造业中的地位

机器是由各种零件装配而成的，而零件的制造一般离不开金属切削加工，车削是最重要的金属切削加工方法之一。

车削，就是在车床上利用工件的旋转运动和刀具的直线运动（或曲线运动）改变毛坯的形状和尺寸，将毛坯加工成符合图样要求的工件。

车削是机械制造业中最基本、最常用的加工方法。通常情况下，在机械制造企业中，车床占机床总数的 30%～50%。车削在机械制造业中占有举足轻重的地位。随着科技的进步，车削技术已经发展到数控车削，数控车床的数量已经占到数控机床总数的 25%～35%。

二、车削的基本内容

车削的加工范围很广，其基本内容包括：车外圆、车端面、切断和车槽、钻中心孔、钻孔、车孔、铰孔、车圆锥、车特形面、车螺纹、滚花和盘绕弹簧等，如图 0–1 所示。如果在车床上装上一些附件和夹具，还可进行镗削、磨削、研磨和抛光等。

三、车削的特点

与机械制造业中的钻削、铣削、刨削和磨削等加工方法相比较，车削具有以下特点：

（1）适应性强，应用广泛，适用于车削不同材料和不同精度要求的工件。

（2）所用刀具的结构相对简单，制造、刃磨和装夹都比较方便。

（3）车削一般是等截面连续地进行的，因此，切削力变化较小，车削过程相对平稳，生产率较高。

（4）车削可以加工出尺寸精度和表面质量较高的工件。

四、本课程的任务与要求

车工工艺与技能训练是集车工工艺理论知识和技能训练方法于一体的专业课程。通过本课程的学习，可以获得中级车工所必需的工艺知识，掌握正确操作车床车削常见表面的操作技能。

车工工艺与技能训练是用以指导学生进行车削操作的实践性很强的专业课程。通过学习，应达到以下具体要求：

（1）熟悉并遵守安全文明生产的要求。

（2）了解常用车床的结构、性能、传动关系，并掌握其使用、维护和调整的方法。

（3）能较合理地选择常用刀具，并能完成刀具的刃磨。

（4）掌握车工常用量具的使用、维护及保养方法。

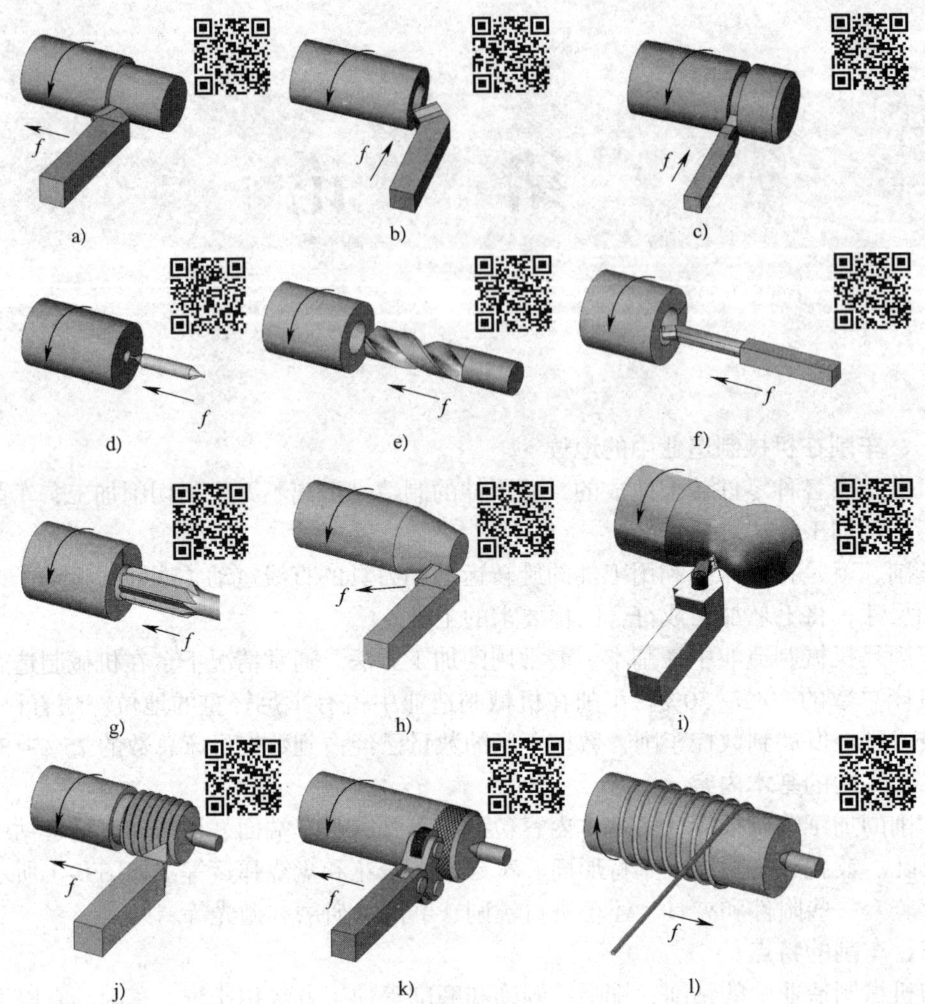

图 0–1　车削的基本内容

a）车外圆　b）车端面　c）切断和车槽　d）钻中心孔　e）钻孔　f）车孔
g）铰孔　h）车圆锥　i）车特形面　j）车螺纹　k）滚花　l）盘绕弹簧

（5）熟练掌握车削中的计算方法。

（6）能较合理地选择工件的定位基准，保证加工精度要求。

（7）熟悉常用车床夹具的结构原理和安装方法。

（8）能较合理地选择切削用量。

（9）熟悉中等复杂程度工件的车削工艺过程，并能根据具体情况采用较合理的工艺完成加工。

（10）能分析废品产生的原因，并提出预防措施。

（11）了解本专业的新工艺、新技术及提高质量和劳动生产率的途径。

五、车削时的安全文明生产

坚持安全文明生产是保障生产工人和设备的安全，防止工伤和设备事故的根本保证，也是搞好企业经营管理的重要内容之一。它直接影响人身安全、产品质量和经济效益，以及机床设备和工具、夹具、量具的使用寿命，影响生产工人技术水平的正常发挥。学生在学习并掌握操作技能的同时，必须养成良好的安全文明生产习惯。对于在长期生产活动中得到的实践经验总结，必须严格遵守。

1. 安全生产注意事项

（1）工作时应穿工作服、戴袖套。女生应戴工作帽，并将辫子或长发盘好后塞入工作帽内。

（2）禁止穿背心、裙子、短裤以及戴围巾、穿拖鞋或高跟鞋进入技能训练场地。

（3）严格遵守安全操作规程。

（4）注意防火和用电安全。

2. 车削安全操作规程要点

（1）车床使用前应检查其各部分机构是否完好

1）检查各传动手柄、变速手柄的原始位置是否正确。

2）手摇各进给手柄，检查进给运动是否正常。

3）进行车床主轴和进给系统的变速检查，使主轴回转和纵向、横向进给由低速到高速运动，检查运动是否正常。

4）主轴回转时，检查齿轮是否能甩油润滑。

（2）工件和车刀必须装夹牢固，以防飞出伤人。卡盘必须装有保险装置。工件装夹好后，卡盘扳手必须随即从卡盘上取下。

（3）装卸工件、更换刀具、变换速度、测量加工表面时，必须先停车并关闭电动机开关。

（4）不准戴手套操作车床或测量工件。

（5）操作车床时必须集中精力，注意头部、身体和衣服不要靠近回转中的机件（如工件、带轮、带、齿轮、丝杠等）。

（6）操作车床时严禁离开岗位，不准做与操作内容无关的事情。

（7）棒料毛坯从主轴孔尾端伸出不能太长，并应使用料架或挡板，防止甩弯后伤人。

（8）车床运转时，不准用手摸工件表面，严禁用棉纱擦抹回转中的工件。

（9）高速切削、车削崩屑材料及刃磨刀具时，应戴好防护眼镜。

（10）应使用专用铁钩清除切屑，不准用手直接清除。

（11）操作中若出现异常现象应及时停车检查；出现故障、事故应立即切断电源，及时汇报，由专业人员检修，未修复不得使用。

3. 文明生产要求

（1）爱护刀具、量具、工具，并正确使用，放置稳妥、整齐、合理，存放在固定的位置，便于操作时取用，用后应放回原处。

（2）爱护机床和车间其他设备、设施，车床主轴箱盖上不得放置任何物品。

（3）工具箱内应分类摆放物件。重物放置在下层，轻物放置在上层，精密的物件应放置稳妥，不可随意乱放，以免损坏和丢失。

（4）量具应经常保持清洁，用后应擦净、涂油后放入盒内，并及时归还工具室。所使用的量具必须定期校验，使用前应检查合格证并确认其在允许使用期内，以保证其度量准确。

（5）不允许在卡盘及床身导轨上敲击或校直工件，床面上不准放置工具或工件。

（6）装夹较重的工件时应用木板保护床面。下班时若重型工件暂不卸下，应用千斤顶支撑。

（7）车刀磨损后应及时刃磨，不允许用钝刃车刀继续切削，以免增加车床负荷，损坏车床，影响工件表面的加工质量和生产率。

（8）车削铸铁或气割下料的工件前，应擦去车床导轨面上的润滑油，并尽可能将铸件上的型砂、杂质清除干净，以免磨损床身导轨面。

（9）使用切削液时，下班前应将车床导轨面擦干净并应涂上润滑油。切削液应定期更换。

（10）毛坯、半成品和成品应分开放置。半成品、成品应堆放整齐，轻拿轻放，严防碰伤已加工表面。

（11）图样、工艺卡片应放置在便于阅读的位置，并注意保持其清洁和完整。

（12）工作场地周围应保持清洁、整齐，避免堆放杂物，防止将行人绊倒。

（13）工作结束后应认真擦拭机床、工具、量具和其他附件，使各物件归位。按规定给车床加注润滑油，将床鞍摇至床尾一端，各手柄放置到空挡位置。清扫工作场地，切断电源。

目前，许多企业都非常重视文明生产活动，其重点是现场的环境，对生产现场环境全局进行综合考虑，并制订切实可行的计划与措施，从而实现规范化管理，如图 0–2 所示。

图 0–2　车间规范化管理

六、车削加工工艺守则

车削加工工艺守则是车削时应遵守的基本规则，也是安全文明生产在操作技能方面的具体要求，在后面各课题的技能训练和今后的生产实践中应自觉遵守，认真执行。

1. 加工前的准备

（1）操作者接到加工任务后，首先要检查加工所需的产品图样、工艺规程和有关技术资料是否齐全。

（2）要看懂、看清工艺规程、产品图样及其技术要求，有疑问应找有关人员问清楚后再进行加工。

（3）按产品图样或（和）工艺规程复核毛坯或半成品是否符合要求，发现问题应及时向有关人员反映，待问题解决后才能进行加工。

（4）按工艺规程要求准备好加工所需的全部工艺装备，发现问题及时处理。对新夹具要先熟悉其使用要求和操作方法。

（5）加工所用的工艺装备应放在规定的位置，不得乱放，更不能放在车床导轨上。

（6）不得随意拆卸和更改工艺装备。

（7）检查加工所用的车床设备，准备好所需的各种附件。加工前要按规定对车床进行润滑和空运转。

2. 车刀的装夹

（1）在装夹各类车刀及其他刀具前，一定要把刀柄等擦拭干净。

（2）刀具装夹后，应利用对刀装置或试切等检查其正确性。

（3）车刀刀柄伸出刀架不宜太长，一般伸出长度应不超过刀柄高度的 1.5 倍（车孔、槽等除外）。

（4）车刀刀柄中心线应与进给方向垂直或平行。

（5）刀尖高度的调整

1）在车端面、车圆锥面、车螺纹、成形车削和切断实心工件时，车刀刀尖应与工件回转中心等高。

2）在粗车外圆、精车孔时，车刀刀尖可比工件回转中心略高。

3）在精车细长轴、粗车孔、切断空心工件时，车刀刀尖可比工件回转中心稍低。

（6）螺纹车刀刀尖角的平分线应与工件轴线垂直。

（7）装夹车刀时，刀柄下面的垫片要少而平，压紧车刀的螺钉要逐个拧紧。

3. 工件的装夹

（1）工件装夹前应将其定位面、夹紧面以及垫铁和夹具的定位面、夹紧面擦拭干净，并不得有毛刺。

（2）用三爪自定心卡盘装夹工件进行粗车或精车时，若工件直径≤ 30 mm，其悬伸长度应不大于直径的 5 倍；若工件直径 >30 mm，其悬伸长度应不大于直径的 3 倍。

（3）用四爪单动卡盘、花盘、角铁（弯板）等装夹不规则且偏重的工件时，必须加平衡铁进行配重。

（4）在顶尖间装夹、加工轴类工件时，应先调整尾座顶尖中心，使其与车床主轴轴线重合。

（5）在两顶尖间加工细长轴时应使用跟刀架或中心架。在加工过程中要注意调整顶尖的顶紧力，对固定顶尖和中心架应注意润滑。

（6）使用尾座时，套筒尽量伸出短些，以减小振动。

（7）车削轮类、套类铸件和锻件时，应按不加工的表面找正，以保证加工后工件壁厚均匀。

4. 加工要求

（1）为了保证加工质量和提高生产率，应根据工件材料、精度要求和机床、刀具、夹具等情况，合理选择切削用量。加工铸铁件时，为了避免其表面夹砂、硬化层等损坏刀具，在许可的条件下，背吃刀量应大于夹砂或硬化层深度。

（2）对有公差要求的尺寸，在加工时应尽量加工到其中间公差。

（3）对于工艺规程中未规定表面结构要求的粗加工工序，加工后的表面粗糙度 Ra 值应不大于 25 μm。

（4）铰孔前的表面粗糙度 *Ra* 值应不大于 12.5 μm。

（5）精磨前的表面粗糙度 *Ra* 值应不大于 6.3 μm。

（6）粗加工时的倒角、倒圆、槽深等都应按精加工余量加大或加深，以保证精加工后达到设计要求。

（7）图样和工艺规程中未规定的倒角、倒圆尺寸和公差要求执行相关标准规定。

（8）下道工序需进行表面淬火、超声波探伤或滚压加工的工件表面，在本工序加工的表面粗糙度 *Ra* 值不得大于 6.3 μm。

（9）在本工序后无去毛刺工序的，本工序加工产生的毛刺应在本工序去除。

（10）在工件的加工过程中应经常检查工件是否松动，以防因松动而影响加工质量或发生意外事故。

（11）当粗、精加工在同一台机床上进行时，粗加工后一般应松开工件，待其冷却后再重新装夹。

（12）在切削过程中，若机床—刀具—工件系统发出不正常的声音或加工表面质量突然变差，应立即退刀并停车检查。

（13）在批量生产中，必须进行首件检查，合格后方能继续加工。

（14）在加工过程中，操作者必须对工件进行自检。

（15）检查时应正确使用测量器具。使用量规、千分尺等时，必须轻轻用力推入或旋入，不得用力过猛；使用游标卡尺、千分尺、百分表、千分表等时，应事先调整好零位。

5. 车削加工

（1）车削台阶轴时，为了保证车削时的刚度，一般应先车削直径较大的部分，后车削直径较小的部分。

（2）若需在轴类工件上车槽，应在精车之前进行，以防止工件变形。

（3）精车带螺纹的轴时，一般应在螺纹加工后再精车无螺纹部分。

（4）钻孔前应将工件端面车平。必要时可先钻中心孔定位。

（5）车削多线螺纹时，调整好手柄后要进行试切削。

（6）当工件的有关表面有方向、位置、跳动公差要求时，尽量在一次装夹中完成车削。

（7）车削圆柱齿轮齿坯时，孔与基准端面必须在一次装夹中加工。必要时应该在该端面的齿轮分度圆附近车出标记线。

6. 加工后的处理

（1）工件在各工序加工后应做到无屑、无水、无污物，并在规定的工位器具上摆放整齐，以免磕、碰、划伤等。

（2）暂不进行下道工序加工的或精加工后的工件表面应进行防锈处理。

（3）凡相关工件成组配合加工的，加工后需要做标记（或编号）。

（4）各工序加工完的工件经专职检验员检验合格后方能转往下道工序。

7. 其他要求

（1）工艺装备用完后要擦拭干净（涂好防锈油），放到规定的位置或交还工具库。

（2）对于产品图样、工艺规程和所使用的其他技术文件，要注意保持整洁，严禁涂改。

第一单元

车削的基本知识和基本技能

课题一 车床及其操作

一、车床

1. 卧式车床的主要结构

CA6140 型车床是最常用的国产卧式车床，其外形结构如图 1–1 所示。它的主要组成部分的名称和用途见表 1–1。

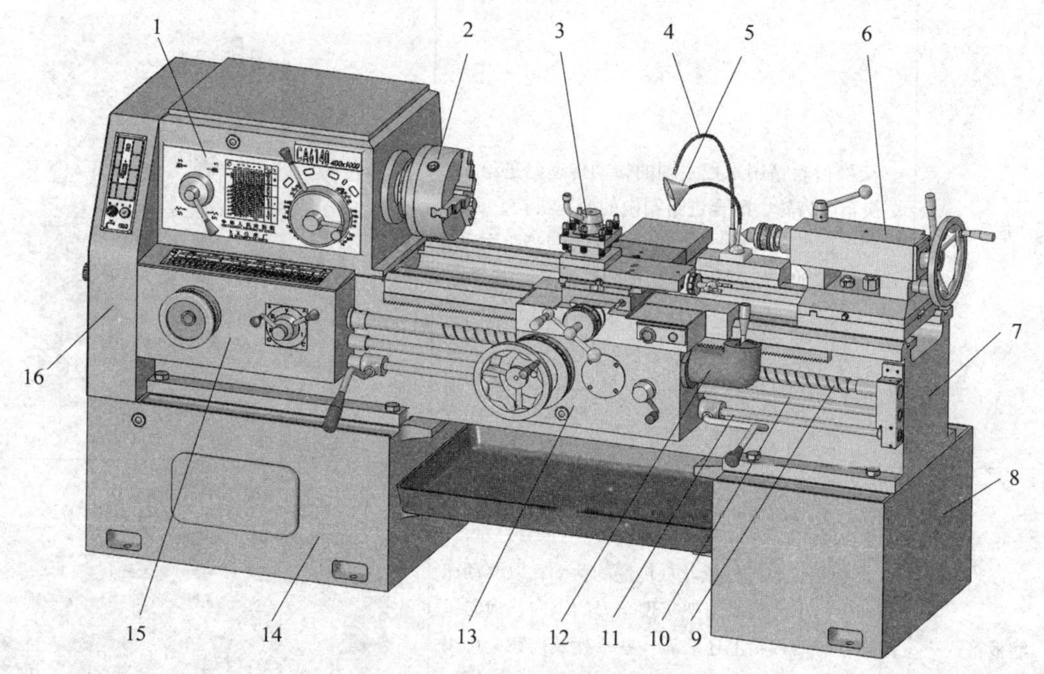

图 1–1 CA6140 型卧式车床

1—主轴箱 2—卡盘 3—刀架部分 4—切削液喷管 5—照明灯 6—尾座
7—床身 8、14—床脚 9—丝杠 10—光杠 11—操纵杆
12—快移机构 13—溜板箱 15—进给箱 16—交换齿轮箱

表 1-1　　　　　　　　卧式车床主要组成部分的名称和用途

名称	用途	图示
主轴箱	主轴箱支撑主轴并带动工件旋转做主运动。箱内装有齿轮、轴等，组成变速传动机构，变换主轴箱外手柄的位置，可使主轴得到多种转速 主轴通过卡盘等夹具装夹工件，并带动工件旋转，以实现车削运动	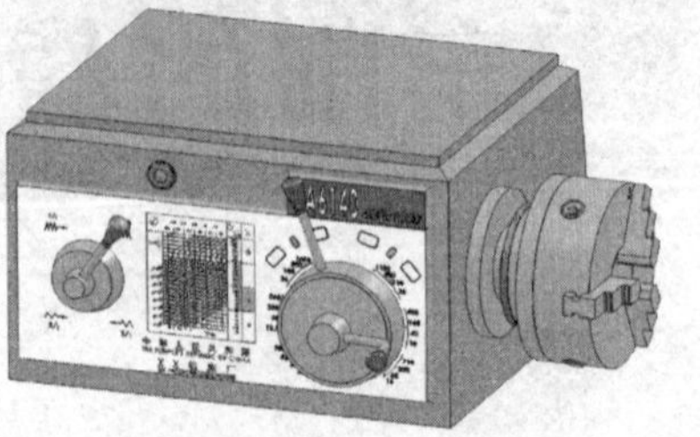
进给箱	进给箱是进给传动系统的变速机构。它把交换齿轮箱传递过来的运动，经过变速后传递给丝杠，以实现各种螺纹的车削；传递给光杠，以实现机动进给	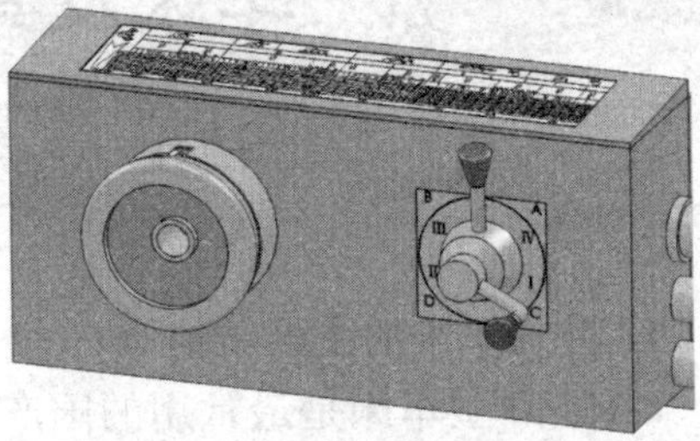
交换齿轮箱	交换齿轮箱用来把主轴的转动传递给进给箱。更换箱内齿轮，配合进给箱内的变速机构，可以得到车削各种螺距螺纹（或蜗杆）的进给运动，并满足车削时对不同纵向、横向进给量的需求	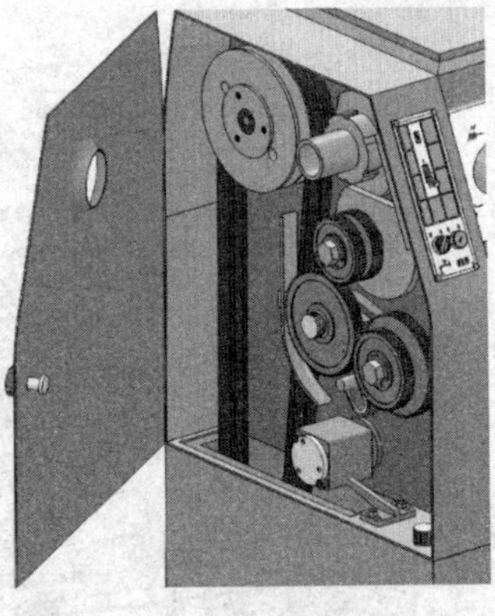
溜板箱	溜板箱接收光杠或丝杠传递的运动，以驱动床鞍和中、小滑板及刀架实现车刀的纵向、横向进给运动。溜板箱上还装有一些手柄及按钮，可以方便地操纵车床来选择诸如机动、手动、车螺纹及快速移动等运动方式	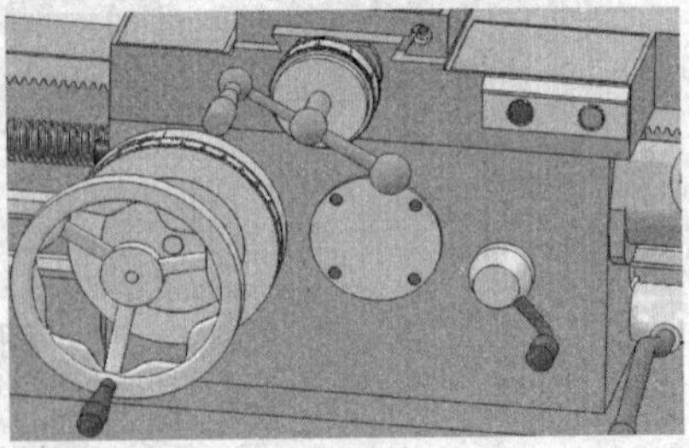

续表

名称	用途	图示
床身	床身是车床上精度要求很高、带有导轨（山形导轨和平导轨）的一个大型基础部件，用于支撑和连接车床的各部件，并保证各部件在工作时有准确的相对位置	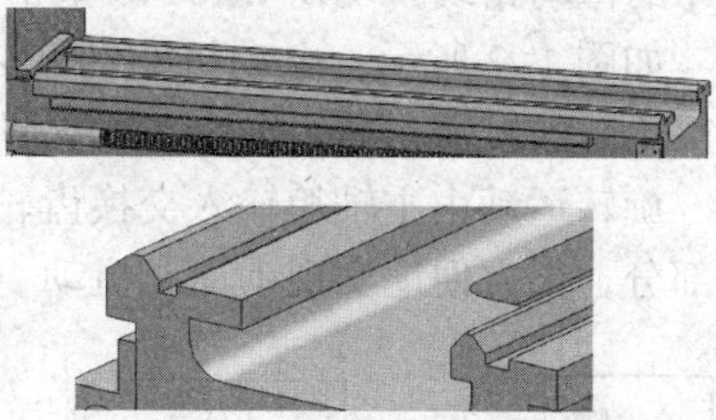
刀架部分	刀架部分由床鞍、两层滑板（中、小滑板）与刀架体共同组成，用于安装车刀并带动车刀做纵向、横向或斜向运动	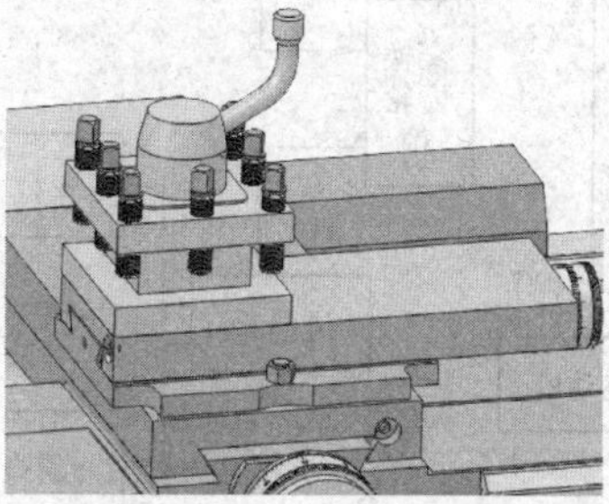
尾座	尾座安装在床身导轨上，并可沿此导轨纵向移动，以调整其工作位置。尾座主要用来安装后顶尖，以支撑较长的工件，也可安装钻头、铰刀等切削刀具进行孔加工	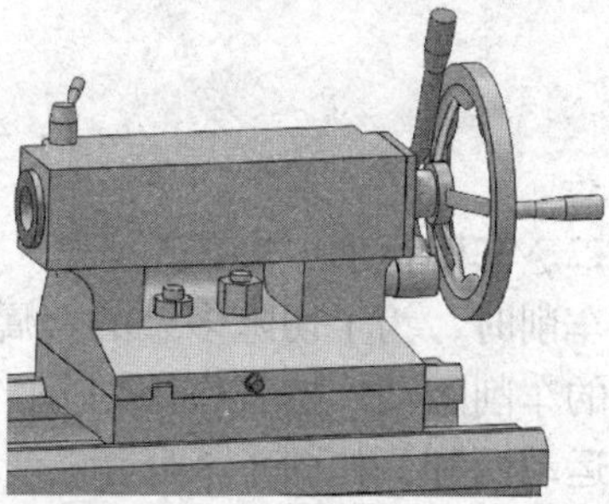
床脚	前后两个床脚分别与床身前后两端下部连为一体，用以支撑床身及安装在床身上的各部件。同时，通过地脚螺栓和调整垫块使整台车床固定在工作场地上，并使床身调整到水平状态	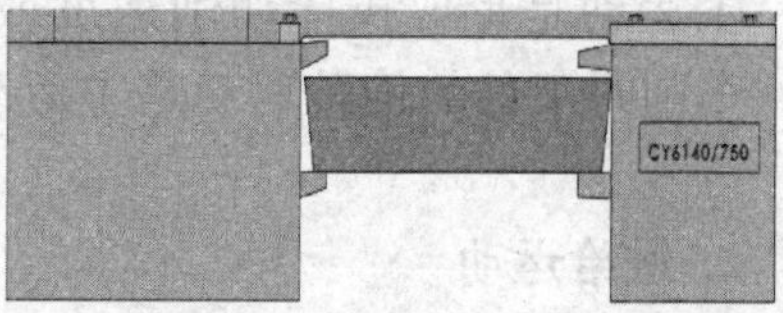
照明、冷却装置	照明灯使用安全电压，为操作者提供充足的光线，保证操作环境明亮，便于观察和测量 冷却装置主要通过切削液泵将切削液箱中的切削液加压后喷射到切削区域，降低切削温度，冲走切屑，润滑加工表面，以延长刀具寿命，提高工件的表面质量	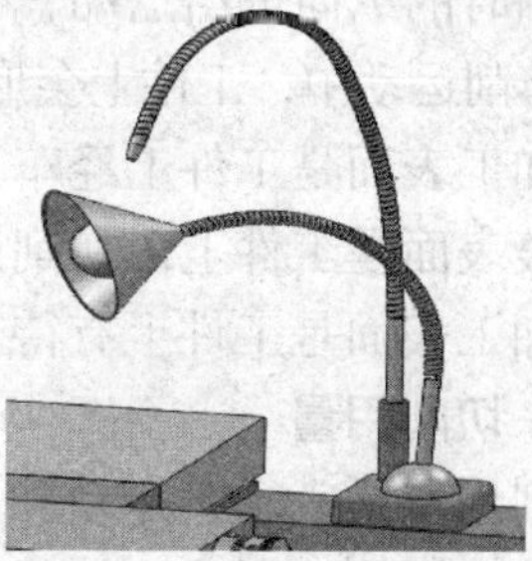

2. 卧式车床的传动路线

为把电动机的旋转运动转化为工件和车刀的运动，所通过的一系列复杂的传动机构称为车床的传动路线。现以 CA6140 型车床为例介绍卧式车床的传动路线。

如图 1–2 所示，电动机驱动 V 带轮，把运动输入主轴箱。通过变速机构变速，使主轴获得不同的转速，再经卡盘（或夹具）带动工件做旋转运动。

旋转运动由主轴箱输入交换齿轮箱，再通过进给箱变速后由丝杠或光杠驱动溜板箱和刀架部分，很方便地实现手动、机动、快速移动及车螺纹等运动。

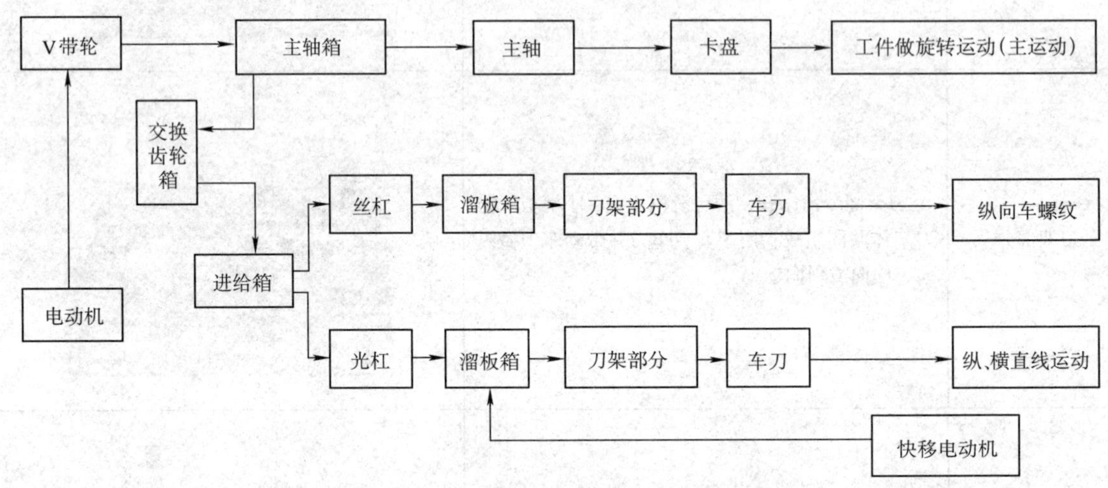

图 1–2　CA6140 型车床传动路线方框图

二、车削运动

车削时，为了切除多余的金属，必须使工件和车刀产生相对的车削运动。按其作用划分，车削运动可分为主运动和进给运动两种，如图 1–3 所示。

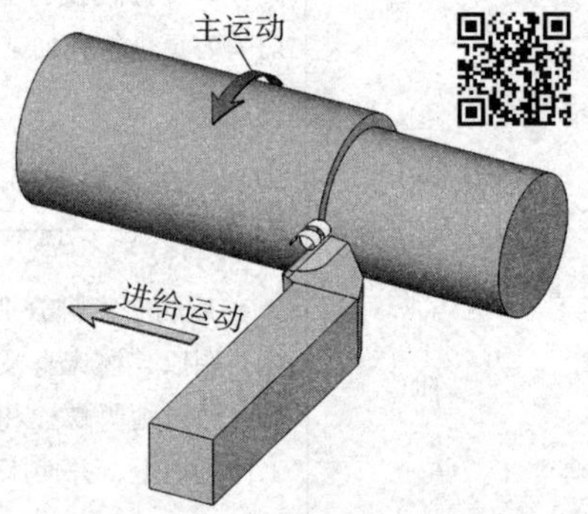

图 1–3　车削运动

1. 主运动

主运动是形成机床切削速度或消耗主要动力的切削运动。车削时工件的旋转运动是主运动。通常主运动的速度较高。

2. 进给运动

进给运动是使工件的多余材料不断被去除的切削运动。如车外圆时的纵向进给运动，车端面时的横向进给运动等。

在车削运动中，工件上会形成已加工表面、过渡表面和待加工表面，如图 1–4 所示。

已加工表面是工件上经车刀车削后产生的新表面。

过渡表面是工件上由切削刃正在形成的那部分表面。

待加工表面是工件上有待切除的表面。

三、切削用量

切削用量是表示主运动和进给运动大小的参数，是背吃刀量、进给量和切削速度三者的总称，故又把这三者称为切削用量三要素。

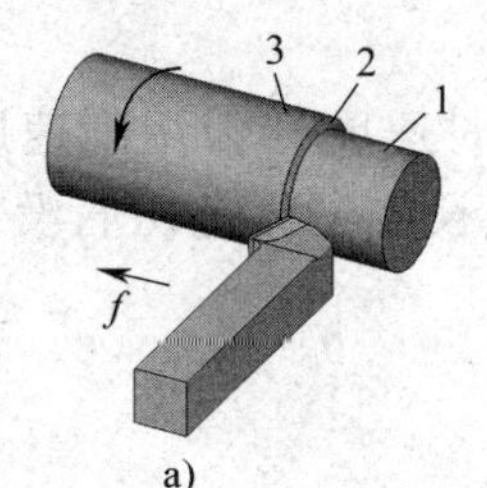

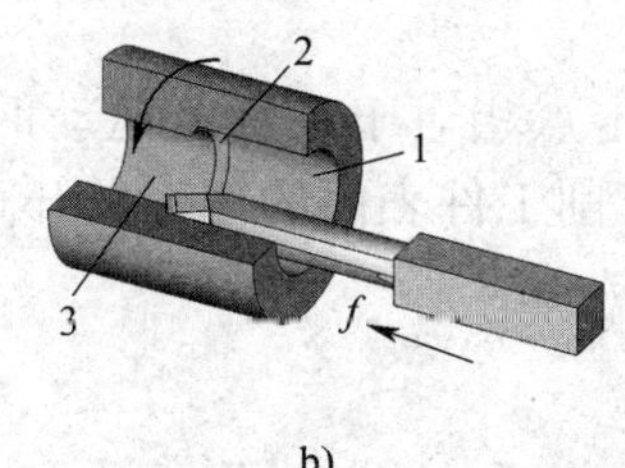

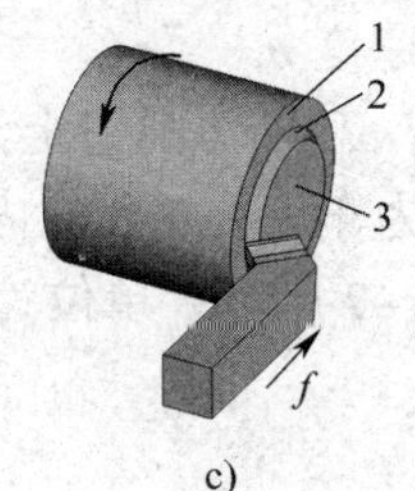

图 1–4　车削时工件上的三个表面

a）车外圆　b）车孔　c）车端面

1—已加工表面　2—过渡表面　3—待加工表面

1. 背吃刀量 a_p

工件上已加工表面和待加工表面间的垂直距离称为背吃刀量，如图 1–5 中的尺寸 a_p。背吃刀量是每次进给时车刀切入工件的深度，故又称切削深度。车外圆时，背吃刀量可用下式计算：

$$a_p = \frac{d_w - d_m}{2} \qquad (1\text{–}1)$$

式中　a_p——背吃刀量，mm；

d_w——工件待加工表面直径，mm；

d_m——工件已加工表面直径，mm。

图 1–5　背吃刀量和进给量

1—待加工表面　2—过渡表面　3—已加工表面

例 1–1　已知工件待加工表面直径为 95 mm；现一次进给车至直径为 90 mm，求背吃刀量。

解：根据式（1–1）

$$a_p = \frac{d_w - d_m}{2} = \frac{95 - 90}{2}\ \text{mm} = 2.5\ \text{mm}$$

2. 进给量 *f*

工件每转一周，车刀沿进给方向移动的距离称为进给量，如图 1–5 中的尺寸 *f*，单位为 mm/r。

根据进给方向的不同，进给量又分为纵向进给量和横向进给量，如图 1–6 所示。纵向进给量是指沿车床床身导轨方向的进给量，横向进给量是指垂直于车床床身导轨方向的进给量。

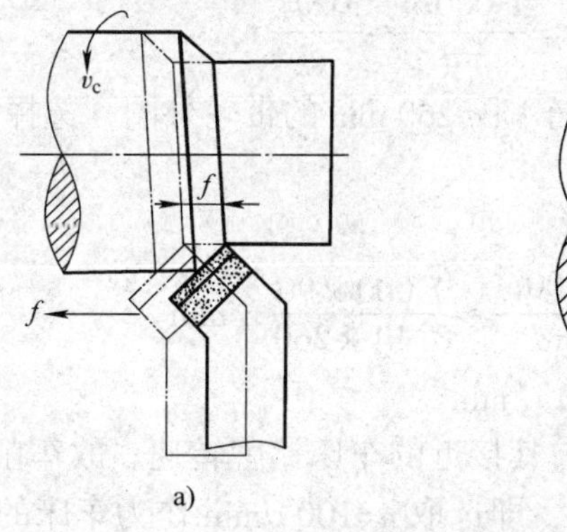

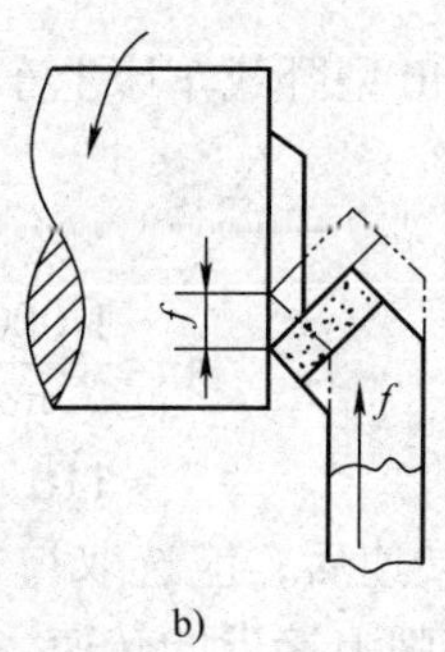

图 1–6　纵、横向进给量

a）纵向进给量　b）横向进给量

3. 切削速度 v_c

车削时，刀具切削刃上选定点相对于工件主运动的瞬时速度称为切削速度。切削速度也可理解为车刀在 1 min 内车削工件表面的理论展开直线长度（假定切屑没有变形或收缩），如图 1–7 所示，单位为 m/min。

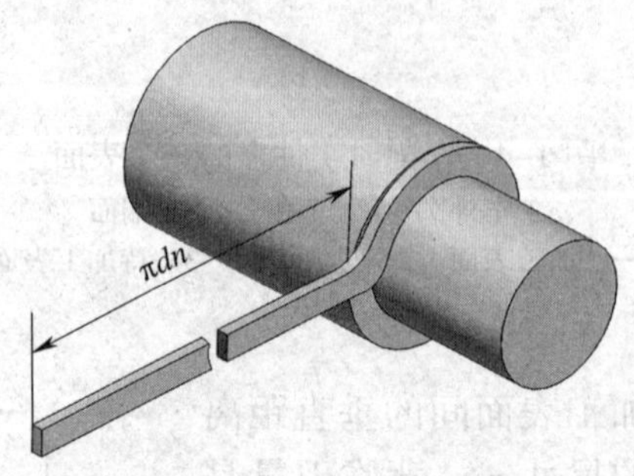

图 1–7 切削速度

切削速度可用下式计算：

$$v_c = \frac{\pi dn}{1\ 000} \approx \frac{dn}{318} \tag{1–2}$$

式中 v_c——切削速度，m/min；

d——工件（或刀具）的直径，mm，一般取最大直径；

n——车床主轴转速，r/min。

例 1–2 车削直径为 60 mm 的工件外圆，选定的车床主轴转速为 600 r/min，求切削速度。

解： 根据式（1–2）

$$v_c = \frac{\pi dn}{1\ 000} \approx \frac{3.14 \times 60 \times 600}{1\ 000} \text{ m/min}$$

$$\approx 113 \text{ m/min}$$

在实际生产中，往往是已知工件直径，根据工件材料、刀具材料和加工要求等因素选定切削速度，再将切削速度换算成车床主轴转速，以便于调整车床，这时可把式（1–2）改写成下式：

$$n = \frac{1\ 000 v_c}{\pi d} \approx \frac{318 v_c}{d} \tag{1–3}$$

例 1–3 在 CA6140 型卧式车床上车削 ϕ260 mm 的带轮外圆，选择切削速度为 90 m/min，求车床主轴转速。

解： 根据式（1–3）

$$n = \frac{1\ 000 v_c}{\pi d} \approx \frac{1\ 000 \times 90}{3.14 \times 260} \text{ r/min}$$

$$\approx 110 \text{ r/min}$$

计算出车床主轴转速后，应选取与其接近的车床铭牌转速。故车削该工件时，应选取与 CA6140 型卧式车床铭牌上接近的转速，即选取 n=100 r/min 作为车床的实际转速。

技能训练

车床的基本操作

不同厂家、不同型号的车床在操作上各有不同，如主轴变速操作、进给变速操作等，可参考相关的机床说明书。下面以 CA6140 型车床为例进行介绍。

一、车床启动操作

1. 检查车床各变速手柄是否处于空挡位置，操纵杆是否处于停止状态，确认无误后，合上车床电源总开关（图 1–8a）。

2. 先顺时针旋松床鞍上的红色停止按钮，再按下其右侧的绿色按钮，电动机启动（图 1–8b）。

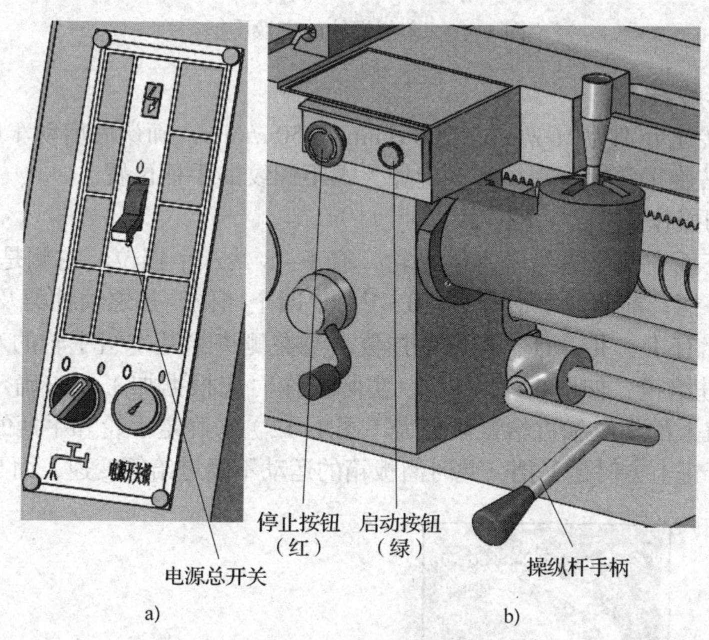

图 1–8　车床启动按钮和手柄

3. 向上提起操纵杆手柄，主轴正转；操纵杆手柄回到中间位置，主轴停止转动；操纵杆手柄下压，主轴反转。

4. 按下红色停止按钮，电动机停止工作。

提示：主轴正反转的转换要在主轴停止转动后进行，避免因连续转换操作使瞬间电流过大而发生电气故障。

工作完毕，各手柄恢复至开机状态，关闭车床电源总开关。

二、主轴箱的变速操作

车床主轴变速通过改变主轴箱正面右侧两个叠套的手柄位置来控制，如图 1–9 所示。前面的手柄有六个挡位，每个挡位上有四级转速，若要选择其中某一转速可通过后面的手柄来控制。后面的手柄除有两个空挡外，还有四个挡位，只要将手柄

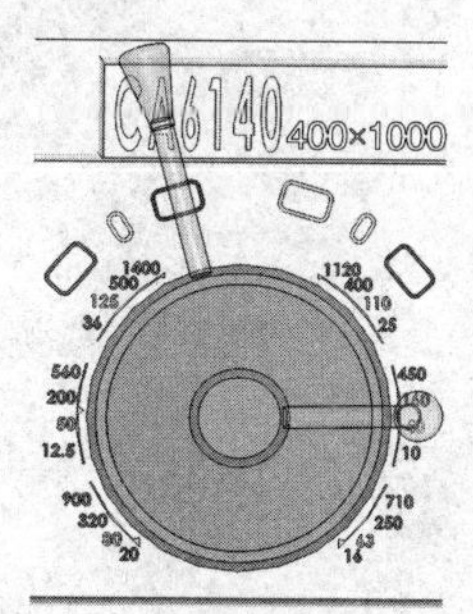

图 1–9　主轴箱的变速操作手柄

位置拨到其所显示的颜色与前面手柄所处挡位上的转速数字所标示的颜色相同的挡位即可。

例：图 1–9 所示前手柄对应的位置有 450 r/min（红）、160 r/min（黑）、40 r/mim（黄）、10 r/mim（蓝）四级转速，此时因后手柄处于黑色位置处，所以此时主轴的转速为 160 r/min。

主轴箱正面左侧是车削螺纹的变换手柄，如图 1–10 所示，一般情况下手柄放置在右旋正常螺距位置。

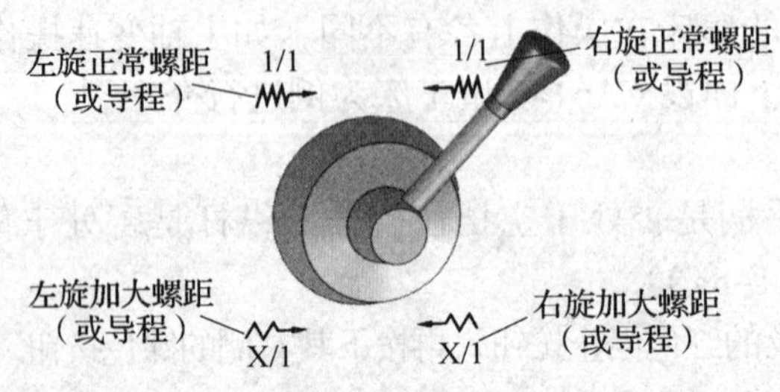

图 1–10　车削螺纹的变换手柄

主轴变速操作练习：

1. 调整主轴转速分别为 16 r/min、200 r/min、450 r/mim，确认后启动车床并观察。
2. 选择车削右旋正常螺距螺纹和左旋加大螺距螺纹的手柄位置。

三、进给箱的操作

车床进给箱正面左侧是进给基本组手轮，有 1 ~ 8 共八个挡位。右侧是倍增组手柄，有前后叠装的两个手柄，前面的手柄有 A、B、C、D 四个挡位，是螺纹种类及丝杠、光杠变换手柄，后面的手柄有Ⅰ、Ⅱ、Ⅲ、Ⅳ四个挡位，与左侧进给基本组手轮的八个挡位相配合，用以调整螺距及进给量，如图 1–11 所示。实际操作时应根据加工要求确定进给量及螺距，查找进给箱油池盖上的螺纹和进给量调配表（图 1–12）来确定手轮和手柄的具体位置。

当后手柄处于正上方时是Ⅴ挡，此时溜板箱的运动不经进给箱变速，而与丝杠直接相连。

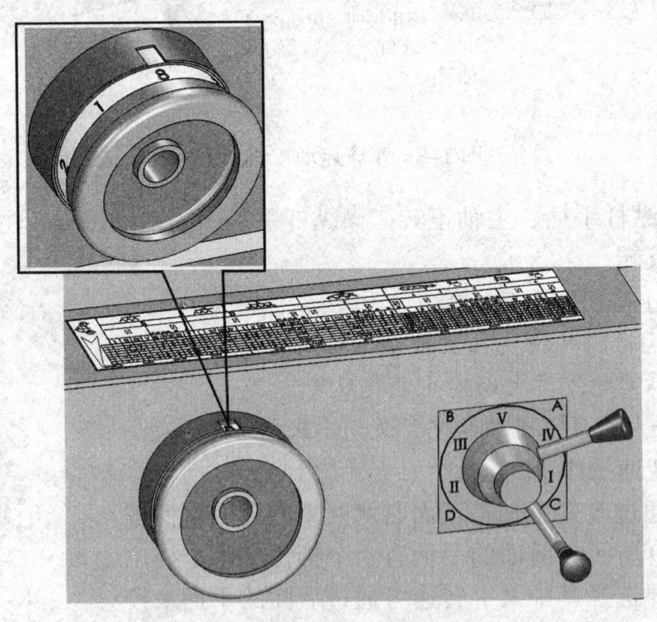

图 1–11　进给箱的操作手柄

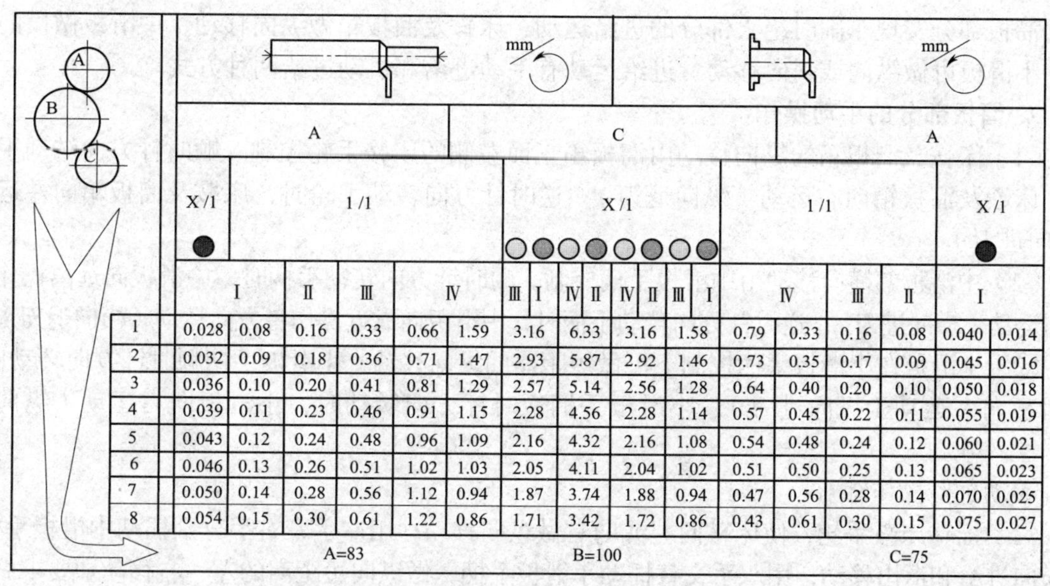

	A						C				A					
	X/1	1/1					X/1				1/1				X/1	
	Ⅰ		Ⅱ	Ⅲ	Ⅳ		Ⅲ Ⅰ	Ⅳ Ⅱ	Ⅳ Ⅱ	Ⅲ Ⅰ	Ⅳ		Ⅲ	Ⅱ	Ⅰ	
1	0.028	0.08	0.16	0.33	0.66	1.59	3.16	6.33	3.16	1.58	0.79	0.33	0.16	0.08	0.040	0.014
2	0.032	0.09	0.18	0.36	0.71	1.47	2.93	5.87	2.92	1.46	0.73	0.35	0.17	0.09	0.045	0.016
3	0.036	0.10	0.20	0.41	0.81	1.29	2.57	5.14	2.56	1.28	0.64	0.40	0.20	0.10	0.050	0.018
4	0.039	0.11	0.23	0.46	0.91	1.15	2.28	4.56	2.28	1.14	0.57	0.45	0.22	0.11	0.055	0.019
5	0.043	0.12	0.24	0.48	0.96	1.09	2.16	4.32	2.16	1.08	0.54	0.48	0.24	0.12	0.060	0.021
6	0.046	0.13	0.26	0.51	1.02	1.03	2.05	4.11	2.04	1.02	0.51	0.50	0.25	0.13	0.065	0.023
7	0.050	0.14	0.28	0.56	1.12	0.94	1.87	3.74	1.88	0.94	0.47	0.56	0.28	0.14	0.070	0.025
8	0.054	0.15	0.30	0.61	1.22	0.86	1.71	3.42	1.72	0.86	0.43	0.61	0.30	0.15	0.075	0.027

图 1–12 进给箱螺纹和进给量调配表（节选）

进给基本组数字 1 ~ 8 表示进给量逐渐加大，而倍增组手柄上 A ~ D 则是进给量成倍增加，Ⅰ ~ Ⅳ相当于丝杠、光杠的转换手柄，与其他手柄配合以调整螺距。

进给变速操作练习：

确定选择纵向进给量为 0.08 mm/r 和 0.30 mm/r、横向进给量为 0.15 mm/r 和 0.33 mm/r 时的手轮和手柄位置，并进行调整。

四、溜板部分的操作

1. 溜板部分简介

溜板部分包括溜板箱、床鞍、中滑板、小滑板及刀架等，如图 1–13 所示。

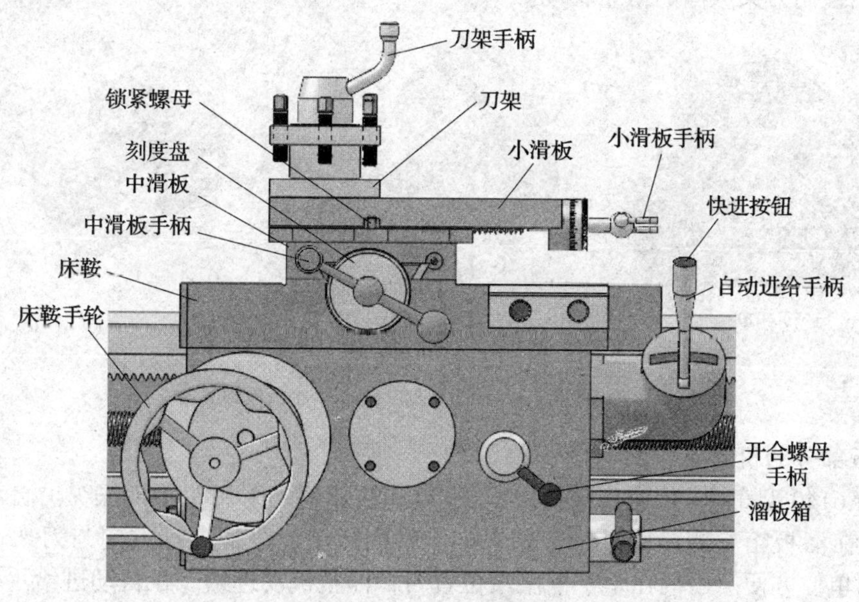

图 1–13 溜板部分

溜板部分实现车削时绝大部分的进给运动：床鞍及溜板箱做纵向移动，中滑板做横向移动，小滑板可做纵向或斜向移动。进给运动有手动进给和机动进给两种方式。

2. 溜板部分的手动操作

（1）床鞍及溜板箱的纵向移动由溜板箱正面左侧的床鞍手轮控制。顺时针方向转动手轮时，床鞍及溜板箱向右运动（纵向退刀）；逆时针方向转动手轮时，床鞍及溜板箱向左运动（纵向进刀）。

（2）中滑板的横向移动由中滑板手柄控制。顺时针方向转动手柄时，中滑板向远离操作者方向运动（横向进刀）；逆时针方向转动手柄时，中滑板向靠近操作者方向运动（横向退刀）。

（3）小滑板在小滑板手柄控制下可做短距离的纵向移动。小滑板手柄顺时针方向转动时，小滑板向左运动（纵向进刀）；小滑板手柄逆时针方向转动时，小滑板向右运动（纵向退刀）。

手动进给操作练习：

（1）摇动床鞍手轮，使床鞍向左或向右做纵向移动；用左手、右手分别摇动中滑板手柄，做横向进给和退出移动；用双手交替摇动小滑板手柄，做纵向短距离的左、右移动。要求做到操作熟练自如，床鞍、中滑板、小滑板的移动平稳、均匀。

（2）用左手摇动床鞍手轮，右手同时摇动中滑板手柄，纵向、横向快速趋近和快速退离工件。

3. 刻度盘的运用

（1）溜板箱正面的床鞍手轮轴上的刻度盘（图 1–14a）分为 300 格，每转过 1 格，表示床鞍纵向移动 1 mm。它是控制工件纵向进刀尺寸的依据。

（2）中滑板丝杠上的刻度盘（图 1–14b）分为 100 格，每转过 1 格，表示刀架横向移动 0.05 mm（工件回转，直径方向就是 0.1 mm）。它是控制工件横向（径向）进刀尺寸的依据。

（3）小滑板丝杠上的刻度盘（图 1–14c）分为 100 格，每转过 1 格，表示刀架纵向移动 0.05 mm。它控制刀架纵向的微量移动。

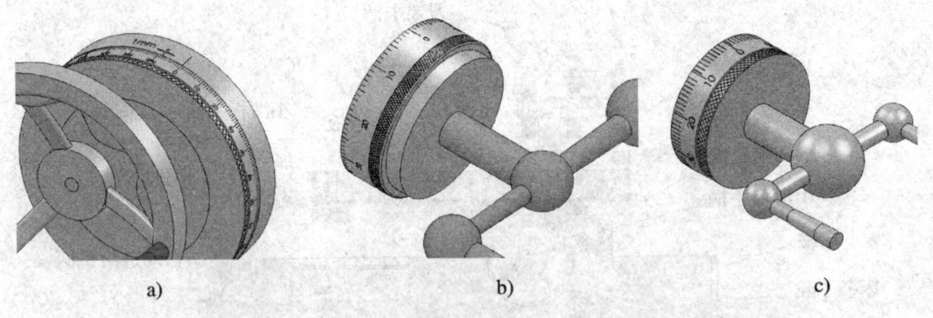

a)　　b)　　c)

图 1–14　刻度盘

a）床鞍刻度盘　b）中滑板刻度盘　c）小滑板刻度盘

4. 溜板部分的机动操作

（1）CA6140 型车床的纵向、横向机动进给和快速移动采用单手柄操纵。自动进给手柄（图 1–15）在溜板箱右侧，可沿十字槽纵向、横向扳动，手柄扳动方向与刀架运动方向一致，操作简单、方便。手柄在十字槽中央位置时，停止机动进给。在自动进给手柄顶部有一个快进按钮，按下此按钮，快速电动机工作，床鞍或中滑板按手柄扳动方向做纵向或横向快速移动；松开按钮，快速电动机停止转动，快速移动终止。

（2）溜板箱正面右侧有一个开合螺母手柄（图 1–15），用于控制溜板箱与丝杠之间的运动联系。车削非螺纹表面时，开合螺母手柄位于上方；车螺纹时，顺时针方向扳下开合螺母手柄，使开合螺母闭合并与丝杠啮合，将丝杠的运动传递给溜板箱，使溜板箱、床鞍按预定的螺距（或导程）做纵向进给。车完螺纹应立即将开合螺母手柄扳回原位。

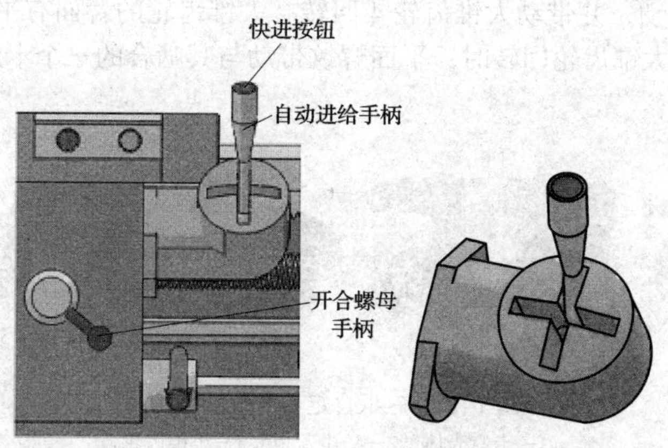

图 1–15　自动进给手柄和开合螺母手柄

机动进给操作练习：

（1）用自动进给手柄做床鞍的纵向进给和中滑板的横向进给的机动进给练习。

（2）用自动进给手柄和手柄顶部的快进按钮做纵向、横向的快速进给操作。

提示：光杠处于工作状态（转动）时才能进行自动进给。

当床鞍快速移至主轴箱或尾座附近以及中滑板伸出床鞍足够远时，应立即松开快进按钮，停止快速进给，以免床鞍撞击主轴箱或尾座以及因中滑板悬伸太长而使燕尾导轨受损。

五、尾座操作

1. 纵向移动和锁紧尾座（图 1–16）：顺时针松开尾座固定手柄，推动尾座即可使其沿床身导轨至合适位置；逆时针方向扳动尾座固定手柄，则将尾座固定。

2. 套筒的纵向进退移动：逆时针方向转动套筒锁紧手柄（松开套筒），摇动手轮，使套筒做进退移动；顺时针方向转动套筒锁紧手柄，将套筒固定在选定的位置。

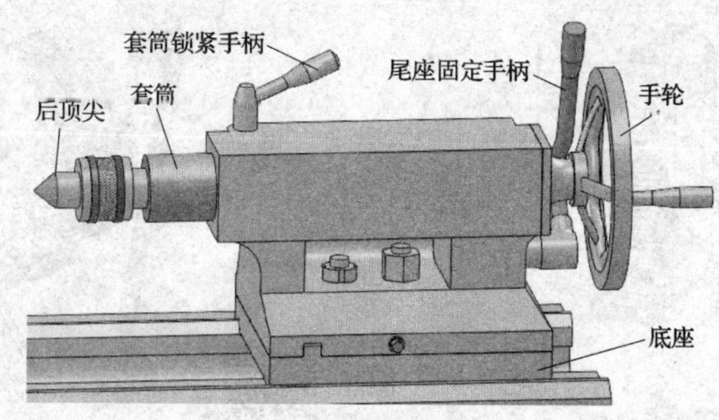

图 1–16　尾座

3. 后顶尖的安装及退出：擦净套筒内孔和顶尖锥柄，安装后顶尖；松开套筒锁紧手柄，摇动手轮使套筒后退并退出后顶尖。

六、三爪自定心卡盘的装卸

1. 三爪自定心卡盘的结构

三爪自定心卡盘的结构如图 1–17 所示。将卡盘扳手插入小锥齿轮 3 端部的方孔中，转动扳手使小锥齿轮转动，并带动大锥齿轮 4 回转。大锥齿轮的背面有平面螺纹 5，与卡爪 6 的端面螺纹相啮合，大锥齿轮回转时，平面螺纹带动与其啮合的三个卡爪沿径向同时向心或离心移动。

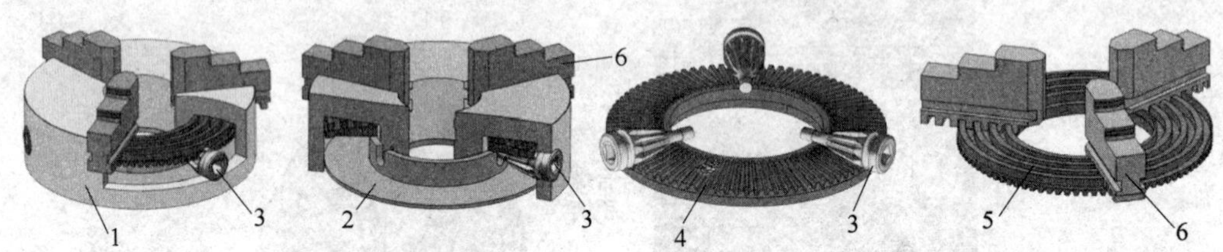

图 1–17　三爪自定心卡盘的结构

1—卡盘壳体　2—防尘盖板　3—小锥齿轮

4—大锥齿轮　5—平面螺纹　6—卡爪

常用的三爪自定心卡盘规格有 150 mm、200 mm、250 mm 等。

2. 卡爪的装拆

（1）卡爪的识别

三爪自定心卡盘有正、反两副卡爪。正卡爪用于装夹外圆直径较小和内孔直径较大的工件；反卡爪用于装夹外圆直径较大的工件。每副卡爪分别标有 1、2、3 的编号，安装卡爪时必须按顺序装配。如果卡爪的编号标记不清晰，可将三个卡爪并排放在一起，以卡爪夹持面与端面螺纹的距离 h 的大小为准，最小的为 1 号，最大的为 3 号，如图 1–18 所示。

（2）卡爪的安装

将卡盘扳手的方榫插入卡盘壳体圆柱面上的方孔中，按顺时针方向旋转，驱动大锥齿轮回转，当其背面平面螺纹的螺旋槽转到将要接近 1 槽时，将 1 号卡爪插入壳体的 1 槽内，继续顺时针旋转卡盘扳手，在卡盘壳体的 2 槽、3 槽内依次装入 2 号、3 号卡爪。随着卡盘扳手的继续转动，三个卡爪同步沿径向向心运动，直至汇聚于卡盘的中心，如图 1–19 所示。

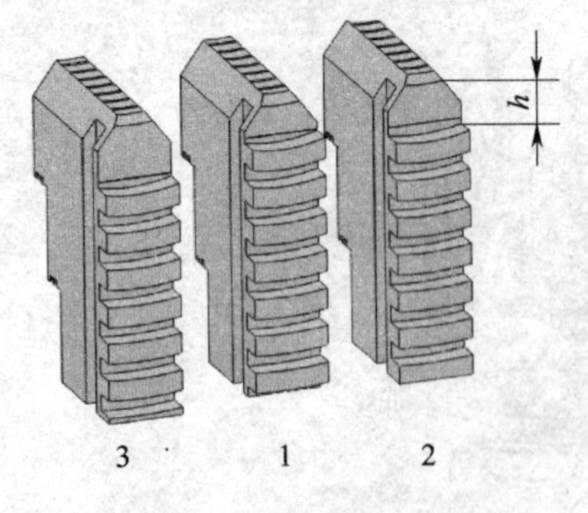

图 1–18　卡爪

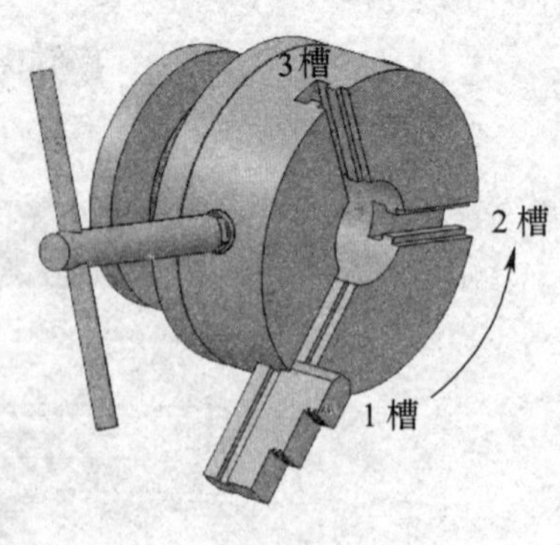

图 1–19　安装卡爪

（3）卡爪的拆卸

将卡盘扳手逆时针方向旋转，三个卡爪则同步沿径向离心移动，直至退出卡盘壳体。

提示：卡爪退离卡盘壳体时要注意防止卡爪跌落受损。

更换反卡爪，按同样的方法进行卡爪的安装、拆卸操作练习。

课题二　车床的润滑和日常保养

对车床的所有摩擦部位进行润滑和保养是为了保证车床的正常运转，减少磨损和功率损失，延长使用寿命。

一、车床的润滑方式

CA6140 型卧式车床的不同部位采用了不同的润滑方式，常用的有以下几种：

1. 浇油润滑

浇油润滑常用于外露的滑动表面，如床身导轨面和滑板导轨面等，一般用油壶（图 1–20）进行浇注。

2. 溅油润滑

溅油润滑常用于密闭的箱体中，如车床主轴箱中的传动齿轮将箱底的润滑油溅射到箱体上部的油槽中，然后经槽内油孔流到各润滑点进行润滑。

3. 油绳导油润滑

油绳导油润滑（图 1–21）利用毛线既易吸油又易渗油的特性，通过毛线把油引入润滑点，间断地滴油润滑，常用于进给箱和溜板箱的油池中。一般用油壶对毛线和油池进行浇注。

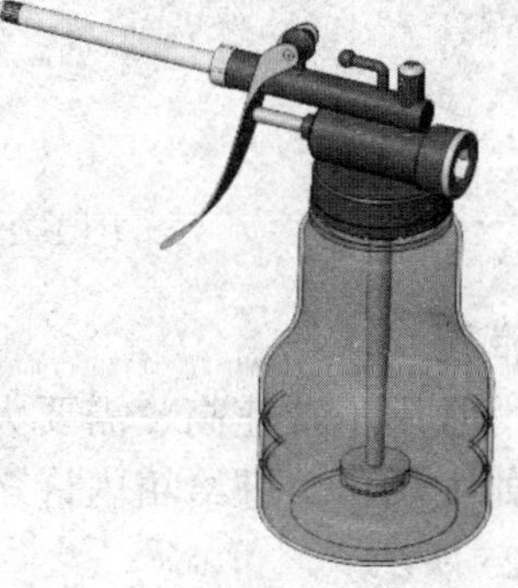

图 1–20　油壶

4. 弹子油杯润滑

弹子油杯润滑（图 1–22）是指定期地用油壶端头油嘴压下油杯上的弹子，将油注入。油嘴撤去，弹子又恢复原位，封住注油口，以防尘屑入内。弹子油杯润滑常用于尾座和中、小滑板上的摇动手柄及丝杠、光杠、操纵杆各支架的轴承处。

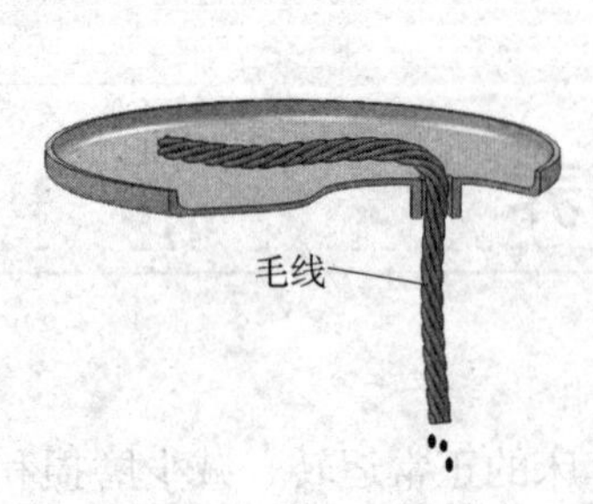

图 1–21　油绳导油润滑

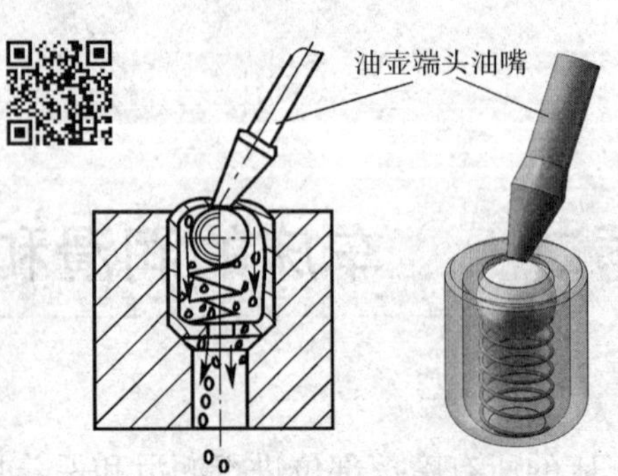

图 1–22　弹子油杯润滑

5. 润滑脂杯润滑

润滑脂杯润滑（图 1–23）是指先用润滑脂枪（图 1–24）在润滑脂杯中加满钙基润滑脂，需要润滑时，拧进润滑脂杯盖，则杯中的润滑脂就被挤压到润滑点（如轴承套）中去。润滑脂杯润滑常用于交换齿轮箱挂轮架的中间轴或不便于经常润滑处。

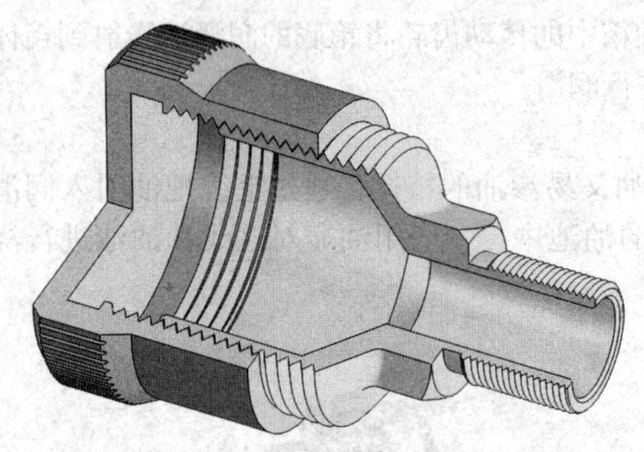

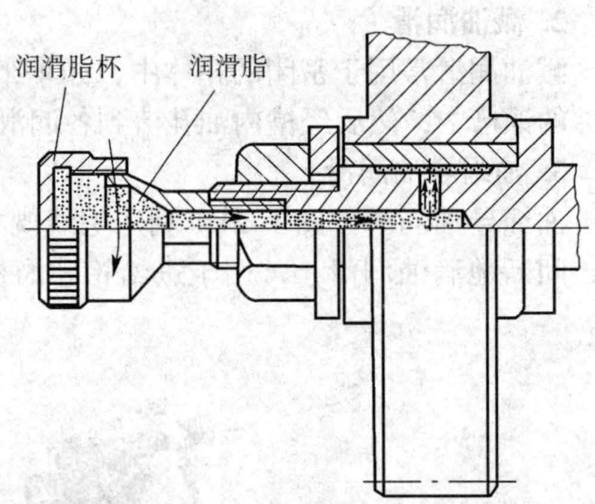

图 1–23　润滑脂杯润滑

6. 油泵循环润滑

油泵循环润滑常用于转速高、需要大量润滑油连续强制润滑的场合，如主轴箱、进给箱内许多润滑点就采用这种方式，如图 1–25 所示。

二、车床的润滑系统

识读 CA6140 型车床的润滑系统标牌（图 1–26），可以了解该车床润滑系统的润滑部位、润滑周期、润滑要求和润滑剂牌号。CA6140 型车床润滑系统的润滑要求见表 1–2。

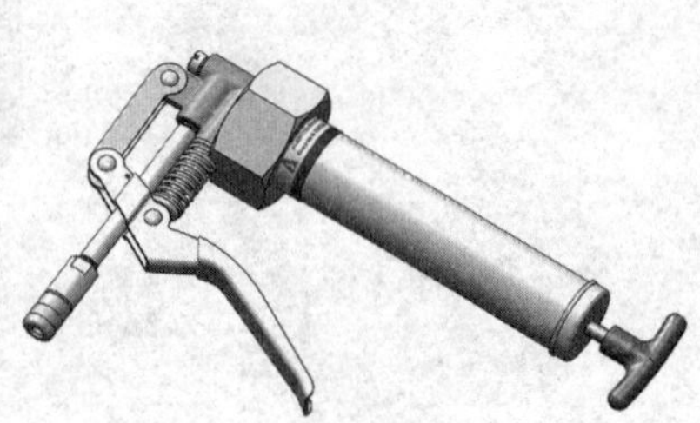

图 1–24　润滑脂枪

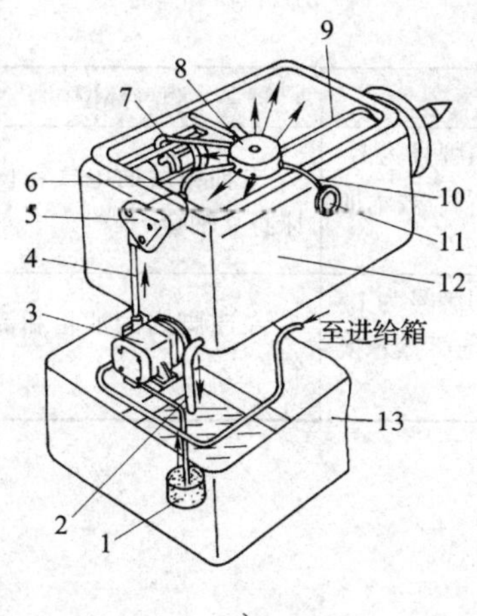

图 1–25　油泵润滑系统

a）油泵循环润滑系统　b）主轴箱油泵循环润滑系统

1—网式过滤器　2—回油管　3—油泵　4、6、7、9、10—油管　5—过滤器　8—分油器　11—油窗　12—主轴箱　13—床脚　14—齿轮

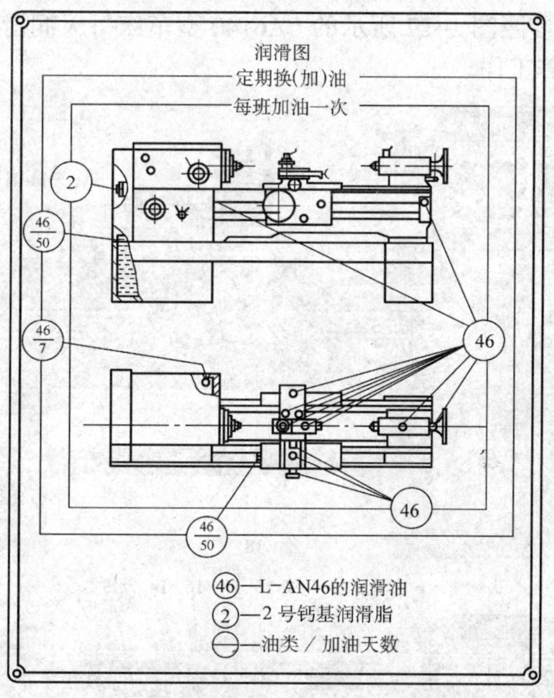

图 1–26　CA6140 型车床的润滑系统标牌

表 1–2　　CA6140 型车床润滑系统的润滑要求

周期	数字	意义	符号	含义	润滑部位	数量
每班	整数形式	“○”中数字表示润滑油牌号，每班加油 1 次	②	用 2 号钙基润滑脂进行脂润滑，每班拧进润滑脂杯盖 1 次	交换齿轮箱中的中间齿轮轴	1 处
			㊻	使用牌号为 L–AN46 的润滑油（相当于旧牌号的 30 号机油），每班加油 1 次	多处，如图 1–26 所示	14 处

续表

周期	数字	意义	符号	含义	润滑部位	数量
经常性	分数形式	“$\frac{分子}{分母}$”中分子表示润滑油牌号，分母表示两班制工作时换（加）油间隔的天数（每班工作时间为 8 h）	$\frac{46}{7}$	分子“46”表示使用牌号为 L–AN46 的润滑油，分母“7”表示加油间隔为 7 天	主轴箱后面电气箱内的床身立轴套	1 处
			$\frac{46}{50}$	分子“46”表示使用牌号为 L–AN46 的润滑油，分母“50”表示换油间隔为 50 天	左床脚内的油箱和溜板箱	2 处

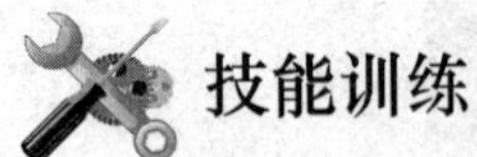

技能训练

润 滑 车 床

一、CA6140 型车床的润滑要求

按车床润滑要求，参照图 1–27 所示的 CA6140 型车床每天润滑点分布图，对车床进行润滑，同时做好日常保养工作。

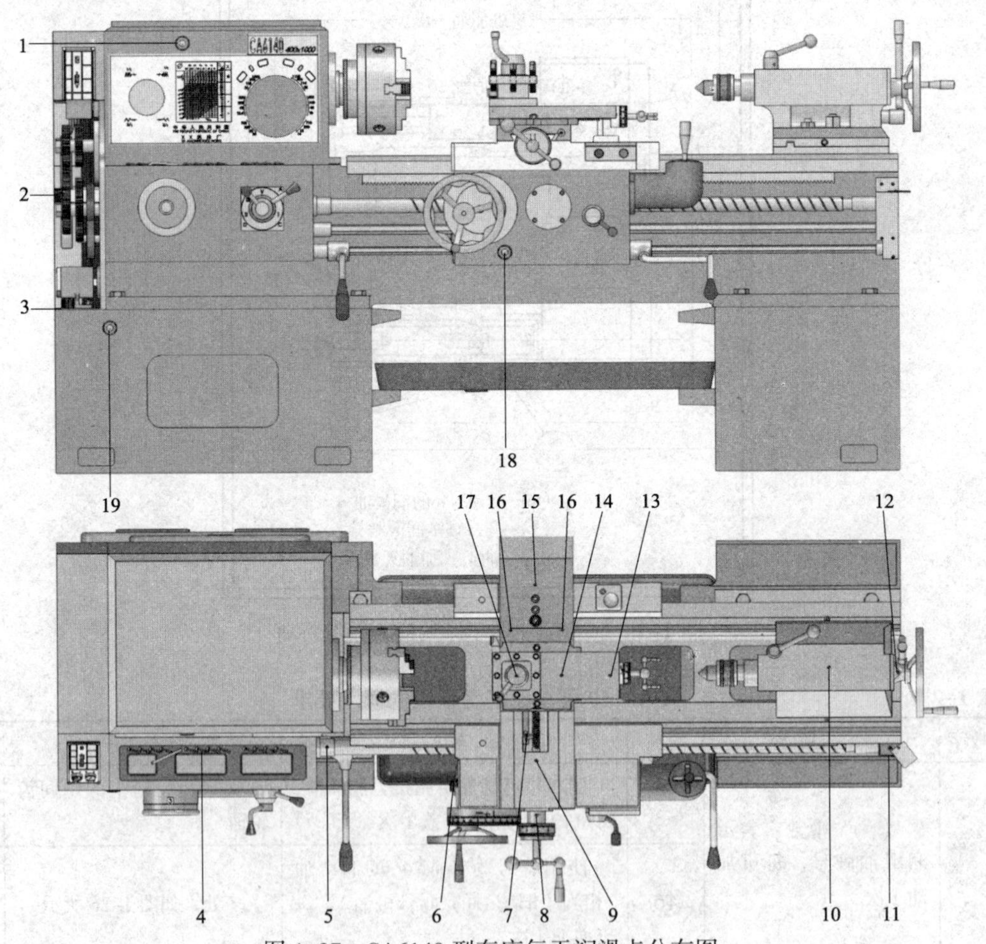

图 1–27　CA6140 型车床每天润滑点分布图

二、CA6140 型车床的日常润滑工作

每天对车床进行润滑时，必须按照图 1–27 所示的 CA6140 型车床每天润滑点分布图，按表 1–3 进行润滑工作。

表 1–3　　CA6140 型车床的日常润滑工作

加油部位	实施步骤	图例
主轴箱	主轴箱采用油泵循环润滑和溅油润滑方式，一般使用牌号为 L–AN46 的全损耗系统用油，具体实施步骤如下： （1）启动电动机，观察主轴箱油窗内已有油输出 （2）电动机空转 1 min 后在主轴箱内形成油雾，油泵循环润滑系统使各润滑点得到润滑后，主轴方可启动 （3）如果油窗内没有油输出，说明润滑系统有故障，应立即检查断油原因。一般原因是主轴箱后端的三角形过滤器堵塞，应用煤油进行清洗	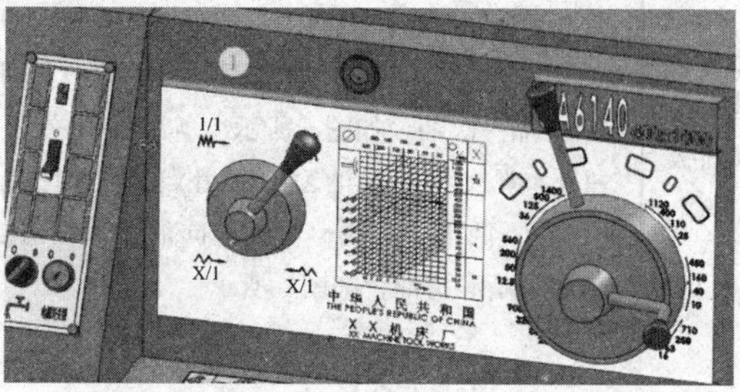
进给箱和溜板箱	进给箱和溜板箱采用溅油润滑和油绳导油润滑方式，一般采用牌号为 L–AN46 的全损耗系统用油，具体实施步骤如下： （1）主轴低速空转 12 min，使进给箱内的润滑油通过溅油方式润滑各齿轮。冬天时这一点尤其重要 （2）打开进给箱上盖（调速表），观察进给箱油泵输出油管（润滑点 4）是否喷油，如图 a 所示，若不喷油或者喷油较少，应向油箱（润滑点 3）注油口注入新润滑油，如图 b 所示	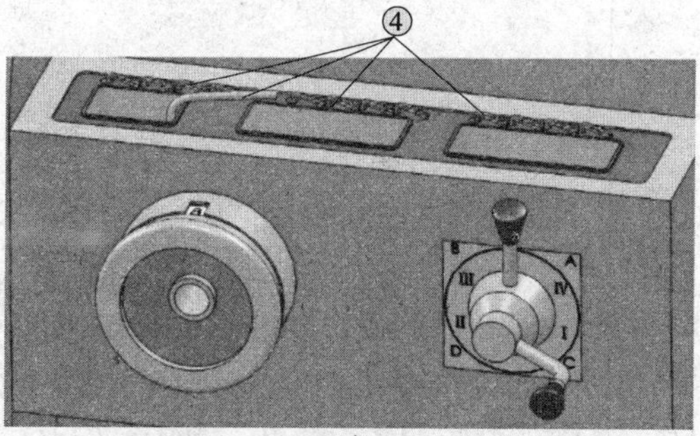 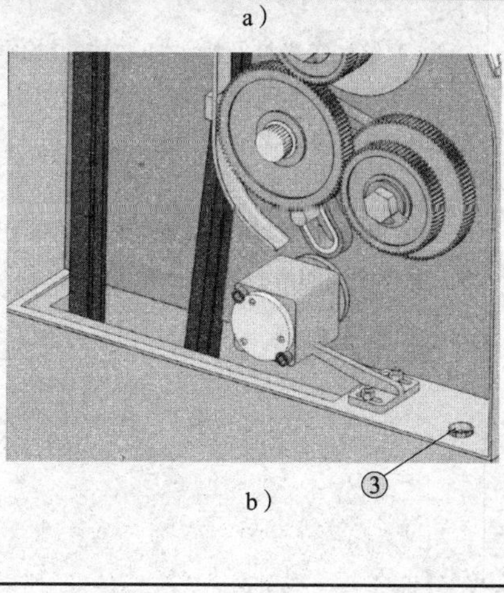 ④ a） ③ b）

续表

加油部位	实施步骤	图例
进给箱和溜板箱	（3）进给箱还需用箱上部的储油槽通过油绳导油进行润滑。每班应用油壶给储油槽（润滑点4）加一次油，如图a所示 （4）观察溜板箱油窗（润滑点18）内的油面，应不低于中心线；否则应向油箱（润滑点6）注入新润滑油，如图c所示	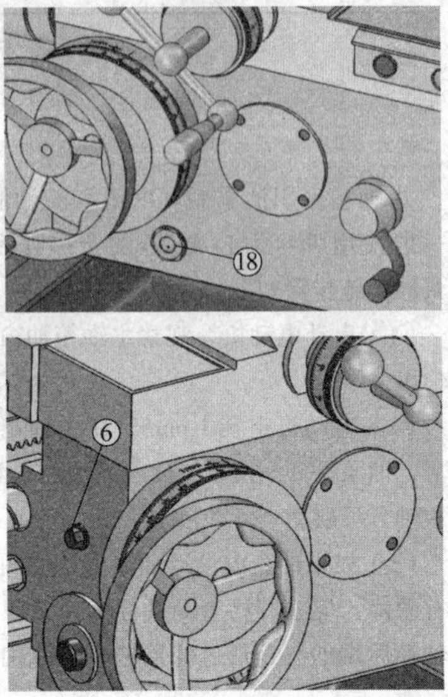 ⑱ ⑥ c）
丝杠、光杠及操纵杆的轴颈	丝杠、光杠及操纵杆的轴颈部位采用油绳导油润滑和弹子油杯润滑方式，一般采用牌号为L-AN46的全损耗系统用油，具体实施步骤如下： （1）丝杠、光杠及操纵杆右端的轴颈润滑是通过后托架储油池内的油绳导油润滑方式实现的，每班应用油壶给储油池（润滑点11）加一次油，如图d所示 （2）用油壶对丝杠左端的弹子油杯（润滑点5）进行注油润滑，如图e所示	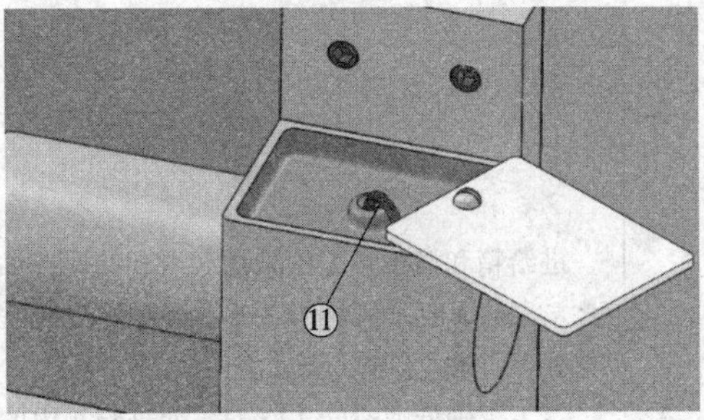 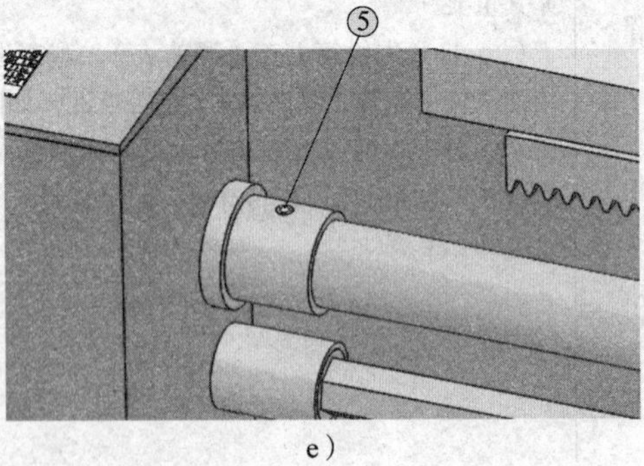 ⑪ d） ⑤ e）

续表

加油部位	实施步骤	图例
床鞍、导轨面和刀架部分	床鞍、导轨面和刀架部分一般采用浇油润滑和弹子油杯润滑方式，润滑油采用牌号为L-AN46的全损耗系统用油，具体实施步骤如下： （1）每班工作前后都要擦净床身导轨和中、小滑板的燕尾形导轨 （2）用油壶浇油润滑各导轨表面 （3）摇动中滑板手柄，露出油盒并打开油盒盖，用油壶注满油盒（润滑点7，此处采用油绳导油润滑，用来润滑被床鞍遮住的导轨面）并盖好油盒盖，如图f中9所示 （4）每班应用油壶对刀架和中、小滑板丝杠轴颈处的弹子油杯进行注油润滑（润滑点8、9、13、14、15、16、17）	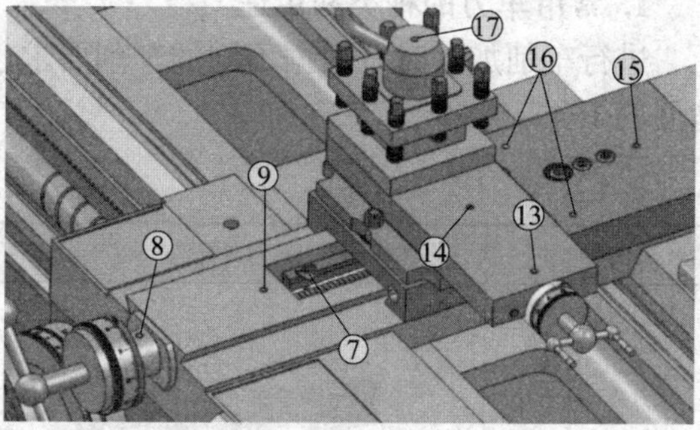 f）
尾座	尾座采用弹子油杯润滑方式，润滑油采用牌号为L-AN46的全损耗系统用油，具体实施时，每班用油壶对尾座上的弹子油杯（图g中润滑点10和12）进行注油润滑	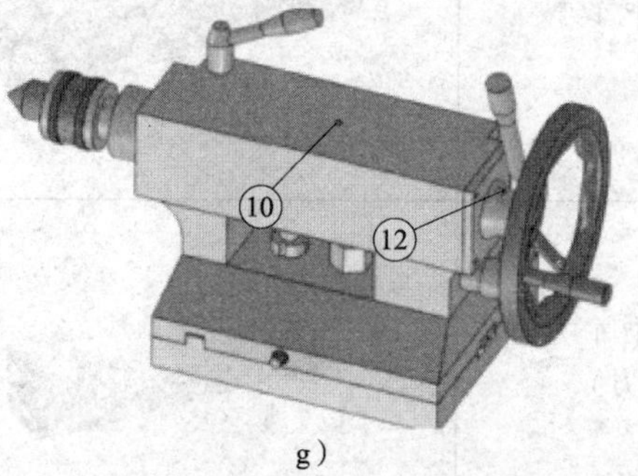 g）
交换齿轮箱中间齿轮轴	交换齿轮箱中间齿轮轴采用润滑脂杯润滑方式，润滑油采用2号钙基润滑脂，具体操作时，每班把交换齿轮箱中间齿轮轴轴头的螺塞（图h中润滑点2）拧紧一次，使轴内的润滑脂供应到轴与套之间进行润滑	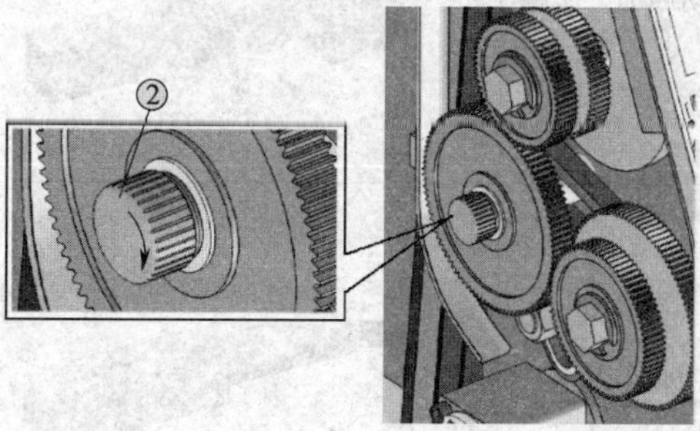 h）

课题三 车刀的基本知识

一、常用车刀

1. 常用车刀的种类和用途

进行车削加工时，根据不同的车削要求，需选用不同种类的车刀。常用车刀的种类和用途见表 1–4。

表 1–4　常用车刀的种类和用途

车刀种类	车刀外形图	用途	车削示意图
90° 车刀（偏刀）		车削工件的外圆、台阶和端面	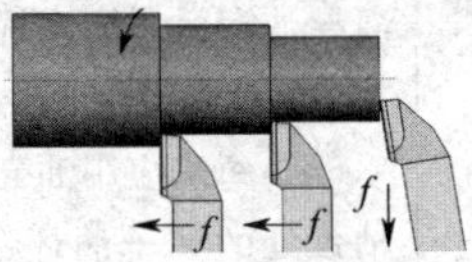
75° 车刀		车削工件的外圆和端面	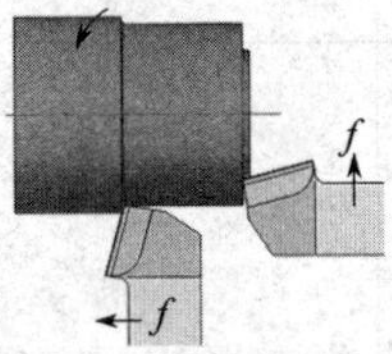
45° 车刀（弯头车刀）		车削工件的外圆、端面及进行 45° 倒角	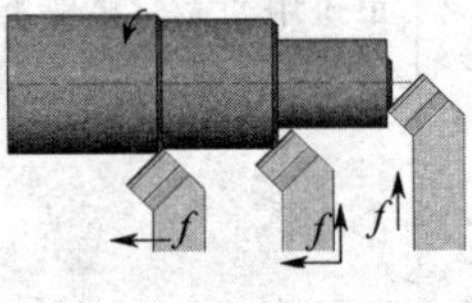
切断刀（车槽刀）		切断工件或在工件上车槽	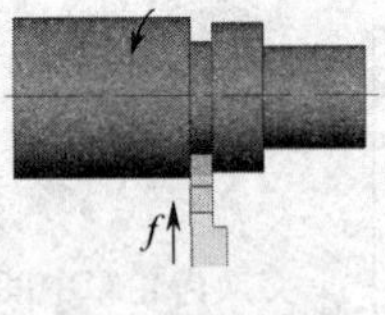
内孔车刀	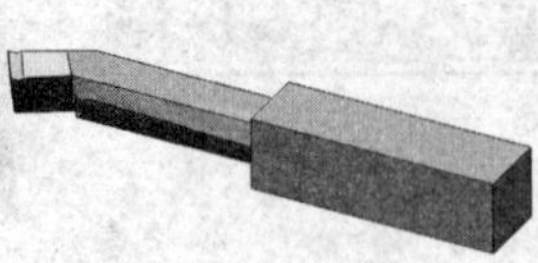	车削工件的内孔	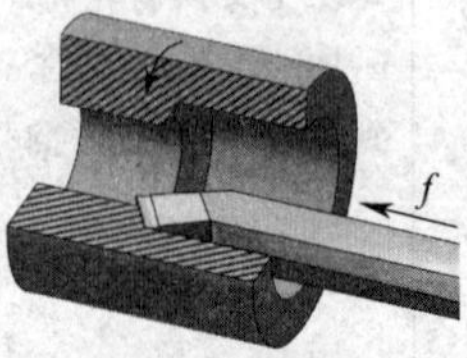

续表

车刀种类	车刀外形图	用途	车削示意图
圆头车刀		车削工件的圆弧面或特形面	f
螺纹车刀		车削螺纹	f

2. 硬质合金可转位车刀

硬质合金可转位车刀是近年来国内外大力发展并广泛应用的先进刀具之一。其结构和形状如图 1–28 所示，其中刀片用机械夹紧机构装夹在刀柄上。当刀片上的一个切削刃磨钝后，只需将刀片转过一个角度，即可用新的切削刃继续车削，从而大大缩短了换刀和磨刀的时间，并提高了刀柄的利用率。

硬质合金可转位车刀的刀柄可以装夹各种不同形状和角度的刀片，分别用来车外圆、车端面、切断、车孔和车螺纹等。

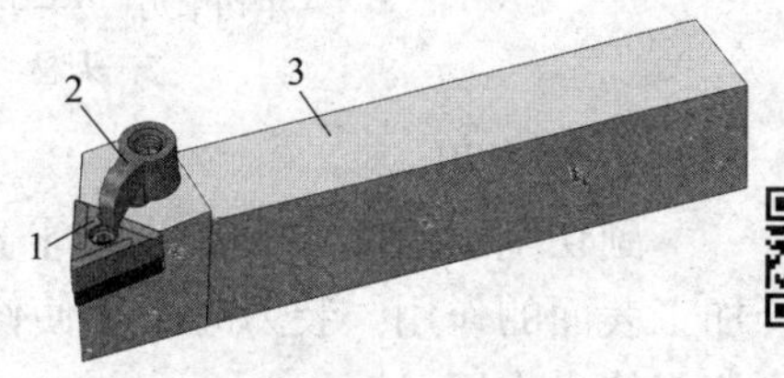

图 1–28　硬质合金可转位车刀

1—刀片　2—夹紧机构　3—刀柄

二、车刀切削部分的几何要素

车刀由刀头（或刀片）和刀柄两部分组成。刀头担负切削工作，故又称切削部分；刀柄用来把车刀装夹在刀架上。

图 1–29 所示为车刀的结构，刀头由若干刀面和切削刃组成。

1. 前面 A_γ

刀具上切屑流过的表面称为前面，又称前刀面。

2. 后面 A_α

后面分为主后面和副后面。与工件上过渡表面相对的刀面称为主后面 A_α；与工件上已加工表面相对的刀面称为副后面 A'_α。后面又称后刀面，一般是指主后面。

3. 主切削刃 S

前面和主后面的交线称为主切削刃，它担负着主要的切削工作，在工件上加工出过渡表面。

4. 副切削刃 S'

前面和副后面的交线称为副切削刃，它配合主切削刃完成少量的切削工作。

5. 刀尖

主切削刃与副切削刃的连接处相当少的一部分切削刃称为刀尖。为了提高刀尖强度和延长车刀使用寿命，多将刀尖磨成具有曲线状切削刃的修圆刀尖以及具有直线切削刃的倒角刀尖，如图 1–29c 所示。

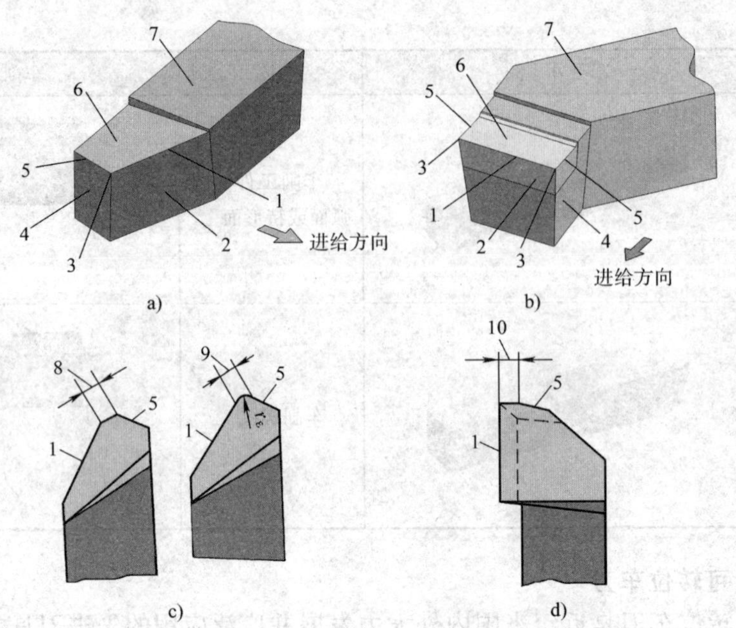

图 1–29　车刀的结构

1—主切削刃　2—主后面　3—刀尖　4—副后面　5—副切削刃　6—前面
7—刀柄　8—倒角刀尖　9—修圆刀尖　10—修光刃

6. 修光刃

副切削刃近刀尖处一小段平直的切削刃称为修光刃（图 1–29d），它在切削时起修光已加工表面的作用。装刀时必须使修光刃与进给方向平行，且修光刃长度必须大于进给量，才能起修光作用。

车刀刀头上述组成部分的几何要素并不相同。例如，75° 车刀由三个刀面、两条切削刃和一个刀尖组成；而 45° 车刀却有四个刀面（其中副后面两个）、三条切削刃（其中副切削刃两条）和两个刀尖。此外，切削刃可以是直线，也可以是曲线，如车特形面的成形刀就是曲线状切削刃。

三、测量车刀角度的三个基准坐标平面

为了测量车刀的角度，需要假想三个基准坐标平面。

1. 基面 p_r

通过切削刃上选定点，垂直于该点主运动方向的平面称为基面，如图 1–30a、c 和图 1–31 所示。

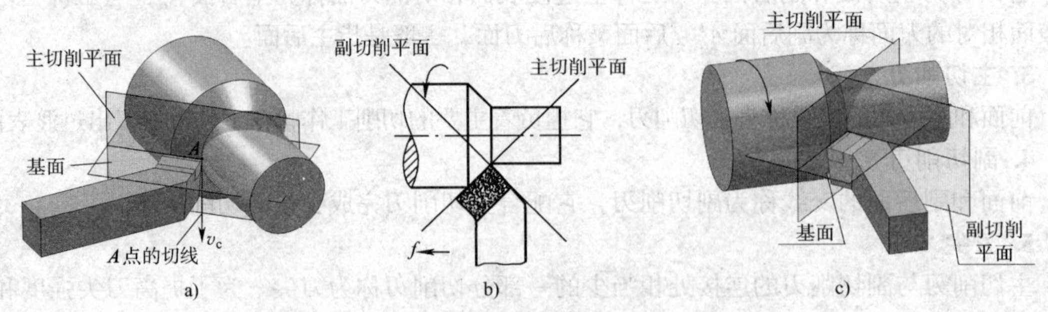

图 1–30　基面和切削平面

a）基面和主切削平面　b）主、副切削平面的位置　c）基面和主、副切削平面

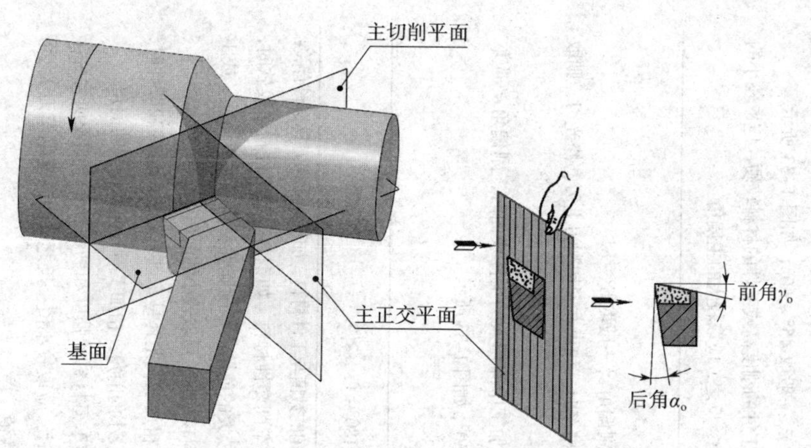

图 1–31　测量车刀角度的三个基准坐标平面

对于车削，一般可认为基面是水平面。

2. 切削平面 p_s

切削平面是指通过切削刃上选定点，与切削刃相切并垂直于基面的平面。其中，选定点在主切削刃上的为主切削平面 p_s，选定点在副切削刃上的为副切削平面 p'_s，如图 1–30 所示。切削平面一般是指主切削平面。

对于车削，一般可认为切削平面是铅垂面。

3. 正交平面 p_o

正交平面是指通过切削刃上的选定点，并同时垂直于基面和切削平面的平面。也可以认为正交平面是指通过切削刃上的选定点，垂直于切削刃在基面上投影的平面，如图 1–32 所示。通过主切削刃上 p 点的正交平面称为主正交平面 p_o，通过副切削刃上 p' 点的正交平面称为副正交平面 p'_o。正交平面一般是指主正交平面。

对于车削，一般可认为正交平面是铅垂面。

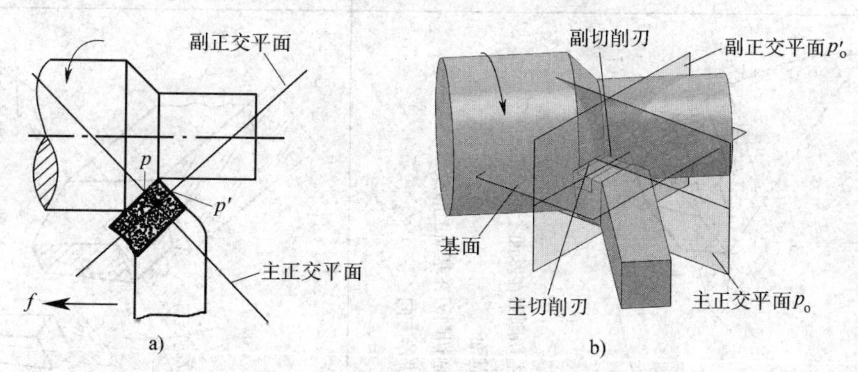

图 1–32　主正交平面和副正交平面

a）主、副正交平面的位置　b）基面和主、副正交平面

四、车刀切削部分的几何角度

车刀切削部分共有 6 个独立的基本角度：主偏角 κ_r、副偏角 κ'_r、前角 γ_o、主后角 α_o、副后角 α'_o 和刃倾角 λ_s；还有 2 个派生角度：刀尖角 ε_r 和楔角 β_o，其定义、主要作用和初步选择见表 1–5。

表 1–5　　车刀切削部分的几何角度及其主要作用和初步选择一览表

所在基准坐标平面	图示	角度	定义	主要作用	初步选择
基面 p_r	1—主切削刃在基面上的投影 2—基面 3—副切削刃在基面上的投影 f—进给方向	主偏角 κ_r	主切削刃在基面上的投影与进给方向间的夹角 常用车刀的主偏角有 45°、60°、75° 和 90° 等几种	改变主切削刃的受力及导热能力，影响切屑的厚度	1. 选择主偏角首先应考虑工件的形状。如加工工件的台阶，必须取 $\kappa_r \geqslant 90°$；加工中间切入的工件表面时，κ_r 一般取 45° ~ 60°，如图 1–33 所示 2. 工件的刚度高或工件的材料较硬，应取较小的主偏角；反之，应取较大的主偏角
		副偏角 κ_r'	副切削刃在基面上的投影与背离进给方向间的夹角	减少副切削刃与工件已加工表面间的摩擦。减小副偏角，可以减小工件的表面粗糙度值；但是副偏角不能太小，否则会使背向力增大	1. 副偏角 κ_r' 一般取 6° ~ 8° 2. 精车时，如果在副切削刃上刃磨修光刃，则取 $\kappa_r'=0°$ 3. 加工中间切入的工件表面时，副偏角 κ_r' 应取 45° ~ 60°，如图 1–33 所示
		刀尖角 ε_r	主、副切削刃在基面上投影间的夹角	影响刀尖强度和散热性能	$\varepsilon_r=180°-(\kappa_r+\kappa_r')$
主正交平面 p_o	进给方向	前角 γ_o	前面和基面间的夹角	影响刃口的锋利程度和强度，影响切削变形和切削力	前角的数值与工件材料、加工性质和刀具材料有关： 1. 车削塑性材料（如钢料）或工件材料较软时，可取较大的前角；车削脆性材料（如灰铸铁）或工件材料较硬时，可取较小的前角 2. 粗加工，尤其是车削有硬皮的铸件和锻件时，应取较小的前角；精加工时，应取较大的前角 3. 车刀材料的强度和韧性较差（如硬质合金车刀）时，应取较小值；反之（如高速钢车刀），可取较大值 车刀前角 γ_o 一般取 –5° ~ 25°。车削中碳钢（如 45 钢）工件，用高速钢车刀时，γ_o 取 20° ~ 25°；用硬质合金车刀时，粗车 γ_o 取 10° ~ 15°，精车 γ_o 取 13° ~ 18°

续表

所在基准坐标平面	图示	角度	定义	主要作用	初步选择
主正交平面 p_o		主后角 α_o	主后面和主切削平面间的夹角	减少车刀主后面和工件过渡表面间的摩擦	1. 粗加工时，应取较小的主后角；精加工时，应取较大的主后角 2. 工件材料较硬时，后角宜取较小值；工件材料较软时，后角宜取较大值 车刀主后角 α_o 一般取 4°～12°。车削中碳钢工件，用高速钢车刀时，粗车 α_o 取 6°～8°，精车 α_o 取 8°～12°；用硬质合金车刀时，粗车 α_o 取 5°～7°，精车 α_o 取 6°～9°
		楔角 β_o	前面和主后面间的夹角	影响刀头截面的大小，从而影响刀头的强度	楔角可用下式计算： $\beta_o=90°-(\gamma_o+\alpha_o)$
副正交平面 p'_o		副后角 α'_o	副后面和副切削平面间的夹角	减少车刀副后面和工件已加工表面间的摩擦	1. 副后角 α'_o 一般磨成与主后角 α_o 大小相等 2. 在切断刀等特殊情况下，为了保证刀具的强度，副后角 α'_o 应取较小值：1°～2°
主切削面 p_s		刃倾角 λ_s	主切削刃与基面间的夹角	控制排屑方向。当刃倾角为负值时，可增加刀头强度，并在车刀受冲击时保护刀尖	见表 1-7 中的适用场合

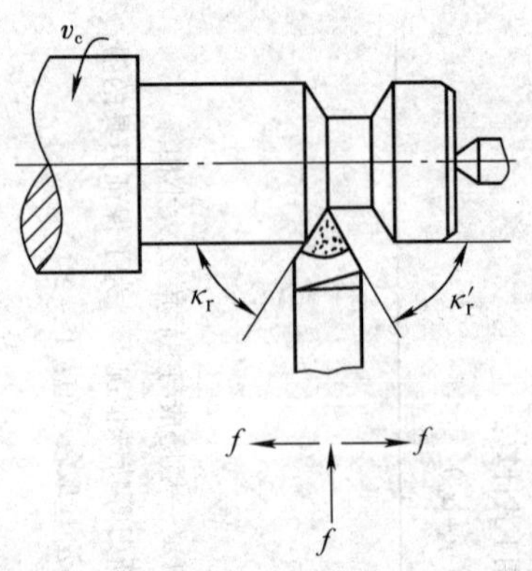

图 1-33　加工中间切入工件表面时的车刀主、副偏角

在车刀切削部分的基本角度中，主偏角 κ_r 和副偏角 κ'_r 没有正负值规定，但前角 γ_o、主后角 α_o 和刃倾角 λ_s 有正负值规定。

车刀前角和主后角分别有正值、零度和负值三种，见表 1-6。

车刀刃倾角 λ_s 正负值规定，以及其排出切屑情况、刀尖强度和冲击点先接触车刀的位置见表 1-7。

表 1-6　　在正交平面 p_o 内车刀前角和主后角正负值规定

角度值		正值	零度	负值
前角 γ_o	图示	p_r　A_γ　$\gamma_o>0°$　<90°　p_s $\gamma_o>0°$	p_r　A_γ　$\gamma_o=0°$　90°　p_s $\gamma_o=0°$	$\gamma_o<0°$　A_γ　p_r　>90°　p_s $\gamma_o<0°$
	正负值规定	前面 A_γ 与切削平面 p_s 间的夹角小于 90° 时	前面 A_γ 与切削平面 p_s 间的夹角等于 90° 时	前面 A_γ 与切削平面 p_s 间的夹角大于 90° 时
主后角 α_o	图示	p_r　A_α　$\alpha_o>0°$　<90°　p_s $\alpha_o>0°$	p_r　A_α　$\alpha_o=0°$　90°　p_s $\alpha_o=0°$	p_s　p_r　A_α　$\alpha_o<0°$　>90° $\alpha_o<0°$
	正负值规定	后面 A_α 与基面 p_r 间的夹角小于 90° 时	后面 A_α 与基面 p_r 间的夹角等于 90° 时	后面 A_α 与基面 p_r 间的夹角大于 90° 时

表 1–7　　车刀刃倾角正负值的规定及使用情况

角度值	$\lambda_s>0°$	$\lambda_s=0°$	$\lambda_s<0°$
正负值的规定	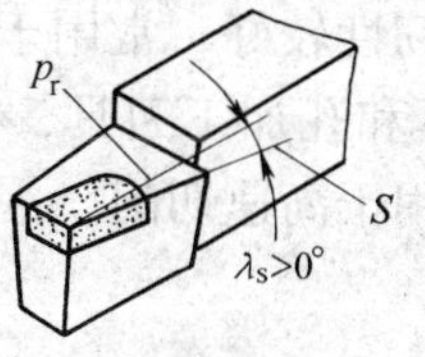	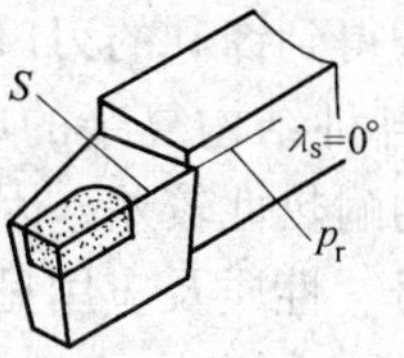	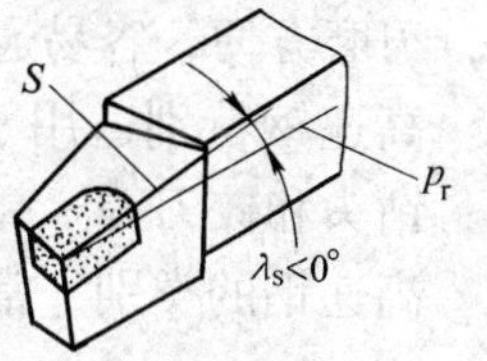
	刀尖位于主切削刃 S 的最高点	主切削刃 S 和基面 p_r 平行	刀尖位于主切削刃 S 的最低点
排出切屑情况	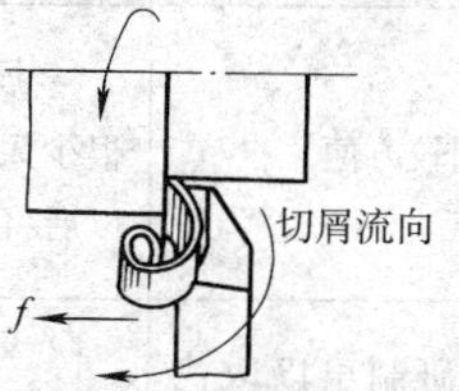	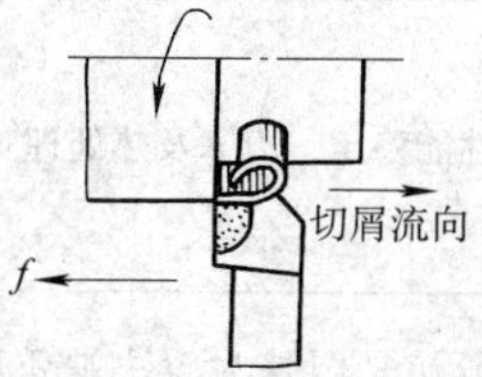	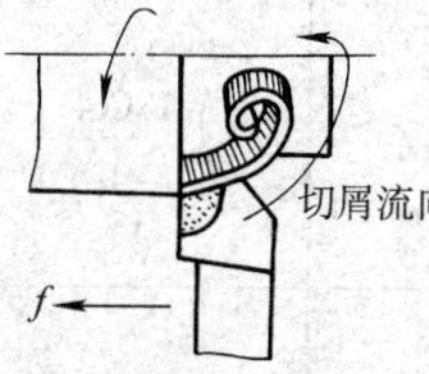
	车削时，切屑排向工件的待加工表面方向，切屑不易擦毛已加工表面，车出的工件表面粗糙度值小	车削时，切屑基本上沿垂直于主切削刃方向排出	车削时，切屑排向工件的已加工表面方向，容易划伤已加工表面
刀尖强度和冲击点先接触车刀的位置	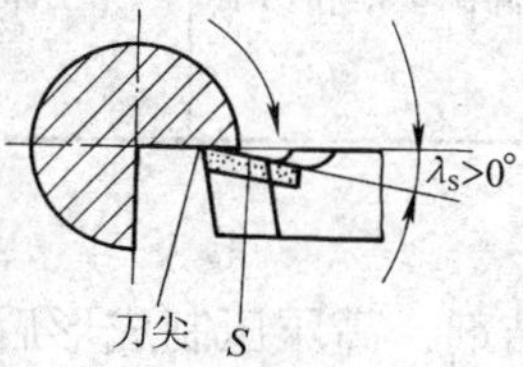	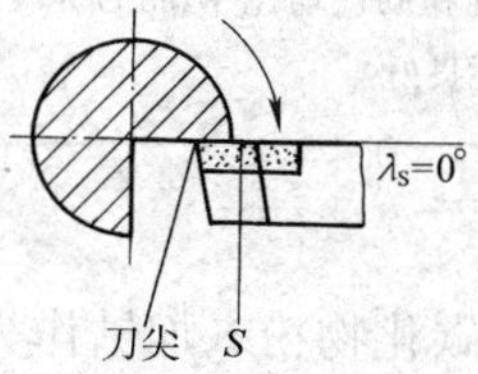	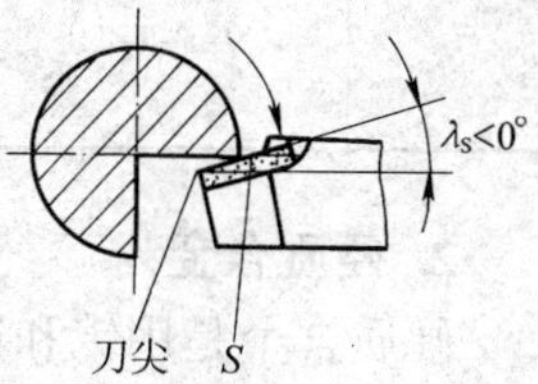
	刀尖强度较低，尤其是在车削不圆整的工件受冲击时，冲击点先接触刀尖，刀尖易损坏	刀尖强度一般，冲击点同时接触刀尖和切削刃	刀尖强度高，在车削有冲击的工件时，冲击点先接触远离刀尖的切削刃处，从而保护了刀尖
适用场合	精车时，应取正值，λ_s 为 0° ~ 8°	工件圆整、余量均匀的一般车削时，应取 $\lambda_s=0°$	断续车削时，为了提高刀头强度，取负值，λ_s 为 −15° ~ −5°

五、车刀切削部分应具备的基本性能

车刀切削部分在很高的温度下工作，经受连续强烈的摩擦，并承受很大的切削力和冲击，所以车刀切削部分的材料必须具备下列基本性能：

1. 较高的硬度和耐磨性。
2. 足够的强度和韧性。
3. 较高的耐热性和较好的导热性。
4. 良好的工艺性和经济性。

六、车刀切削部分的常用材料

目前，车刀切削部分的常用材料有高速钢和硬质合金两大类。

1. 高速钢

高速钢是含钨 W、钼 Mo、铬 Cr、钒 V 等合金元素较多的工具钢。高速钢刀具制造简单，刃磨方便，容易通过刃磨得到锋利的刃口，而且韧性较好，常用于承受冲击力较大的场合。高速钢特别适用于制造各种结构复杂的成形刀具和孔加工刀具，如成形车刀、螺纹刀具、钻头和铰刀等。高速钢的耐热性较差，因此不能用于高速切削。

高速钢的类别、常用牌号、性质及应用见表 1–8。

表 1–8　高速钢的类别、常用牌号、性质及应用

类别	常用牌号	性　质	应　用
钨系	W18Cr4V （18–4–1）	性能稳定，刃磨及热处理工艺控制较方便	金属钨的价格较高，国外已很少采用。目前国内使用普遍，以后将逐渐减少
钨钼系	W6Mo5Cr4V2 （6–5–4–2）	最初是国外为解决缺钨问题而研制出以取代 W18Cr4V 的高速钢（以 1% 的钼取代 2% 的钨）。其高温塑性与韧性都超过 W18Cr4V，而其切削性能却大致相同	主要用于制造热轧工具，如麻花钻等
	W9Mo3Cr4V （9–3–4–1）	根据我国资源的实际情况而研制的刀具材料，其强度和韧性均比 W6Mo5Cr4V2 好，高温塑性和切削性能良好	使用将逐渐增多

2. 硬质合金

硬质合金是用钨和钛的碳化物粉末加钴作为黏结剂，高压压制成形后再经高温烧结而成的粉末冶金制品。硬质合金的硬度、耐磨性和耐热性均高于高速钢，切削钢时，切削速度可达 220 m/min 左右。硬质合金的缺点是韧性较差，承受不了大的冲击力。硬质合金是目前应用最广泛的一种车刀材料。

切削用硬质合金按其切屑排出形式和加工对象的范围可分为三个主要类别，分别以字母 K、P、M 表示，见表 1–9。

表 1–9　硬质合金的类别、成分、用途、代号、性能（GB/T 18376.1—2008）以及与旧牌号的对照

类别	成分	用　途	被加工材料	常用代号	性能		适用于的加工阶段	相当于旧牌号
					耐磨性	韧性		
K 类（钨钴类）	WC+Co	适用于加工铸铁、有色金属等脆性材料或冲击性较大的场合。但在切削难加工材料或振动较大（如断续切削塑性金属）的特殊情况时也较合适	适用于加工短切屑的黑色金属、有色金属及非金属材料	K01	↑	↓	精加工	YG3
				K20			半精加工	YG6
				K30			粗加工	YG8

续表

类别	成分	用途	被加工材料	常用代号	性能		适用于的加工阶段	相当于旧牌号
					耐磨性	韧性		
P类（钨钛钴类）	WC+TiC+Co	适用于加工钢或其他韧性较大的塑性金属，不宜用于加工脆性金属	适用于加工长切屑的黑色金属	P01	↑	↓	精加工	YT30
				P10			半精加工	YT15
				P30			粗加工	YT5
M类［钨钛钽（铌）钴类］	WC+TiC+TaC（NbC）+Co	既可加工铸铁、有色金属，又可加工碳素钢、合金钢，故又称通用合金。主要用于加工高温合金、高锰钢、不锈钢以及可锻铸铁、球墨铸铁、合金铸铁等难加工材料	适用于加工长切屑或短切屑的黑色金属和有色金属	M10	↑	↓	精加工、半精加工	YW1
				M20			半精加工、粗加工	YW2

技能训练

识读车刀图

硬质合金外圆车刀切削部分几何角度的标注如图 1–34 所示。

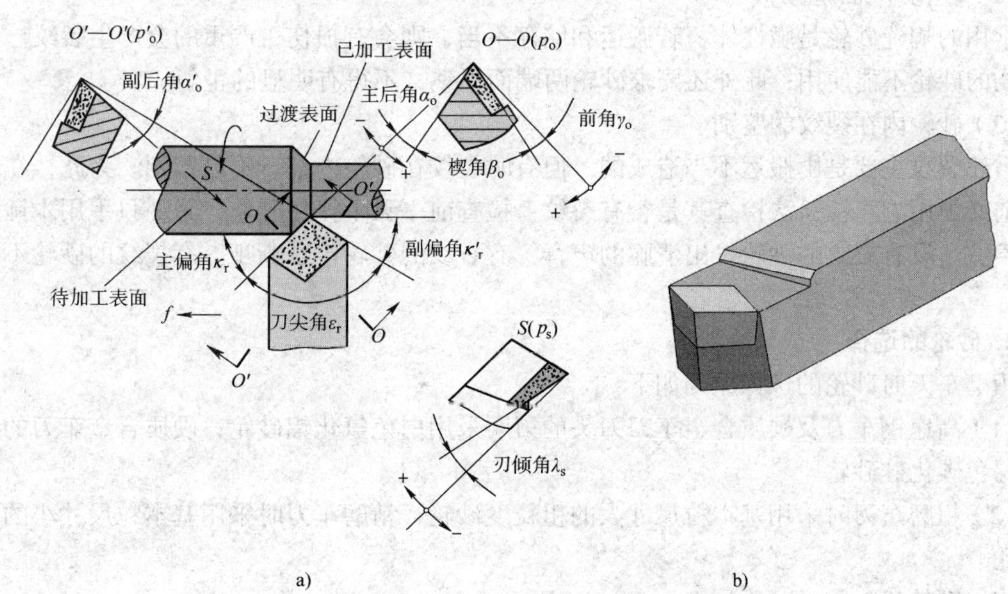

图 1–34　硬质合金外圆车刀切削部分几何角度的标注

a）车刀切削部分几何角度的标注　b）车刀外形图

课题四　车刀的刃磨

在去除工件材料的切削过程中，车刀的前面和后面处于剧烈的摩擦与切削热的作用中，使车刀的切削刃口变钝而失去切削能力，必须通过刃磨来恢复切削刃口的锋利和正确的车刀几何角度。

车刀的刃磨方法有机械刃磨和手工刃磨两种。机械刃磨效率高，操作方便，几何角度准确，质量好。但在中、小型企业中仍普遍采用手工刃磨的方法。因此，车工必须掌握手工刃磨车刀的技术。

一、砂轮

1. 砂轮的种类

刃磨车刀的砂轮大多采用平形砂轮，按其磨料不同，常用的砂轮有氧化铝砂轮和碳化硅砂轮两类。

氧化铝砂轮又称刚玉砂轮，多呈白色，其磨粒韧性好，比较锋利，硬度较低（指磨粒在磨削抗力作用下容易从砂轮上脱落），自锐性好，适用于高速钢车刀和硬质合金车刀刀头部分的粗磨。

碳化硅砂轮多呈绿色，其磨粒的硬度高，刃口锋利，但脆性大，适用于刃磨硬质合金车刀。

2. 砂轮的鉴别

（1）砂轮外观的鉴别

常用的陶瓷砂轮是脆性体，若搬运和储存不当，则会有损伤，严重的会产生裂纹。外观有损伤的砂轮不能使用；此外还要求砂轮两端面平整，不得有明显的歪斜。

（2）砂轮内在裂纹的鉴别

砂轮裂纹主要是由搬运不当造成的。但有时裂纹在砂轮内部，不易鉴别。为此，在使用砂轮前必须用响声检验法检查其是否有裂纹。检查前一只手托住砂轮，另一只手用木锤轻敲听其声音。没有裂纹的砂轮发出清脆的声音，有裂纹的砂轮声音嘶哑。有裂纹的砂轮不能使用。

3. 砂轮的选择

刃磨车刀时砂轮的选择原则如下：

（1）高速钢车刀及硬质合金车刀刀头的刃磨采用白色氧化铝砂轮；硬质合金车刀的刃磨采用绿色碳化硅砂轮。

（2）粗磨车刀时采用基本粒尺寸大的粗粒度砂轮；精磨车刀时采用基本粒尺寸小的细粒度砂轮。

二、砂轮机

砂轮机是用来刃磨各种刀具、工具的常用设备，由电动机、砂轮机座、托架和防护罩等部分组成，如图 1–35 所示。

砂轮机启动后，应在砂轮旋转平稳后再进行磨削。若砂轮跳动明显，应及时停机修整。平形砂轮一般用砂轮刀在砂轮上来回修整，如图 1–36 所示。

图 1–35　砂轮机

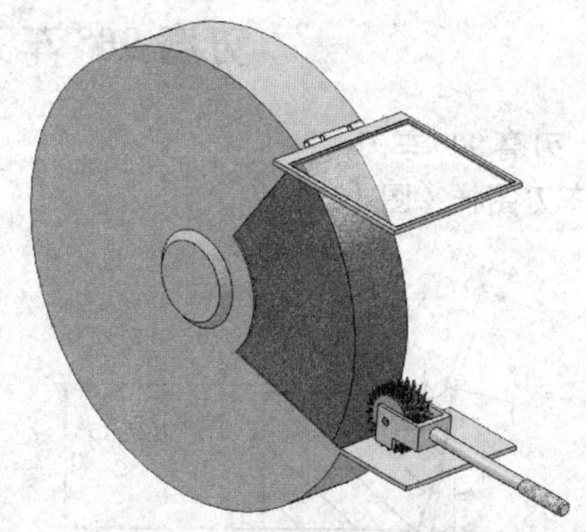

图 1–36　用砂轮刀修整砂轮

三、刃磨车刀时的注意事项

1. 安全知识

（1）刃磨车刀时必须戴防护镜，操作者应按要求站立在砂轮机侧面。

（2）新安装的砂轮必须经严格检查，在试转合格后才能使用。砂轮的磨削表面须经常修整。

（3）使用平形砂轮时，应避免在砂轮的端面上刃磨车刀。

（4）刃磨高速钢车刀时应及时浸水冷却，以防车刀因退火而导致硬度降低。刃磨硬质合金刀片焊接车刀时则不能浸水冷却，以防刀片因骤冷而崩裂。

（5）刃磨结束应随手切断砂轮机电源。

2. 刃磨车刀的姿势和方法

刃磨车刀时，操作者应站立在砂轮机的侧面，以防砂轮碎裂时碎片飞出伤人。两手分别握住车刀的刀体和刀柄部位，两肘应紧靠腰部，这样可以减小刃磨时的抖动。

刃磨时，车刀应放在砂轮的水平中心，刀尖略微上翘 3° ~ 8°，车刀接触砂轮后应做左右方向水平移动，车刀离开砂轮时，刀尖需向上抬起，以免磨好的切削刃被砂轮碰伤。

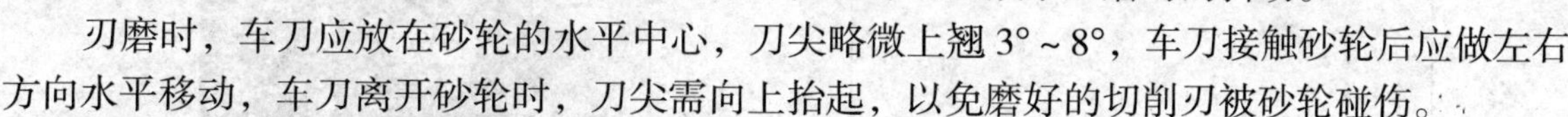

提示：刃磨车刀时不能用力过大，以防打滑伤手。

3. 车刀的刃磨次序

车刀的刃磨分为粗磨和精磨。

刃磨硬质合金焊接车刀时还需先将车刀前面、后面上的焊渣磨去。

粗磨时按主后面→副后面→前面的顺序刃磨，精磨时按前面→主后面→副后面→刀尖圆弧的顺序进行。

硬质合金车刀还需用细油石研磨其切削刃。

技能训练

刃磨 90° 车刀和 45° 车刀

一、刃磨 90° 车刀

1. 车刀图样（图 1–37）

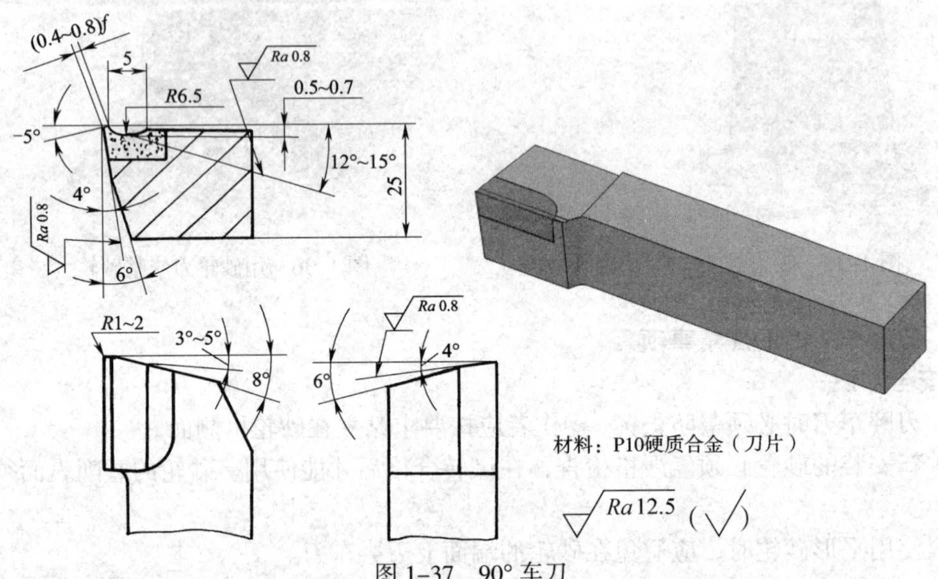

图 1–37　90° 车刀

2. 刃磨步骤（表 1–10）

表 1–10　　90° 车刀刃磨步骤

步骤	方法	图示
粗磨主后面	选白色氧化铝砂轮。刀柄与砂轮轴线保持平行（κ_r=90°），刀柄向外侧倾斜主后角（α_o 取 4°～6°）的角度 刃磨时，应使主后面近底平面处先靠到砂轮中心的水平外圆处，并以此为起始位置，继续向砂轮靠近，并左右缓慢移动，一直磨至切削刃处为止	砂轮中心的水平位置 κ_r=90° α_o=4°~6°

续表

步骤	方法	图示
粗磨副后面	选白色氧化铝砂轮。刀柄尾端向右偏摆，转过副偏角（κ'_r取 8°～12°），刀头上翘副后角（α'_o取 4°～6°）的角度 刃磨方法与上一步骤相同，但应磨至刀尖处为止	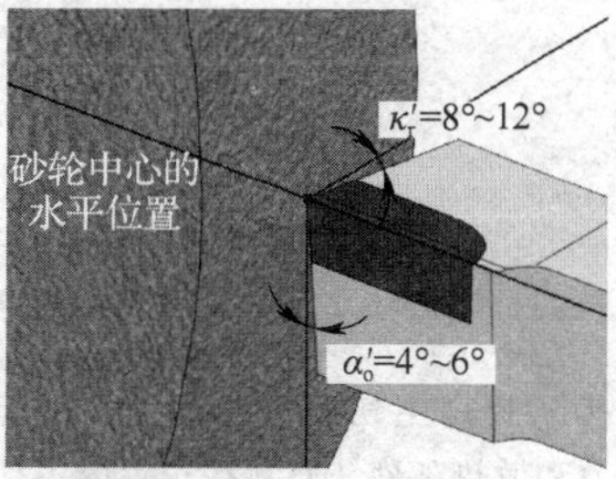 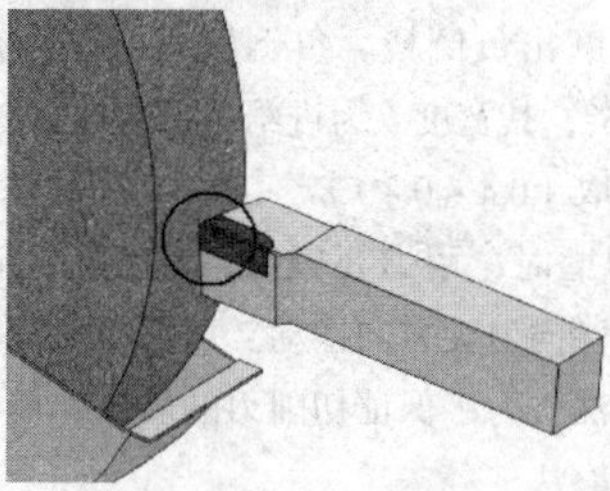
粗磨前面	选白色氧化铝砂轮。刀柄与砂轮轴线平行，前面远离主切削刃一侧先靠近砂轮中心的水平外圆处，一直磨至主切削刃处	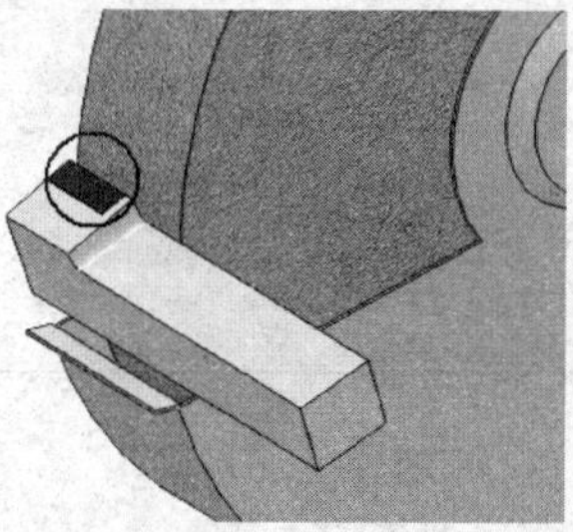
刃磨断屑槽	选绿色碳化硅砂轮。断屑槽常见的有圆弧形和直线形两种 刃磨时，须先将砂轮外圆和端面的交角处用修砂轮的金刚石笔（或用硬砂条）修磨成相应的圆弧。若刃磨直线形断屑槽，则砂轮的交角须修磨得很尖锐。刃磨时刀尖可向下磨或向上磨。但选择刃磨断屑槽的部位时，应考虑留出刀头倒棱的宽度（留出相当于进给量大小的距离）	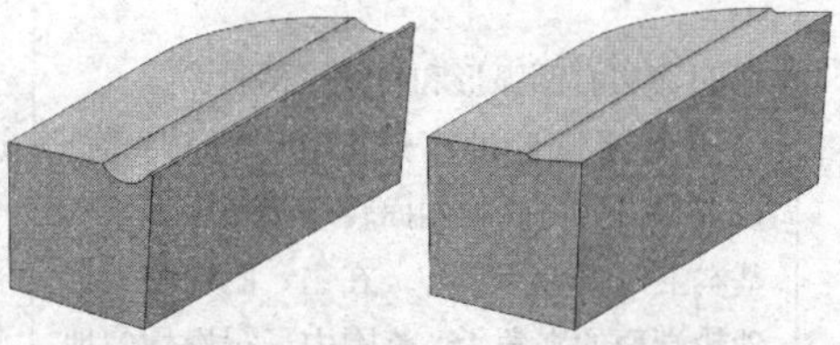 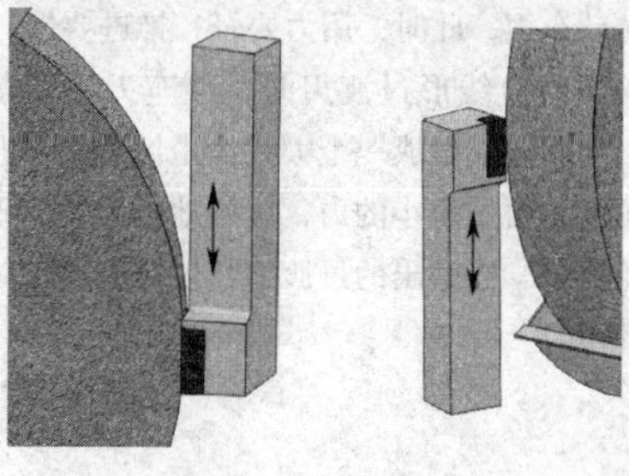
精磨主、副后面	选绿色碳化硅砂轮。修整好砂轮，保持回转平稳。刃磨时保持好手形，将车刀后面靠住砂轮圆周面缓慢地左右移动，保证车刀刃口平直	

续表

步骤	方法	图示
磨负倒棱	为了提高主切削刃的强度，改善其受力和散热条件，通常在车刀的主切削刃上磨出负倒棱。负倒棱的倾斜角度 γ_f 为 -5°，其宽度 b 为进给量的 40% ~ 80%，即 b 取（0.4 ~ 0.8）f 刃磨时，用力要轻微，要使主切削刃的后端向刀尖方向摆动。可采用直磨法和横磨法。为了保证切削刃的质量，最好采用直磨法	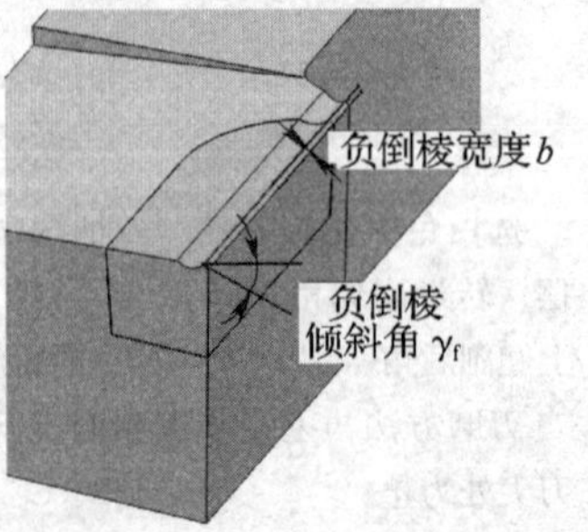 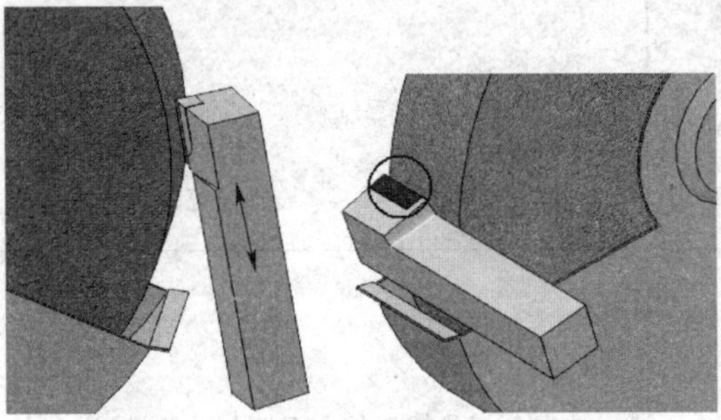 负倒棱宽度 b 负倒棱倾斜角 γ_f
磨过渡刃	过渡刃有圆弧形和直线形两种 刃磨圆弧形过渡刃（R1 ~ 2 mm）时，在车刀刀尖与砂轮端面轻微接触后，刀柄基本上以刀尖为圆心，在主、副切削刃与砂轮端面的夹角 15° 范围内，缓慢均匀地转动车刀，此时，用力要轻，推进要慢 刃磨直线形过渡刃时，使车刀主切削刃与砂轮端面成一个大致为主偏角一半的角度，再用很小的力，缓慢地把刀尖向砂轮推进，当磨出的过渡刃长度符合要求时即可	圆弧形过渡刃 15° 15° 直线形过渡刃 修光刃 $\approx\kappa_r/2$

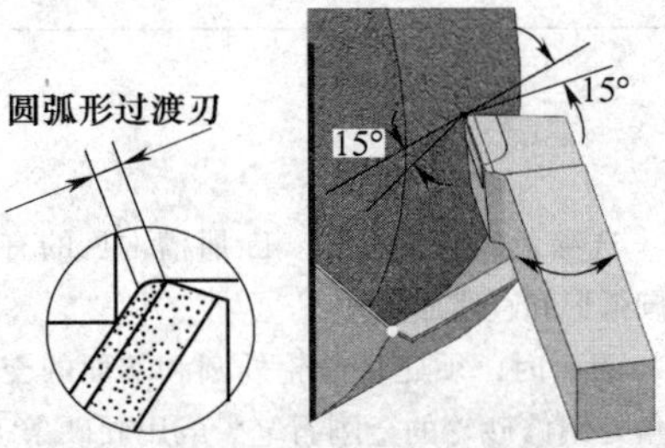

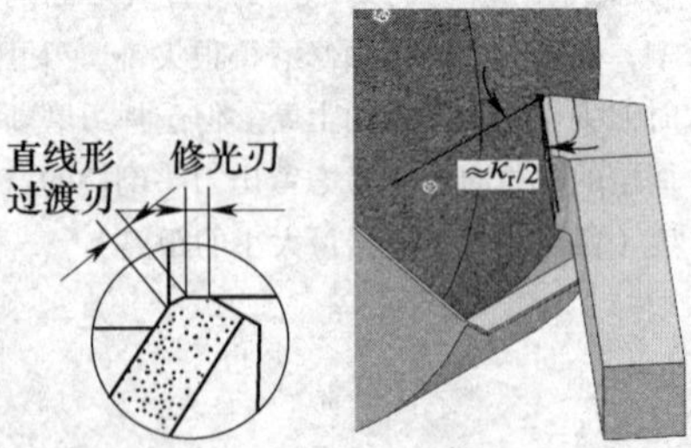

续表

步骤	方法	图示
用油石研磨	在砂轮上刃磨的车刀，可以发现其刃口上呈微观凸凹不平状态，所以手工刃磨的车刀还应用细油石研磨其切削刃 研磨时，手持油石在切削刃上来回移动。要求向刀尖方向用力，离开刀尖则贴平刀面退回。要求动作平稳，用力均匀	

二、刃磨 45° 车刀

1. 车刀图样（图 1–38）

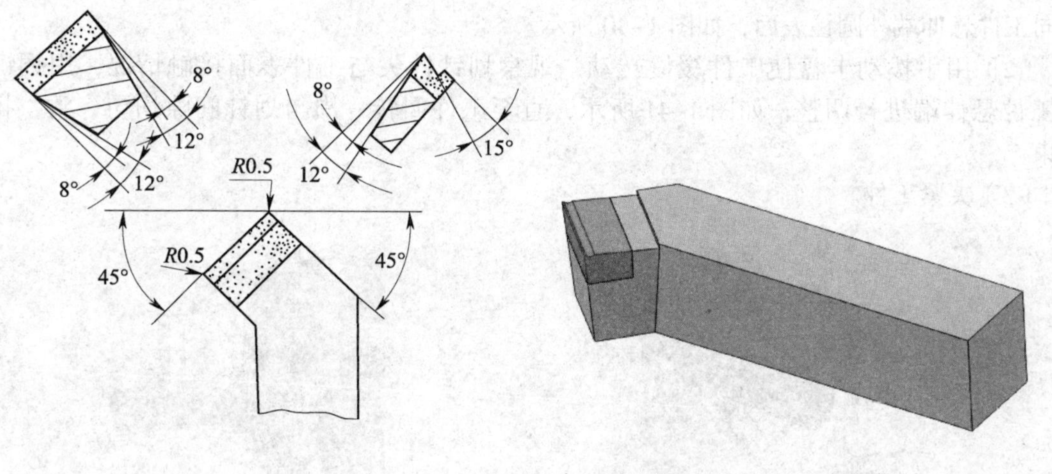

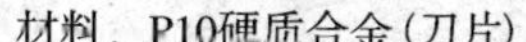

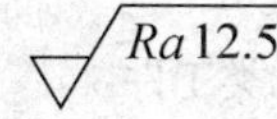

图 1–38　45° 车刀

2. 刃磨步骤

参照 90° 车刀的刃磨工艺进行刃磨。

课题五　工件的装夹和找正

由于工件的形状、大小各异，加工精度及加工数量不同，因此，在车床上加工时，工件的装夹方法也不同。本课题介绍在车床上加工最多的轴类和盘类工件的常用装夹方法。

一、在三爪自定心卡盘上装夹

三爪自定心卡盘能自动定心，装夹工件时一般不需要找正，如图 1–39 所示。但在装夹较长的工件时，工件上离卡盘夹持部分较远处的回转中心不一定与车床主轴轴线重合，这时必须对工件位置进行找正。此外，当三爪自定心卡盘因使用时间较长而已失去应有的精度，而工件的加工精度要求又较高时，也需要找正。找正的要求是使工件的回转中心与车床主轴的回转中心重合。

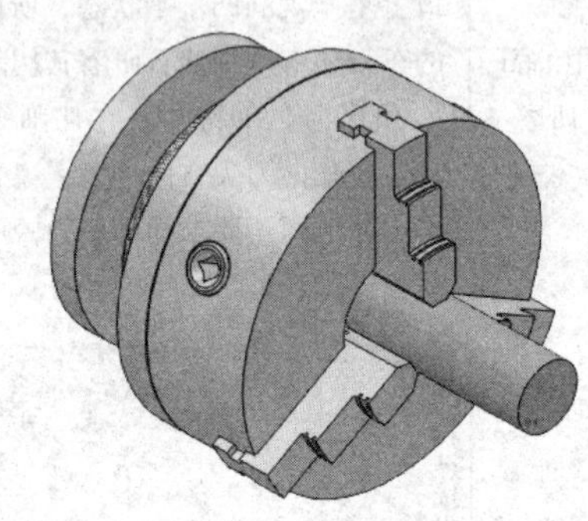

图 1–39　用三爪自定心卡盘装夹工件

三爪自定心卡盘适用于装夹形状规则的中、小型工件。

1. 用划针找正

粗加工时可通过目测和用划针找正工件毛坯表面。

（1）用卡盘轻夹工件，将主轴箱变速手柄置于空挡，划线盘放置在适当位置，划针尖端触向工件悬伸端外圆柱表面，如图 1–40 所示。

（2）用手拨动卡盘使工件缓慢转动，观察划针针尖与工件表面接触情况，用铜锤轻击工件悬伸端进行调整，如图 1–41 所示，直至工件回转一周与划针间隙均匀一致，找正结束。

（3）夹紧工件。

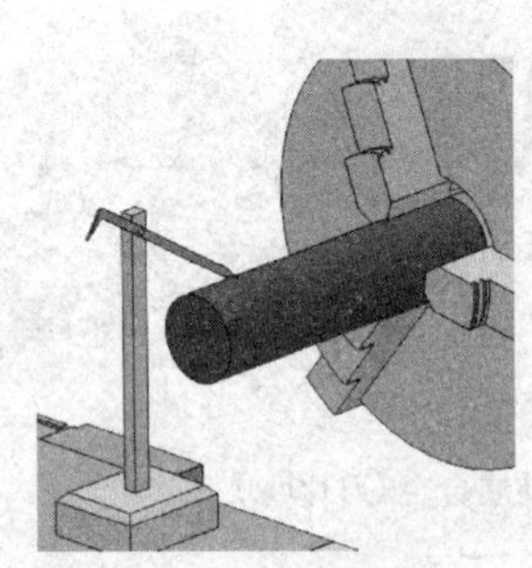

图 1–40　用划针找正轴类工件

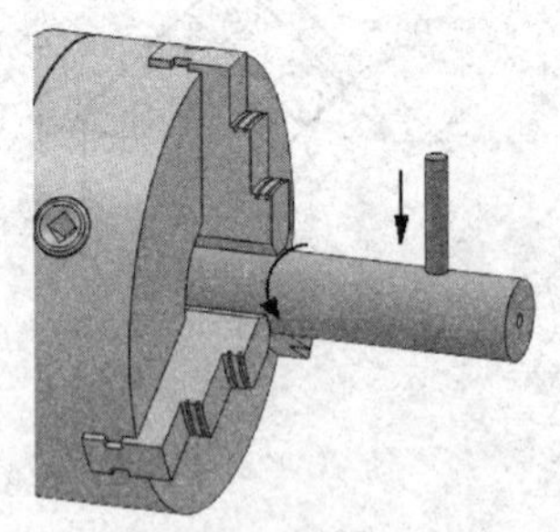

图 1–41　用铜锤轻击工件

2. 用百分表找正

精加工时用百分表找正工件。

（1）用卡盘轻轻夹住工件，将磁性表座吸在车床固定不动的表面（如导轨面）上，调整表架位置，使百分表测头垂直指向工件悬伸端外圆柱表面（图 1–42）；对于直径较大而轴向长度不大的盘形工件，可将百分表测头垂直指向工件端面的外缘处（图 1–43）。

图 1–42　用百分表找正工件外圆

图 1–43　用百分表找正盘类工件端面

（2）用相同的方法扳动卡盘缓慢转动，并找正工件，至每转中百分表读数的最大差值在 0.1 mm 以内（或视工件精度要求），找正结束。

（3）夹紧工件。

提示：百分表测头预先压下 0.5 ~ 1 mm，再回转工件。

3. 用小铜棒进行端面找正

装夹端面粗加工后的盘类工件时，常采用下述方法找正（图 1–44）：

（1）在刀架上夹持一圆头铜棒。

（2）用卡盘轻轻夹住工件，使主轴低速转动。

（3）移动床鞍和中滑板，使刀架上的圆头铜棒轻轻接触和挤压工件端面的外缘，当目测工件端面基本与主轴轴线垂直后，找正结束。

（4）夹紧工件，退出铜棒。

二、在四爪单动卡盘上装夹

四爪单动卡盘的四个卡爪是各自独立运动的，如图 1–45 所示。因此，在装夹工件时，必须将工件加工部位的回转中心找正到与车床主轴回转中心重合。

四爪单动卡盘找正比较费时，但夹紧力大，适用于装夹大型或形状不规则的工件。

1. 工件的装夹

（1）将主轴箱变速手柄置于空挡位置。

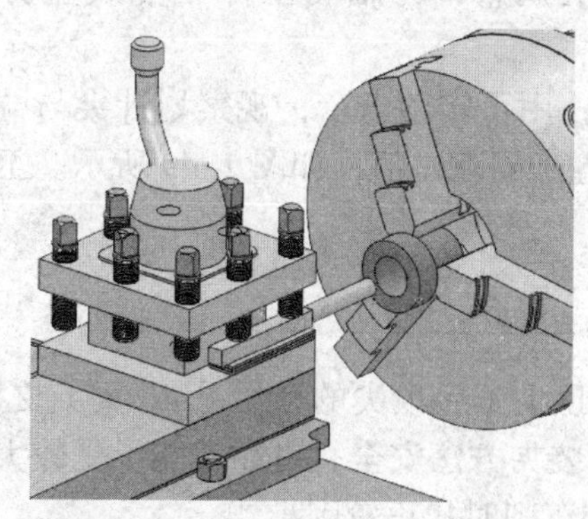

图 1–44　用小铜棒进行端面找正

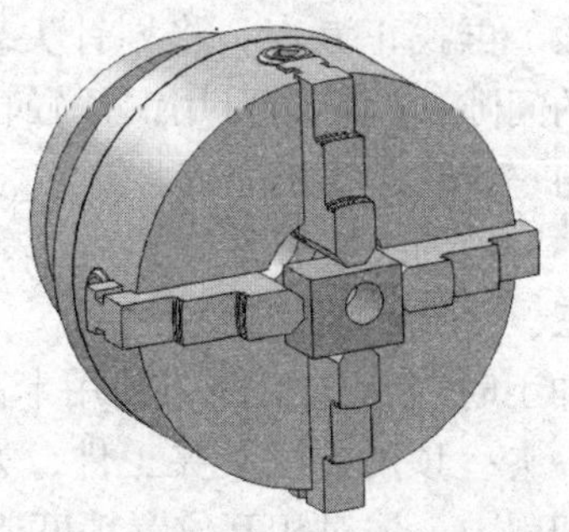

图 1–45　用四爪单动卡盘装夹工件

（2）根据工件装夹部位的尺寸调整卡爪，使相对两卡爪间的距离稍大于工件装夹部位的尺寸，装夹时的顺序是两相对应的卡爪移动，再移动另两相对应的卡爪。卡爪的位置是否与主轴回转中心等距，可参考卡盘平面上的多圈同心圆线。

（3）在工件装夹位置下方的床身导轨面上垫放防护木板。

（4）工件被夹持部分的长度一般为 15 mm 左右。

2. 轴类工件的找正

找正轴类工件时，通常找正外圆柱面上的 *A*、*B* 两点，如图 1–46 所示。

（1）先找正 *A* 点，找正时，用划针尖靠近工件外圆表面 *A* 点，用手转动卡盘，观察工件表面与划针尖之间的间隙，然后根据间隙大小调整两卡爪的相对位置，调整量为间隙差值的一半，如图 1–47 所示。注意找正时不能同时松开两个卡爪，以防工件掉落。至间隙均匀一致时，找正完成。

图 1–46　用划针找正轴类工件

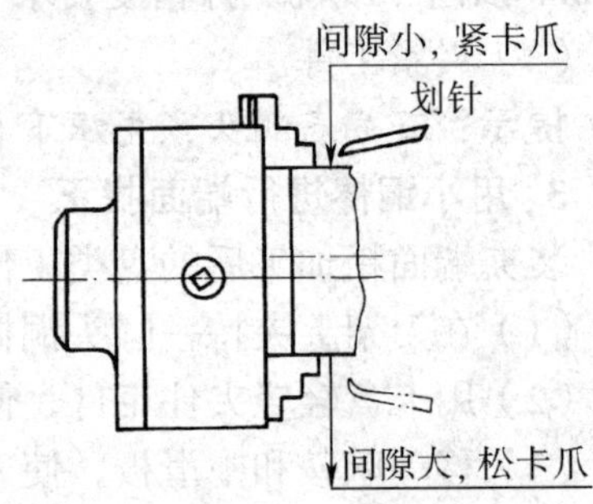

图 1–47　卡爪位置的调整

（2）再找正 *B* 点，将划针尖移到靠近工件外圆表面的 *B* 点处进行。不调整卡爪位置，而是用铜锤轻轻敲击。至间隙均匀一致时，找正完成。

（3）均匀夹紧工件。

3. 盘类工件的找正

盘类工件找正时，不仅要找正外圆柱面（*A* 点），还需要找正工件的端面（*B* 点），如图 1–48 所示。

（1）先找正 *A* 点，找正时用调整卡爪位置的方法调整，与轴类工件 *A* 点找正方法相同。

（2）再找正 *B* 点，将划针尖靠近工件端面边缘处，用手转动卡盘，观察划针尖与端面之间的间隙。调整时可用铜锤轻轻敲击找正，调整量等于间隙差值，如图 1–49 所示。至间隙均匀一致时，找正完成。

（3）均匀夹紧工件。

三、一夹一顶装夹

加工时通常选工件一端用卡盘夹持，另一端用后顶尖（后顶尖的介绍见 46 页）支撑，即用一夹一顶的方法装夹工件，如图 1–50 所示。这种装夹方法安全、可靠，能承受较大的轴向切削力。但对相互位置精度要求较高的工件，掉头车削时找正较困难。

一夹一顶装夹工件时限位的方法见表 1–11。

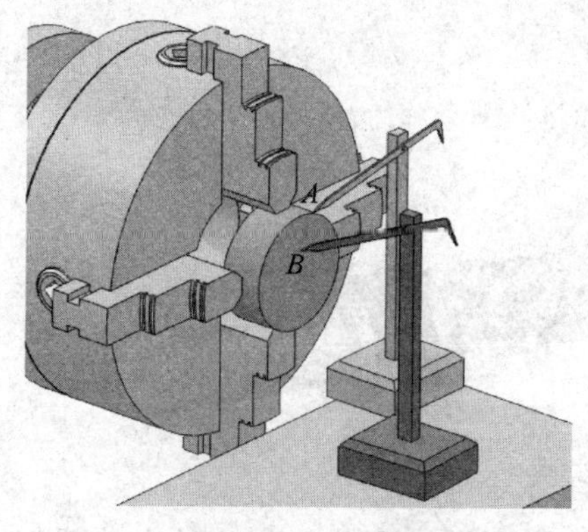

图 1–48　用划针找正盘类工件

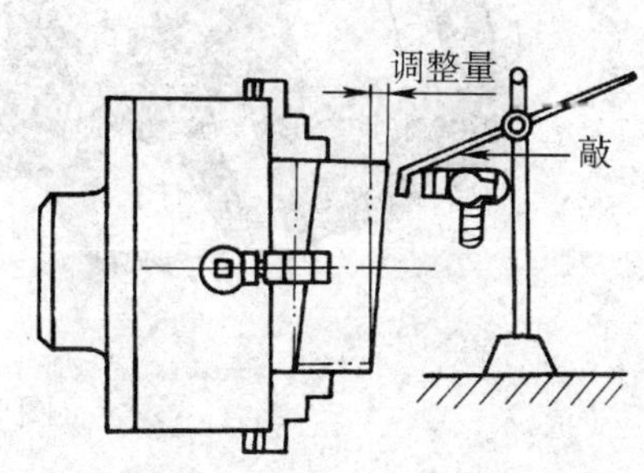

图 1–49　端面位置的找正

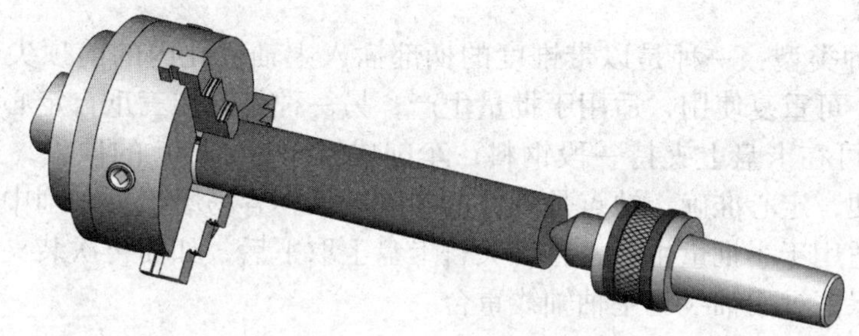

图 1–50　一夹一顶装夹

表 1–11　　　　**一夹一顶装夹工件时限位的方法**

方法	说明	图示
用支撑限位	在卡盘内装一个轴向限位支撑，以防止工件在轴向切削力作用下发生轴向窜动	限位支撑
用台阶限位	在工件被夹持部位车削一个长 10 ~ 20 mm 的台阶，作为轴向限位支撑，防止切削中工件发生轴向窜动	

四、在两顶尖间装夹

在两顶尖间装夹（图 1–51），主要用于加工较长或必须经多道工序才能完成的轴类工件。用两顶尖装夹工件，装夹方便，不需要找正，而且定位精度很高，但装夹前必须先在工件的两端面加工出合适的中心孔。

1. 顶尖

（1）前顶尖

顶尖的作用是定中心，承受工件的重力与切削时的切削力。顶尖分前顶尖和后顶尖两类。

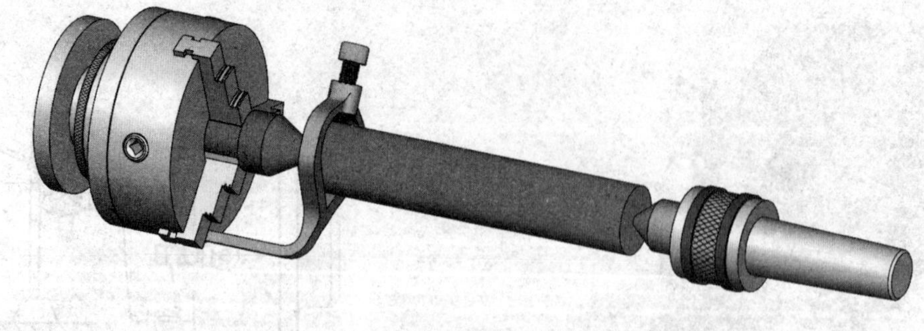

图 1–51　在两顶尖间装夹

前顶尖是安装在主轴上的顶尖，它随主轴和工件一起回转。因此，与工件中心孔无相对运动，不产生摩擦。

前顶尖有两种类型：一种是以带锥度的柄部插入主轴锥孔内的前顶尖（图 1–52），这种顶尖装夹牢靠，可重复使用，适用于批量生产；另一种是夹在三爪自定心卡盘上的前顶尖（图 1–53）。通常可在卡盘上夹持一段钢料，车削成锥角 $2\alpha=60°$ 的顶尖，这种顶尖的特点是制造、装夹方便，定心准确，缺点是顶尖的硬度较低，容易磨损，车削中如受到冲击，容易发生位移，只适用于小批量生产，且顶尖自卡盘上取下后，如需再次装夹使用，必须修整顶尖的锥面，以保证锥面轴线与主轴轴线重合。

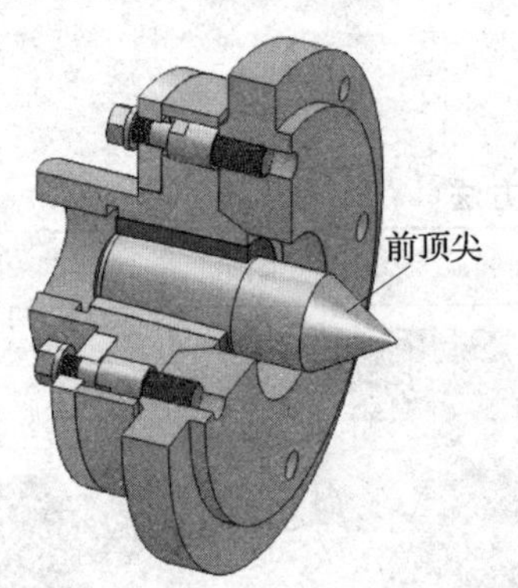

图 1–52　前顶尖

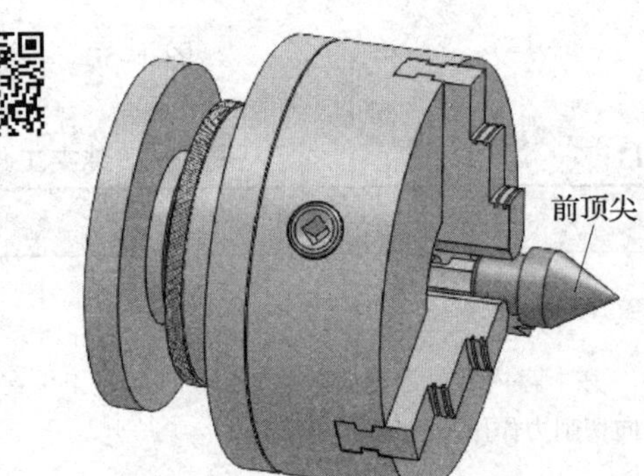

图 1–53　在卡盘上车削成的前顶尖

（2）后顶尖

插入尾座套筒锥孔中的顶尖称为后顶尖，后顶尖分成固定顶尖和回转顶尖两类。

1）固定顶尖。固定顶尖分为普通固定顶尖和硬质合金固定顶尖（图 1–54）。固定顶尖的优点是定心好，刚度高，切削时不易产生振动；缺点是与工件中心孔之间有相对运动，容易磨损和产生高热。普通固定顶尖用于低速切削，硬质合金固定顶尖可用于高速切削。

2）回转顶尖。回转顶尖（图 1–55）将顶尖与中心孔之间的滑动摩擦转变成顶尖内部轴承的滚动摩擦，克服了固定顶尖容易磨损和产生高热的缺点，可以承受很高的转速，但其定心精度不如固定顶尖高，刚度也稍低。

2. 在两顶尖间装夹工件

（1）安装并找正顶尖

1）擦净主轴锥孔、前顶尖柄部，将前顶尖插入主轴锥孔内（图 1–56）。

2）擦净尾座套筒锥孔和后顶尖柄部，将后顶尖插入尾座套筒锥孔内。

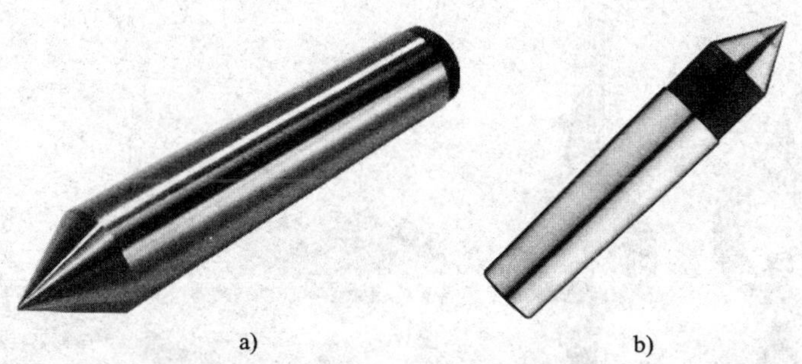

图 1-54　固定顶尖

a）普通固定顶尖　b）硬质合金固定顶尖

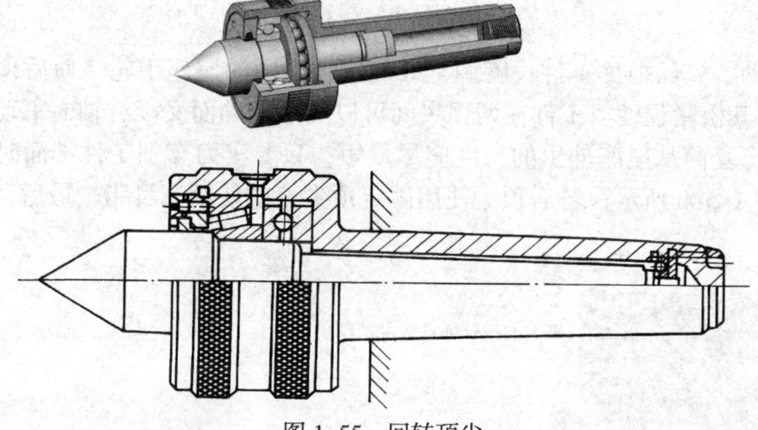

图 1-55　回转顶尖

3）拉动尾座，慢慢向主轴靠近，位置合适后，摇动尾座手轮，使尾座套筒带着后顶尖趋近并轻轻接触前顶尖，如图 1-56 所示。

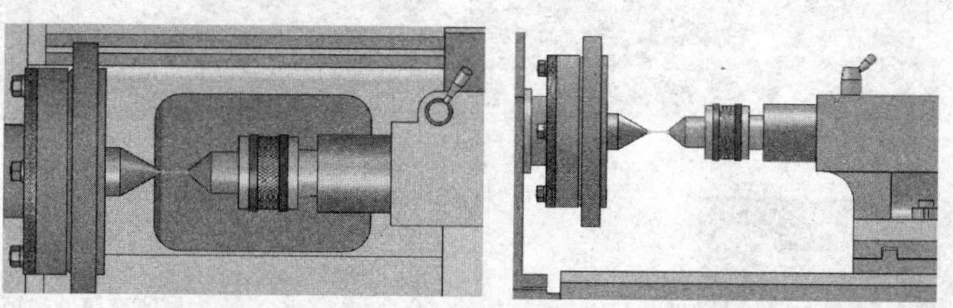

图 1-56　前、后顶尖相对位置的找正

4）从正上方与正前方两个方向观察前、后顶尖是否对准。若两顶尖没有对准，调整尾座的调整螺栓至符合要求。

（2）装夹工件

1）用鸡心夹头或平行对分夹头（图 1-57）夹紧工件一端的适当部位（应使夹头上的拨杆伸出工件轴端）。

2）左手托起工件，将夹有夹头一端的中心孔放置在前顶尖上，并使夹头的拨杆插入拨盘的凹槽中（用卡盘夹持的前顶尖则将拨杆贴近卡盘的卡爪侧面），以通过拨盘（或卡盘）带动工件回转，如图 1-58a 所示。

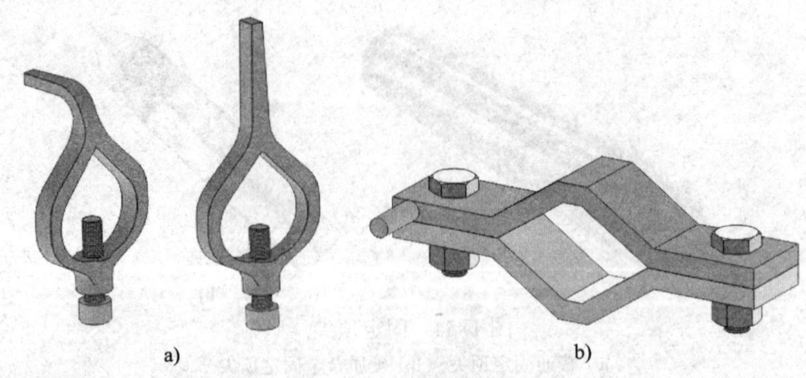

a)　　　　　　　　b)

图 1–57　夹头

a）鸡心夹头　b）平行对分夹头

3）右手摇动事先已根据工件长度调整好位置并紧固的尾座手轮，使后顶尖顶入工件另一端的中心孔，其松紧程度以工件在两顶尖间可以灵活转动而又没有轴向窜动为宜。

4）注意尾座套筒从尾座伸出的长度应尽量短，只要车刀车削工件端面时中滑板与尾座不碰即可，如图 1–58b 所示；若后顶尖使用固定顶尖，应使用润滑脂。最后，将尾座套筒的固定手柄压紧。

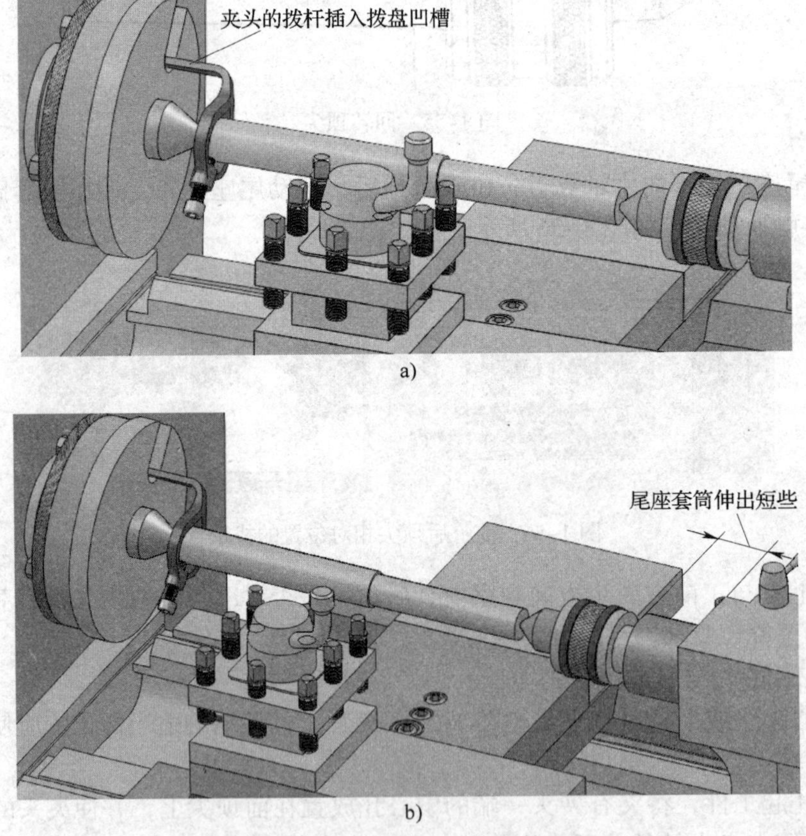

a)

b)

图 1–58　两顶尖间装夹工件的方法

a）夹头的拨杆插入拨盘凹槽　b）尾座套筒伸出短些

技能训练

装夹和找正练习

1. 在三爪自定心卡盘上分别完成轴类工件和套类工件的装夹和找正。
2. 在四爪单动卡盘上分别完成轴类工件和套类工件的装夹和找正。

第二单元

车轴类工件

轴（图 2-1）是机器中最常用的零件之一，一般由外圆柱面、端面、台阶、倒角、过渡圆角、槽和中心孔等结构要素构成。车削轴类工件时，除了保证图样上标注的尺寸和表面结构要求外，一般还应达到一定的几何公差要求。

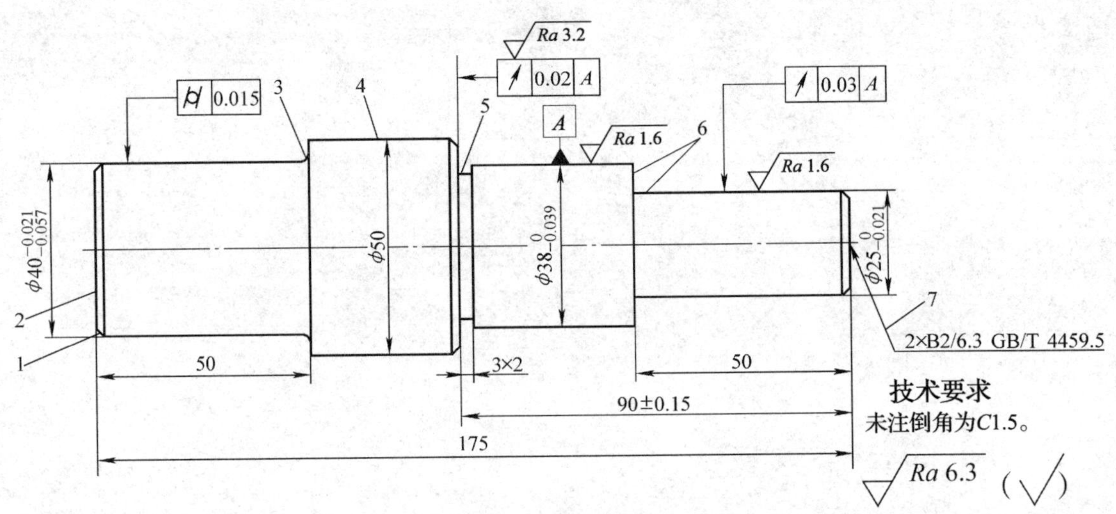

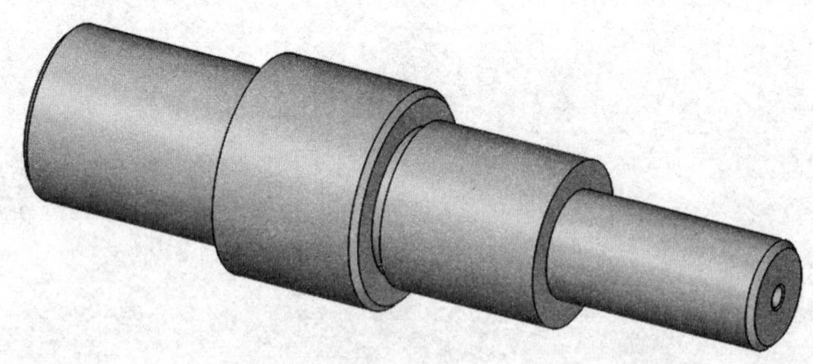

图 2-1　台阶轴

1—倒角　2—端面　3—过渡圆角　4—外圆柱面（外圆）　5—槽　6—台阶　7—中心孔

课题一　车外圆、端面和台阶

一、车外圆、端面和台阶的车刀

1. 加工不同精度的车刀

车削轴类工件一般可分为粗车和精车两个阶段。粗车的作用是提高劳动生产率，尽快将毛坯上的余量车去；而精车的作用是使工件达到规定的技术要求。粗车和精车的目的不同，对所用车刀的要求也存在着较大差别。

（1）粗车刀

粗车刀必须适应粗车时吃刀深和进给快的特点，主要要求车刀有足够的强度，能一次进给车去较多的余量。选择粗车刀几何参数的一般原则如下：

1）主偏角 κ_r 不宜太小，否则车削时容易引起振动。当工件外圆形状许可时，主偏角最好选择 75° 左右。这样车刀不但能承受较大的切削力，而且有利于切削刃散热。

2）为了提高刀头强度，前角 γ_o 和后角 α_o 应选小些。但必须注意，前角太小会增大切削力。

3）粗车刀一般刃倾角 λ_s 取 $-3° \sim 0°$，以提高刀头强度。

4）为了提高切削刃的强度，主切削刃上应磨有倒棱，倒棱宽度 $b_{\gamma1}$ 取 $(0.5 \sim 0.8) f$，倒棱前角 γ_{o1} 取 $-10° \sim -5°$，如图 2-2 所示。

5）为了提高刀尖强度，改善散热条件，使车刀耐用，刀尖处应磨有修圆刀尖或倒角刀尖。采用倒角刀尖时，倒角刀尖偏角 $\kappa_{r\varepsilon}=0.5\kappa_r$，倒角刀尖长度 b_ε 取 0.5 ~ 2 mm，如图 2-3 所示。

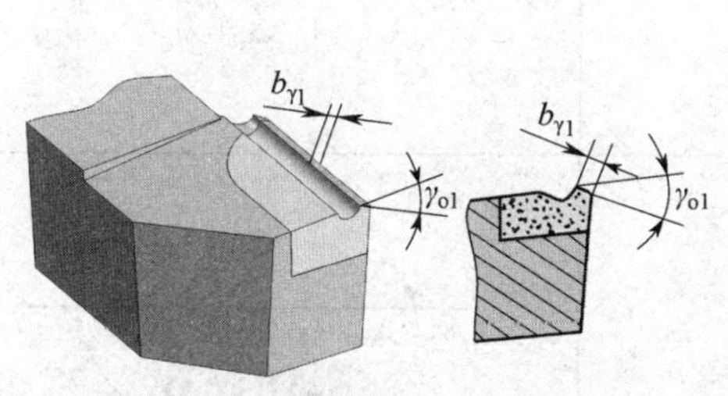

图 2-2　倒棱

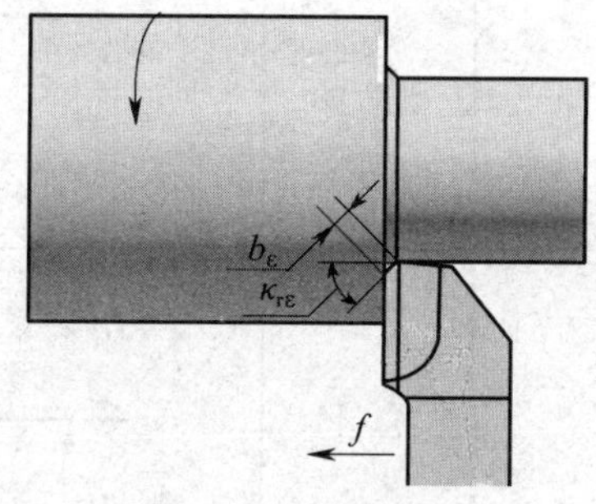

图 2-3　倒角刀尖

6）粗车塑性金属（如中碳钢）时，为使切屑能自行折断，应在车刀前面磨有断屑槽。常用的断屑槽有直线形和圆弧形两种。断屑槽的尺寸主要取决于背吃刀量和进给量。

（2）精车刀

工件精车后需要达到图样要求的尺寸精度和较小的表面粗糙度值，并且车去的余量较少，因此要求车刀锋利，切削刃平直、光洁，必要时还可磨出修光刃。精车时必须使切屑排向工件的待加工表面。

选择精车刀几何参数的一般原则如下：

1）为减小工件表面粗糙度值，应取较小的副偏角 κ_r' 或在副切削刃上磨出修光刃。一般修光刃长度 b_ε'=（1.2 ~ 1.5）f，如图 2–4 所示。

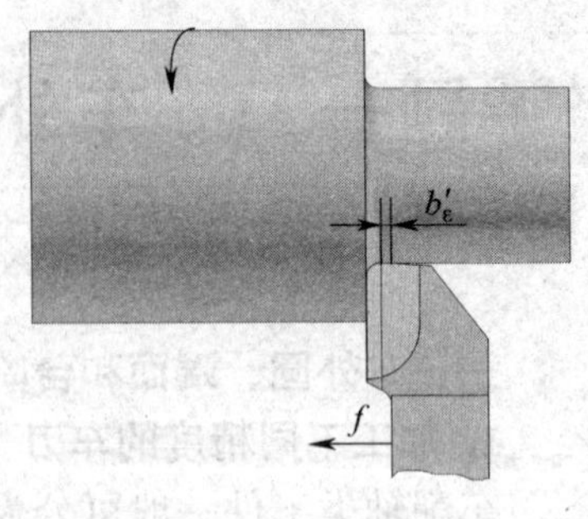

图 2–4　修光刃

2）前角 γ_o 一般应大些，以使车刀锋利，车削轻快。

3）后角 α_o 也应大些，以减小车刀和工件之间的摩擦。精车时对车刀强度的要求相对不高，允许取较大的后角。

4）为了使切屑排向工件的待加工表面，应选用正值的刃倾角，λ_s 取 3° ~ 8°。

5）精车塑性金属时，为保证排屑顺利，前面应磨出相应宽度的断屑槽。

2. 加工不同结构要素的车刀

常用的车外圆、端面和台阶用车刀的主偏角有 45°、75° 和 90° 几种。

（1）45° 车刀及其应用

1）45° 车刀。45° 车刀按进给方向的分类和判别方法见表 2–1。

表 2–1　　**车刀按进给方向的分类和判别方法**

车刀	别称	右车刀	左车刀
45° 车刀	弯头车刀	45°　45° 45° 右车刀	45°　45° 45° 左车刀
75° 车刀	—	8°　75° 75° 右车刀	8°　75° 75° 左车刀

续表

车刀	别称	右车刀	左车刀
90° 车刀	偏刀	90° 6°~8° 右偏刀（又称正偏刀，简称偏刀）	6°~8° 90° 左偏刀
说明		右车刀的主切削刃在刀柄左侧，由车床的右侧向左侧纵向进给	左车刀的主切削刃在刀柄右侧，由车床的左侧向右侧纵向进给
左右手判别法		将平放的右手手心向下放在刀柄的上面，如果主切削刃和右手拇指在同一侧，则该车刀为右车刀	将平放的左手手心向下放在刀柄的上面，如果主切削刃和左手拇指在同一侧，则该车刀为左车刀

2）45° 硬质合金车刀及其特点。图 2–5 所示为加工钢料用的典型 45° 硬质合金车刀。45° 车刀的刀尖角 ε_r=90°，刀尖强度和散热性都比 90° 车刀好。

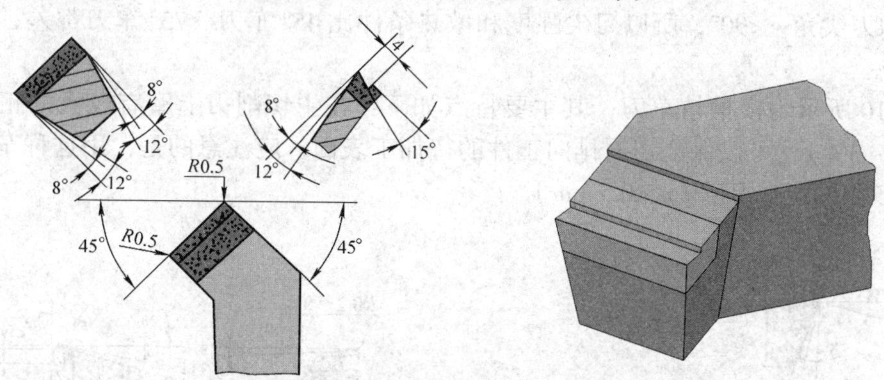

图 2–5　加工钢料用的 45° 硬质合金车刀

3）45° 车刀的应用。常用于车削工件的端面和进行 45° 倒角，也可用来车削长度较短的外圆，如图 2–6 所示。

（2）75° 车刀及其应用

1）75° 车刀。75° 车刀按进给方向的分类和判别方法见表 2–1。

2）75° 硬质合金车刀及其特点。图 2–7 所示为加工钢料用的典型 75° 硬质合金粗车刀。75° 车刀的刀尖角 ε_r>90°，刀尖强度高，较耐用。

3）75° 车刀的应用。75° 右车刀适用于粗车轴类工件的外圆和对加工余量较大的铸件、锻件外圆进行强力车削，75° 左车刀还适用于车削铸件、锻件的大端面（图 2–8）。

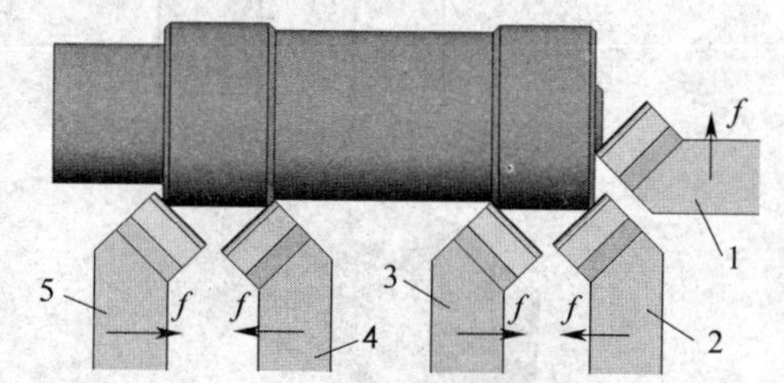

图 2–6　45° 车刀的应用

1、3、5—45° 左车刀　2、4—45° 右车刀

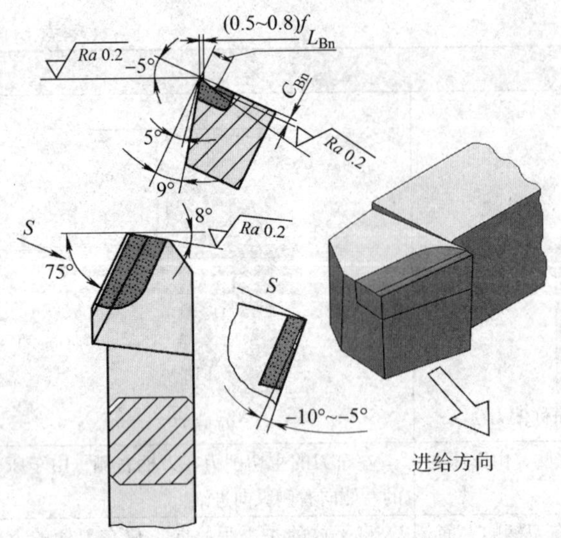

图 2-7 加工钢料用的 75° 硬质合金粗车刀

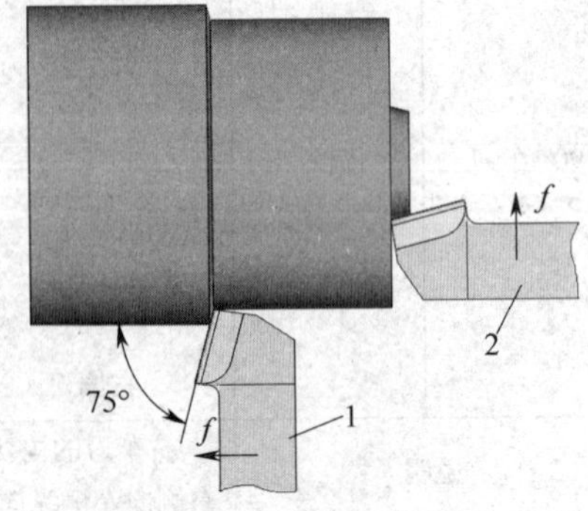

图 2-8 75° 车刀的应用

1—75° 右车刀车外圆 2—75° 左车刀车端面

(3) 90° 车刀及其应用

1) 90° 车刀。90° 车刀按进给方向的分类和判别方法见表 2-1。

2) 90° 硬质合金车刀及其特点。图 2-9 所示为加工钢料用的典型 90° 硬质合金精车刀。90° 车刀的刀尖角 ε_r<90°，所以刀尖强度和散热条件比 45° 车刀、75° 车刀都差，但应用范围较广泛。

图 2-10 所示为横槽精车刀，其主要特点如下：在主切削刃上磨有较大的正值刃倾角（λ_s 取 15° ~ 30°），可以保证切屑排向工件的待加工表面。应注意的是，用这种车刀车削时只能选用较小的背吃刀量（a_p<0.5 mm）。

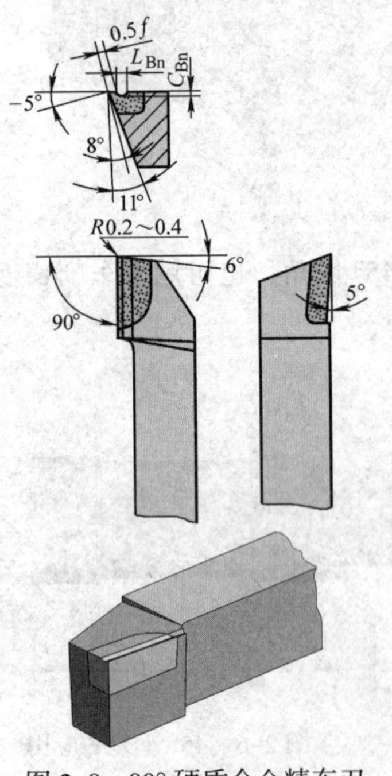

图 2-9 90° 硬质合金精车刀

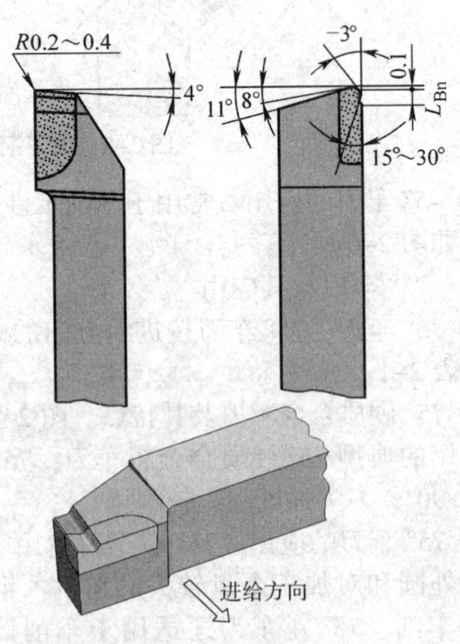

图 2-10 横槽精车刀

3）90° 车刀的应用。右偏刀一般用来车削工件的外圆、端面和右向台阶（图 2–11a、b）。因为其主偏角较大，车外圆时的背向力 F_p 较小，所以不易使工件产生径向弯曲。

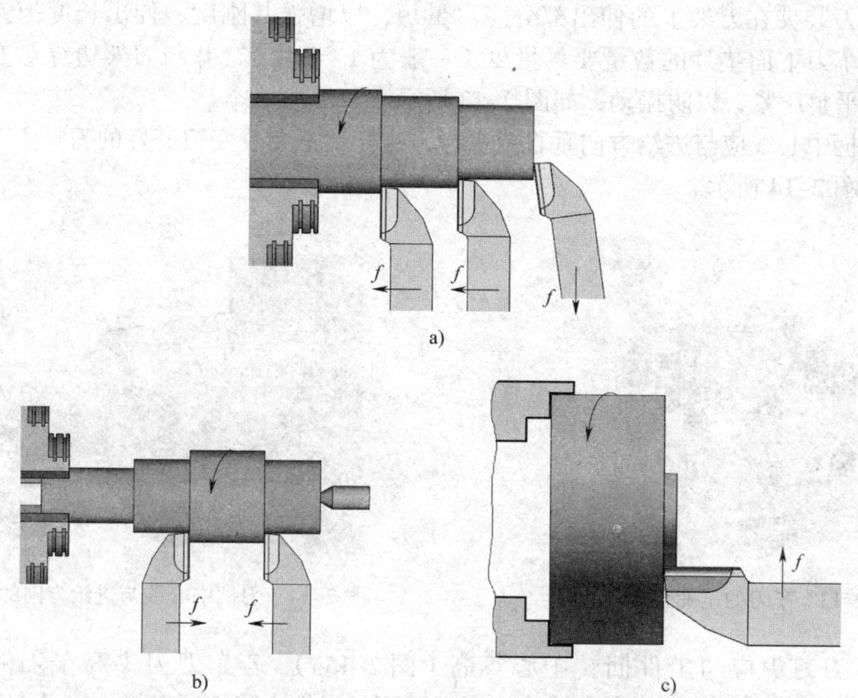

图 2–11　偏刀的应用

a）用右偏刀车外圆、台阶和端面　b）用左、右偏刀车台阶　c）用左偏刀车端面

左偏刀一般用来车削工件的外圆和左向台阶，也适用于车削直径较大且长度较短工件的端面，如图 2–11b、c 所示。

用右偏刀车端面时，如果车刀由工件外缘向中心进给，则是用副切削刃车削。当背吃刀量较大时，因切削力的作用会使车刀扎入工件而形成凹面（图 2–12a）。为防止产生凹面，可采用由中心向外缘进给的方法，利用主切削刃进行车削（图 2–12b），但是，背吃刀量应小些。当背吃刀量较大时，也可用图 2–12c 所示的端面车刀车削。

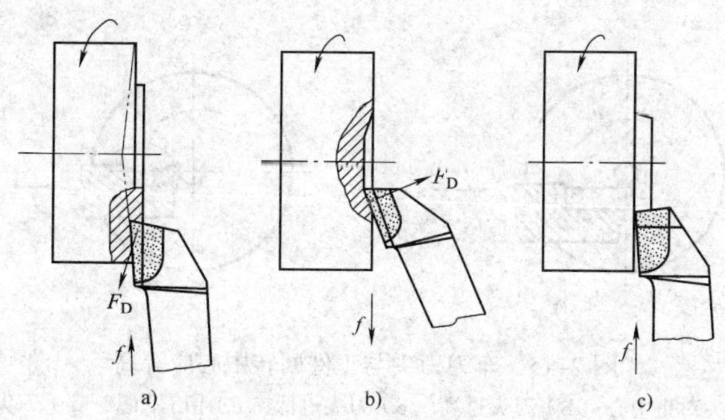

图 2–12　车端面

a）右偏刀由外缘向中心进给　b）右偏刀由中心向外缘进给　c）用端面车刀车端面

二、车刀的装夹

1. 装夹车刀的要求

（1）车刀装夹在刀架上的伸出部分应尽量短，以增强其刚度，伸出长度为刀柄厚度的1～1.5倍。车刀下面垫片的数量要尽量少（一般为1～2片），并与刀架边缘对齐，且至少用2个螺钉平整压紧，以防振动，如图2–13所示。

（2）刀柄中心线应与进给方向垂直或平行，这样就不会改变刃磨好的刀具主、副偏角的正确性，如图2–14所示。

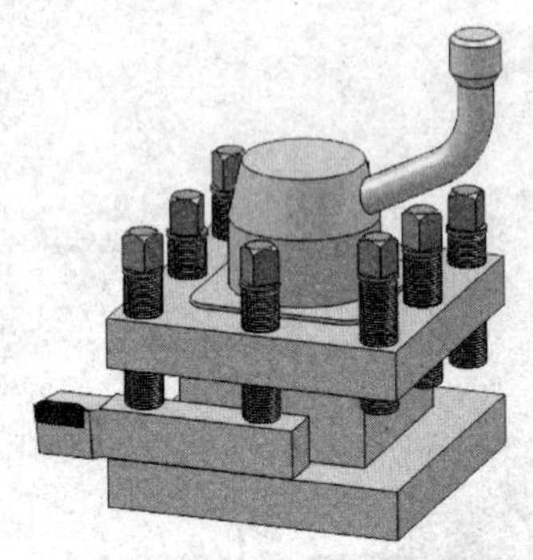

图2–13　车刀的正确装夹

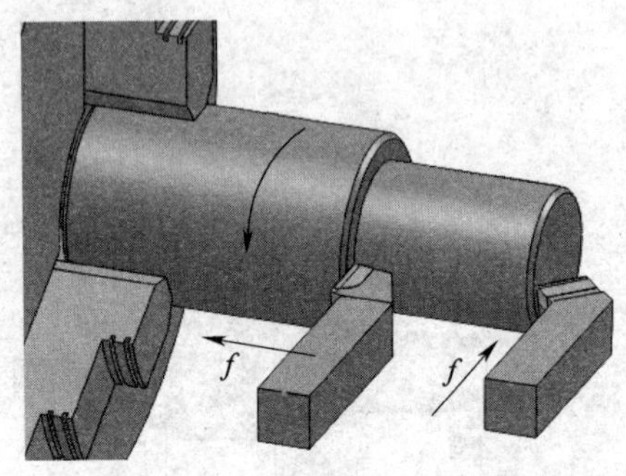

图2–14　刀柄中心线与进给方向的关系

（3）车刀刀尖应与工件回转中心等高（图2–15a）。若车刀刀尖高于工件回转中心（图2–15b），会使车刀的实际后角减小，车刀后面与工件之间的摩擦增大。若车刀刀尖低于工件回转中心（图2–15c），会使车刀的实际前角减小，切削阻力增大。

车刀刀尖不对准工件回转中心，在车至端面中心时，会留有凸头（图2–15d）。使用硬质合金车刀时，若忽视此点，车到中心处会使刀尖崩碎（图2–15e）。

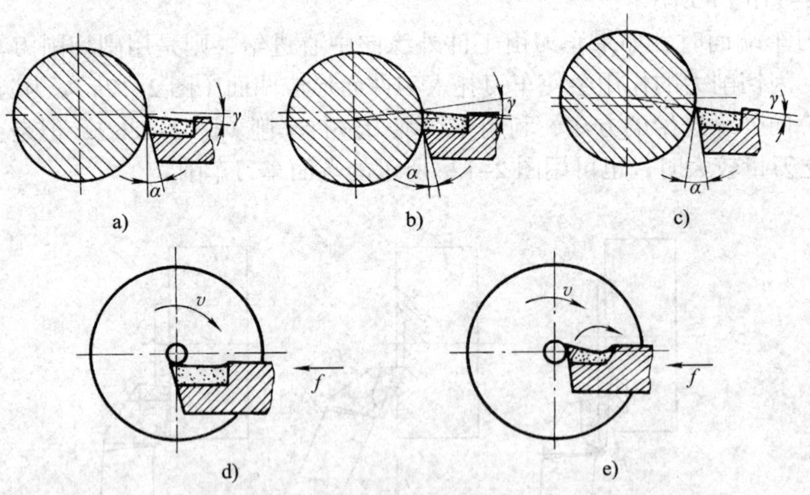

图2–15　车刀刀尖与工件回转中心应等高

a）刀尖对正中心　b）刀尖过高　c）刀尖过低　d）留有凸头　e）刀尖崩碎

2. 车刀对中心的方法（表 2–2）

表 2–2 **车刀对中心的方法**

方法	说明	图示
目测法	将车刀靠近工件端面，通过目测估计车刀的高低，然后夹紧车刀，试车端面，再根据端面的中心来调整车刀	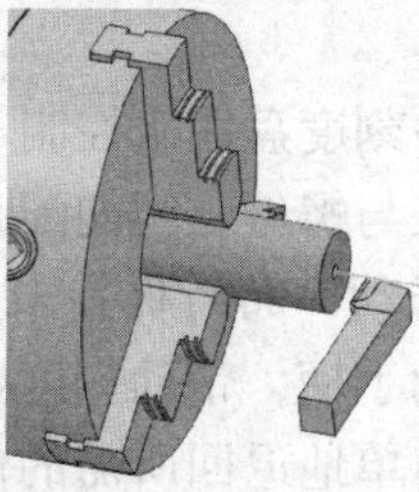
测量法	根据车床主轴的中心高，用钢直尺测量中滑板面板至刀尖的高度装刀	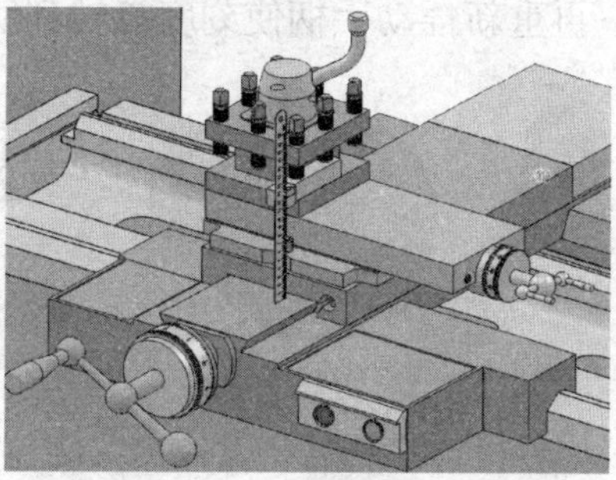
对尾座顶尖法	利用车床后顶尖与车床主轴中心等高的原理对刀尖并装夹	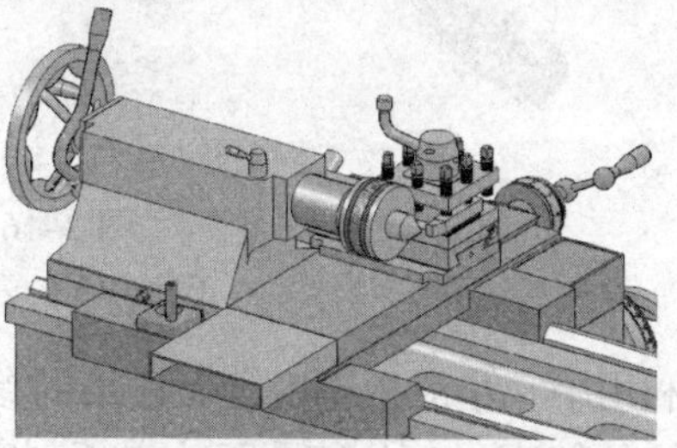
快速对刀法	首次操作时，车刀对正工件回转中心后，将车刀连同调整垫片一起取下，在中滑板端面上做上中心高度记号（图示刻线处），在后面装夹车刀时只需将刀尖对准记号处，可达到快速对刀的目的	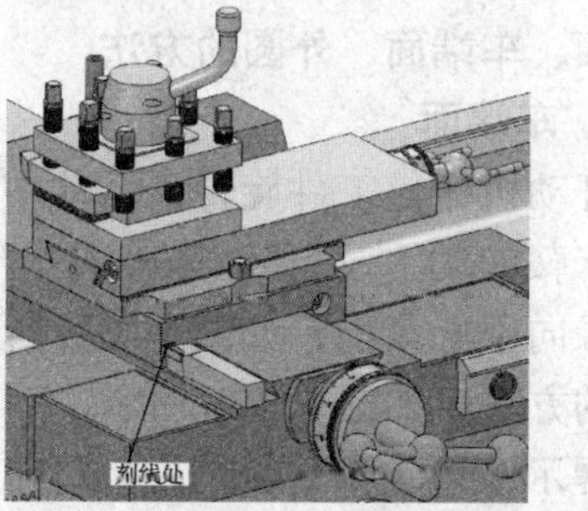

3. 车刀的夹紧

用刀架上的螺钉压紧车刀，每把车刀的压紧螺钉应不少于 2 个，注意不要出现虚压现象（车刀刀柄下面、压紧螺钉正下方短缺垫片）。

三、刻度盘的原理及应用

车削工件时，为了准确和迅速地掌握背吃刀量，通常利用中滑板或小滑板上的刻度盘作为进刀的参考依据。

中滑板的刻度盘装在横向进给丝杠端头上，当摇动横向进给丝杠一圈时，刻度盘也随之转动一圈，这时固定在中滑板上的螺母就带动中滑板、刀架及车刀一起移动一个螺距。若横向进给丝杠的螺距为 5 mm，刻度盘一周等分 100 格，当摇动中滑板手柄一周时，中滑板移动 5 mm，则刻度盘每转过一格时，中滑板的移动量为：

$$5\ \text{mm} \div 100=0.05\ \text{mm}$$

小滑板的刻度盘用来控制车刀短距离的纵向移动，其刻度原理与中滑板刻度盘相同。

由于丝杠与螺母之间的配合存在间隙，在摇动丝杠手柄时，滑板会产生空行程（丝杠带动刻度盘已转动，而滑板并未立即移动）。因此，使用刻度盘时要反向先转动适当角度，再正向慢慢摇动手柄，带动刻度盘到所需的格数（图 2–16a）；如果摇动时不慎多转动了几格，这时绝不能简单地退回所需的位置（图 2–16b），而必须向相反方向退回（通常反向转动 1/2 圈），再重新摇动手柄使刻度盘转到所需的刻度位置（图 2–16c）。

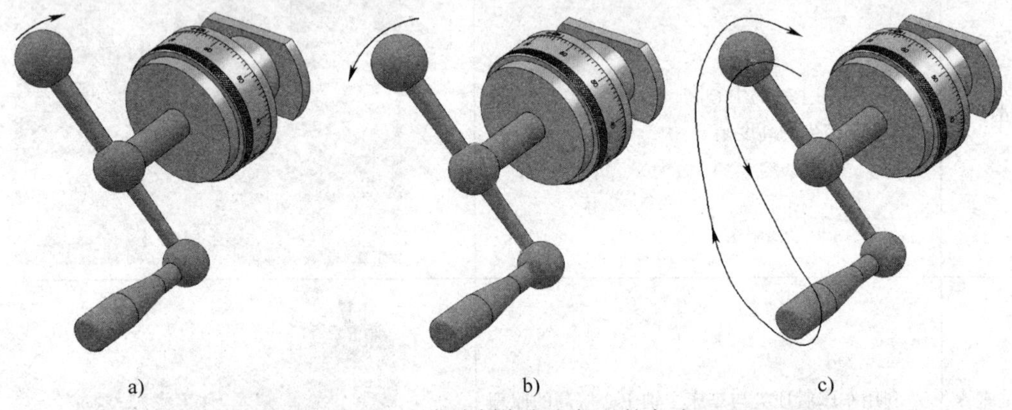

a)　　b)　　c)

图 2–16　消除刻度盘空行程的方法

a）反向转动再缓慢摇动（正确）　b）多转动格数直接退回（错误）　c）反向退回 1/2 圈再进给（正确）

利用中、小滑板刻度盘做进给的参考依据必须注意：中滑板刻度盘控制的背吃刀量应是工件直径上余量尺寸的 1/2，而小滑板刻度盘的刻度值则直接表示工件长度方向上的切除量。

四、车端面、外圆的方法

1. 车端面

开动机床使工件旋转，摇动中滑板和床鞍，使 45° 车刀刀尖轻触工件端面后，退出中滑板（床鞍勿动）。再移动床鞍或小滑板，控制背吃刀量，摇动中滑板手柄做横向进给，由工件外缘向中心车削，如图 2–17a 所示。若选用 90° 外圆车刀车削端面，应采取由中心向外缘车削的方法，如图 2–17b 所示。

提示：只有在启动机床后移动刀具，具备工件转动的主运动和刀具移动的进给运动，才可能使刀具不崩刃。

2. 车外圆

（1）粗车

1）对刀。启动车床，使工件回转。左手摇动床鞍手轮，右手摇动中滑板手柄，使车刀刀尖趋近并轻轻接触工件待加工表面，以此作为确定背吃刀量的零点位置，如图 2–18a 所示。然后反向摇动床鞍手轮（此时中滑板手柄不动），使车刀向右离开工件 3 ~ 5 mm，如图 2–18b 所示。

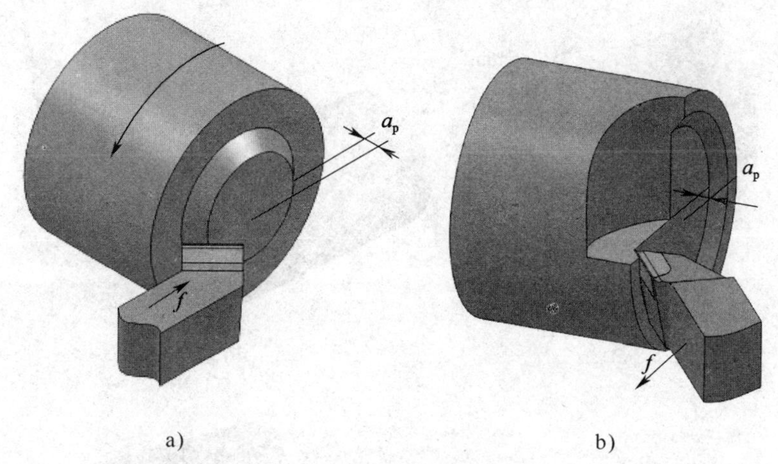

图 2–17　车端面

a）45° 车刀车端面　b）90° 车刀车端面

2）进刀。摇动中滑板手柄，使车刀横向进给，进给的量即为背吃刀量，其大小通过中滑板上的刻度盘进行控制和调整，格数等于半径上加工余量 /0.05 或直径上加工余量 /（0.05×2），如图 2–18c 所示。

3）双手均匀摇动床鞍或开动机动进给手柄对工件外圆进行切削，车削至接近长度时（一般留 0.3 mm），逆时针转动中滑板手柄使车刀离开工件。若加工余量过大，可按照背吃刀量由大至小的原则选择，进刀次数尽可能少。

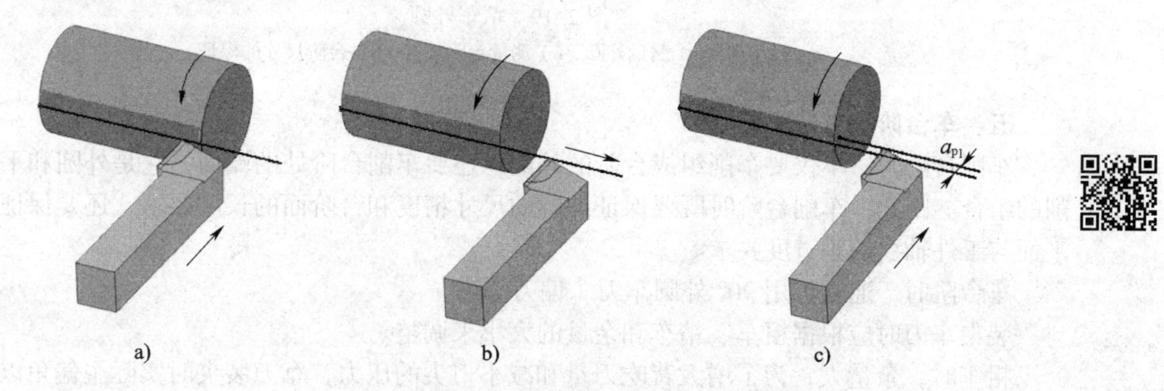

图 2–18　粗车外圆

a）对刀　b）纵向退出　c）进刀

（2）精车

精车的目的是保证工件的加工尺寸。试切削是保证尺寸精度的一个较好的方法，即：启动车床，用精车刀在外圆表面对刀后，移动床鞍纵向退出，接着操纵中滑板进刀，背吃刀量小于加工余量，车削纵向长度小于 5 mm 后仍快速纵向退出（图 2–19a）；停车用游标卡尺或外径千分尺测量外圆（图 2–19b）；用游标深度卡尺测量台阶长度（图 2–19c）。根据尺寸精度计算好进刀格数后再进行车削。需注意长度车至台阶后，要先横向退出车刀（图 2–19d 步骤 1）；再用小滑板纵向进刀（图 2–19d 步骤 2）；接着横向进刀车至精车外圆的中滑板刻度处（图 2–19d 步骤 3）。

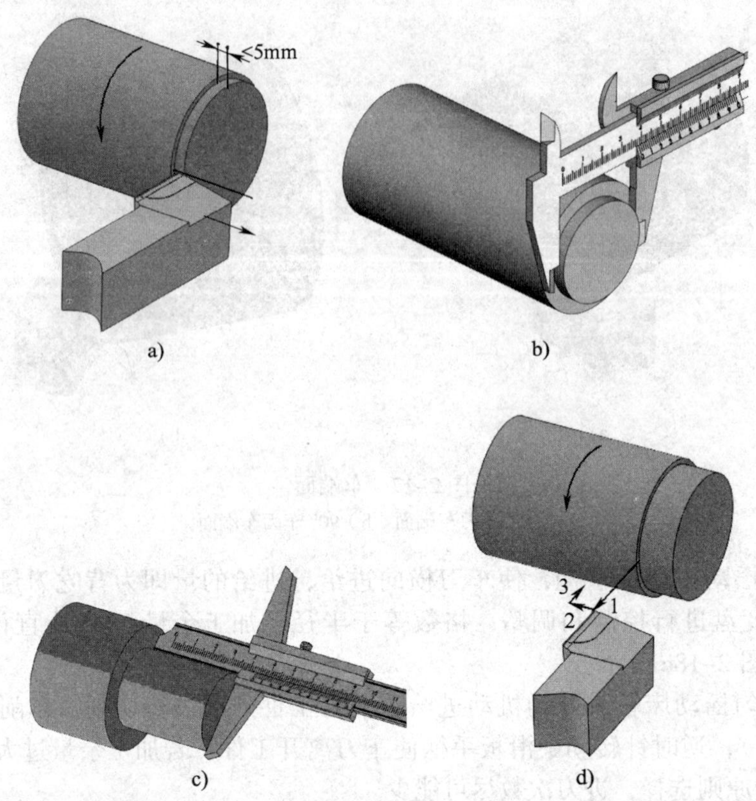

图 2-19　精车外圆

a）试切削　b）测量外圆　c）测量台阶长度　d）台阶尺寸的保证

五、车台阶的方法

车削台阶时，不仅要车削组成台阶的外圆，还要车削台阶处的端面，它是外圆和平面车削的组合。因此，车削台阶时既要保证外圆的尺寸精度和台阶面的长度要求，还要保证台阶平面与工件轴线的垂直度要求。

车台阶时，通常选用 90° 外圆车刀（偏刀）。

装夹车刀时应根据粗车、精车和余量的大小来调整。

粗车时，余量大，为了增大背吃刀量和减小刀尖的压力，车刀装夹时实际主偏角以小于 90° 为宜（一般 κ_r 为 85° ~ 90°），如图 2-20 所示。

精车时，为了保证台阶平面与工件轴线垂直，车刀装夹时实际主偏角应大于 90°（一般 κ_r 为 93° 左右），如图 2-21 所示。

车削台阶工件一般分粗车和精车。

粗车时，除第一级台阶的长度因留精车余量而略短外，采用链接式标注的其余各级台阶的长度可以车至规定要求。

精车时，通常在机动进给精车外圆至接近台阶处时，改以手动进给替代机动进给。当车至台阶面时，变纵向进给为横向进给，移动中滑板由里向外慢慢精车台阶平面，以确保其对轴线的垂直度要求。

车削台阶时，台阶长度尺寸的控制方法见表 2-3。

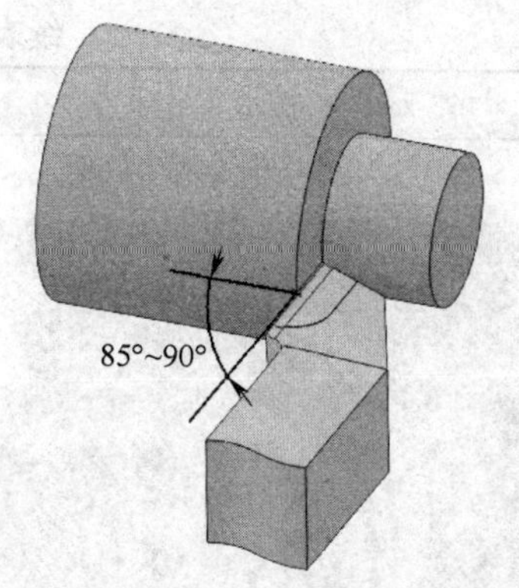

图 2-20　粗车台阶时偏刀的装夹位置

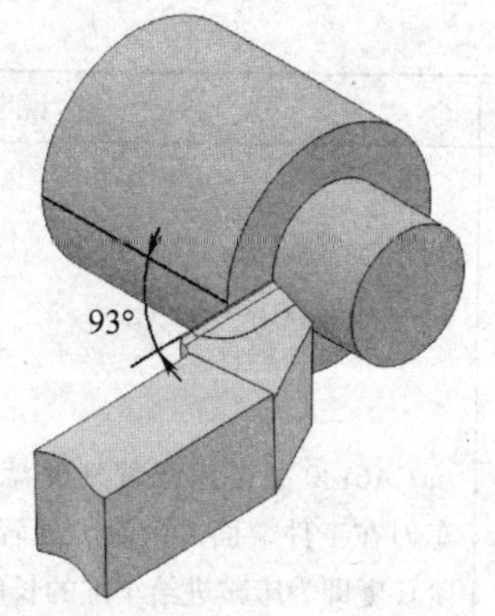

图 2-21　精车台阶时偏刀的装夹位置

表 2-3　台阶长度尺寸的控制方法

方法	说明	图示
刻线法	先用钢直尺或样板量出台阶的长度尺寸，然后用车刀刀尖在台阶的所在位置处车刻出一圈细线，按刻线痕车削	
挡铁控制法	用挡铁定位控制台阶长度，主要用在成批车削台阶轴时 挡铁 1 固定在床身导轨上，并与工件上长度为 a_1 的台阶平面轴向位置一致，挡铁 2、3 的长度分别等于 a_2、a_3 的长度。纵向进给时，当床鞍碰到挡铁 1 时工件台阶长度 a_1 车到要求，拿去挡铁 1，调整好下一个台阶，继续纵向进给，当床鞍碰到挡铁 2 时，台阶长度 a_2 车到要求…… 挡铁定位控制台阶长度的方法可节省加工中大量的测量时间，且成批生产时工件长度尺寸一致性较好，台阶长度的尺寸精度可达 0.1 ~ 0.2 mm **提示：采用一夹一顶方式装夹工件时，主轴锥孔内应设置限位支撑，以保证工件的轴向位置** **当床鞍纵向进给快碰到挡铁时，应改机动进给为手动进给**	

续表

方法	说明	图示
床鞍刻度盘控制法	CA6140 型车床床鞍刻度盘一格等于 1 mm，可先将 90° 车刀在工件端面（台阶）处轻接触，此时床鞍刻度加上台阶长度即为床鞍进给车削的长度	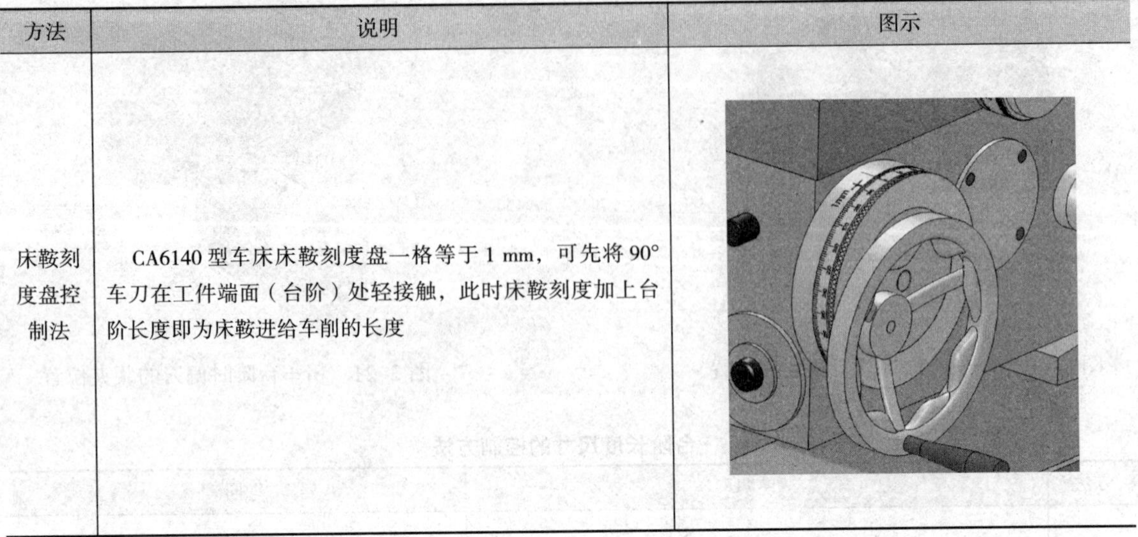

六、游标卡尺的使用

1. 游标卡尺的结构

游标卡尺是车工应用最多的通用量具。常用的游标卡尺有Ⅰ型、Ⅱ型、Ⅲ型等几种。

Ⅰ型游标卡尺的结构如图 2–22 所示。外测量爪用于测量工件的外径和长度；刀口内测量爪用于测量孔径和槽宽；内、外测量爪也可以用来间接测量孔距；深度尺可用来测量工件的深度和台阶的长度。Ⅰ型游标卡尺的测量范围为 0 ~ 150 mm。

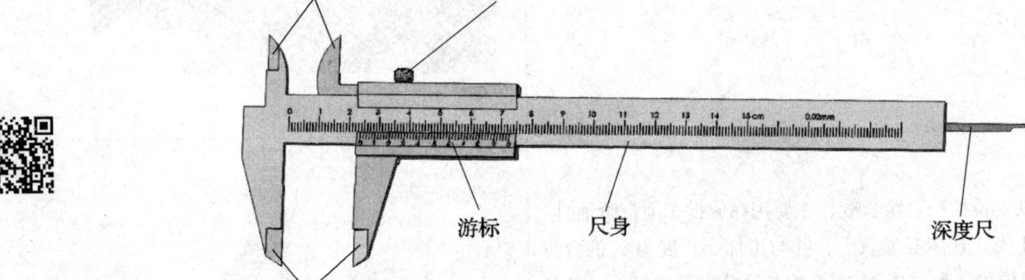

图 2–22　Ⅰ型游标卡尺

Ⅲ型游标卡尺（图 2–23）与Ⅰ型游标卡尺相比较，主要区别是增加了微动装置，测量爪布局位置不同，取消了深度尺，增大了测量范围。

拧紧微动装置的紧固螺钉，松开尺框上的紧固螺钉，用手指转动螺母，通过小螺杆可实现尺框（游标）的微动调节。刀口外测量爪用来测量槽的直径或工件的孔距；内、外测量爪用来测量工件的外径和孔径，测量孔径时，游标卡尺的读数值必须加上量爪的厚度 b 才是孔径值，通常 b =10 mm。Ⅲ型游标卡尺的测量范围有 0 ~ 200 mm 和 0 ~ 300 mm 两种。

Ⅱ型游标卡尺的量爪配置与Ⅰ型游标卡尺相同，游标部分则与Ⅲ型游标卡尺相同，增加了微动装置，无深度尺，测量范围有 0 ~ 200 mm 和 0 ~ 300 mm 两种。

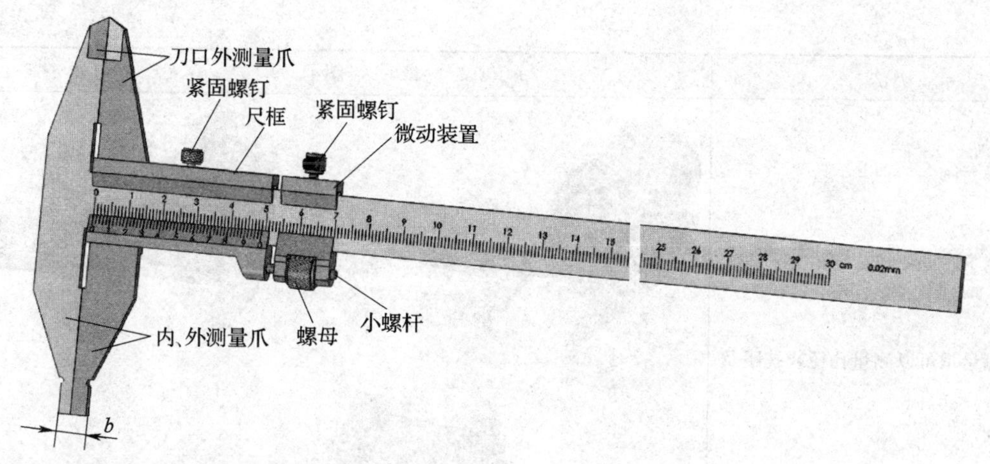

图 2–23 Ⅲ型游标卡尺

2. 游标卡尺的读数方法

游标卡尺的精度（分度值）有 0.1 mm、0.05 mm 和 0.02 mm 三种。现在 0.1 mm 精度的游标卡尺已很少使用。

读数方法以 0.02 mm 精度为例，读数时先读出游标零线左边在尺身上的整数毫米值，接着加上游标尺上与尺身刻线对齐的刻线左侧的数字 ×0.1，再加上该数字右侧刻线数 ×0.02，即为被测表面的实际尺寸。如图 2–24 读数为：8 mm+8 × 0.1 mm+3 × 0.02 mm=8.86 mm。

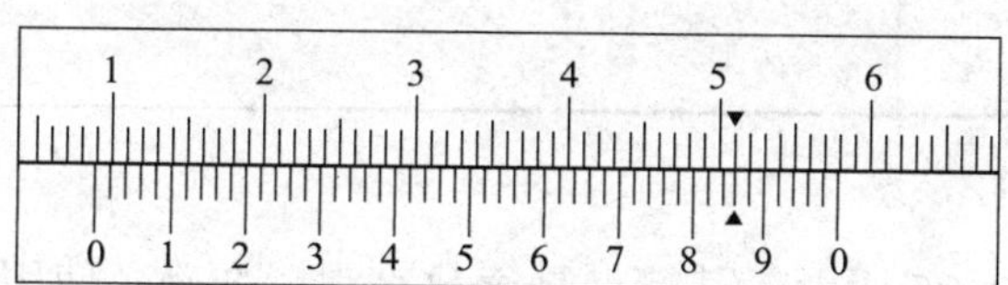

图 2–24 读数方法

3. 游标卡尺的使用方法（表 2–4）

表 2–4 **游标卡尺的使用方法**

方法	图示
旋松固定游标用的螺钉，即可移动游标，调节内、外测量爪进行测量。外测量爪用来测量工件的外径和长度	

续表

方法	图示
内测量爪可以测量孔径或孔距及槽宽	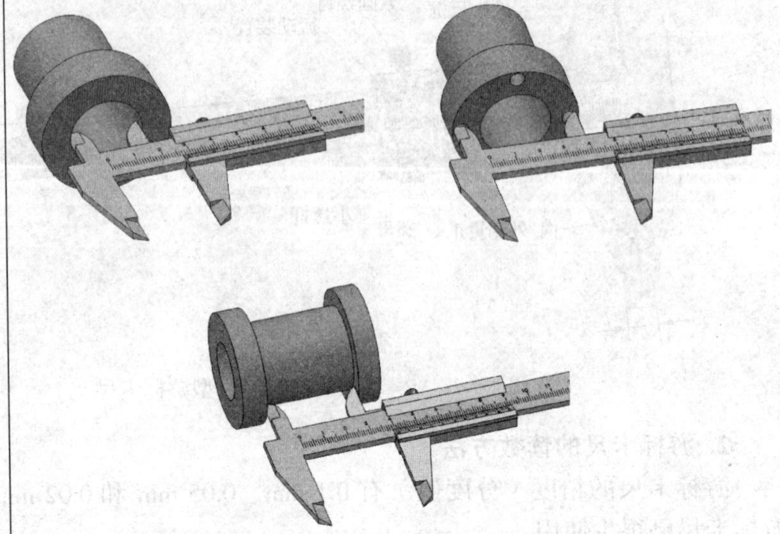
深度尺可用来测量工件的深度和台阶的长度	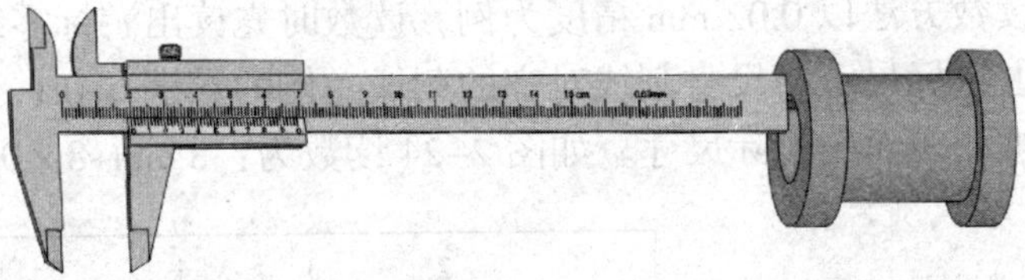

4. 电子数显卡尺

电子数显卡尺如图 2–25 所示，其特点是读数直观、准确，使用方便且功能多样。当使用电子数显卡尺测得某一尺寸时，数字显示部分就清晰地显示出测量结果。使用米制 / 英制转换键，可选择用米制或英制长度单位进行测量。电子数显卡尺的量程分别为 0 ~ 150 mm、0 ~ 200 mm、0 ~ 300 mm 和 0 ~ 500 mm，分辨力为 0. 01 mm。

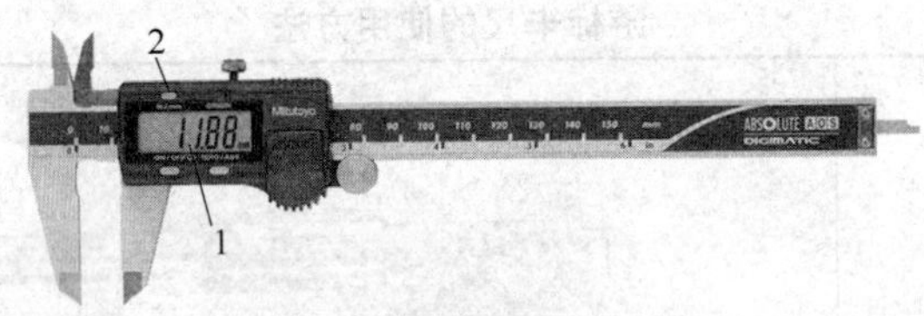

图 2–25　电子数显卡尺

1—数字显示部分　2—米制 / 英制转换键

电子数显卡尺主要用于测量精密工件的内径、外径、宽度、厚度、深度和孔距等。

七、台阶工件的检测

1. 台阶长度尺寸可用钢直尺（图 2–26）或游标深度卡尺（图 2–27）进行测量。

2. 平面度和直线度误差可用刀口形直尺和塞尺检测。

3. 端面、台阶平面对工件轴线的垂直度误差可用直角尺（图 2–28）或标准套和百分表（图 2–29）检测。

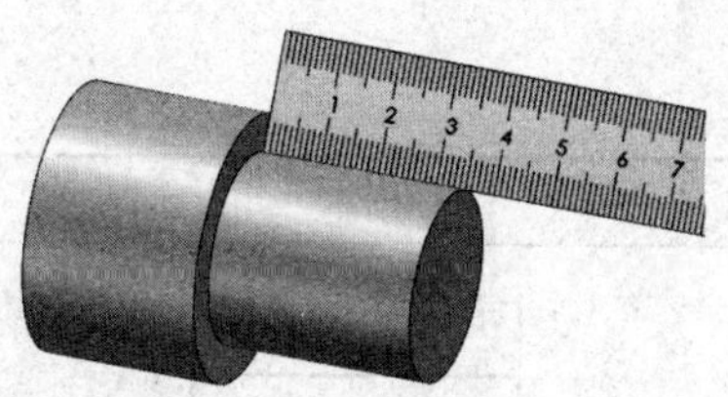

图 2-26　用钢直尺测量台阶长度

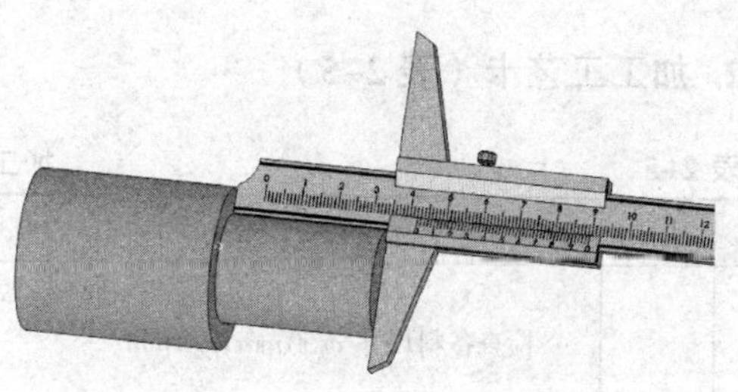

图 2-27　用游标深度卡尺测量台阶长度

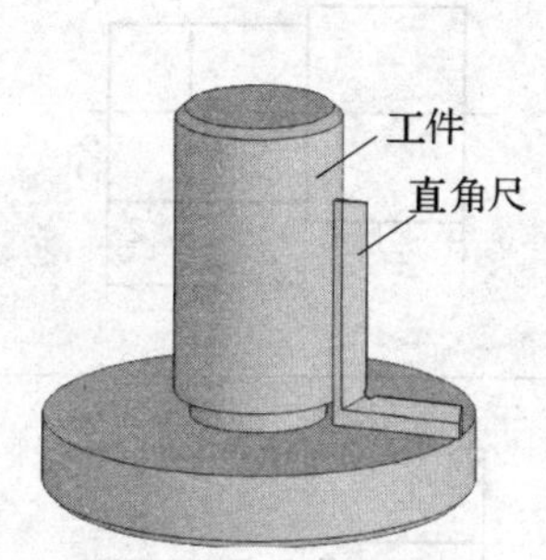

图 2-28　用直角尺检测垂直度误差

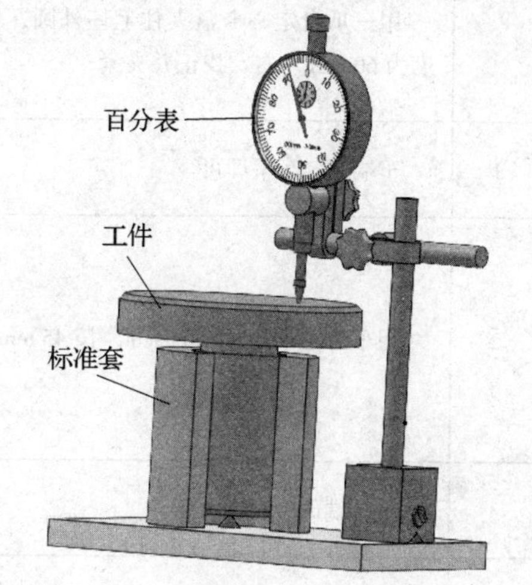

图 2-29　用标准套和百分表检测垂直度误差

技能训练

手动进给车削短台阶轴

通过手动进给车削短台阶轴，进一步熟悉刻度盘的运用方法，按正确方法车削端面、外圆、台阶，通过练习掌握粗、精车切削用量的选择方法，以及体验手摇手柄的感觉，为机动进给打下基础。

1. 工件图样（图 2-30）

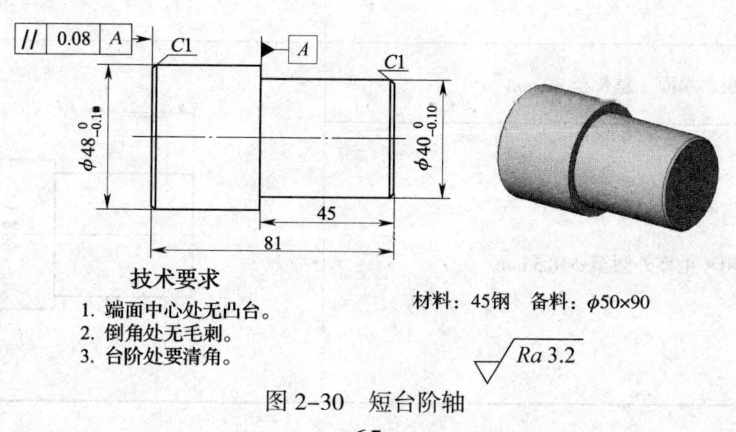

图 2-30　短台阶轴

2. 加工工艺卡（表 2–5）

表 2–5　　加工工艺卡

工序	工步	内容	图示
10		检查备料尺寸 ϕ50 mm × 90 mm	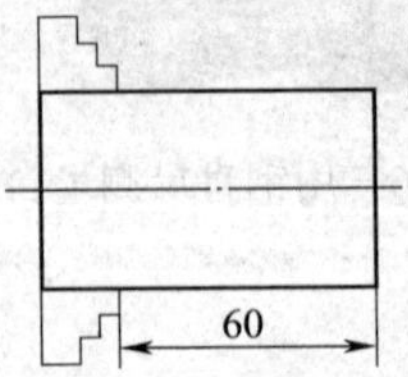
20		用三爪自定心卡盘夹住毛坯外圆，伸出长度为 60 mm 左右，找正并夹紧	
	1	车端面，车平即可	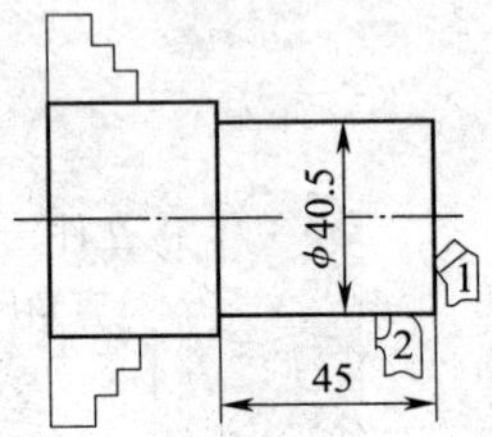
	2	粗车毛坯外圆至 ϕ40.5 mm，长 45 mm	
	3	精车端面	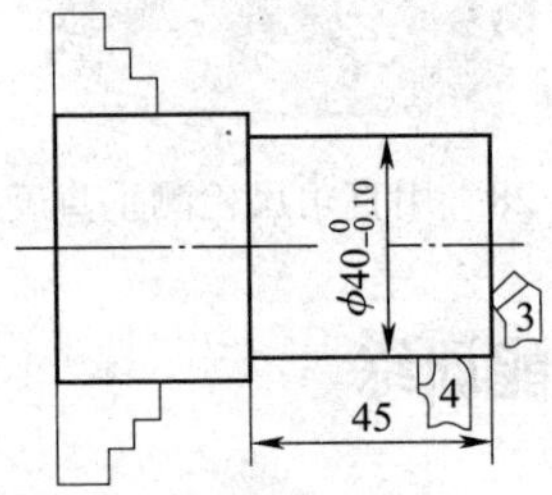
	4	精车外圆至 $\phi40_{-0.10}^{0}$ mm，长 45 mm，表面粗糙度 Ra3.2 μm，倒角为 C1 mm	
30		工件掉头，在 $\phi40_{-0.10}^{0}$ mm 外圆上包铜皮夹住，找正卡爪处外圆和台阶外圆，夹紧工件	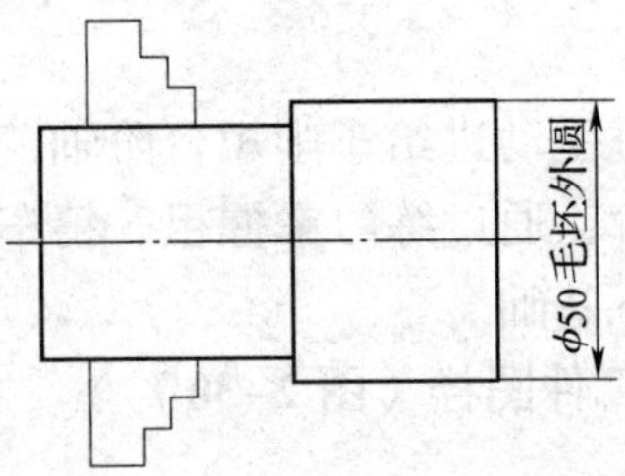
	1	粗车端面（总长至 82 mm）	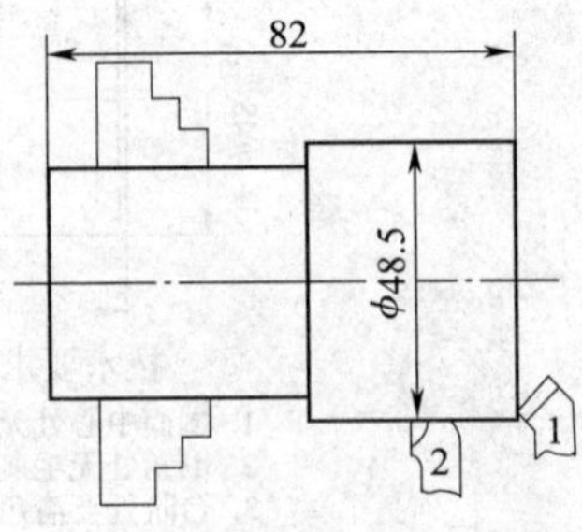
	2	粗车毛坯外圆至 ϕ48.5 mm	

续表

工序	工步	内容	图示
	3	精车端面，控制总长至 81 mm，保证平行度误差在 0.08 mm 以内	81；3；A；// 0.08 A
	4	精车外圆至 $\phi48_{-0.10}^{\ 0}$ mm，表面粗糙度 $Ra3.2$ μm	$\phi48_{-0.10}^{\ 0}$；4
	5	倒角为 $C1$ mm	
40	检查质量，合格后取下工件		

课题二　钻中心孔、车简单轴类工件

一、切削用量的选择

1. 粗车时切削用量的选择

粗车时选择切削用量主要是考虑提高生产效率，同时兼顾刀具寿命。加大背吃刀量 a_p、进给量 f 及提高切削速度 v_c 都能提高生产效率。但是，它们都对刀具寿命产生不利影响，其中影响最小的是 a_p，其次是 f，最大的是 v_c。因此，粗车时选择切削用量，首先应选择一个尽可能大的背吃刀量 a_p，其次选择一个较大的进给量 f，最后根据已选定的 a_p 和 f，在工艺系统刚度、刀具寿命和机床功率许可的条件下选择一个合理的切削速度 v_c。

2. 半精车、精车时切削用量的选择

半精车、精车时选择切削用量首先应考虑保证加工质量，并注意兼顾生产效率和刀具寿命。

（1）背吃刀量

半精车、精车时的背吃刀量是根据加工精度和表面粗糙度要求，由粗车后留下的余量确定的。一般情况下，在数控车床上所留的精车余量比在普通车床上的小。

半精车、精车时的背吃刀量：半精车时选取 a_p=0.5 ~ 2.0 mm ；精车时选取 a_p=0.05 ~

0.8 mm。在数控车床上进行精车时，选取 a_p=0.1 ~ 0.5 mm。

（2）进给量

半精车、精车的背吃刀量较小，产生的切削力不大，所以加大进给量对工艺系统强度和刚度的影响较小。半精车、精车时进给量的选择主要受表面粗糙度的限制。表面粗糙度值小，进给量可选择小些。

（3）切削速度

为了提高工件的表面质量，用硬质合金车刀精车时，一般采用较高的切削速度（v_c>80 m/min）；用高速钢车刀精车时，一般选用较低的切削速度（v_c<5 m/min）。在数控车床上车削工件时，切削速度可选择高些。加工碳钢时，如果形成暗褐色或蓝色切屑，说明采用的切削速度适当；如果切屑为银白色或黄色，说明切削速度未充分发挥；如果切屑变黑或有火花，表明切削温度过高，此时应降低切削速度。

二、切削过程与控制

切削过程是指通过切削运动，刀具从工件表面切下多余的金属层，从而形成切屑和已加工表面的过程。在各种切削过程中，一般都伴随切屑的形成、切削力、切削热及刀具磨损等物理现象，它们对加工质量、生产效率和生产成本等都有直接影响。

1. 切屑的形成及种类

在切削过程中，刀具推挤工件，首先使工件上的一层金属产生弹性变形，刀具继续进给时，在切削力的作用下，金属产生不能恢复原状的滑移（即塑性变形）。当塑性变形超过金属的强度极限时，金属就从工件上断裂下来成为切屑。随着切削继续进行，切屑不断地产生，逐步形成已加工表面。由于工件材料和切削条件不同，切削过程中材料变形程度也不同，因而产生了各种不同的切屑，其类型见表 2–6。其中比较理想的是短弧形切屑、短环形螺旋切屑和短锥形螺旋切屑。

在生产中最常见的是带状切屑，产生带状切屑时，切削过程比较平稳，因而工件表面较光滑，刀具磨损也较慢。但带状切屑过长时会妨碍工作，并容易发生人身事故，所以应采取断屑措施。

表 2–6　　切屑形状的分类

切屑形状	长	短	缠乱
带状切屑			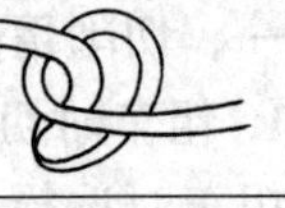
管状切屑	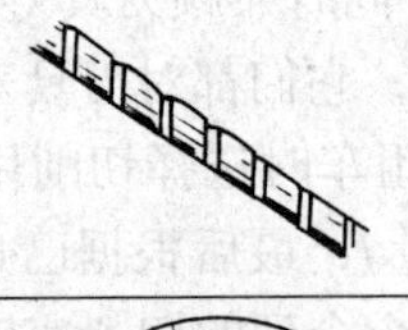	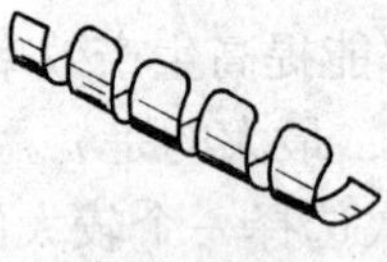	
盘旋状切屑	 平	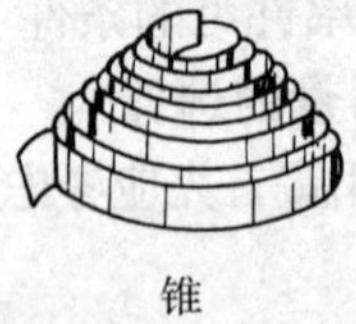 锥	
环形螺旋切屑			

续表

切屑形状	长	短	缠乱
锥形螺旋切屑	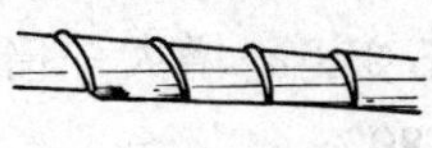	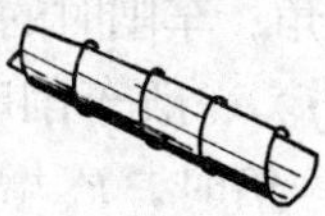	
弧形切屑	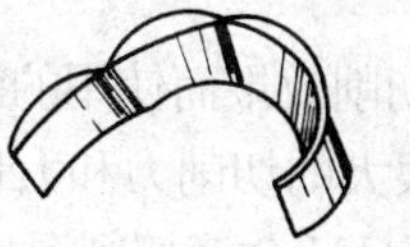	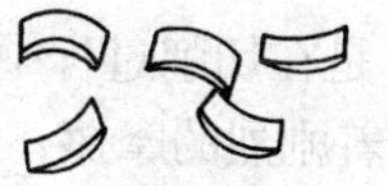	
单元切屑			
针形切屑			

影响断屑的主要因素如下：

（1）断屑槽的宽度

断屑槽的宽度 L_{Bn} 对断屑的影响很大。一般来讲，宽度减小，能使切屑卷曲半径 r_{ch} 减小，卷曲变形和弯曲应力增大，容易断屑。

（2）切削用量

生产实践和试验证明：切削用量中对断屑影响最大的是进给量，其次是背吃刀量和切削速度。

（3）刀具角度

刀具角度中以主偏角 κ_r 和刃倾角 λ_s 对断屑的影响最为明显。

2. 切削力

切削加工时，工件材料抵抗刀具切削所产生的阻力称为切削力。切削力是在车刀车削工件的过程中产生的，大小相等、方向相反地作用在车刀和工件上的力。

（1）切削力的分解

为了测量方便，可以把切削力 F 分解为主切削力 F_c、背向力 F_p 和进给力 F_f 三个分力，如图 2-31 所示，其中 F_D 为 F 在水平面上的投影。

1）主切削力 F_c。在主运动方向上的分力。

2）背向力 F_p（切深抗力）。在垂直于进给运动方向上的分力。

3）进给力 F_f（进给抗力）。在进给运动方向上的分力。

（2）影响切削力的主要因素

切削力的大小与工件材料、车刀角度和切削用量等因素有关。

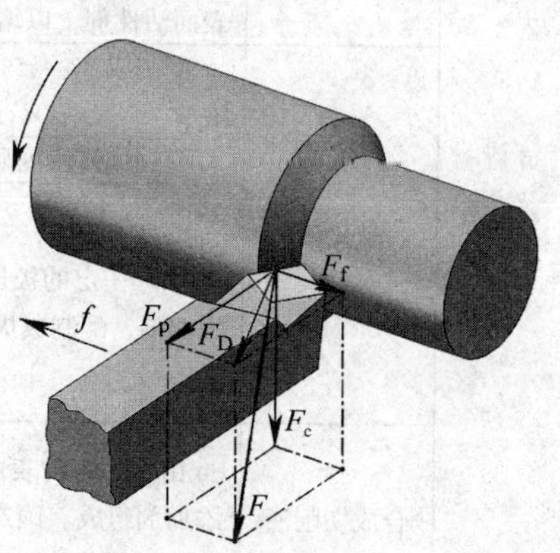

图 2-31　切削力的分解

1）工件材料。工件材料的强度和硬度越高，车削时的切削力就越大。

2）主偏角 κ_r。主偏角变化使切削分力 F_D 的作用方向改变，当 κ_r 增大时，F_p 减小，F_f 增大。

3）前角 γ_o。增大车刀的前角，车削时的切削力就减小。

4）背吃刀量 a_p 和进给量 f。一般车削时，当 f 不变，a_p 增大一倍时，切削力 F_c 也成倍地增大；而当 a_p 不变，f 增大一倍时，F_c 增大 70% ~ 80%。

三、切削液

切削液又称冷却润滑液，是在切削过程中为改善切削效果而使用的液体。在车削过程中，在切屑、刀具与加工表面间存在着剧烈的摩擦，并产生很大的切削力和大量的切削热。合理地使用切削液，不仅可以减小表面粗糙度值，减小切削力，而且还会使切削温度降低，从而延长刀具寿命，提高劳动生产率和产品质量。

1. 切削液的作用

（1）冷却作用

切削液能吸收并带走切削区域大量的热量，降低刀具和工件的温度，从而延长刀具寿命，并能减小工件因热变形而产生的尺寸误差，同时也为提高生产率创造了条件。

（2）润滑作用

切削液能渗透到工件与刀具之间，在切屑与刀具的微小间隙中形成一层很薄的吸附膜，因此，可减小刀具与切屑、刀具与工件间的摩擦，减少刀具的磨损，使排屑流畅，并提高工件的表面质量。对于精加工，润滑就显得更加重要。

（3）清洗作用

车削过程中产生的细小切屑很容易吸附在工件和刀具上，尤其是铰孔和钻深孔时，切屑更容易堵塞。如加注一定压力、足够流量的切削液，则可将切屑迅速冲走，使切削顺利进行。

2. 切削液的种类及其使用

车削时常用的切削液有水溶性切削液和油溶性切削液两大类。切削液的种类、成分、性能、作用和用途见表 2–7。

表 2–7　切削液的种类、成分、性能、作用和用途

<table>
<tr><th colspan="2">种类</th><th>成分</th><th>性能和作用</th><th>用途</th></tr>
<tr><td rowspan="6">水溶性切削液</td><td>水溶液</td><td>以软水为主，加入防锈剂、防霉剂，有的还加入油性添加剂、表面活性剂，以增强润滑性</td><td>主要起冷却作用</td><td>常用于粗加工中</td></tr>
<tr><td rowspan="4">乳化液</td><td>配制成 3% ~ 5% 的低浓度乳化液</td><td>主要起冷却作用，润滑和防锈性能较差</td><td>用于粗加工、难加工的材料和细长工件的加工</td></tr>
<tr><td>配制成高浓度乳化液</td><td rowspan="3">提高其润滑和防锈性能</td><td>精加工用高浓度乳化液</td></tr>
<tr><td rowspan="2">加入一定的极压添压剂和防锈添加剂，配制成极压乳化液等</td><td>用高速钢刀具粗加工和对钢料精加工时用极压乳化液</td></tr>
<tr><td>在钻削、铰削和加工深孔等半封闭状态下，用黏度较低的极压乳化液</td></tr>
<tr><td>合成切削液</td><td>由水、各种表面活性剂和化学添加剂组成。国产 DX148 多效合成切削液有良好的使用效果</td><td>冷却、润滑、清洗和防锈性能良好，不含油，可节省能源，有利于环保</td><td>国内外推广使用的高性能切削液。国外的使用率达到 60%，在我国企业中的使用也日益增多</td></tr>
</table>

续表

<table>
<tr><th colspan="3">种类</th><th>成分</th><th>性能和作用</th><th>用途</th></tr>
<tr><td rowspan="5">油溶性切削液</td><td rowspan="4">切削油</td><td rowspan="2">矿物油</td><td>L-AN15、L-AN22、L-AN32机械油</td><td>润滑作用较好</td><td>在一般的精车、螺纹精加工中使用很广泛</td></tr>
<tr><td>轻柴油、煤油等</td><td>煤油的渗透作用和清洗作用较突出</td><td>在精加工铝合金、铸铁和高速钢铰刀铰孔中使用</td></tr>
<tr><td>动植物油</td><td>食用油</td><td>能形成较牢固的润滑膜，其润滑效果比纯矿物油好，但易变质</td><td>应尽量少用或不用</td></tr>
<tr><td>复合油</td><td>矿物油与动植物油的混合油</td><td>润滑作用、渗透作用和清洗作用均较好</td><td>应用范围广泛</td></tr>
<tr><td colspan="2">极压切削油</td><td>在矿物油中添加氯、硫、磷等极压添加剂和防锈添加剂配制而成。常用的有氯化切削油、硫化切削油</td><td>它在高温下不破坏润滑膜，具有良好的润滑效果，防锈性能也得到提高</td><td>用高速钢刀具对钢料精加工时使用
在钻削、铰削和加工深孔等半封闭状态下工作时，用黏度较低的极压切削油</td></tr>
</table>

3. 使用切削液时的注意事项

（1）乳化油必须用水稀释成乳化液后才能使用。但乳化液会污染环境，应尽量选用环保型切削液。

（2）切削液必须浇注在切削区域（图 2–32）内，因为该区域是切削热源。

（3）用硬质合金车刀切削时一般不加切削液。如果使用切削液，必须从开始就连续充分地浇注；否则，硬质合金刀片会因骤冷而产生裂纹。

（4）控制好切削液的流量。流量太小或断续使用，起不到应有的作用；流量太大，则会造成切削液的浪费。

（5）加注切削液可以采用浇注法和高压冷却法。浇注法（图 2–33a）是一种简便易行、应用广泛的方法，一般车床均有这种冷却系统。高压冷却法（图 2–33b）是以较高的压力或较大的流量将切削液喷向切削区，这种方法一般用于半封闭加工或车削难加工材料。

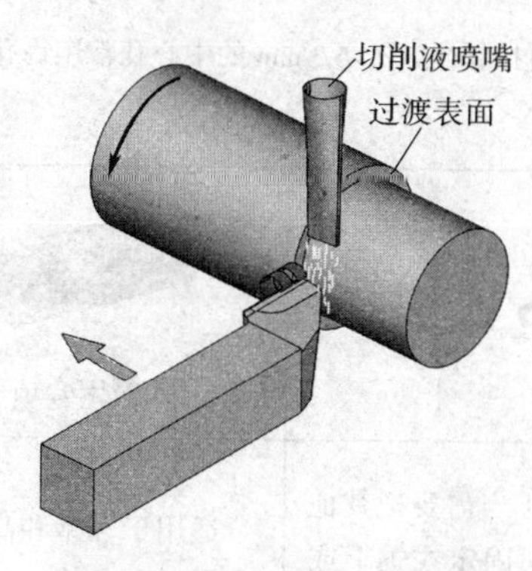

图 2–32　切削液浇注的区域

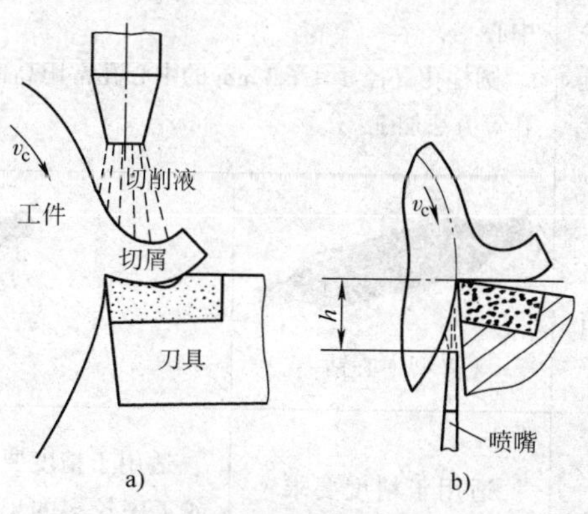

图 2–33　加注切削液的方法

a）浇注法　b）高压冷却法

（6）要具备环保意识。对于不能回收或再利用的切削液或润滑油等废液，必须送到当地指定的回收部门或排污地点按规定处理，严禁随意排放而造成污染。

四、中心孔和中心钻

1. 中心孔和中心钻的类型

用一夹一顶和两顶尖装夹工件，必须先用中心钻在工件一端或两端的端面上加工出合适的中心孔。

国家标准《中心孔》（GB/T 145—2001）规定中心孔有 A 型（不带护锥）、B 型（带护锥）、C 型（带护锥和螺纹）和 R 型（弧形）四种，其类型、结构和用途等内容见表 2–8。

表 2–8　　中心孔和中心钻

<table>
<tr><td colspan="2">类型</td><td>A 型</td><td>B 型</td><td>C 型</td><td>R 型</td></tr>
<tr><td colspan="2">结构图</td><td> 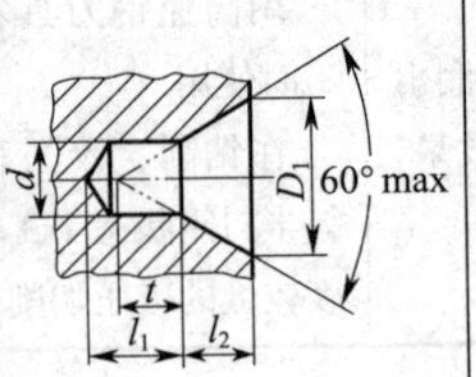</td><td> 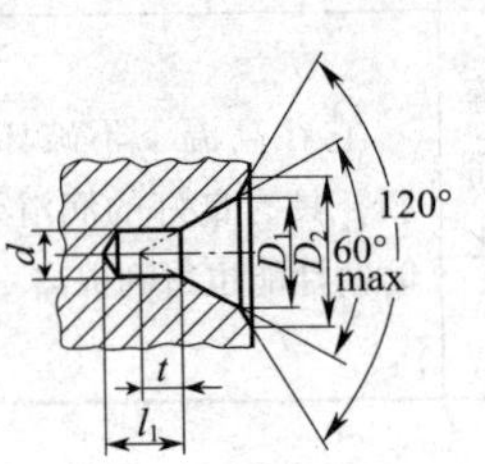</td><td> 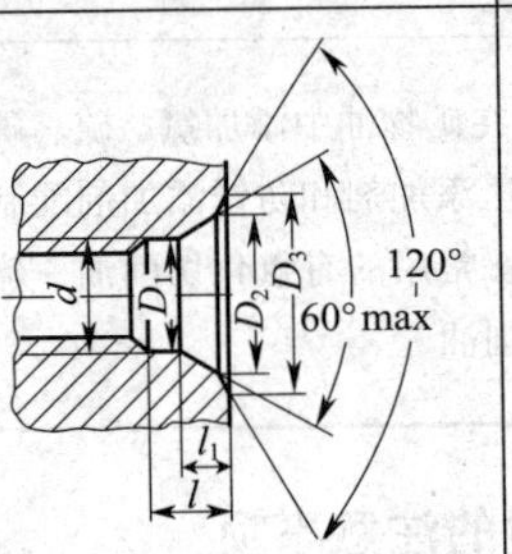</td><td> 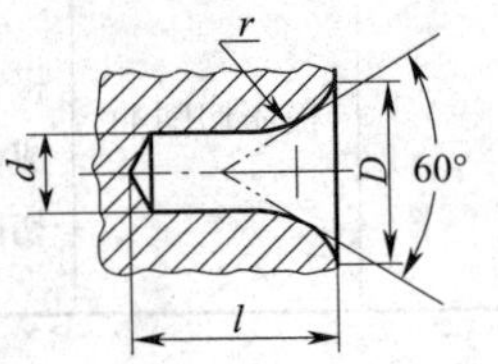</td></tr>
<tr><td colspan="2">结构说明</td><td>由圆锥孔和圆柱孔两部分组成</td><td>在 A 型中心孔的端部再加工一个 120° 的圆锥面，用以保护 60° 锥面不致碰毛，并使工件端面容易加工</td><td>在 B 型中心孔的 60° 锥孔后面加工一短圆柱孔（保证攻制螺纹时不碰毛 60° 锥孔），后面还用丝锥攻制成内螺纹</td><td>形状与 A 型中心孔相似，只是将 A 型中心孔的 60° 锥面改成圆弧面，这样使其与顶尖的配合变成线接触</td></tr>
<tr><td rowspan="2">结构及作用</td><td>圆锥孔</td><td colspan="3">圆锥孔的圆锥角一般为 60°，重型工件用 75° 或 90°。它与顶尖锥面配合，起定心作用并承受工件重力和切削力，因此圆锥孔的表面质量要求较高</td><td>在装夹轴类工件时，线接触的圆弧面能自动纠正少量的位置偏差</td></tr>
<tr><td>圆柱孔</td><td colspan="4">中心孔的基本尺寸为圆柱孔的直径 d，它是选取中心钻的依据
圆柱孔可储存润滑脂，并能防止顶尖头部触及工件，保证顶尖锥面和中心孔锥面配合贴切，以正确定中心
圆柱孔直径 $d \leqslant 6.3$ mm 的中心孔常用高速钢制成的中心钻直接钻出，$d > 6.3$ mm 的中心孔常用锪孔或车孔等方法加工</td></tr>
<tr><td colspan="2">使用的中心钻</td><td> 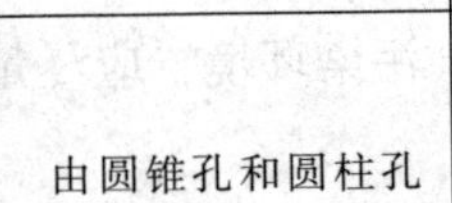A 型中心钻</td><td colspan="2"> 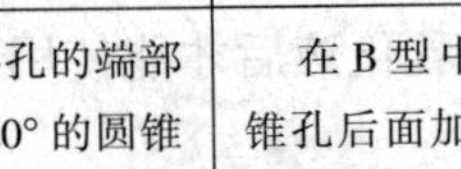B 型中心钻</td><td> 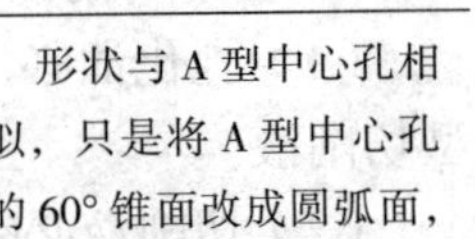R 型中心钻</td></tr>
<tr><td colspan="2">用途</td><td>适用于精度要求一般的工件，应用较广泛</td><td>适用于精度要求较高或工序较多的工件，应用最广泛</td><td>适用于当需要把其他零件轴向固定在轴上或需要将零件吊挂放置时</td><td>适用于轻型和高精度轴类工件</td></tr>
</table>

2. 中心钻的使用

（1）中心钻在钻夹头上安装

用钻夹头钥匙逆时针方向旋转钻夹头的外套，使钻夹头的三个夹爪张开，然后将中心钻插入三个夹爪之间，再用钻夹头钥匙顺时针方向转动钻夹头外套，通过三个夹爪将中心钻夹紧（图 2–34）。

图 2–34　装夹中心钻

（2）钻夹头在尾座锥孔中安装

先擦净钻夹头柄部和尾座锥孔，然后用左手握住钻夹头外部部位，沿尾座套筒轴线方向将钻夹头锥柄部用力插入尾座套筒锥孔中，同步将尾座套筒向外伸出即可。如钻夹头柄部与车床尾座锥孔大小不吻合，可增加合适的过渡锥套（图 2–35）后再插入尾座套筒的锥孔内。

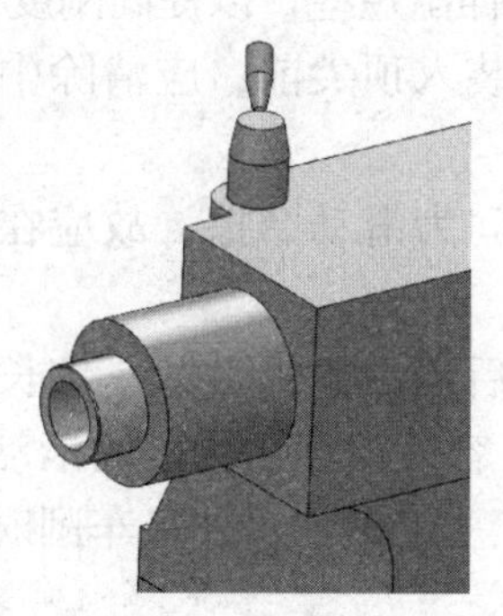

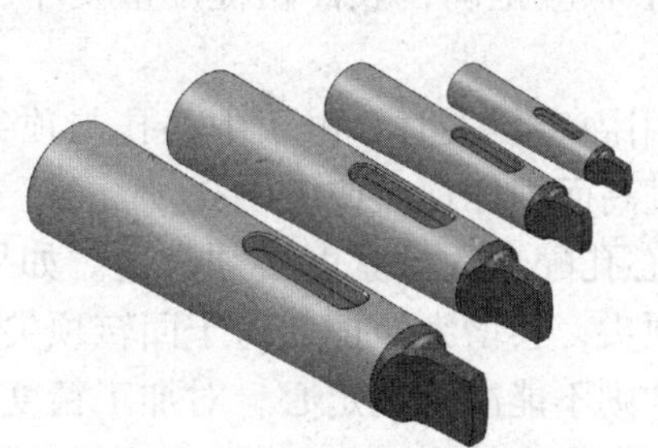

图 2–35　过渡锥套

（3）钻削

移动尾座至近工件端面，启动车床，使主轴带动工件回转，观察中心钻钻头是否与工件旋转中心一致，找正后紧固尾座。

钻削时取较高的转速，进给量小而均匀，当中心钻钻入工件后应及时加切削液进行冷却和润滑。钻毕中心钻应在孔中稍做停留，以修光中心孔，提高中心孔的形状精度和表面质量，然后退出中心钻。

提示： 工件端面必须车平，不允许出现小凸头，尾座必须找正，中心钻前端小圆柱未钻入端面时不可用力过大。

3. 中心钻折断的原因及预防方法

钻中心孔时，由于中心钻切削部分的直径很小，承受不了过大的切削力，稍不注意就会折断。导致中心钻折断的原因及预防方法如下：

（1）中心钻轴线与工件旋转轴线不一致，使中心钻受到一个附加力而折断。因此，钻中心孔前必须严格找正中心钻的位置。

（2）工件端面不平整或中心处留有凸头，使中心钻不能准确地定心而折断。因此，钻中心孔处的端面必须平整。

（3）选用的切削用量不合适，如工件转速太低而中心钻进给太快，使中心钻折断。

（4）磨钝后的中心钻强行钻入工件也易折断。因此，中心钻磨损后应及时修磨或调换。

（5）没有浇注充分的切削液或没有及时清除切屑，也易导致切屑堵塞而折断中心钻。因此，钻中心孔时必须浇注充分的切削液，并及时清除切屑。

如果中心钻折断，必须将折断部分从中心孔中取出，并将中心孔修整后才能继续加工。

五、使用一夹一顶和两顶尖装夹工件时的注意事项

1. 后顶尖的中心线应在车床主轴轴线上，否则车出的工件会产生锥度，如图 2–36 所示。

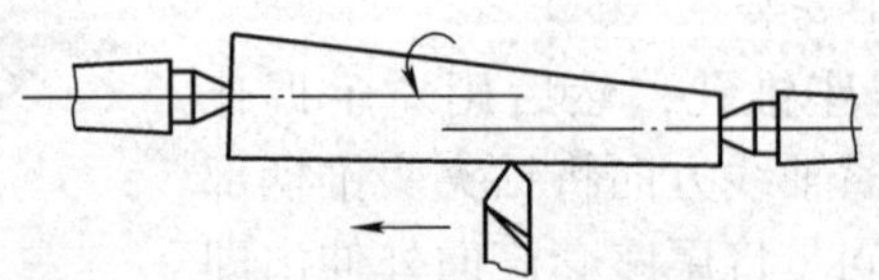

图 2–36　后顶尖的中心线不在车床主轴轴线上

2. 在不影响车刀切削的前提下，尾座套筒应尽量伸出短些，以提高刚度，减少振动。

3. 中心孔的形状应正确，表面粗糙度值要小。装入顶尖前，应清除中心孔内的切屑等异物。

4. 当后顶尖用固定顶尖时，由于中心孔与顶尖间为滑动摩擦，故应在中心孔内加入润滑脂，以防温度过高而损坏顶尖或中心孔。

5. 顶尖与中心孔配合的松紧度必须合适。如果后顶尖顶得太紧，细长工件会产生弯曲变形。对于固定顶尖，会增大摩擦；对于回转顶尖，容易损坏顶尖内的滚动轴承。如果后顶尖顶得太松，工件则不能准确地定心，对加工精度有一定影响，并且车削时易产生振动，甚至会使工件飞出而发生事故。

六、产生圆柱度误差时的找正方法

使用一夹一顶和两顶尖装夹车削轴类工件，要在车削开始前先测量两端直径，如发现同一刀车削工件两端直径不一样大，即圆柱度产生误差。可通过调整尾座的横向偏移量找正工件两端直径的误差。调整的方法如下：车出工件右端直径大、左端直径小，尾座应向操作者方向移动；车出工件右端直径小、左端直径大，尾座移动方向则相反，如图 2–37 所示。

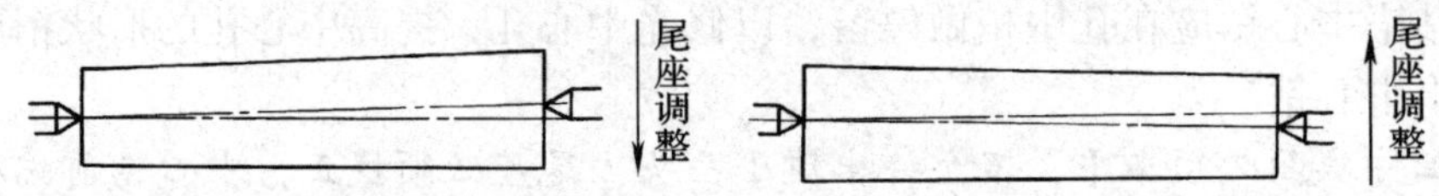

图 2–37　尾座的调整

为节省找正工件的时间，往往先将工件中间车凹，如图 2–38 所示（车凹部分外径不能小于图样要求），然后车削两端外圆，并测量找正即可。

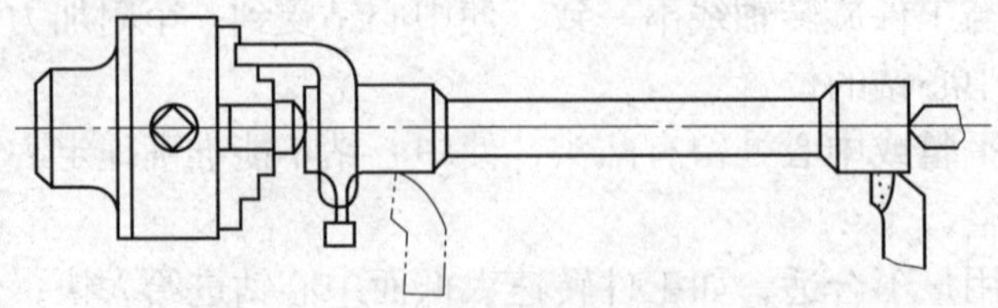

图 2–38　车削两端找正工件

七、轴类工件的检测

1. 千分尺

（1）千分尺的种类和结构

千分尺是生产中最常用的一种精密量具。千分尺的种类很多，按用途可分为外径千分尺、内径千分尺、深度千分尺、内测千分尺、螺纹千分尺和壁厚千分尺等。若不特别说明，千分尺即指外径千分尺。千分尺的测量精度为 0.01 mm，高于游标卡尺的测量精度。

外径千分尺属于测微螺旋量具，其结构如图 2-39 所示。

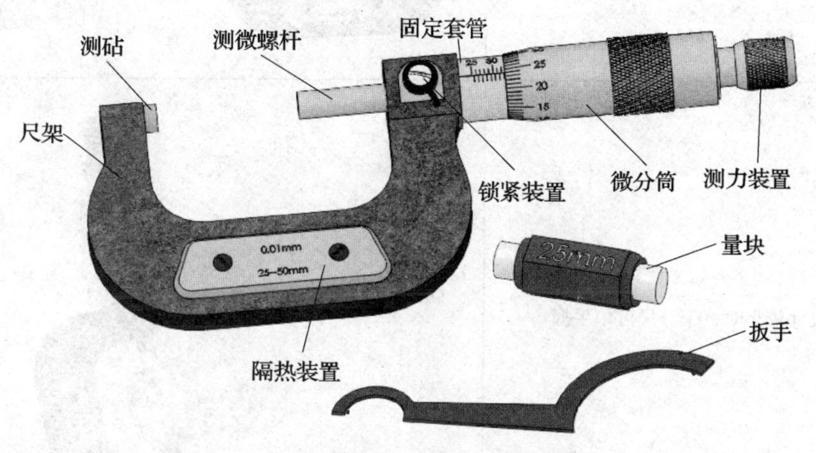

图 2-39 外径千分尺

由于测微螺杆的长度受到制造上的限制，其位移量一般为 25 mm。因此，按测量范围分，常用外径千分尺的规格有 0 ~ 25 mm、25 ~ 50 mm、50 ~ 75 mm、75 ~ 100 mm 等。使用时应根据被测工件的尺寸选择相应测量范围的千分尺。

（2）千分尺的读数方法

先读出微分筒左侧固定套管上露出刻线的整毫米及半毫米数值；再读出微分筒上哪一格刻线与固定套管基准线对齐（这一格刻线 ×0.01），将上述读数相加，即为测得的实际尺寸。

如图 2-40a 读数为 7 mm+38 × 0.01 mm=7.38 mm。

如图 2-40b 读数为 32 mm+0.5 mm+35 × 0.01 mm=32.85 mm。

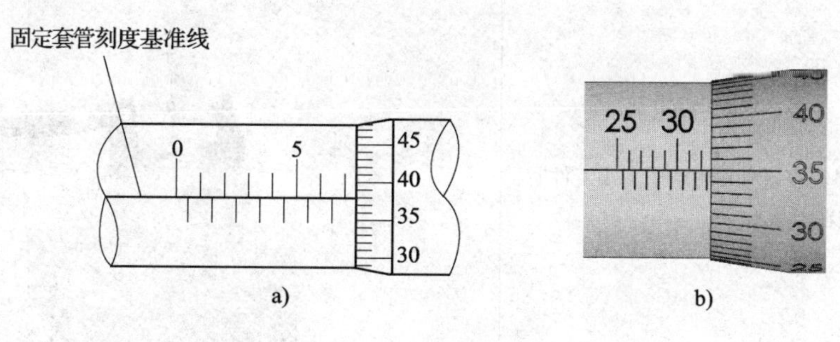

图 2-40 千分尺的读数

（3）千分尺的使用方法（表 2–9）

表 2–9　　千分尺的使用方法

方法	图示
 零位检查：测量工件尺寸前，应检查千分尺的“零位”，即检查微分筒上的零线和固定套管上的基准线是否对齐，若不对齐，应用配套扳手调整。对于 0 ~ 25 mm 规格的千分尺，只需测砧座面和测微螺杆平面贴平后对正“零位”	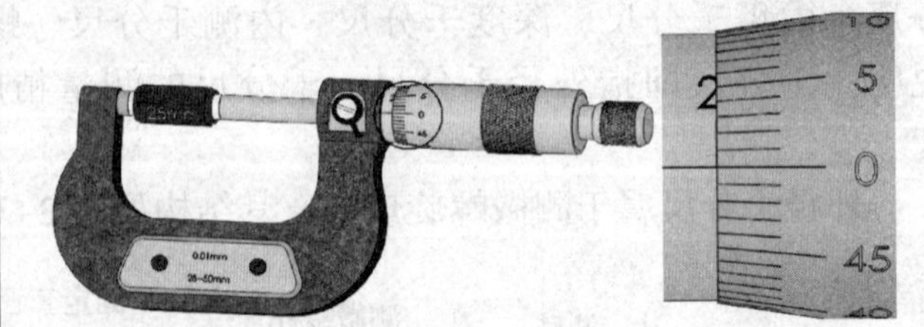
 当工件外径尺寸较小时，千分尺可单手握	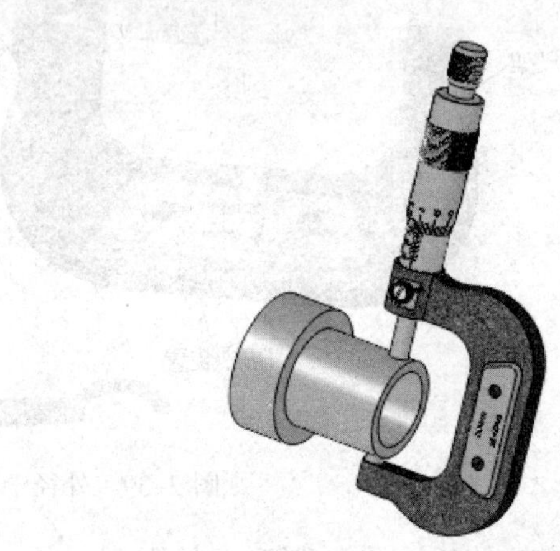
加工中测量，千分尺可双手握	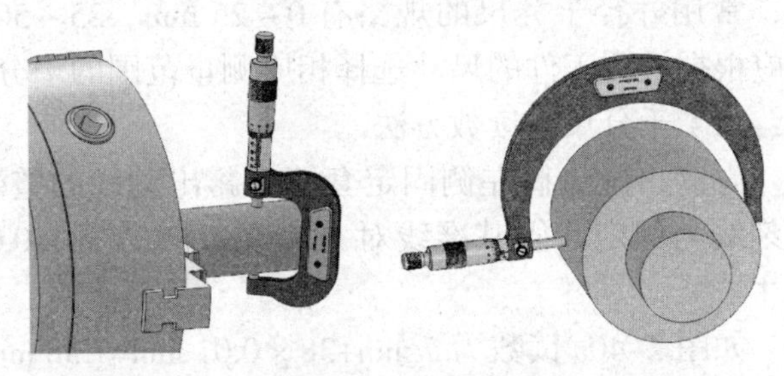
当被测工件数量较多或批量生产中、小工件时，也可将千分尺固定在尺架上	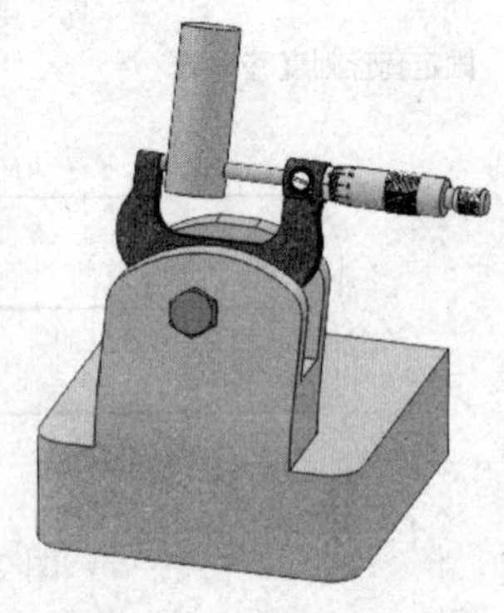

（4）数显千分尺（图 2–41）

数显千分尺的分辨力为 0.001 mm，量程分别为 0 ~ 25 mm、25 ~ 50 mm、50 ~ 75 mm、75 ~ 100 mm 等，即每隔 25 mm 为一挡。

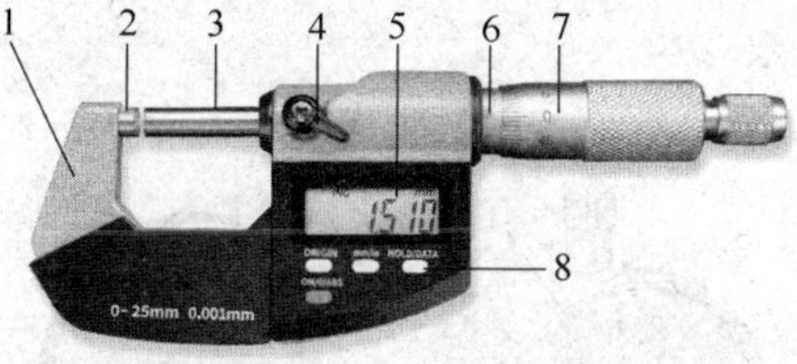

如使用 25 ~ 50 mm 的数显千分尺，按动置零钮，若此时显示屏显示读数为 25.000 mm，表示测量前的准备工作已经结束，即可开始所需的测量。

图 2–41　数显千分尺

1—弓架　2—测砧　3—测微螺杆　4—制动器　5—显示屏　6—固定套管　7—微分筒　8—置零钮

在测砧和测微螺杆两测量面洁净的前提下，旋转微分筒，使测砧和测微螺杆分别与工件接触，随即再转动微分筒 1 ~ 2 圈，用以产生适度的测量力。此时即可在显示屏上读取测量的数值。读取工件尺寸时，为防止尺寸变动，可转动制动器，锁紧测微螺杆。

2. 指示表

指示表是一种指示式量仪。按照能源来分，指示表可分为指针式和数显式；按照分度值或分辨力来分，指示表可分为百分表和千分表；按照结构来分，指示表可分为钟面式和杠杆式。

（1）百分表

百分表如图 2–42 所示。

1）钟面式百分表。表面上一格的分度值为 0.01 mm，量程为 0 ~ 3 mm、0 ~ 5 mm、0 ~ 10 mm。

钟面式百分表的结构如图 2–42a 所示，大分度盘一格的分度值为 0. 01 mm，沿圆周共有 100 格。当大指针沿大分度盘转过一周时，小指针转一格，测头移动 1 mm，因此小分度盘一格的分度值为 1 mm。

测量时，测头移动的距离等于小指针的读数加上大指针的读数。

2）杠杆式百分表。其体积较小，球面测杆可以根据测量需要改变位置，尤其是对小孔的测量或当钟面式百分表放不进去或测杆无法垂直于工件被测表面时，杠杆式百分表就显得十分灵活、方便。

杠杆式百分表表面上一格的分度值为 0.01 mm，量程为 0 ~ 0.8 mm，如图 2–42b 所示。

（2）千分表

千分表的量程为 0 ~ 1 mm、0 ~ 2 mm、0 ~ 3 mm、0 ~ 5 mm；其分度值为 0.001 mm、0.002 mm、0.005 mm 三种，如图 2–43 所示。显然千分表适用于更高精度的测量。

如图 2–43 所示，千分表的结构与钟面式百分表相似，只是分度盘的分度值不同。大分度盘一格的分度值为 0.001 mm，沿圆周共有 200 格。当大指针沿大分度盘转过一周时，小指针转一格，测头移动 0.2 mm，因此小分度盘一格的分度值为 0.2 mm。

测量时，测头移动的距离等于小指针的读数加上大指针的读数。

百分表和千分表是一种指示式测量仪。百分表和千分表应固定在表架或磁性表座上使用，测量前应转动表圈使表的长指针对准“0”刻线。

（3）数显指示表

数显指示表（图 2–44）是将测杆的直线位移以数字显示的计量器具。

数显指示表可在其量程内任意给定位置，按动表体上的置零钮使显示屏上的读数置零，然后直接读出被测工件尺寸的正、负偏差值。保持钮可以使其正、负偏差值保持不变。

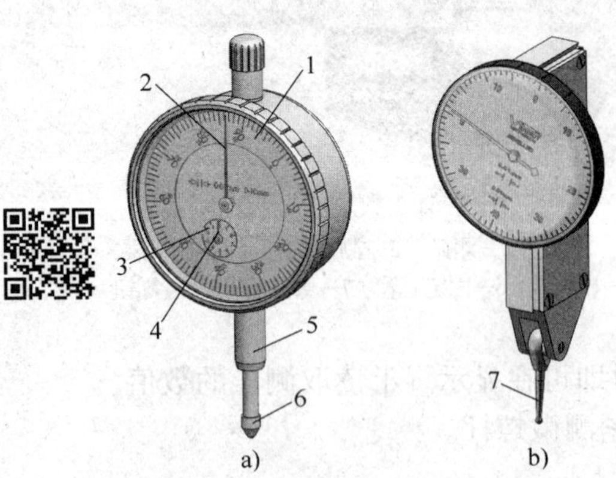

图 2–42　百分表

a）钟面式　b）杠杆式

1—大分度盘　2—大指针　3—小分度盘

4—小指针　5—测杆　6—测头　7—球面测杆

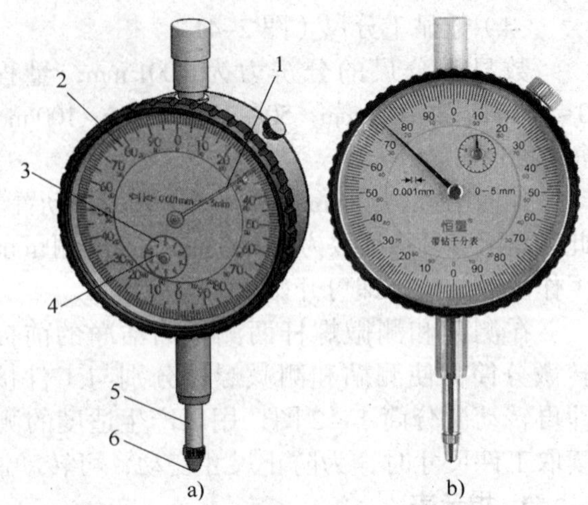

图 2–43　分度值为 0.001 mm 的千分表

a）结构　b）实物图

1—大指针　2—大分度盘　3—小分度盘

4—小指针　5—测杆　6—测头

数显百分表的量程是 0 ~ 30 mm，分辨力为 0.01 mm。数显百分表的特点是体积小，质量轻，功耗小，测量速度快，结构简单，便于实现机电一体化，且对环境要求不高。

（4）使用指示表的注意事项

1）指示表应固定在磁性表座或指示表表架上使用，表架上的接头即伸缩杆，可以调节指示表的上下、前后、左右位置，如图 2–45 所示。表架要放稳，以免指示表掉落后摔坏。使用磁性表座时要注意表座旋钮的位置。

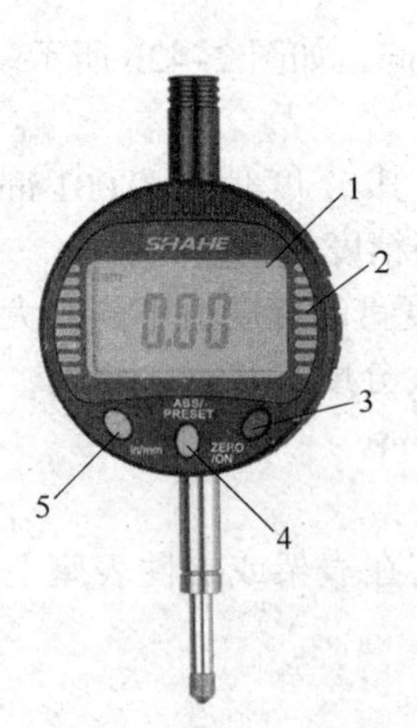

图 2–44　数显指示表

1—显示屏　2—表体　3—置零钮

4—保持钮　5—米 / 英制转换钮

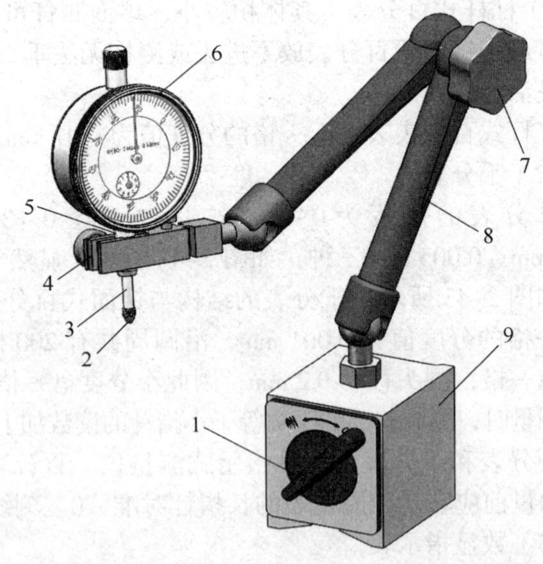

图 2–45　指示表固定在磁性表座上

1—磁性旋钮开关　2—测头　3—测杆　4—带微调装置的夹表处

5—轴套　6—指示表　7—紧固螺母　8—万向支臂　9—磁性表座座体

2）测量前，应转动表圈使表的长指针对准“0”刻线。

3）测量时，测杆的行程不要超过它的量程，以免损坏表内零件。

4）提压测杆的次数不要过多，距离不要过大，以免损坏机件及加剧零件磨损。

5）在测量平面或工件上，钟面式指示表的测杆应与被测表面或轴类工件中心线垂直且位于最高点处；否则，指示表测杆移动不灵敏，测量结果不准确，如图 2-46 所示。

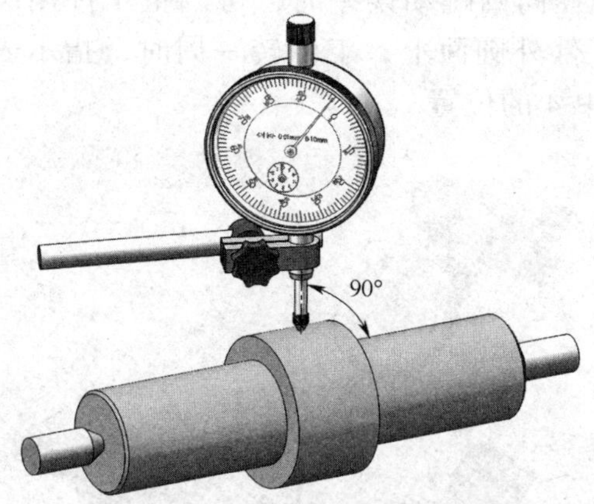

图 2-46 钟面式指示表测杆与被测工件中心线垂直

3. 几何误差的测量

在实际生产中，常用指示表来测量轴类工件的几何误差。

（1）圆柱度误差的测量

一般用指示表测量轴类工件的圆柱度误差。测量时只要在被测表面的全长上取前、后、中几点，比较其测量值，其最大值与最小值之差的一半即为被测表面全长上的圆柱度误差，如图 2-47 所示。

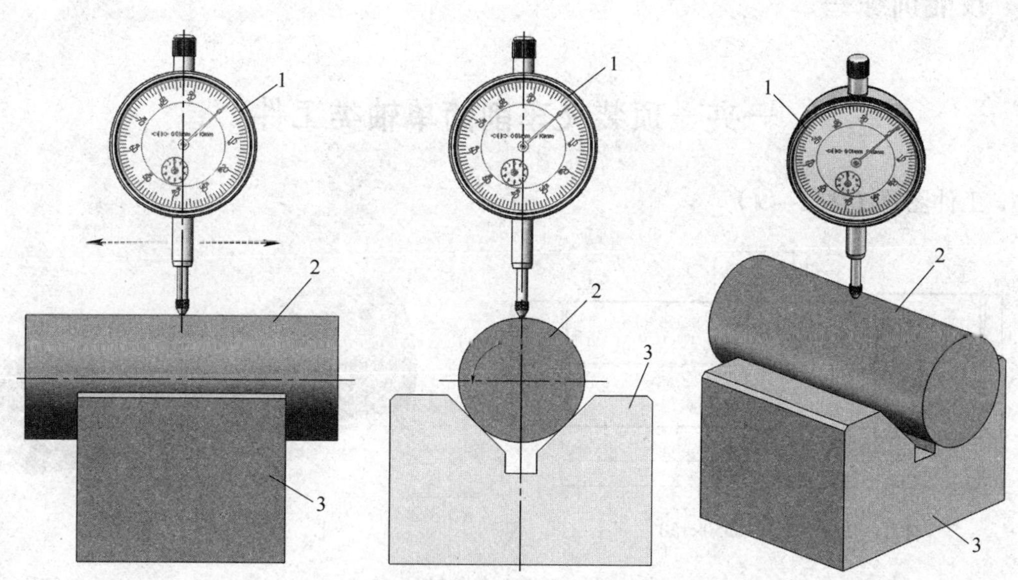

图 2-47 轴类工件在 V 形架上测量圆柱度误差

1—指示表 2—被测工件 3—V 形架

（2）轴向圆跳动误差的测量

测量一般轴类工件的轴向圆跳动误差时，可以把工件用两顶尖装夹，然后把杠杆式指示表的圆测头靠在需要测量的工件左侧或右侧端面上，转动工件，测得指示表的读数差就是轴向圆跳动误差，如图 2–48 中 2 的位置。

（3）径向圆跳动误差的测量

测量一般轴类工件的径向圆跳动误差时，可以把工件用两顶尖装夹，然后把杠杆式指示表的圆测头靠在工件外圆面上，工件转一周时，指示表所得的读数差就是径向圆跳动误差，如图 2–48 中 4 的位置。

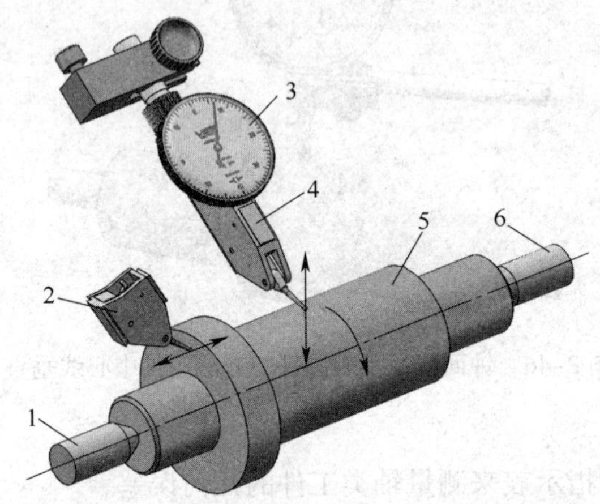

图 2–48　轴类工件在两顶尖间测量轴向圆跳动误差和径向圆跳动误差

1、6—顶尖　2—测量轴向圆跳动误差　3—杠杆式指示表　4—测量径向圆跳动误差　5—轴类工件

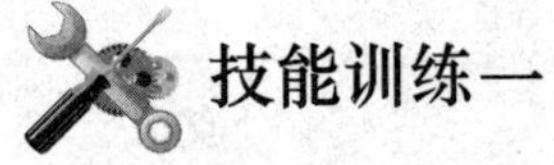

技能训练一

一夹一顶装夹车削简单轴类工件

1. 工件图样（图 2–49）

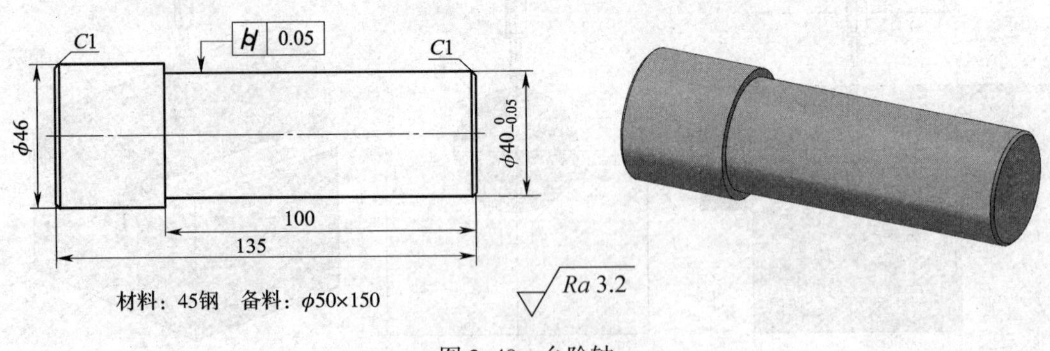

图 2–49　台阶轴

2. 加工工艺卡（表 2–10）

表 2–10　　加工工艺卡

工序	工步	内容	图示
10		检查备料 ϕ50 mm × 150 mm	
20		用三爪自定心卡盘夹持毛坯外圆，伸出长度约 40 mm，找正并夹紧	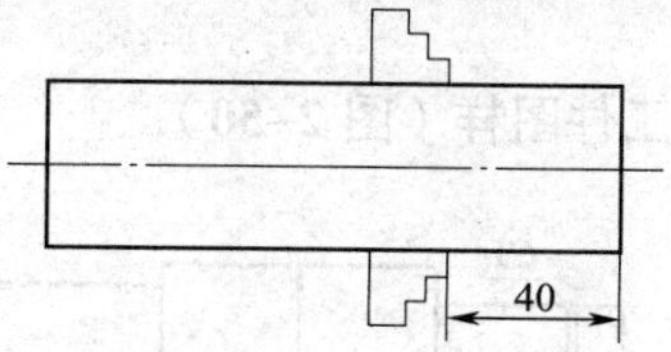
	1	车端面，车平即可	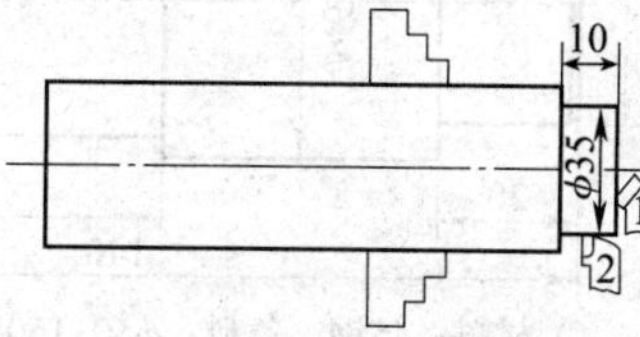
	2	车毛坯外圆至 ϕ35 mm，长 10 mm（装夹部位）	
30		掉头装夹毛坯外圆，伸出长度为 40 mm，找正并夹紧	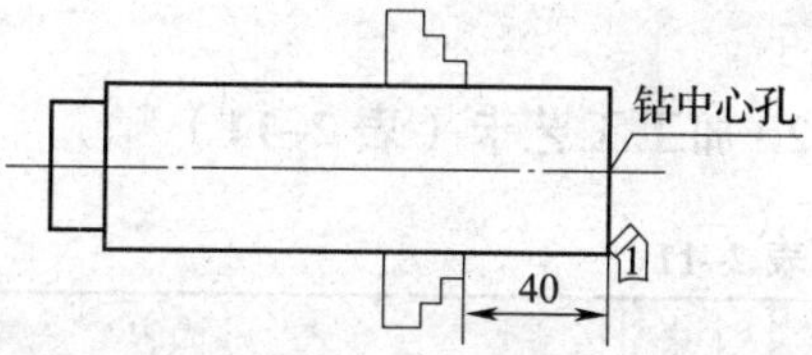
	1	车端面，车平即可	
	2	钻中心孔（A 或 B 型）并修饰	
40		将工件拉出，夹持 ϕ35 mm、长 10 mm 的外圆，另一端用后顶尖支撑顶紧（为防止切削中工件轴向窜动，故车削出一个台阶作为轴向限位支撑）	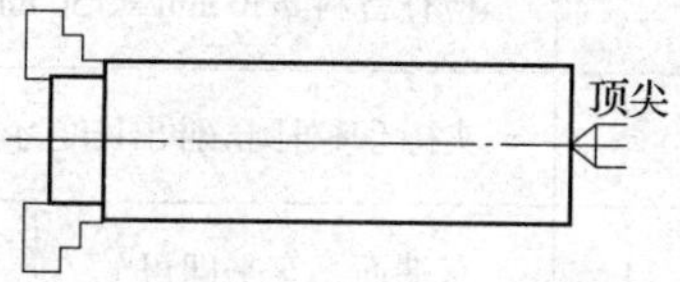
	1	粗车毛坯外圆 ϕ50 mm 至 ϕ40.5 mm，长 99.5 mm（校正锥度）	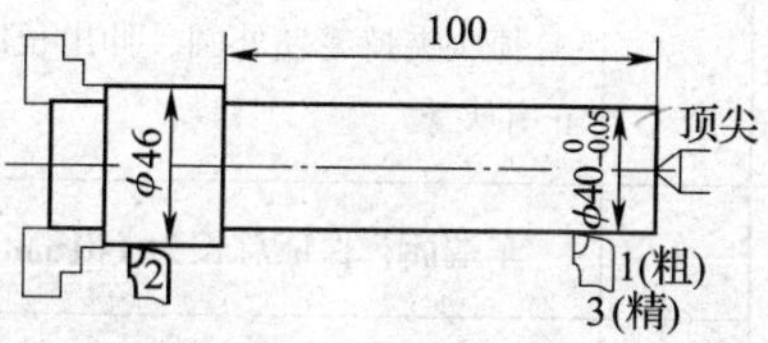
	2	粗、精车外圆 ϕ46 mm 至尺寸要求	
	3	精车外圆 $\phi40^{\ 0}_{-0.05}$ mm、长 100 mm 至尺寸要求，表面粗糙度 Ra3.2 μm	
	4	倒角 C1 mm	
50		掉头夹持 ϕ46 mm 外圆，找正并夹紧	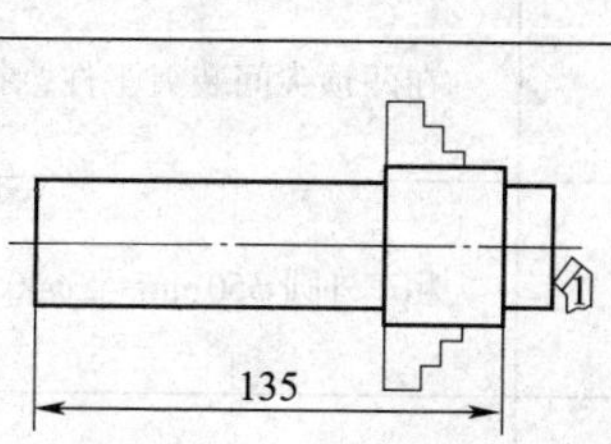
	1	车端面，保证总长 135 mm	
	2	倒角 C1 mm	
60		检查质量，合格后取下工件	

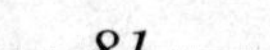

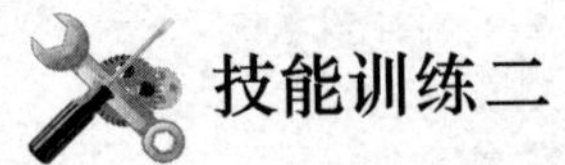

技能训练二

两顶尖装夹车削简单轴类工件

1. 工件图样（图 2–50）

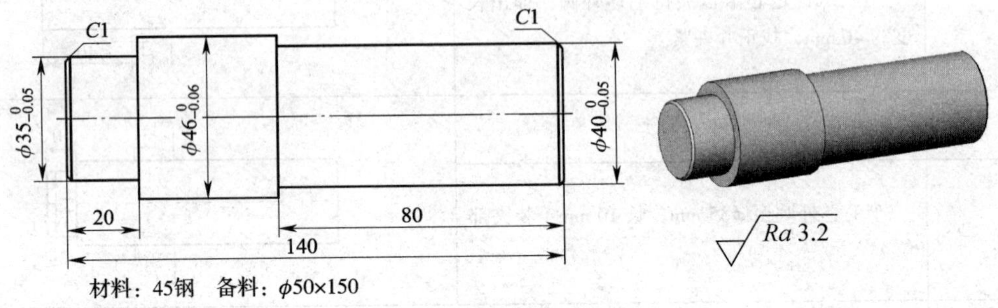

图 2–50　台阶轴

2. 加工工艺卡（表 2–11）

表 2–11　　加工工艺卡

工序	工步	内容	图示
10		检查备料 ϕ50 mm × 150 mm	
20		夹持毛坯外圆，伸出长度为 40mm，找正并夹紧	钻中心孔　40　1
	1	车端面，车平即可	
	2	钻中心孔（B 型）并修饰	
30		掉头夹持毛坯外圆，伸出长度为 40 mm，找正并夹紧	钻中心孔　40　140　1
	1	车端面，保证总长为 140 mm	
	2	钻中心孔（B 型）并修饰	
40		在两顶尖间装夹工件，找正并顶紧	顶尖　ϕ40.5　顶尖　79　1
	1	粗车外圆 ϕ50 mm 至 ϕ40.5 mm，长 79 mm	
50		掉头，在两顶尖间装夹工件，找正并夹紧	顶尖　顶尖

续表

工序	工步	内容	图示
	1	粗车外圆 $\phi 50$ mm 至 $\phi 46.5$ mm	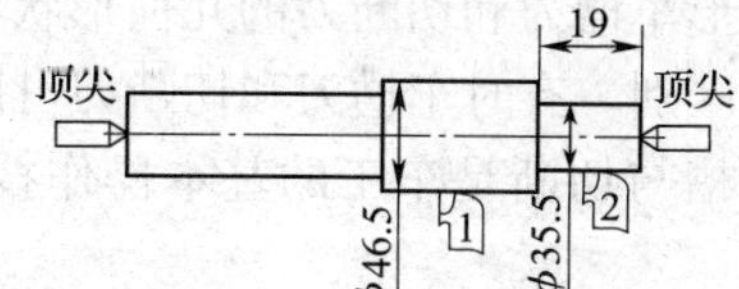
	2	粗车外圆 $\phi 46.5$ mm 至 $\phi 35.5$ mm，长 19 mm	
	3	精车外圆 $\phi 46_{-0.06}^{0}$ mm 至尺寸要求	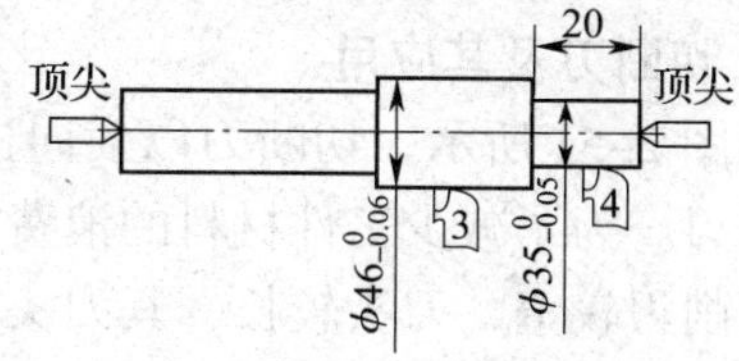
	4	精车外圆 $\phi 35_{-0.05}^{0}$ mm 至尺寸要求	
	5	倒角 $C1$ mm	
60		掉头，在两顶尖间装夹，找正并夹紧	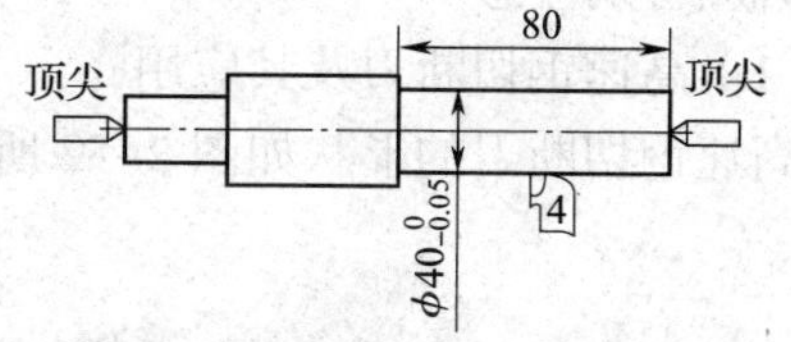
	1	精车外圆 $\phi 40_{-0.05}^{0}$ mm 至尺寸要求	
	2	倒角 $C1$ mm	
70		检查质量，合格后取下工件	

3. 工件在顶尖上装夹注意事项

（1）工件在顶尖上装夹时，应保持中心孔的洁净并防止将其碰伤。

（2）鸡心夹头或平行对分夹头必须牢靠地夹住工件，以防切削时车刀移动、打滑、损坏。

（3）顶尖支顶应松紧合适。固定顶尖支顶太紧，工件易发热、变形，甚至烧坏顶尖和中心孔；而顶尖支顶太松，工件会产生径向跳动和轴向窜动，切削时易振动，致使外圆的圆度误差大和台阶的同轴度受影响。在切削过程中应随时注意工件在两顶尖间的松紧程度，并及时加以调整。

（4）在条件许可的情况下，尾座套筒伸出的长度应尽可能短些，以提高切削时的刚度。

（5）切削开始前，应手摇手轮使床鞍左右移动全行程，观察和检查有无碰撞现象。

（6）车台阶轴时，台阶处要保持清角，不要出现小台阶和凹坑。

（7）注意安全，防止鸡心夹头或平行对分夹头钩衣伤人。

课题三　车槽和切断

用车削方法加工工件的槽称为车槽。工件外圆和平面上的槽称为外槽，工件内孔中的槽称为内槽。

把坯料或工件切成两段（或数段）的加工方法称为切断。

切断的关键是切断刀几何参数的选择及其刃磨和选择合理的切削用量。

直形车槽刀和切断刀的几何形状相似，刃磨的方法基本相同，只是刀头部分的宽度和长度有些区别。有时车槽刀和切断刀可以通用。

车槽与切断是车工的基本操作技能之一，能否掌握好，关键在于车槽刀和切断刀的刃磨。

一、切断刀和车槽刀

1. 切断刀及其应用

如图 2–51 所示，切断刀以横向进给为主，前端的切削刃是主切削刃，两侧的切削刃是副切削刃。为了减少工件材料的浪费，保证切断实心工件时能切到工件的中心，一般切断刀的主切削刃较窄，刀头较长，其刀头强度相对其他车刀较低，所以，在选择几何参数和切削用量时应特别注意。

（1）高速钢切断刀及其应用

高速钢切断刀的形状如图 2–52 所示，其几何参数的选择原则见表 2–12。

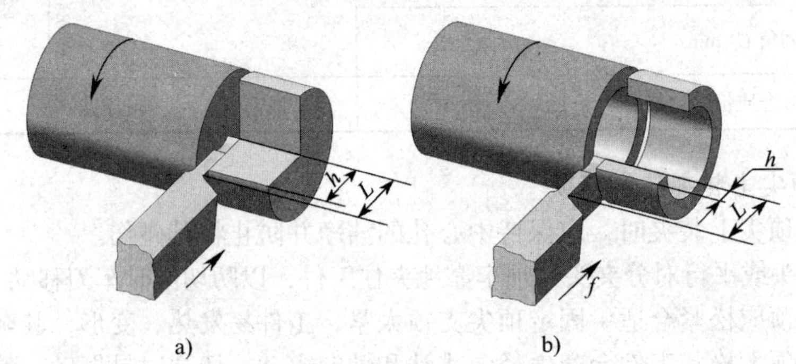

图 2–51　切断刀的刀头长度

a）切断实心工件时　b）切断空心工件时

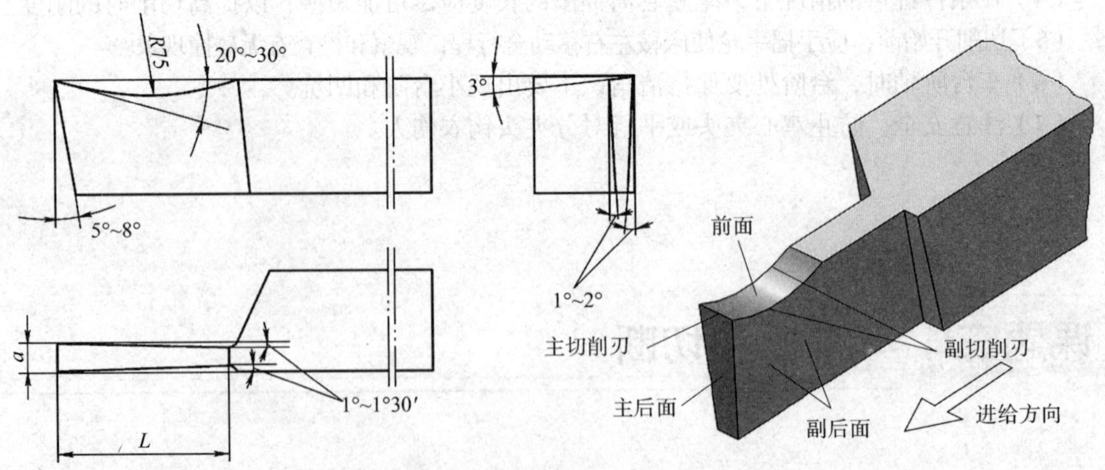

图 2–52　高速钢切断刀

表 2–12　　高速钢切断刀几何参数的选择

角度	符号	数据和公式
主偏角	κ_r	$\kappa_r=90°$
副偏角	κ_r'	κ_r' 取 1°～1°30′
前角	γ_o	切断中碳钢工件时，通常 γ_o 取 20°～30°；切断铸铁工件时，γ_o 取 0°～10°。前角由 R75 mm 的弧形前面自然形成
主后角	α_o	一般 α_o 取 5°～7°
副后角	α_o'	切断刀有两个对称的副后角，α_o' 取 1°～2°
刃倾角	λ_s	主切削刃要左高右低，取 $\lambda_s=3°$
主切削刃宽度	a	一般采用经验公式计算： $a\approx(0.5\sim0.6)\sqrt{d}$　　（2–1） 式中　d——工件直径，mm
刀头长度	L	计算公式为： $L=h+(2\sim3)$ mm　　（2–2） 式中　h——切入深度，mm 切断实心工件时，切入深度等于工件半径；切断空心工件时，切入深度等于工件的壁厚（图 2–51）

例 2–1　切断外径为 36 mm、孔径为 16 mm 的空心工件，试计算切断刀的主切削刃宽度和刀头长度。

解：根据式（2–1）

$$
\begin{aligned}
a &\approx(0.5\sim0.6)\sqrt{d}=(0.5\sim0.6)\sqrt{36}\ \text{mm}\\
&=3\sim3.6\ \text{mm}
\end{aligned}
$$

根据式（2–2）

$$
\begin{aligned}
L &=h+(2\sim3)\ \text{mm}=\left(\frac{36}{2}-\frac{16}{2}\right)\text{mm}+(2\sim3)\ \text{mm}\\
&=12\sim13\ \text{mm}
\end{aligned}
$$

为了使切削顺利，在切断刀的弧形前面上磨出卷屑槽，卷屑槽的长度应超过切入深度。但卷屑槽不可过深，一般槽深为 0.75～1.5 mm，否则会削弱刀头强度。

在切断工件时，为使带孔工件不留边缘，实心工件的端面不留小凸头，可将切断刀的切削刃略磨斜些，如图 2–53 所示。

（2）硬质合金切断刀及其应用

如图 2–54 所示，如果硬质合金切断刀的主切削刃采用平直刃，那么切断时的切屑和工件槽宽相等，切屑容易堵塞在槽内而不易排出。为使排屑顺利，可把主切削刃两边倒角或磨成人字形，为提高刀头的支承刚度，常将切断刀的刀头下部做成凸圆弧形。

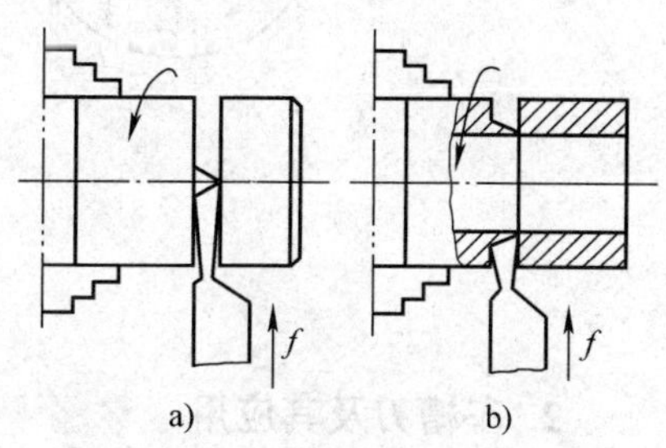

图 2–53　斜刃切断刀及其应用
a）切断实心工件　b）切断空心工件

高速切断时会产生大量的热量，为防止刀片脱焊，必须浇注充足的切削液，发现切削刃磨钝时应及时刃磨。

（3）弹性切断刀及其应用

为了节省高速钢，切断刀可以做成片状，装夹在弹性刀柄上，如图 2–55 所示。弹性切断刀的优点如下：当进给量过大时，弹性刀柄会因受力而产生变形，由于刀柄的弯曲中心在上面，因此刀头就会自动向后退让，从而避免了因“扎刀”而导致切断刀折断的现象。

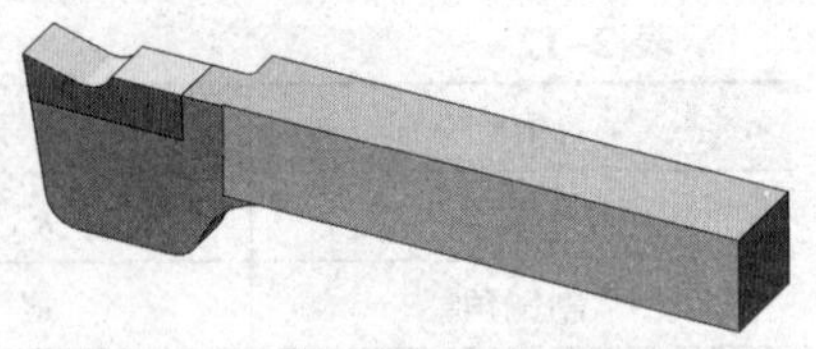

图 2–54　硬质合金切断刀

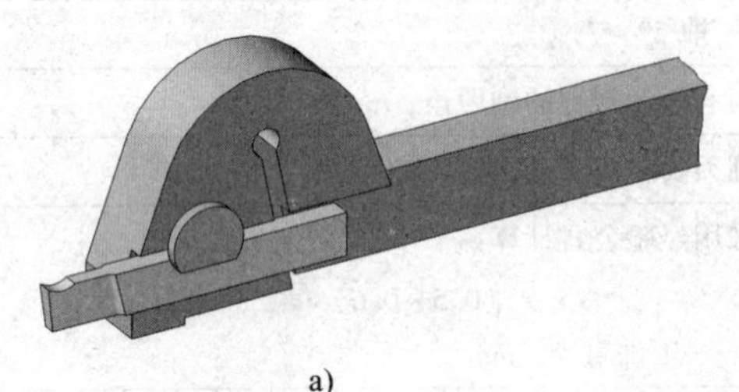

a)

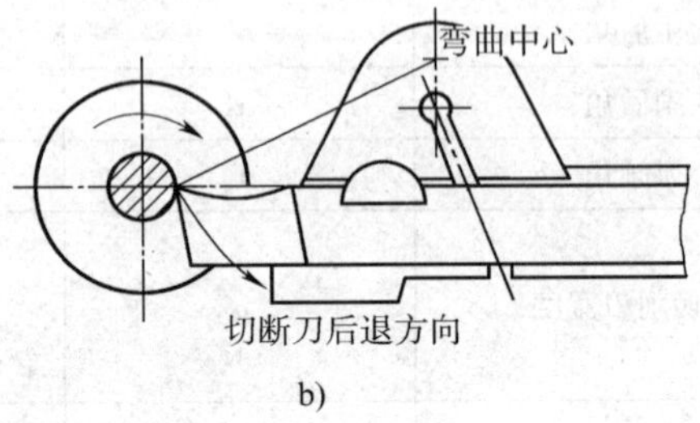

b)

图 2–55　弹性切断刀及其应用

a）弹性切断刀　b）应用

（4）反切刀及其应用

切断直径较大的工件时，由于刀头较长，刚度很低，很容易产生振动，这时可采用反向切断法，即工件反转，用反切刀切断，如图 2–56 所示。反向切断时，作用在工件上的切削力 F_c 与工件重力 G 方向一致，这样不容易产生振动；并且切屑向下排出，不容易在槽中堵塞。

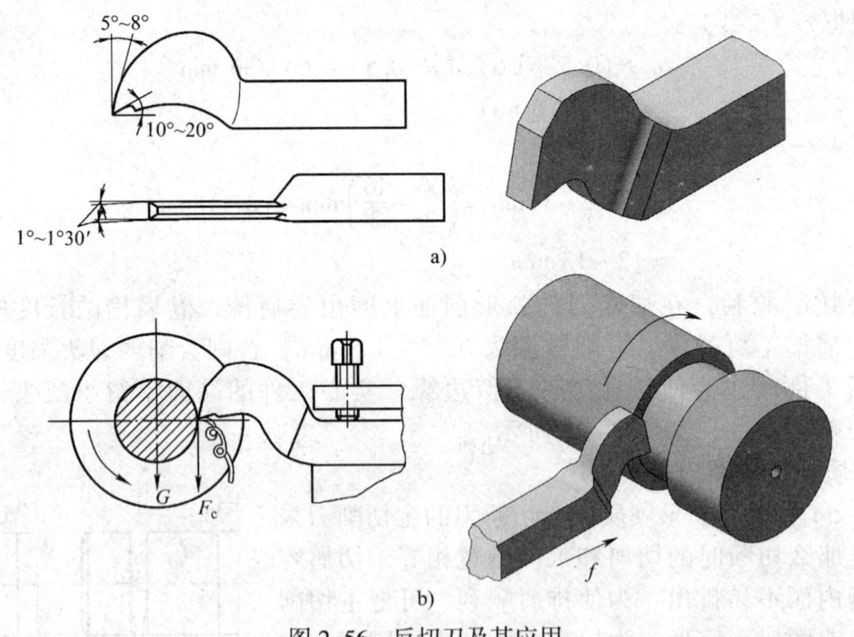

图 2–56　反切刀及其应用

a）反切刀　b）应用

2. 车槽刀及其应用

车一般外槽的车槽刀的形状和几何参数与切断刀基本相同。车狭窄的外槽时，将车槽刀的主切削刃宽度刃磨成与工件槽宽相等，一次直进车出，如图 2–57a 所示。车较宽的外槽时，可以用多次车削的方法来完成，但必须在槽的两侧和底部留出精车余量，最后根据槽的宽度和位置进行精车，如图 2–57b 所示。

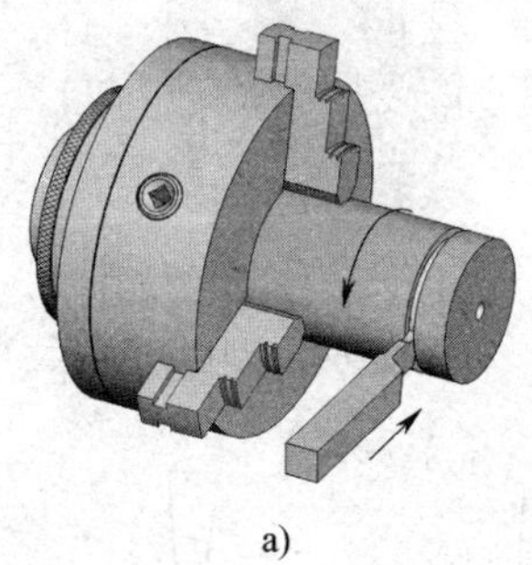
a)

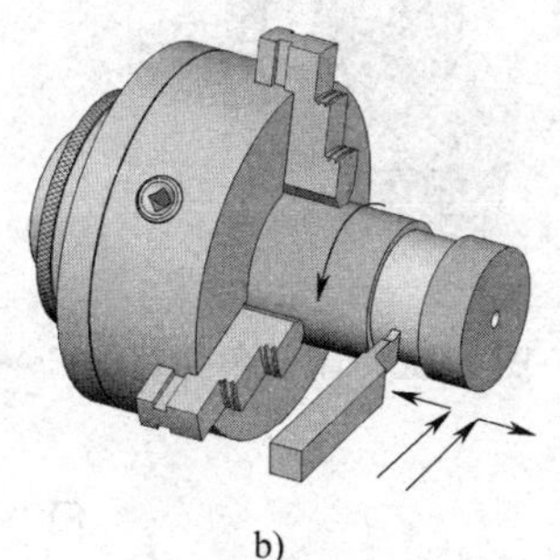
b)

图 2–57　车外槽
a）车狭窄的外槽　b）车较宽的外槽

二、切断刀和车槽刀的刃磨要求

1. 切断刀的卷屑槽不宜磨得太深，一般为 0.75 ~ 1.5 mm（图 2–58）。卷屑槽刃磨太深，刀头强度低，容易折断（图 2–59）。

图 2–58　切断刀的卷屑槽

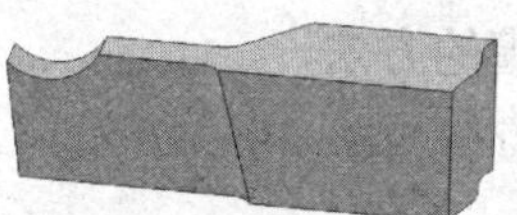
图 2–59　卷屑槽太深

2. 不允许把前面磨低或磨成台阶形（图 2–60），这种刀切削不顺畅，排屑困难，切削负荷增大，刀头容易折断。

3. 刃磨切断刀和车槽刀的两侧副后角时，应以车刀底面为基准，用钢直尺或直角尺检查（图 2–61）。

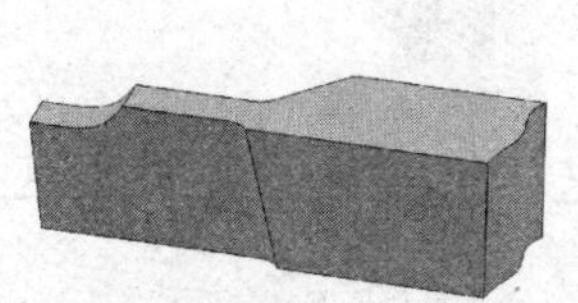
图 2–60　前面被磨低

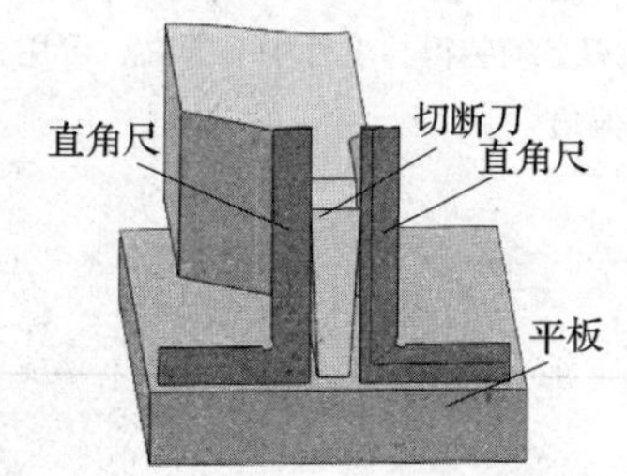

图 2–61　用直角尺检查两侧副后角

4. 如果副后角出现负值（图 2–62），切断时刀具会与工件侧面发生摩擦；副后角太大（图 2–63）则刀头强度差，切削时容易折断。

5. 刃磨切断刀和车槽刀的副偏角时要避免出现以下问题：

（1）副偏角太大（图 2–64a），刀头强度低，容易折断。

（2）副偏角为负值（图 2–64b）或副切削刃不平直（图 2–64c），不能用直进法切削。

（3）车刀左侧磨去太多（图 2–64d），不能切削有高台阶的工件。

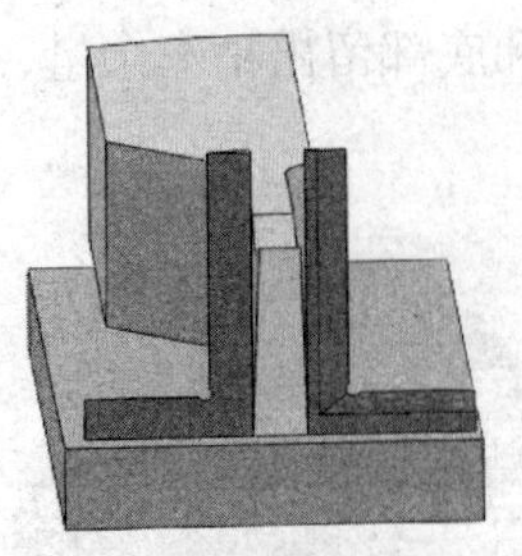

图 2–62　副后角为负值

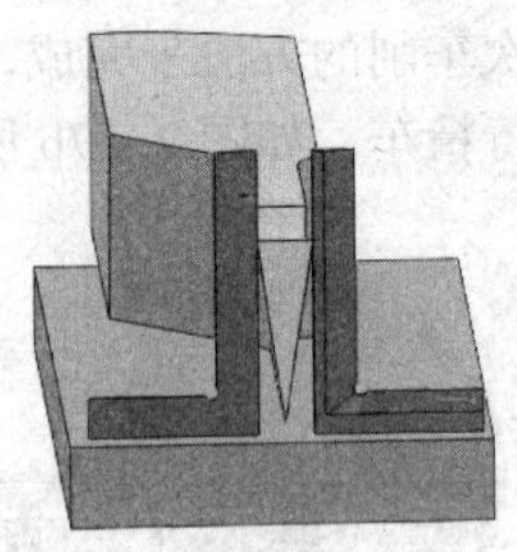

图 2–63　副后角太大

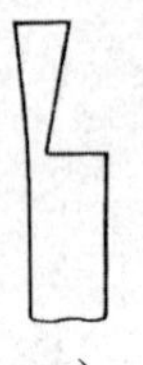

a)

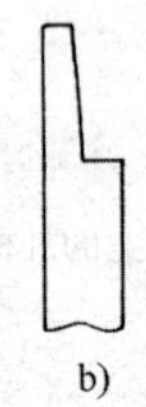

b)

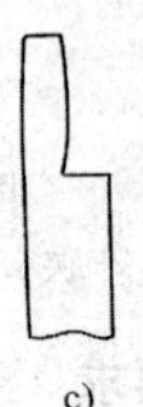

c)

d)

图 2–64　刃磨副偏角时容易产生的问题

a）副偏角太大　b）副偏角为负值　c）副切削刃不平直　d）车刀左侧磨去太多

三、车外圆槽的方法

车外圆槽的方法见表 2–13。

表 2–13　　**车外圆槽的方法**

内容	方法	图示
车槽刀的装夹	安装时，刀头轴线应与工件轴线垂直；否则车出的槽壁可能不平直 主切削刃必须装得与工件中心等高，可用直角尺检查副偏角	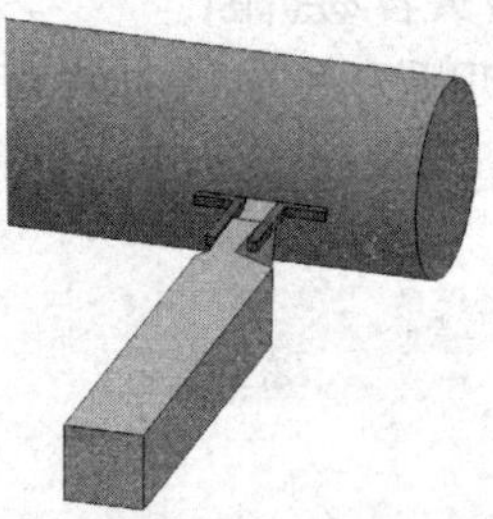
	高速钢车槽刀窄而长，刚度低，不宜伸出过长，而装夹时刀架上螺钉常会夹偏。可在刀柄上面与刀架夹紧螺钉之间垫一片垫刀片，使车削时刀柄受力均匀，提高刀柄强度	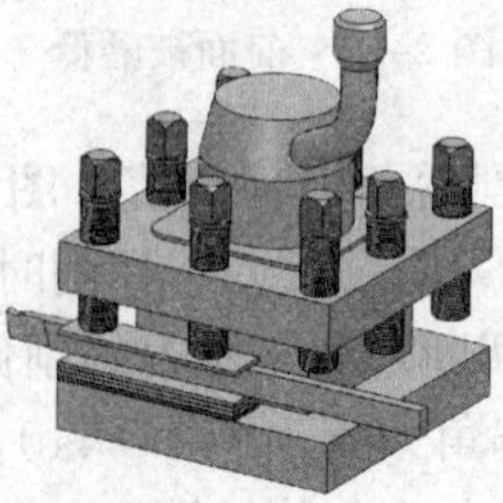

续表

<table>
<tr><th>内容</th><th>方法</th><th>图示</th></tr>
<tr><td rowspan="5">外圆槽车削方法</td><td>1. 车削精度不高、宽度较窄的槽时，可用刀宽等于槽宽的车槽刀，采用一次直进法车出</td><td>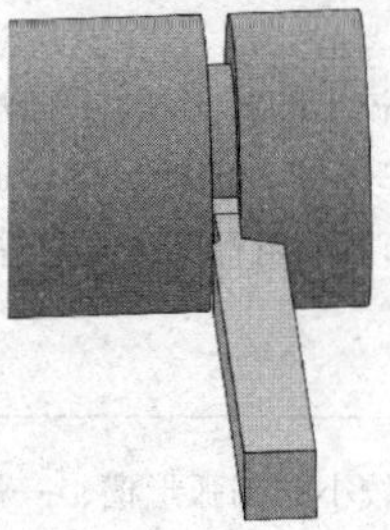</td></tr>
<tr><td>2.1 车削槽宽较宽、精度较高的矩形槽，可用多次直进法车削，将车槽刀每次进给至同样深度，并在槽壁两侧和槽径留一定精车余量。最后车槽刀在槽的右侧（长度基准）退出</td><td>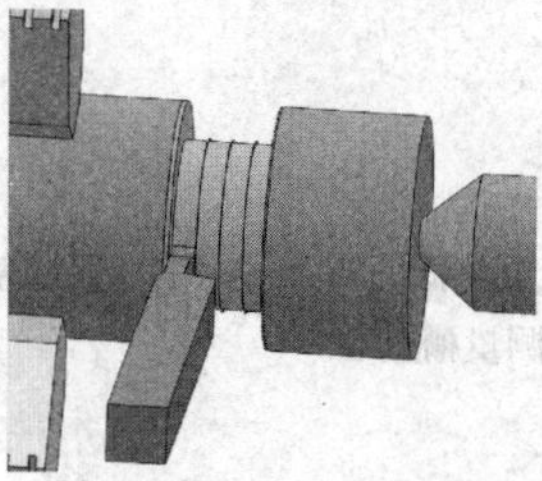</td></tr>
<tr><td>2.2 测量工件端面至槽右侧尺寸后，用小滑板在槽右侧对刀以消除间隙，计算小滑板右移格数，用直进法切入至粗车的中滑板刻度，将刀横向退出（纵向不动），这样就保证了端面至槽右侧的尺寸</td><td></td></tr>
<tr><td>2.3 测量槽宽余量，车槽的宽度尺寸，车槽刀以上一尺寸的终点为起点，直接用床鞍将刀左移，靠近槽左侧时改为移动小滑板对刀并消除间隙，计算好小滑板左移格数，用直进法切入至粗车时中滑板刻度（即 2.1 中车槽刀车至槽底时刻度），将刀从槽的中间退出，这样就保证了槽宽尺寸</td><td>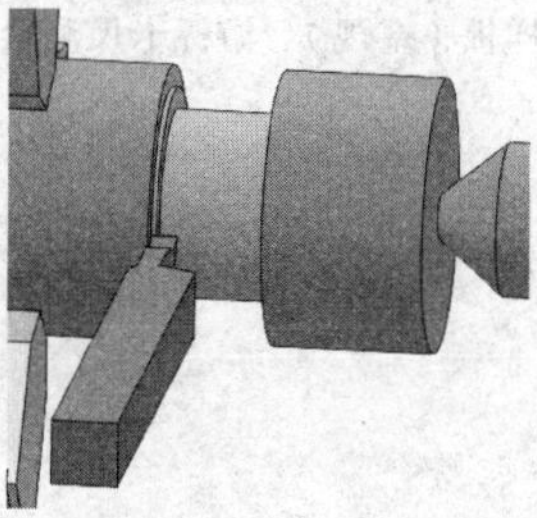</td></tr>
<tr><td>2.4 测量槽底的直径 d，将车刀在槽底表面对刀，计算好中滑板径向进刀格数，将刀在槽底切入并纵向移动，车至尺寸后车刀从槽的中间退出，这样就保证了槽的直径尺寸</td><td>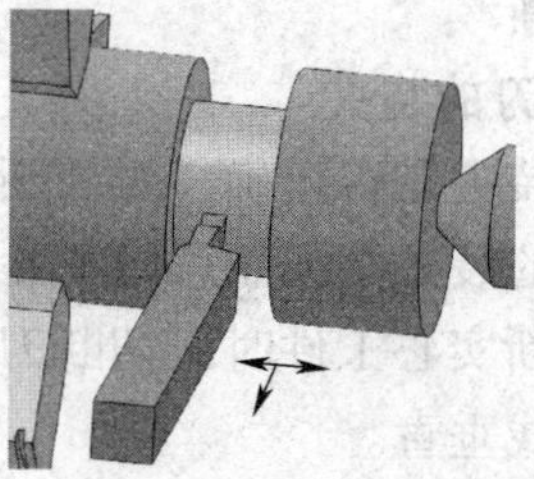</td></tr>
</table>

续表

内容	方法	图示
外圆槽车削方法	3. 车削较小的梯形槽，一般以成形刀一次车削完成。车削较大的梯形槽，通常先车削直槽，然后用梯形刀采用直进法或左右切削法完成	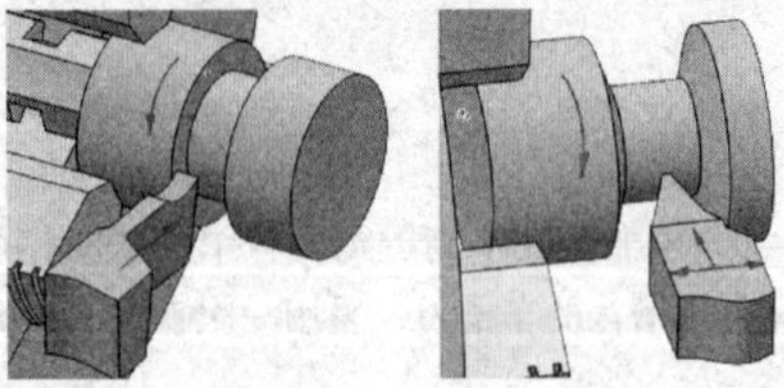
	4. 车削较小的圆弧形槽，一般以成形刀一次车出。车削较大的圆弧形槽，可用双手联动车削，用样板检查修整	
槽的测量	精度要求低的槽，可用钢直尺测量槽宽度，用外卡钳测量槽直径	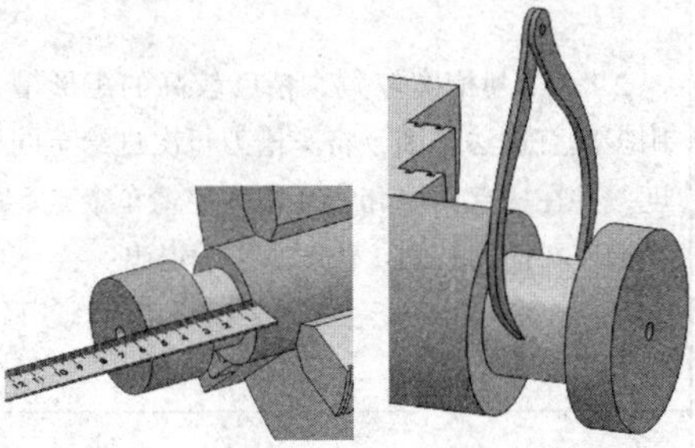
	精度要求高的槽，通常用千分尺测量槽的直径，用样板（塞规）、游标卡尺测量槽宽度	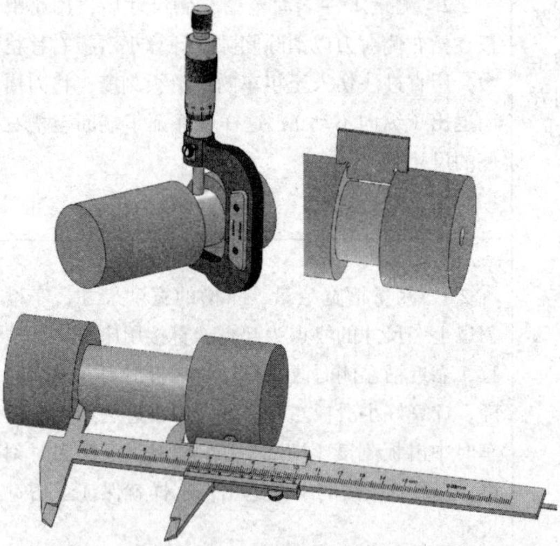

四、切断

1. 切断刀的装夹

切断刀装夹是否正确，对切断工件能否顺利进行，切断的工件平面是否平直有直接的关系。切断刀的装夹必须注意以下几点：

（1）切断实心工件时，切断刀的主切削刃必须严格对准工件的回转中心，主切削刃中心线与工件轴线垂直。

（2）刀柄不宜伸出过长，以提高切断刀的刚度和防止振动。

2. 切断方法（表 2–14）

表 2–14　　　　切断方法

方法	说明	图示
直进法	指垂直于工件轴线方向进行切断。这种方法切断效率高，但对车床、切断刀的刃磨和安装都有较高的要求；否则容易造成刀头折断	
左右借刀法	指切断刀在轴线方向往返移动，并在径向进给，直至将工件切断。在切削系统（刀具、工件、车床）刚度不足的情况下，可采用左右借刀法切断	
反切法	指工件反转，车刀反向装夹进行切断。这种切断方法宜用于较大直径工件的切断	

3. 容易产生的问题和注意事项

（1）被切断工件的平面凹凸不平的原因

1）切断刀两侧的刀尖刃磨或磨损不一致，造成切断中让刀，使工件平面凹凸不平。

2）窄切断刀的主切削刃与轴线不平行，且有较大夹角，而左侧刀尖又有磨损现象，进给时在侧向切削抗力的作用下刀头容易偏斜，造成被切断工件平面内凹，如图 2–65 所示。

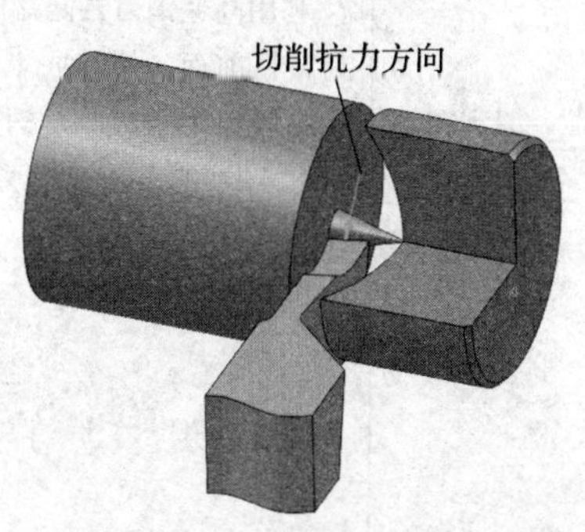

图 2–65　刀尖偏斜使工件平面内凹

3）车床主轴有轴向窜动。

4）切断刀安装歪斜或副切削刃没有磨直。

（2）切断时产生振动的原因

1）主轴与轴承之间间隙太大。

2）切断时转速过高，进给量过小。

3）切断的棒料太长，在惯性力的作用下产生振动。

4）切断刀远离工件支撑点或切断刀伸出过长。

5）工件细长，切断刀刃口太宽。

（3）切断刀折断的原因

1）工件装夹不牢靠，切断点远离卡盘，在切削力作用下，工件被抬起，造成切断刀折断。

2）切断时排屑不畅，切屑堵塞，使切断刀切削部分载荷增大，造成折断。

3）切断刀的副偏角、副后角磨得太大，削弱了切削部分的强度。

4）切断刀装夹与工件轴线不垂直，主切削刃与工件回转中心不等高。

5）切断刀前角过大，切削时进给量过大。

6）床鞍、中滑板、小滑板松动，切削时产生“扎刀”现象，造成切断刀折断。

（4）注意事项

1）用一夹一顶方法装夹工件进行切断时，在工件即将切断前，应卸下工件后再将其敲断。不允许用两顶尖装夹工件进行切断，以防切断瞬间工件飞出伤人，酿成事故。

2）用高速钢切断刀切断工件时，应浇注切削液；用硬质合金切断刀切断时，中途不准停车，以免切削刃碎裂。

技能训练一

刃磨切断刀和车槽刀

1. 刃磨高速钢切断刀

高速钢切断刀图样如图 2–52 所示。

刃磨高速钢切断刀的步骤见表 2–15。

表 2–15　　刃磨高速钢切断刀的步骤

步骤	说明	图示
刃磨左侧副后面	利用高速钢刀具两端面形成的后角，判定好前面，使其向上，同时刀柄向外侧倾斜 1°～2°，刀柄尾部向内侧倾斜 1°～1°30′，根据需要的刀头长度［$L = h+$（2～3）mm］，磨出左侧副后角和副偏角即可	1°~2° 1°~1°30′

续表

步骤	说明	图示
刃磨右侧副后面	同样前面向上，在刀柄右侧，将刀柄向外侧倾斜 1°～2°，刀柄尾部向内侧倾斜 1°～1°30′，边磨边观察，磨出与左侧对称的副后角和副偏角，至合适刀头宽度［$a=(0.5\sim0.6)\sqrt{d}$］	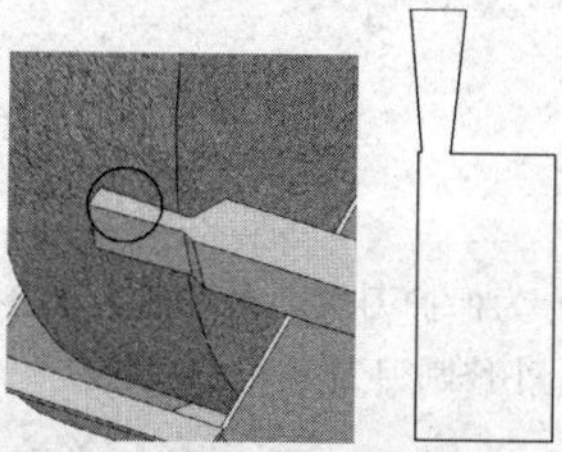 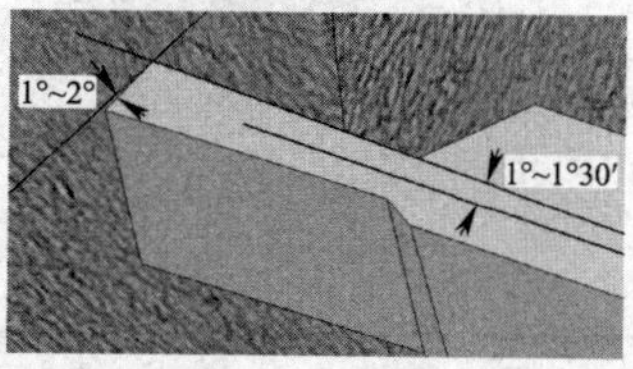
刃磨前面	将车刀前面对着砂轮，利用砂轮端面和圆周的交界圆弧在离开主切削刃处接触，深度为 0.75～1.5 mm，然后以其为支点摆动刀柄尾部，使火花在主切削刃处最后离开而主切削刃前面未被磨低	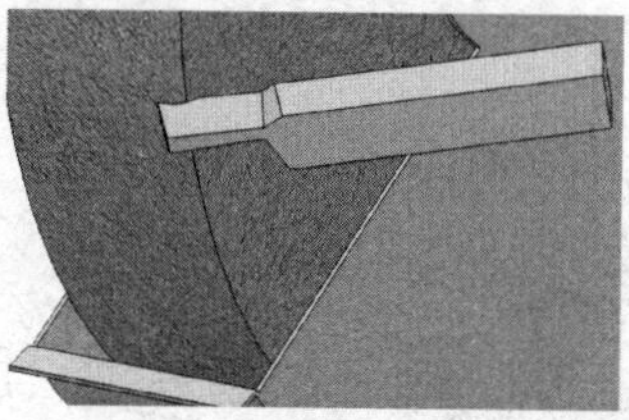 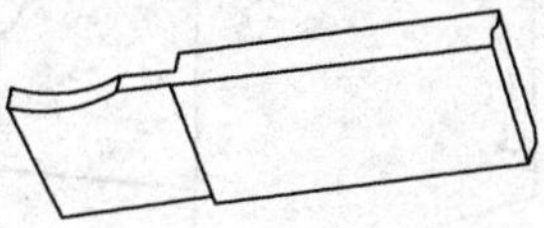
刃磨主后面	保持主切削刃与砂轮轴线平行，刀头上翘 6°～8°（利用高速钢车刀端面角度），磨出后角。此处要保证主切削刃与刀柄中心线垂直	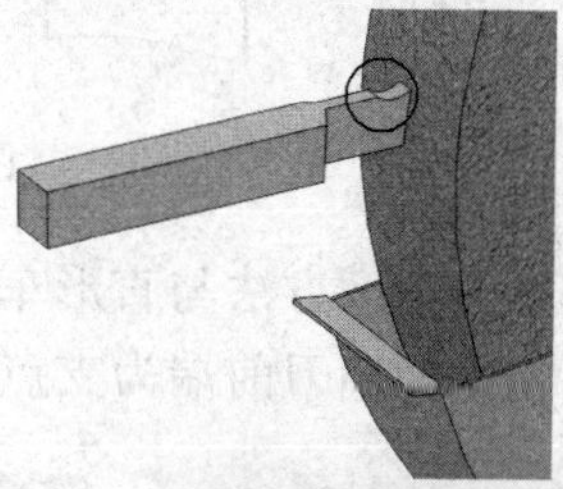 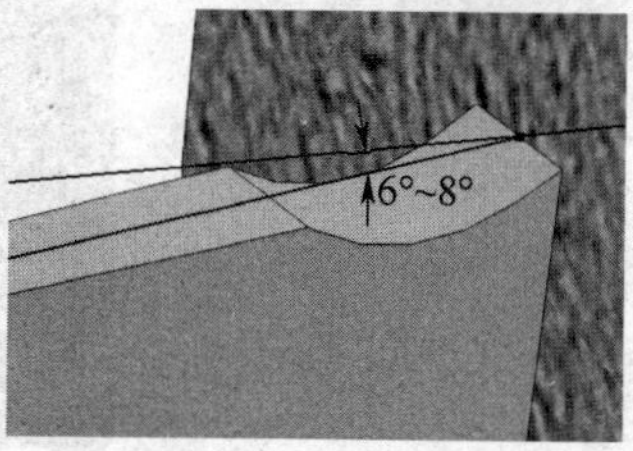

续表

步骤	说明	图示
磨修圆刀尖	为保护刀尖，在两刀尖上各磨出一个小修圆刀尖	

2. 刃磨带圆头车槽刀

带圆头车槽刀图样如图 2–66 所示。

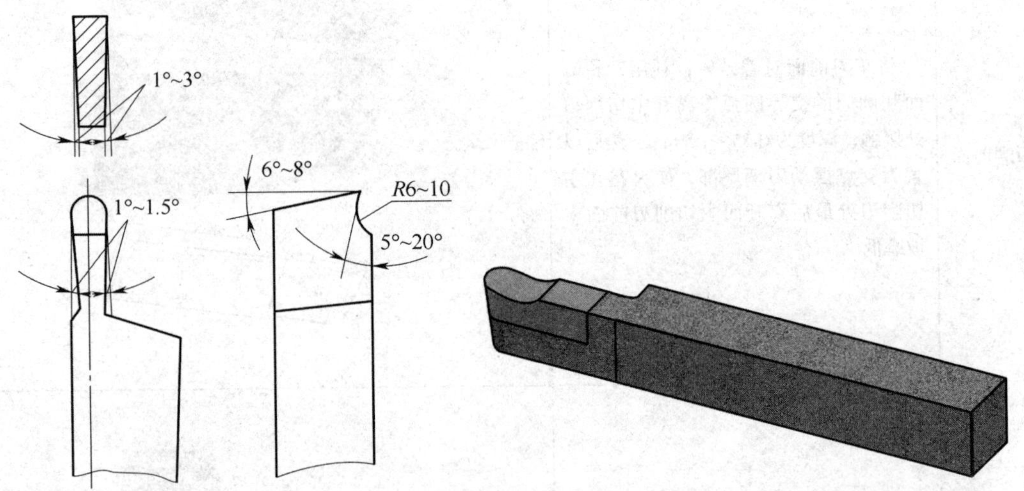

图 2–66　带圆头车槽刀

带圆头车槽刀刃磨方法与直形车槽刀相似，只是在刃磨主切削刃圆弧时有区别。圆头的刃磨方法是以左手握车刀前端为支点，用右手转动刀柄尾部，如图 2–67 所示。

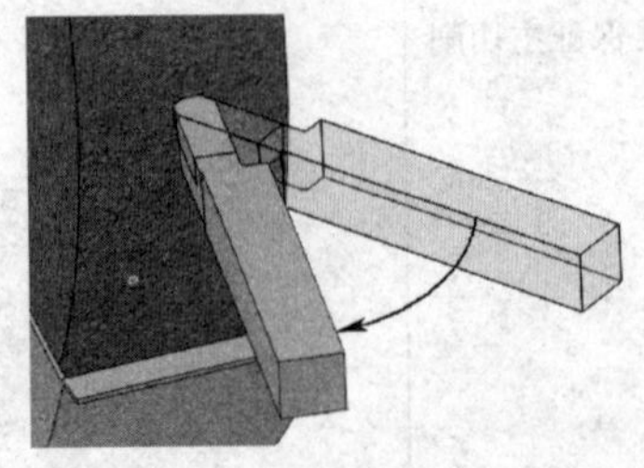

图 2–67　带圆头车槽刀圆头的刃磨

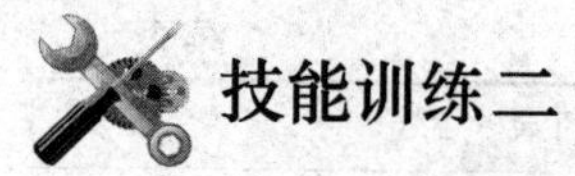

技能训练二

车削外圆槽

1. 工件图样（图 2–68）

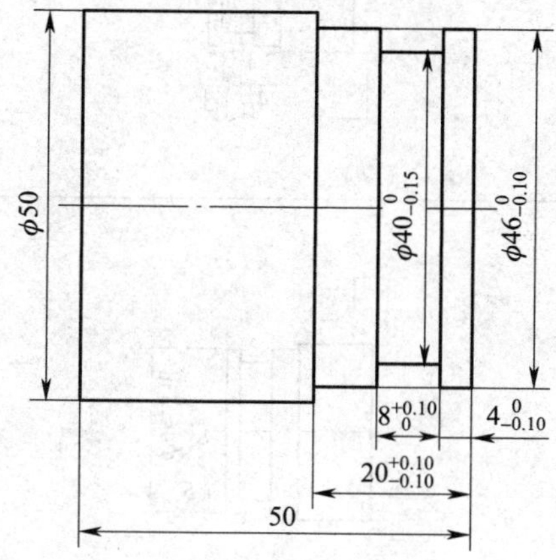

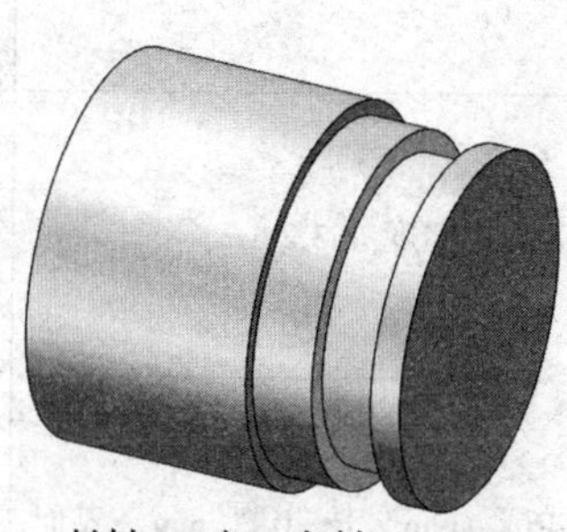

技术要求

1. 槽底径处要清角。
2. 倒角处无毛刺。
3. 未注倒角为$C0.5$。

$\sqrt{Ra\ 3.2}$

材料：45钢　备料：$\phi50\times50$

图 2–68　外圆槽工件

2. 加工工艺卡（表 2–16）

表 2–16　　加工工艺卡

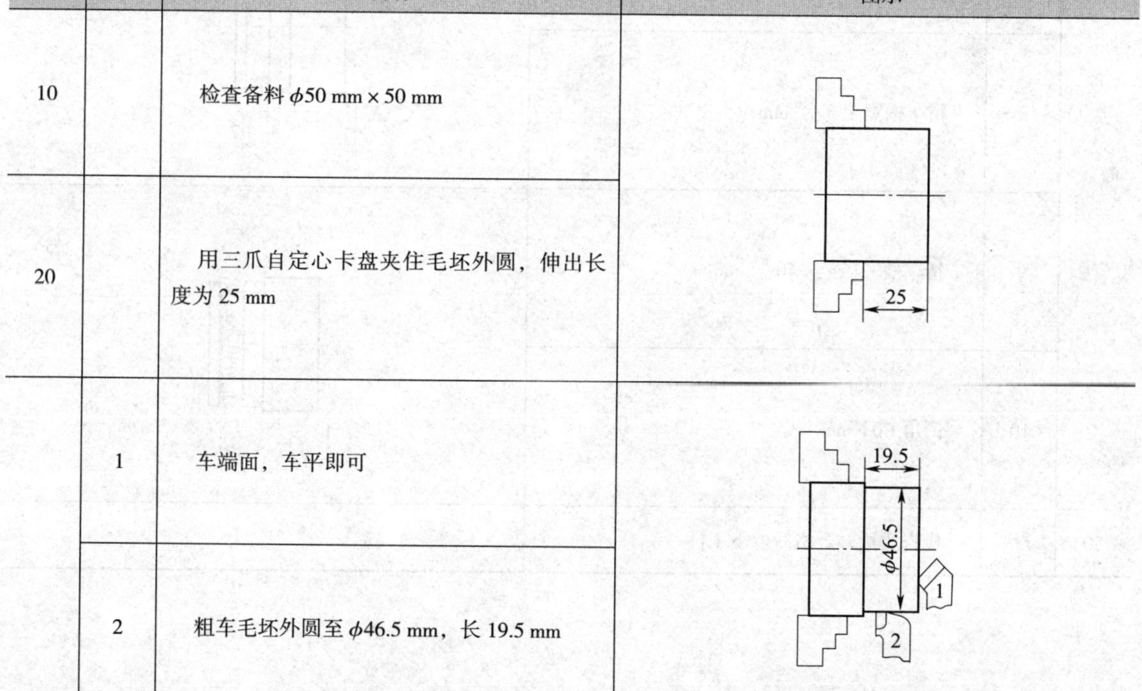

工序	工步	内容	图示
10		检查备料 $\phi50$ mm × 50 mm	
20		用三爪自定心卡盘夹住毛坯外圆，伸出长度为 25 mm	
	1	车端面，车平即可	
	2	粗车毛坯外圆至 $\phi46.5$ mm，长 19.5 mm	

续表

工序	工步	内容	图示
	3	粗车外圆槽，使工件端面至槽右侧为 5 mm，槽底径车至 ϕ40.5 mm	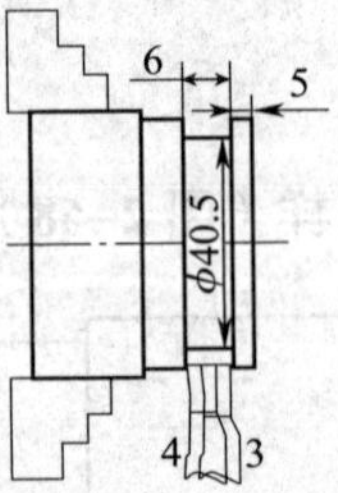
	4	粗车槽宽至 6 mm，槽底径车至 ϕ40.5 mm	
	5	精车端面，表面粗糙度 *Ra*3.2 μm	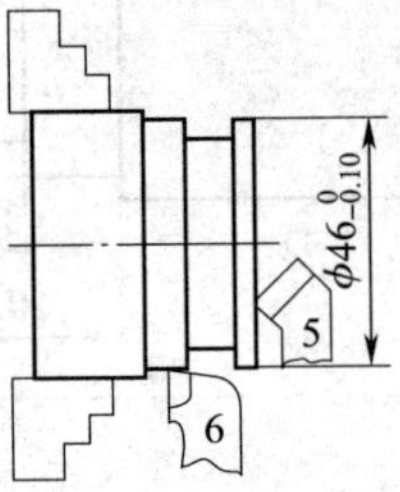
	6	精车外圆 $\phi 46_{-0.10}^{0}$ mm，长 $20_{-0.10}^{+0.10}$ mm，表面粗糙度 *Ra*3.2 μm	
	7	精车工件端面至槽右侧尺寸 $4_{-0.10}^{0}$ mm	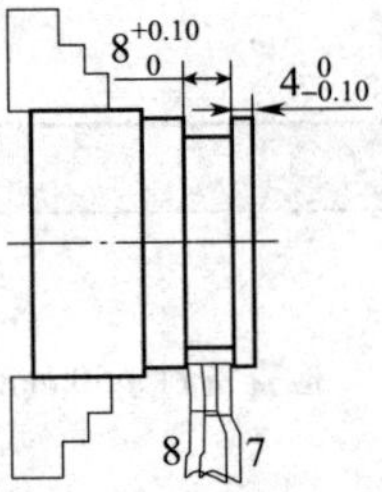
	8	精车槽宽至 $8_{0}^{+0.10}$ mm	
	9	精车槽底径至 $\phi 40_{-0.15}^{0}$ mm	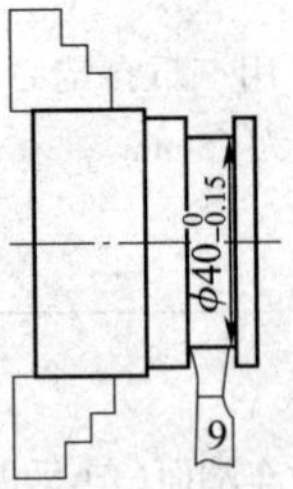
	10	倒角 *C*0.5 mm	
30		检查质量，合格后取下工件	

课题四 车简单轴类工件综合技能训练

一、轴类工件车削工艺分析

车削轴类工件时，如果毛坯余量大且不均匀，或精度要求较高，应将粗车和精车分开进行。另外，根据工件的形状特点、技术要求、数量多少和装夹方法，还应对轴类工件进行车削工艺分析，进行工艺分析时一般考虑以下几个方面：

1. 用两顶尖装夹车削轴类工件，至少要装夹 3 次，即粗车第一端，掉头再粗车和精车另一端，最后精车第一端。

2. 车短小的工件时，一般先车某一端面，这样便于确定长度方向的尺寸。车铸件、锻件时，最好先适当倒角后再车削，这样刀尖就不易碰到型砂和硬皮，可避免损坏车刀。

3. 轴类工件的定位基准通常选用中心孔。加工中心孔时，应先车端面后钻中心孔，以保证中心孔的加工精度。

4. 车削台阶轴时，应先车削直径较大的一端，以避免过早地降低工件刚度。

5. 在轴上车槽，一般安排在粗车或半精车之后、精车之前进行。如果工件刚度高或精度要求不高，也可在精车之后再车槽。

6. 车螺纹一般安排在半精车之后进行，待螺纹车好后再精车各外圆，这样可避免车螺纹时轴发生弯曲而影响轴的精度。若工件精度要求不高，可安排最后车削螺纹。

7. 工件车削后还需磨削时，只需粗车或半精车，并注意留磨削余量。

二、轴类工件的车削质量分析

车削轴类工件时常常会产生废品，各种废品的产生原因及预防方法见表 2–17。

表 2–17　车削轴类工件时废品的产生原因及预防方法

废品种类	产生原因	预防方法
尺寸精度达不到要求	1. 看错图样或刻度盘使用不当	1. 必须看清图样的尺寸要求，正确使用刻度盘，看清刻度值
	2. 没有进行试车削	2. 根据加工余量算出背吃刀量，进行试车削，然后修正背吃刀量
	3. 量具有误差或测量不正确	3. 量具使用前，必须检查和调整零位，正确掌握测量方法
	4. 由于切削热的影响，使工件尺寸发生变化	4. 不能在工件温度较高时测量；如测量，应掌握工件的收缩情况，或浇注切削液，降低工件温度
	5. 机动进给没有及时关闭，使车刀进给长度超过台阶长度	5. 注意及时关闭机动进给；或提前关闭机动进给，再用手动进给到长度尺寸
	6. 车槽时，车槽刀主切削刃太宽或太窄，使槽宽不正确	6. 根据槽宽刃磨车槽刀主切削刃宽度
	7. 尺寸计算错误，使槽的深度不正确	7. 对留有磨削余量的工件，车槽时应考虑磨削余量

续表

废品种类	产生原因	预防方法
产生锥度	1. 用一夹一顶或两顶尖装夹工件时，后顶尖轴线不在主轴轴线上 2. 用小滑板车外圆，小滑板的位置不正，即小滑板的基准刻线与中滑板的“0”刻线没有对准 3. 用卡盘装夹纵向进给车削时，床身导轨与车床主轴轴线不平行 4. 工件装夹时悬伸较长，车削时因切削力的影响使前端让开，产生锥度 5. 车刀中途逐渐磨损	1. 车削前必须通过调整尾座找正工件 2. 必须事先检查小滑板基准刻线与中滑板的“0”刻线是否对准 3. 调整车床主轴轴线与床身导轨的平行度 4. 尽量减少工件的伸出长度，或另一端用后顶尖支顶，以提高装夹刚度 5. 选用合适的刀具材料，或适当降低切削速度
圆度超差	1. 车床主轴间隙太大 2. 毛坯余量不均匀，车削过程中背吃刀量变化太大 3. 工件用两顶尖装夹时，中心孔接触不良，或后顶尖顶得不紧，或前、后顶尖产生径向圆跳动	1. 车削前检查主轴间隙，并调整合适。如主轴轴承磨损严重，则需更换轴承 2. 半精车后再精车 3. 工件用两顶尖装夹时必须松紧适当，若回转顶尖产生径向圆跳动，需及时修理或更换
表面粗糙度达不到要求	1. 车床刚度低，如滑板楔铁太松，传动零件（如带轮）不平衡或主轴太松引起振动 2. 车刀刚度低或伸出太长引起振动 3. 工件刚度低引起振动 4. 车刀几何参数不合理，如选用过小的前角、后角和主偏角 5. 切削用量选用不当	1. 消除或防止由于车床刚度不足而引起的振动（如调整车床各部分的间隙） 2. 提高车刀刚度及正确装夹车刀 3. 提高工件的装夹刚度 4. 选用合理的车刀几何参数（如适当增大前角，选择合理的后角和主偏角等） 5. 进给量不宜太大，精车余量和切削速度应选择恰当

三、减小工件表面粗糙度值的方法

生产中若发现工件的表面粗糙度达不到技术要求，应观察表面粗糙度值大的现象，找出影响表面粗糙度的主要因素，提出解决方法。

常见的表面粗糙度值大的现象如图 2–69 所示，可采取以下措施：

1. 减小残留面积高度（图 2–69a）

车削时，如果工件表面残留面积轮廓清晰，则说明其他切削条件正常。若要减小表面粗糙度值，可从以下几个方面着手：

（1）减小主偏角和副偏角

一般情况下，减小副偏角对减小表面粗糙度值效果较明显。但减小主偏角使背向力 F_p 增大，若工艺系统刚度低，会引起振动。

（2）增大刀尖圆弧半径

如果机床刚度不足，刀尖圆弧半径 r_ε 过大会使背向力 F_p 增大而产生振动，反而使表面粗糙度值变大。

（3）减小进给量

进给量 f 是影响表面粗糙度最显著的一个因素，进给量 f 越小，残留面积高度 H_{max} 越小。此时，鳞刺、积屑瘤和振动均不易产生，因此表面质量高。

2. 避免工件表面产生毛刺（图 2–69b）

工件表面产生毛刺一般是由积屑瘤引起的。这时可用改变切削速度的方法来控制积屑瘤的产生。用高速钢车刀时应降低切削速度（v_c<5 m/min），并加注切削液；用硬质合金车刀时应提高切削速度，避开最易产生积屑瘤的中速（v_c=20 m/min）区域。另外，应尽量减小车刀前面和后面的表面粗糙度值，保持切削刃锋利。

3. 避免磨损亮斑

工件在车削时，已加工表面出现亮斑或亮点，切削时有噪声，说明刀具已严重磨损。

磨钝的切削刃将工件表面挤压出亮痕，使表面粗糙度值变大，这时应及时更换或重磨刀具。

4. 防止切屑拉毛已加工表面

被切屑拉毛的工件表面一般是不规则的很浅的痕迹（图 2–69c）。这时应选用正值刃倾角的车刀，使切屑流向工件待加工表面，并采取卷屑或断屑措施。

5. 防止和消除振纹

切削时产生的振动会使工件表面出现周期性的横向或纵向振纹（图 2–69d）。防止和消除振纹可从以下几个方面着手：

（1）机床方面

调整车床主轴间隙，提高轴承精度；调整滑板楔铁，使间隙小于 0.04 mm，并使滑板移动平稳、轻便。

（2）刀具方面

合理选择刀具几何参数，经常保持切削刃光洁和锋利。提高刀具的装夹刚度。

（3）工件方面

提高工件的装夹刚度，例如，装夹时不宜悬伸太长，细长轴应采用中心架或跟刀架支撑。

（4）切削用量方面

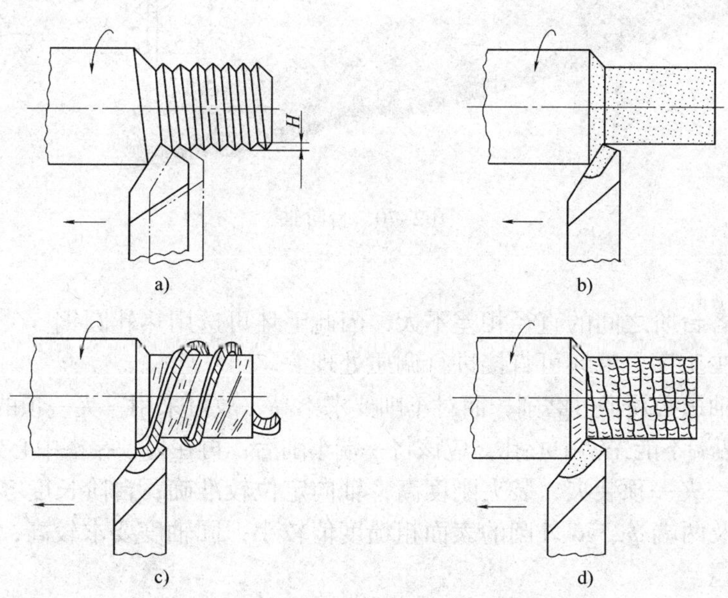

图 2–69　常见的表面粗糙度值大的现象

a）残留面积　b）毛刺　c）切屑拉毛　d）振纹

选用较小的背吃刀量和进给量，改变切削速度。

6. 合理选用切削液，保证充分冷却和润滑

采用合适的切削液是消除积屑瘤、鳞刺和减小表面粗糙度值的有效方法。车削时，合理选用切削液并保证充分冷却和润滑，可以改善切削条件；尤其是润滑性能增强使切削区域金属材料的塑性变形程度下降，从而减小已加工表面的表面粗糙度值。

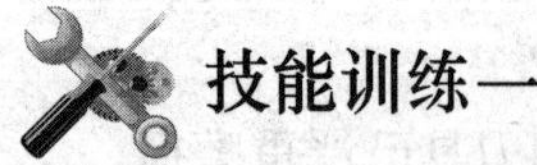

技能训练一

分析轴类工件的车削工艺

车削图 2–70 所示的台阶轴，工件每批为 60 件。

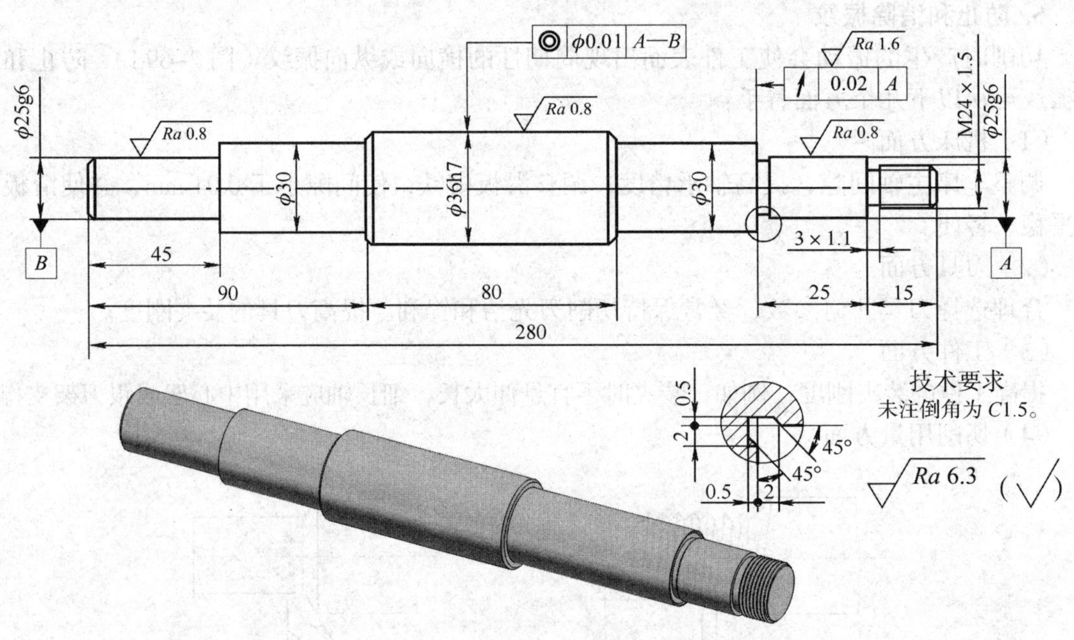

图 2–70　台阶轴

1. 工艺分析

（1）由于轴各台阶之间的直径相差不大，因此毛坯可选用热轧圆钢。

（2）为了减少工序，毛坯可直接进行调质处理。

（3）各主要轴颈必须经过磨削，而对车削要求不高，故可采用一夹一顶的装夹方法。但是必须注意，毛坯两端不能先钻中心孔，应该将一端车削后，再在另一端搭中心架，钻中心孔。

（4）工件用一夹一顶装夹，装夹刚度高，轴向定位较准确，台阶长度容易控制。

（5）ϕ36h7 及两端 ϕ25g6 外圆的表面粗糙度值较小，同轴度要求较高，需经磨削，车削时必须留磨削余量。

2. 机械加工工艺卡

台阶轴机械加工工艺卡见表 2–18。

表 2–18 **台阶轴机械加工工艺卡**

<table>
<tr><td rowspan="2">××厂</td><td colspan="4" rowspan="2">机械加工工艺卡</td><td>产品名称</td><td></td><td>图号</td><td></td></tr>
<tr><td>零件名称</td><td>台阶轴</td><td>共 1 页</td><td>第 1 页</td></tr>
<tr><td>材料种类</td><td>热轧圆钢</td><td>材料牌号</td><td colspan="2">45 钢</td><td colspan="2">毛坯尺寸</td><td colspan="2">ϕ40 mm × 282 mm</td></tr>
</table>

<table>
<tr><th rowspan="2">工序</th><th rowspan="2">工种</th><th rowspan="2">工步</th><th rowspan="2">工序内容</th><th rowspan="2">车间</th><th rowspan="2">设备</th><th colspan="3">工艺装备</th></tr>
<tr><th>夹具</th><th>刃具</th><th>量具</th></tr>
<tr><td>1</td><td>热处理</td><td>（1）
（2）</td><td>调质后硬度为 220～240HBW
热处理检验</td><td></td><td></td><td></td><td></td><td></td></tr>
<tr><td>2</td><td>车</td><td>
（1）
（2）</td><td>夹住毛坯外圆
车端面
钻中心孔 ϕ2.5 mm</td><td>I</td><td>CA6140
CA6140</td><td></td><td>ϕ2.5 mm
中心钻</td><td></td></tr>
<tr><td>3</td><td>车</td><td></td><td>掉头夹紧毛坯外圆
车端面，取总长至 280 mm</td><td>I</td><td>CA6140</td><td></td><td></td><td></td></tr>
<tr><td>4</td><td>车</td><td>
（1）
（2）
（3）
（4）</td><td>一夹一顶装夹
车 ϕ36h7 外圆至 $\phi36^{+0.6}_{+0.5}$ mm × 250 mm
车 ϕ30 mm 外圆至 ϕ30 mm × 90 mm
车 ϕ25g6 外圆至 $\phi25^{+0.5}_{+0.4}$ mm × 45 mm
倒角 C1 mm</td><td>I</td><td>CA6140</td><td></td><td></td><td></td></tr>
<tr><td>5</td><td>车</td><td></td><td>一端夹紧，另一端搭中心架
钻中心孔 ϕ2.5 mm</td><td>I</td><td>CA6140</td><td></td><td>ϕ2.5 mm
中心钻</td><td></td></tr>
<tr><td>6</td><td>车</td><td>
（1）
（2）
（3）
（4）</td><td>一夹一顶装夹
车 ϕ30 mm × 110 mm，保证 80 mm 尺寸
车 ϕ25g6 外圆至 $\phi25^{+0.5}_{+0.4}$ mm × 40 mm
车 M24 × 1.5 外圆至 $\phi24^{-0.032}_{-0.268}$ mm × 15 mm
倒角 C1 mm</td><td>I</td><td>CA6140</td><td></td><td></td><td></td></tr>
<tr><td>7</td><td>车</td><td>
（1）
（2）
（3）
（4）</td><td>一端用软卡爪夹紧，另一端用后顶尖支顶
车 ϕ30 mm 右端轴肩槽至尺寸
车 3 mm × 1.1 mm 槽至尺寸
车 M24 × 1.5 螺纹至尺寸
检验
（以下略）</td><td>I</td><td>CA6140</td><td></td><td></td><td></td></tr>
</table>

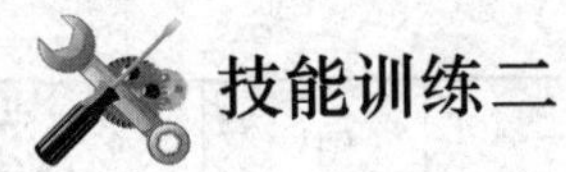

技能训练二

车削台阶轴

1. 工件图样（图 2–71）

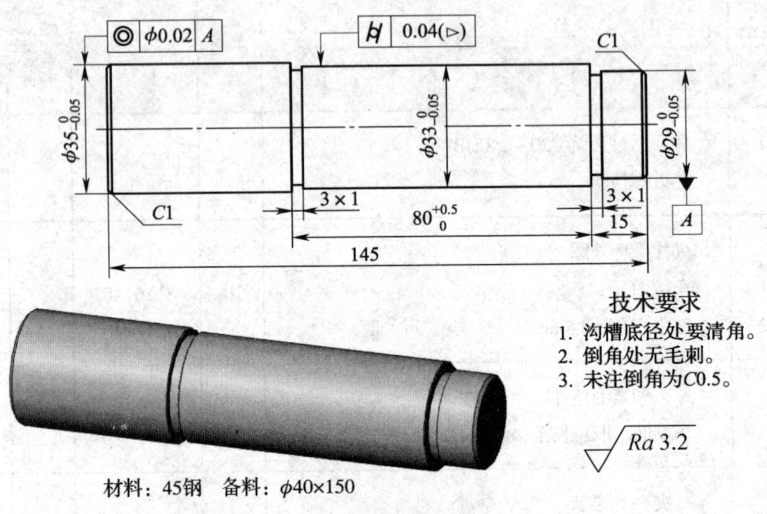

图 2–71　台阶轴

2. 工艺分析

该工件形状较简单，结构尺寸变化不大，为一般用途的轴。

工件有 3 个外圆柱面、2 个直槽，两端外圆柱面轴线同轴度公差为 ϕ0.02 mm，中间外圆柱面圆柱度公差为 0.04 mm，且只允许左大右小，工件精度要求较高。因此，加工时应分粗、精加工。粗加工时采用一夹一顶的装夹方法，精加工时采用两顶尖装夹方法，车槽安排在精车后进行。为保证工件对圆柱度的要求，粗加工阶段应找正好车床的锥度。

3. 加工工艺卡（表 2–19）

表 2–19　　加工工艺卡

工序	工步	内容	图示
10		检查备料 ϕ40 mm × 150 mm	
20		用三爪自定心卡盘夹毛坯外圆，伸出长度约 40 mm，找正并夹紧	40
	1	车端面，车平即可	15　ϕ36　B2.5/8 钻中心孔　1　3
	2	钻中心孔 B2.5/8	
	3	粗车毛坯外圆至 ϕ36 mm × 15 mm	

续表

工序	工步	内容	图示
30		掉头夹持毛坯外圆，工件伸出三爪自定心卡盘长度约 40 mm，找正并夹紧	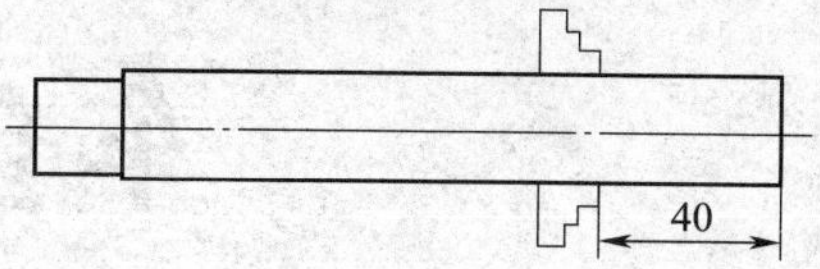
	1	车削端面，保证总长 145 mm	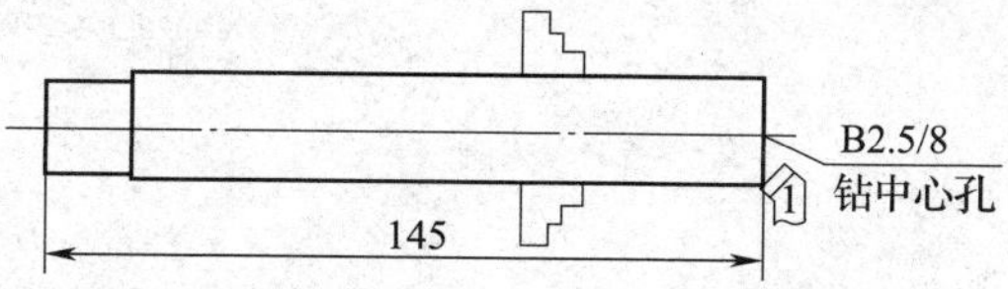
	2	钻中心孔 B2.5/8	
40		松开卡爪，夹持 ϕ36 mm×15 mm 外圆，用后顶尖顶住工件，找正并夹紧	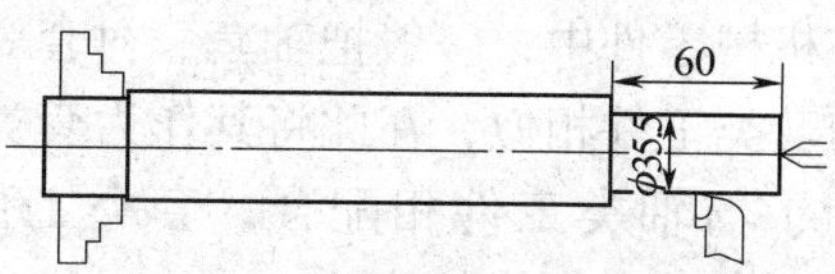
	1	粗车外圆 ϕ40 mm 至 ϕ35.5 mm，长 60 mm	
50		掉头夹持 ϕ35.5 mm 外圆，一夹一顶装夹工件，粗车右端两处外圆	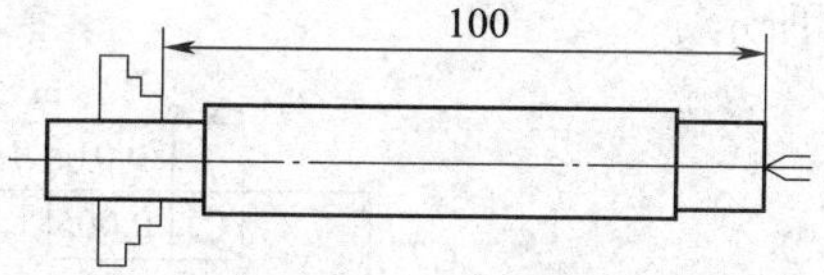
	1	粗车外圆 ϕ40 mm 至 ϕ33.5 mm，长 94 mm	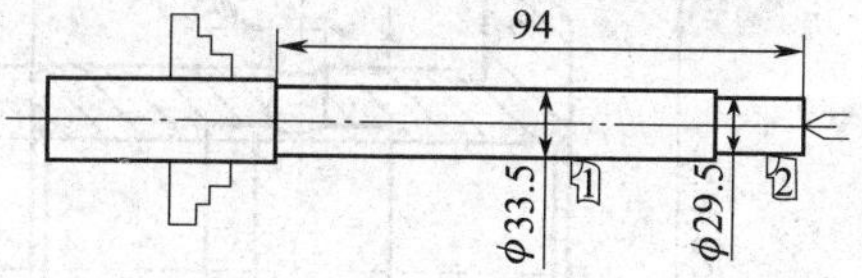
	2	粗车外圆 ϕ33.5 mm 至 ϕ29.5 mm，长 14.5 mm	
60		修研两端中心孔 B2.5/8	
70		工件掉头，用两顶尖装夹工件	
	1	精车外圆 $\phi35_{-0.05}^{0}$ mm，表面粗糙度 Ra3.2 μm，倒角 C1 mm	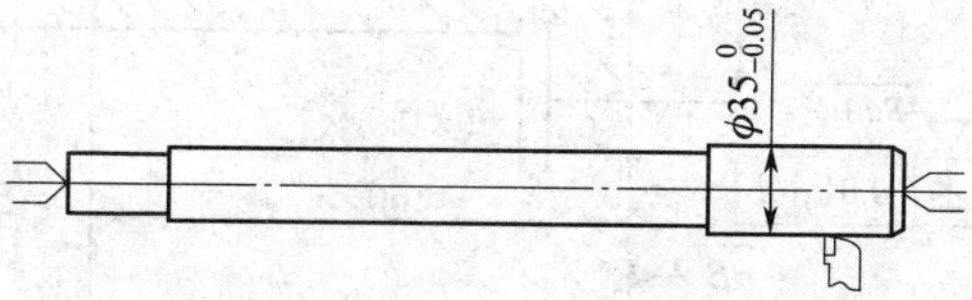
80		工件掉头，用两顶尖装夹工件	
	1	精车外圆 $\phi29_{-0.05}^{0}$ mm，长度为 15 mm，表面粗糙度 Ra3.2 μm，倒角 C1 mm	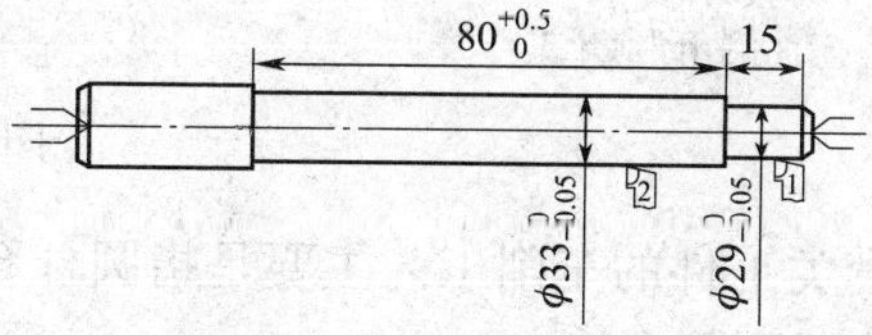
	2	精车外圆 $\phi33_{-0.05}^{0}$ mm，长度为 $80_{0}^{+0.5}$ mm，表面粗糙度 Ra3.2 μm，倒角 C0.5 mm	
	3	车两处矩形槽 3 mm×1 mm	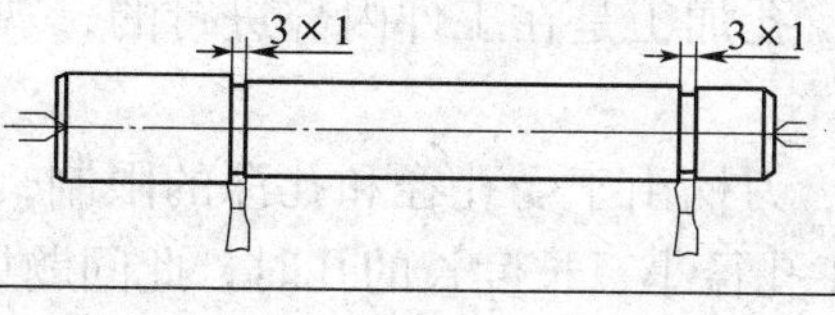
90		检查两端外圆同轴度、中段外圆圆柱度及各处尺寸符合图样要求后，卸下工件	

第三单元

车套类工件

在机械零件中，一般把轴套、衬套等零件称为套类零件。由于齿轮、带轮等工件的车削工艺与套类工件相似，在此将其作为套类工件分析。

为了与轴类工件相配合，套类工件上一般加工有精度要求较高的孔，尺寸精度为IT8～IT7级，表面粗糙度为Ra1.6～0.8 μm。此外，有些套类工件还有几何公差的要求，如图3-1所示。

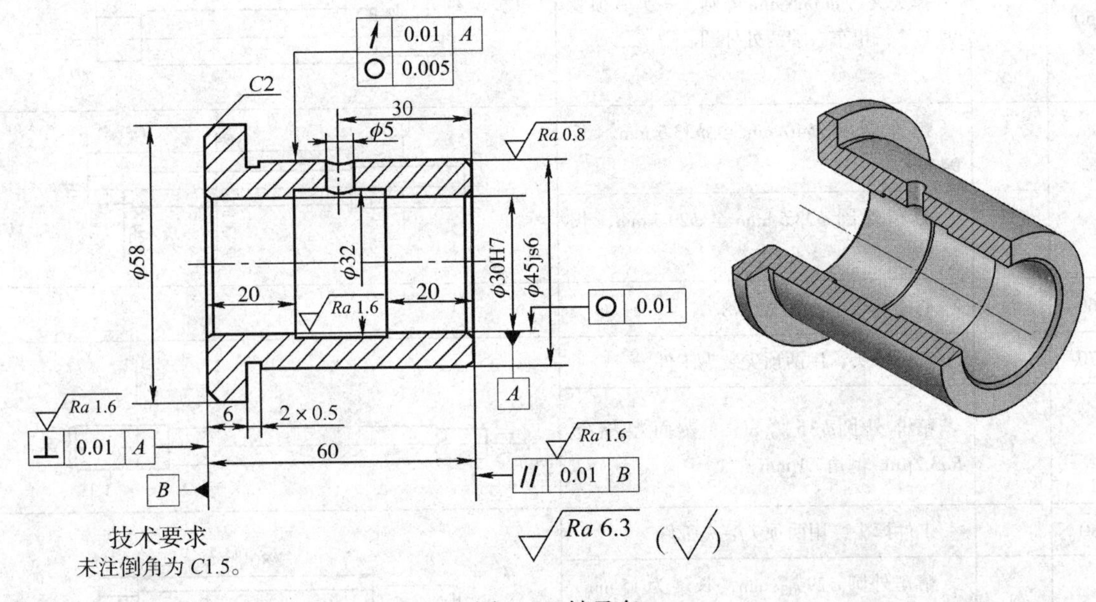

图3-1　轴承套

套类工件的车削工艺主要是指圆柱孔的加工工艺，圆柱孔的加工比车削外圆要困难得多，有以下几个特点：

1. 孔加工是在工件内部进行的，观察切削情况较困难。尤其是孔小且深时，根本无法观察。

2. 刀柄由于受孔径和孔深的限制，不能做得太粗，又不能太短，因此刚度不足。特别是加工孔径小、长度长的孔时，此问题更为突出。

3. 排屑和冷却困难。

4. 圆柱孔的测量比较困难。

课题一　钻孔、扩孔和锪孔

一、钻孔

用钻头在实体材料上加工孔的方法称为钻孔。根据形状和用途不同，钻头可分为中心钻、麻花钻、锪钻和深孔钻等。

1. 麻花钻的几何形状

（1）麻花钻的组成

麻花钻由柄部、颈部和工作部分组成，如图 3–2 所示。

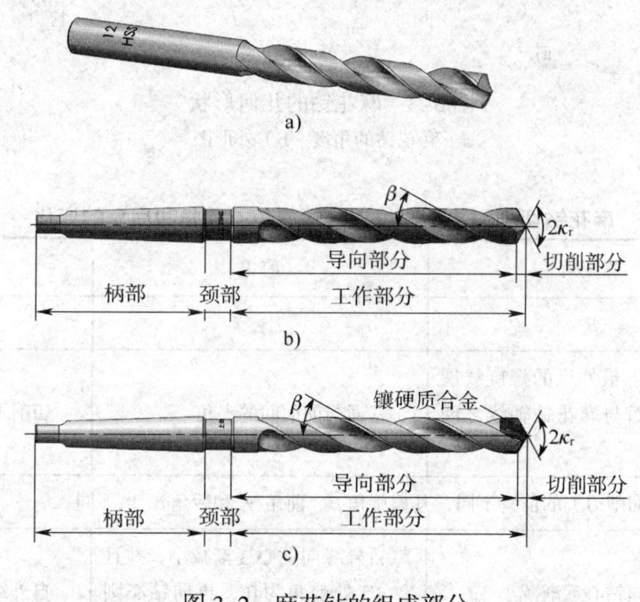

图 3–2　麻花钻的组成部分

a）直柄麻花钻　b）锥柄麻花钻　c）镶硬质合金麻花钻

1）柄部。麻花钻的柄部在钻削时起夹持定心和传递转矩的作用。麻花钻有直柄和莫氏锥柄两种。直柄麻花钻的直径一般为 0.5 ~ 16 mm。莫氏锥柄麻花钻的直径见表 3–1。

2）颈部。直径较大的麻花钻在颈部标有麻花钻直径、材料牌号和商标。直径小的直柄麻花钻没有明显的颈部。

3）工作部分。工作部分是麻花钻的主要部分，由切削部分和导向部分组成。切削部分主要起切削作用；导向部分在钻削过程中能起到保持钻削方向、修光孔壁的作用，同时也是切削的后备部分。

（2）麻花钻工作部分的几何形状

如图 3–3 所示，麻花钻的切削部分可看成正、反两把车刀，所以其几何角度的概念与车刀基本相同，但也有其特殊性。

1）螺旋槽。麻花钻的工作部分有两条螺旋槽，其作用是构成切削刃、排出切屑和流通切削液。螺旋槽上螺旋角的有关内容见表 3–2。

表 3–1　　莫氏锥柄麻花钻的直径

莫氏锥柄号（Morse No.）	No.1	No.2	No.3	No.4	No.5	No.6
钻头直径 d/mm	3 ~ 14	14 ~ 23.02	23.02 ~ 31.75	31.75 ~ 50.8	50.8 ~ 75	75 ~ 80

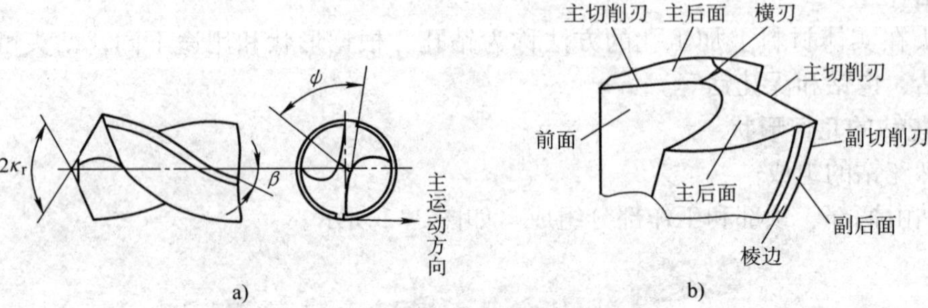

图 3–3　麻花钻的几何形状

a）麻花钻的角度　b）外形图

表 3–2　　麻花钻切削刃上不同位置处螺旋角、前角和后角的变化

角度	螺旋角	前角	后角
符号	β	γ_o	α_o
定义	螺旋槽上最外缘的螺旋线展开成直线后与麻花钻轴线之间的夹角	基面与前面间的夹角	切削平面与后面间的夹角
变化规律	麻花钻切削刃上的位置不同，其螺旋角 β、前角 γ_o 和后角 α_o 也不同		
	自外缘向钻心逐渐减小	自外缘向钻心逐渐减小，并且在 d/3 处前角为 0°，再向钻心则为负前角	自外缘向钻心逐渐增大
靠近外缘处	最大（名义螺旋角）	最大	最小
靠近钻心处	较小	较小	较大
变化范围	18° ~ 30°	−30° ~ +30°	8° ~ 12°
关系	对麻花钻前角的变化影响最大的是螺旋角。螺旋角越大，前角就越大		

2）前面。麻花钻的螺旋槽面称为前面。

3）主后面。麻花钻钻顶的螺旋圆锥面称为主后面。

4）主切削刃。前面和主后面的交线称为主切削刃，担任主要的钻削任务。

5）顶角 $2\kappa_r$。在通过麻花钻轴线并与两条主切削刃平行的平面上，两条主切削刃投影间的夹角称为顶角，如图 3–2 和图 3–3 所示。一般麻花钻的顶角 $2\kappa_r$ 为 100° ~ 140°，标准麻花钻的顶角 $2\kappa_r$ 为 118°。在刃磨麻花钻时，可根据表 3–3 来判断顶角的大小。

表 3–3　　麻花钻顶角的大小对切削刃和加工的影响

顶角	$2\kappa_r>118°$	$2\kappa_r=118°$	$2\kappa_r<118°$
图示	>118°　凹形切削刃	118°　直线形切削刃	凸形切削刃　<118°
两主切削刃的形状	凹曲线	直线	凸曲线
对加工的影响	顶角大，则切削刃短，定心差，钻出的孔容易扩大；同时前角也增大，使切削省力	适中	顶角小，则切削刃长，定心准，钻出的孔不容易扩大；同时前角也减小，使切削阻力大
适用的材料	适用于钻削较硬的材料	适用于钻削中等硬度的材料	适用于钻削较软的材料

6）前角 γ_o。麻花钻上前角如图 3–4 所示，其有关内容见表 3–2。

7）后角 α_o。麻花钻上后角的有关内容见表 3–2。为了测量方便，后角应在圆柱面内测量，如图 3–5 所示。

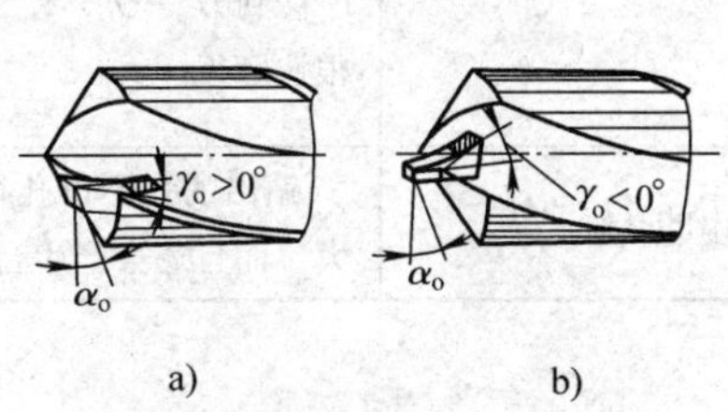

图 3–4　麻花钻前角和后角的变化
a）靠近外缘处　b）靠近钻心处

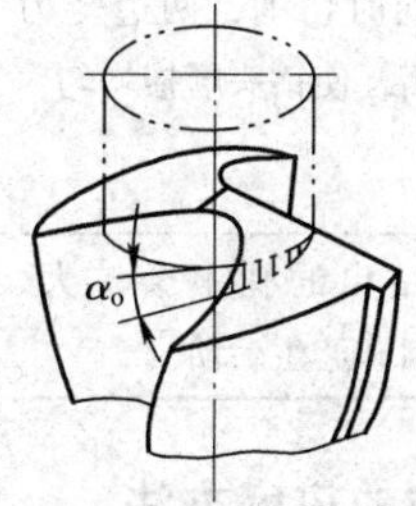

图 3–5　麻花钻后角在圆柱面内的测量

8）横刃。麻花钻两主切削刃的连接线称为横刃，也就是两主后面的交线。横刃担负着钻心处的钻削任务。横刃太短，会影响麻花钻的钻尖强度；横刃太长，会使轴向的进给力增大，对钻削不利。

9）横刃斜角 ψ。在垂直于麻花钻轴线的端面投影图中，横刃与主切削刃之间所夹的锐角称为横刃斜角（图 3–3a）。它的大小由后角决定，后角大时，横刃斜角减小，横刃变长；后角小时，情况相反。横刃斜角一般为 55°。

10）棱边。在麻花钻的导向部分特地制出了两条略带倒锥形的刃带，即棱边，如图 3–3 所示。它减小了钻削时麻花钻与孔壁之间的摩擦。

2. 麻花钻的刃磨要求

刃磨麻花钻时，一般只刃磨两个主后面，但同时要保证后角、顶角和横刃斜角正确，所以麻花钻的刃磨是比较困难的。

（1）刃磨要求

1）麻花钻的两条主切削刃应对称，也就是两条主切削刃与麻花钻的轴线成相同的角度，并且长度相等，见表 3–4。

2）横刃斜角为 55°。

（2）刃磨不正确的麻花钻对钻孔质量的影响

刃磨不正确的麻花钻对钻孔质量的影响很大，见表 3–4。

表 3–4　　麻花钻的刃磨情况对加工质量的影响

刃磨情况	麻花钻刃磨正确	麻花钻刃磨得不正确		
		顶角不对称	切削刃长度不等	顶角不对称且切削刃长度不等
图示	$a_p=\frac{d}{2}$ d f	κ_r小 f F κ_r大	O O′ O f O′	O O′ O f O′
钻削情况	钻削时，两条主切削刃同时切削，两边受力平衡，使钻头磨损均匀	钻削时，只有一条主切削刃在切削，而另一条主切削刃不起作用，两边受力不平衡，使钻头很快磨损	钻削时，麻花钻的工作中心由 O—O 移到 O′—O′，切削不均匀，使钻头很快磨损	钻削时，两条主切削刃受力不平衡，而且麻花钻的工作中心由 O—O 移到 O′—O′，使钻头很快磨损
对钻孔质量的影响	钻出的孔不会扩大、倾斜和产生台阶	使钻出的孔扩大和倾斜	使钻出的孔径扩大	钻出的孔不仅孔径扩大，而且还会产生台阶

3. 麻花钻的刃磨方法

（1）刃磨前，应先检查砂轮表面是否平整，如砂轮表面不平或有跳动现象，须先对砂轮进行修整。麻花钻一般由高速钢制成，选择白色氧化铝砂轮。

（2）用右手握住钻头前端作支点，左手紧握钻头柄部；摆正钻头与砂轮的相对位置，使钻头轴心线与砂轮外圆柱面母线在水平面内的夹角等于顶角的 1/2，即 κ_r=59°；同时钻尾向下倾斜 1°～2°（图 3–6）。

（3）以钻头前端支点为圆心，缓慢地使钻头绕其轴线由下向上转动，右手配合左手的向上摆动做缓慢的同步下压运动（略带转动），刃磨压力逐渐增大，磨出主切削刃和后面（图 3–7）。为保证钻头近中心处磨出较大后角，还应做适当右移运动。

（4）当一个后面刃磨后，将钻头转过 180° 刃磨另一个后面，人和手要保持原来的位置和姿势，这样才能使磨出的两主切削刃对称。按此法不断反复，两主后面经常交换磨，边磨边检查，直至达到要求为止。

4. 麻花钻的修磨

麻花钻在使用时，应根据工件材料、加工要求，采用相应的修磨方法进行修磨。

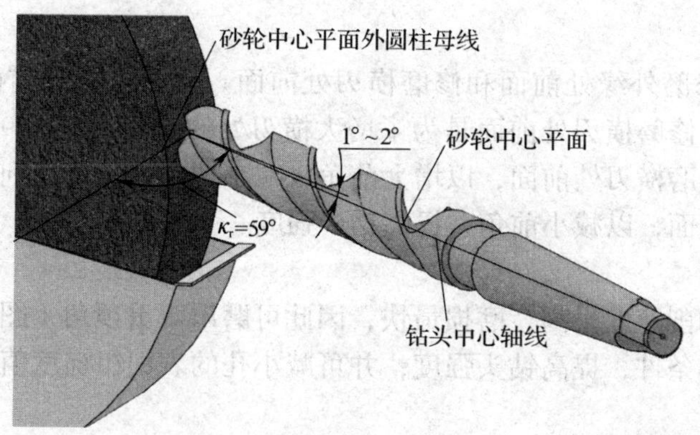

图 3–6　麻花钻的刃磨位置

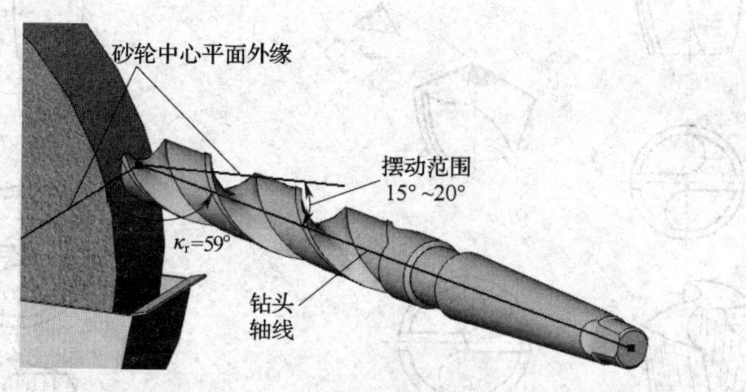

图 3–7　麻花钻的刃磨方法

（1）修磨横刃

修磨横刃就是将横刃磨短，钻心处前角磨大。通常 5 mm 以上的横刃需修磨，修磨后的横刃长度为原长的 1/5~1/3。一般情况下，工件材料较软时，横刃可修磨得短些；工件材料较硬时，横刃可少修磨些。修磨时，钻头轴线在水平面内与砂轮侧面左倾约 15°，在垂直平面内与刃磨点的砂轮半径方向约成 55°（图 3–8）。

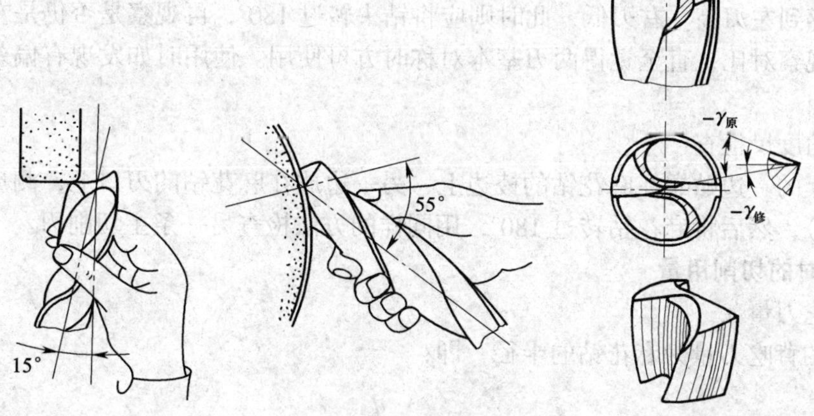

图 3–8　横刃修磨方法

（2）修磨前面

修磨前面包括修磨外缘处前面和修磨横刃处前面。修磨外缘处前面是为了减小外缘处的前角（图 3–9a）；修磨横刃处前面是为了增大横刃处的前角（图 3–9b）。一般情况下，工件材料较软时，可修磨横刃处前面，以增大前角，减小切削力，使切削轻快；工件材料较硬时，可修磨外缘处前面，以减小前角，提高钻头强度。

（3）双重刃磨

钻头外缘处的切削速度最高，磨损最快，因此可磨出双重顶角（图 3–10），这样可以改善外缘转角处的散热条件，提高钻头强度，并可减小孔的表面粗糙度值。

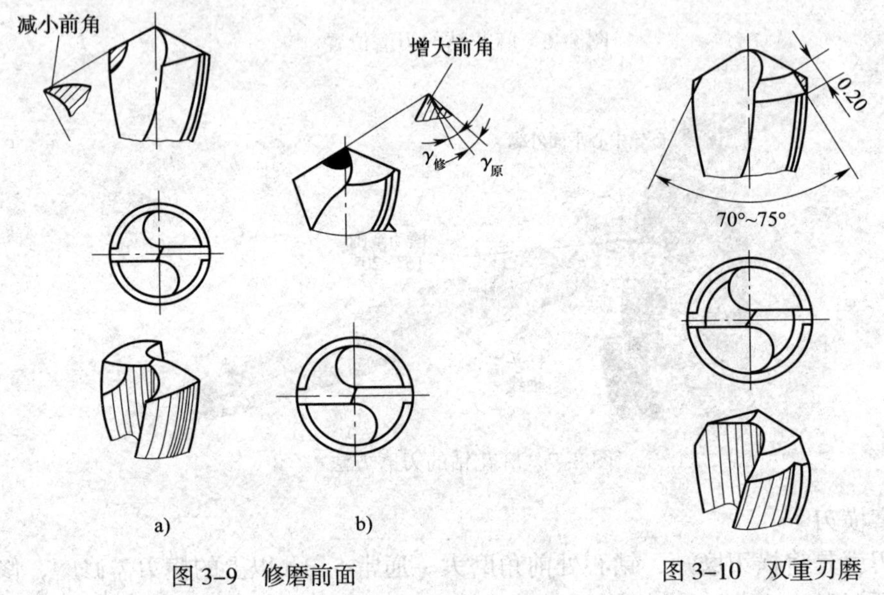

图 3–9　修磨前面　　图 3–10　双重刃磨

5. 麻花钻的检查

（1）用目测法检查

麻花钻刃磨好后，通常采用目测法检查。其方法是将钻头垂直竖立在与眼睛等高的位置，在明亮的背景下用肉眼观察两刃的长短、高低及后角等（图 3–11）。由于视差的原因，往往会感到左刃高、右刃低，此时则应将钻头转过 180°，再观察是否仍是左刃高、右刃低，经反复观察对比，直至觉得两刃基本对称时方可使用。使用时如发现有偏差，则需再次修磨。

（2）用角度尺检查

将角度尺的一边贴靠在麻花钻的棱边上，另一边放在麻花钻的刃口上，测量其刃长和角度（图 3–12），然后将麻花钻转过 180°，用同样的方法检查另一条主切削刃。

6. 钻孔时的切削用量

（1）背吃刀量 a_p

钻孔时的背吃刀量为麻花钻的半径，即：

$$a_p = \frac{d}{2} \tag{3–1}$$

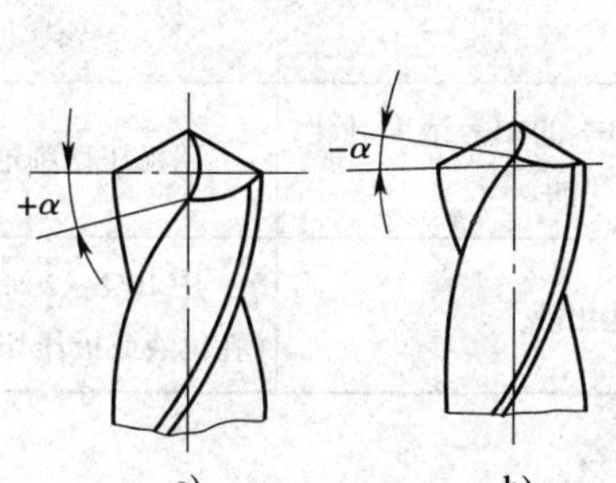

图 3-11　目测法检查

a）刃磨正确　b）刃磨错误

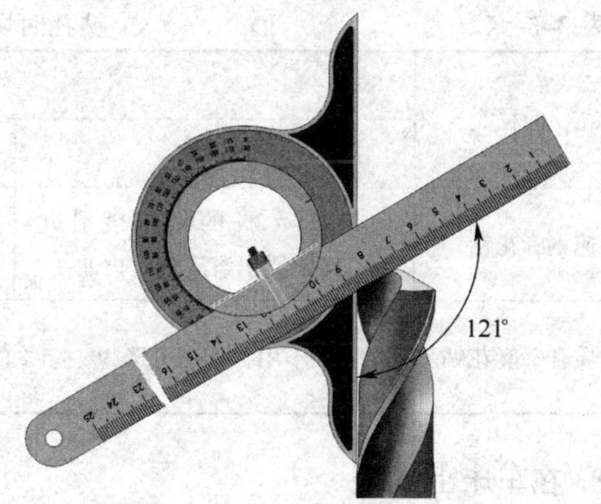

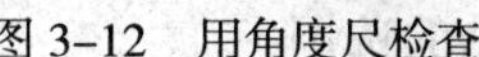

图 3-12　用角度尺检查

式中　a_p——背吃刀量，mm；

d——麻花钻直径，mm。

（2）切削速度 v_c

可按下式计算：

$$v_c = \frac{\pi dn}{1\ 000} \quad (3\text{-}2)$$

式中　v_c——切削速度，m/min；

d——麻花钻直径，mm；

n——车床主轴转速，r/min。

用高速钢麻花钻钻钢料时，切削速度一般取 v_c=15 ~ 30 m/min；钻铸铁时，取 v_c=10 ~ 25 m/min；钻铝合金时，取 v_c=75 ~ 90 m/min。

（3）进给量 f

在车床上钻孔时的进给量是用手转动车床尾座手轮来控制的。用小直径麻花钻钻孔时，进给量太大会使麻花钻折断。用直径为 12 ~ 15 mm 的麻花钻钻钢料时，选进给量 f=0.15 ~ 0.35 mm/r，钻铸铁时进给量可略大些。

例 3-1　用直径为 25 mm 的麻花钻钻孔，工件材料为 45 钢，若选用的车床主轴转速为 400 r/min，求背吃刀量 a_p 和切削速度 v_c。

解：根据式（3-1），钻孔时的背吃刀量为：

$$a_p = \frac{d}{2} = \frac{25\ \text{mm}}{2} = 12.5\ \text{mm}$$

根据式（3-2），钻孔时的切削速度为：

$$v_c = \frac{\pi dn}{1\ 000} \approx \frac{3.14 \times 25 \times 400}{1\ 000}\ \text{m/min} = 31.4\ \text{m/min}$$

7. 钻孔时切削液的选用

在车床上钻孔属于半封闭加工，切削液很难进入切削区域，因此，钻孔时对切削液的要求较高，其选用见表 3-5。在加工过程中，浇注量和压力也要大一些；同时还应经常退出钻头，以利于排屑和冷却。

表 3–5　　钻孔时切削液的选用

麻花钻的种类	被钻削的材料		
	低碳钢	中碳钢	淬硬钢
高速钢麻花钻	用 1%～2% 的低浓度乳化液、电解质水溶液或矿物油	用 3%～5% 的中等浓度乳化液或极压切削油	用极压切削油
镶硬质合金麻花钻	一般不用，如用可选 3%～5% 的中等浓度乳化液		用 10%～20% 的高浓度乳化液或极压切削油

8. 在车床上钻孔

（1）麻花钻的选用

1）麻花钻直径的选择。对于精度要求不高的孔，可用麻花钻直接钻出；对于精度要求较高的孔，钻孔后还要再经过车孔或扩孔、铰孔等加工才能完成，在选用麻花钻直径时，应根据后续工序的要求，留出加工余量。一般直径在 30 mm 以下的孔可选择比孔径小 2 mm 的钻头钻底孔。

2）麻花钻长度的选择。选用麻花钻的长度时，应使导向部分（麻花钻螺旋槽部分）略长于孔深。麻花钻过长则刚度低；麻花钻过短则排屑困难，也不宜钻通孔。

（2）麻花钻的装夹

直柄麻花钻用钻夹头装夹，再将钻夹头的锥柄插入尾座的锥孔中锁紧（图 3–13）。

锥柄麻花钻可直接或用莫氏过渡锥套（变径套）插入尾座锥孔中（图 3–14）。

有时，锥柄麻花钻也可使用专用工具进行装夹，如图 3–15 所示。

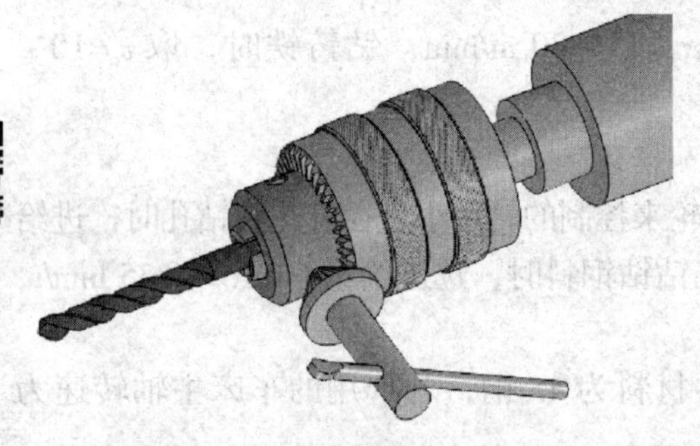

图 3–13　直柄麻花钻的装夹

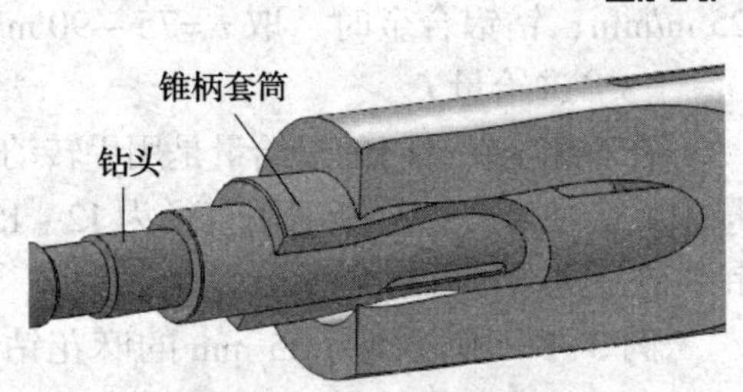

图 3–14　锥柄麻花钻的装夹

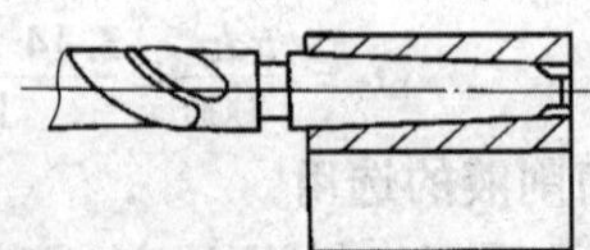

图 3–15　麻花钻用专用工具装夹

（3）钻孔方法

1）钻孔前，先将工件端面车平，中心处不允许留有凸台，以利于钻头正确定心。

2）找正尾座，使钻头中心对准工件回转中心，否则可能会将孔径钻大、钻偏甚至使钻头折断。

3）用细长麻花钻钻孔时，为防止钻头晃动，可在刀架上夹一挡铁，支顶钻头头部，帮助钻头定心（图 3–16）。具体办法如下：先用钻头尖端少量钻入工件端面，然后缓慢摇动中滑板，移动挡铁逐渐接近钻头前端，使钻头中心稳定地落在工件回转中心的位置上后，继续钻削即可，当钻头已正确定心时，挡铁即可退出。

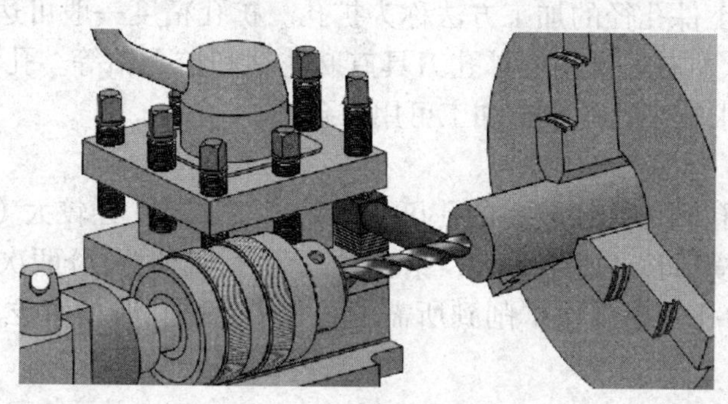

图 3–16　用挡铁支顶钻头

4）用小直径麻花钻钻孔时，钻前先在工件端面钻出中心孔，再进行钻孔，这样便于定心，且钻出的孔同轴度精度高。

5）在实体材料上钻孔，孔径不大时可以用钻头一次钻出，若孔径较大（超过 30 mm），应分两次钻出，即先用小直径钻头钻出底孔，再用大直径钻头钻出所要求的尺寸。通常第一次所用钻头的直径为所要求孔径的 50% ~ 70%。

6）钻孔后需铰孔的工件，由于所留铰削余量较小，因此钻孔时当钻头钻进工件 1 ~ 2 mm 后，应将钻头退出，停车检查孔径，防止因孔径扩大没有铰削余量而报废。

7）钻盲孔与钻通孔的方法基本相同，只是钻孔时需要控制孔的深度。常用的控制方法如下：钻削开始时，摇动尾座手轮，当麻花钻切削部分（钻尖）切入工件端面时，用钢直尺测量尾座套筒的伸出长度，钻孔时用套筒伸出的长度加上孔深来控制尾座套筒的伸出量（图 3–17）。如尾座套筒有刻度，只需按刻度钻孔。

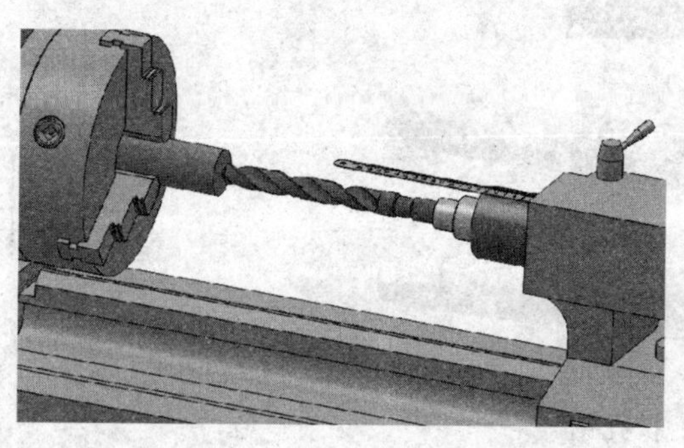

图 3–17　钻盲孔的深度控制

（4）钻孔注意事项

1）起钻时进给量要小，待钻头切削部分全部进入工件后才可正常钻削。

2）钻通孔将要钻穿工件时，进给量要小，以防钻头折断。

3）钻小孔或钻较深的孔时，必须经常退出钻头清除切屑，防止因切屑堵塞而导致钻头被"咬死"或折断。

4）钻削钢料时，必须充分浇注切削液冷却钻头，以防钻头过热而退火。钻削镁合金等其他金属材料时，应考虑材料的性能，适当提高切削速度，加大进给量。

二、扩孔

用扩孔工具扩大工件孔径的加工方法称为扩孔。扩孔精度一般可达 IT10 ~ IT9 级，表面粗糙度值达 Ra6.3 μm 左右。常用的扩孔刀具有麻花钻和扩孔钻等。孔精度要求一般的扩孔可用麻花钻，精度要求较高孔的半精加工可用扩孔钻。

1. 用麻花钻扩孔

在实体材料上钻孔时，孔径较小的孔可一次钻出。如果孔径较大（D>30 mm），则所用麻花钻直径也较大，横刃长，进给力大，钻孔时很费力，这时可分两次钻削。第一次钻出直径为（0.5 ~ 0.7）D 的孔，第二次扩削到所需的孔径 D。扩孔时的背吃刀量为扩孔余量的一半。

2. 用扩孔钻扩孔

扩孔钻有高速钢扩孔钻和镶硬质合金扩孔钻两种，其结构如图 3–18 所示。扩孔钻在自动车床和镗床上用得较多，其主要特点如下：

（1）扩孔钻的钻心粗，刚度高，且扩孔时背吃刀量小，切屑少，排屑容易，可提高切削速度和进给量，如图 3–19 所示。

（2）扩孔钻的刃齿一般有 3 ~ 4 齿，周边的棱边数量增多，导向性比麻花钻好，可改善加工质量。

（3）扩孔时可避免横刃引起的不良影响，提高了生产效率，如图 3–19 所示。

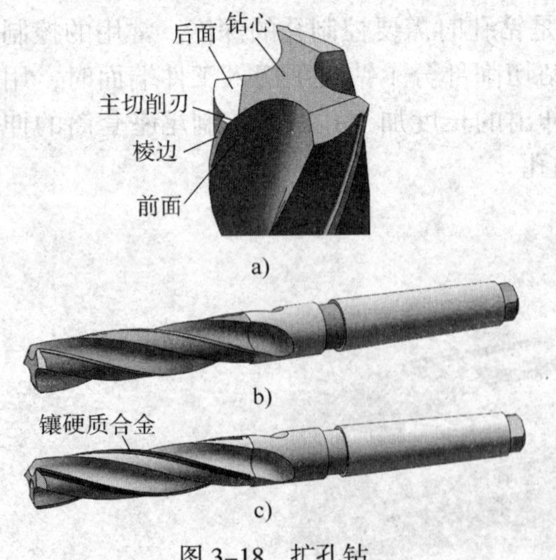

图 3–18　扩孔钻

a）高速钢扩孔钻外形　b）高速钢扩孔钻　c）镶硬质合金扩孔钻

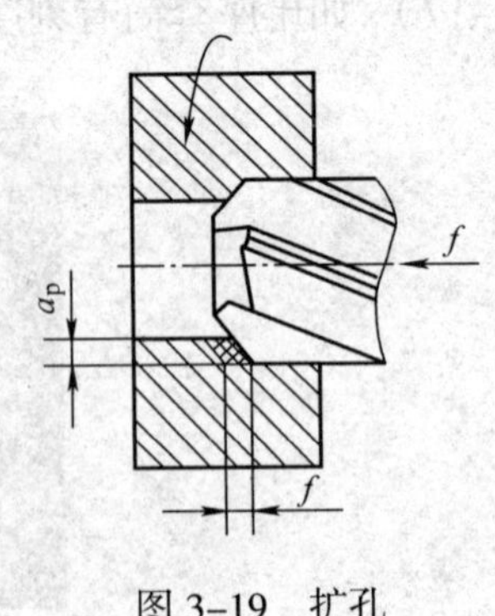

图 3–19　扩孔

三、锪孔

用锪削方法加工平底或锥形沉孔的方法称为锪孔。车削中常用圆锥形锪钻锪锥形沉孔。圆锥形锪钻有 60°、90° 和 120° 等几种，如图 3–20 所示。60° 和 120° 锪钻用于锪削圆柱孔直径大于 6.3 mm 中心孔的圆锥孔和护锥，90° 锪钻用于孔口倒角或锪沉头螺钉孔。锪内圆锥时，为减小表面粗糙度值，应选取进给量 $f \leqslant 0.05$ mm/r，切削速度 $v_c \leqslant 5$ m/min。

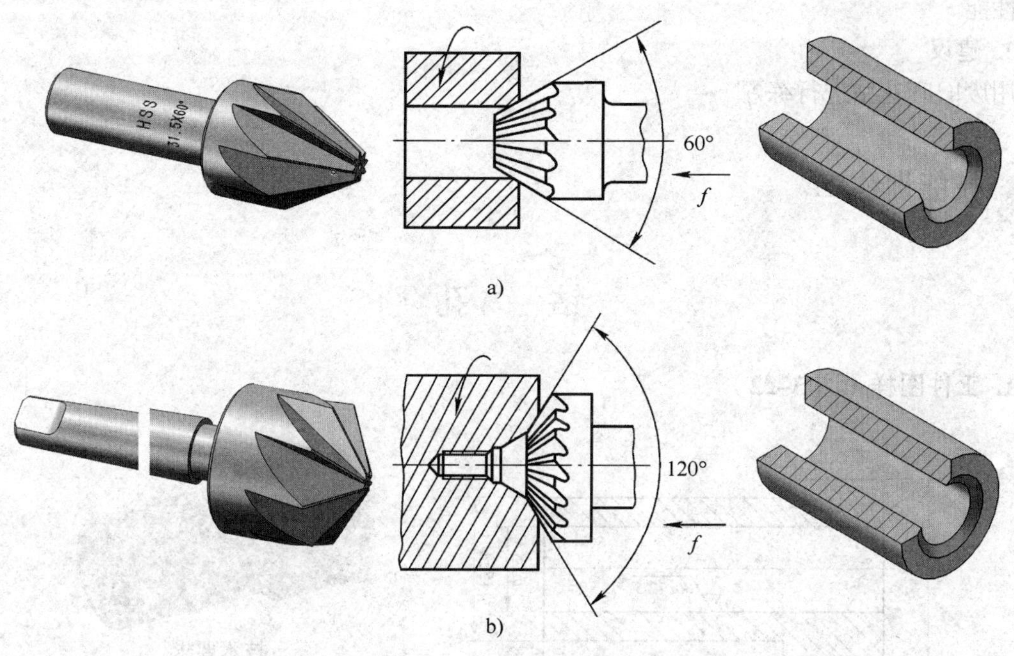

图 3–20 锪钻和锪内圆锥

a）60° 锪钻及其应用 b）120° 锪钻及其应用

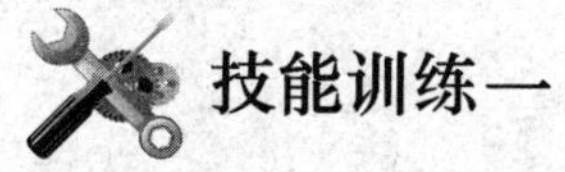

技能训练一

刃磨麻花钻

1. 刃磨图样（图 3–21）

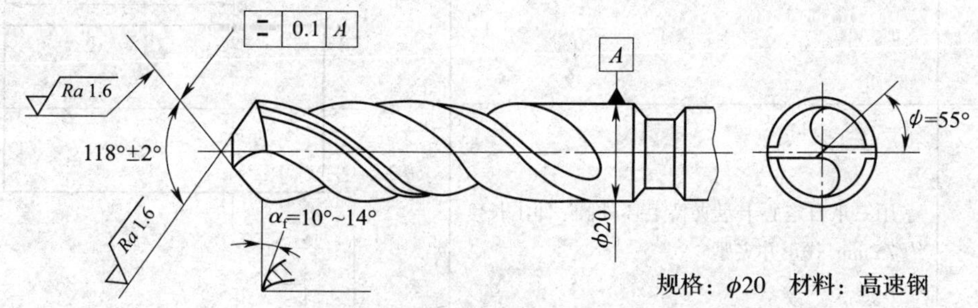

图 3–21 麻花钻

2. 刃磨注意事项

（1）刃磨时，用力要均匀，不能过大，应经常目测磨削情况，随时修正。

（2）刃磨时，钻头切削刃应略高于砂轮中心平面，以免磨出负后角，致使钻头无法切削。

（3）刃磨时，不要由刃背磨向刃口，以免造成刃口退火。

（4）刃磨时，应注意磨削温度不应过高，要经常冷却钻头，以防退火而降低硬度，降低切削性能。

3. 建议

用废旧麻花钻进行练习。

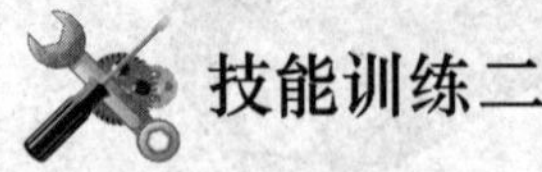

技能训练二

钻　孔

1. 工件图样（图 3–22）

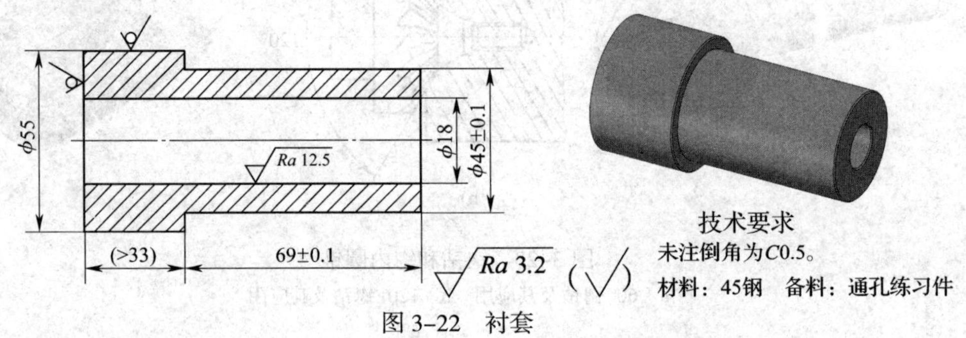

图 3–22　衬套

2. 加工工艺卡（表 3–6）

表 3–6　　加工工艺卡

工序	工步	内容	图示
10		检查备料	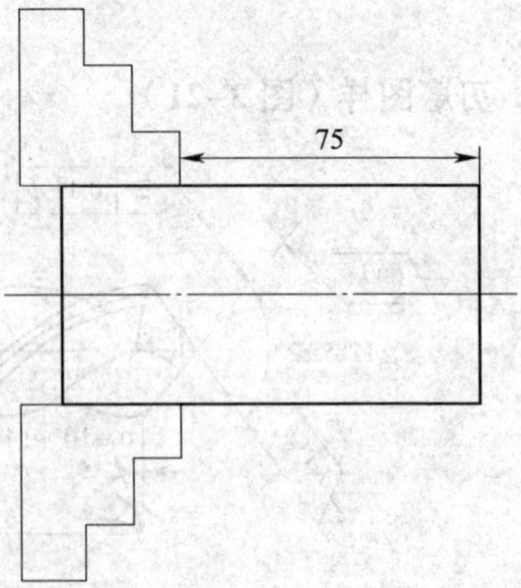
20		用三爪自定心卡盘夹持毛坯外圆，伸出长度约 75 mm，找正并夹紧	

续表

工序	工步	内容	图示
30	1	车端面，车平即可	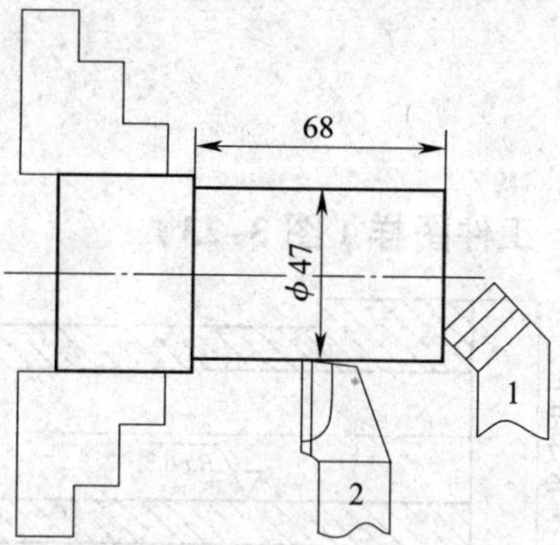 68 $\phi47$ 1 2
	2	粗车毛坯外圆至 $\phi47$ mm × 68 mm	
	3	用中心钻钻中心孔定位	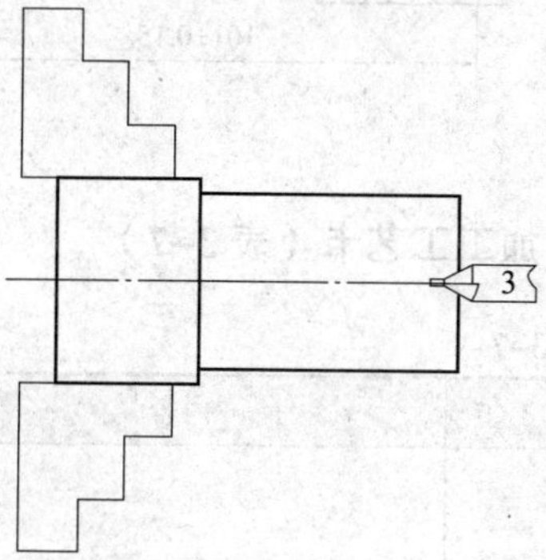 3
	4	用 $\phi18$ mm 麻花钻钻削通孔	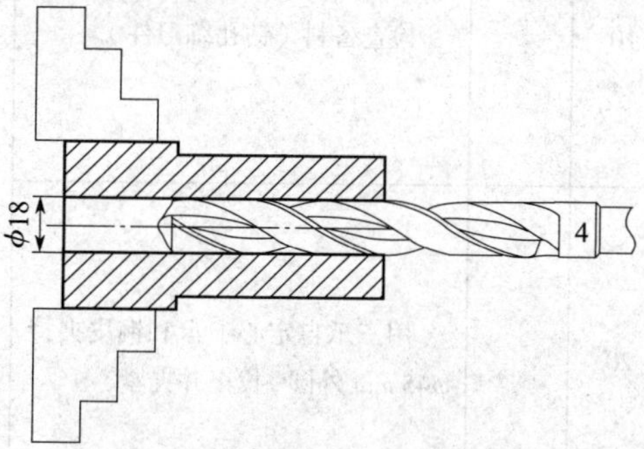 $\phi18$ 4
	5	精车工件外圆至 ϕ（45 ± 0.1）mm，保证长度（69 ± 0.1）mm	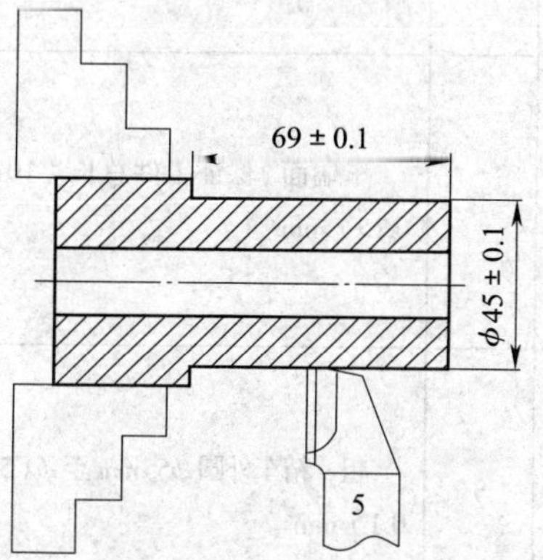 69 ± 0.1 $\phi45 \pm 0.1$ 5
	6	倒钝锐边 3 处	
40		检查质量，合格后取下工件	

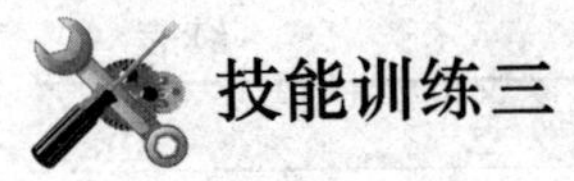

技能训练三

扩　　孔

1. 工件图样（图 3–23）

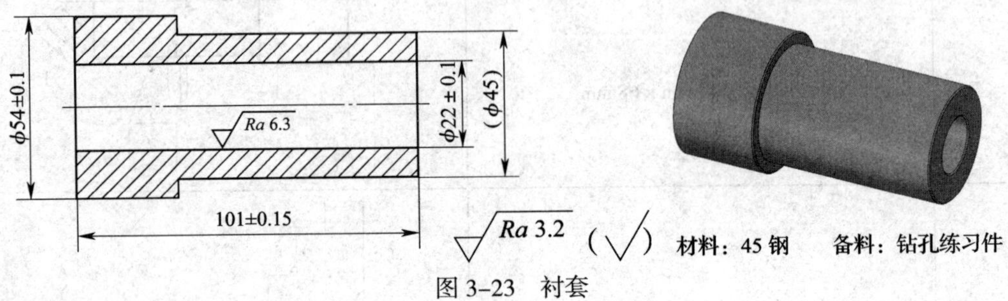

图 3–23　衬套

2. 加工工艺卡（表 3–7）

表 3–7　　加工工艺卡

工序	工步	内容	图示
10		检查备料（钻孔练习件）	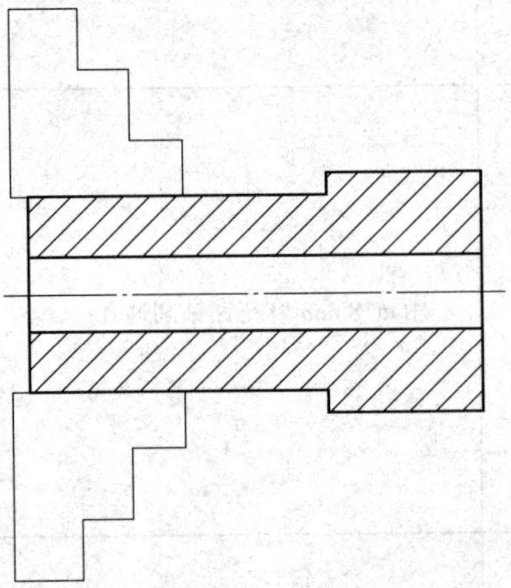
20		用三爪自定心卡盘和铜皮夹持 ϕ45 mm 外圆，找正并夹紧	
30	1	车端面，保证工件总长（101 ± 0.15）mm	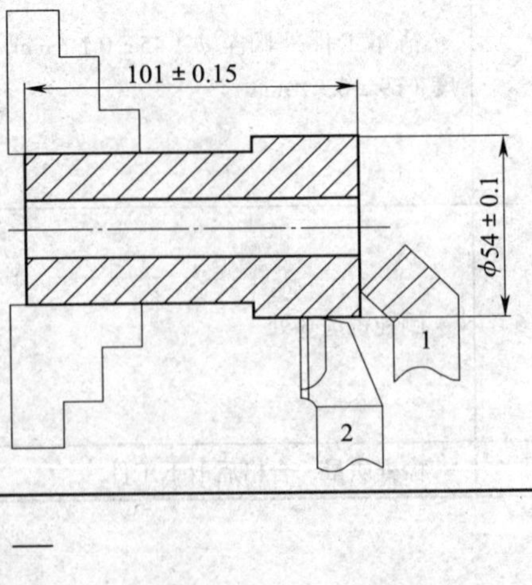
	2	粗、精车外圆 ϕ55 mm 至 ϕ（54 ± 0.1）mm	

续表

工序	工步	内容	图示
	3	用 ϕ22 mm 麻花钻扩孔	
	4	倒钝锐边 2 处	
40		检查质量合格后取下工件	

课题二　车孔

对于铸造孔、锻造孔或用钻头钻出的孔，为了达到尺寸精度和表面粗糙度的要求，还需要车孔。车孔是常用的孔加工方法之一，既可以作为粗加工，也可以作为精加工，加工范围很广。车孔精度可达 IT8 ~ IT7 级，表面粗糙度值可达 Ra3.2 ~ 1.6 μm，精细车削可以达到更小（Ra≤0.8 μm），车孔还可以修正孔的直线度误差。

一、内孔车刀

车孔的方法基本上和车外圆相同，但内孔车刀和外圆车刀相比有些差别。根据不同的加工情况，内孔车刀可分为通孔车刀和盲孔车刀两种。

1. 通孔车刀

从图 3–24 中可以看出，通孔车刀的几何形状基本上与 75° 外圆车刀相似，为了减小背向力 F_p，防止振动，主偏角 κ_r 应取较大值，一般 κ_r 取 60° ~ 75°，副偏角 κ'_r 取 15° ~ 30°。

图 3–25 所示为典型的前排屑通孔车刀，其几何参数如下：κ_r=75°，κ'_r=15°，λ_s=6°。在该车刀上磨出断屑槽，使切屑排向孔的待加工表面，即向前排屑。

为了节省刀具的材料及提高刀柄的刚度，可以用高速钢或硬质合金做成大小适当的刀头，装在碳钢或合金钢制成的刀柄上，在前端或上面用螺钉紧固，如图 3–26 所示。

常用的通孔车刀刀柄有圆刀柄和方刀柄两种。

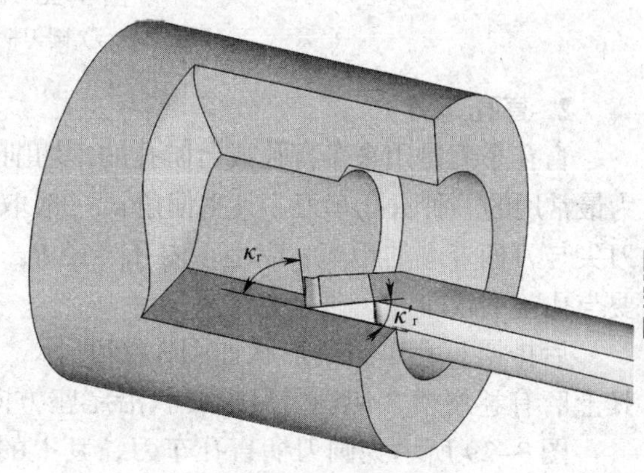

图 3–24　车通孔

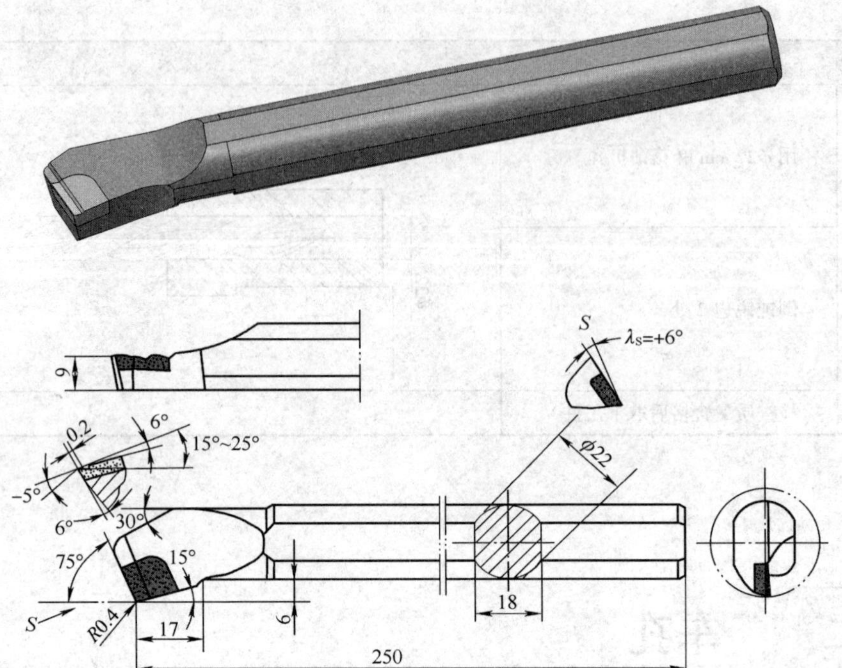

图 3–25　前排屑通孔车刀

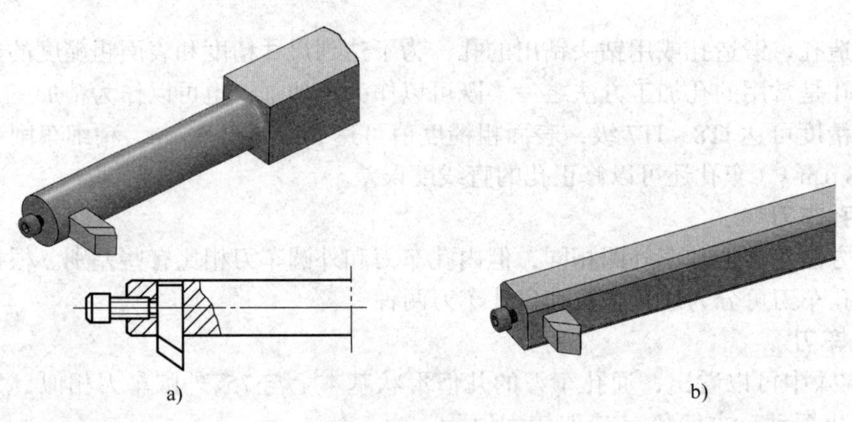

图 3–26　通孔车刀刀柄

a）圆刀柄　b）方刀柄

2. 盲孔车刀

盲孔车刀是用来车盲孔或台阶孔的，切削部分的几何形状基本上与偏刀相似。图 3–27 所示为最常用的一种盲孔车刀，其主偏角 κ_r 一般取 90°～95°。车平底盲孔时，刀尖在刀柄的最前端，刀尖与刀柄外端的距离 a 应小于内孔半径 R；否则孔的底平面就无法车平。车内孔台阶时，只要与孔壁不碰即可。

后排屑盲孔车刀的形状如图 3–28 所示，其几何参数如下：κ_r=93°，κ_r' =6°，λ_s 取 −2°～0°。其上磨有卷屑槽，使切屑呈螺旋状沿尾座方向排出孔外，即后排屑。

图 3–29 所示为圆刀柄盲孔车刀，其上的方孔应加工成斜的。

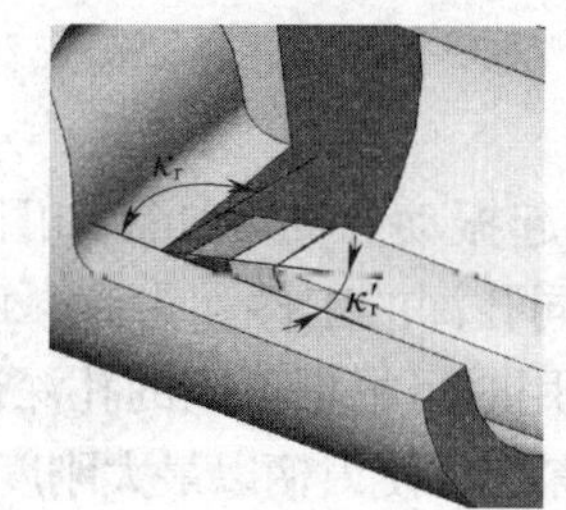
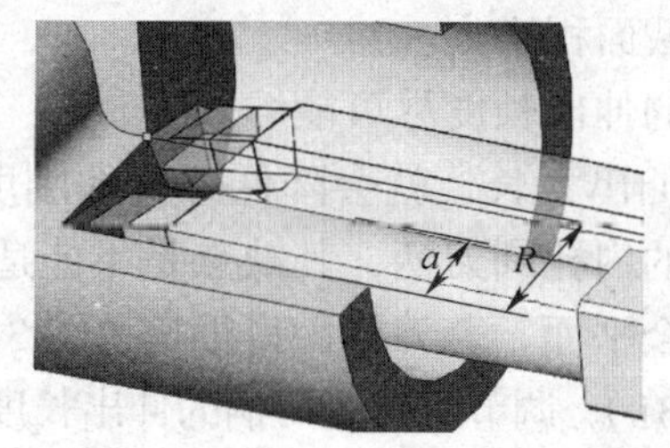

图 3-27　车盲孔

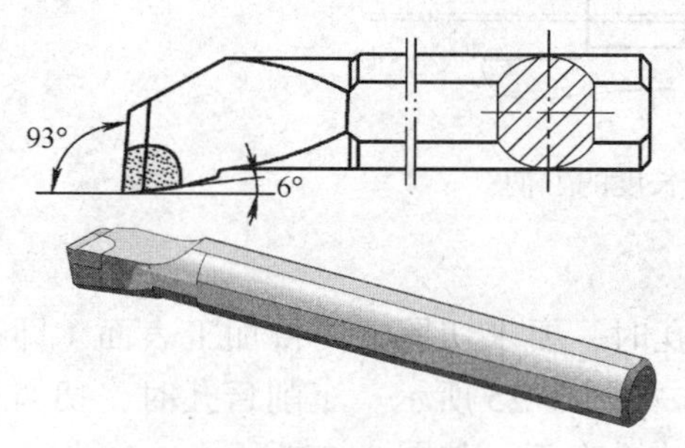

图 3-28　后排屑盲孔车刀

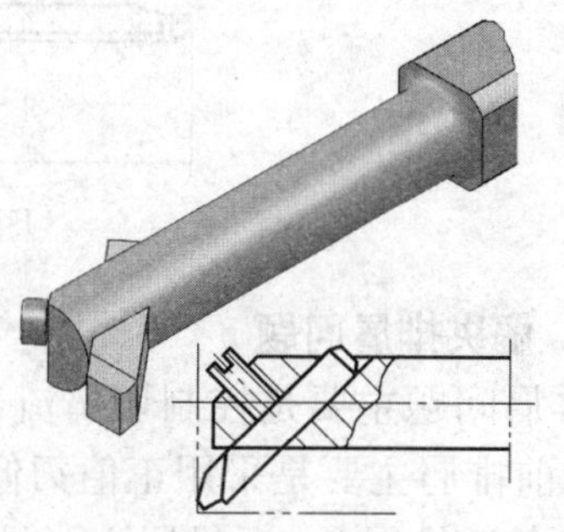
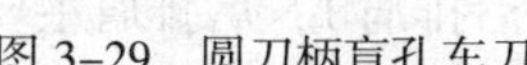

图 3-29　圆刀柄盲孔车刀

通孔车刀和盲孔车刀的圆刀柄通常根据孔径大小及孔的深度制成几组，以便在加工时使用。

二、车孔的关键技术

车孔的关键技术是解决内孔车刀的刚度和排屑问题。

1. 解决内孔车刀的刚度问题

（1）尽量增大刀柄的截面积

一般内孔车刀的刀尖位于刀柄的上面，这样车刀有一个缺点，即刀柄的截面积小于孔截面积的 1/4，如图 3-30a 所示。如果使内孔车刀的刀尖位于刀柄的中心线上（图 3-30b），则刀柄的截面积可大大地增加。

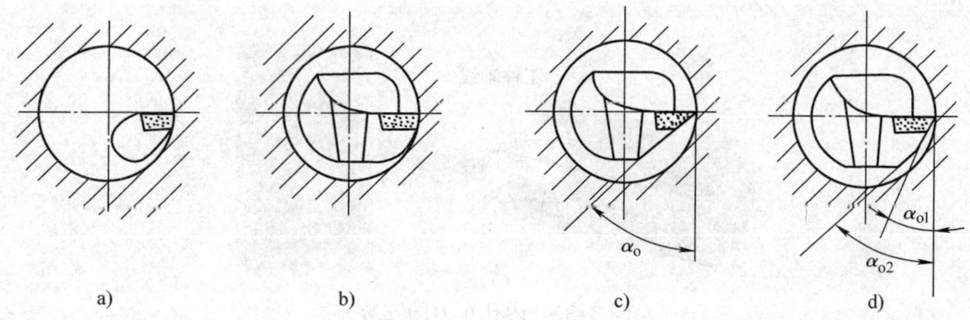

图 3-30　车孔时的端面投影图
a）刀尖位于刀柄上面　b）刀尖位于刀柄中心
c）一个后角　d）两个后角

内孔车刀的后面如果刃磨成一个大后角（图 3-30c），刀柄的截面积必然减小。如果刃磨成两个后角（图 3-30d），或将后面磨成圆弧状，则既可防止内孔车刀的后面与孔壁摩擦，又可使刀柄的截面积增大。

（2）刀柄的伸出长度尽可能缩短

如果刀柄伸出太长，就会降低刀柄的刚度，容易引起振动。图 3–26a 和图 3–29 所示为伸出长度固定的内孔圆刀柄，其缺点是不能适应各种不同孔深的工件。为此，可把内孔车刀的刀柄做成两个平面，若刀柄做得很长（图 3–26b），使用时可根据不同的孔深调节刀柄的伸出长度（图 3–31）。调节时只要刀柄的伸出长度略大于孔深，可使刀柄以最大刚度的状态工作。

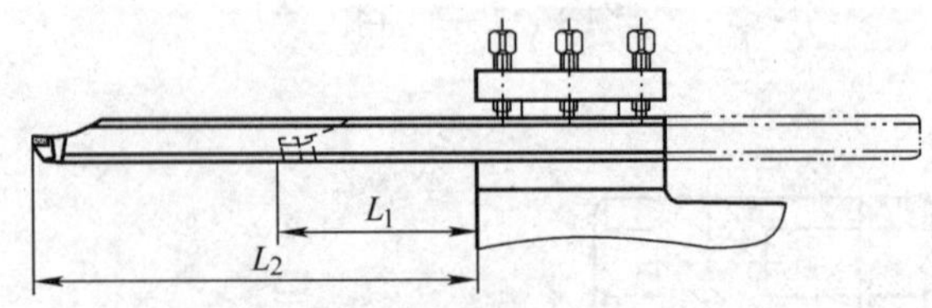

图 3–31　可调节伸出长度的刀柄

2. 解决排屑问题

排屑问题主要是控制切屑流出的方向。精车孔时，要求切屑流向待加工表面（即前排屑），前排屑主要是采用正值刃倾角的内孔车刀，如图 3–25 所示。车削盲孔时，切屑从孔口排出（后排屑），后排屑主要是采用负值刃倾角内孔车刀，如图 3–28 所示。

三、车孔时的切削用量

内孔车刀的刀柄细长，刚度低，车孔时排屑较困难，故车孔时的切削用量应选得比车外圆时小。车孔时的背吃刀量 a_p 是车孔余量的一半；进给量 f 比车外圆时小 20% ~ 40%；切削速度 v_c 比车外圆时低 10% ~ 20%。

四、车通孔的方法

1. 内孔车刀的安装

（1）内孔车刀的刀尖应与工件中心等高或比其稍高。若刀尖低于工件中心，切削时在切削抗力的作用下，容易将刀柄压低而产生“扎刀”现象，并可造成孔径扩大。

（2）刀柄伸出刀架不宜过长，一般比被加工孔长 5 ~ 10 mm。如图 3–32 所示，L_2=L_1+（5~10）mm。

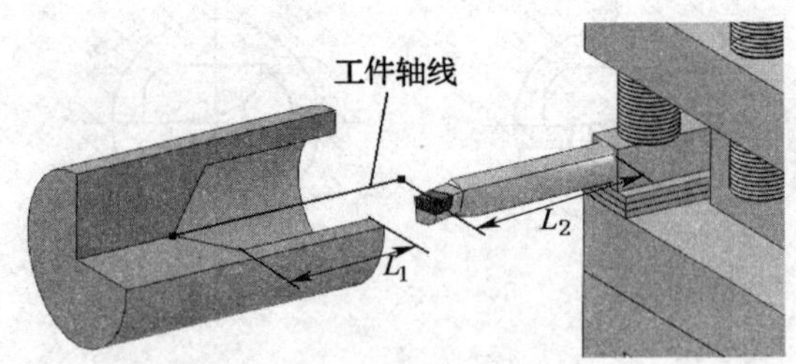

图 3–32　内孔车刀的安装

（3）内孔车刀刀柄与工件轴线应基本平行，否则在车削到一定深度时刀柄后半部容易碰到工件的孔口。

提示： 内孔车刀装夹正确与否直接影响到车削情况及孔的精度，内孔车刀装夹好后，在车孔前先在孔内试走一遍，检查有无碰撞现象，以确保安全。

2. 车通孔方法（表 3–8）

表 3–8　　车通孔方法

内容	方法	图示
粗车	启动机床，摇动车床床鞍手轮、中滑板手柄，使车刀刀尖轻轻碰到工件内孔壁，然后床鞍往右移离开工件（中滑板静止不动），再将中滑板按要求横向进给 a_{p1}，采用自动进给或双手均匀摇动床鞍手轮对工件内孔进行切削。重复操作，直至孔径保留精车余量 0.5 mm **提示**：内孔车削与外圆车削的进刀、退刀方向相反，切削用量的选择比外圆加工要小	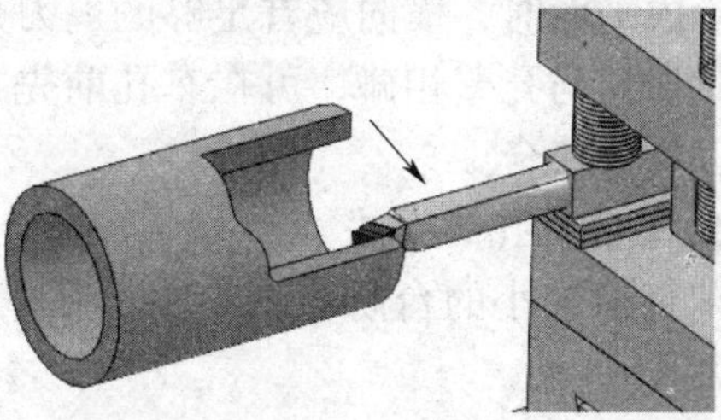 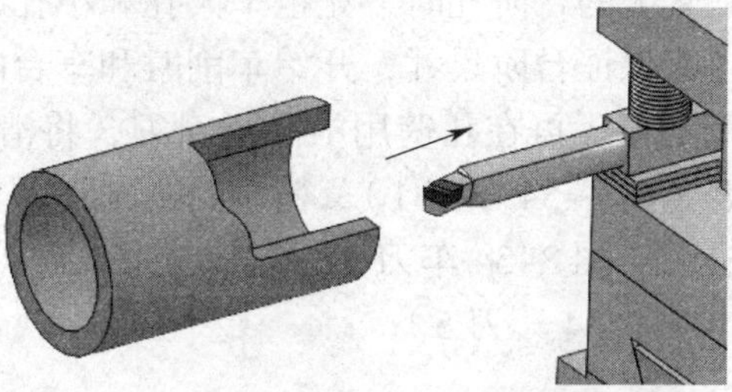 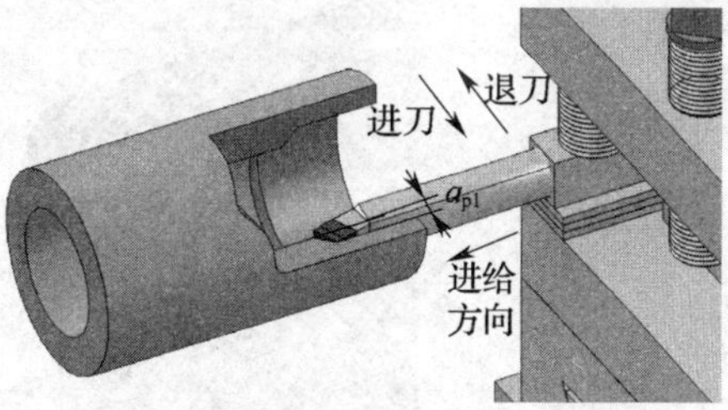 进刀 退刀 a_{p1} 进给方向
精车	中滑板进刀小于 0.5 mm，车削长度大于 5 mm 后快速纵向退出，停车测量。如果尺寸未达精度要求，则计算好进刀格数，横向微调背吃刀量，再试切削、测量，直至符合孔径要求为止，最后纵向车削至孔全长	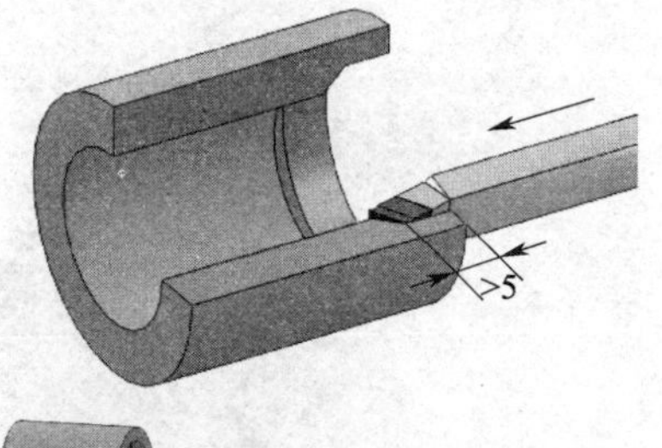  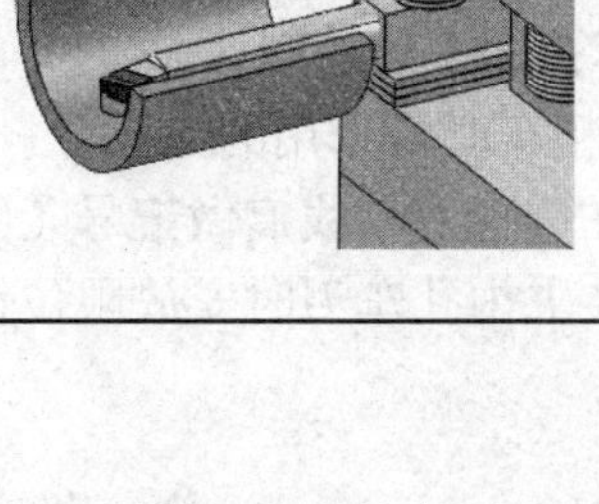 >5

五、车台阶孔的方法

1. 台阶孔车刀的装夹

基本与装夹通孔车刀的要求一样，但要注意台阶孔车刀的主切削刃应与平面成 3°~5° 夹角（图 3–33）。车台阶内平面时，横向应有足够的退刀余地。为防止车孔时刀柄与孔壁相碰，可在车孔前先在孔内试走一遍，以确保安全。

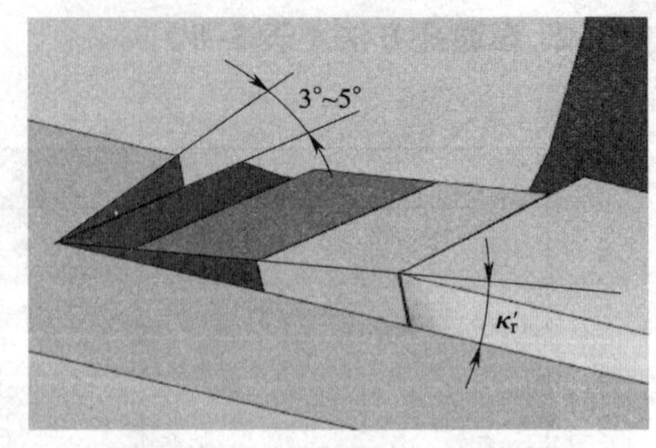

图 3–33　台阶孔车刀的装夹

2. 车台阶孔的方法

车直径较小的台阶孔，先粗、精车小孔，再粗、精车大孔。

车大的台阶孔时，先粗车大孔和小孔，再精车大孔和小孔。

为保证台阶尺寸，开始车削时和车台阶外圆相似。机床启动，车刀先在端面用床鞍和小滑板对刀，再在孔壁用中滑板对刀，将滑板刻度调“0”，纵向粗车时每一次都到床鞍同一刻度（图 3–34 车刀 1），精车时则车孔径至台阶处后横向退刀（图 3–34 车刀 2），接着小滑板进刀（图 3–34 车刀 3）精车台阶长度（图 3–34 车刀 4），并使车刀进至刚才车孔径的尺寸（图 3–34 车刀 5）。

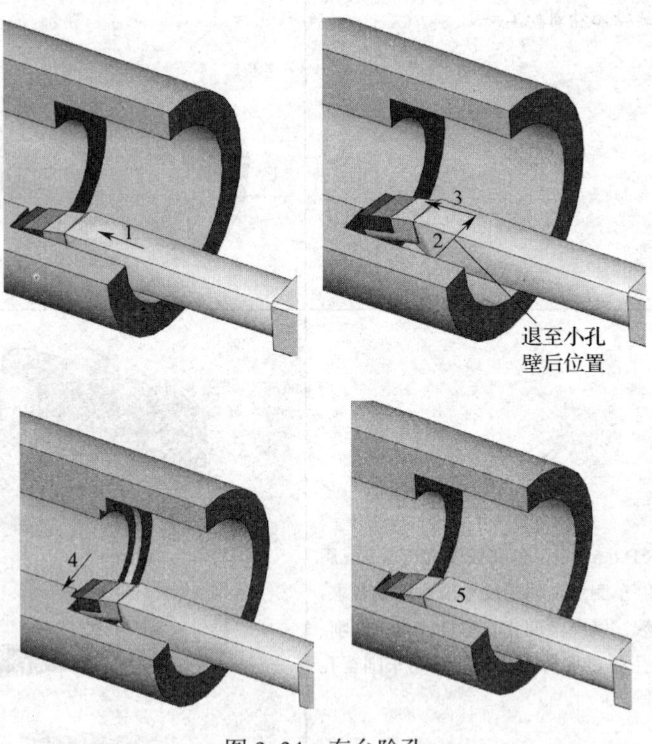

图 3–34　车台阶孔

3. 车孔深度的控制

（1）粗车时常采用的方法

1）在刀柄上刻线痕做记号（图 3–35）。

2）装夹内孔车刀时安放限位铜片（图 3–36）。

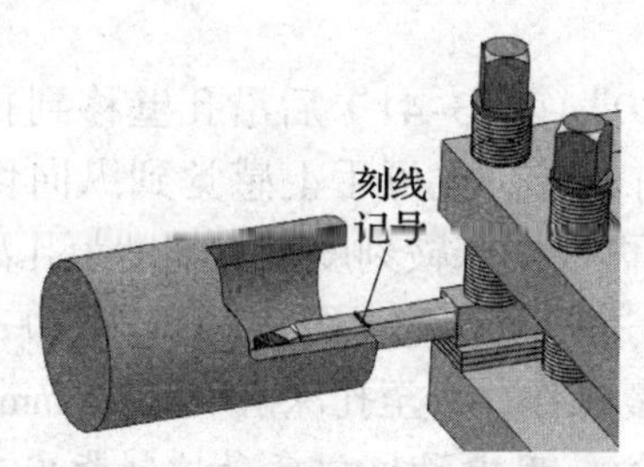

图 3–35　在刀柄上刻线痕控制孔深

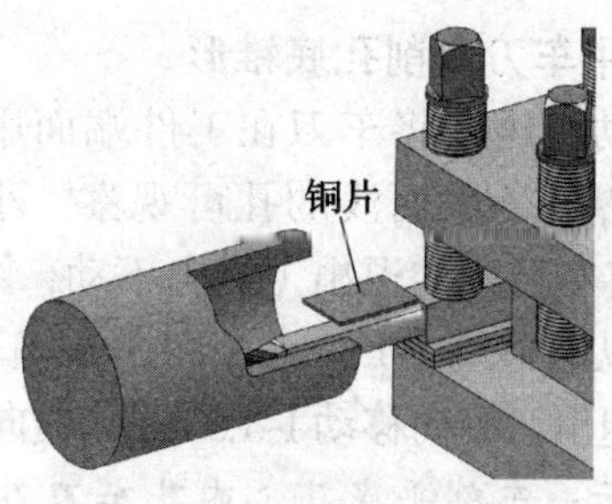

图 3–36　用限位铜片控制孔深

3）利用床鞍刻度盘的刻线控制。

（2）精车时常采用的方法

1）利用小滑板刻度盘的刻线控制。

2）用游标深度卡尺测量及控制（图 3–37）。

六、车盲孔（平底孔）的方法

1. 用平头钻扩平孔底锥形

（1）用平头钻扩平底孔

选择比孔径小 1.5~2 mm 的钻头先钻出底孔，其钻孔深度从麻花钻顶尖量起，并在麻花钻上刻线痕做记号。然后用相同直径的平头钻将底孔扩成平底，底平面处留余量 0.5~1 mm（图 3–38）。

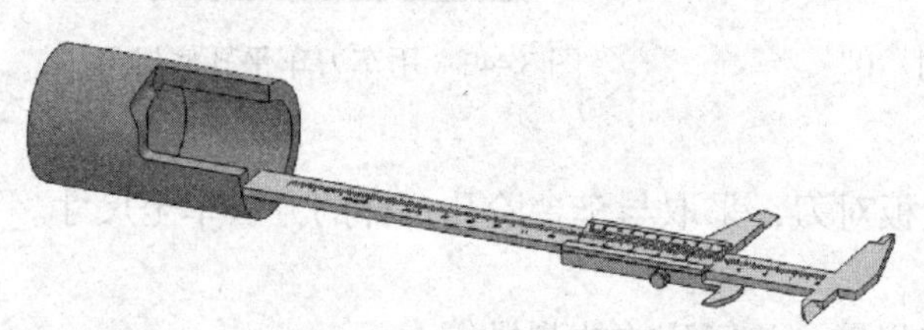
图 3–37　用游标深度卡尺测量并控制孔深

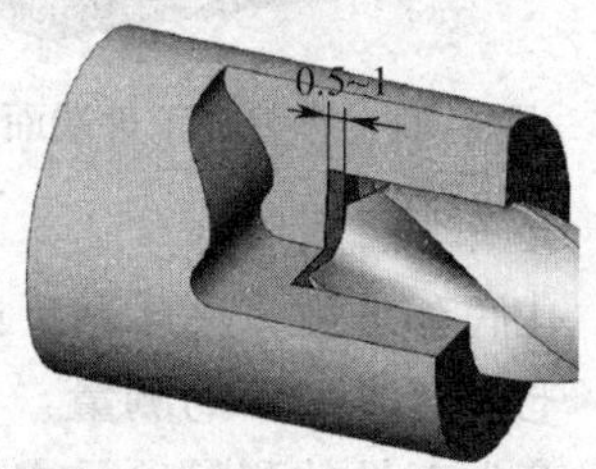

图 3–38　用平头钻扩平底孔

（2）平头钻的刃磨

刃磨平头钻应使两刃口平直，横刃要短，后角不宜过大，外缘处前角要修磨得小一些（图 3–39），否则容易引起“扎刀”现象，还会使孔底产生波浪形，甚至使钻头折断。

加工盲孔的平头钻最好采用凸形钻心（图 3–40），以获得良好的定心效果。

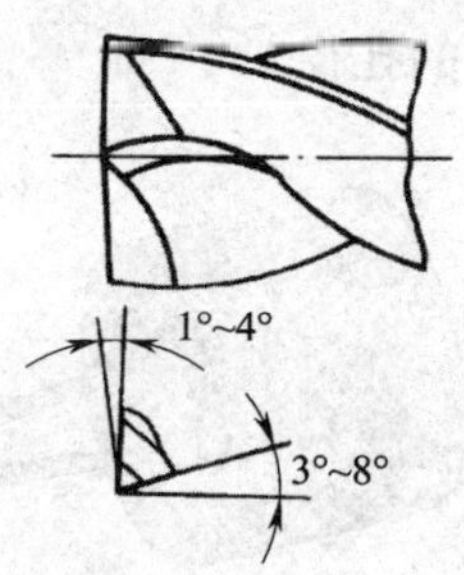

图 3–39　平头钻

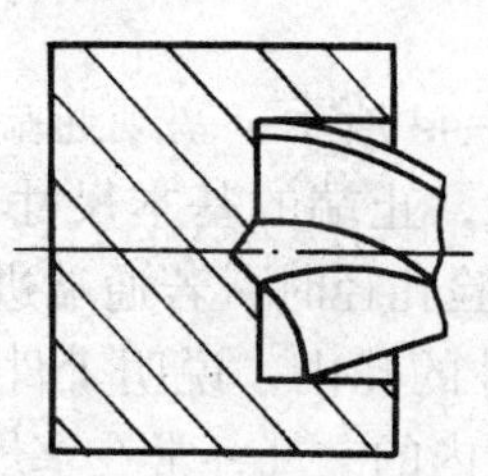
图 3–40　带凸形钻心的平头钻

2. 用车刀车削孔底锥形

启动机床，将车刀在工件端面用床鞍刻度盘对“0”（图 3–41）后沿孔壁移到孔壁与锥形的交界处（大而浅的孔可观察，小而深的孔听切削声音，也可手上感觉到纵向切削力变大），将车刀横向退出（纵向不动，图 3–42 车刀 1），再根据床鞍刻度盘上刻度距孔深尺寸的余量，纵向移动 1~1.5 mm（图 3–42 车刀 2），车刀横向进刀至孔壁（图 3–42 车刀 3）；车刀再次横向退出，纵向移动 1~1.5 mm，横向进刀至孔壁。重复操作，直至孔深留余量 0.5 mm 左右。

提示： 车削平底孔，内孔车刀刀尖应对准工件中心，用中滑板刻度盘控制背吃刀量，用床鞍手轮刻度盘控制孔深。

用机动进给车削平底孔要防止内孔车刀与孔底面碰撞，在内孔车刀刀尖接近孔底面时，必须改机动进给为手动进给。

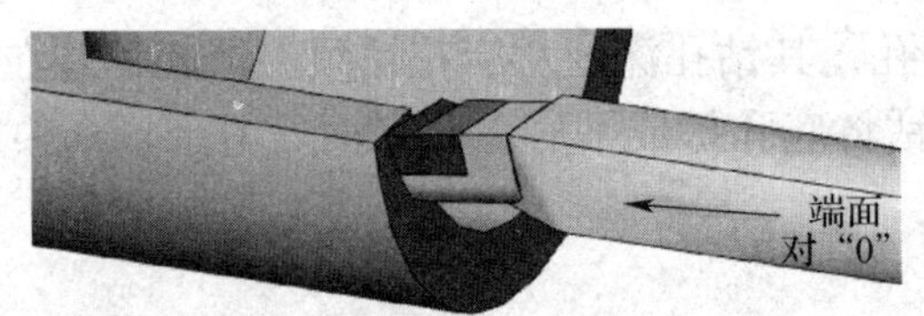

图 3–41　车刀在工件端面用床鞍刻度盘对“0”

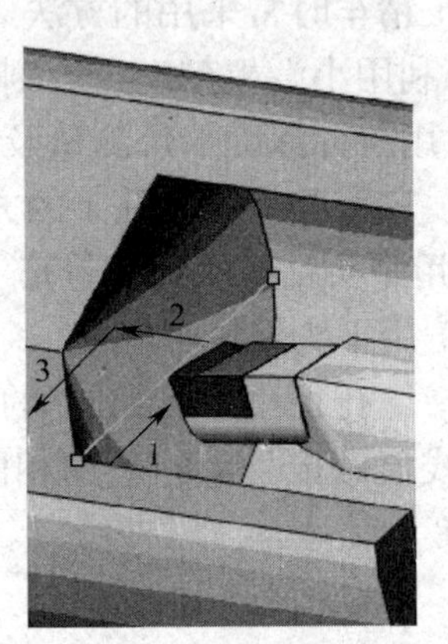

图 3–42　用车刀车平孔底锥形

3. 车削

孔底车平后，用床鞍、中滑板、小滑板对刀，采取与车台阶孔一样的方法车至尺寸。

七、套类工件的测量

套类工件的测量项目主要包括孔径的测量、几何公差的测量等。

孔径的测量可采用游标卡尺、内卡钳、塞规、内测千分尺、内径千分尺、三爪内径千分尺和内径千分表等。

测量孔径的量具都可以测量工件的形状误差，生产中常用内径千分表来测量。

方向、位置和跳动误差常用百分表和千分表测量。

1. 内卡钳

在孔口试车削或位置狭小时，使用内卡钳测量显得灵活、方便，如图 3–43 所示。内卡钳与千分尺配合使用也能测量精度要求较高（IT8 ~ IT7 级）的孔径。

2. 塞规

塞规如图 3–44 所示，塞规通端的基本尺寸等于孔的下极限尺寸 D_{min}，止端的基本尺寸等于孔的上极限尺寸 D_{max}。用塞规检验孔径时，若通端进入工件的孔内，而止端不能进入工件的孔内，说明工件孔径合格。测量盲孔时，为了排出孔内的空气，常在塞规的外圆上开有通气槽或在轴心处轴向钻出通气孔。

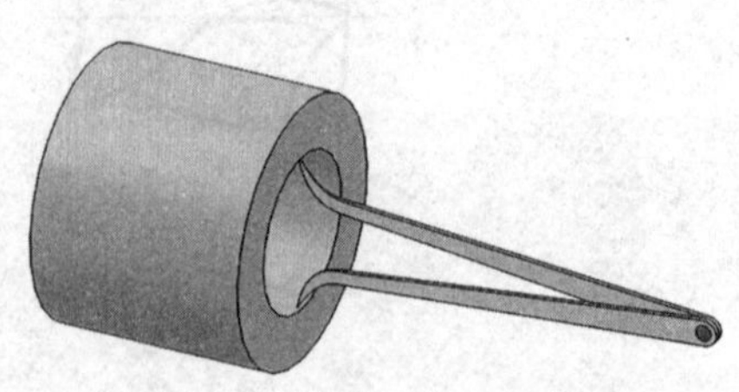

图 3–43　用内卡钳测量孔径

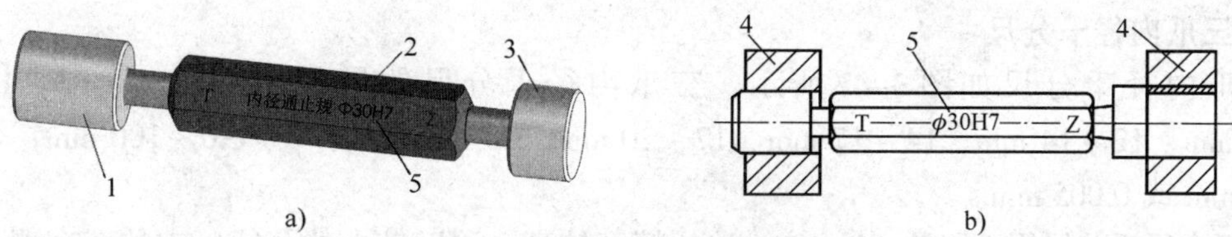

图 3–44　用塞规检验孔径

a）塞规的形状　b）检验孔径

1—通规　2—柄部　3—止规　4—工件　5—塞规的规格

3. 内测千分尺

内测千分尺如图 3–45 所示。内测千分尺的量程为 5 ~ 30 mm 和 25 ~ 50 mm 等，分度值为 0.01 mm。

测量精度较高、深度较小的孔径时，可采用内测千分尺。内测千分尺刻线方向与外径千分尺相反，当微分筒顺时针旋转时，活动量爪向右移动，测量值增大，固定量爪和活动量爪即可测量出工件的孔径。

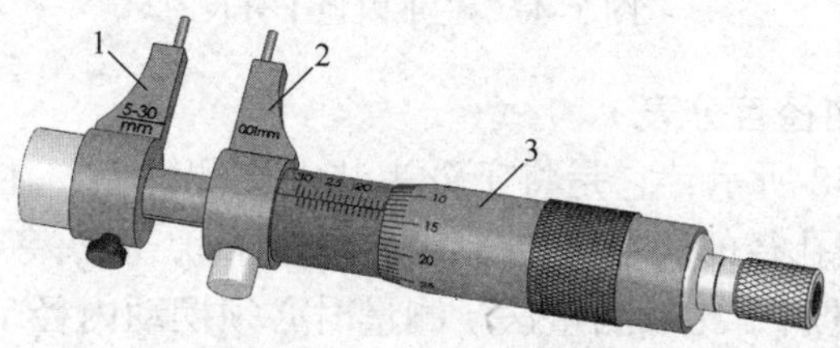

图 3–45　内测千分尺

1—固定量爪　2—活动量爪　3—微分筒

4. 内径千分尺

内径千分尺如图 3–46a 所示。内径千分尺的量程为 50 ~ 250 mm、50 ~ 600 mm、150 ~ 1 400 mm 等，分度值为 0.01 mm。

测量大于 ϕ50 mm 的精度较高、深度较大的孔径时，可采用内径千分尺。此时，内径千分尺应在孔内摆动，在直径方向应找出最大读数，轴向应找出最小读数，如图 3–46b、c 所示。这两个重合读数就是孔的实际尺寸。

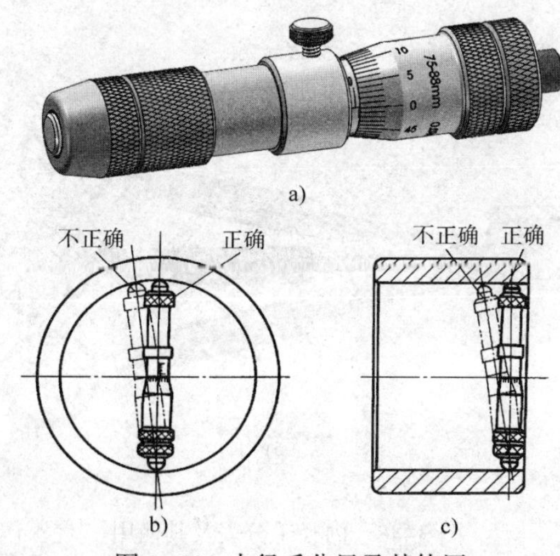

图 3–46　内径千分尺及其使用

a）实物图　b）径向位置　c）轴向位置

5. 三爪内径千分尺

三爪内径千分尺如图 3–47 所示。三爪内径千分尺的量程为 6 ~ 8 mm、8 ~ 10 mm、10 ~ 12 mm、12 ~ 14 mm、14 ~ 17 mm、17 ~ 20 mm、20 ~ 25 mm、…、90 ~ 100 mm，分度值为 0.01 mm 或 0.005 mm。

三爪内径千分尺用于测量 ϕ6 ~ 100 mm 的精度较高、深度较大的孔径。它的三个测量爪在很小幅度的摆动下能自动地位于孔的直径位置，此时的读数即为孔的实际尺寸。

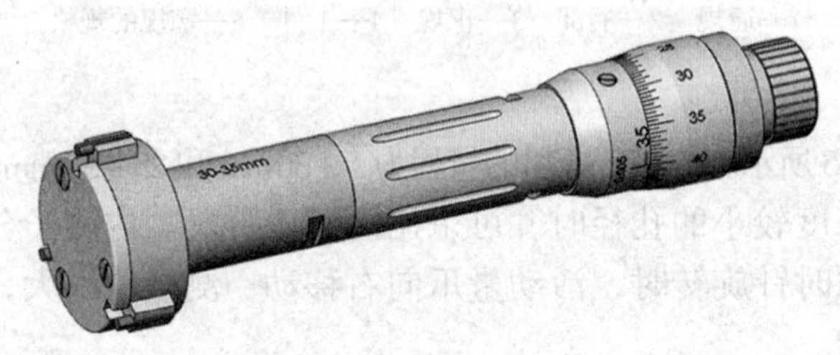

图 3–47　三爪内径千分尺

6. 内径千分表（或内径百分表）

内径千分表如图 3–48 所示，它是将千分表装夹在测杆上，在测杆端部有一活动测头，另一端的固定测头可根据孔径的大小更换。为了便于测量，测头旁装有定心器。

使用内径千分表测量属于比较测量法。测量时必须摆动内径千分表（图 3–48c），所得的最小尺寸是孔的实际尺寸。

内径千分表与千分尺配合使用，也可以比较出孔径的实际尺寸。

a)　　b)

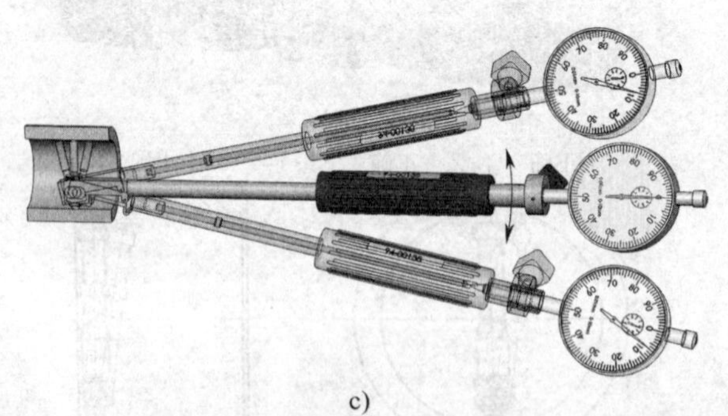

c)

图 3–48　内径千分表及其使用

a）内径千分表　b）孔中测量情况　c）内径千分表的测量方法

1—活动测头　2—定心器　3—测杆　4—千分表　5—固定测头

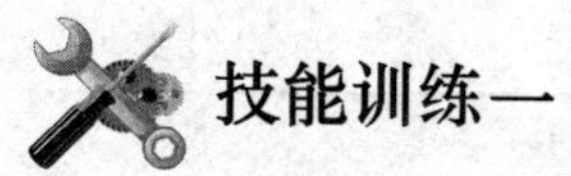

技能训练一

刃磨通孔车刀

1. 车刀图样（图 3–49）

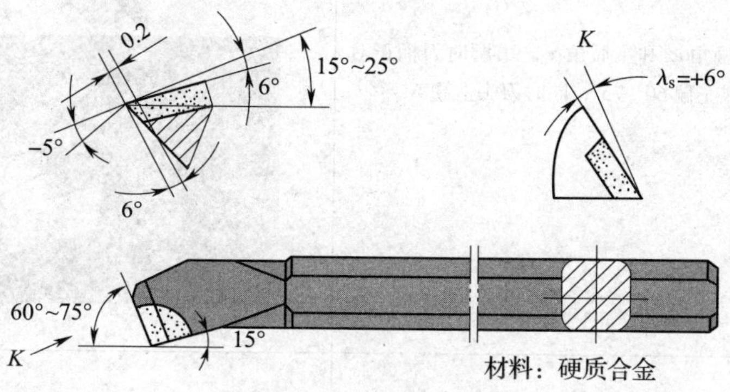

图 3–49　通孔车刀

2. 刃磨步骤（表 3–9）

表 3–9　　刃磨步骤

内容	步骤	图示
磨前面	磨成平面形前面或直接磨卷屑槽，需控制前角和刃倾角。刀柄尾部向内倾斜 15°~25°，同时刀柄向外侧倾斜 6°，使火花最后从主切削刃的刀尖处出来	

续表

内容	步骤	图示
磨主后面	磨出主偏角 κ_r 和主后角 α_o。刃磨时刀柄正对砂轮，尾部左偏 60°~75°，同时刀头上翘 6°	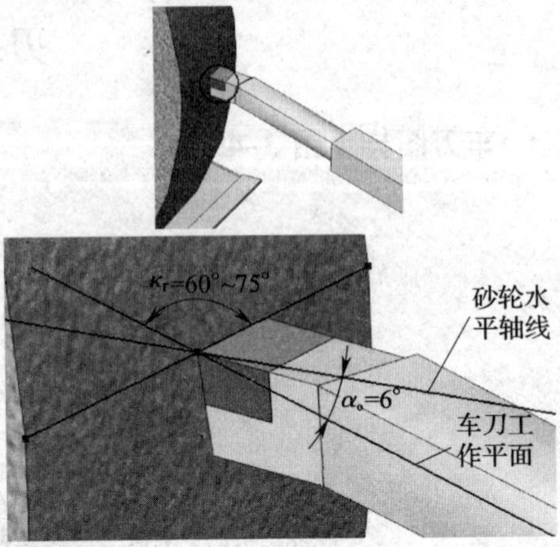 κ_r=60°~75° 砂轮水平轴线 α_o=6° 车刀工作平面
磨副后面	磨出副偏角 κ_r' 和副后角 α_o'。刃磨时刀柄先与砂轮平行，尾部向内倾斜 15°~30°，同时刀柄向外侧倾斜 6°~12°	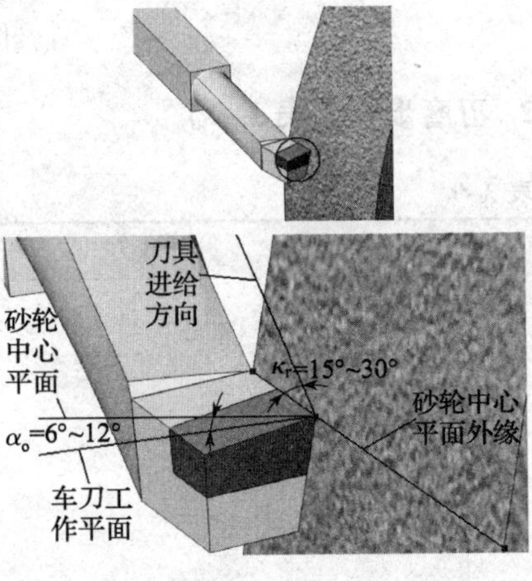 刀具进给方向 砂轮中心平面 κ_r=15°~30° 砂轮中心平面外缘 α_o=6°~12° 车刀工作平面
磨刀尖	刀尖处磨 r 为 0.2~0.4 mm 的过渡刃；前面若磨卷屑槽，则磨出宽度为 0.2 mm、前角为 −5° 的倒棱；最后修磨后面上 α_o'，此处可根据孔壁圆弧磨成相应形状	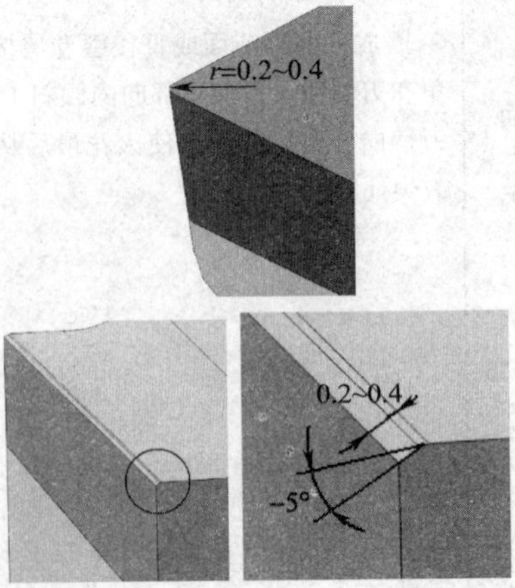 r=0.2~0.4 0.2~0.4 −5°

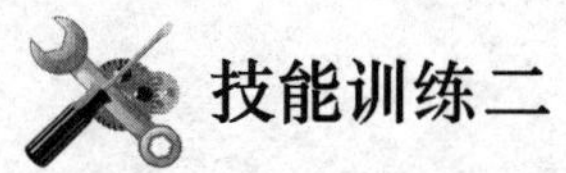

技能训练二

车 削 通 孔

1. 工件图样（图 3–50）

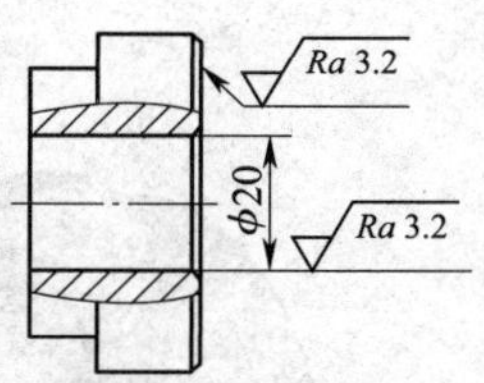

材料：45钢　备料：钻孔练习件

技术要求

未注倒角为$C1$。

图 3–50　通孔工件

2. 加工工艺卡（表 3–10）

表 3–10　　加工工艺卡

工序	工步	内容	图示
10		检查备料（钻孔练习件）	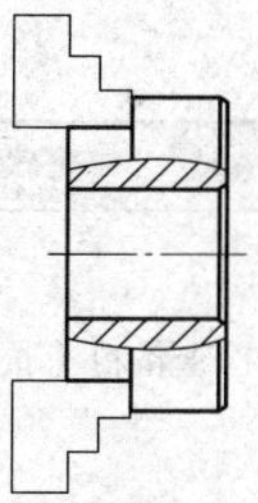
20		夹持外圆，找正并夹紧	
	1	车端面，车平即可	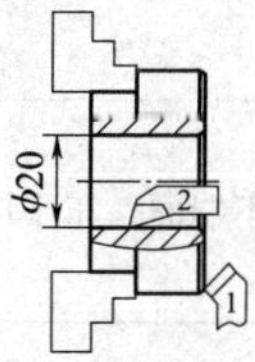
	2	粗、精车孔至尺寸 ϕ20 mm，表面粗糙度 Ra3.2 μm	
	3	孔口倒角 C1 mm	
30		检查质量，合格后取下工件	

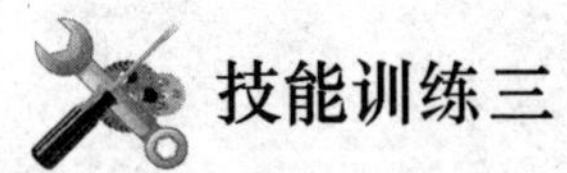

技能训练三

车削台阶孔

1. 工件图样（图 3–51）

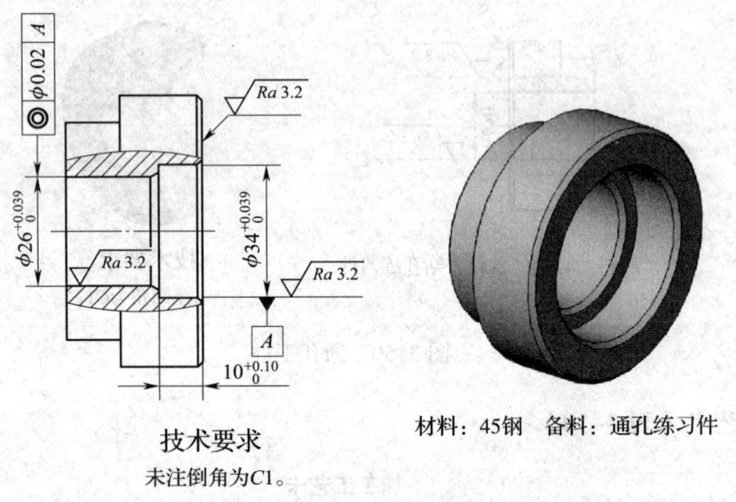

材料：45钢　备料：通孔练习件

技术要求

未注倒角为$C1$。

图 3–51　台阶孔工件

2. 加工工艺卡（表 3–11）

表 3–11　　　　加工工艺卡

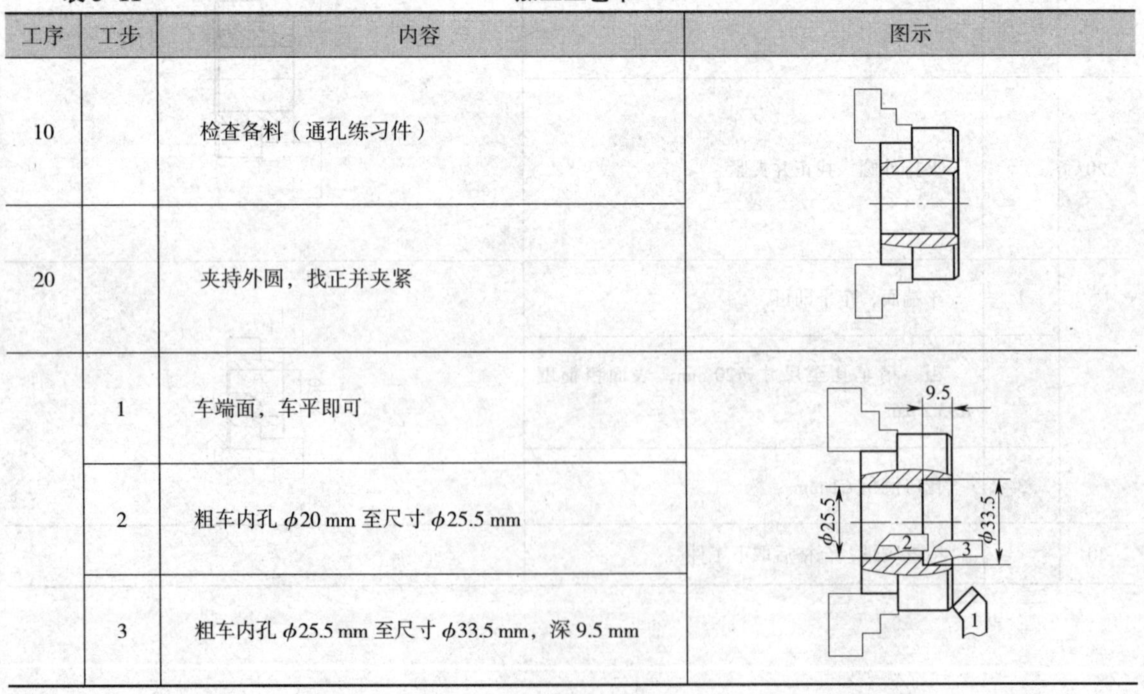

工序	工步	内容	图示
10		检查备料（通孔练习件）	
20		夹持外圆，找正并夹紧	
	1	车端面，车平即可	9.5
	2	粗车内孔 $\phi20$ mm 至尺寸 $\phi25.5$ mm	$\phi25.5$　$\phi33.5$　2　3
	3	粗车内孔 $\phi25.5$ mm 至尺寸 $\phi33.5$ mm，深 9.5 mm	1

续表

工序	工步	内容	图示
	4	精车内孔 $\phi25.5$ mm 至尺寸 $\phi26^{+0.039}_{0}$ mm，表面粗糙度 $Ra3.2$ μm	
	5	精车内孔 $\phi33.5$ mm 至尺寸 $\phi34^{+0.039}_{0}$ mm，深 $10^{+0.10}_{0}$ mm，表面粗糙度 $Ra3.2$ μm	$10^{+0.10}_{0}$ $\phi26^{+0.039}_{0}$ $\phi34^{+0.039}_{0}$ 4 5
	6	内孔倒角 $C1$ mm	
30		检查质量，合格后取下工件	

技能训练四

车削盲孔（平底孔）

1. 工件图样（图 3–52）

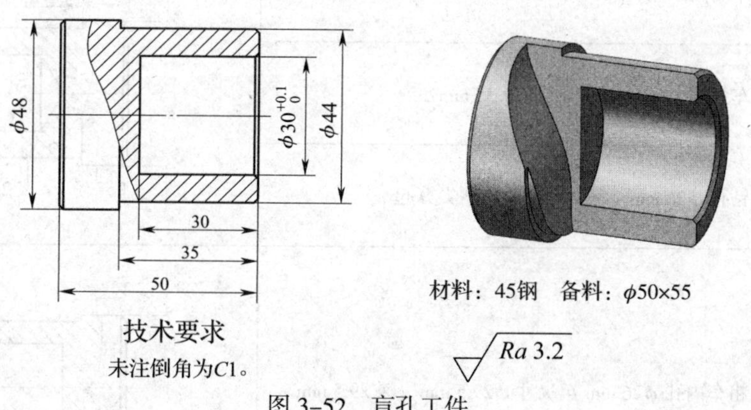

图 3–52　盲孔工件

2. 加工工艺卡（表 3–12）

表 3–12　　　　加工工艺卡

工序	工步	内容	图示
10		检查备料 $\phi50$ mm × 55 mm	
20		夹持毛坯外圆，伸出长度为 30 mm	30

续表

工序	工步	内容	图示
	1	车端面，车平即可	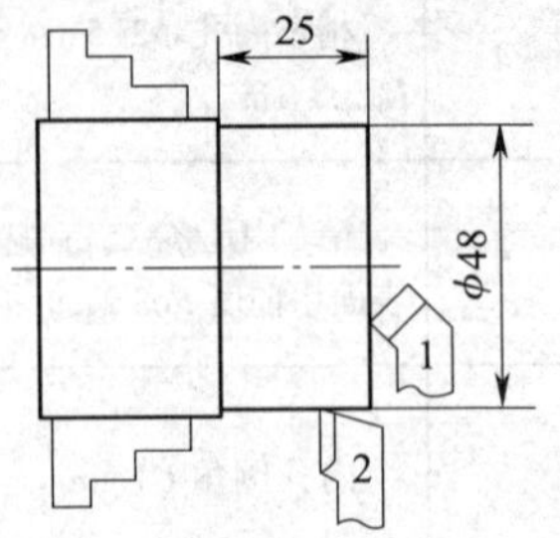
	2	车毛坯外圆至 ϕ48 mm，长度为 25 mm	
	3	倒角 C1 mm	
30		掉头，夹住 ϕ48 mm 外圆，夹持部位长为 10 mm，找正并夹紧	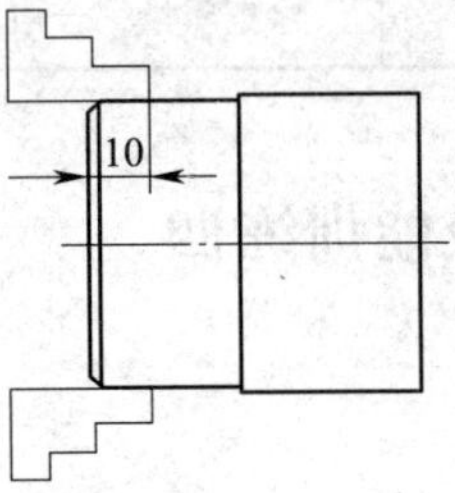
	1	车端面，控制总长为 50 mm	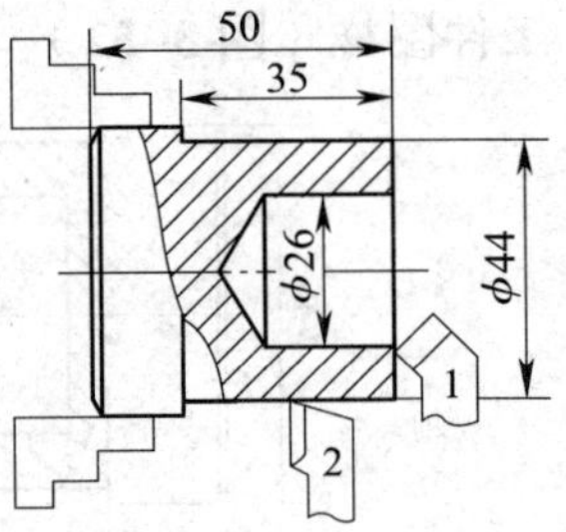
	2	车外圆至 ϕ44 mm，长度为 35 mm	
	3	钻孔 ϕ26 mm，深 29 mm（从钻尖算起）	
	4	粗车内孔 ϕ26 mm 至尺寸 ϕ29.5 mm，深 29.5 mm	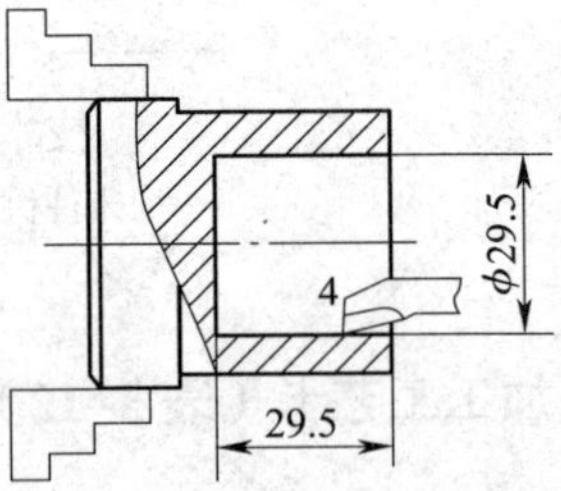
	5	精车内孔 ϕ29.5 mm 至尺寸 $\phi30^{+0.1}_{0}$ mm，深 30 mm（孔底平面平整）	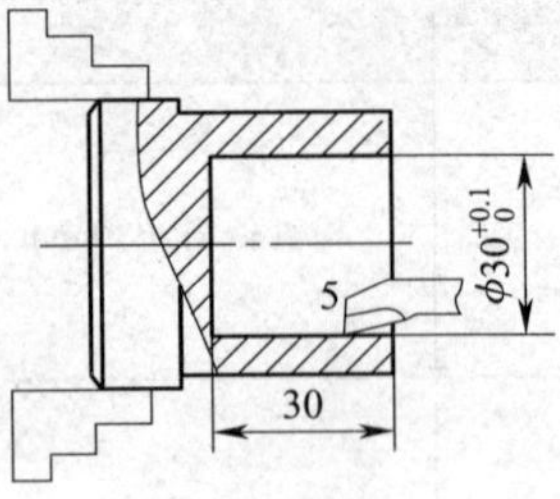
	6	倒角 C1 mm	
40		检查质量，合格后取下工件	

课题三　车内槽、平面槽和轴肩槽

在机械零件上，由于工作情况和结构工艺性的需要，有各种不同断面形状的槽，本课题重点介绍内槽。在车端面直槽和轴肩槽时，车槽刀的几何形状是外圆车刀与内孔车刀的综合，其中左侧刀尖相当于车内孔，故放在本课题介绍。

一、常见内槽的种类、结构、作用及车削方法

常见内槽的种类、结构、作用及车削方法见表 3–13。

表 3–13　　常见内槽的种类、结构、作用及车削方法

种类	退刀槽	轴向定位槽	油气通道槽	内 V 形槽（密封槽）
结构				
作用	在车螺纹、车孔、磨削内孔时退刀用	在适当位置的轴向定位槽中嵌入弹性挡圈，以实现滚动轴承等的轴向定位	在液压或气动滑阀中车出内槽，用以通油或通气	在内 V 形槽内嵌入油毡，以防尘及防止轴上的润滑剂溢出
车削图				
车削方法	车削狭窄的内槽时，可直接用内槽车刀准确的主切削刃宽度来保证；车较宽内槽时，可以用多次车槽的方法来完成			一般先用内孔车槽刀车出直槽，然后用内成形刀车削成形

二、内槽的车削

1. 内槽车刀的结构

内槽车刀与切断刀的几何形状相似，但装夹方向相反，且在内孔中车槽。加工小孔中内槽的车刀做成整体式，而在大直径内孔中车内槽的车刀常为机械夹固式，如图 3–53 所示。

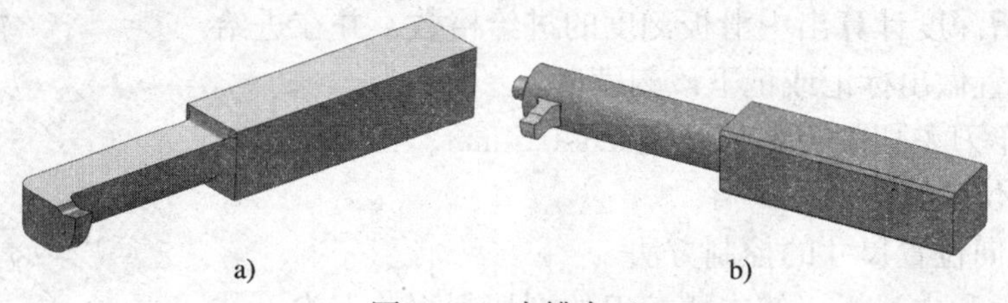

图 3–53　内槽车刀

a）整体式　b）机械夹固式

2. 内槽车刀的装夹

由于内槽通常与孔轴线垂直，因此要求内槽车刀的刀体与刀柄轴线垂直。

装夹内槽车刀时，应使主切削刃与内孔中心等高或略高，且主切削刃与轴线平行。两侧副偏角必须对称（图 3–54）。

3. 车内槽的方法

宽度较小和要求不高的内槽，可用主切削刃宽度等于槽宽的内槽车刀采用直进法一次车出，如图 3–55 所示。

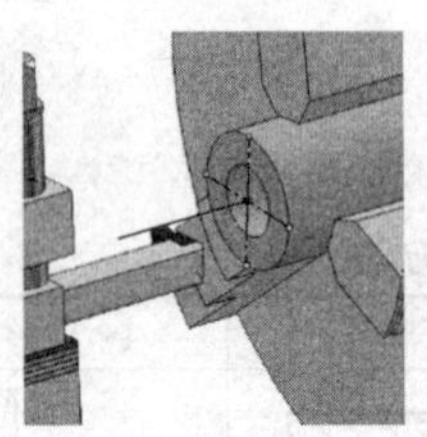

图 3–54　内槽车刀的装夹

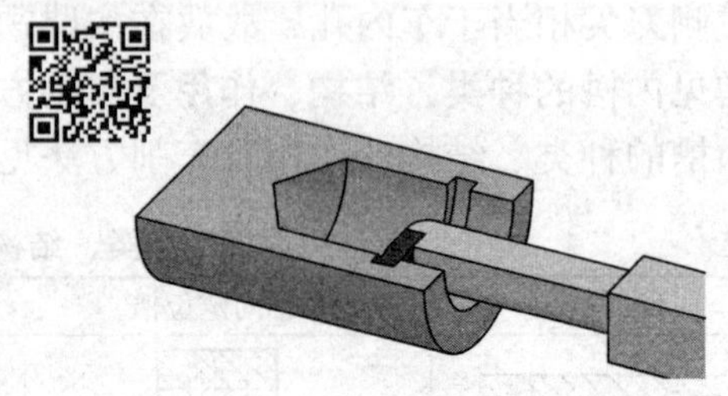

图 3–55　用直进法车内槽

要求较高或较宽的内槽，可采用直进法分几次车出。粗车时，槽壁和槽底应留精车余量，然后根据槽宽、槽深要求进行精车，如图 3–56 所示。

深度较浅、宽度很大的内槽，可用内孔车刀先车出凹槽（图 3–57），再用内槽车刀车槽两端的垂直面。

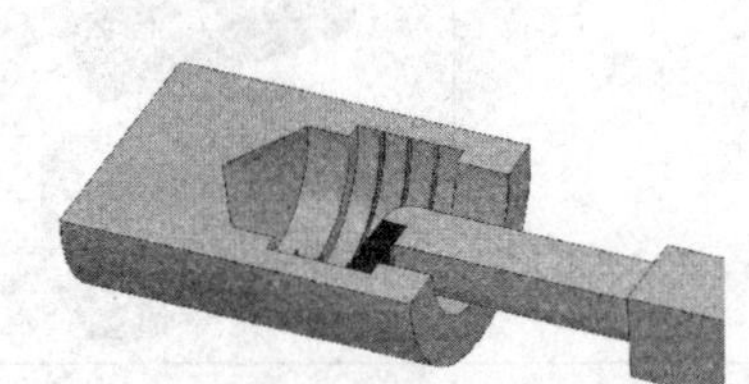

图 3–56　用多次直进法车较宽的内槽

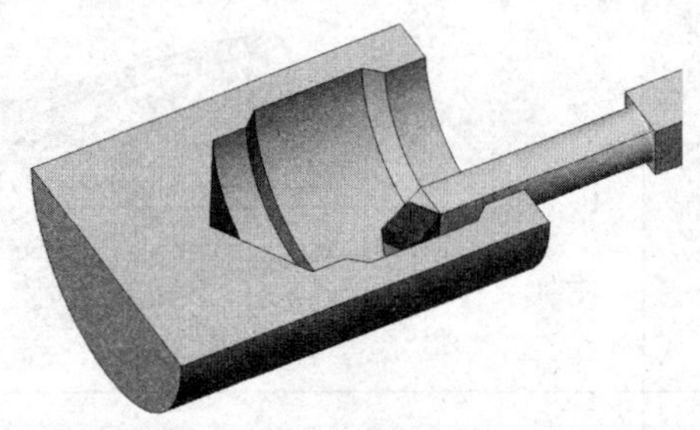

图 3–57　用纵向进给车较宽的内槽

4. 内槽深度和位置的控制

（1）内槽深度尺寸的控制方法

1）摇动床鞍手轮与中滑板手柄，将内槽车刀伸入孔口，并使主切削刃与孔壁刚好接触，此时中滑板手柄刻度盘刻度调整到“0”位（即起始位置）。

2）根据内槽深度计算出中滑板刻度的进给格数，并在进给终止相应刻度位置做出标记或记下该刻度值。

3）使内槽车刀主切削刃退离孔壁 0.3~0.5 mm，在中滑板刻度盘上做出退刀位置标记。

（2）内槽轴向位置尺寸的控制方法

1）移动床鞍和中滑板，使内槽车刀的副切削刃（刀尖）与工件端面轻轻接触，如图 3–58 所示。此时床鞍刻度盘刻度调整

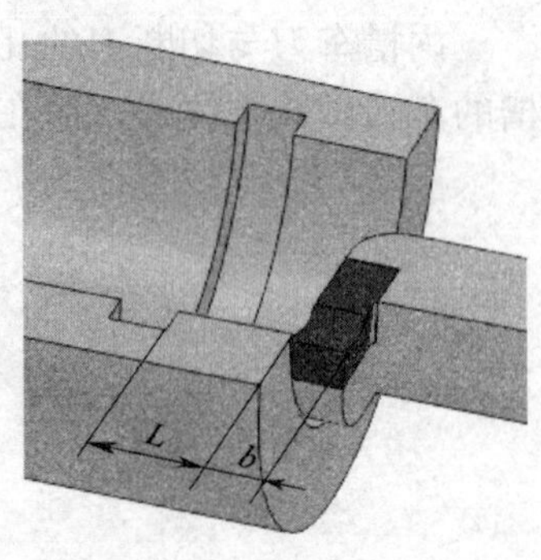

图 3–58　内槽轴向位置的控制

为“0”位（即纵向起始位置）。

2）如果内槽轴向位置离孔口不远，也可利用小滑板刻度控制内槽轴向位置，则应先将小滑板刻度调整到“0”位。

3）用床鞍刻度或小滑板刻度控制内槽车刀进入孔内深度为内槽位置尺寸 L 和内槽车刀主切削刃宽度 b 之和，即：$L+b$。

5. 内槽的车削要点

（1）横向进给车削内槽，进给量不宜过大，一般为 0.1~0.2 mm/r。

（2）刻度指示已到槽深尺寸时，不要马上退刀，应稍做停留。

（3）横向退刀时，要确认内槽车刀已到达设定退刀位置后，才能纵向向外退出车刀。否则，横向退刀不足会碰坏已车好的槽，横向退刀过多使刀柄外侧可能与孔壁相擦而伤及内孔。

6. 内槽的测量

（1）深度的测量

内槽深度（或内槽直径）一般用弹簧内卡钳配合游标卡尺或千分尺测量（图 3–59）。测量时，先将弹簧内卡钳收缩并放入内槽，然后调节卡钳螺母，使卡脚与槽底表面接触，松紧适度，将内卡钳收缩取出，恢复到原来尺寸，最后用游标卡尺或外径千分尺测出内卡钳张开的距离。

直径较大的内槽可用弯脚的游标卡尺测量，如图 3–60 所示。

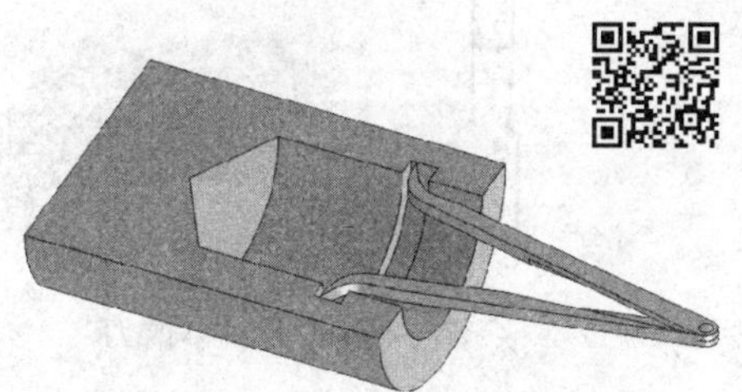

图 3–59　用弹簧内卡钳测量内槽直径

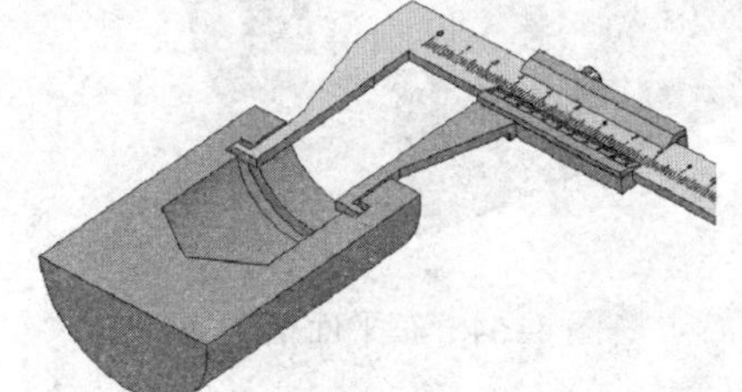

图 3–60　用弯脚游标卡尺测量内槽直径

（2）轴向尺寸的测量

内槽的轴向尺寸可用钩形游标深度卡尺测量（图 3–61）。

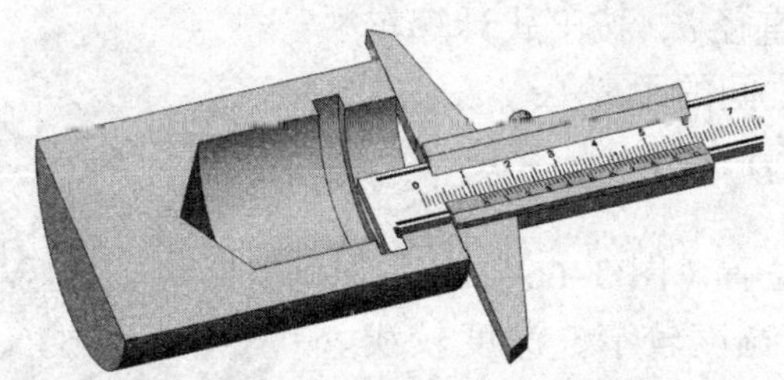

图 3–61　用钩形游标深度卡尺测量内槽轴向尺寸

（3）宽度的测量

内槽宽度可用样板检测（图 3–62），当孔径较大时可用游标卡尺测量（图 3–63）。

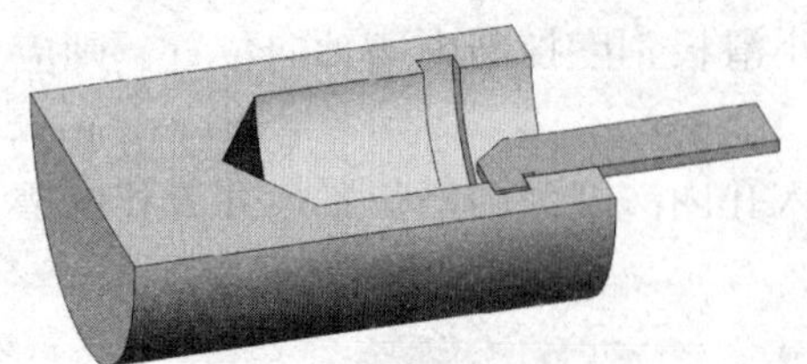

图 3-62　用样板检测内槽宽度

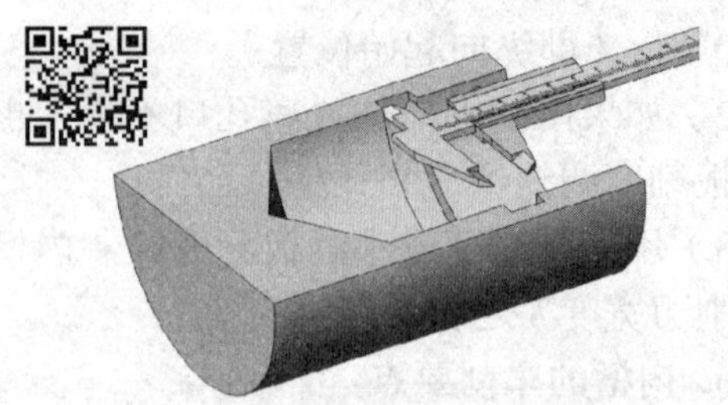

图 3-63　用游标卡尺测量内槽宽度

三、车平面槽

1. 平面车槽刀

在平面上车槽时车槽刀左侧的刀尖相当于在车内孔，右侧的刀尖相当于在车外圆，如图 3-64 所示。

为了防止平面车槽刀的副后面与槽壁相碰，平面车槽刀的左侧副后面必须按平面槽的圆弧大小刃磨成圆弧形，并带有一定的后角（图 3-65）。

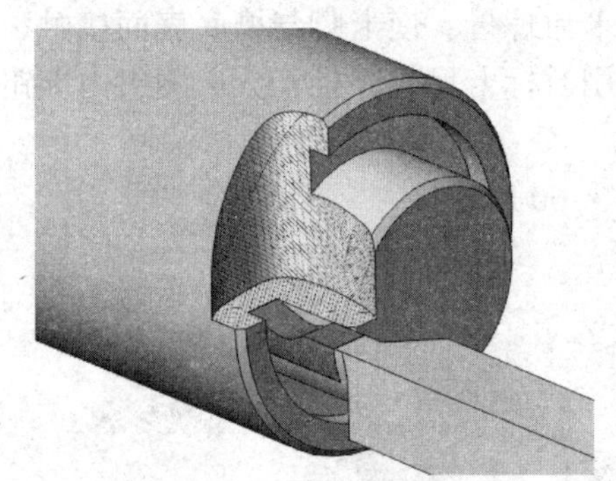

图 3-64　车平面槽

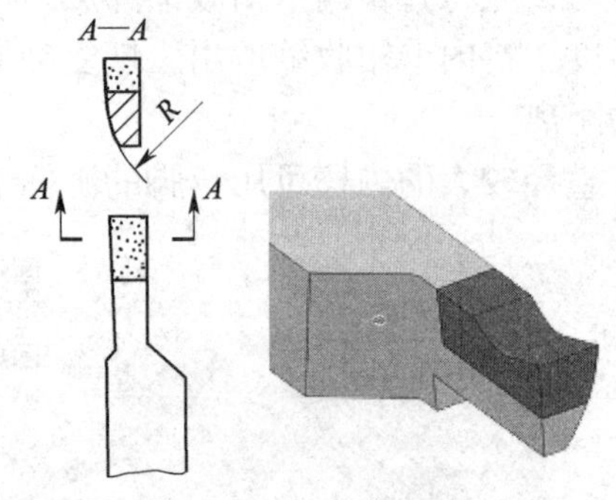

图 3-65　平面车槽刀

装夹平面车槽刀时，其主切削刃应与工件中心等高，且平面车槽刀的中心线必须与工件轴线平行。

2. 平面槽的车削方法

车槽刀位置的控制方法如下：

（1）测量工件实际外径 D。

（2）根据平面槽外圈直径 d，按下式计算车槽刀左侧刀尖与工件外圆之间的距离 L：

$$L=\frac{1}{2}(D-d)$$

（3）按 L 调整车槽刀位置（图 3-66）。

对于精度要求不高、宽度较窄、深度较浅的平面槽，通常采用等宽的车槽刀用直进法一次进给车出。

当槽精度要求较高时，则采用先粗车（槽壁两侧留有精车余量）、后精车的方法加工。

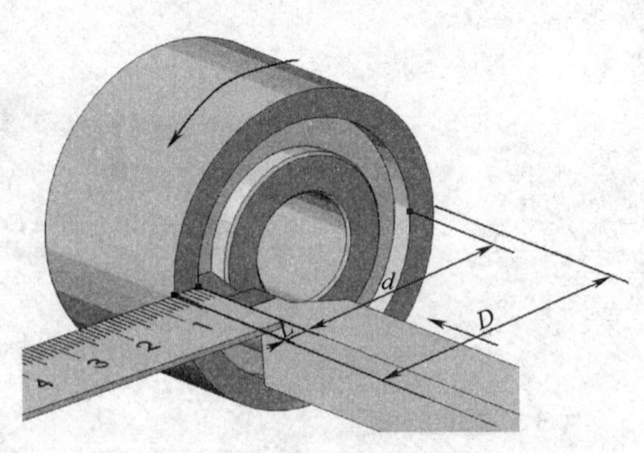

图 3-66　车槽刀位置的调整

车削宽度较大的平面槽时，可采用多次直进法车削，然后精车至尺寸要求（图 3–67）。

车削宽度很大的平面槽时，则常采用小圆头或尖头的车刀横向进给车削，然后用车槽刀或正、反偏刀精车至尺寸要求（图 3–68）。

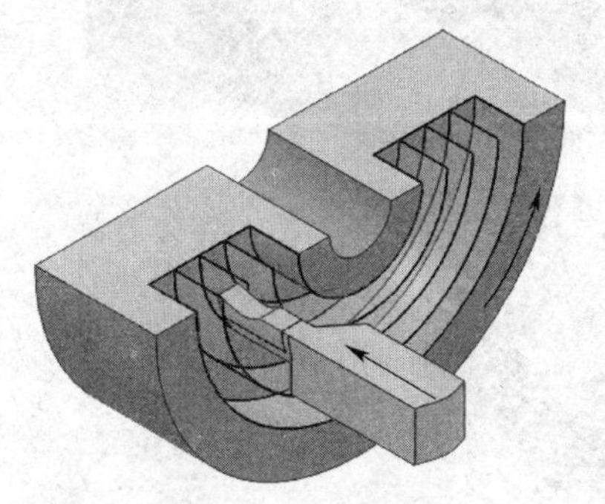

图 3–67 用多次直进法车较宽的平面槽

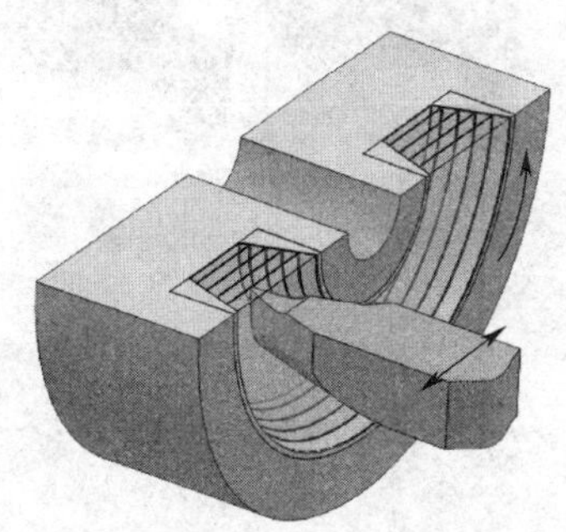

图 3–68 用横向进给车很宽的平面槽

3. 平面槽的检测方法

精度要求低的平面槽，其宽度一般使用卡钳测量，槽内圈直径用外卡钳测量，槽外圈直径用内卡钳测量，槽深则用钢直尺测量（图 3–69a）。

精度要求较高的平面槽，其宽度可采用样板、卡板和游标卡尺等检测，槽深可用游标深度卡尺检测（图 3–69b）。

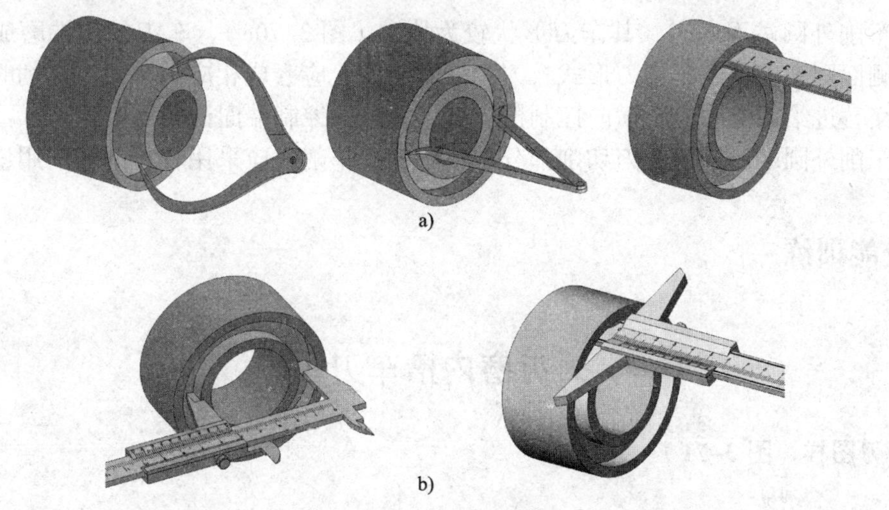

a)

b)

图 3–69 平面槽的检测

a）检测精度低的槽 b）检测精度高的槽

四、车轴肩槽

1. 轴肩槽的种类

轴肩槽有直槽、圆弧槽和外圆端面槽三种。轴肩槽及其车刀如图 3–70 所示。

2. 轴肩槽的车削方法

（1）车削直槽时，可用直槽专用车刀进行。车削时，将小滑板转过 45°，用小滑板进给车削成形，如图 3–70a 所示。

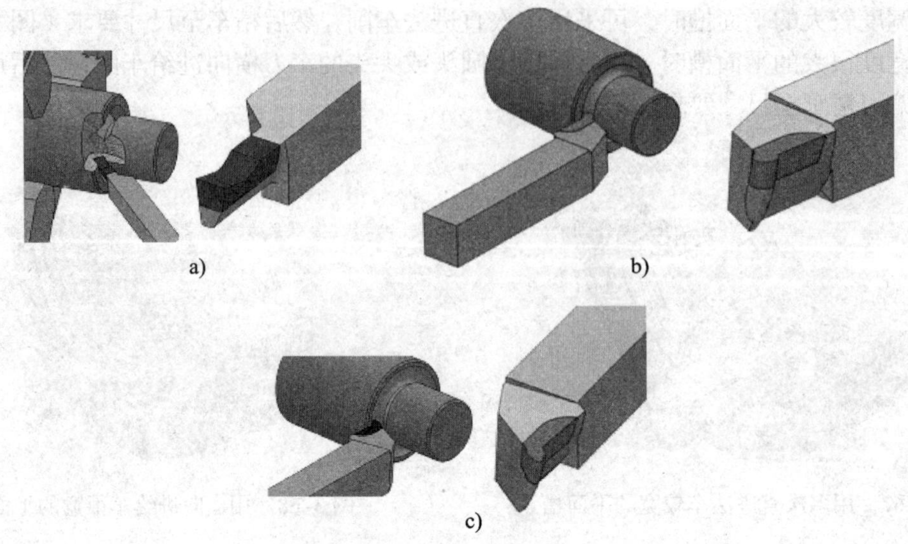

图 3–70　轴肩槽及其车刀

a）直槽及其车刀　b）圆弧槽及其车刀　c）外圆端面槽及其车刀

（2）车削圆弧槽时，根据槽圆弧的大小将车刀的刀体磨出相应的圆弧切削刃，其中切削端面的一段圆弧切削刃必须磨有相应的圆弧后面。车削方法与车直槽相同，如图 3–70b 所示。

（3）车削外圆端面槽时，其车刀形状较为特殊（图 3–70c），车刀的前端磨成外圆车槽刀形式，侧面则磨成平面车槽刀形式，刀尖处副后面上应磨成相应的圆弧。车削时，采用纵向、横向交替进给的方法，由横向控制槽底直径，纵向控制端面槽的深度。

由于车削外圆端面槽的车刀切削部分强度很低，车削时应采用较小的切削用量。

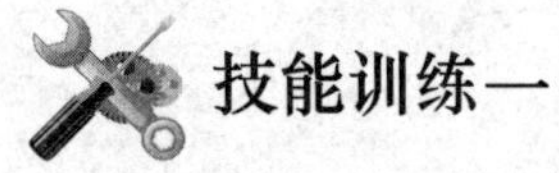

技能训练一

刃磨内槽车刀

1. 车刀图样（图 3–71）

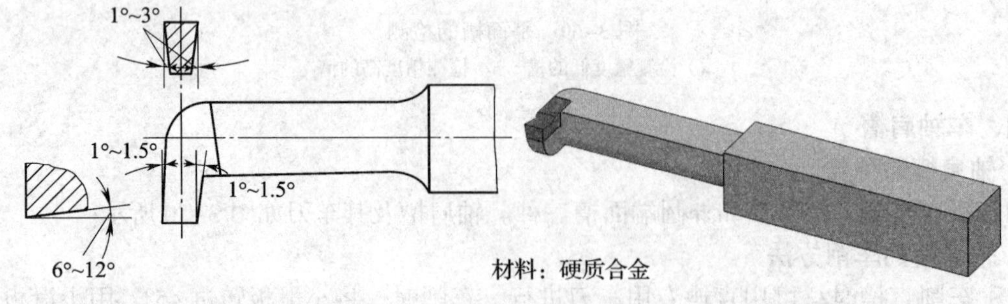

图 3–71　内槽车刀

2. 刃磨步骤（表 3–14）

表 3–14　　刃磨步骤

步骤	图示
先刃磨对称的两侧副偏角，保证 κ'_r=1°~1.5°，同时磨出两侧副后角 α'_o=1°~3° **提示：** 刃磨时应保证刀头和刀柄垂直，防止歪斜	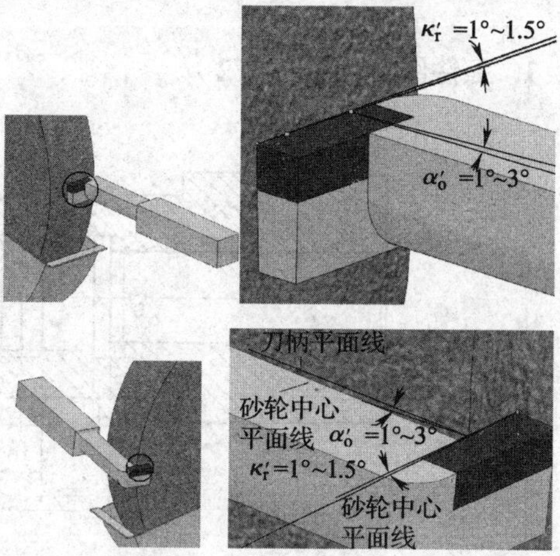 κ'_r =1°~1.5° α'_o =1°~3° 刀柄平面线 砂轮中心平面线 α'_o =1°~3° κ'_r=1°~1.5° 砂轮中心平面线
刃磨前面及主后面，分别磨出前角 γ_o=10°~15° 及主后角 α_o=6°~12° 为防止车内槽时主后面与槽壁相碰，主后面和内孔车刀一样，下半部也磨成圆弧形，同时要保证刀头长度大于槽深	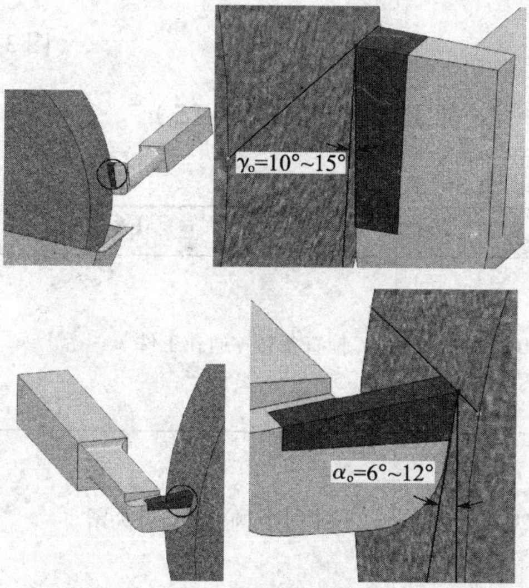 γ_o=10°~15° α_o=6°~12°
在两侧刀尖处磨刀尖圆弧	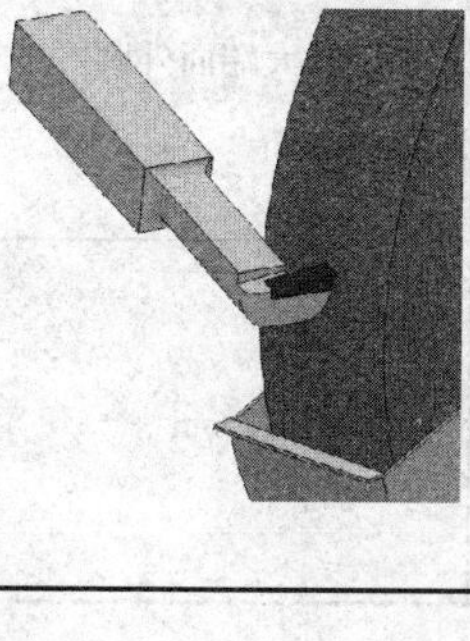

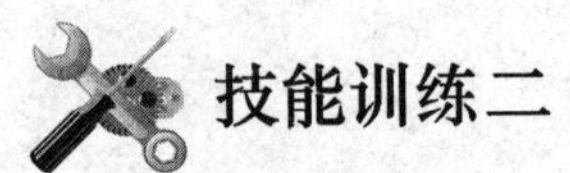

技能训练二

车 削 内 槽

1. 工件图样（图 3–72）

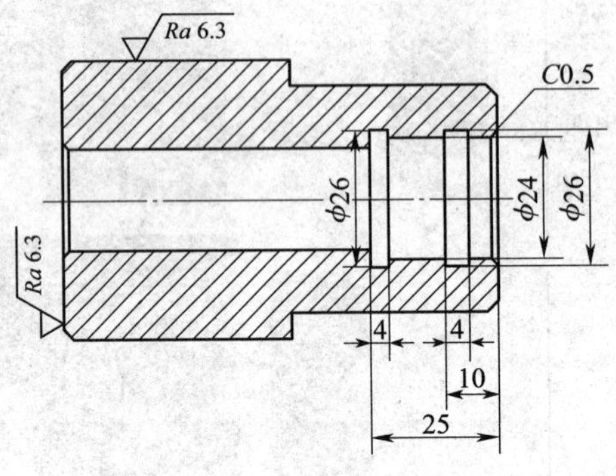

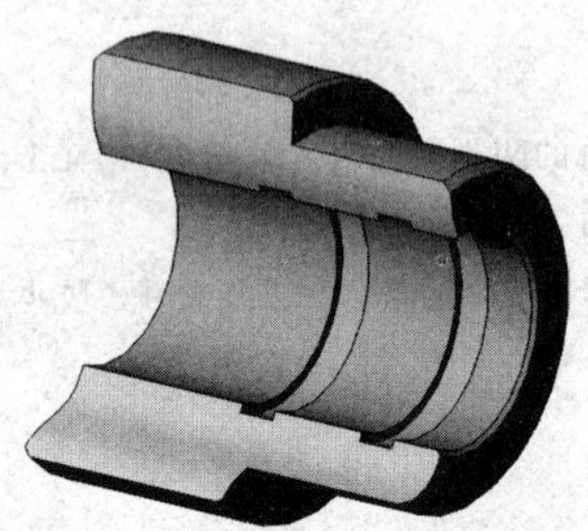

材料：45钢　备料：通孔工件

技术要求

未注倒角为C1。

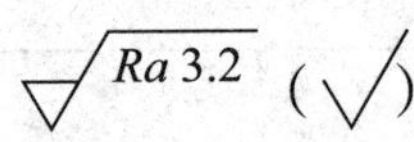

图 3–72　内槽工件

2. 加工工艺卡（表 3–15）

表 3–15　　加工工艺卡

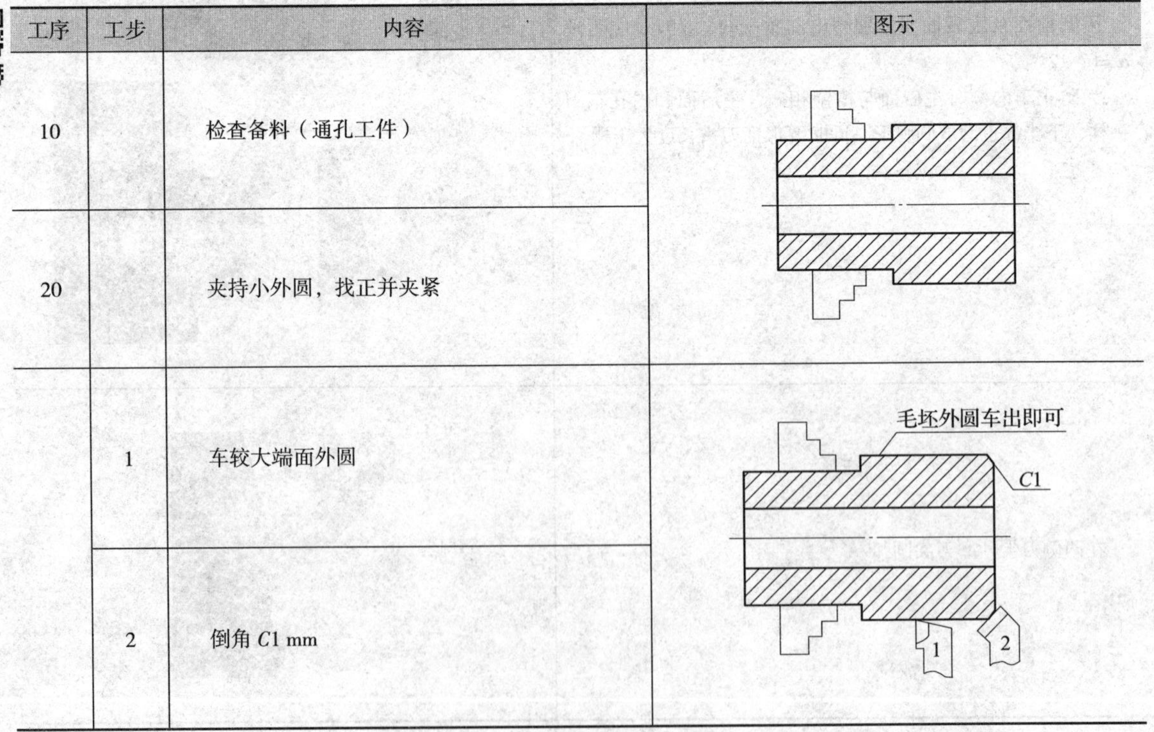

工序	工步	内容	图示
10		检查备料（通孔工件）	
20		夹持小外圆，找正并夹紧	
	1	车较大端面外圆	
	2	倒角 $C1$ mm	

续表

工序	工步	内容	图示
30		掉头夹持大端外圆，找正并夹紧	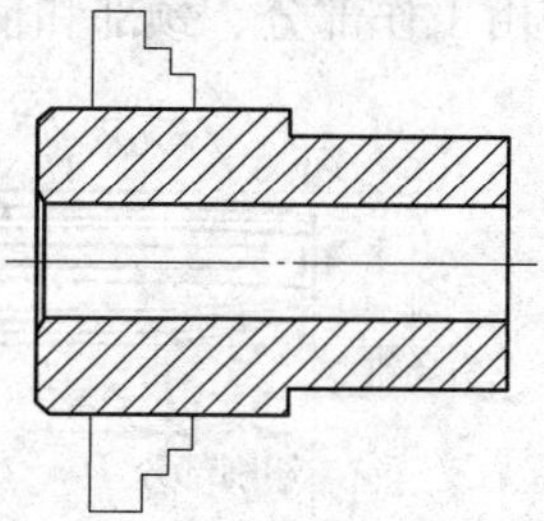
	1	车端面	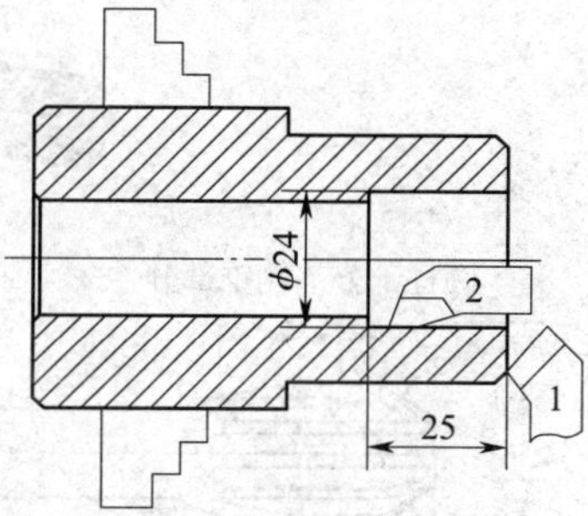
	2	车内孔 ϕ20 mm 至尺寸 ϕ24 mm，长 25 mm	
	3	车两处内槽 ϕ26 mm × 4 mm 两侧至要求	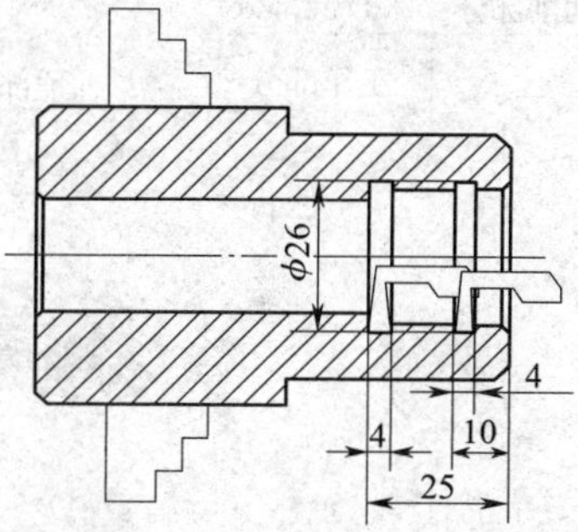
	4	孔口倒角 C0.5 mm	
40	检查质量，合格后取下工件		

课题四 铰孔

铰孔是用铰刀从工件孔壁上切除微量金属层，以提高其尺寸精度和减小其表面粗糙度值的方法。铰孔是应用较普遍的孔的精加工方法之一，其尺寸精度可达 IT9 ~ IT7 级，表面粗糙度值可达 Ra1.6 ~ 0.4 μm。

一、铰刀

1. 铰刀的组成

铰刀由工作部分、颈部和柄部组成，如图 3–73 所示。

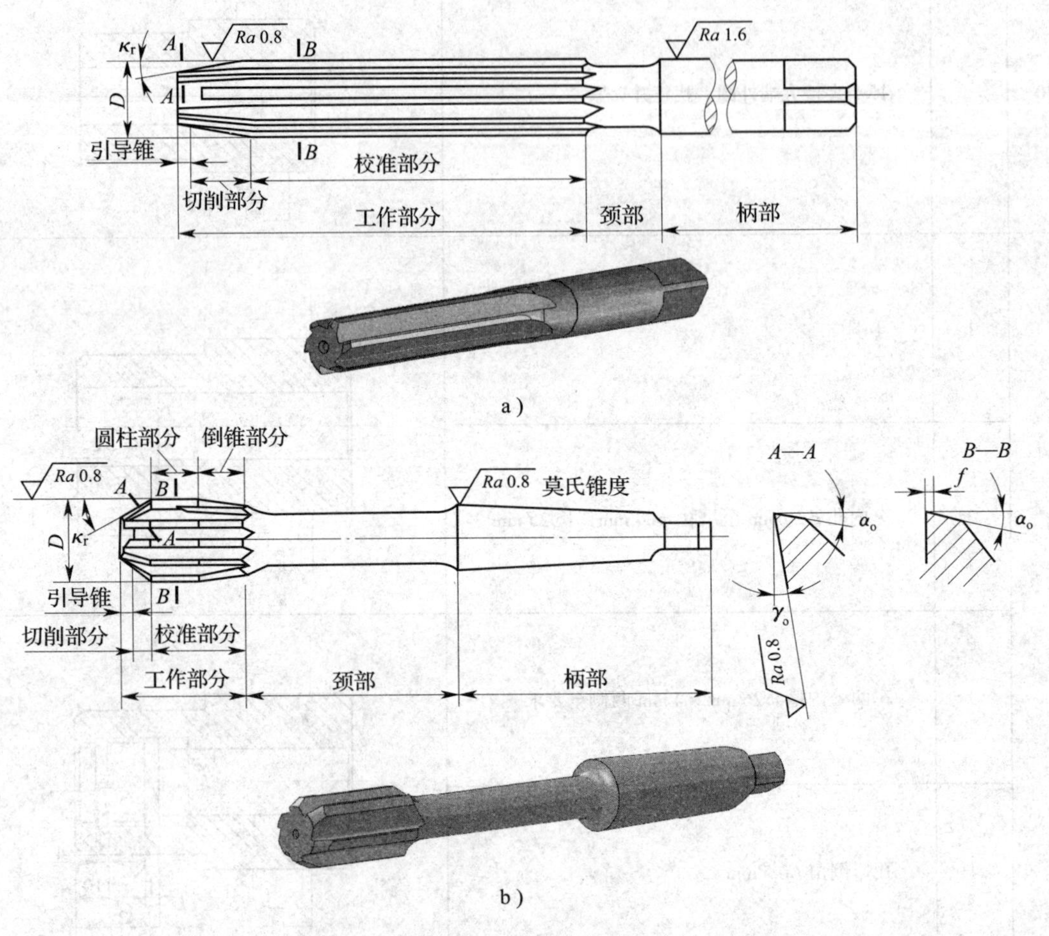

图 3–73　圆柱铰刀

a）手用铰刀　b）机用铰刀

（1）工作部分

铰刀的工作部分由引导锥、切削部分和校准部分组成。引导锥是铰刀工作部分最前端的 45°倒角部分，便于铰削开始时将铰刀引导入孔中，并起保护切削刃的作用。切削部分是承担主要切削工作的一段锥体（切削锥角为 $2\kappa_r$）。校准部分分为圆柱和倒锥两部分，圆柱部分起导向、校准和修光作用，也是铰刀的备磨部分；倒锥部分起减小摩擦和防止铰刀将孔径扩大的作用。

（2）颈部

颈部在铰刀制造和刃磨时起空刀作用。

（3）柄部

柄部是铰刀的夹持部分，铰削时用来传递转矩，有直柄和锥柄（莫氏标准锥度）两种。

2. 铰刀的种类

圆柱铰刀按刀具材料不同分为高速钢铰刀和硬质合金铰刀，按其使用时动力来源不同分为手用铰刀和机用铰刀两大类。

手用铰刀的切削部分比机用铰刀的切削部分长，$2\kappa_r$ 很小（一般 κ_r 取 30′~1°30′），定心作用好，铰削时轴向抗力小，工作时比较省力。手用铰刀的校准部分只有一段圆柱部分。为了获得较高的铰孔质量，手用铰刀各刀齿的齿距在圆周上不是均匀分布的。

机用铰刀的切削部分较短，切削锥角 κ_r 的选择见表 3–16。其校准部分也较短，分圆柱、倒锥两段。机用铰刀工作时其柄部与车床尾座连接在一起，铰削连续、稳定。为制造方便，其各刀齿的齿距在圆周上等距分布。

表 3–16　　机用铰刀 κ_r 的选择

工作条件		κ_r
铰通孔	钢料	12°~15°
	铸铁及其他脆性材料	3°~5°
铰盲孔（为使铰出孔的圆柱部分尽量长）		45°

二、铰孔方法

1. 铰刀的选择和装夹

（1）铰刀的选择

铰削的精度主要取决于铰刀的精度。铰刀的公称尺寸与孔公称尺寸相同，公差应选孔公差的 1/3，且公差带位置在孔公差带的中间 1/3 位置。如被铰孔尺寸为 $\phi20^{+0.021}_{0}$ mm 时，铰刀的尺寸应选择 $\phi20^{+0.014}_{+0.007}$ mm 为佳。

选用的铰刀应刃口锋利，无毛刺和崩刃。

（2）铰刀的装夹

在车床上铰孔，一般将机用铰刀的锥柄插入尾座套筒的锥孔中，并调整尾座套筒轴线与主轴轴线重合（同轴度误差应小于 0.02 mm）。一般精度的车床要保证这一要求比较困难，这时常采用浮动套筒（图 3–74）来装夹铰刀，铰刀通过浮动套筒再装入尾座套筒中，利用套筒与主体、套筒与轴销之间的间隙使铰刀产生浮动。铰削时，铰刀通过微量偏移来自动调整其轴线与孔轴线重合，从而消除由于车床尾座套筒与主轴的同轴度误差而产生的对铰孔质量的影响。

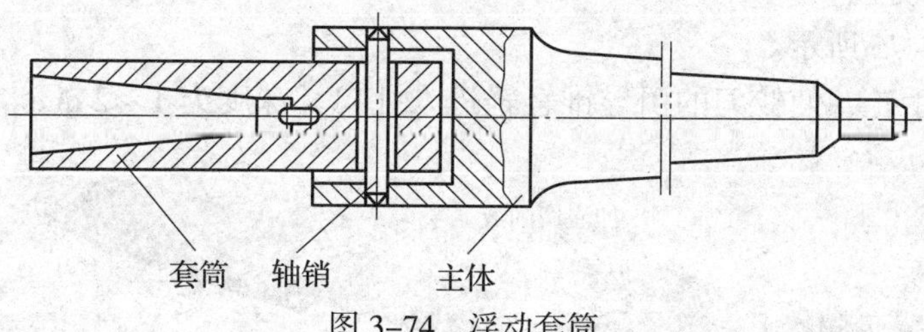

图 3–74　浮动套筒

2. 铰孔方法

（1）铰孔前的孔加工

铰孔是用铰刀对已粗加工或半精加工的孔进行精加工，铰孔不能修正孔的半精加工直线度误差。

车孔能纠正钻孔带来的直线度误差或径向圆跳动误差等，因而可以使铰出的孔达到同轴度和垂直度的要求。当孔径尺寸小于 10 mm 时，用车孔的方法留铰削余量则比较困难，通常选扩孔作为铰孔前的半精加工。但是由于扩孔不能修正钻孔造成的几何缺陷，因此在扩孔前钻孔时必须采取定中心的措施，保证钻孔质量。铰孔前的内孔表面粗糙度值不得大于 *Ra*6.3 μm，否则会因铰削余量小而难以去除铰孔前的表面缺陷。

（2）铰孔余量

铰孔余量的大小直接影响铰孔的质量。余量太小时，前工序留下的加工痕迹不能被铰削去除；余量太大时，会使切屑挤塞在铰刀的齿槽中，使切削液不能进入切削区域而影响质量。

铰孔余量一般为 0.08~0.15 mm，用高速钢铰刀铰削余量取小值，用硬质合金铰刀取大值。

（3）切削速度和进给量

铰削时的切削速度越低，孔的表面粗糙度值越小。铰削钢件时，其切削速度 v_c=5 m/min；铰削铸铁件时可高些，$v_c \leqslant 8$ m/min。

铰削时的进给量可取得大一些。铰削钢件时，进给量 f 取 0.2~1.0 mm/r；铰削铸铁件时，f 取 0.4~1.5 mm/r。粗铰用大值，精铰用小值。铰削盲孔时，进给量 f 取 0.2~0.5 mm/r。

（4）切削液的选择

铰孔时必须加注切削液，以冲去切屑和降低温度。不同的切削液对铰孔质量的影响见表 3–17。

表 3–17　切削液对铰孔质量的影响

切削液性质	孔径相对变化	表面粗糙度值
水溶性切削液（乳化液）	最小	小
油类切削液（机油、柴油、煤油）	比使用乳化液铰出的孔稍大，而使用煤油比用机油铰出的孔大	中
干铰	最大	大

常用切削液的选用方法：

铰削钢件及韧性材料：乳化液、极压乳化液。

铰削铸铁、脆性材料：煤油、煤油与矿物油的混合油。

铰削青铜或铝合金：2# 锭子油或煤油。

（5）铰通孔的方法

铰通孔如图 3–75 所示。

1）摇动尾座手轮，使铰刀的引导锥轻轻进入孔口，深度为 1 ~ 2 mm。

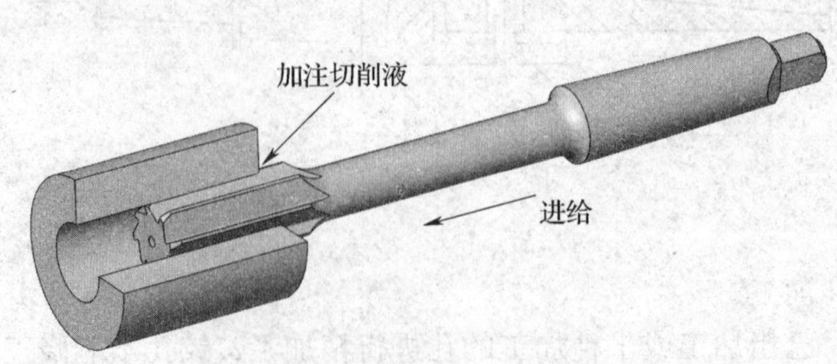

图 3–75　铰通孔

2）启动车床，加注充分的切削液，双手均匀摇动尾座手轮，进给量约为 0.5 mm/r，均匀地进给到铰刀工作部分的 3/4 超出孔末端时，即反向摇动尾座手轮，将铰刀从孔内退出。注意铰刀退出时工件不能反转或停止回转。

（6）铰盲孔的方法

1）启动车床，加注切削液，摇动尾座手轮进行铰孔（图 3–76），当铰刀端部与孔底接触后会对铰刀产生轴向切削抗力，手动进给当感觉到轴向切削抗力明显增大时，表明铰刀端部已至孔底，立即将铰刀退出。

2）铰削较深的盲孔时，切屑排除较困难，通常应中途退刀数次，用切削液和刷子清除切屑后再继续铰孔。

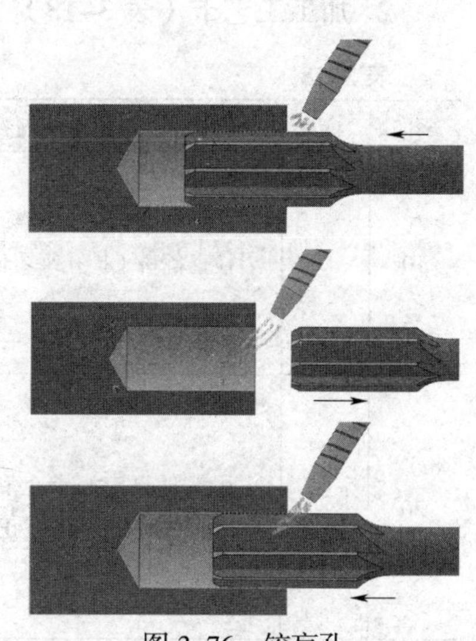

图 3–76　铰盲孔

（7）铰孔注意事项

1）选用铰刀时应检查刃口是否锋利、无损，柄部是否光滑。

2）装夹铰刀时，应注意锥柄与锥套的清洁。

3）铰孔时铰刀的轴线必须与车床主轴轴线重合。

4）铰刀由孔内退出时，车床主轴应保持原有转向不变，不允许停车或反转，以防损坏铰刀刃口和加工表面。

5）应先试铰，以免造成废品。

技能训练

铰　　孔

1. 工件图样（图 3–77）

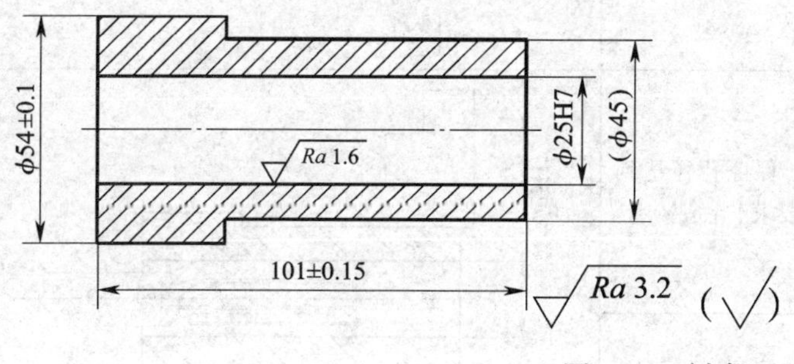

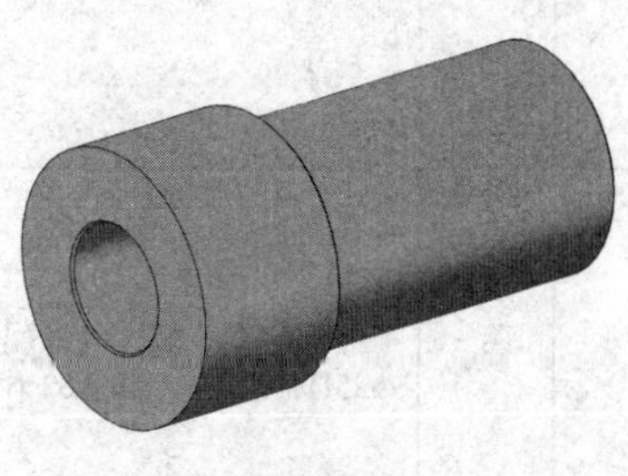

材料：45 钢　　备料：扩孔练习件

图 3–77　衬套

2. 加工工艺卡（表 3–18）

表 3–18　加工工艺卡

工序	工步	内容	图示
10		检查备料（扩孔练习件）	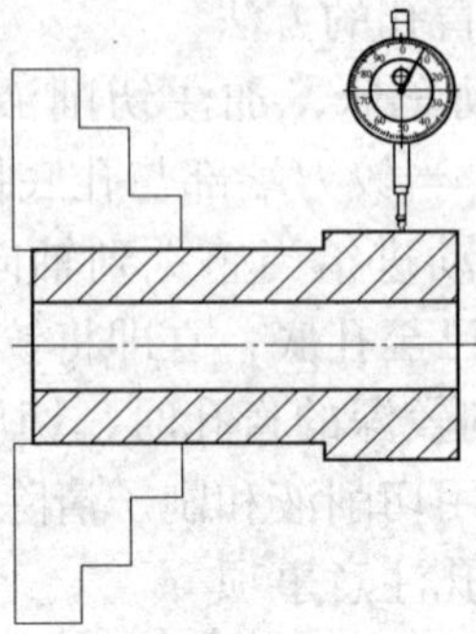
20		用三爪自定心卡盘和铜皮夹持 $\phi45$ mm 外圆，用百分表在外圆找正后夹紧	
30	1	车削端面达到要求	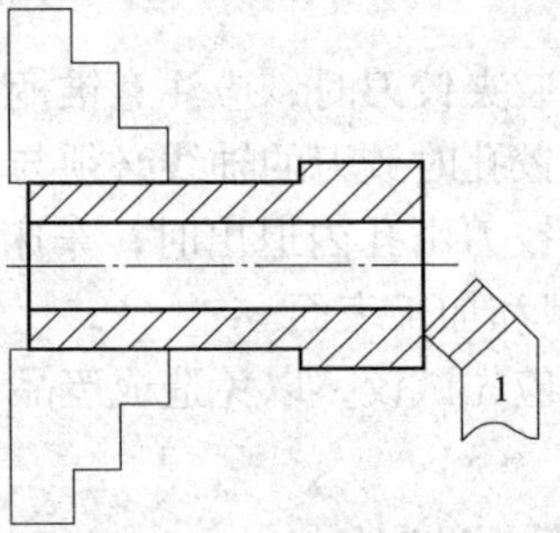 1
	2	粗、精车内孔至 $\phi25$ mm，留铰削余量 0.08~0.12 mm	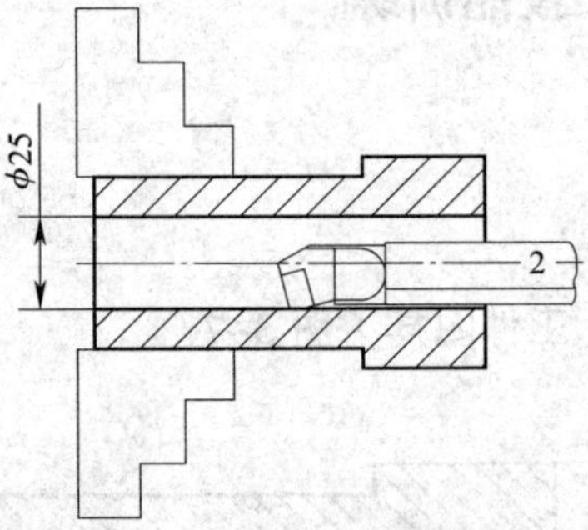 $\phi25$　2
	3	选择 $\phi25$H7 铰刀铰削通孔，保证孔径达到 $\phi25$H7（$^{+0.021}_{0}$）和 $Ra1.6$ μm 的要求，完成铰削	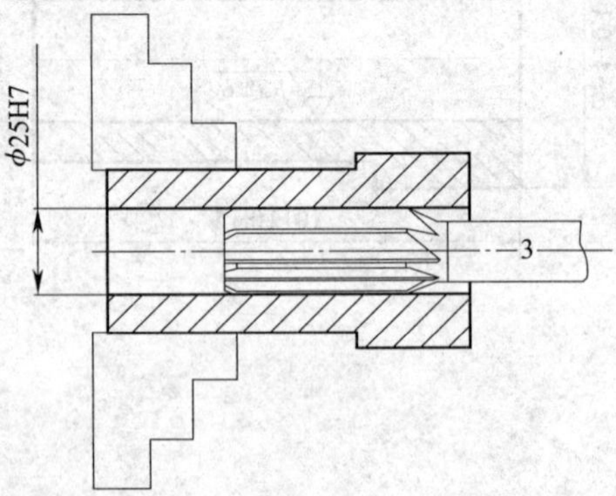 $\phi25$H7　3
	4	倒钝锐边	
40		检查质量，合格后取下工件	

课题五 车套类工件综合技能训练

一、套类工件几何公差的保证方法

套类工件是机械零件中精度要求较高的工件之一。套类工件的主要加工表面是内孔、外圆和端面。这些表面不仅有尺寸精度和表面粗糙度的要求，而且彼此间还有较高的几何精度要求。因此，应选择合理的装夹方法。

1. 尽可能在一次装夹中完成车削

车削套类工件时，如单件、小批量生产，可在一次装夹中尽可能把工件全部或大部分表面车削完毕。这种方法不存在因装夹而产生的定位误差，如果车床精度较高，可获得较高的几何精度。但采用这种方法车削时，需要经常转换刀架。车削图 3–78 所示的工件，可轮流使用 90° 车刀、45° 车刀、麻花钻、铰刀和切断刀等刀具进行加工。如果刀架定位精度较低，则尺寸较难掌握，切削用量也要时常改变。

2. 以外圆为基准保证几何精度

在加工外圆直径很大、内孔直径较小、定位长度较短的工件时，多以外圆为基准来保证工件的位置精度。此时，一般应用软卡爪装夹工件。软卡爪用未经淬火的 45 钢制成，这种卡爪是在本车床上车削成形的，因而可确保装夹精度。其次，当装夹已加工表面或软金属时，不易夹伤工件表面。另外，还可根据工件的特殊形状相应地加工软卡爪，以装夹工件。因此，软卡爪在企业中已得到越来越广泛的使用。软卡爪的形状及制作方法如图 3–79 所示，车削夹紧工件的软卡爪内限位台阶时，定位圆柱应放在卡爪的里面，用卡爪底部夹紧。

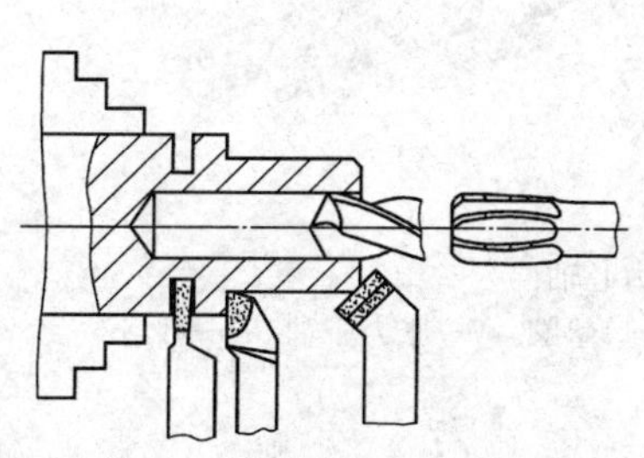

图 3–78 尽可能在一次装夹中完成车削

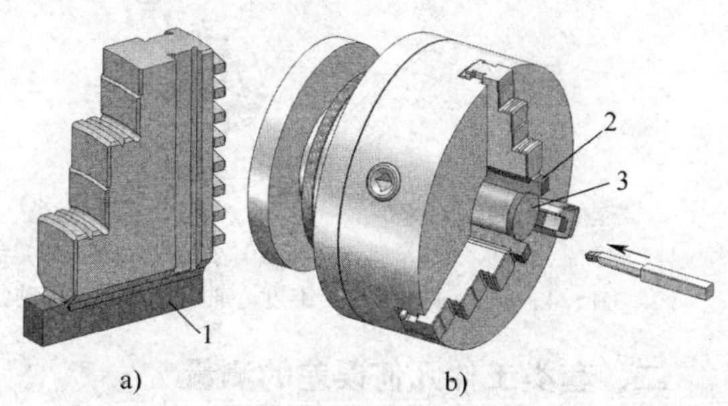

图 3–79 软卡爪的形状及制作方法

a）焊接式软卡爪 b）车软卡爪的内限位台阶

1、2—软卡爪 3—定位圆柱

3. 以内孔为基准保证几何精度

车削中、小型的轴套、带轮和齿轮等工件时，一般可用已加工好的内孔为定位基准，并根据内孔配置一根合适的心轴，再将套装工件的心轴支顶在车床上，精加工套类工件的外圆、端面等。常用的心轴有实体心轴和胀力心轴等。

（1）实体心轴

实体心轴分不带台阶和带台阶两种。不带台阶的实体心轴又称小锥度心轴（图 3–80a），其锥度 C 为 1 : 5 000 ~ 1 : 1 000，这种心轴的特点是制造容易，定心精度高，但轴向无法定位，承受切削力小，工件装卸时不太方便。带台阶的心轴如图 3–80b 所示，其配合圆柱面与工件孔保持较小的配合间隙，工件靠螺母压紧，常用来一次装夹多个工件。若装上快换垫圈，则装卸工件就更加方便，但其定心精度较低，只能保证 0.02 mm 左右的同轴度公差。

（2）胀力心轴

胀力心轴依靠材料弹性变形所产生的胀力来胀紧工件。图 3–80c 所示为装夹在机床主轴锥孔中的胀力心轴。胀力心轴的圆锥角最好为 30° 左右，最薄部分的壁厚可为 3 ~ 6 mm。为了使胀力均匀，槽可做成三等份。使用时先把工件套在胀力心轴上，拧紧锥堵的方榫，使胀力心轴胀紧工件。长期使用的胀力心轴可用 65Mn 弹簧钢制成。胀力心轴装卸方便，定心精度高，故应用广泛。

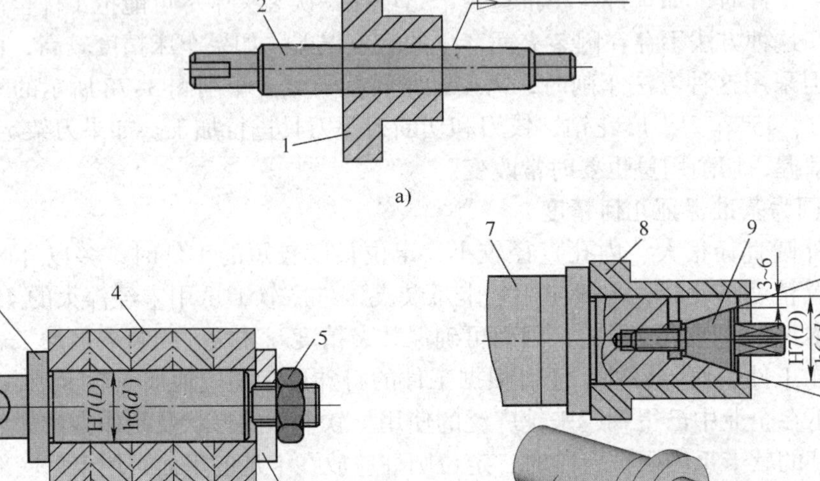

图 3–80　常用心轴

a）小锥度心轴　b）台阶心轴　c）胀力心轴

1、4、8—工件　2—小锥度心轴　3—台阶心轴　5—螺母　6—开口垫圈　7—胀力心轴　9—锥堵

二、套类工件几何误差的测量

1. 形状误差的测量

在车床上加工的圆柱孔，一般仅测量孔的圆度和圆柱度（通过测量孔的锥度）两项形状误差。

（1）圆度误差的测量

当孔的圆度要求不很高时，在生产现场可用内径千分表（或内径百分表）在孔圆周的各方向上进行测量，测量结果的最大值与最小值之差的一半即为圆度误差。

（2）圆柱度误差的测量

在生产现场，一般用内径千分表（或内径百分表）来测量孔的圆柱度误差，只要在孔的全长上取前、中、后几点，比较其测量值，其最大值与最小值之差的一半即为孔全长上的圆柱度误差。

2. 方向、位置和跳动误差的测量

（1）径向圆跳动误差的测量

测量一般套类工件（图 3–81a）的径向圆跳动误差时，都可以用内孔作为基准，把工件套在精度很高的小锥度心轴上，再把心轴支顶在两顶尖之间，用杠杆式百分表进行测量，如图 3–81b 所示。工件转一周，百分表所测得的读数差就是径向圆跳动误差。

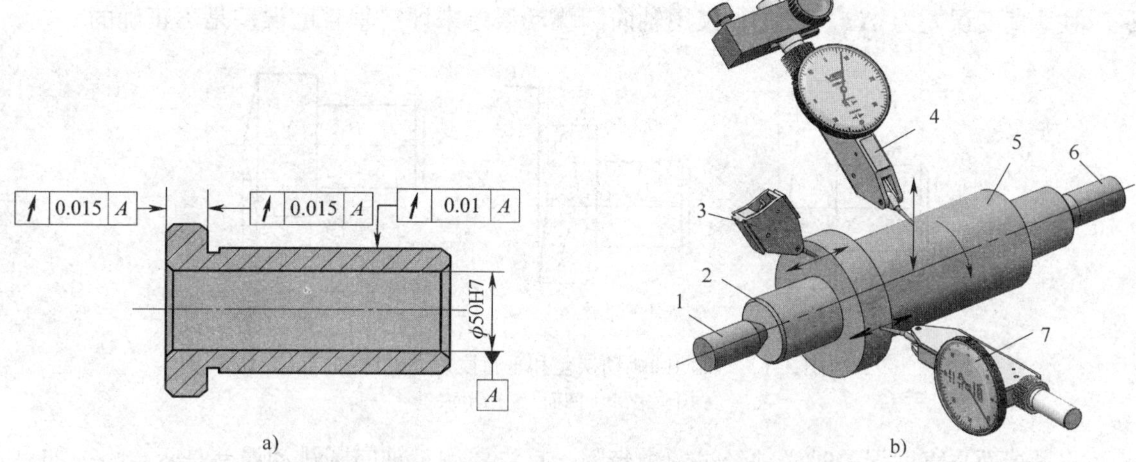

图 3–81　在小锥度心轴上测量径向和轴向圆跳动误差

a）工件　b）测量方法

1、6—顶尖　2—小锥度心轴　3、4、7—杠杆式百分表　5—工件

对某些外形比较简单而内部形状比较复杂的套筒（图 3–82a），不能装夹在心轴上测量径向圆跳动误差时，可把工件放在 V 形架上并轴向定位，以外圆为基准进行测量。测量时将杠杆式百分表的测杆插入孔内，使测头接触内孔表面，转动工件，观察百分表指针的跳动情况（图 3–82b）。百分表在工件旋转一周中的读数差就是工件的径向圆跳动误差。

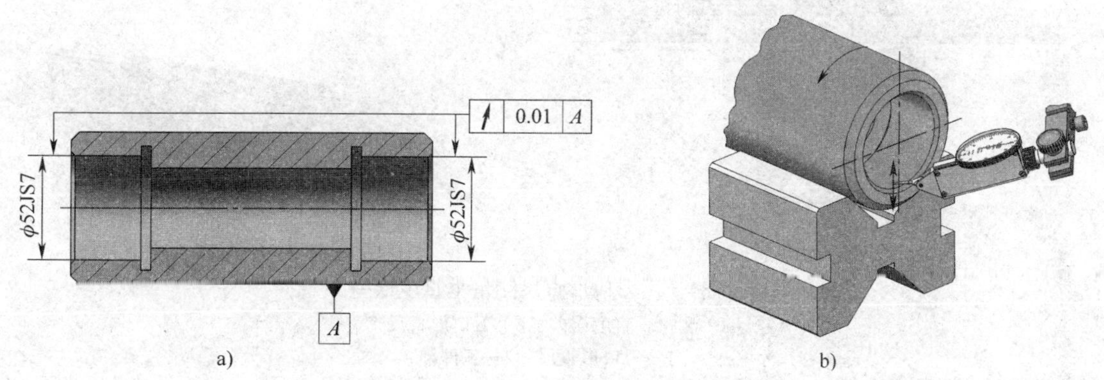

图 3–82　在 V 形架上测量径向圆跳动误差

a）工件　b）测量方法

（2）轴向圆跳动误差的测量

套类工件轴向圆跳动误差的测量方法如图 3–81b 所示，先把工件装夹在精度很高的小锥度心轴上，利用心轴上极小的锥度使工件轴向定位，然后把杠杆式百分表 3 或 7 的测头靠在

需要测量的左侧或右侧端面上，转动心轴，测得百分表的读数差，就是轴向圆跳动误差。

（3）端面对轴线垂直度误差的测量

轴向圆跳动误差是当工件绕基准轴线做无轴向移动的回转时，所要求的端面上任一测量直径处的轴向跳动 Δ；而垂直度是整个端面的垂直度误差。图 3-83a 所示的工件，由于端面是一个平面，其轴向圆跳动误差为 Δ，垂直度误差也为 Δ，两者相等。

如果端面不是一个平面，而是凹面或凸面（图 3-83b、c），虽然其轴向圆跳动误差为零，但垂直度误差为 ΔL。因此，仅用轴向圆跳动误差来评定垂直度误差是不正确的。

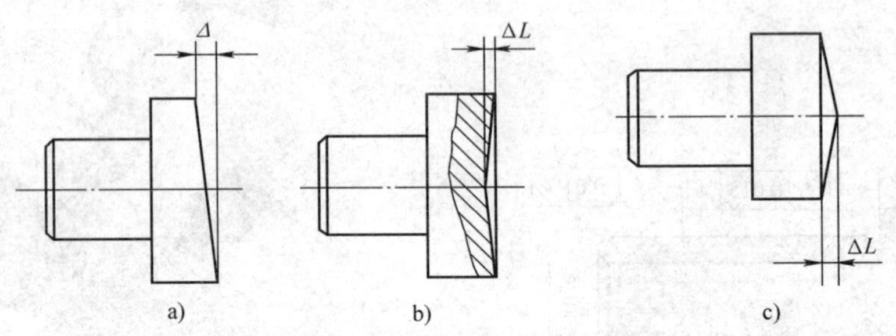

图 3-83　轴向圆跳动误差和垂直度误差的区别

a）倾斜　b）凹面　c）凸面

测量端面垂直度误差时必须经过两个步骤，首先要测量轴向圆跳动误差是否合格，如果符合要求，再用第二个方法测量端面的垂直度误差。对于精度要求较低的工件可用刀口形直尺做透光检查，如图 3-84 所示。如果必须测出垂直度误差值，可把工件装夹在 V 形架的小锥度心轴上，并放在精度很高的平板上检查端面的垂直度。检查时，先找正心轴的垂直度，然后将杠杆式百分表从端面的最里一点向外拉出，如图 3-85 所示。百分表指示的读数差就是端面对内孔轴线的垂直度误差。

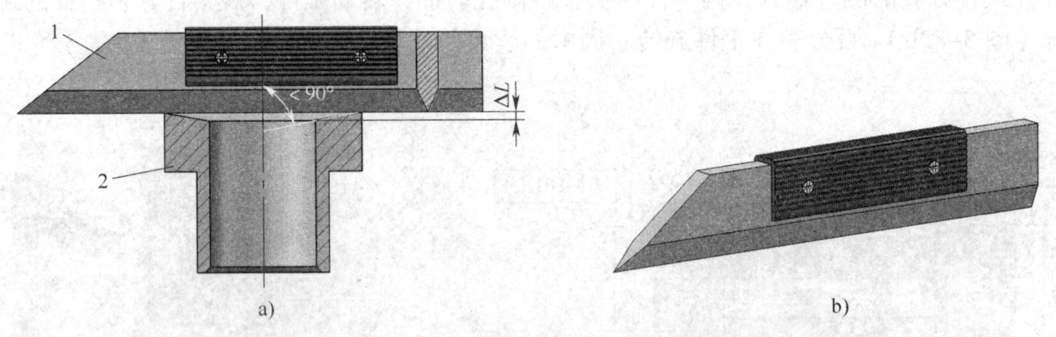

图 3-84　用刀口形直尺测量垂直度误差

a）测量垂直度误差　b）刀口形直尺

1—刀口形直尺　2—工件

三、套类工件的车削工艺分析

套类工件一般由外圆、内孔、端面、台阶和内槽等结构要素组成。其主要特点是内、外圆柱面和相关端面间的形状精度和位置精度要求较高。

车削各种轴承套、齿轮和带轮等套类工件时，虽然工艺方案各异，但也有一些共性可供遵循，现简要说明如下：

1. 在车削短而小的套类工件时，为了保证内、外圆的同轴度，最好在一次装夹中把内孔、外圆及端面都加工完毕。

2. 内槽应在半精车之后、精车之前加工，还应注意内孔精车余量对槽深的影响。

3. 车削精度要求较高的孔可考虑以下两种方案：

（1）粗车端面→钻孔→粗车孔→半精车孔→精车端面→铰孔。

（2）粗车端面→钻孔→粗车孔→半精车孔→精车端面→磨孔。

4. 加工平底孔时，先用麻花钻钻孔，再用平底钻锪平，最后用盲孔车刀精车孔。

5. 如果工件以内孔定位车外圆，在内孔精车后，对端面也应进行一次精车，以保证端面与内孔的垂直度要求。

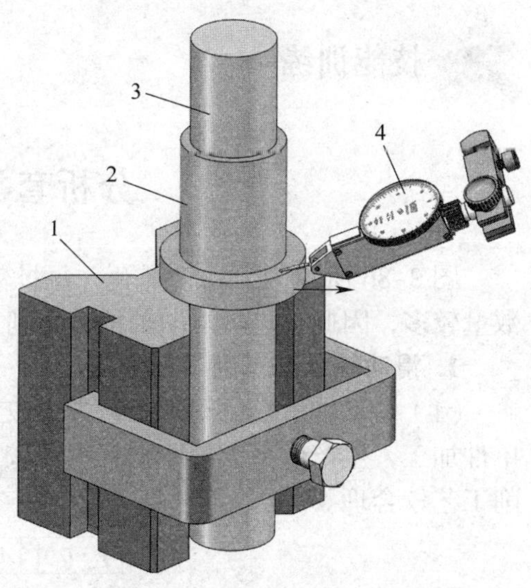

图 3–85　测量工件端面垂直度误差的方法

1—V 形架　2—工件　3—心轴　4—百分表

四、套类工件的车削质量分析

车削套类工件时废品的产生原因及预防方法见表 3–19。

表 3–19　车削套类工件时废品的产生原因及预防方法

废品种类	产生原因	预防方法
孔的尺寸大	1. 车孔时，没有仔细测量 2. 铰孔时，主轴转速太高，铰刀温度上升，切削液供应不足 3. 铰孔时，铰刀尺寸大于要求，尾座偏移	1. 仔细测量和进行试车削 2. 降低主轴转速，加注充足的切削液 3. 检查铰刀尺寸，校正尾座轴线，采用浮动套筒
孔的圆柱度超差	1. 车孔时，刀柄过细，切削刃不锋利，造成让刀现象，使孔径外大内小 2. 车孔时，主轴轴线与导轨不平行 3. 铰孔时，由于尾座偏移等原因使孔口扩大	1. 提高刀柄刚度，保证车刀锋利 2. 调整主轴轴线与导轨的平行度 3. 校正尾座，或采用浮动套筒
孔的表面粗糙度值大	1. 车孔与车轴类工件表面粗糙度达不到要求的原因相同，具体见表 2–17，其中内孔车刀磨损和刀柄产生振动尤其突出 2. 铰孔时，铰刀磨损或切削刃上有崩口、毛刺 3. 铰孔时，切削液和切削速度选择不当，产生积屑瘤 4. 铰孔余量不均匀及铰孔余量过大或过小	1. 具体见表 2–17，关键要保持内孔车刀的锋利和采用刚度较高的刀柄 2. 修磨铰刀，刃磨后妥善保管，防止碰毛 3. 铰孔时，采用 5 m/min 以下的切削速度，并正确选用和加注切削液 4. 正确选择铰孔余量
同轴度和垂直度超差	1. 用一次装夹方法车削时，工件移位或机床精度不高 2. 用软卡爪装夹时，软卡爪没有车好 3. 用心轴装夹时，心轴中心孔碰毛，或心轴本身同轴度超差	1. 将工件装夹牢固，减小切削用量，调整车床精度 2. 软卡爪应在本车床上车出，直径与工件装夹部位尺寸基本相同 3. 心轴中心孔应保护好，如碰毛可研修中心孔，如心轴弯曲可校直或更换

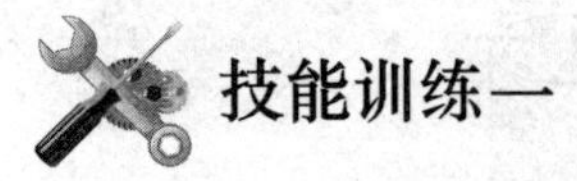

技能训练一

分析套类工件的车削工艺

图 3–86 所示为滑动轴承套，每批数量为 180 件，尺寸精度和几何精度要求较高，工件数量较多，因此，进行滑动轴承套车削工艺分析时应注意。

1. 滑动轴承套车削工艺分析

（1）滑动轴承套的车削工艺方案较多，可以是单件加工，也可以是多件加工。如果采用单件加工，生产效率低，原材料浪费较多，每件都有装夹的余料。因此，采用多件加工的车削工艺较合理。

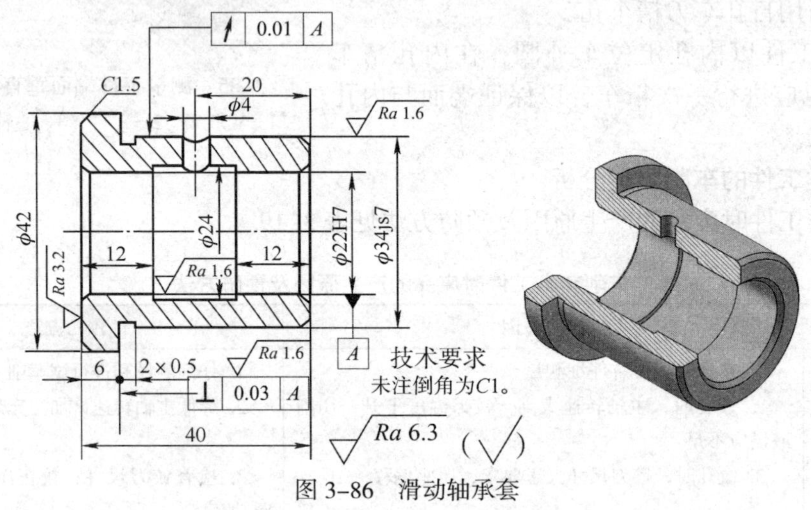

图 3–86　滑动轴承套

（2）滑动轴承套的材料为 ZCuSn5Pb5Zn5，因两处外圆直径相差不大，故毛坯选用铜棒料，采用 6 ~ 8 件同时加工较合适。

（3）为保证内孔 ϕ22H7 的加工质量，提高生产效率，内孔精加工以铰削最为合适。

（4）外圆对内孔轴线的径向圆跳动公差为 0.01 mm，用软卡爪无法保证。此外，ϕ42 mm 的右端面对内孔轴线垂直度公差为 0.03 mm。因此，精车外圆以及 ϕ42 mm 的右端面时，应以内孔为定位基准将工件套在小锥度心轴上，用两顶尖装夹以保证位置和跳动公差。

（5）内槽应在 ϕ22H7 的孔精加工前完成，是为了保证精加工表面的精度。

2. 滑动轴承套机械加工工艺卡

滑动轴承套机械加工工艺卡见表 3–20。

表 3–20　　　　　　　　　　　　**滑动轴承套机械加工工艺卡**

<table>
<tr><td rowspan="2">××厂</td><td rowspan="2">机械加工工艺卡</td><td>产品名称</td><td></td><td>图号</td><td></td></tr>
<tr><td>零件名称</td><td>滑动轴承套</td><td colspan="2">共 1 页　第 1 页</td></tr>
<tr><td>材料种类</td><td>棒料</td><td>材料牌号</td><td>ZCuSn5Pb5Zn5</td><td>毛坯尺寸</td><td>ϕ46 mm×326 mm</td></tr>
</table>

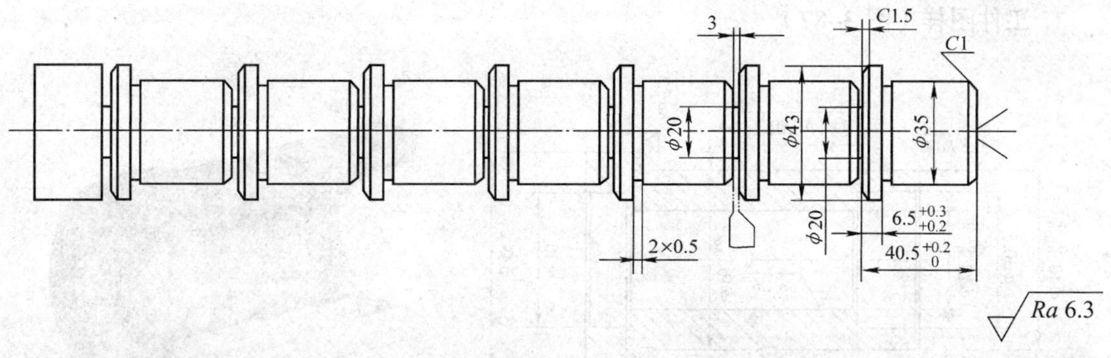

工序	工种	工步	工 序 内 容	车间	设备	工艺装备		
						夹具	刃具	量具
1	车		按工艺草图车至要求的尺寸，7 件同时加工，尺寸均相同	Ⅱ	C6132			
2	车		逐个用软卡爪夹住 ϕ43 mm 外圆，找正并夹紧，钻孔至 ϕ20.5 mm，车成单件	Ⅱ	C6132			
3	车	 （1） （2） （3） （4） （5） （6）	用软卡爪夹住 ϕ35 mm 外圆，找正后夹紧 车 ϕ43 mm 左端面，保证总长 40.2 mm，表面粗糙度值为 Ra3.2 μm 车 ϕ43 mm 外圆至 ϕ42 mm，达图样要求 车内孔至 $\phi 22^{-0.08}_{-0.12}$ mm 车内槽 ϕ24 mm×16 mm 至要求 铰孔至 ϕ22H7 倒角 C1.5 mm 和 C1 mm 共两处	Ⅱ	C6132		ϕ22H7 铰刀	ϕ22H7 塞规
4	车	 （1） （2）	用软卡爪夹住 ϕ42 mm 外圆，找正后夹紧 车 ϕ35 mm 外圆的端面，总长达 40 mm 孔口倒角 C1 mm					
5	车	 （1） （2） （3） （4）	工件套在心轴上，装夹于两顶尖之间 车外圆至 ϕ34js7，表面粗糙度值为 Ra1.6 μm 车 ϕ42 mm 右端面，保证厚度 6 mm，表面粗糙度值为 Ra1.6 μm 车槽，宽 2 mm，深 0.5 mm 倒角 C1 mm 检查 以下略	Ⅱ	C6132	心轴		

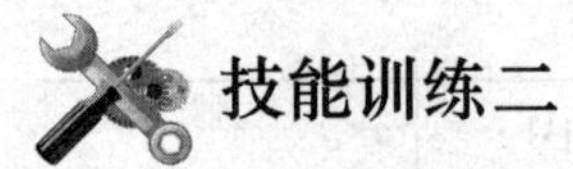

技能训练二

车削固定套

1. 工件图样（图 3–87）

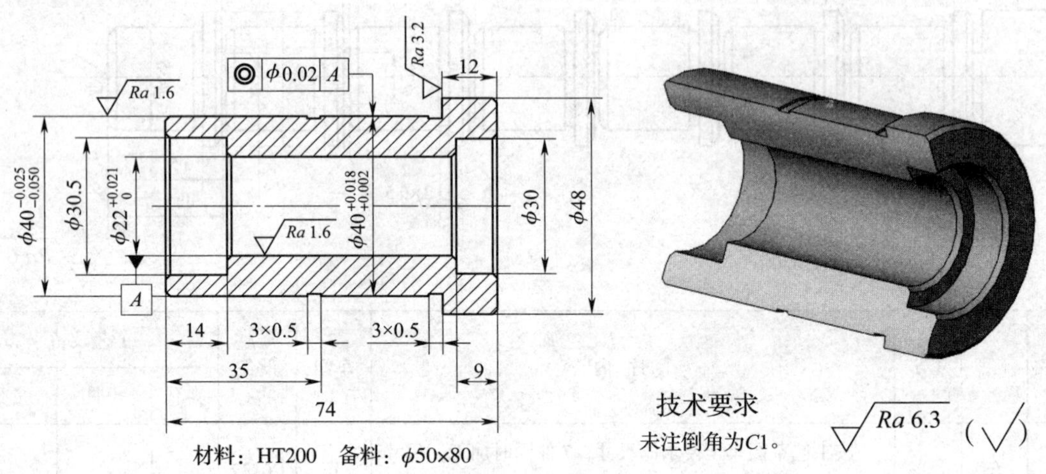

图 3–87 固定套

2. 工艺分析

（1）$\phi40^{+0.018}_{+0.002}$ mm 外圆柱面的轴线对基准孔 $\phi22^{+0.021}_{0}$ mm 轴线的同轴度误差要求为 $\phi0.02$ mm。因此，此外圆与内孔应在一次装夹中加工至要求。

（2）内孔 $\phi22^{+0.021}_{0}$ mm 的精度可以采用精车或铰削的方法保证，因为是单件生产，本例采用精车方案。如为批量生产，则可选择铰削，以提高生产效率，铰削前车孔留余量为 0.10~0.15 mm。

（3）精车外圆时，可用回转顶尖轻轻顶住孔口，以防止发生振动。

3. 加工工艺卡（表 3–21）

表 3–21　加工工艺卡

工序	工步	内容	图示
10		检查备料 $\phi50$ mm × 80 mm	65
20		用三爪自定心卡盘夹持 $\phi50$ mm 毛坯外圆，伸出长度为 65 mm，找正并夹紧	

续表

工序	工步	内容	图示
	1	粗车小端平面，车平即可	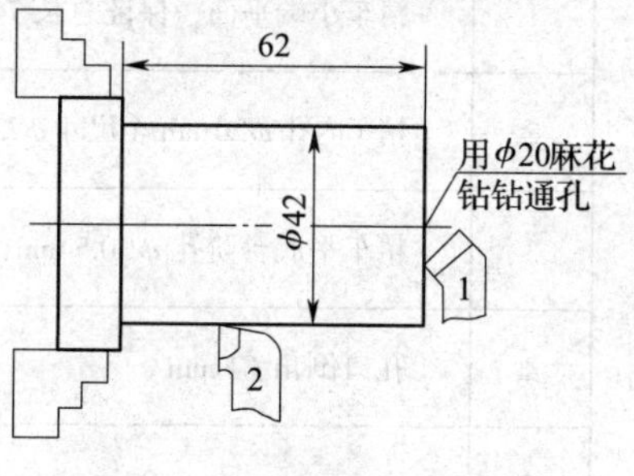 62 $\phi42$ 用$\phi20$麻花钻钻通孔 1 2
	2	粗车外圆 $\phi50$ mm 至尺寸 $\phi42$ mm，长 62 mm	
	3	用 $\phi20$ mm 的麻花钻钻通孔	
	4	粗车平底台阶孔 $\phi20$ mm 至尺寸 $\phi28$ mm，深 14 mm。孔口倒角 $C1$ mm	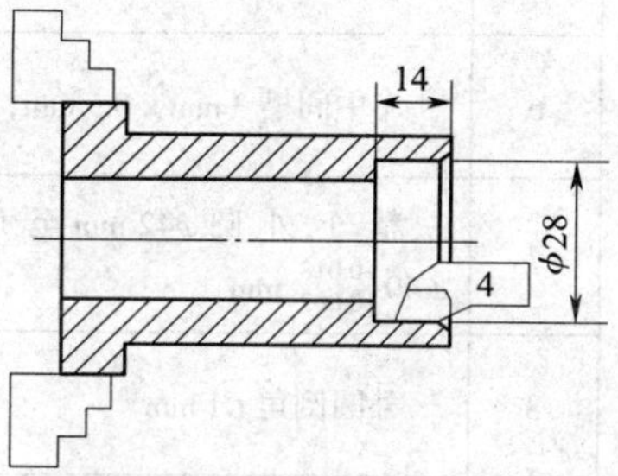 14 $\phi28$ 4
30		工件掉头，夹持 $\phi42$ mm 外圆，找正并夹紧	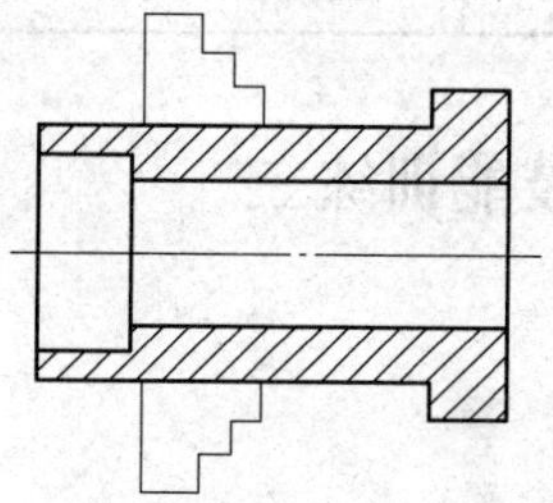
	1	粗、精车大端平面，保证总长 74.5 mm	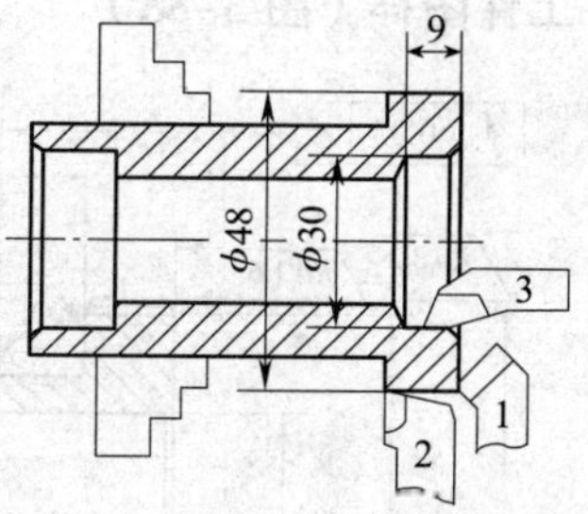 9 $\phi48$ $\phi30$ 3 1 2
	2	粗、精车大外圆 $\phi50$ mm 至尺寸 $\phi48$ mm	
	3	粗、精车内孔 $\phi20$ mm 至尺寸 $\phi30$ mm，长 9 mm，表面粗糙度 $Ra6.3$ μm	
	4	外圆倒角 $C1$ mm	
	5	孔口倒角 $C1$ mm 两处	
40		工件掉头，夹持 $\phi48$ mm 外圆（垫铜皮），找正并夹紧	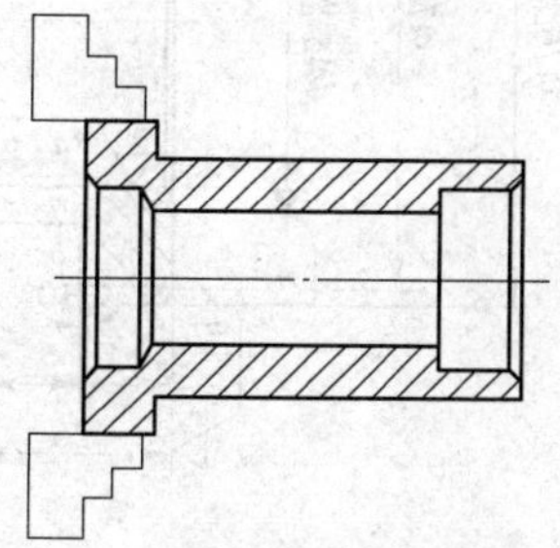

续表

工序	工步	内容	图示
	1	精车小端平面，保证总长 74 mm 至要求	
	2	精车内孔 ϕ20 mm 至尺寸 $\phi22^{+0.021}_{0}$ mm	
	3	精车平底台阶孔 ϕ30.5 mm，深 14 mm	
	4	孔口倒角 C1 mm	
	5	车退刀槽 3 mm × 0.5 mm	
	6	车中间槽 3 mm × 0.5 mm，保证尺寸 35 mm	
	7	精车外圆 ϕ42 mm 至尺寸 $\phi40^{-0.025}_{-0.050}$ mm 和 $\phi40^{+0.018}_{+0.002}$ mm	
	8	外圆倒角 C1 mm	
50		检查质量，合格后取下工件	

技能训练三

车削滑移齿轮

1. 工件图样（图 3–88）

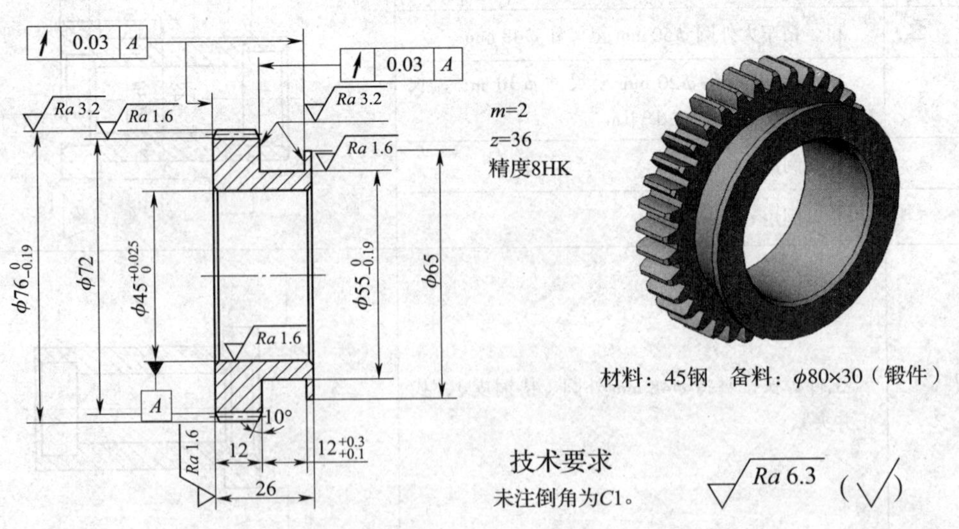

图 3–88　滑移齿轮

2. 工艺分析

（1）滑移齿轮为重要零件，毛坯采用45钢锻造以提高其力学性能，训练时允许用棒料。

（2）滑移齿轮需经调质，粗车时应留一定余量，用于纠正热处理变形。

（3）滑移齿轮的大端面、拨叉槽两侧面对基准孔轴线的轴向圆跳动可采用以下方法保证：

1）单件生产时，齿顶圆、大端面和内孔在一次装夹中车出，加工拨叉槽时以齿顶圆和大端面为基准，用软卡爪装夹。软卡爪应按 $\phi76$ mm × 10 mm 在车床上车出。

2）批量生产时，可用专用心轴以 $\phi45^{+0.025}_{0}$ mm 孔定位进行车削。

3. 加工工艺卡（表 3–22）

表 3–22　加工工艺卡

工序	工步	内容	图示
10		检查备料 $\phi80$ mm × 30 mm（锻件）	
20		用三爪自定心卡盘夹持毛坯外圆，伸出长度为 16 mm，找正并夹紧	 16
	1	车削端面，车平即可	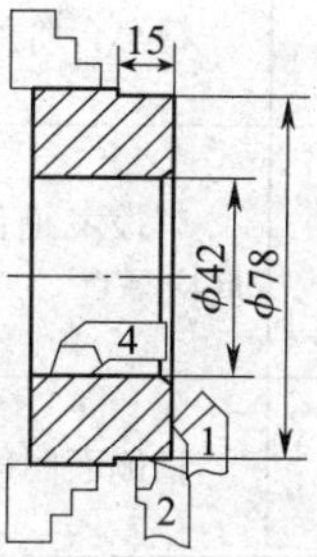 15、$\phi42$、$\phi78$、1、2、4
	2	粗车毛坯外圆至 $\phi78$ mm，长度为 15 mm	
	3	钻通孔 $\phi30$ mm	
	4	粗车内孔 $\phi30$ mm 至尺寸 $\phi42$ mm	
	5	各处倒钝锐边	
30		掉头夹持 $\phi78$ mm 外圆，找正并夹紧	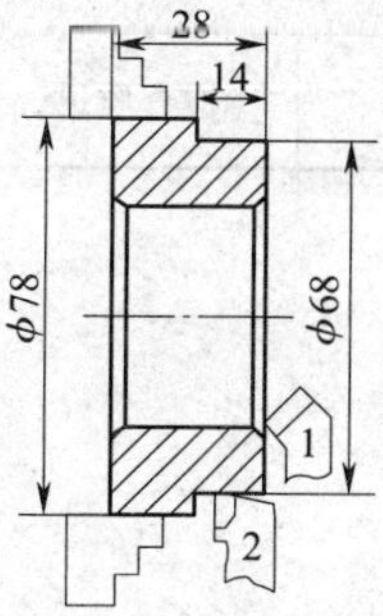 28、14、$\phi78$、$\phi68$、1、2
	1	车端面，保证总长 28 mm	
	2	粗车台阶外圆 $\phi80$ mm 至尺寸 $\phi68$ mm，长 14 mm	
	3	各处倒钝锐边	

续表

工序	工步	内容	图示
40		检查，取下工件（调质）	
50		检查调质后工件	
60		用三爪自定心卡盘夹持 $\phi 68$ mm 外圆，找正并夹紧	
	1	精车大端平面，车平即可	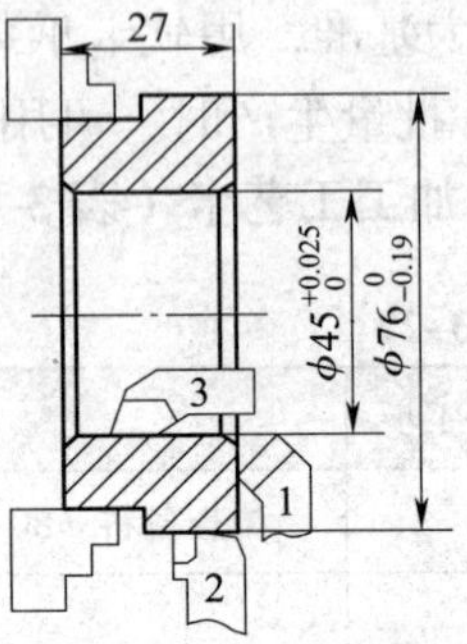
	2	精车外圆 $\phi 76_{-0.19}^{0}$ mm，表面粗糙度 $Ra3.2$ μm	
	3	精车通孔 $\phi 45_{0}^{+0.025}$ mm，表面粗糙度 $Ra1.6$ μm	
	4	外圆倒角 $C1$ mm，内孔倒角 $C1$ mm	
70		工件掉头，用软卡爪夹持，找正并夹紧（夹紧力应适当，防止内孔变形）	
	1	精车小端平面，保证总长 26 mm	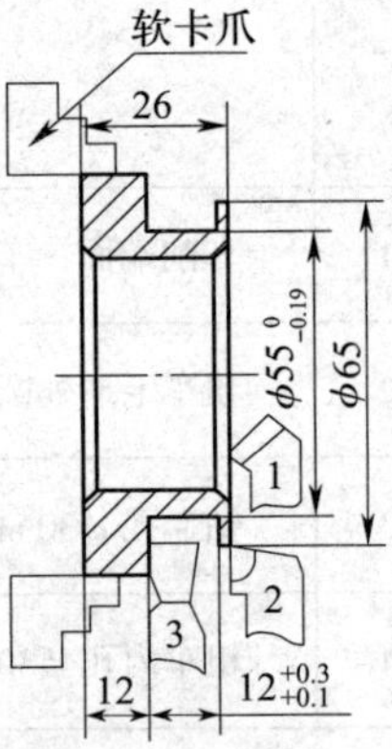
	2	精车台阶外圆 $\phi 65$ mm，保证齿轮宽度 12 mm	
	3	车拨叉槽齿 $12_{+0.1}^{+0.3}$ mm，底径 $\phi 55_{-0.19}^{0}$ mm，槽齿、槽底应平直	
	4	槽侧面倒角 10°、深 4.5 mm	
	5	内孔孔口倒角 $C1$ mm，槽口及小端外圆去锐边	
80		检查质量，合格后取下工件	

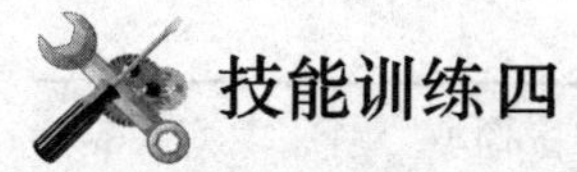

技能训练四

车削轴承套

1. 工件图样（图 3–89）

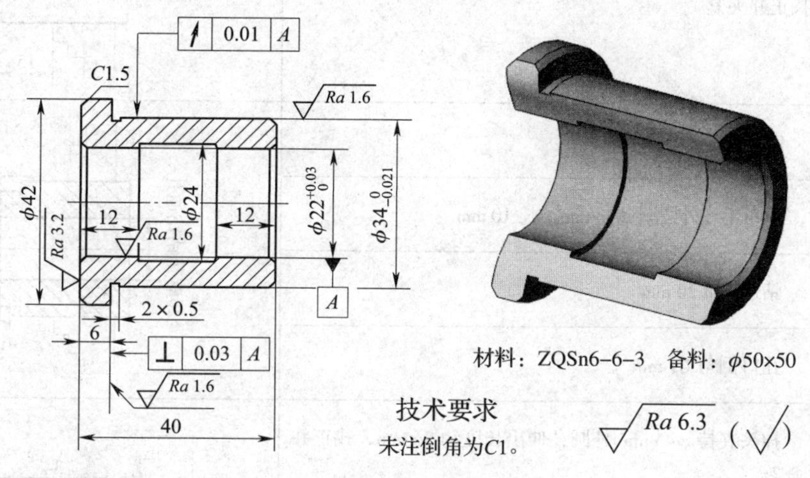

图 3–89　轴承套

2. 工艺分析

（1）轴承套的车削工艺方案较多，可以单件或多件加工。单件加工生产率较低，且由于每件都要切去用于工件装夹的余料，材料浪费多。当生产有一定批量时，宜采用多件加工工艺。

（2）轴承套两处外圆直径相差不大，毛坯选用棒料，根据工件尺寸，采用 6~8 件同时加工较为合适。

（3）为保证 $\phi22^{+0.03}_{0}$ mm 内孔的加工质量，提高生产效率，其精加工采用铰削较为合适。

（4）外圆对内孔轴线的径向圆跳动公差为 0.01 mm，用软卡爪装夹无法保证。此外，台阶端面对内孔轴线的垂直度公差为 0.03 mm，因此，精车 $\phi34^{0}_{-0.021}$ mm 外圆和台阶端面时，应采用以内孔定位、套在小锥度心轴上、用两顶尖装夹的方法车削，以保证位置精度要求。

（5）$\phi24$ mm 内槽应在 $\phi22^{+0.03}_{0}$ mm 内孔精加工（铰孔）之前完成，外槽 2 mm × 0.5 mm 应在 $\phi34^{0}_{-0.021}$ mm 外圆精车前完成。

3. 零件为单件加工

加工工艺卡见表 3–23。

表 3–23　　　　　　　　　　加工工艺卡

工序	工步	内容	图示
10		检查备料 ϕ50 mm × 50 mm	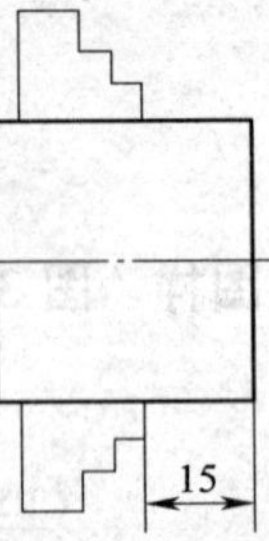
20		用三爪自定心卡盘夹持毛坯外圆，伸出长度约 15 mm，找正并夹紧	
	1	车端面，车平即可	
	2	粗车毛坯外圆至 ϕ43 mm，长 10 mm	
	3	钻通孔 ϕ20 mm	
	4	孔口倒角 C1 mm	
30		掉头夹持 ϕ43 mm 外圆，伸出长度约 36 mm，找正并夹紧	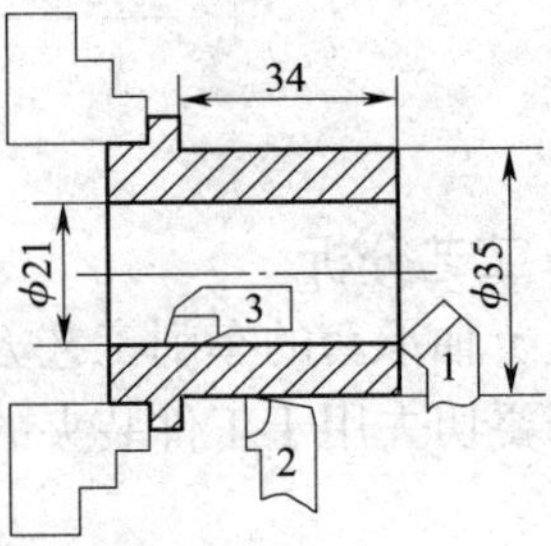
	1	车端面，车平即可	
	2	粗车外圆 ϕ50 mm 至 ϕ35 mm，长 34 mm	
	3	粗车通孔 ϕ20 mm 至 ϕ21 mm	
	4	精车端面	
	5	粗、精车内槽，槽宽 16 mm，槽底径 ϕ24 mm	
	6	精车通孔 $\phi 22^{+0.03}_{0}$ mm，表面粗糙度 Ra1.6 μm（精加工前需注意工件的温度）	
	7	精车外圆 $\phi 34^{0}_{-0.021}$ mm，长 34 mm，表面粗糙度 Ra1.6 μm（精加工前需注意工件的温度）	

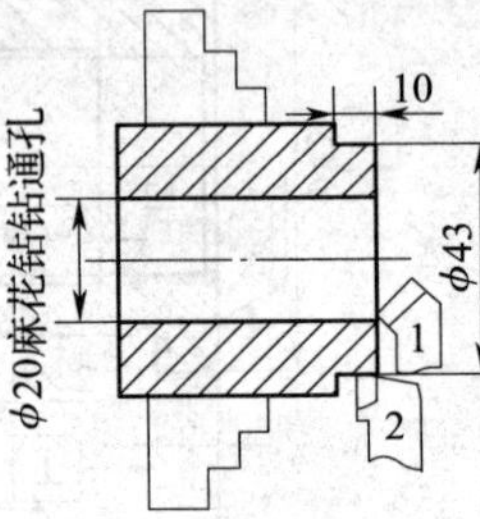

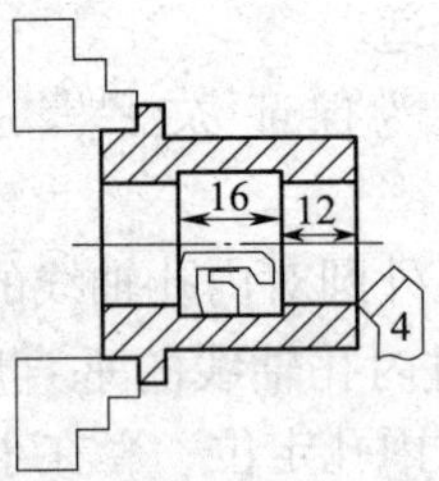

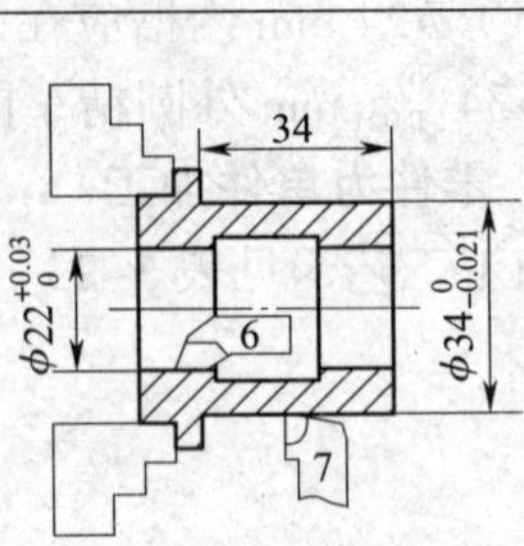

续表

工序	工步	内容	图示
	8	车外槽 2 mm × 0.5 mm	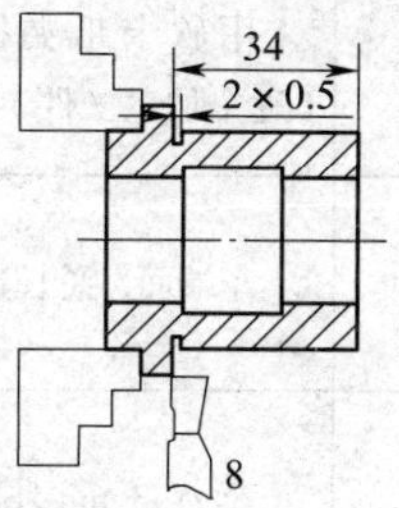 34 2 × 0.5 8
	9	倒角 $C1$ mm	
40		掉头夹持 ϕ34 mm 外圆，伸出长度约 20 mm，找正并夹紧	40 ϕ42 1 2
	1	车端面，控制总长 40 mm，并保证 ϕ42 mm 外圆厚度为 6 mm	
	2	精车外圆 ϕ42 mm	
	3	倒角 $C1.5$ mm，去毛刺	
50		检查质量，合格后卸下工件	

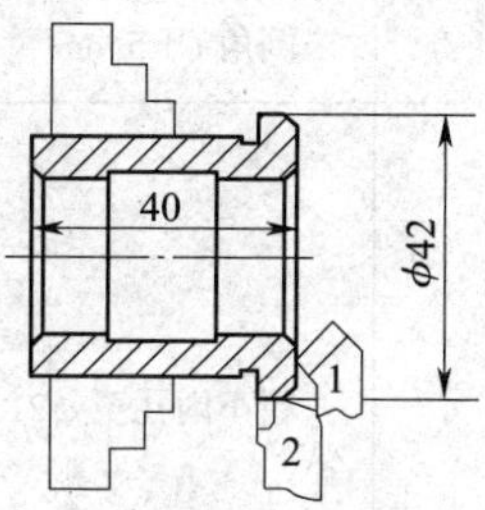

4. 零件为多件加工（7 件）

加工工艺卡见表 3–24。

表 3–24　加工工艺卡

工序	工步	内容	图示
10		检查备料 ϕ50 mm × 326 mm	
20		工件采用一夹一顶装夹，伸出长度为 310 mm	
	1	按图粗车至尺寸，7 件一起加工，尺寸均相同	
	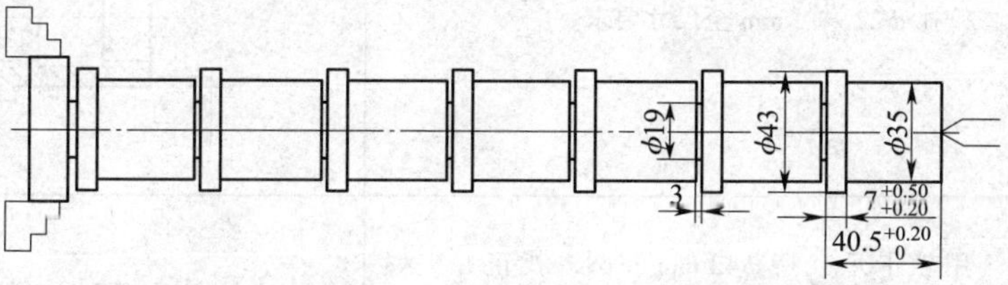	ϕ19　ϕ43　ϕ35　3　$7^{+0.50}_{+0.20}$　$40.5^{+0.20}_{0}$	
30		逐个用软卡爪夹持 ϕ43 mm 外圆，找正并夹紧，钻孔 ϕ20 mm 成单件	
		软卡爪　用ϕ20麻花钻钻孔成单件	

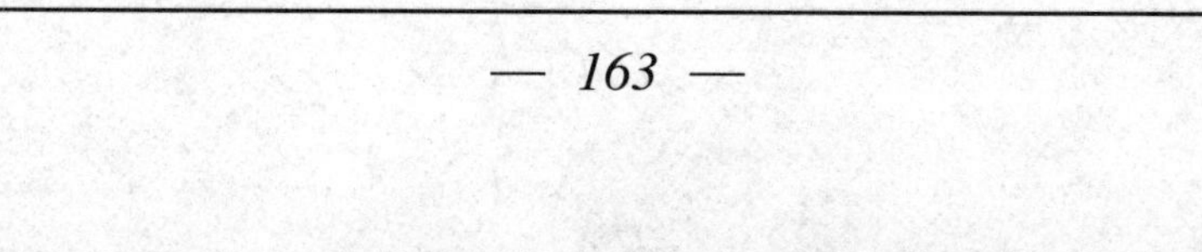

续表

工序	工步	内容	图示
40		用软卡爪夹持 ϕ35 mm 外圆，找正并夹紧（逐个加工 7 件）	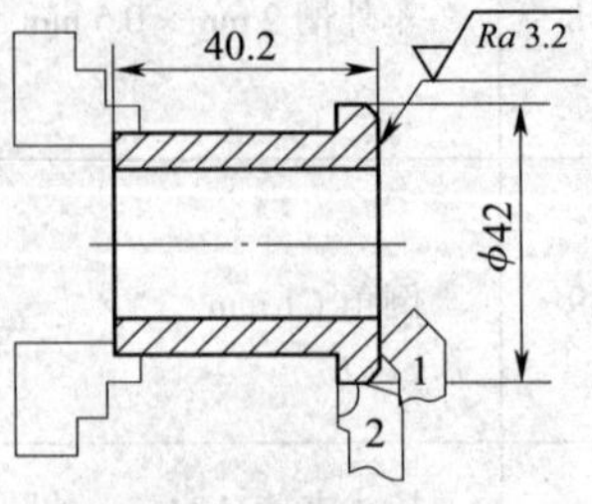
	1	车端面，总长达 40.2 mm，表面粗糙度 Ra3.2 μm	
	2	车 ϕ43 mm 外圆至 ϕ42 mm，达图样要求	
	3	倒角 C1.5 mm	
	4	粗车内孔至 $\phi21.8^{+0.08}_{0}$ mm，孔口倒角 C1 mm	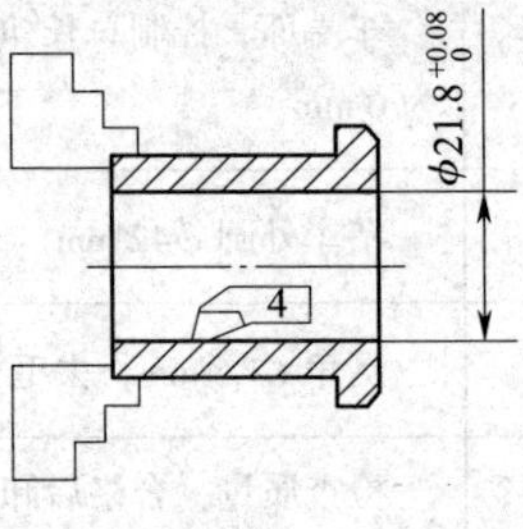
	5	车内槽 ϕ24 mm × 16 mm 至尺寸要求	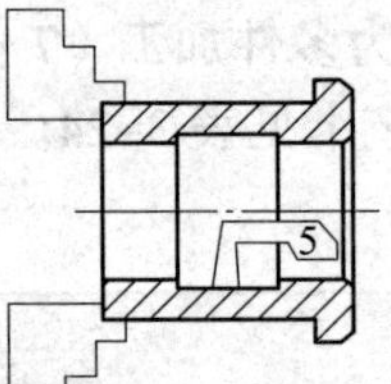
	6	铰孔 $\phi22^{+0.03}_{0}$ mm 至尺寸要求	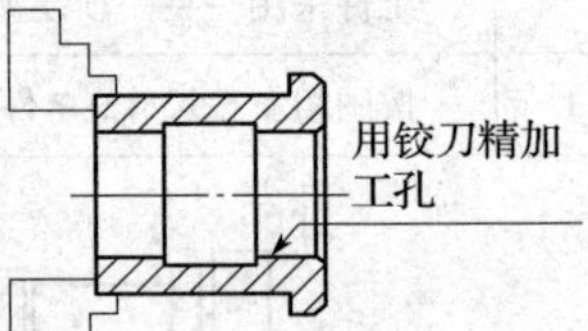 用铰刀精加工孔
50		用软卡爪夹持 ϕ42 mm 外圆，找正并夹紧（逐个加工 7 件）	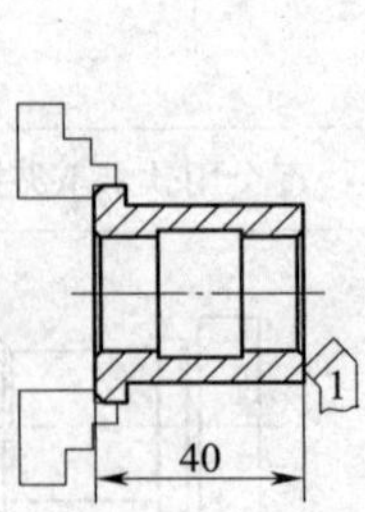
	1	车 ϕ35 mm 外圆端面，总长达 40 mm	
	2	孔口倒角 C1 mm	

续表

工序	工步	内容	图示
60		工件套心轴，装夹于两顶尖之间（逐个加工 7 件）	
	1	精车 $\phi 35$ mm 外圆至尺寸 $\phi 34_{-0.021}^{0}$ mm，表面粗糙度 $Ra1.6$ μm	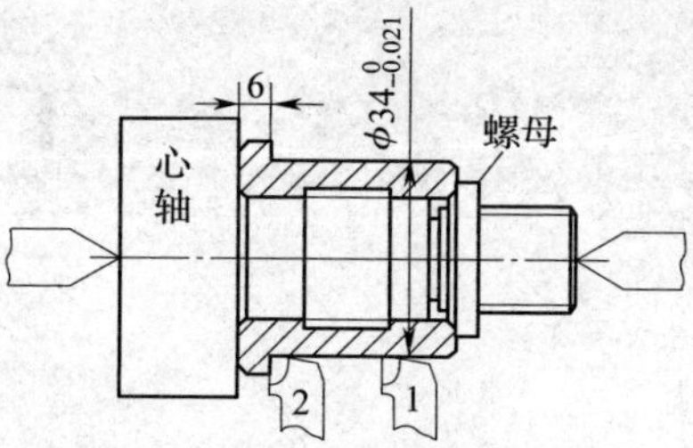 6 $\phi 34_{-0.021}^{0}$ 螺母 心轴 2 1
	2	车台阶平面，保证尺寸 6 mm	
	3	车外槽 2 mm × 0.5 mm	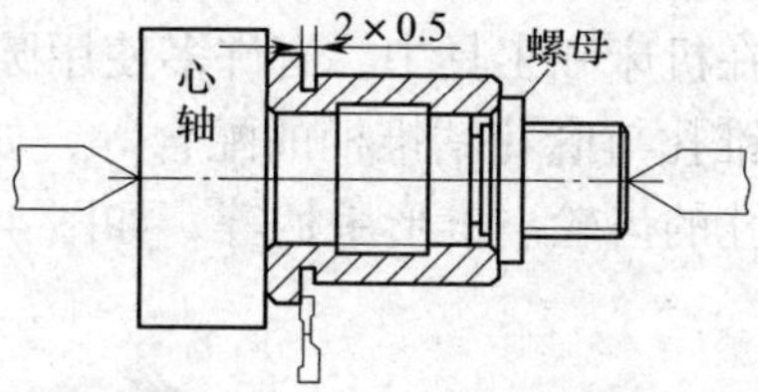 2 × 0.5 螺母 心轴
	4	孔口、外圆倒角 C1 mm	
70		检查质量，合格后卸下工件	

第四单元

车 圆 锥

在机床和工具中，有许多使用圆锥面配合的场合，如车床主轴锥孔与顶尖的配合、车床尾座锥孔与麻花钻锥柄的配合等，如图 4–1 所示。常见的圆锥面零件有锥齿轮、锥形主轴、带锥孔的齿轮、锥形手柄等，如图 4–2 所示。

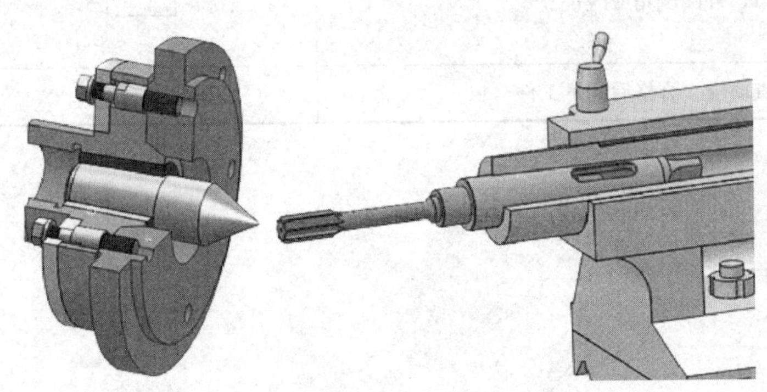

图 4–1　圆锥面零件配合实例

a)

b)

c)

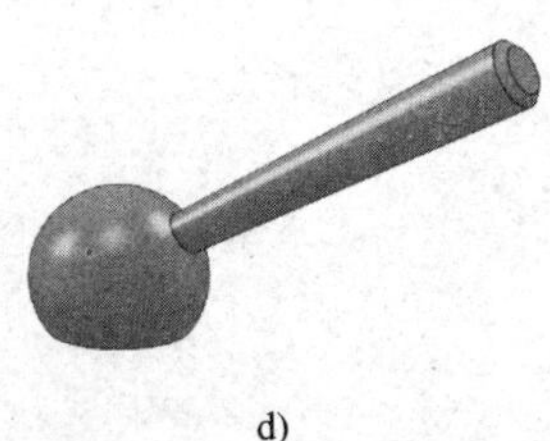

d)

图 4–2　常见圆锥面零件

a）锥齿轮　b）锥形主轴　c）带锥孔的齿轮　d）锥形手柄

课题一　圆锥的计算及其检测

一、圆锥的基本参数及其尺寸计算

1. 圆锥的基本参数

圆锥分为外圆锥和内圆锥两种，如图 4–3 所示。

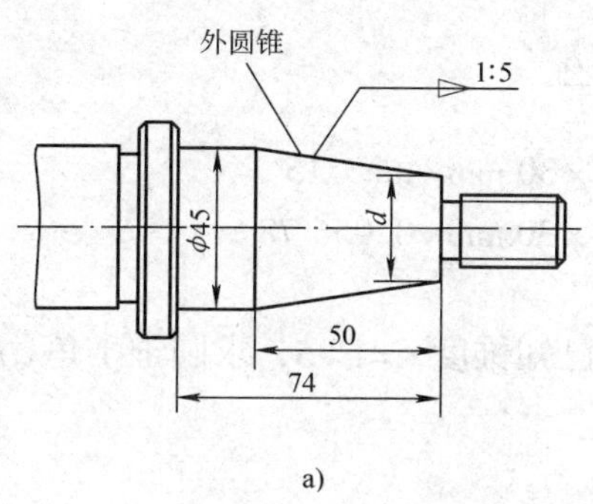

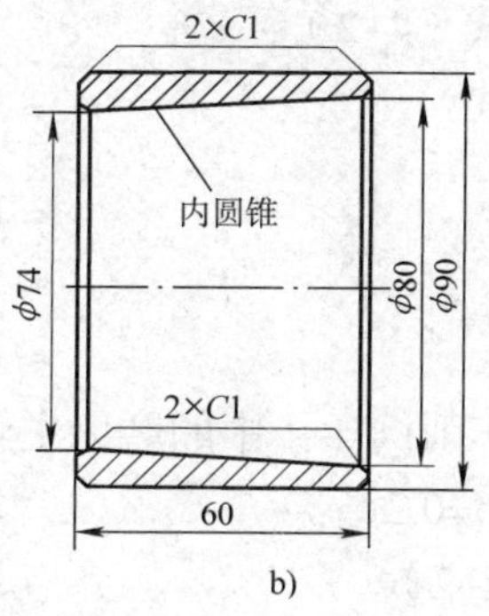

图 4–3　圆锥工件

a）带外圆锥的工件　b）带内圆锥的工件

圆锥的基本参数（图 4–4）包括：

（1）最大圆锥直径 D

最大圆锥直径简称大端直径。

（2）最小圆锥直径 d

最小圆锥直径简称小端直径。

（3）圆锥长度 L

圆锥长度是最大圆锥直径与最小圆锥直径之间的轴向距离。工件全长一般用 L_0 表示。

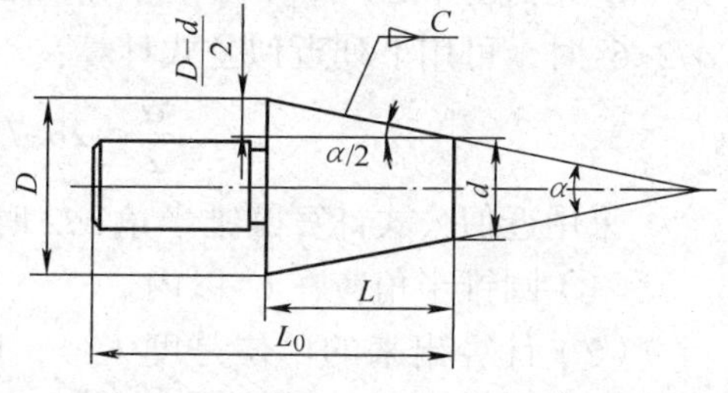

图 4–4　圆锥的基本参数

（4）锥度 C

锥度是最大圆锥直径和最小圆锥直径之差与圆锥长度之比，即：

$$C=\frac{D-d}{L} \tag{4–1}$$

锥度一般用比例或分数形式表示，如 1∶7 或 1/7。

（5）圆锥半角 $\alpha/2$

圆锥角 α 是在通过圆锥轴线的截面内两条素线之间的夹角。车削圆锥面时，小滑板转过的角度是圆锥角的一半——圆锥半角 $\alpha/2$，其计算公式为：

$$\tan\frac{\alpha}{2}=\frac{D-d}{2L}=\frac{C}{2} \tag{4–2}$$

不难看出，锥度确定后，圆锥半角可以由锥度直接计算出来。因此，圆锥半角与锥度属于同一参数，不能同时标注。

2. 圆锥基本参数的计算

例 4–1 已知图 4–3a 所示的磨床主轴圆锥锥度 C=1∶5，最大圆锥直径 D=45 mm，圆锥长度 L=50 mm，求最小圆锥直径 d。

解： 根据式（4–1）

$$d=D-CL=45\ \text{mm}-\frac{1}{5}\times 50\ \text{mm}=35\ \text{mm}$$

例 4–2 车削一圆锥面，已知圆锥半角 $\alpha/2=3°15'$，最小圆锥直径 d=12 mm，圆锥长度 L =30 mm，求最大圆锥直径 D。

解： 根据式（4–2）

$$\begin{aligned} D &= d+2L\tan\frac{\alpha}{2} \\ &=12\ \text{mm}+2\times 30\ \text{mm}\times\tan 3°15' \\ &\approx 12\ \text{mm}+2\times 30\ \text{mm}\times 0.056\,78 \\ &\approx 15.4\ \text{mm} \end{aligned}$$

例 4–3 车削例 4–1 中的磨床主轴圆锥，已知锥度 C=1∶5，求圆锥半角 $\alpha/2$。

解： C=1∶5=0.2

根据式（4–2）

$$\tan\frac{\alpha}{2}=\frac{C}{2}=\frac{0.2}{2}=0.1$$

$$\alpha/2\approx 5°42'38''$$

应用式（4–2）计算圆锥半角 $\alpha/2$ 时，必须利用三角函数表，不太方便。当圆锥半角 $\alpha/2<6°$ 时，可用下列近似公式计算：

$$\frac{\alpha}{2}\approx 28.7°\times\frac{D-d}{L}=28.7°\cdot C \tag{4–3}$$

采用近似公式计算圆锥半角 $\alpha/2$ 时应注意以下几点：

（1）圆锥半角应在 6° 以内。

（2）计算出来的单位是度（°），度以下的小数部分是十进制的，而角度是 60 进制的。应将含有小数部分的计算结果转化为分（′）和秒（″）。

例如，$2.35°=2°+0.35\times 60'=2°21'$。

例 4–4 有一外圆锥，已知 D=70 mm，d=60 mm，L=100 mm，试分别用查三角函数表法和近似公式计算圆锥半角 $\alpha/2$。

解：（1）用三角函数表法，根据式（4–2）

$$\tan\frac{\alpha}{2}=\frac{D-d}{2L}=\frac{70\ \text{mm}-60\ \text{mm}}{2\times 100\ \text{mm}}=0.05$$

$$\frac{\alpha}{2}\approx 2°52'$$

（2）用近似公式，根据式（4–3）

$$\begin{aligned} \frac{\alpha}{2} &\approx 28.7°\times\frac{D-d}{L}=28.7°\times\frac{70\ \text{mm}-60\ \text{mm}}{100\ \text{mm}} \\ &=28.7°\times\frac{1}{10} \end{aligned}$$

$$\alpha/2=2.87°\approx 2°52'$$

不难看出，用两种方法计算出的结果相同。

二、标准工具圆锥

为了制造和使用方便，降低生产成本，机床、工具和刀具上的圆锥多已标准化，即圆锥的基本参数都符合几个号码的规定。使用时只要号码相同，即能互换。标准工具圆锥已在国际上通用，只要符合标准都具有互换性。

常用标准工具圆锥有莫氏圆锥和米制圆锥两种。

1. 莫氏圆锥（Morse）

莫氏圆锥是机械制造业中应用最为广泛的一种，如车床上的主轴锥孔、顶尖锥柄、麻花钻锥柄和铰刀锥柄等都是莫氏圆锥。莫氏圆锥有0~6号7种号码，其中最小的是0号（Morse No.0），最大的是6号（Morse No.6）。莫氏圆锥号码不同，其线性尺寸和圆锥半角均不相同。

2. 米制圆锥

米制圆锥有7个号码，即4号、6号、80号、100号、120号、160号和200号。它们的号码是指最大圆锥直径，而锥度固定不变，即 $C=1:20$，如100号米制圆锥的最大圆锥直径 $D=100$ mm，锥度 $C=1:20$。米制圆锥的优点是锥度不变，记忆方便。

三、外圆锥的检测

圆锥的检测主要指圆锥角度和尺寸精度检测。常用游标万能角度尺、角度样板检测圆锥角度，采用正弦规或涂色法来评定圆锥精度。

1. 角度或锥度的检测

（1）游标万能角度尺结构和读数方法

游标万能角度尺的结构如图4–5所示。基尺可以带着主尺沿着游标转动，当转到所需角度时，可以用制动器锁紧。卡块将角尺和直尺固定在所需的位置上。在测量时，转动背面的捏手，通过小齿轮转动扇形齿轮，使基尺改变角度。

游标万能角度尺（Ⅰ型）的测量精度有2′和5′两种（图例为2′），其测量范围为0°~320°。

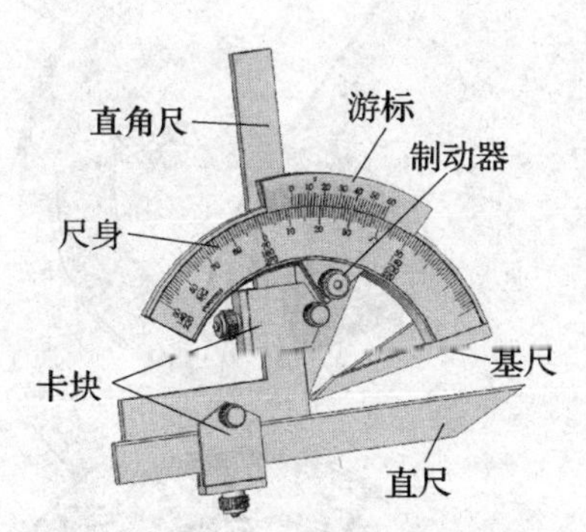

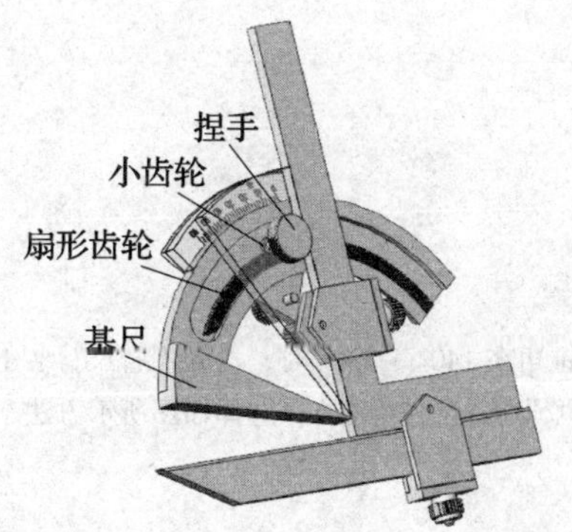

图4–5　游标万能角度尺结构

游标万能角度尺读数方法与游标卡尺的读数方法相似，即先从主尺上读出游标零线前面的整数，然后在游标上读出分的数值，两者相加就是被测件的角度数值。图4–6所示读数为10°50′。

图 4-6　游标万能角度尺读数方法

（2）用游标万能角度尺检测（表 4-1）

表 4-1　　**用游标万能角度尺检测**

方法	图示
被测工件圆锥角在 0° ~50° 时，可将工件放在基尺和直尺的测量面之间测量	
被测工件圆锥角在 50° ~140° 时，可卸下直角尺，用直尺代替，选择如图所示方法，但基尺面须通过工件中心	
被测工件圆锥角在 140° ~230° 时，可卸下直尺，装上直角尺（基尺也须通过工件中心），选择如图所示方法	

续表

方法	图示
将直角尺和直尺都卸下，用基尺和扇形板（主尺）的测量面可测量圆锥角在 230° ~320° 的工件	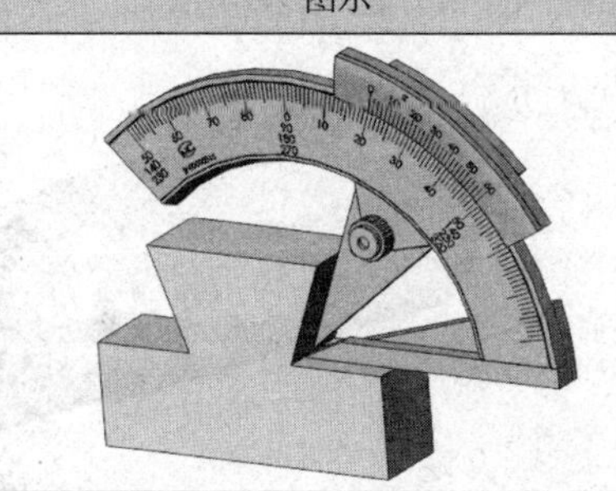

（3）用角度样板检测（图 4–7）

角度样板属于专用量具。在成批和大量生产时，为减少辅助时间，可直接将设定好圆锥角的样板放置于工件上通过透光检查合格与否。此种方法精度较低，且不能测出实际的角度值。

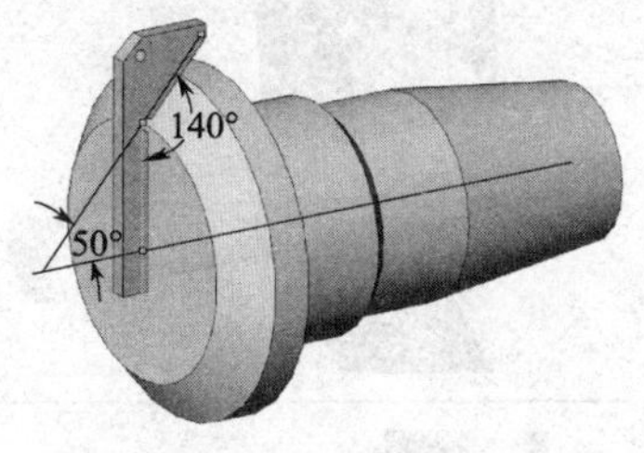

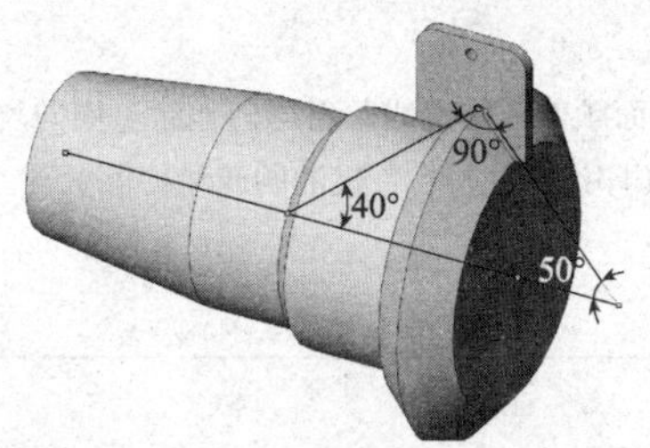

图 4–7　用角度样板检测

（4）用正弦规检测

正弦规（图 4–8）两个圆柱之间的中心距要求很精确，有 100 mm 和 200 mm 两种。两圆柱中心连线与长方体工作平面严格平行。测量时，将正弦规安放在平板上，圆柱的一端用量块垫高，被测工件放在正弦规的平面上，量块组高度可以根据被测工件圆锥半角进行精确计算获得。然后用百分表检验工件圆锥面两端的高度，若读数值相同，就说明圆锥半角准确。

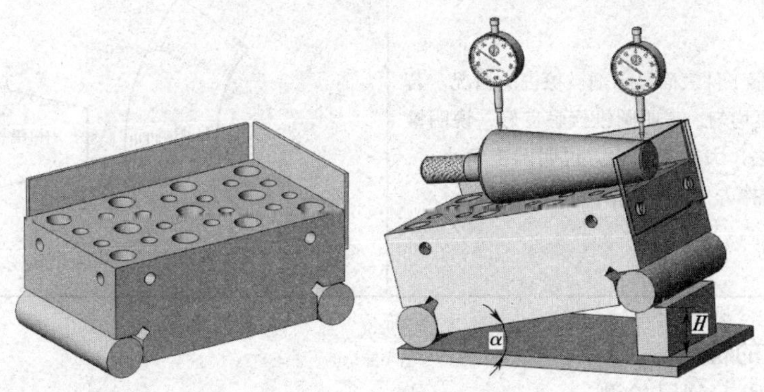

图 4–8　正弦规及其使用方法

（5）用涂色法检测

标准圆锥或配合精度要求较高的外圆锥工件，可使用圆锥量规中的套规（图 4–9）检测。被检测工件的外圆锥表面粗糙度 Ra 值应小于 3.2 μm，且无毛刺。检测时要求工件与套规表面清洁。检测方法见表 4–2。

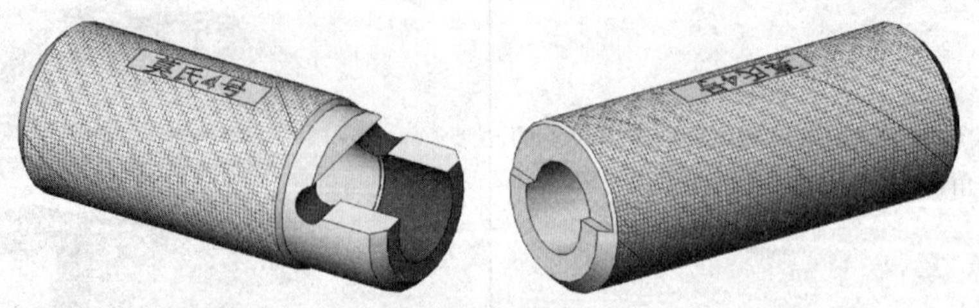

图 4–9 圆锥套规

表 4–2 **涂色法检测方法**

说明	图例
1. 在工件表面顺着圆锥素线薄而均匀地涂上周向均等的三条显示剂（印油、红丹粉、机油的调和物等）	
2. 手握套规轻轻地套在工件上，稍加轴向推力，并将套规转动半圈	
3. 取下套规，观察工件表面显示剂被擦去的情况。若三条显示剂全长擦痕均匀，表明圆锥接触良好，说明锥度正确；若小端擦去，大端未擦去，说明圆锥角小了；若大端擦去，小端未擦去，说明圆锥角大了	

2. 圆锥尺寸的检测

（1）用卡钳和千分尺检测

圆锥精度要求较低及加工中粗测圆锥尺寸时，可以使用卡钳和千分尺测量。测量时必须保证卡钳脚或千分尺测量杆与工件的轴线垂直，测量位置必须在工件的最大端处或最小端处。

（2）用圆锥套规检测

在圆锥套规上，根据工件的直径尺寸和公差，在套规小端处开有轴向距离为 m 的缺口，表示通端和止端。测量外圆锥时，如果锥体的小端平面在缺口之间，说明其小端直径尺寸合格；若锥体未能进入缺口，说明其小端直径大了；若锥体小端平面超过缺口，说明其小端直径小了，如图 4–10 所示。

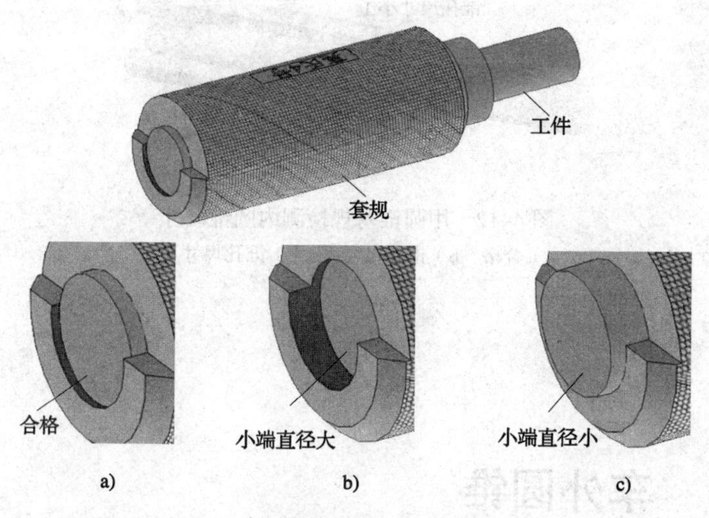

图 4–10　用圆锥套规检测外圆锥尺寸

a）合格　b）小端直径大　c）小端直径小

四、内圆锥的检测

1. 角度或锥度的检测

使用圆锥塞规（图 4–11），采用涂色法检测。具体检测要求与用圆锥套规检测外圆锥相同，将显示剂涂在塞规表面，判断圆锥角大小的方法刚好相反。若小端被擦去，大端未擦去，说明圆锥角大了；反之，若大端被擦去，小端未被擦去，则说明圆锥角小了。

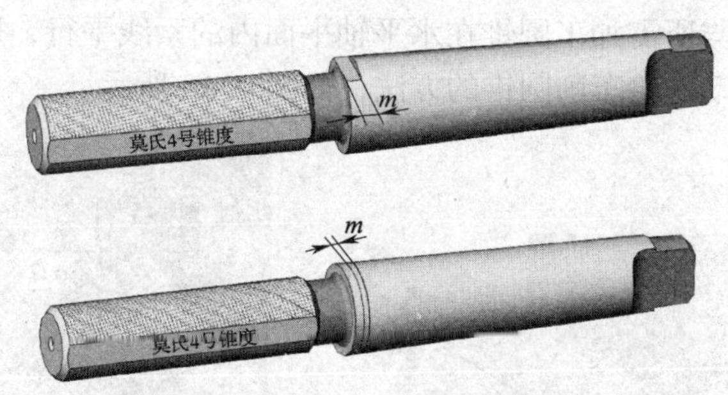

图 4–11　圆锥塞规

2. 圆锥尺寸的检测

主要用圆锥塞规检测。根据工件的直径尺寸及公差在圆锥塞规大端开有轴向距离为 m 的台阶（或两刻线），分别表示通端与止端。检测时，若锥孔大端平面在台阶两端面之间（或两刻线之间），说明锥孔尺寸合格；若锥孔大端平面超过止端刻线，说明锥孔尺寸大了；若通端、止端两条刻线都没有进入锥孔，说明锥孔尺寸小了，如图 4–12 所示。

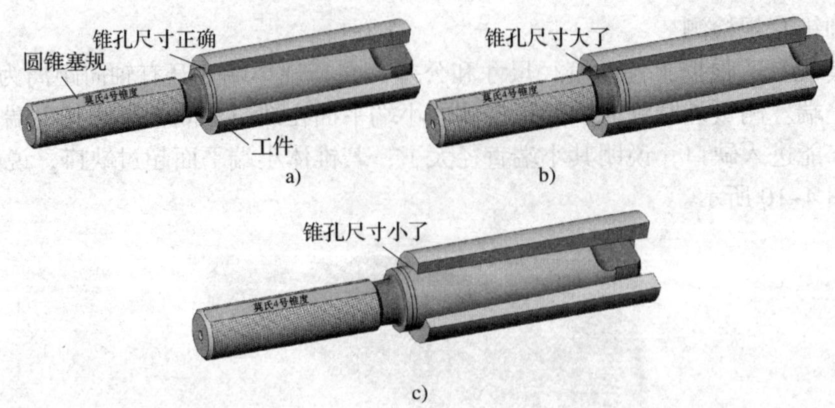

图 4–12　用圆锥塞规检测内圆锥尺寸

a）合格　b）锥孔尺寸大　c）锥孔尺寸小

课题二　车外圆锥

在车床上车削外圆锥的方法主要有转动小滑板法、偏移尾座法、仿形法和宽刃刀车削法等。

一、转动小滑板法

1. 小滑板转动的原理和角度的确定

转动小滑板法，就是将小滑板沿顺时针或逆时针方向按工件的圆锥半角 $\alpha/2$ 转动一个角度，使车刀的运动轨迹与所需加工圆锥在水平轴平面内的素线平行，用双手配合均匀、不间断转动小滑板手柄，手动进给车削圆锥的方法，如图 4–13 所示。

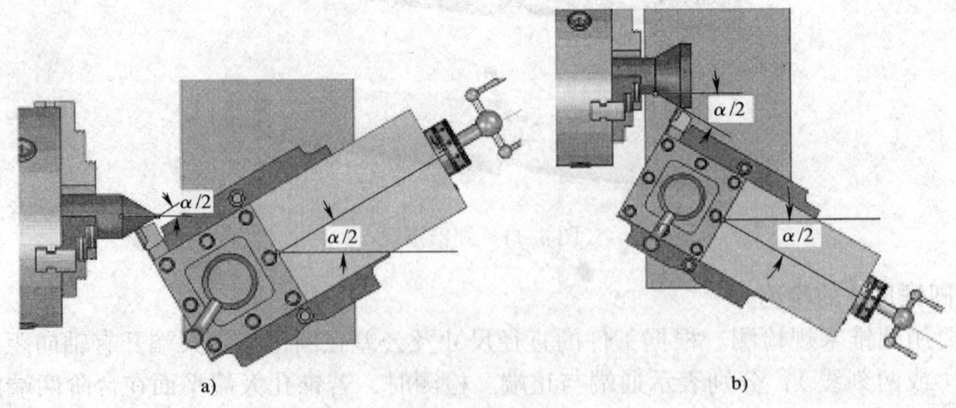

图 4–13　转动小滑板法车圆锥

a）车顺锥　b）车倒锥

车削常用的标准锥度（一般用途和特殊用途）圆锥时，小滑板转动角度参见表4–3和表4–4。

表4–3　　车削一般用途圆锥时小滑板转动角度

基本值	锥度 C	小滑板转动角度	基本值	锥度 C	小滑板转动角度
120°	1∶0.289	60°	1∶8	—	3°34′35″
90°	1∶0.500	45°	1∶10	—	2°51′45″
75°	1∶0.652	37°30′	1∶12	—	2°23′09″
60°	1∶0.866	30°	1∶15	—	1°54′33″
45°	1∶1.207	22°30′	1∶20	—	1°25′56″
30°	1∶1.866	15°	1∶30	—	0°57′17″
1∶3	—	9°27′44″	1∶50	—	0°34′23″
1∶5	—	5°42′38″	1∶100	—	0°17′11″
1∶7	—	4°05′08″	1∶200	—	0°08′36″

表4–4　　车削特殊用途圆锥时小滑板转动角度

基本值	锥度 C	小滑板转动角度	备　注
7∶24	1∶3.429	8°17′50″	机床主轴、工具配合
1∶19.180	—	1°29′36″	莫氏锥度 No.6
1∶19.002	—	1°30′26″	莫氏锥度 No.5
1∶19.254	—	1°29′15″	莫氏锥度 No.4
1∶19.922	—	1°26′16″	莫氏锥度 No.3
1∶20.020	—	1°25′50″	莫氏锥度 No.2
1∶20.047	—	1°25′43″	莫氏锥度 No.1
1∶19.212	—	1°29′27″	莫氏锥度 No.0

2. 转动小滑板法车外圆锥的方法和步骤

（1）车刀的装夹

1）工件的回转中心必须与车床主轴的回转中心重合。

2）车刀的刀尖必须严格对准工件的回转中心，否则车出的圆锥素线不是直线，而是双曲线（图4–14）。

3）车刀的装夹方法及车刀刀尖对准工件回转中心的方法与车端面时装刀方法相同。

图4–14　外圆锥面双曲线误差

（2）转动小滑板的方法

1）用扳手将小滑板转盘上前、后两个紧固螺母松开（图4–15）。

2）按工件上外圆锥面的倒、顺方向确定小滑板的转动方向。

①车削正外圆锥（又称顺锥）面，即圆锥大端靠近主轴、小端靠近尾座方向，小滑板应逆时针方向转动，如图4–13a所示。

②车削反外圆锥（又称倒锥）面，小滑板则应顺时针方向转动，如图 4–13b 所示。

3）根据确定的转动角度（$\alpha/2$）和转动方向转动小滑板至所需位置，使小滑板基准零线与圆锥半角 $\alpha/2$ 刻线对齐，然后锁紧转盘上的紧固螺母（图 4–15）。

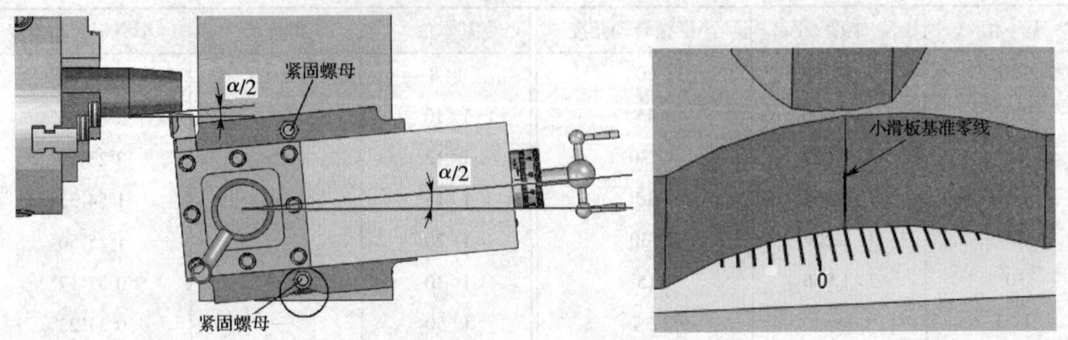

图 4–15　转动小滑板的方法

4）当圆锥半角 $\alpha/2$ 不是整数值时，其小数部分用目测的方法估计，大致对准后再通过试车逐步找正。

转动小滑板时，可以使小滑板转角略大于圆锥半角 $\alpha/2$，转角偏小会使圆锥素线车长而难以修正圆锥长度尺寸，如图 4–16 所示。

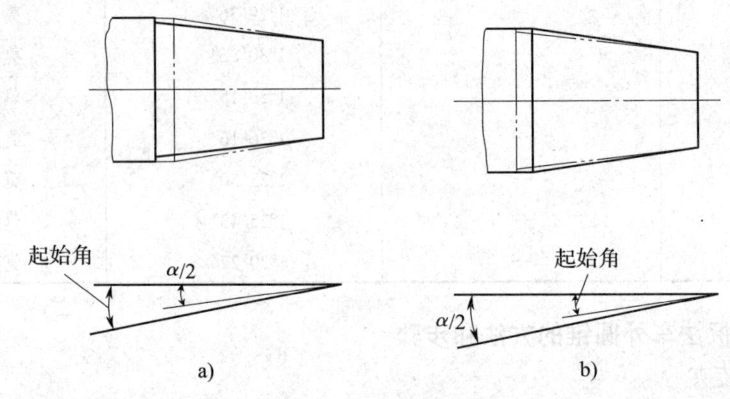

图 4–16　小滑板转动角度的影响

a）起始角大于 $\alpha/2$　b）起始角小于 $\alpha/2$

（3）小滑板楔铁的调整

车削外圆锥面前，应检查及调整小滑板导轨与楔铁间的配合间隙。

配合间隙应调整合适，过紧或过松都会使车出的锥面表面粗糙度值增大，且圆锥的素线不直。

配合间隙调得过紧，手动进给费力，小滑板移动不均匀，在圆锥表面留下停顿痕迹，影响表面质量。配合间隙调得过松，则小滑板间隙太大，车削时刀纹时深时浅，影响表面质量和圆锥素线的直线度。

（4）粗车外圆锥

粗车外圆锥的步骤见表 4–5。

表 4–5　　　　　　　　　　　　　　粗车外圆锥的步骤

步骤	图示
1. 按圆锥大端直径和圆锥面长度车成圆柱，然后再车圆锥面	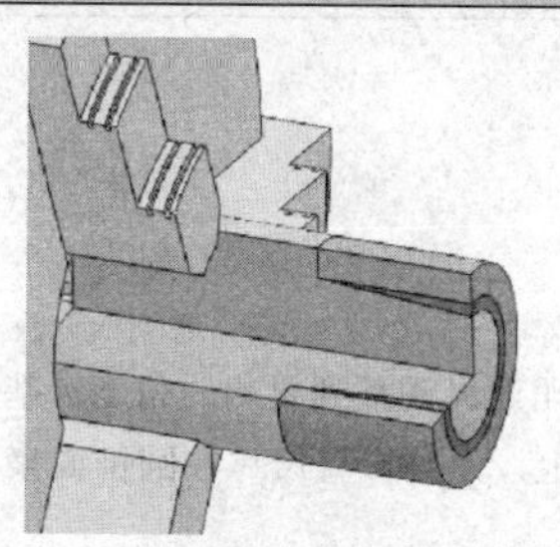
2. 移动中、小滑板，使刀尖与轴端外圆面轻轻接触后，小滑板向后退出；中滑板刻度调至零位，作为粗车外圆锥面的起始位置	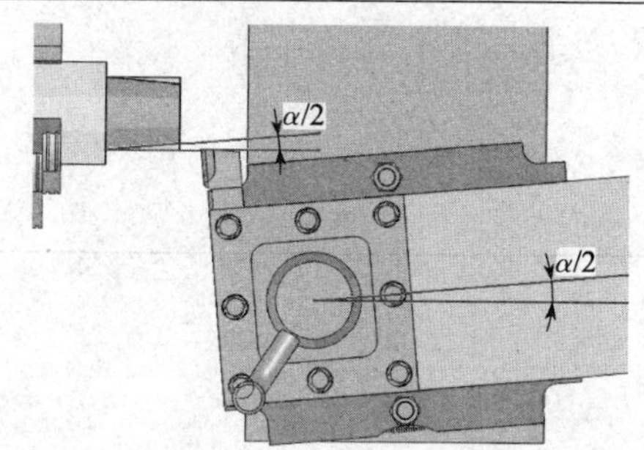
3. 中滑板按刻度向前进，调整背吃刀量，双手交替，保持均匀和不间断转动小滑板手柄。在车削过程中，背吃刀量会逐渐减小，当车至终端时，将中滑板退出，小滑板则快速后退复位	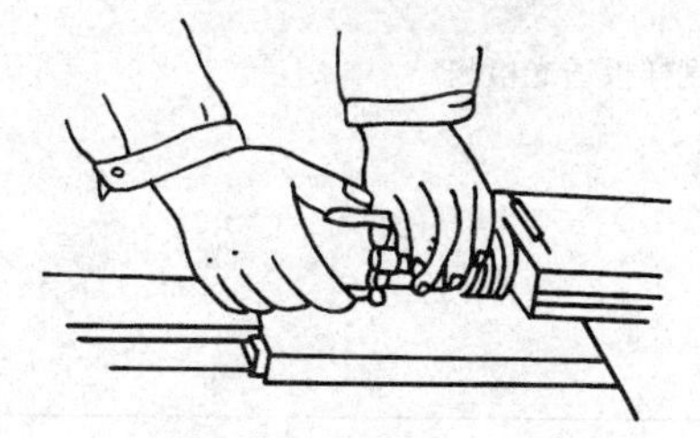
4. 在中滑板原刻度指示位置上调整背吃刀量，反复粗车至加工出的锥长为工件 1/3 ～1/2 锥长时，检测圆锥角度	

圆锥锥角的检测方法见表 4–6。

表 4–6　　　　　　　　　　　　　　圆锥锥角的检测方法

方法	图示
将圆锥套规轻轻地套在工件上，用手捏住套规左、右两端分别做上下摆动，若人端有间隙，说明圆锥角度太小；若小端有间隙，说明圆锥角度大了。此时可以松开转盘紧固螺母（须防止扳手碰撞转盘，引起角度变化），按角度调整方向用铜棒轻轻敲动小滑板，使小滑板做微量转动，然后锁紧转盘紧固螺母。试车后再次用套规检测，若左、右两端均不能摆动时，表明圆锥角度基本正确	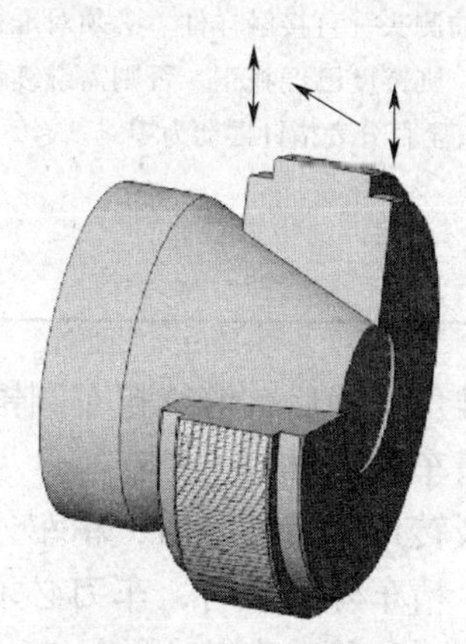

续表

方法	图示
将游标万能角度尺调整到要测的角度，基尺通过工件中心靠在端面上，刀口形直尺靠在圆锥面素线上，用透光法检测	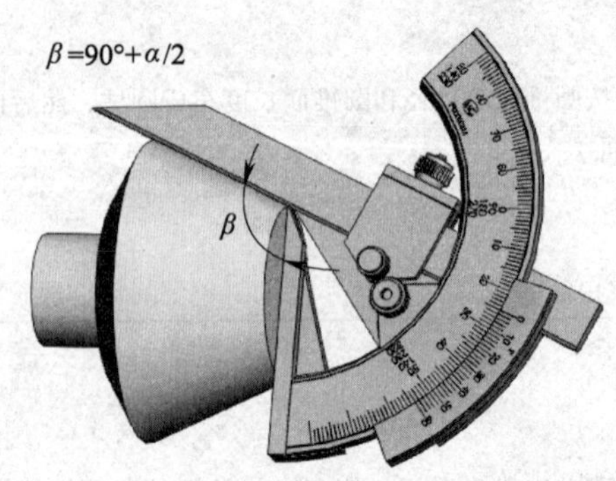
用角度样板透光检测	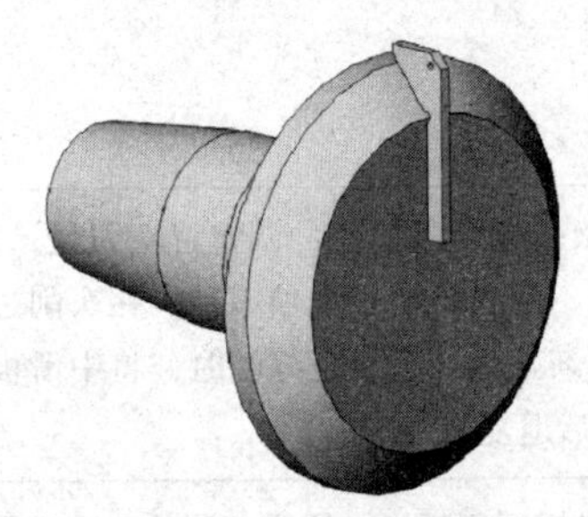
如果待加工的工件已有样件或标准塞规，可以采用百分表直接找正小滑板转动角度后加工 先将样件或塞规装夹在两顶尖之间，把小滑板转动一个所需的圆锥半角 $\alpha/2$，然后在刀架上安装一个百分表，并使百分表的测头垂直接触样件（必须对准样件中心）。若摆动为零，则锥度已经找正，否则需继续调整小滑板转动角度，直至百分表指针摆动为零	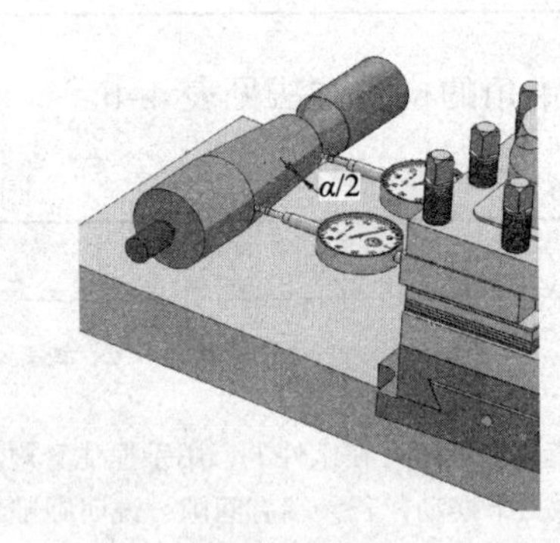

圆锥锥角正确后，继续粗车圆锥面，留精车余量 0.5 ~ 1 mm。

（5）精车外圆锥

小滑板转角调整准确后，精车外圆锥主要是提高工件的表面质量及控制外圆锥的尺寸精度。因此，精车外圆锥时，车刀必须锋利、耐磨，进给必须均匀、连续。其背吃刀量的控制方法有计算法和移动床鞍法，见表 4–7。

表 4–7 背吃刀量的控制方法

方法	步骤	图示
计算法	1. 用钢直尺或游标卡尺测量出工件端面至套规通端界限面的距离 a，计算出背吃刀量 $a_p=a\tan\frac{\alpha}{2}$ 或 $a_p=a\times\frac{C}{2}$	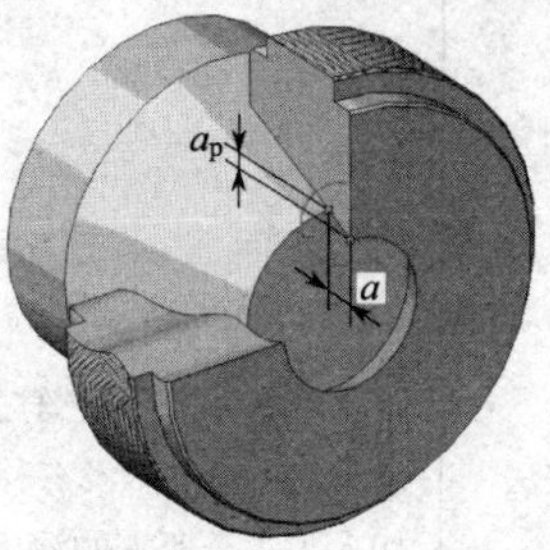 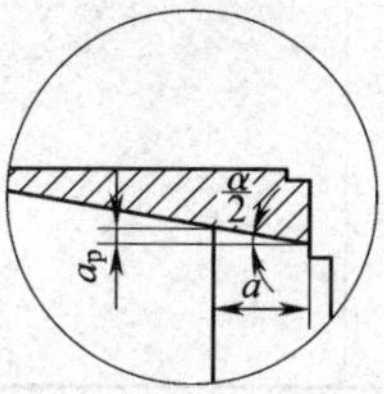
	2. 移动中、小滑板，使刀尖轻触工件圆锥小端外圆表面后用小滑板退出（退出距离大于 a），接着中滑板按 a_p 值进刀（床鞍不动），小滑板手动进给车圆锥面至尺寸	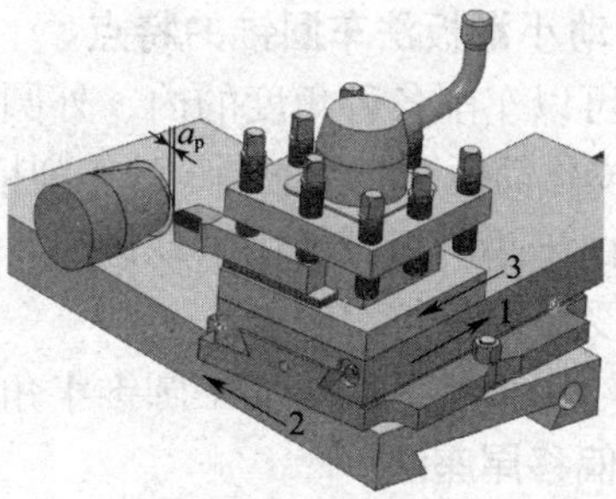 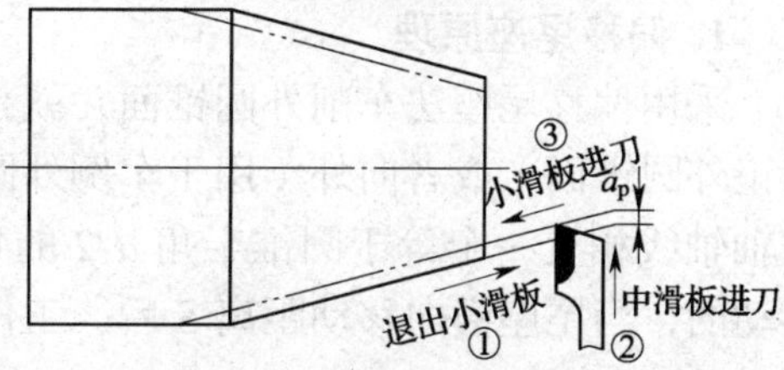
移动床鞍法	1. 根据量出的长度 a，使车刀刀尖轻触工件圆锥小端外圆，移动小滑板退出，使车刀沿轴向离开工件端面超过一个 a 值距离	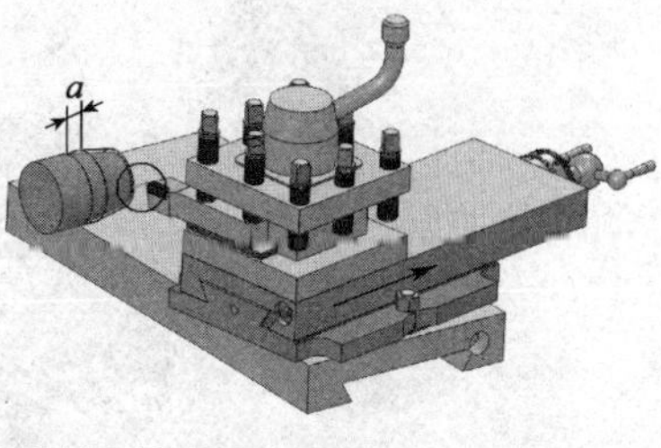 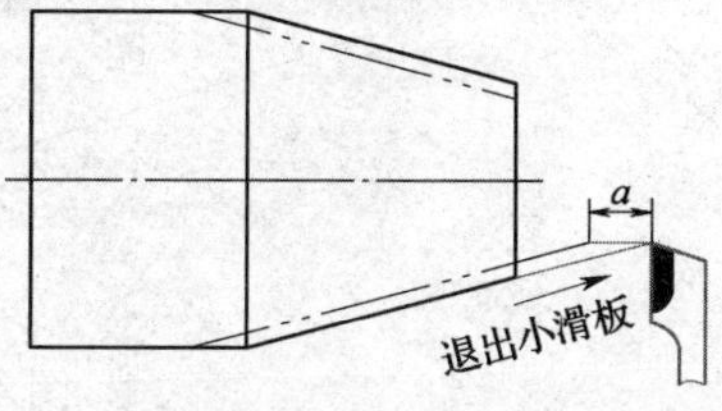

续表

方法	步骤	图示
移动床鞍法	2. 移动床鞍使车刀前移 a 值（中滑板不动），此时虽然没有移动中滑板，但车刀已经切入了一个所需的深度	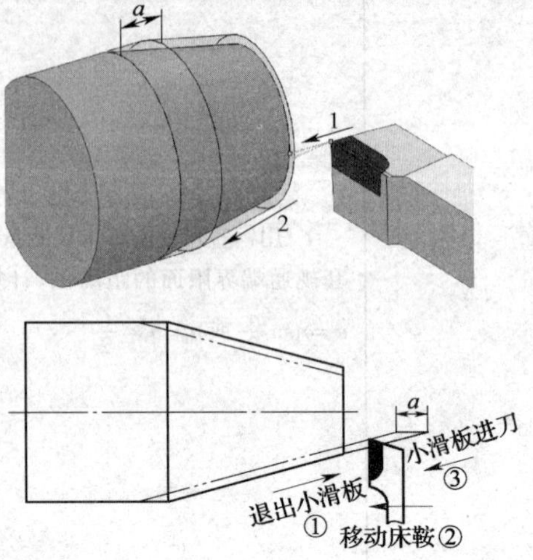

3. 转动小滑板法车圆锥的特点

（1）可以车削各种角度的内、外圆锥，适用范围广泛。

（2）操作简便，能保证一定的车削精度。

（3）由于小滑板只能用手动进给，故劳动强度较大，表面质量也较难控制，而且车削锥面的长度受小滑板行程限制。

转动小滑板法适用于加工圆锥半角较大且锥面不长的工件。

二、偏移尾座法

1. 偏移尾座原理

采用偏移尾座法车削外圆锥面，就是将工件装夹在两顶尖间，把尾座上滑板向里（用于车正外圆锥面）或者向外（用于车倒外圆锥面）横向移动距离 S 后，使工件回转轴线与车床主轴轴线相交一个等于圆锥半角 $\alpha/2$ 的角度，如图 4–17 所示。由于床鞍是平行于主轴轴线移动的，当尾座横向移动距离 S 后，工件就车成了一个圆锥。

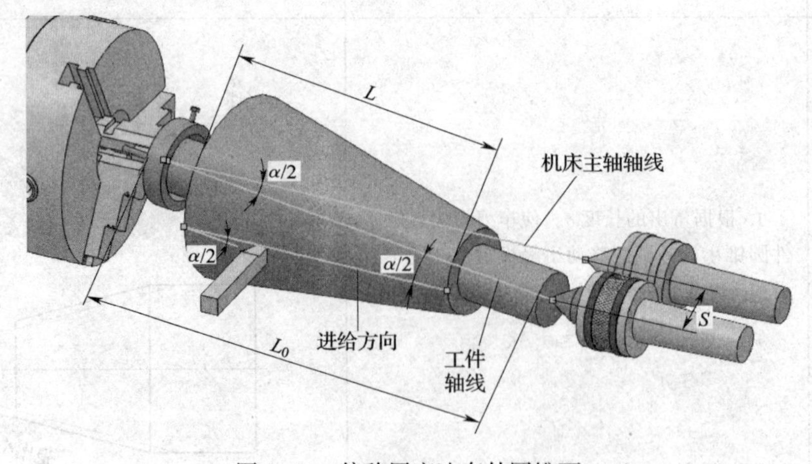

图 4–17　偏移尾座法车外圆锥面

2. 偏移尾座法车外圆锥的方法和步骤

（1）尾座偏移量的计算

用偏移尾座法车削圆锥时，尾座的偏移量不仅与圆锥长度有关，而且还与两顶尖之间的距离有关，这段距离可近似地看作工件的全长 L_0。尾座偏移量可根据下列公式计算求得：

$$S=L_0\tan\frac{\alpha}{2}=\frac{D-d}{2L}L_0 \text{或} S=\frac{C}{2}L_0$$

式中 S——尾座偏移量，mm；

D——圆锥大端直径，mm；

d——圆锥小端直径，mm；

L——圆锥大端直径与小端直径间的轴向距离，mm；

L_0——工件全长，mm；

C——锥度。

（2）偏移尾座的方法

先将前、后两顶尖对齐（尾座上、下层零线对齐），然后根据计算所得偏移量 S，采用表 4–8 中的方法偏移尾座。

表 4–8 偏移尾座的方法

方法	步骤	图示
利用尾座刻度偏移	先松开尾座紧固螺母，然后用六角扳手转动尾座上层两侧螺钉 1、2 进行调整。车削正锥时，先松螺钉 1，紧螺钉 2，使尾座上层根据刻度值向里（向操作者）移动距离 S；车削倒锥时则相反。最后拧紧尾座紧固螺母即可	
利用中滑板刻度偏移	在刀架上夹持一根端面平整的铜棒，摇动中滑板手柄使铜棒端面与尾座套筒轴心线水平面接触，记下中滑板刻度值。再根据偏移量 S 算出中滑板刻度应转过的格数来移动中滑板，注意消除中滑板丝杠间隙的影响，然后移动尾座上层，使尾座套筒与铜棒端面接触为止	

续表

方法	步骤	图示
利用百分表偏移	先将百分表固定在刀架上，使百分表的测头与尾座套筒接触（百分表应位于通过尾座套筒轴线的水平面内，且百分表测杆垂直于套筒表面），然后偏移尾座。当百分表指针转动至 S 值时，把尾座固定 利用百分表偏移尾座比较准确	
利用锥度量棒或样件偏移	先把锥度量棒或样件装夹在两顶尖之间，在刀架上装一测杆垂直于量棒或样件表面的百分表，而百分表测头位于通过量棒或样件轴线的水平面内并与量棒或样件表面接触。然后偏移尾座，纵向移动床鞍，使百分表在两端的读数一致后，固定尾座即可 使用这种方法偏移尾座，必须选用与加工工件等长的锥度量棒或标准样件，否则加工出的锥度是不正确的	

由于在尾座偏移量的计算公式中把两顶尖间距离近似看作工件全长，计算结果所得的偏移量 S 为近似值，因此，除利用锥度量棒或标准样件偏移尾座外，其他三种按 S 值偏移尾座的方法都必须经试切和逐步修正来达到精确的圆锥半角，以满足工件的要求。

如果工件中心孔和顶尖都是 60°，由于尾座偏移，使前后两顶尖的轴线不在同一直线上，则两端接触处都不吻合，可以采用球头顶尖消除由于尾座偏移而造成的工件回转阻滞和干涉。图 4–18a 所示工件为 60° 中心孔，两端面采用球头顶尖，是一种较好的接触方式。或工件两端的中心孔采用圆柱孔形式，并将尖角倒圆（圆弧半径约为 1 mm）。图 4–18b 两顶尖为 60° 锥体，中心孔用圆柱孔形式，此接触方式对加工精度有一定影响，因而不适用于加工精度要求较高的锥体。

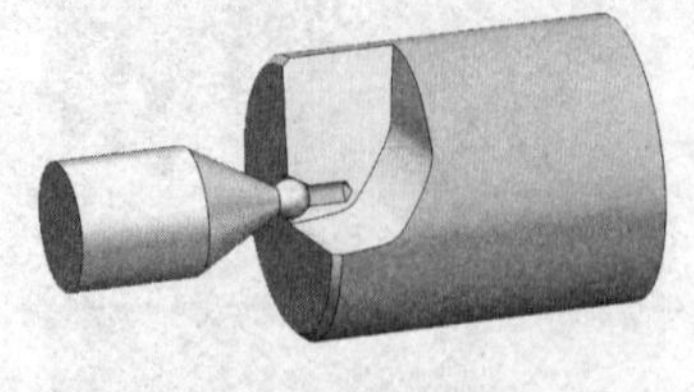

a)

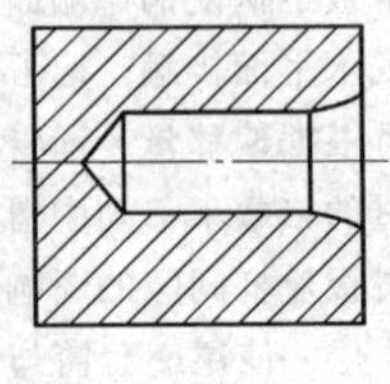

b)

图 4–18　偏移尾座的顶尖接触方式

（3）工件的装夹

1）调整尾座在车床上的位置，使前、后两顶尖间的距离为工件总长，此时尾座套筒伸出尾座的长度应小于套筒总长的 1/2。

2）工件两端中心孔内加润滑脂，装鸡心夹头，将工件装夹在两顶尖间，松紧程度以手能轻轻拨转工件且工件无轴向窜动为宜。

（4）粗车外圆锥

由于工件采用两顶尖装夹，应适当降低切削用量。粗车外圆锥面时，可以采用机动进给，粗车圆锥面长度达 1/3 ~ 1/2 长时，须进行锥度检查，检测圆锥角是否正确，方法与转动小滑板法车外圆锥面时的检测方法相同。若锥度 C 偏大，则反向偏移，微量调整尾座，即减小尾座偏移量 S；若锥度 C 偏小，则同向偏移，微量调整尾座，即增大尾座偏移量 S。反复试车调整，直至圆锥角调整正确。然后粗车外圆锥面，留精车余量 0.5 ~ 1.0 mm。

（5）精车外圆锥

1）用计算法或移动床鞍法确定背吃刀量 a_p（参见转动小滑板车削外圆锥面的方法）。

2）用机动进给精车外圆锥面至要求。

批量生产时，工件的总长和中心孔的大小、深浅必须保持一致，否则加工出的工件锥度将不一致。

（6）偏移尾座法车圆锥的特点

1）可以采用纵向机动进给，使表面粗糙度值减小，圆锥的表面质量较高。

2）顶尖在中心孔中是歪斜的，因而接触不良，致使顶尖和中心孔磨损不均匀，故可采用球头顶尖（图 4–18a）或 R 型中心孔。

3）不能加工整锥体或内圆锥。

4）因受尾座偏移量的限制，不能加工锥度大的工件。

偏移尾座法适用于加工锥度小、精度不高、锥体较长的外圆锥工件。

三、仿形法

仿形法车圆锥是刀具按照仿形装置（靠模）进给对工件进行加工的方法，如图 4–19 所示。在卧式车床上安装一套仿形装置，该装置能使车刀做纵向进给的同时做横向进给，从而使

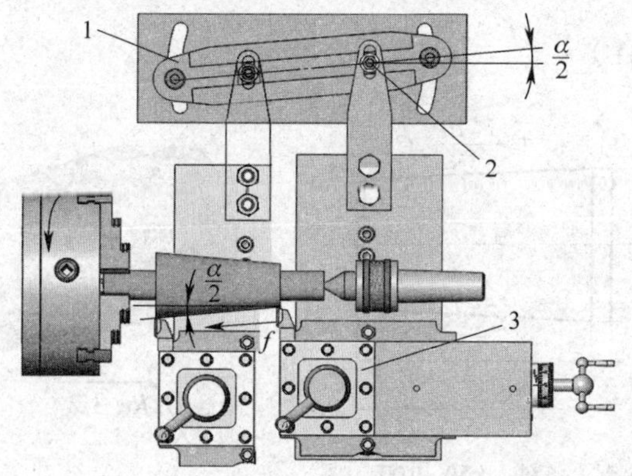

图 4–19　仿形法车圆锥的基本原理

1—靠模板　2—滑块　3—刀架

车刀的运动轨迹与圆锥面的素线平行，加工出所需的圆锥面。

1. 仿形法的基本原理

仿形法又称靠模法，它是在车床床身后面安装一个固定靠模板，其斜角根据工件的圆锥半角 $\alpha/2$ 调整；取出中滑板丝杠，刀架通过中滑板与滑块刚性连接。这样当床鞍纵向进给时，滑块沿着固定靠模板中的斜槽滑动，带动车刀做平行于靠模板斜面的运动，使车刀刀尖的运动轨迹平行于靠模板的斜面，这样即可车出外圆锥。用此法车外圆锥时，小滑板需旋转90°，以代替中滑板横向进给。

2. 仿形法的特点

（1）调整锥度准确、方便，生产效率高，因而适合于批量生产。

（2）中心孔接触良好，又能自动进给，因此圆锥表面质量高。

（3）靠模装置角度调整范围较小，一般适用于车削圆锥半角 $\alpha/2<12°$ 的工件。

四、宽刃刀车削法

宽刃刀车圆锥面实质上属于成形法车削，即用成形刀具对工件进行加工。它是在装夹车刀时，把主切削刃与主轴轴线的夹角调整到与工件的圆锥半角 $\alpha/2$ 相等后，采用横向进给的方法加工出外圆锥，如图4–20所示。

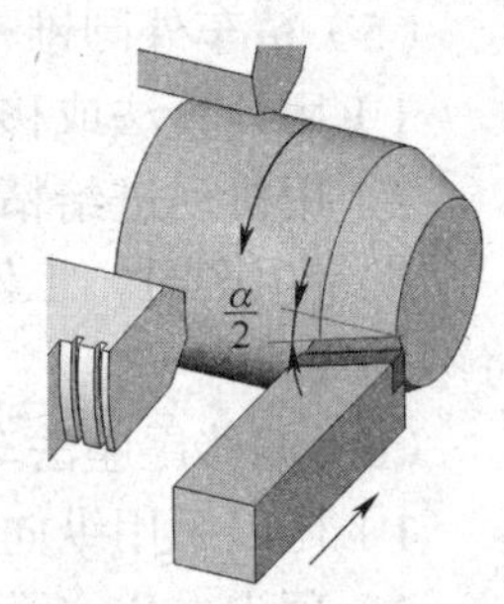

图4–20　宽刃刀车圆锥

用宽刃刀车外圆锥时，切削刃必须平直，应取刃倾角 $\lambda_s=0°$，车床、刀具和工件等组成的工艺系统必须具有较高的刚度；而且背吃刀量应小于0.1 mm，切削速度宜低些，否则容易引起振动。

宽刃刀车削法主要适用于较短圆锥的精车工序。当工件的圆锥表面长度大于切削刃长度时，可以采用多次接刀的方法加工，但接刀处必须平直。

技能训练一

用转动小滑板法车削外圆锥

1. 工件图样（图4–21）

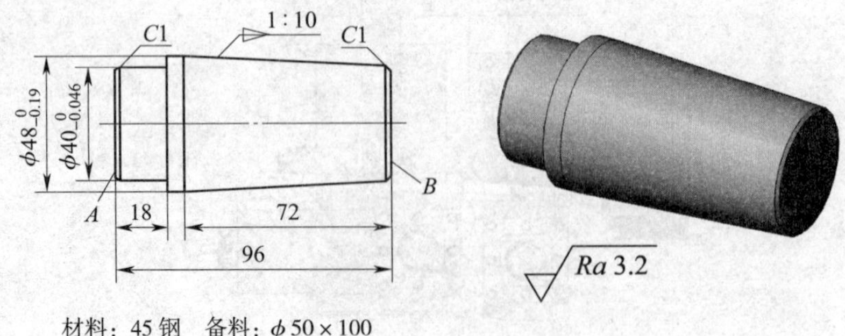

图4–21　外圆锥

2. 加工工艺卡（表 4–9）

表 4–9 加工工艺卡

工序	工步	内容	图示
10		检查备料 $\phi 50$ mm × 100 mm	
20		用三爪自定心卡盘夹持毛坯外圆，伸出长度为 25 mm 左右，找正并夹紧	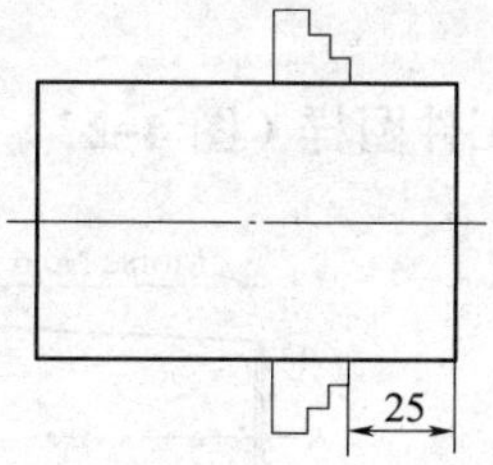 25
	1	车端面 A，车平即可	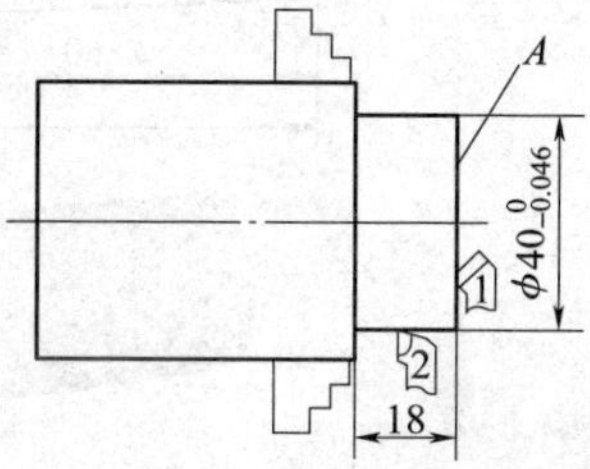 A $\phi 40_{-0.046}^{0}$ 1 2 18
	2	粗、精车外圆 $\phi 40_{-0.046}^{0}$ mm、长 18 mm 至要求	
	3	倒角 $C1$ mm	
30		掉头，夹持 $\phi 40_{-0.046}^{0}$ mm 外圆，长 15 mm 左右，找正并夹紧	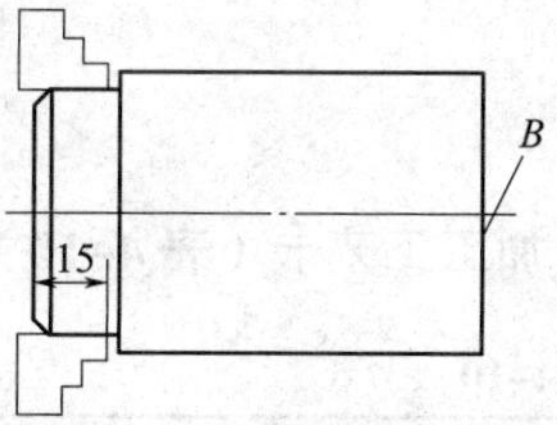 B 15
	1	车端面 B，保证总长 96 mm	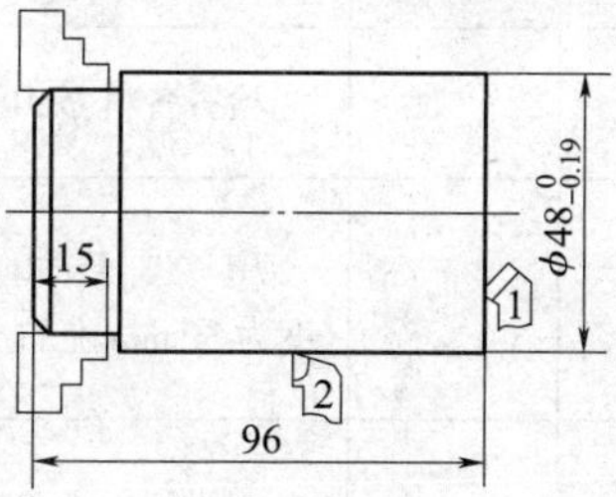 15 $\phi 48_{-0.19}^{0}$ 1 2 96
	2	粗、精车外圆至尺寸 $\phi 48_{-0.19}^{0}$ mm	
	3	小滑板逆时针转动圆锥半角（$\alpha/2 \approx 2°51'45''$）粗车外圆锥面	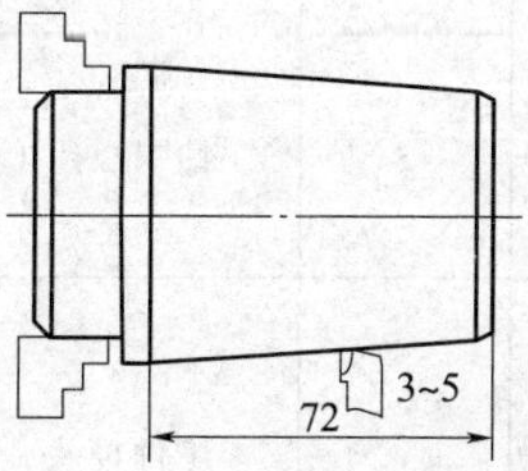 3~5 72
	4	用游标万能角度尺检查圆锥半角并调整小滑板转角	
	5	精车圆锥面至尺寸要求	
	6	倒角 $C1$ mm，去毛刺	
40		检查质量，合格后卸下工件	

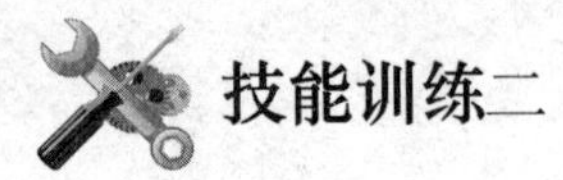

技能训练二

用偏移尾座法车削外圆锥

1. 工件图样（图 4–22）

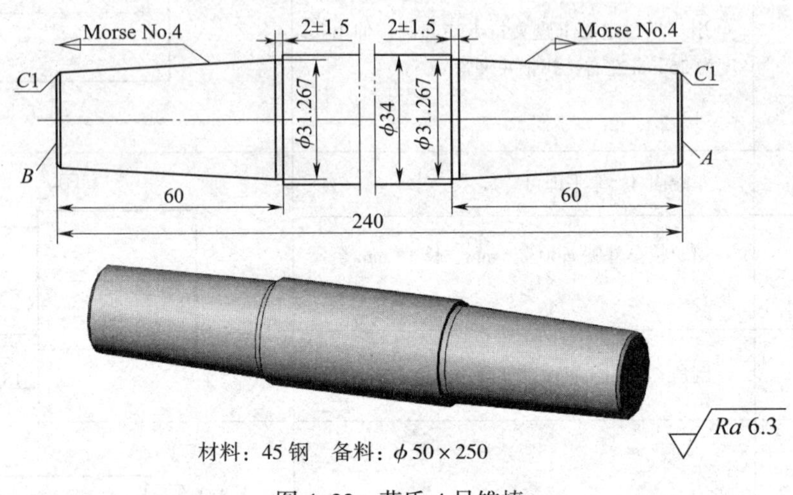

图 4–22　莫氏 4 号锥棒

2. 加工工艺卡（表 4–10）

表 4–10　　加工工艺卡

工序	工步	内容	图示
10		检查备料 ϕ50 mm × 250 mm	
20		用三爪自定心卡盘夹持毛坯外圆，伸出长度为 30 mm 左右。找正并夹紧	
	1	车端面 A，车平即可	
	2	钻中心孔（用 B 型中心钻）	
30		工件掉头，用三爪自定心卡盘夹持毛坯外圆，伸出长度为 30 mm 左右，找正并夹紧	

续表

工序	工步	内容	图示
	1	车端面 B，保证总长 240 mm	B 钻中心孔 240
	2	钻中心孔（用 B 型中心钻）	
40		采用两顶尖装夹工件，找正并夹紧	顶尖 顶尖 A
	1	车外圆至尺寸 $\phi 34$ mm	60 顶尖 $\phi 34$ 顶尖 1 2~3 A
	2	车 A 端外圆至尺寸 $\phi 32$ mm，长 60 mm	
	3	根据尾座偏移量 S 偏移尾座，粗车，修正偏移量，精车 A 端莫氏 4 号外圆锥面至尺寸要求，倒角 $C1$ mm	
50		掉头，用两顶尖顶紧工件	顶尖 顶尖 B
	1	车 B 端外圆至尺寸 $\phi 32$ mm，长 60 mm	60 顶尖 $\phi 34$ 顶尖 B 1~2
	2	因重新装夹会引起工件总长 L_0 变化，尾座偏移量须重新修正。精车 B 端莫氏 4 号外圆锥面至尺寸要求，倒角 $C1$ mm	
60		检查质量，合格后卸下工件	

课题三 车内圆锥及圆锥配合件

一、车内圆锥

车内圆锥（圆锥孔）比车外圆锥困难，因为车削时车刀在孔内切削，不易观察和测量。为了便于加工和测量，装夹工件时应使锥孔大端直径的位置在外端（靠近尾座方向），锥孔小端直径的位置则靠近车床主轴。

在车床上加工内圆锥的方法主要有转动小滑板法、宽刃刀法和铰内圆锥法。

1. 转动小滑板法车内圆锥

（1）锥孔车刀的选择和装夹

锥孔车刀刀柄尺寸受锥孔小端直径的限制，为提高刀柄刚度，宜选用圆锥形刀柄，且刀尖应与刀柄中心对称平面等高，以免出现内圆锥双曲线误差（图 4–23）。

图 4–23 内圆锥双曲线误差

装夹车刀时，应使刀尖严格对准工件回转中心，刀柄伸出的长度应保证其切削行程，刀柄与工件锥孔间应留有一定空隙。车刀装夹好后应在停车状态全程检查是否产生碰撞。

车刀对中心的方法与车端面时对中心方法相同。在工件端面上有预制孔时，可采用表 4–11 中的方法对中心。

表 4–11 车刀对中心的方法

步骤	图示
1. 先初步调整车刀高低位置并夹紧，然后移动床鞍和中滑板使车刀与工件端面轻轻接触，摇动中滑板使车刀刀尖在工件端面轻轻划出一条刻线 *AB*	刻线 B A
2. 将卡盘扳转 180° 左右，使刀尖通过 *A* 点再划一条刻线 *AC*。若刻线 *AC* 与 *AB* 重合，说明刀尖对准工件回转中心；若 *AC* 在 *AB* 的下方，说明车刀装低了；若 *AC* 在 *AB* 的上方，说明车刀装高了。此时可根据 *BC* 间距离的 1/4 左右增减车刀垫片，使刀尖对准工件回转中心	A B C C A B

（2）转动小滑板法车内圆锥的方法

转动小滑板法车内圆锥的方法见表 4–12。

表 4–12　　转动小滑板法车内圆锥的方法

步骤	图示
1. 钻孔。车削内圆锥面前，应先车平工件端面，然后选择比锥孔小端直径小 1 ~ 2 mm 的麻花钻钻孔 2. 转动小滑板车内圆锥面。转动小滑板的方法与车削外圆锥面时相同，只是方向相反，应顺时针方向偏转 $\alpha/2$。车削前也须调整好小滑板导轨与楔铁的配合间隙，并确定小滑板的行程	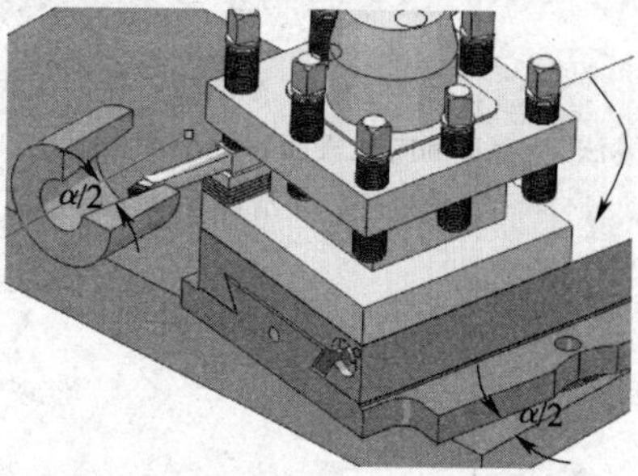
3. 按圆锥大端直径和圆锥面长度车成圆柱孔，然后再车圆锥面。加工时，车刀从内孔近端面处开始切削（主轴仍正转）。当塞规能塞进工件约 1/2 长度时检查并校准圆锥角	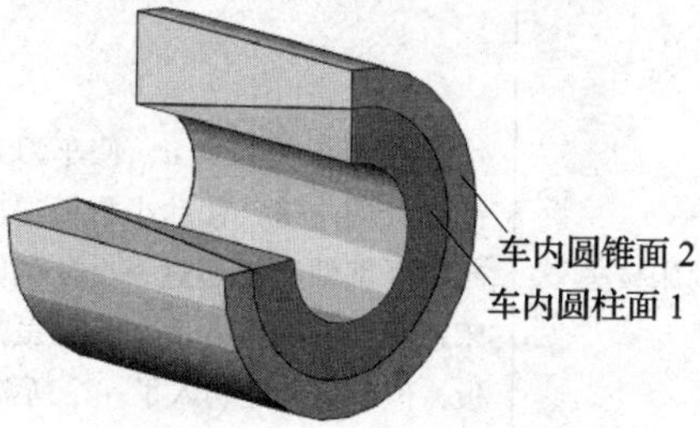
4. 用涂色法（显示剂涂在外锥面上，即圆锥塞规表面上）检测圆锥孔角度。根据擦痕情况调整小滑板转动的角度，经几次试切和检查后逐步将角度找正 精车内圆锥面控制尺寸的方法与精车外圆锥面控制尺寸的方法相同，可以采用计算法或移动床鞍法确定 a_p 值（表 4–13）	

表 4–13　　精车内圆锥控制尺寸的方法

方法	步骤	图示
计算法	内锥大端距离塞规通端余量为 a，则背吃刀量 $a_p=a\tan\dfrac{\alpha}{2}$ 或 $a_p=a\times\dfrac{C}{2}$	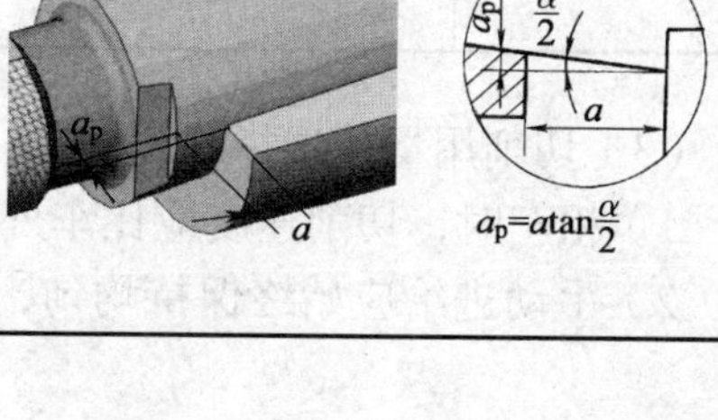

续表

方法	步骤	图示
计算法	移动中、小滑板，使刀尖轻触工件圆锥近大端内孔表面后用小滑板退出，接着中滑板按 a_p 值进刀，小滑板手动进给车圆锥面至尺寸	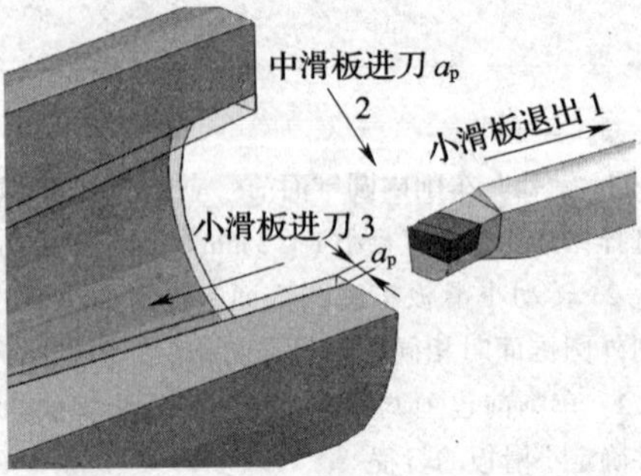 中滑板进刀 a_p 2 小滑板退出 1 小滑板进刀 3 a_p
移动床鞍法	根据量出的长度 a，使车刀刀尖轻触工件圆锥近大端内壁，移动小滑板退出，使车刀沿轴向离开工件端面超过一个 a 值距离。接着移动床鞍使车刀前移 a 值，此时虽然没有移动中滑板，但车刀已经切入了一个所需的深度	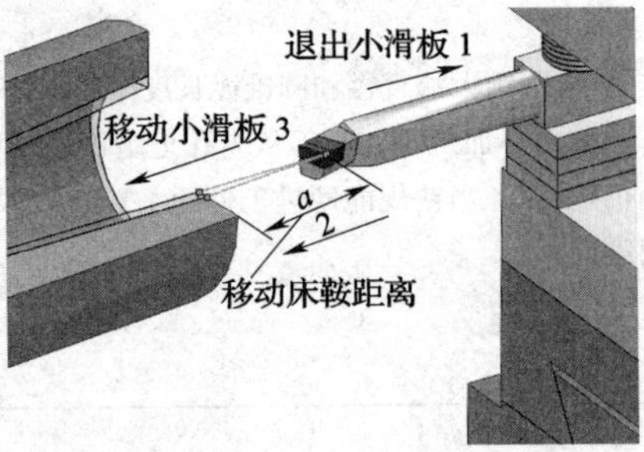 退出小滑板 1 移动小滑板 3 a 2 移动床鞍距离
车削对称圆锥	先把外侧圆锥孔车削正确，再将车刀反装，摇向对面孔壁，车削里面的圆锥孔。这样，小滑板角度未变，不但能使两对称圆锥孔锥度相等，而且工件不需卸下，两锥孔可获得很高的同轴度精度	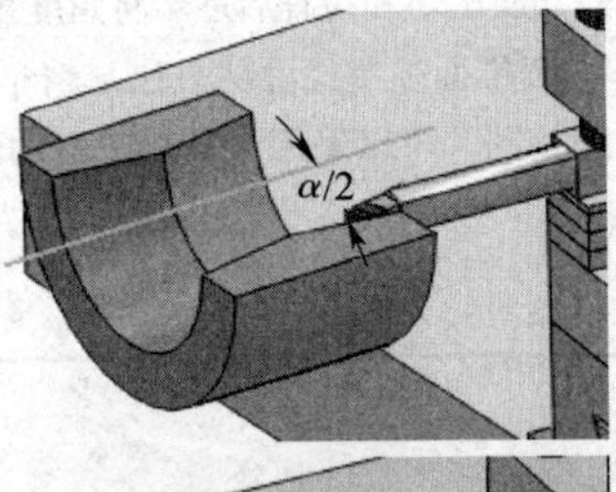 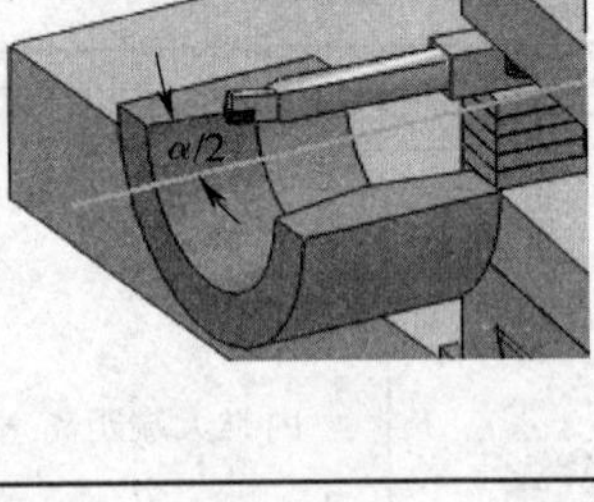 $\alpha/2$ $\alpha/2$

（3）切削用量的选择

1）粗车时，切削速度应比车外圆锥面时低 10%～20%；精车时采用低速车削。

2）手动进给应始终保持均匀，不能有停顿或快慢不均的现象，最后一刀的精车背吃刀

量 a_p 一般为 0.1 ~ 0.2 mm。

3）精车钢件时，可以加注切削液，以减小表面粗糙度值，提高表面质量。

2. 宽刃刀法车内圆锥

（1）宽刃刀的刃磨与装夹

一般选用高速钢车刀，几何角度如图 4–24 所示。切削刃刃磨后与刀柄轴线夹角为 $\alpha/2$。装夹宽刃刀时，切削刃应与工件回转中心等高，与车床主轴轴线夹角等于工件的圆锥半角 $\alpha/2$。

宽刃刀车削法实质上属于成形法，使用宽刃刀车削内圆锥面时，要求车床具有很高的刚度，以免车削时引起振动。

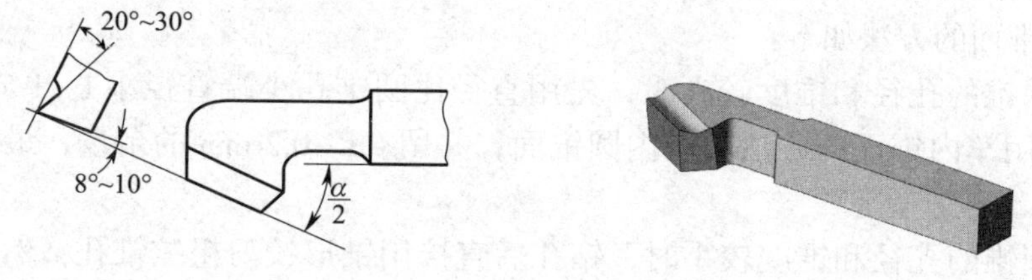

图 4–24　宽刃锥孔车刀

（2）车削方法

1）先用内孔车刀粗车内锥面，留精车余量。

2）换宽刃锥孔车刀精车，宽刃刀的切削刃伸入孔内长度大于锥长，横向（或纵向）进给，低速车削，如图 4–25 所示。

3）车削时，使用切削液润滑，可使车出内锥面的表面粗糙度 Ra 值达到 1.6 μm。

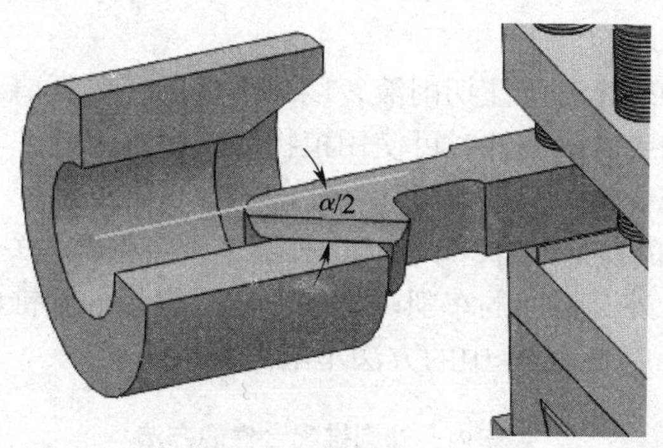

图 4–25　用宽刃刀车内圆锥面

3. 铰内圆锥

（1）锥形铰刀

当内锥直径较小和精度要求较高时，可用铰削方法加工内圆锥面。用铰削方法加工的内圆锥面精度比车削加工的高，表面粗糙度 Ra 值可达 1.6 ~ 0.8 μm。

锥形铰刀分为粗铰刀和精铰刀两种（图 4–26）。粗铰刀槽数比精铰刀少，切削刃上开有一条右旋螺旋分屑槽，将切削刃分割成若干段短切削刃，使切屑容易排出。精铰刀直线刀齿的锥度精确，有 0.1 ~ 0.2 mm 的棱边，以保证内锥质量。

a)　　　　　　　　b)

图 4–26　锥形铰刀

a）粗铰刀　b）精铰刀

（2）铰削方法

在车床上铰削内圆锥面，将铰刀装夹在尾座套筒内，铰削前必须把尾座套筒轴线调整到与车床主轴轴线同轴位置，否则铰出的锥孔不正确，表面质量也不高。

铰削内圆锥面的方法如下：

1）当内圆锥的孔径和锥度较大时，先用直径比圆锥孔小端直径小 1 ~ 1.5 mm 的麻花钻钻底孔，然后用车内锥面的方法粗车内圆锥面，并留 0.1 ~ 0.2 mm 的余量，最后用精铰刀铰削成形。

2）当内圆锥的孔径和锥度较小时，钻孔后直接用锥形铰刀粗铰锥孔，然后用精铰刀铰削成形。

（3）切削用量

铰削内圆锥面时，参加切削的切削刃长，切削面积大，排屑较困难，所以切削用量应选得小些。

切削速度一般选 5 m/min 以下，进给应均匀。

进给量大小根据锥度大小选取，锥度大时进给量小些；反之，锥度小则进给量可取大些。铰削圆锥角 $\alpha \leqslant 3°$ 的锥孔（如莫氏锥孔），钢件进给量一般选 0.15 ~ 0.3 mm/r；铸铁件进给量一般选 0.3 ~ 0.5 mm/r。

铰削内圆锥面时，必须充分浇注切削液，以减小表面粗糙度值。铰削钢件时可使用乳化液或切削油；铰削合金钢或低碳钢件时可使用植物油；铰削铸铁件时可使用煤油或柴油。

二、车内、外圆锥配合件

为保证内、外圆锥面的良好贴合，车削内、外圆锥配合件时，关键在于小滑板在调整好的同一位置状态下完成内、外圆锥面的车削。具体方法是先将外圆锥面车正确，不要变动小滑板已调整好的角度，然后用表 4–14 中的方法车削内圆锥面。

表 4–14　　车内、外圆锥配合件的方法

方法	步骤	图示
车刀反装法	将锥孔车刀反装，使车刀前面向下，刀尖应对准工件回转中心，车床主轴仍正转，再车内圆锥	

续表

方法	步骤	图示
车刀正装法	采用与一般内孔车刀弯头方向相反的锥孔车刀，车刀正装，使车刀前面向上，刀尖对准工件回转中心。车床主轴应反转，然后车内圆锥	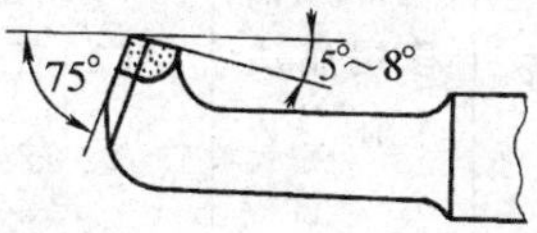 75° 5°～8°
反转车外锥	车外圆锥时，改变车刀装夹位置，将车刀像内孔车刀一样装夹（伸出长度大于工件锥长）。工件反转，车刀切削表面在操作者对面。车削完成后，将车床主轴正转，按一般车内圆锥方法车内圆锥 车外圆锥时，若圆锥直径大而长度长，可直接用内孔车刀车削内、外锥；若圆锥直径小而长度短，可选用 90° 偏刀	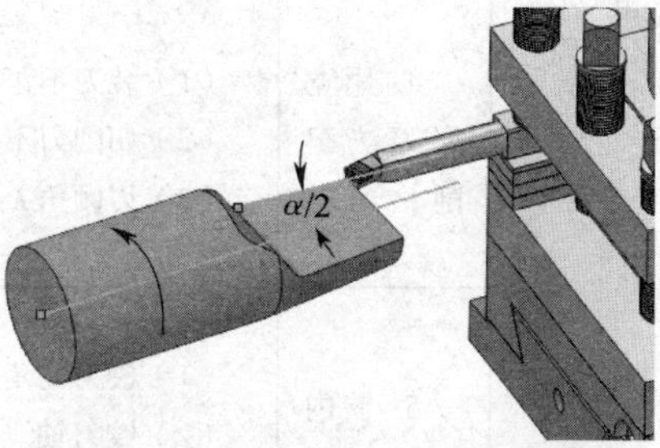 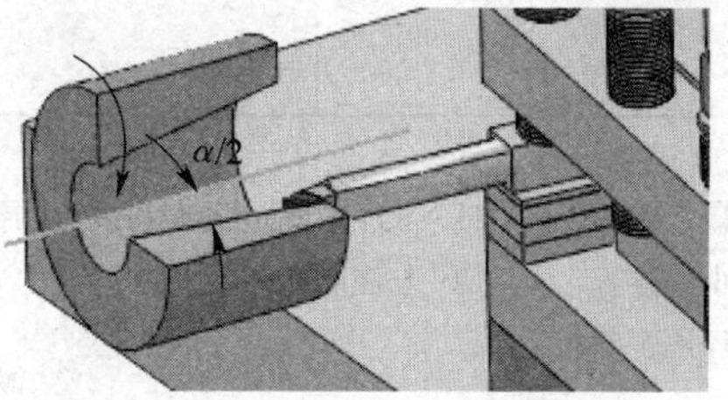 $\alpha/2$ $\alpha/2$

三、圆锥的车削质量分析

由于车削内、外圆锥对操作者技术水平要求较高，在生产实践中，往往会因种种原因而产生很多缺陷。车圆锥时废品的产生原因及预防措施见表 4–15。

表 4–15　　车圆锥时废品的产生原因及预防措施

废品种类	产生原因		预防措施
角度（锥度）不正确	1. 用转动小滑板法车削	（1）小滑板转动的角度计算错误或小滑板角度调整不当 （2）车刀没有装夹牢固 （3）小滑板移动时松紧不均匀	（1）仔细计算小滑板应转动的角度和方向，反复试车找正 （2）紧固车刀 （3）调整小滑板导轨与楔铁的间隙，使小滑板移动均匀

续表

废品种类	产生原因		预防措施
角度（锥度）不正确	2. 用偏移尾座法车削	（1）尾座偏移位置不正确 （2）工件长度不一致	（1）重新计算和调整尾座偏移量 （2）若工件数量较多，其长度必须一致，且两端中心孔深度一致
	3. 用仿形法车削	（1）靠模板角度调整不正确 （2）滑块与靠模板配合不良	（1）重新调整靠模板角度 （2）调整滑块和靠模板之间的间隙
	4. 用宽刃刀法车削	（1）装刀不正确 （2）切削刃不直 （3）刃倾角 $\lambda_s \neq 0°$	（1）调整切削刃的角度及对准工件轴线 （2）修磨切削刃，保证其直线度 （3）重磨刃倾角，使 λ_s=0°
	5. 铰内圆锥	（1）铰刀的角度不正确 （2）铰刀轴线与主轴轴线不重合	（1）更换、修磨铰刀 （2）用百分表和试棒调整尾座套筒轴线，使其与主轴轴线重合
最大和最小圆锥直径不正确	1. 未经常测量最大和最小圆锥直径 2. 未控制车刀的背吃刀量		1. 经常测量最大和最小圆锥直径 2. 及时测量，用计算法或移动床鞍法控制背吃刀量
双曲线误差	车刀刀尖未严格对准工件轴线		车刀刀尖必须严格对准工件轴线
表面粗糙度达不到要求	1. 与“车削轴类工件时表面粗糙度达不到要求的原因”相同，具体见表 2–17 2. 小滑板楔铁间隙不当 3. 未留足精车或铰削余量 4. 手动进给忽快忽慢		1. 见表 2–17 2. 调整小滑板楔铁间隙 3. 要留有适当的精车或铰削余量 4. 手动进给要均匀，快慢一致

车圆锥时，虽经多次调整小滑板或靠模板的角度，但仍不能找正；用圆锥环规检验外圆锥时，发现两端的显示剂被擦去，中间不接触；用圆锥塞规检验内圆锥时，发现中间显示剂被擦去，两端没有擦去。出现以上情况是车刀刀尖没有严格对准工件轴线而造成的双曲线误差所致。因此，车圆锥表面时，一定要使车刀刀尖严格对准工件轴线。当车刀中途刃磨后再装刀时，必须重新调整垫片的厚度，使车刀刀尖严格对准工件轴线。

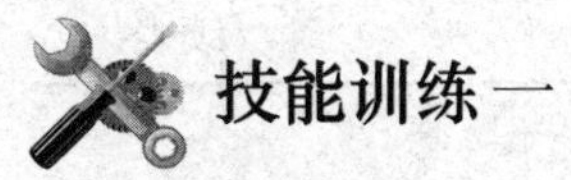

技能训练一

车削内、外圆锥配合件

1. 工件图样（图 4–27）

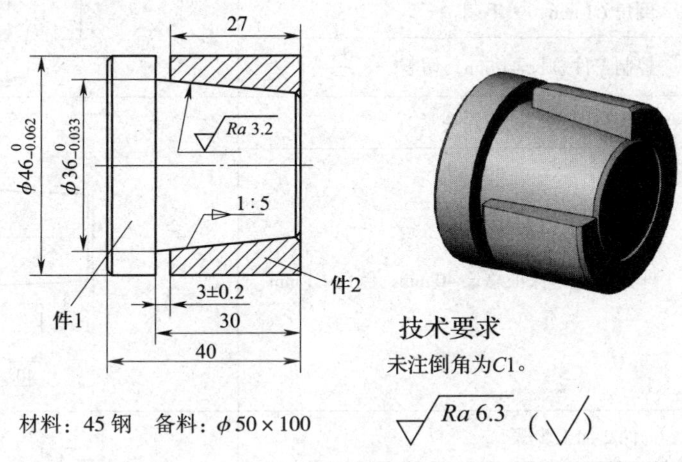

技术要求

未注倒角为 $C1$。

$\sqrt{Ra\ 6.3}$ （$\sqrt{}$）

材料：45 钢　备料：$\phi 50 \times 100$

图 4–27　内、外圆锥配合件

2. 加工工艺卡（表 4–16）

表 4–16　**加工工艺卡**

工序	工步	内容	图示
		件 1 加工步骤	
10		检查备料 $\phi 50$ mm × 100 mm	
20		用三爪自定心卡盘夹持毛坯外圆，伸出长度为 50 mm，找正并夹紧	
	1	车端面，车平即可	
	2	粗、精车外圆 $\phi 36_{-0.033}^{\ 0}$ mm、长 30 mm 至要求（车平台阶平台）	
	3	粗、精车外圆 $\phi 46_{-0.062}^{\ 0}$ mm、长大于 10 mm（工件总长 40 mm）至要求	

续表

工序	工步	内容	图示
	4	小滑板逆时针转动圆锥半角 5°42′38″（锥度为1∶5）	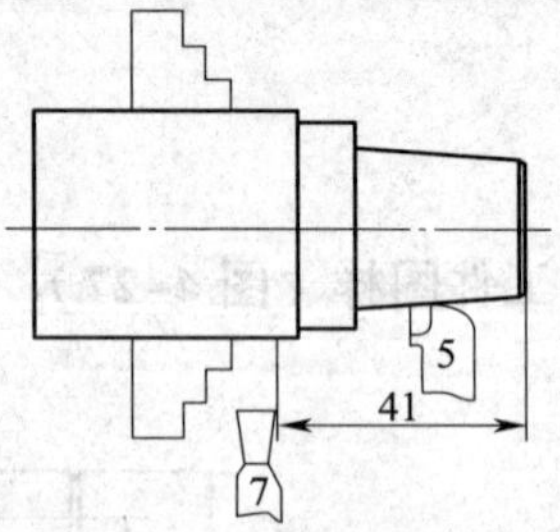
	5	粗、精车外圆锥面，锥面大端离台阶端面距离应不大于 1.5 mm	
	6	倒角 C1 mm，去毛刺	
	7	控制工件总长 41 mm，切断	
30		掉头垫铜皮，校正并夹紧	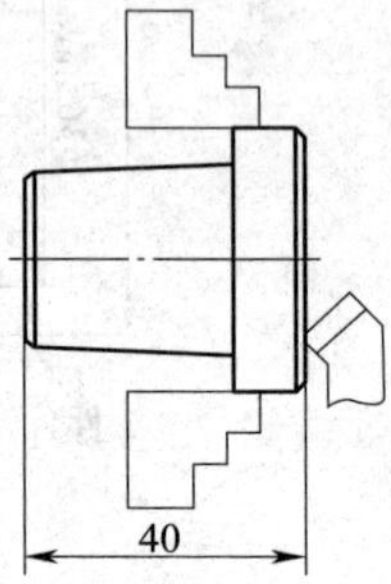
	1	车削端面，保证总长 40 mm；倒角 C1 mm	
		件 2 加工步骤	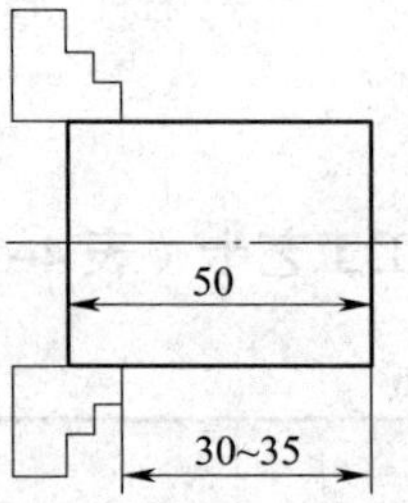
10		检查备料 ϕ50 mm × 50 mm	
20		用三爪自定心卡盘夹持毛坯外圆，伸出长度为 30 ~ 35 mm，找正并夹紧	
	1	车端面，车平即可	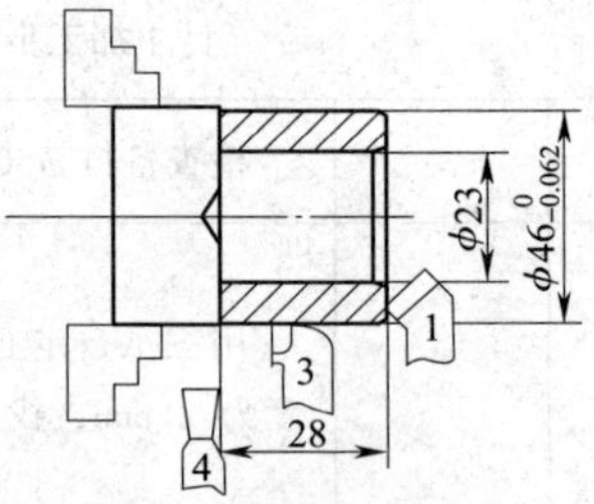
	2	钻孔 ϕ23 mm，深 30 mm 左右	
	3	粗、精车外圆 $\phi46_{-0.062}^{0}$ mm、长 30 mm 至要求，倒角 C1 mm	
	4	控制总长 28 mm，切断	
30		掉头垫铜皮，找正并夹紧	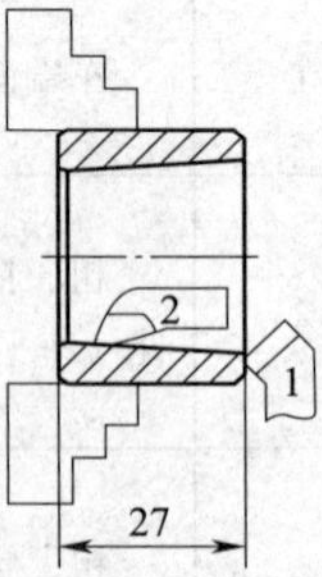
	1	车端面，保证总长 27 mm；倒角 C1 mm	
	2	粗、精车内圆锥面，控制配合间隙（3 ± 0.2）mm	
40		检查各项尺寸，合格后卸下工件	

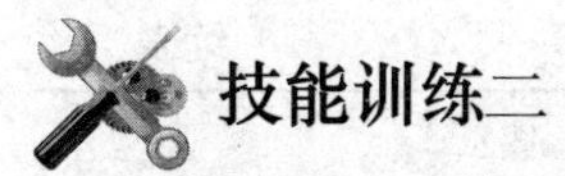

技能训练二

车削变径套

1. 工件图样（图 4–28）

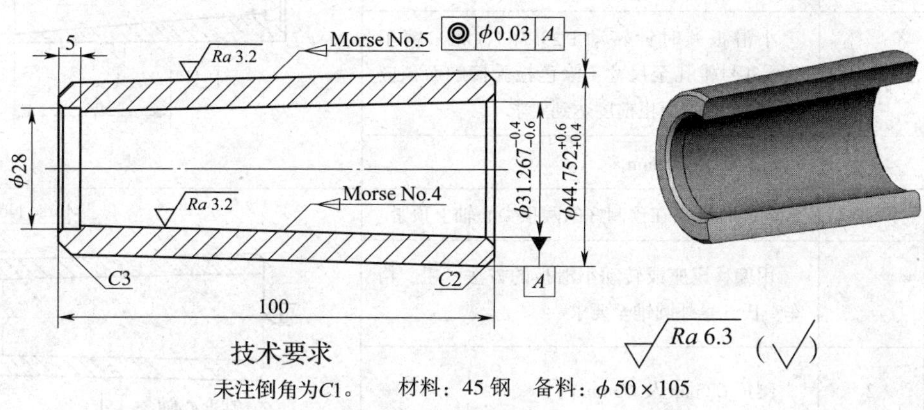

图 4–28　变径套

2. 加工工艺卡（表 4–17）

表 4–17　　加工工艺卡

工序	工步	内容	图示
10		检查备料 ϕ50 mm × 105 mm	65
20		用三爪自定心卡盘夹持毛坯外圆，伸出长度约 65 mm，找正并夹紧	
	1	车端面，车平即可	用 ϕ25 麻花钻钻通孔 ϕ28　5　ϕ46　60
	2	粗车毛坯外圆至 ϕ46 mm，长 60 mm	
	3	钻通孔 ϕ25 mm	
	4	车台阶孔 ϕ28 mm，深 5 mm	
	5	孔口倒角 C1 mm	

续表

工序	工步	内容	图示
30		掉头夹持 ϕ46 mm 外圆，伸出长度约 65 mm，找正并夹紧	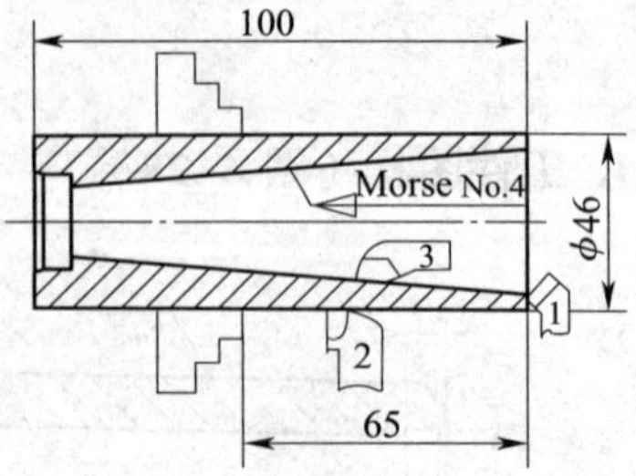
	1	车端面，保证总长 100 mm 至要求	
	2	接刀粗车毛坯外圆至 ϕ46 mm	
	3	小滑板顺时针转动 1°29′15″，粗、精车莫氏 4 号锥孔至尺寸（涂色检验接触面积应 ≥ 60%），表面粗糙度达到要求	
	4	孔口倒角 C1 mm	
40		将工件装夹在预制好的两顶尖心轴上顶紧	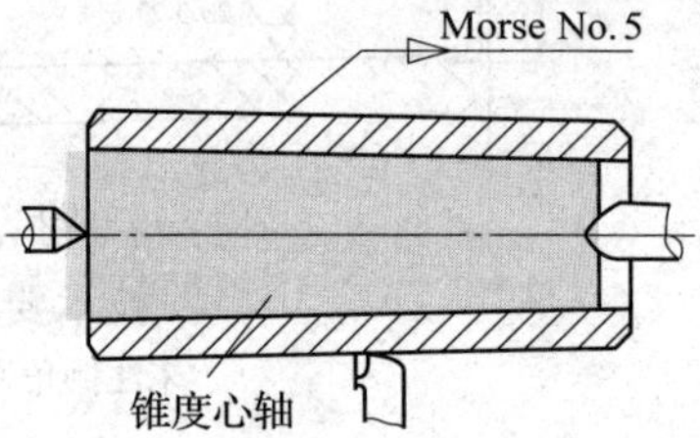
	1	用偏移尾座或转动小滑板的方法，粗、精车莫氏 5 号外圆锥至要求	
	2	倒角 C2 mm 及 C3 mm	
50		检查质量，合格后卸下工件	

第五单元

车特形面和滚花

课题一　车特形面

有些机器零件表面在零件的轴向剖面中呈曲线形，如圆球手柄、橄榄手柄等（图 5–1），具有这些特征的表面称为特形面。

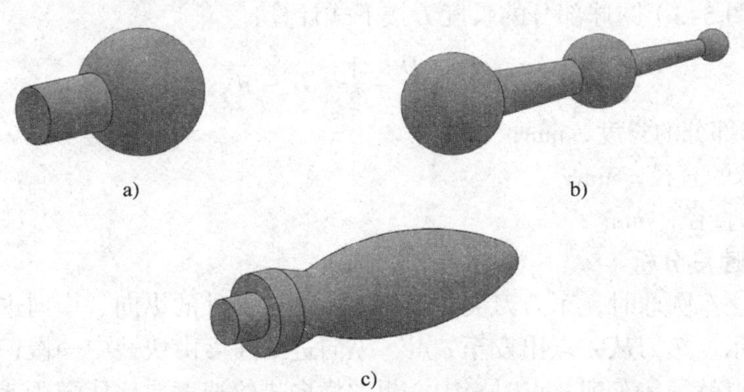

图 5–1　具有特形面的零件

a）圆球（单球）手柄　b）圆球（三球）手柄　c）橄榄手柄

特形面一般不能作为工件的装夹表面，所以车削带有特形面的工件时，应安排在粗车之后、精车之前进行，也可以在一次装夹中车削完成。

在车床上加工特形面时，应根据这些工件的表面特征、精度要求和生产批量大小，采用不同的加工方法。这些加工方法主要有双手控制法、成形法（即样板刀车削法）、仿形法（靠模仿形）和专用工具法等。本课题仅介绍双手控制法和成形法车特形面。

一、双手控制法

用双手控制中、小滑板或者控制中滑板与床鞍的合成运动，使刀尖的运动轨迹与工件所要求的特形面曲线重合，以达到车特形面目的的方法称为双手控制法，如图 5–2 所示。

双手控制法车特形面需要较高的技术水平，主要用于单件或数量较少的特形面工件的加工。

下面以车单球手柄为例介绍双手控制法的操作方法。

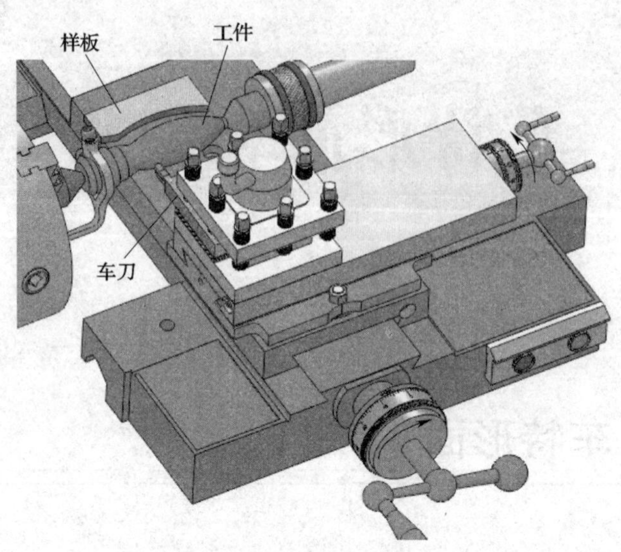

图 5–2　双手控制法车特形面

1. 圆球部分长度计算

单球手柄（图 5–3）圆球部分的长度 L 按下式计算：

$$L=\frac{D}{2}+\frac{1}{2}\sqrt{D^2-d^2}$$

式中　L——圆球部分的长度，mm；

D——圆球的直径，mm；

d——柄部直径，mm。

2. 车刀移动速度分析

用双手控制法车圆球时，车刀刀尖在圆球各不同位置处的纵向、横向进给速度是不相同的，如图 5–4 所示。车刀从 a 点出发至 c 点，纵向进给速度由快→中→慢；横向进给速度则由慢→中→快。也就是在车削 a 点时，中滑板的横向进给速度要比床鞍（或小滑板）的纵向进给速度慢；在车削 b 点时，横向与纵向进给速度基本相等；在车削 c 点时，横向进给速度要比纵向进给速度快。

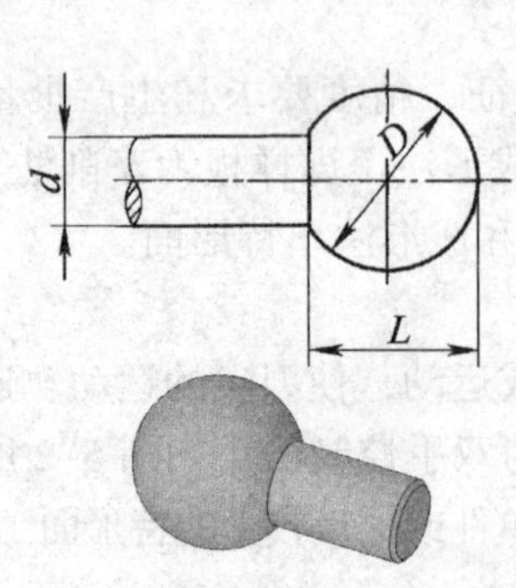

图 5–3　单球手柄计算

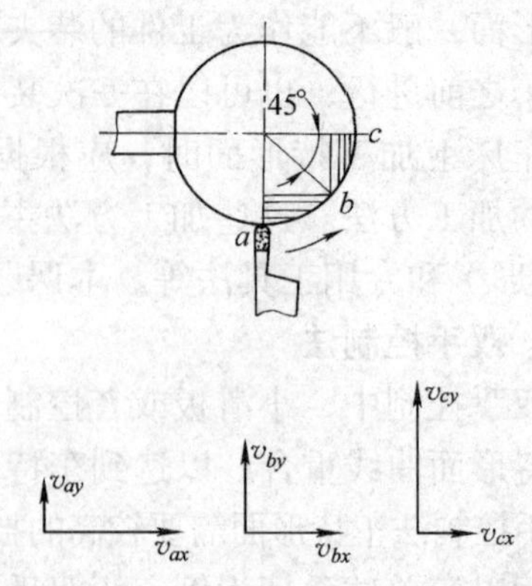

图 5–4　车刀纵向、横向移动速度的变化

3. 刀具选择和车削方法（表 5–1）

表 5–1　　刀具选择和车削方法

内容	图示
1. 刃磨好刀具，装夹时严格对正工件中心，可选择硬质合金或高速钢刀具	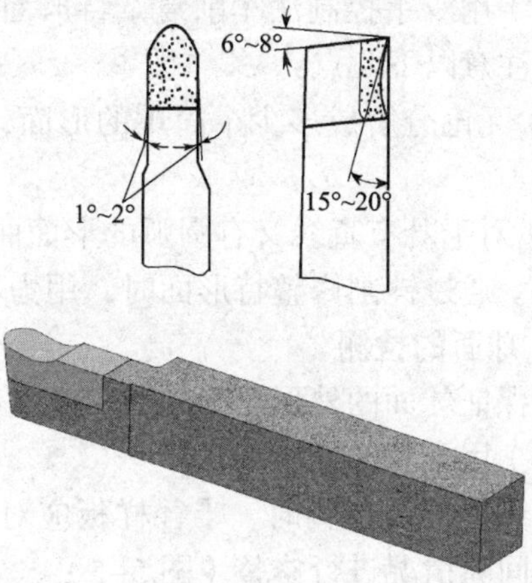 6°~8° 1°~2° 15°~20°
2. 先按圆球直径 D 和柄部直径 d 车圆柱，控制圆球部分长度 L，留精车余量 0.2 ~0.3 mm	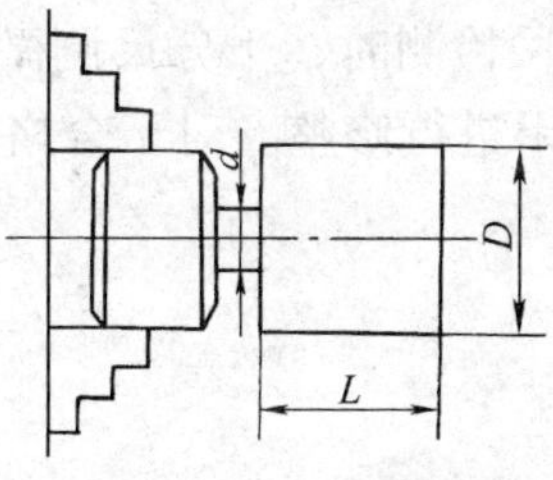 d D L
3. 用半径 R 为 2 ~3 mm 的圆头车刀从 a 点向左（c 点）、右（b 点）方向逐步把余量车掉 4. 在 c 点处用切断刀清角	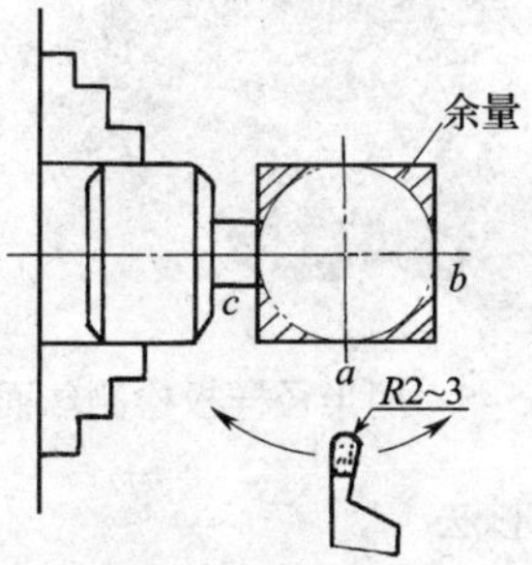 余量 c b a R2~3

4. 修整

由于双手控制法为手动进给车削，工件表面不可避免地留下高低不平的刀痕，因此必须用细齿纹平锉进行修光，再用 1 号或 0 号砂布抛光。

5. 注意事项

（1）此法的操作关键是双手配合要协调、熟练。要求准确控制车刀切入深度，防止将工件局部车小。

（2）车削时需经多次合成进给运动，才能使车刀刀尖逐渐逼进图样所要求的曲面。

（3）装夹工件时，伸出长度应尽量短，以提高其刚度。若工件较长，可采用一夹一顶的方法装夹。

（4）车削曲面时，车刀最好从曲面高处向低处送进。为了提高工件刚度，先车离卡盘远的一段曲面，后车离卡盘近的曲面。

（5）用双手控制法车削复杂特形面时，应将整个形面分解成几个简单的形面逐一加工。同时应注意以下几点：

1）无论分解成多少个简单的形面，其测量基准都应保持一致，并与整体形面的基准重合。

2）对于既有直线又有圆弧的形面曲线，应先车直线部分，后车圆弧部分。

（6）通过锉削修整特形面时，用力不能过猛，不准用无柄锉刀且应注意操作安全。

6. 球面的检测

为保证球面的外形正确，在车削过程中应边车边检测。检测球面的常用方法如下：

（1）用半径样板检测

用半径样板检测时，半径样板应对准工件中心，观察半径样板与工件之间间隙的大小，并根据间隙情况进行修整（图 5–5）。

（2）用千分尺检测

用千分尺检测时，千分尺测微螺杆轴线应通过工件球面中心，并应多次变换测量方向，根据测量结果进行修整。对于合格的球面，各测量方向所测得的量值应在图样规定的范围内（图 5–6）。

图 5–5　用半径样板检测球面

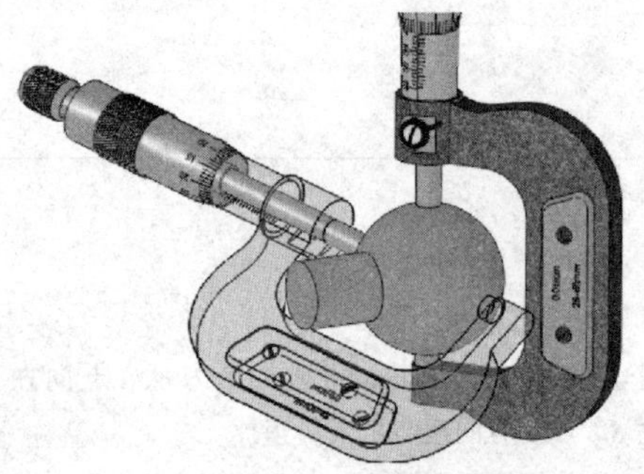

图 5–6　用千分尺检测球面

二、成形法

切削刃的形状与工件成形表面轮廓形状相同的车刀叫成形刀，又称样板刀。

用成形刀对工件进行加工的方法叫成形法。成形法适用于加工数量较多、特形面轴向尺寸不长且不太复杂的工件。

1. 成形刀

（1）整体式成形刀

整体式成形刀与普通车刀相似，其特点是将切削刃磨成与特形面轮廓素线相同的曲线形状。对车削精度要求不高的特形面，其切削刃可用手工刃磨；对车削精度要求较高的特形面，切削刃应在工具磨床上刃磨。

整体式成形刀常用于车简单的特形面（图 5–7）。

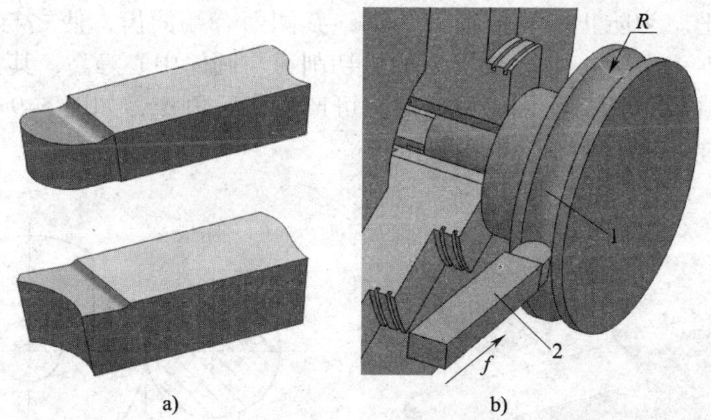

图 5–7　整体式成形刀车特形面

a）整体式高速钢成形刀　b）整体式成形刀的使用

1—特形面　2—整体式成形刀

（2）棱形成形刀

棱形成形刀（图 5–8）由刀头 1 和弹性刀柄 3 两部分组成。刀头的切削刃按工件的形状在工具磨床上磨出，刀头后部的燕尾块 2 装夹在弹性刀柄 3 的燕尾槽中，并用紧固螺钉 4 紧固。棱形成形刀磨损后只需刃磨前面，并将刀头稍向上升，该车刀可以一直用到刀头无法夹持为止。这种成形刀加工精度高，使用寿命长，但制造比较复杂。

棱形成形刀主要用于车削直径较大的特形面。

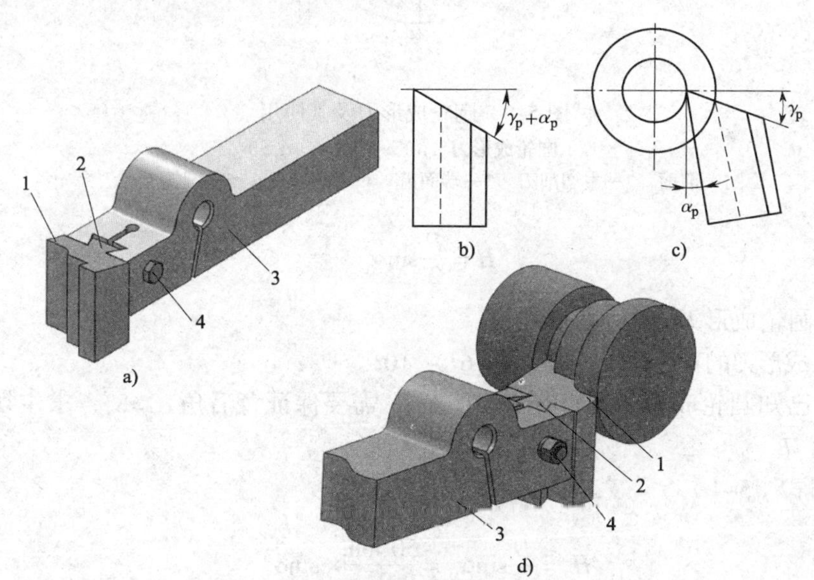

图 5–8　棱形成形刀车特形面

a）棱形成形刀　b）装刀前　c）装刀后　d）棱形成形刀的使用

1—刀头　2—燕尾块　3—弹性刀柄　4—紧固螺钉

（3）圆轮成形刀

圆轮成形刀的圆轮上开有缺口，从而形成前面和主切削刃。使用时圆轮成形刀装夹在刀柄或弹性刀柄上。为防止圆轮成形刀转动，其侧面有端面齿，使之与刀柄侧面上的端面齿啮合，如图 5–9a 所示。圆轮成形刀的主切削刃与圆轮中心等高，其背后角 α_p=0°，如图 5–9b 所示。当主切削刃低于圆轮中心时，可产生背后角 α_p，如图 5–9c 所示。主切削刃低于圆轮中心 O 的距离 H 可按下式计算：

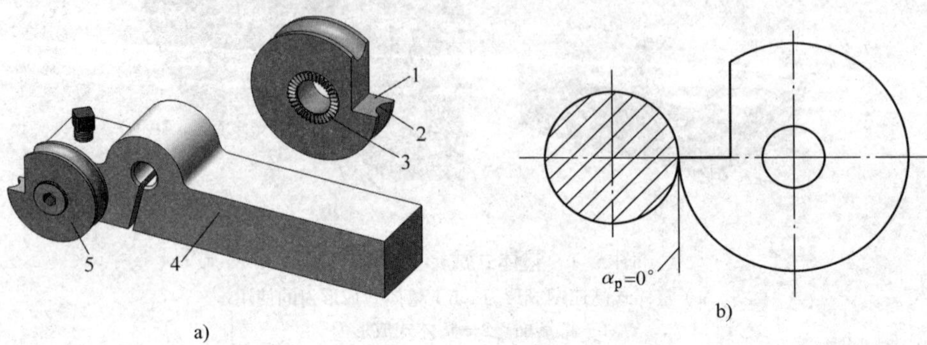

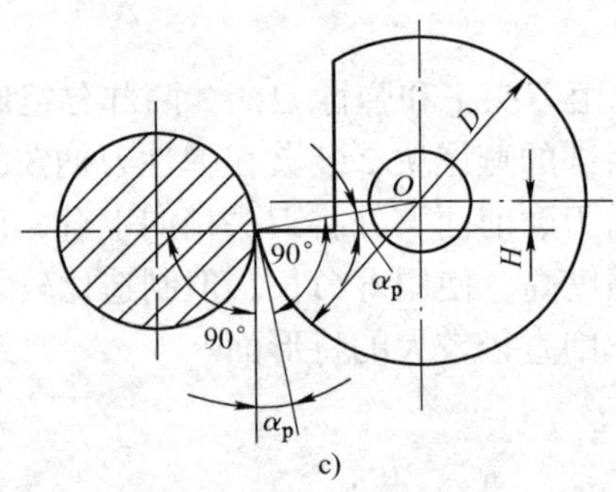

图 5–9　圆轮成形刀及其使用

a）圆轮成形刀　b）α_p=0°　c）α_p>0°

1—前面　2—主切削刃　3—端面齿　4—弹性刀柄　5—圆轮成形刀

$$H=\frac{D}{2}\sin\alpha_p \tag{5–1}$$

式中　D——圆轮成形刀直径，mm；

α_p——成形刀的背后角，一般 α_p 取 6° ~ 10°。

例 5–1　已知圆轮成形刀的直径 D=50 mm，需要保证背后角 α_p=8°，求主切削刃低于圆轮中心的距离 H。

解：根据式（5–1）

$$H=\frac{D}{2}\sin\alpha_p=\frac{50\ \text{mm}}{2}\times\sin8°$$

$$\approx 25\ \text{mm}\times 0.139\,2=3.48\ \text{mm}$$

圆轮成形刀允许重磨的次数较多，较易制造，常用于车削直径较小的特形面。

2. 车削方法

车削时，为了保持成形刀切削刃的锋利和切削刃形状，减小切削阻力，通常只在精加工阶段使用成形刀，而粗加工阶段则用双手控制法切去大部分加工余量。

粗车时，初学者可用如图 5–10 所示的台阶车削法，将凹圆弧滚轮零件图上的特形面沿与回转轴线垂直方向作若干剖切平面，如 P_1、P_2、P_3、P_4 等，剖切平面越多越精确。再按比例量出 L_1、L_2、L_3、L_4 及 D_1、D_2、D_3、D_4 的实际尺寸作为纵向、横向进给的依据，即确定刀尖在 a_1、a_2、a_3、a_4 各点的位置尺寸。

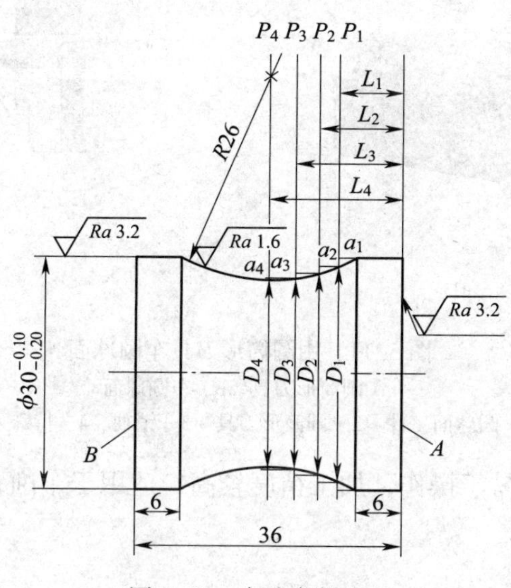

图 5–10　台阶车削法

训练有素的操作者则可凭目测和经验，熟练地协调双手控制进给运动，恰到好处地完成粗加工。

精车时，由于成形刀的主切削刃是一条曲线，其进给运动是单一横向（或纵向）的，因而切削刃与工件的接触面大。为了减小切削抗力和工件变形，减小振动以利排屑，前角应选大一点，一般选择 15° ~ 20°。后角一般选择 6° ~ 10° 为宜。

3. 注意事项

（1）车床要有足够的刚度，同时应尽量将车床各部分的间隙，尤其是主轴、中滑板、床鞍的运动间隙调整得较小。

（2）成形刀的刃倾角宜取 λ_s=0°，以免造成形状误差。

（3）成形刀的刃口要对准工件轴线，装高容易产生“扎刀”现象，装低会引起振动。

（4）必要时可将成形刀反装，采用反切法进行车削。此时工件反转，正好使切削力与主轴、工件的重力方向相同，减少了振动。

（5）选用较小的进给量和切削速度。

（6）注意正确的润滑方法。车削钢件时须加乳化液，车削铸铁件时可加煤油作为切削液。

三、用专用工具车特形面

1. 用圆筒形刀具车圆球面

圆筒形刀具的结构如图 5–11a 所示，切削部分是一个圆筒，其前端磨斜 15°，形成一个圆的切削刃口。其尾柄与特殊刀柄应保持 0.5 mm 的配合间隙，并用销轴浮动连接，以自动对准圆球面中心。

用圆筒形刀具车圆球面工件时，一般应先用圆弧刃车刀大致粗车成形，再将圆筒形刀具的径向表面中心调整到与车床主轴轴线成一夹角 α，最后用圆筒形刀具把圆球面车削成形，如图 5-11b 所示。

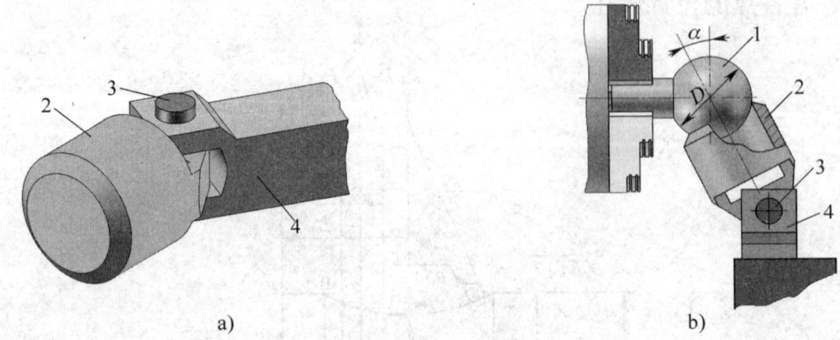

图 5-11　用圆筒形刀具车圆球面

a）圆筒形刀具　b）车圆球面

1—圆球面工件　2—圆筒形刀具　3—销轴　4—特殊刀柄

该方法简单、方便，易于操作，加工精度较高，适用于车削青铜、铸铝等脆性金属材料的带柄圆球面工件。

2. 用蜗杆副车特形面

（1）用蜗杆副车特形面的车削原理

外圆球面、外圆弧面和内圆球面等特形面的车削原理如图 5-12 所示。车削特形面时，必须使车刀刀尖的运动轨迹为一个圆弧，车削的关键是保证刀尖做圆周运动，其运动轨迹的圆弧半径与特形面圆弧半径相等，同时使刀尖与工件的回转轴线等高。

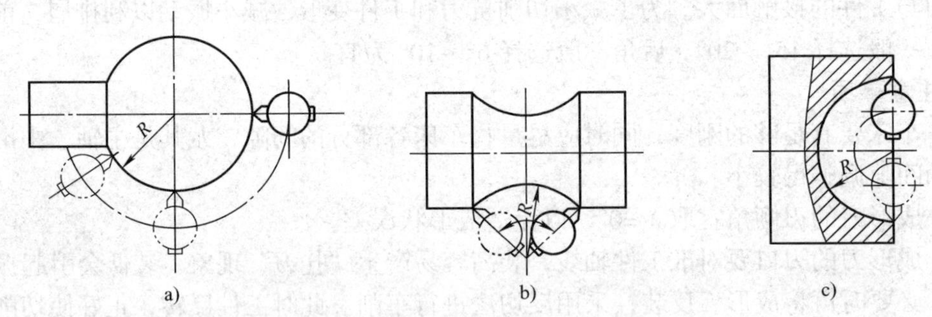

图 5-12　内、外特形面的车削原理

a）车外圆球面　b）车外圆弧面　c）车内圆球面

（2）用蜗杆副车内、外特形面的结构原理

其结构原理如图 5-13 所示。车削时先把车床小滑板拆下，装上车特形面的工具。刀架装在圆盘上，圆盘下面装有蜗杆副。当转动手柄时，圆盘内的蜗杆就带动蜗轮使车刀绕着圆盘的中心旋转，刀尖做圆周运动，即可车出特形面。为了调整特形面半径，在圆盘上制出 T 形槽，以使刀架在圆盘上移动。当刀尖调整得超过中心时，就可以车削内特形面。

四、表面抛光

利用机械、化学或电化学的作用，使工件获得光亮、平整表面的加工方法称为抛光。在车削加工时由于手动进给不均匀，尤其是双手同时进给车削特形面时，往往在工件表面留下不均匀的刀痕。抛光的目的就在于去除这些刀痕和减小表面粗糙度值。在车床上抛光通常采用锉刀修光和砂布砂光两种方法。

1. 用锉刀修光

（1）锉刀

修光用的锉刀常用细齿纹的平锉（又称板锉）和整形锉（又称什锦锉）或特细齿纹的油光锉。修光的锉削余量一般为 0.01 ~0.03 mm。

（2）握锉方法

在车床上用锉刀修光时，为保证安全，最好用左手握锉柄，右手扶住锉刀前端进行锉削，如图 5–14 所示。

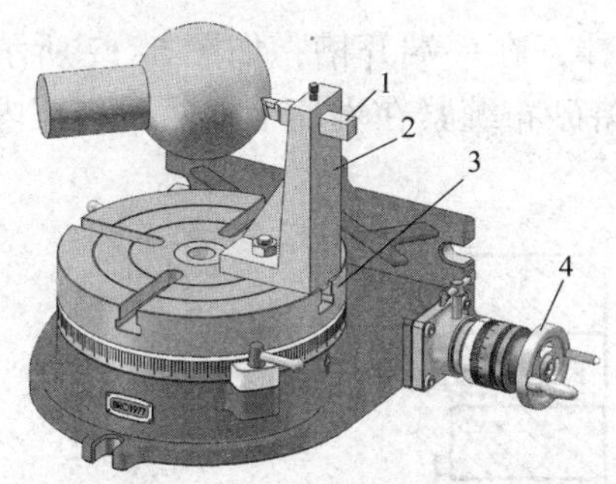

图 5–13　用蜗杆副车内、外特形面

1—车刀　2—刀架　3—圆盘　4—手柄

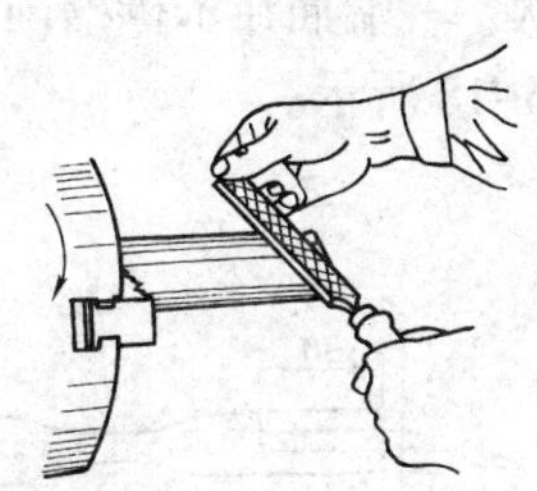

图 5–14　在车床上用锉刀修光的姿势

（3）锉刀修光要点

在车床上锉削时，要注意做到：推锉力和压力要均匀，不可过大或过猛，以免把工件表面锉出沟纹或锉成节状、锉扁；推锉速度要缓慢（一般为 40 次 /min 左右），并尽量充分利用锉刀的有效长度。

用锉刀修光时，应合理选择锉削速度。锉削速度不宜过高，否则容易造成锉齿磨钝；锉削速度过低则容易把工件锉扁。

进行精细修锉时，除选用油光锉外，可在锉刀的锉齿面上涂一层粉笔末，并经常用铜丝刷清理齿缝，以防锉屑嵌入齿缝划伤工件表面。

2. 用砂布砂光

（1）砂布

用砂布或砂纸磨光工件表面的过程称为砂光。工件表面经过精车或锉刀修光后，如果表面粗糙度值还不够小，可用砂布砂光的抛光方法。

在车床上抛光时用的砂布常用细粒度的 0 号或 1 号砂布。砂布越细，抛光后的表面粗糙度值越小。

（2）砂光外圆的方法

1）把砂布垫在锉刀下面进行砂光。

2）用双手直接捏住砂布两端，右手在前，左手在后进行砂光，如图 5–15 所示。砂光时，双手用力不可过大，防止砂布因摩擦过度而被拉断。

3）将砂布夹在抛光夹的圆弧槽内，套在工件上后，手握抛光夹纵向移动砂光工件，如图 5–16 所示。用抛光夹砂光比手捏砂布砂光安全，适用于成批砂光，但仅适合砂光形状简单的工件。

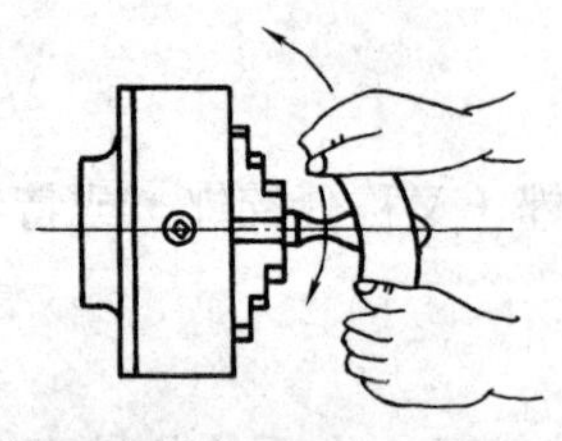

图 5–15　手捏砂布砂光

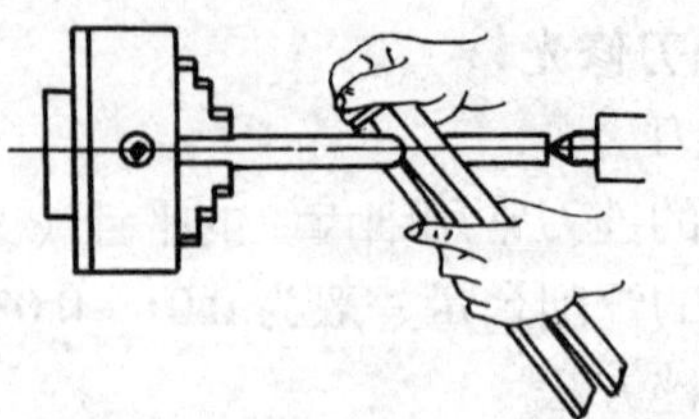

图 5–16　用抛光夹砂光

（3）砂光内孔的方法

用砂布砂光内孔时，可用一根外径比孔径小的木棒，在一端开槽，如图 5–17 所示。将砂布撕成条状，一端插在木棒槽内，并按顺时针方向将砂布缠紧在木棒上，然后进行内孔的砂光，如图 5–18 所示。

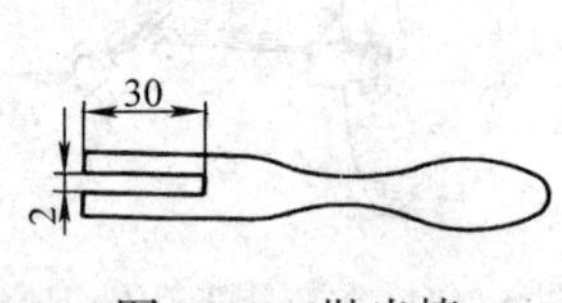

图 5–17　抛光棒

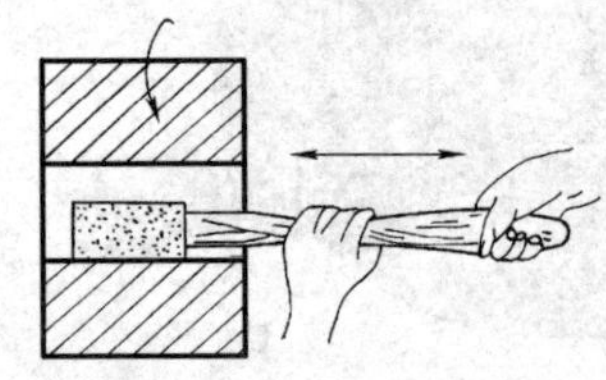

图 5–18　用抛光棒砂光

（4）砂光要点

用砂布砂光工件时，应选择较高的转速，并使砂布在工件表面来回缓慢而均匀地移动。最后精砂时，可在砂布上加少许机油或金刚砂粉，这样可以获得更高的表面质量。

砂光内孔时，若内孔孔径较大，除用抛光棒砂光外，还可以用手捏住砂布进行砂光；但砂光小孔时必须使用抛光棒，严禁将砂布缠绕在手指上伸入孔内砂光，以免发生事故。

五、特形面的车削质量分析

车削特形面比车削圆锥面更容易产生废品，其废品的产生原因及预防方法见表 5–2。

表 5–2　车特形面时废品的产生原因及预防方法

废品种类	产生原因	预防方法
特形面轮廓不正确	1. 用双手控制法车削时，纵向、横向进给配合不协调	1. 加强车削练习，使左手和右手的纵向、横向进给配合协调
	2. 用成形法车削时，成形刀形状刃磨得不正确；没有对准车床主轴轴线，工件受切削力产生变形而造成误差	2. 仔细刃磨成形刀，车刀高度装夹准确，适当减小进给量
表面粗糙度达不到要求	1. 与“车削轴类工件时表面粗糙度达不到要求的原因”相同，具体见表 2–17	1. 见表 2–17
	2. 材料切削性能差，未经预备热处理，车削困难	2. 对工件进行预备热处理，改善切削性能
	3. 产生积屑瘤	3. 控制积屑瘤的产生，尤其是避开产生积屑瘤的切削速度
	4. 切削液选用不当	4. 正确选用切削液
	5. 车削痕迹较深，抛光未达到要求	5. 先用锉刀粗、精锉削，再用砂布抛光

技能训练

车削圆球手柄

1. 工件图样（图 5–19）

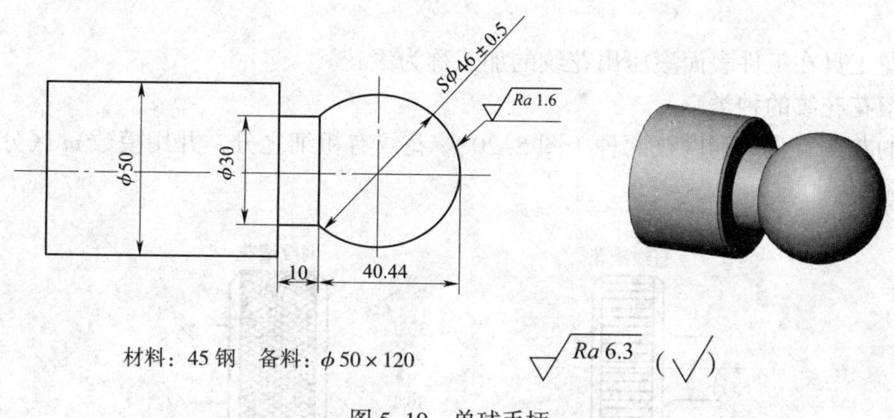

图 5–19　单球手柄

2. 加工工艺卡（表 5–3）

表 5–3　　加工工艺卡

工序	工步	内容	图示
10		检查备料 $\phi50$ mm × 120 mm	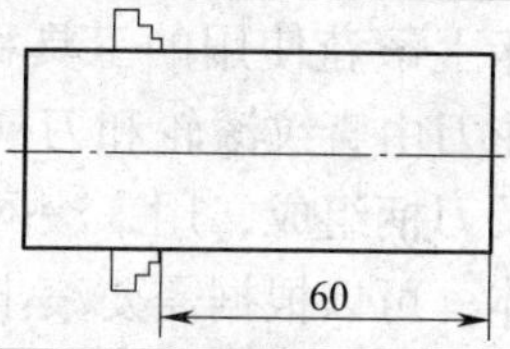
20		夹持棒料外圆，伸出长度不少于 60 mm，找正并夹紧	
	1	车端面	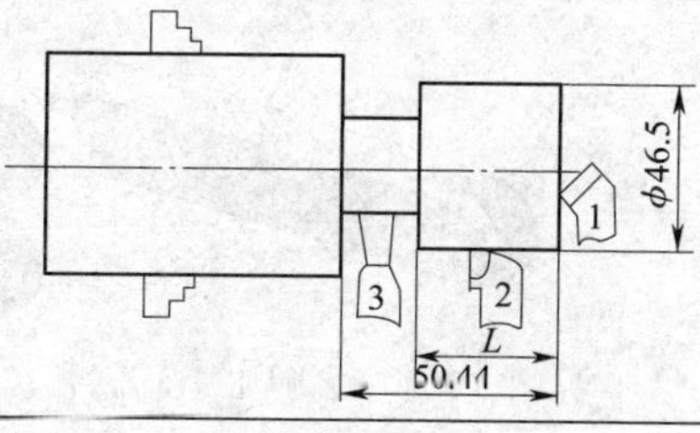
	2	车外圆至 $\phi46.5$ mm，长 50.44 mm	
	3	车槽 $\phi30$ mm，宽 10 mm，并保证圆球长度 L 大于 40.44 mm	
	4	用圆头车刀粗、精车球面至 $S\phi$（46 ± 0.5）mm 尺寸	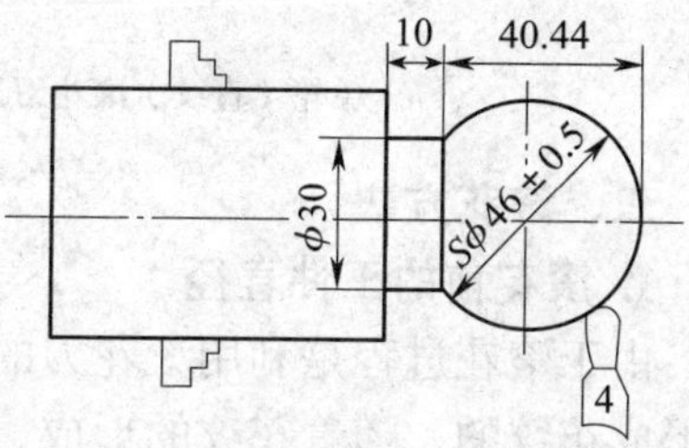
	5	清角，修整	
30		检查质量，合格后卸下工件	

课题二 滚花

对于某些工具和机器零件的捏手部位，为了增加其表面摩擦，便于使用或使工件表面美观，常在工件表面上滚压出各种不同的花纹，如千分尺的微分筒、车床中滑板刻度盘表面等。

用滚花工具在工件表面滚压出花纹的加工称为滚花。

一、滚花花纹的种类

滚花的花纹有直纹和网纹两种（图 5-20）。花纹有粗细之分，并用模数 m 区分。模数越大，花纹越粗。

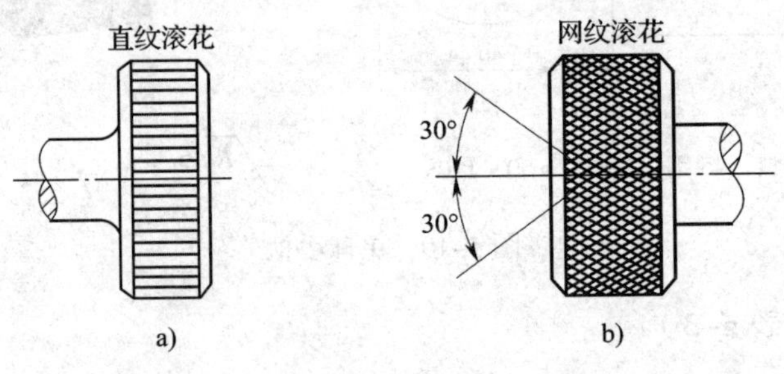

图 5-20 花纹的种类

二、滚花刀

车床上滚花使用的工具称为滚花刀。滚花刀一般有单轮、双轮和六轮三种（图 5-21）。单轮滚花刀由直纹滚轮和刀柄组成，用来滚直纹；双轮滚花刀由两个旋向不同的滚轮、浮动连接头及刀柄组成，用来滚网纹；六轮滚花刀由 3 对不同模数的滚轮通过浮动连接头与刀柄组成一体，可以根据需要滚出 3 种不同模数的网纹。

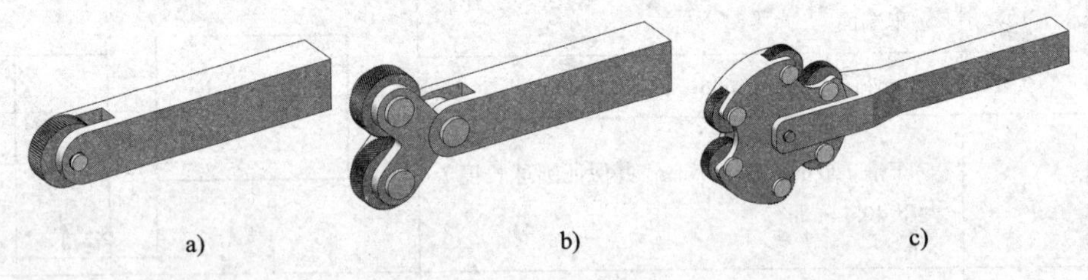

图 5-21 滚花刀

a）单轮（直纹）滚花刀 b）双轮（网纹）滚花刀 c）六轮（3 种网纹）滚花刀

三、滚花方法

1. 滚花前的工件直径

由于滚花过程是利用滚花刀的滚轮来滚压工件表面的金属层，使其产生一定的塑性变形而形成花纹的，随着花纹的形成，滚花后工件直径会增大，因此，在滚花前滚花表面的直径应相应车小些。

一般在滚花前，根据工件材料的性质和花纹模数的大小，应将工件滚花表面的直径车小（0.8～1.6）m，m 为模数。

2. 滚花刀的装夹

滚花刀装夹在车床刀架上，滚花刀的装刀（滚轮）中心与工件回转中心等高（图 5–22）。

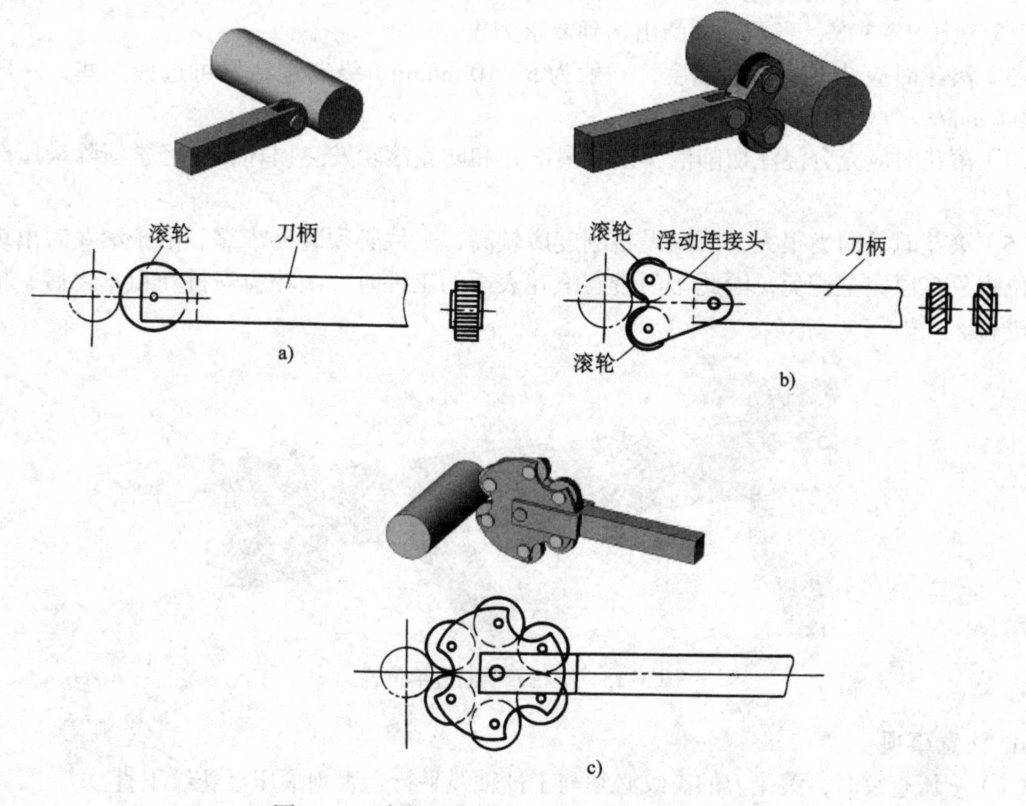

图 5–22　滚花刀滚轮中心与工件回转中心等高

滚压有色金属或滚花表面要求较高的工件时，滚花刀滚轮轴线与工件轴线平行，如图 5–23 所示。

滚压碳素钢或滚花表面要求一般的工件，滚花刀的滚轮表面相对于工件轴线向左倾斜 3°～5° 安装（图 5–24），这样便于切入工件表面且不易产生乱纹。

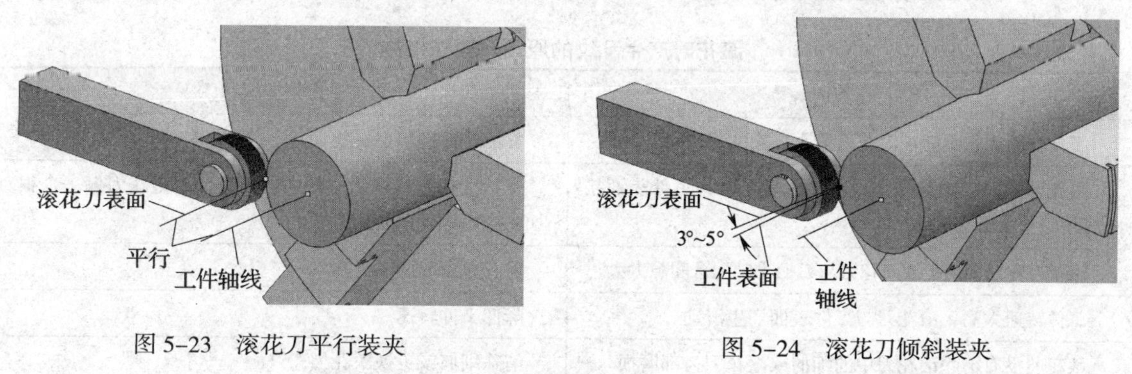

图 5–23　滚花刀平行装夹　　图 5–24　滚花刀倾斜装夹

3. 滚花要点

（1）在滚花刀接触工件开始滚压时，挤压力要大且猛一些，使工件圆周上一开始就形成较深的花纹，这样就不易产生乱纹。

（2）为了减小滚花开始时的径向压力，可以使滚轮表面宽度的 1/3 ~ 1/2 与工件接触，使滚花刀容易切入工件表面，如图 5–25 所示。在停车检查花纹符合要求后，即可纵向机动进给，反复滚压 1 ~ 3 次，直至花纹凸出达到要求为止。

（3）滚花时应选低的切削速度，一般为 5 ~ 10 m/min。纵向进给量可选择大些，一般为 0.3 ~ 0.6 mm/r。

（4）滚花时应充分浇注切削液，以润滑滚轮和防止滚轮发热损坏，并经常清除滚压产生的切屑。

（5）滚花时径向力很大，所用设备刚度应较高，工件必须装夹牢靠。由于滚花时出现工件移位现象难以完全避免，因此车削带有滚花表面的工件时，滚花应安排在粗车之后、精车之前进行。

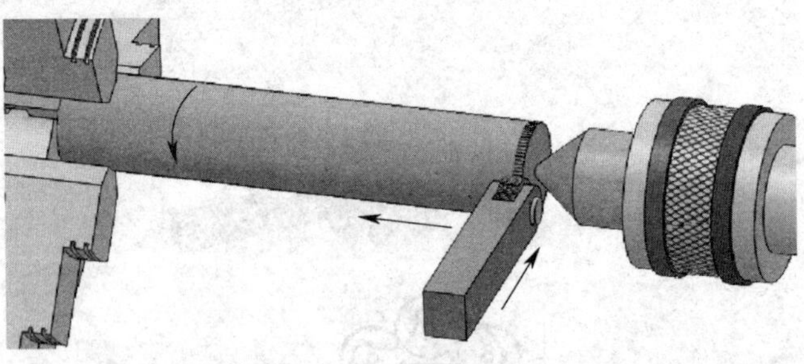

图 5–25　滚花刀横向进给位置

4. 注意事项

（1）滚压直纹时，滚花刀的齿纹必须与工件轴线平行，否则滚压后花纹不直。

（2）在滚压过程中不能用手或棉纱去接触滚压表面，以防发生绞手伤人事故；清除切屑时应避免毛刷接触工件与滚轮的咬合处，以防毛刷被卷入。

（3）滚压细长工件时应防止工件弯曲，滚压薄壁工件时应防止变形。

（4）滚压时压力过大，进给量太小，往往会滚出台阶形凹坑。

四、滚花花纹的质量分析

滚花时往往会产生乱纹的缺陷，产生乱纹的原因及预防措施见表 5–4。

表 5–4　　滚花时产生乱纹的原因及预防措施

产生原因	预防措施
工件外圆周长不能被滚花刀节距 p 除尽	可把外圆略车小一些
滚花开始时，吃刀压力太小，或滚花刀与工件表面接触面过大	开始滚花时就要使用较大的压力，把滚花刀偏一个很小的类似副偏角的角度
滚花刀转动不灵，或滚花刀与刀柄小轴配合间隙太大	检查原因或调换小轴
工件转速太高，滚花刀与工件表面产生滑动	降低工件转速
滚花前没有清除滚花刀中的细屑或滚花刀齿部磨损	清除细屑或更换滚花刀

技能训练

滚　　花

1. 工件图样（图 5–26）

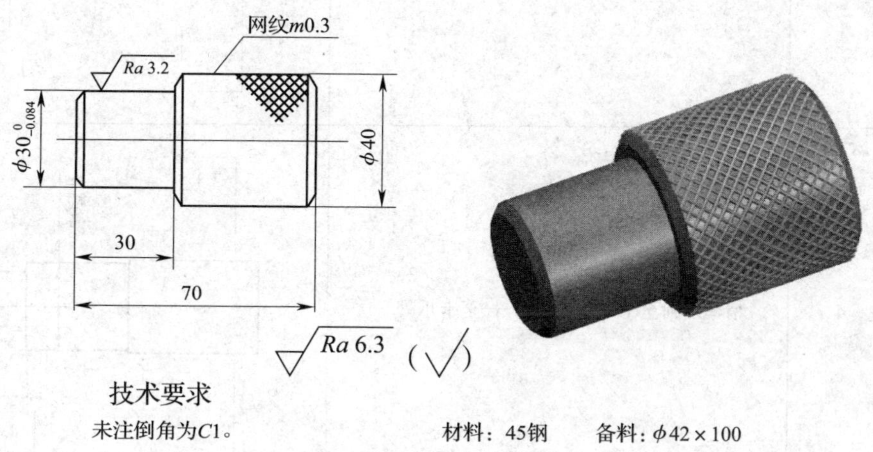

图 5–26　滚花工件

2. 加工工艺卡（表 5–5）

表 5–5　　**加工工艺卡**

工序	工步	内容	图示
10		检查棒料外圆 $\phi 42$ mm 尺寸	≥80　$\phi 42$
20		夹持外圆，伸出长度≥80 mm，找正并夹紧	
	1	车端面，车平即可	$\phi 40.5$　1　2
	2	粗车外圆至 $\phi 40.5$ mm，长至卡爪处	

续表

工序	工步	内容	图示
	3	粗车外圆至 ϕ32 mm，长 30 mm	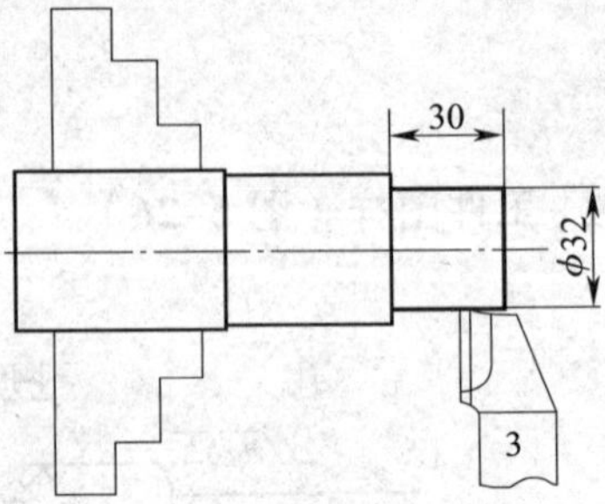
	4	精车外圆至 $\phi 40_{-0.35}^{-0.20}$ mm，长至卡爪处	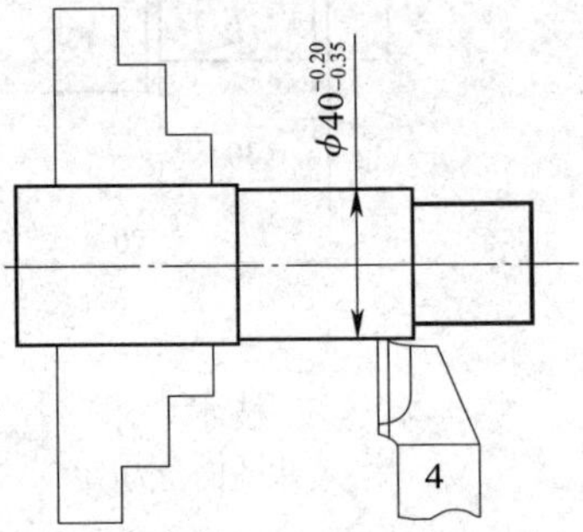
	5	选择 m 为 0.3 mm 的滚花刀滚削	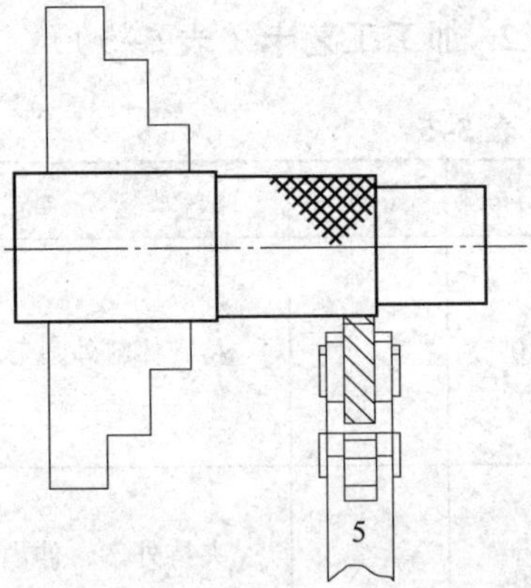
	6	精车端面处外圆至 $\phi 30_{-0.084}^{0}$ mm × 30 mm	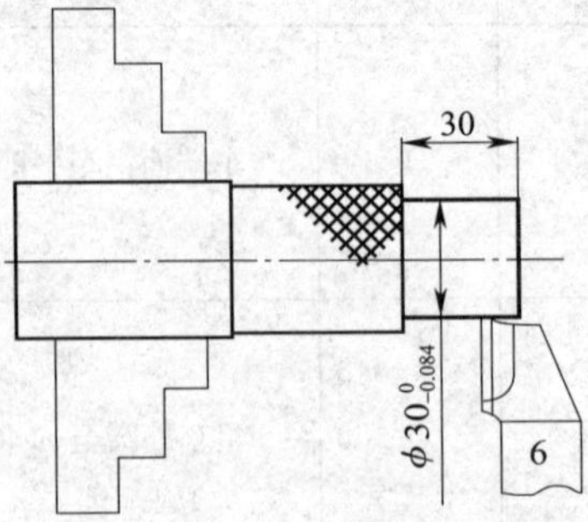
	7	倒角 $C1$ mm 两处	

续表

工序	工步	内容	图示
	8	切断工件，保证长度 70.5 mm	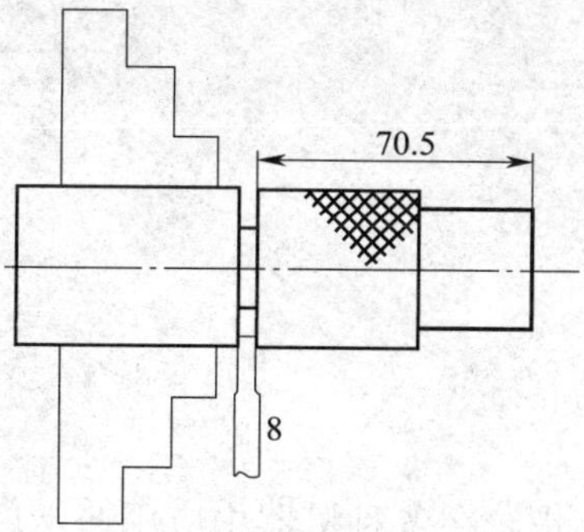 70.5 8
30		工件掉头，垫铜皮装夹 $\phi 30_{-0.084}^{0}$ mm 外圆，找正后夹紧	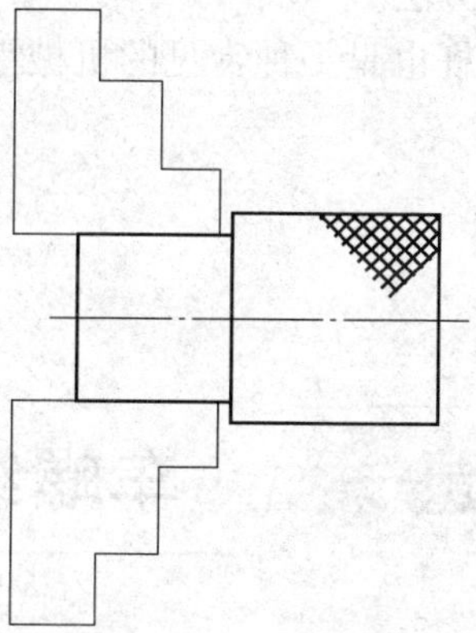
	1	车削端面，保证工件总长 70 mm	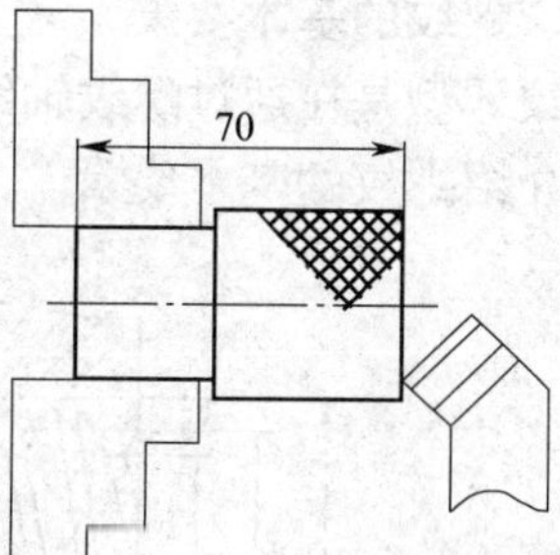 70
	2	倒角 $C1$ mm	
40		检查质量，合格后卸下工件	

第六单元

车螺纹和蜗杆

螺纹在各种机器中应用非常广泛，如在车床刀架上用四个螺钉实现对车刀的夹紧，在车床丝杠与开合螺母之间利用螺纹传递动力。螺纹的加工方法有很多种，在专业生产中多采用滚压螺纹、轧螺纹和搓螺纹等一系列的先进加工工艺；而在一般的机械加工中，通常采用车螺纹的方法。

蜗杆也是一种常见的机械零件，其形状、车削方法与梯形螺纹类似，故在本单元中进行介绍。

课题一　车螺纹的基本知识和基本技能

一、螺纹的基本要素

螺纹牙型是在通过螺纹轴线的剖面上螺纹的轮廓形状。下面以普通螺纹的牙型（图 6–1）为例，介绍螺纹的基本要素。

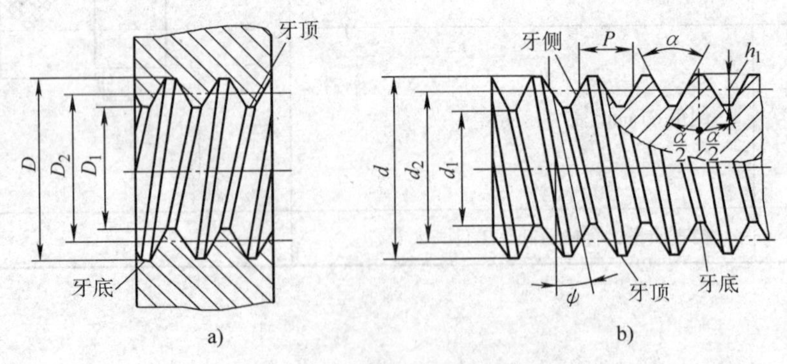

图 6–1　普通螺纹的基本要素

a）内螺纹　b）外螺纹

1. 牙型角 α

牙型角是在螺纹牙型上，相邻两牙侧间的夹角。

2. 牙型高度 h_1

牙型高度是在螺纹牙型上，牙顶到牙底在垂直于螺纹轴线方向上的距离。

3. 螺纹大径（d、D）

螺纹大径是指与外螺纹牙顶或内螺纹牙底相切的假想圆柱或圆锥的直径。外螺纹和内螺纹的大径分别用 d 和 D 表示。

4. 螺纹小径（d_1、D_1）

螺纹小径是指与外螺纹牙底或内螺纹牙顶相切的假想圆柱或圆锥的直径。外螺纹和内螺纹的小径分别用 d_1 和 D_1 表示。

5. 螺纹中径（d_2、D_2）

螺纹中径是指一个假想圆柱或圆锥的直径，该圆柱或圆锥的素线通过牙型上沟槽和凸起宽度相等的地方。同规格的外螺纹中径 d_2 和内螺纹中径 D_2 的公称尺寸相等。

6. 螺纹公称直径

螺纹公称直径是代表螺纹尺寸的直径，一般是指螺纹大径的基本尺寸。

7. 螺距 P

螺距是指相邻两牙在中径线上对应两点间的轴向距离，如图 6–1b 所示。

8. 导程 P_h

导程是指同一条螺旋线上相邻两牙在中径线上对应两点间的轴向距离。

导程可按下式计算：

$$P_h=nP \tag{6–1}$$

式中 P_h——导程，mm；

n——线数；

P——螺距，mm。

9. 螺纹升角ψ

在中径圆柱或中径圆锥上，螺旋线的切线与垂直于螺纹轴线的平面的夹角称为螺纹升角（图 6–2）。

螺纹升角可按下式计算：

$$\tan\psi=\frac{P_h}{\pi d_2}=\frac{nP}{\pi d_2} \tag{6–2}$$

式中 ψ——螺纹升角，（°）；

P_h——导程，mm；

d_2——中径，mm；

n——线数；

P——螺距，mm。

二、螺纹的分类

螺纹按用途可分为紧固螺纹、管螺纹和传动螺纹；按牙型可分为三角形螺纹、矩形螺纹、圆螺纹、梯形螺纹和锯齿形螺纹；按螺旋线方向可分为右旋螺纹和左旋螺纹；按螺旋线线数可分为单线螺纹和多线螺纹；按母体形状可分为圆柱螺纹和圆锥螺纹等。螺纹的分类如图 6–3 所示。

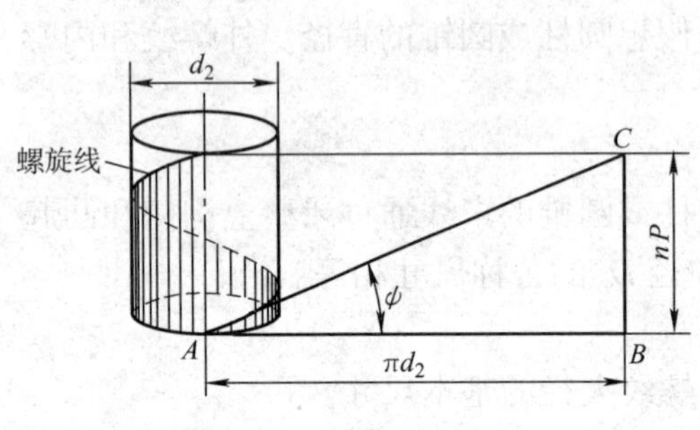

图 6–2　螺纹升角

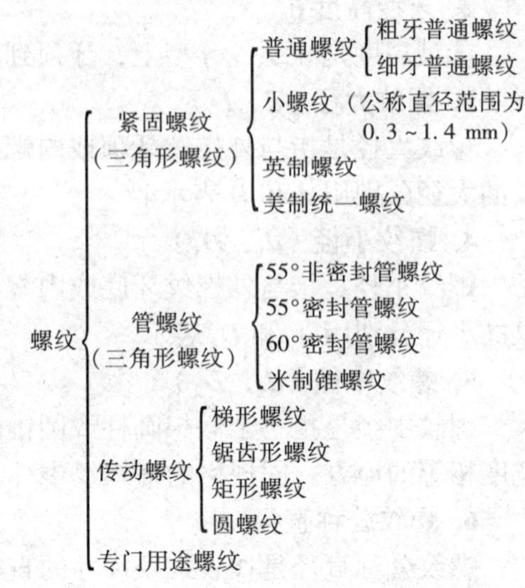

图 6–3　螺纹的分类

三、螺纹的标记

常用螺纹的标记见表 6–1。

表 6–1　　螺纹的标记

<table>
<tr><th colspan="2">螺纹种类</th><th>特征代号</th><th>牙型角</th><th>标记示例</th><th>标记方法</th></tr>
<tr><td rowspan="2">普通螺纹</td><td>粗牙</td><td rowspan="2">M</td><td rowspan="2">60°</td><td>M16LH—6g—L
示例说明：
M—粗牙普通螺纹
16—公称直径
LH—左旋
6g—中径和顶径公差带代号
L—长旋合长度</td><td rowspan="2">1. 粗牙普通螺纹不标螺距
2. 右旋不标旋向代号
3. 旋合长度有长旋合长度 L、中等旋合长度 N 和短旋合长度 S 三种，中等旋合长度不标注
4. 螺纹公差带代号中，前者为中径的公差带代号，后者为顶径的公差带代号，两者相同时则只标一个</td></tr>
<tr><td>细牙</td><td>M16 × 1—6H7H
示例说明：
M—细牙普通螺纹
16—公称直径
1—螺距
6H—中径公差带代号
7H—顶径公差带代号</td></tr>
<tr><td>管螺纹</td><td>55° 非密封管螺纹</td><td>G</td><td>55°</td><td>G1A
示例说明：
G—55° 非密封管螺纹
1—尺寸代号
A—外螺纹公差等级代号</td><td></td></tr>
</table>

续表

螺纹种类			特征代号	牙型角	标记示例	标记方法
管螺纹	55°密封管螺纹	圆锥内螺纹	Rc	55°	Rc $1\frac{1}{2}$—LH 示例说明： Rc—圆锥内螺纹，属于55°密封管螺纹 $1\frac{1}{2}$—尺寸代号 LH—左旋	尺寸代号：在向米制转化时，已为人熟悉的、原代表螺纹公称直径（单位为in）的简单数字被保留下来，没有换算成毫米，不再称为公称直径，也不是螺纹本身的任何直径尺寸，只是无单位的代号 右旋不标旋向代号
		圆柱内螺纹	Rp			
		与圆柱内螺纹配合的圆锥外螺纹	R_1			
		与圆锥内螺纹配合的圆锥外螺纹	R_2			
	60°密封管螺纹	圆锥管螺纹（内、外）	NPT	60°	NPT3/4—LH 示例说明： NPT—圆锥管螺纹，属于60°密封管螺纹 3/4—尺寸代号 LH—左旋	
		与圆锥外螺纹配合的圆柱内螺纹	NPSC	60°	NPSC3/4 示例说明： NPSC—与圆锥外螺纹配合的圆柱内螺纹，属于60°密封管螺纹 3/4—尺寸代号	
	米制锥螺纹（管螺纹）		ZM	60°	ZM14—S 示例说明： ZM—米制锥螺纹 14—基面上螺纹公称直径 S—短基距（标准基距可省略）	—
梯形螺纹			Tr	30°	Tr36×12（P6）—7H 示例说明： Tr—梯形螺纹 36—公称直径 12—导程 P6—螺距为6 mm 7H—中径公差带代号 右旋，双线，中等旋合长度	1. 单线螺纹只标螺距，多线螺纹应同时标导程和螺距 2. 右旋不标旋向代号 3. 旋合长度只有长旋合长度和中等旋合长度两种，中等旋合长度不标注 4. 只标中径公差带代号
锯齿形螺纹			B	33°	B40×7—7A 示例说明： B—锯齿形螺纹 40—公称直径 7—螺距 7A—公差带代号	
矩形螺纹				0°	矩形 40×8 示例说明： 40—公称直径 8—螺距	

四、螺纹车刀切削部分材料

一般情况下，螺纹车刀切削部分的材料有高速钢和硬质合金两种，在选用时应注意以下问题：

1. 低速车削螺纹和蜗杆时，用高速钢车刀；高速车削时，用硬质合金车刀。

2. 如果工件材料是有色金属、铸钢或橡胶，可选用高速钢或 K 类硬质合金（如 K30 等）；如果工件材料是钢料，则选用 P 类（如 P10 等）或 M 类硬质合金（如 M10 等）。

五、螺纹车刀角度的变化

1. 螺纹升角ϕ对螺纹车刀工作角度的影响

车螺纹时，由于螺纹升角的影响，引起切削平面和基面位置的变化，从而使车刀工作时的前角和后角与车刀刃磨前角和刃磨后角的数值不相同。螺纹的导程越大，对工作时前角和后角的影响越明显。因此，必须考虑螺纹升角对螺纹车刀工作角度的影响。

（1）螺纹升角ϕ对螺纹车刀工作前角的影响

如图 6–4a 所示，车削右旋螺纹时，如果车刀左、右两侧切削刃的刃磨前角均为 0°，即 $\gamma_{oL}=\gamma_{oR}=0°$，螺纹车刀水平装夹时，左侧切削刃在工作时是正前角（$\gamma_{oeL}>0°$），切削比较顺利；而右侧切削刃在工作时是负前角（$\gamma_{oeR}<0°$），切削不顺利，排屑也困难。

为了改善上述状况，可采取以下措施：

1）将车刀左、右两侧切削刃组成的平面垂直于螺旋线装夹（法向装刀），这时两侧切削刃的工作前角都为 0°，即 $\gamma_{oeL}=\gamma_{oeR}=0°$，如图 6–4b 所示。

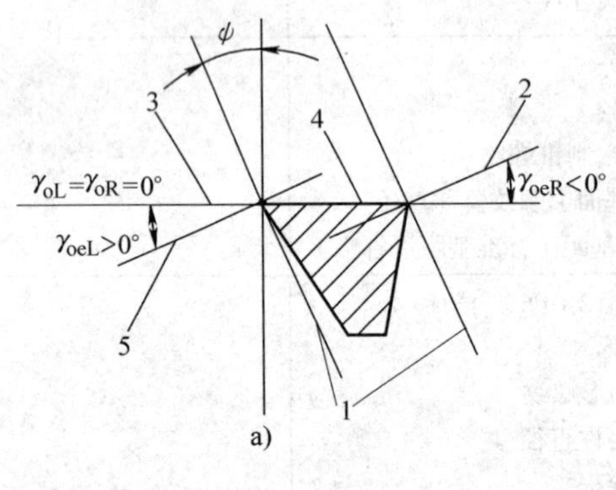

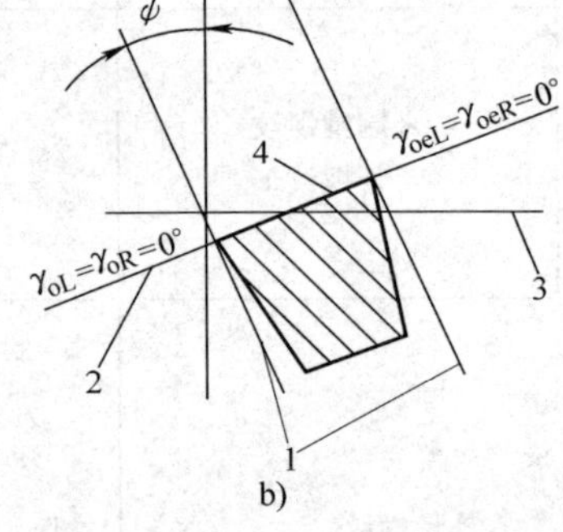

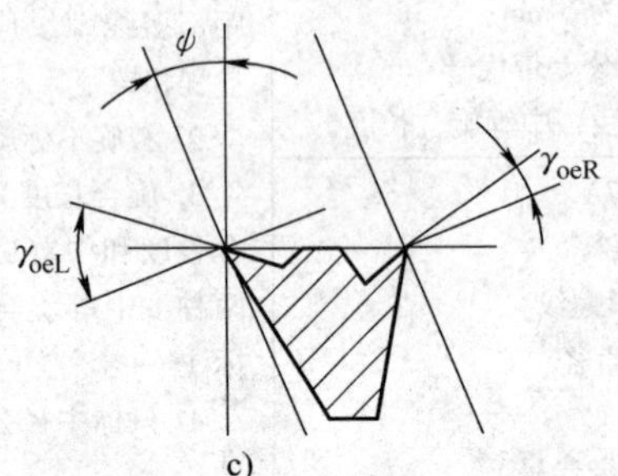

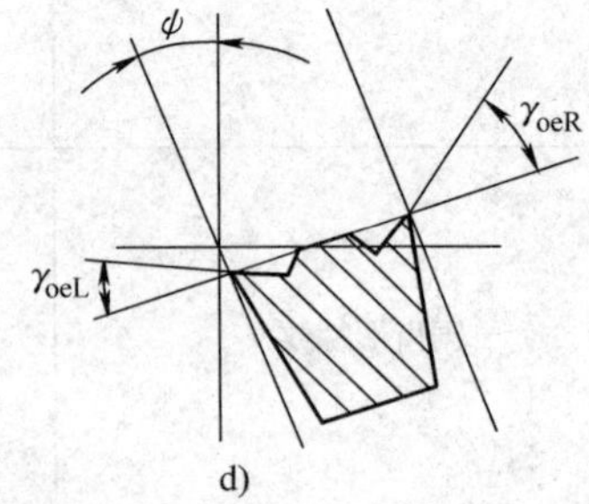

图 6–4　螺纹升角对螺纹车刀工作前角的影响

a）水平装刀　b）法向装刀　c）水平装刀且磨出有较大前角的卷屑槽

d）法向装刀且磨出有较大前角的卷屑槽

1—螺旋线（工作时的切削平面）　2、5—工作时的基面　3—基面　4—前面

2）车刀仍然水平装夹，但在前面上沿左、右两侧切削刃上磨出有较大前角的卷屑槽，如图 6–4c 所示。这样可使切削顺利，并利于排屑。

3）法向装刀时，在前面上也可磨出有较大前角的卷屑槽，如图 6–4d 所示，这样切削更顺利。

（2）螺纹升角ψ对螺纹车刀工作后角的影响

螺纹车刀的工作后角一般为 3°～5°。当不存在螺纹升角时（如横向进给车槽），车刀左、右切削刃的工作后角与刃磨后角相同。但在车螺纹时，由于螺纹升角的影响，车刀左、右切削刃的工作后角与刃磨后角不相同，如图 6–5 所示。螺纹车刀左、右切削刃刃磨后角的计算公式可查阅表 6–2。

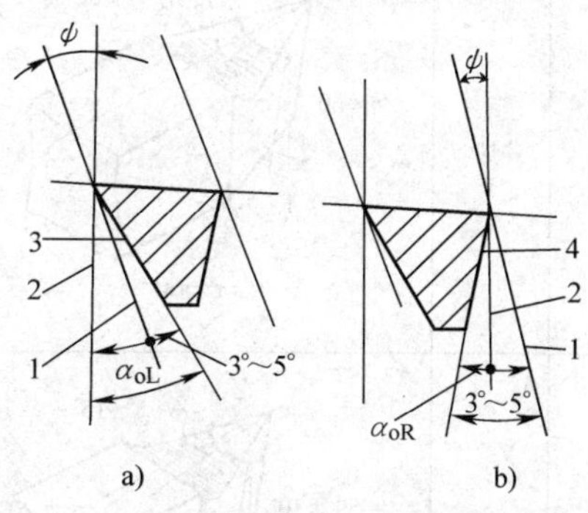

图 6–5　车右旋螺纹时螺纹升角对螺纹车刀工作后角的影响

a）左侧切削刃　b）右侧切削刃

1—螺旋线（工作时的切削平面）　2—切削平面　3—左侧后面　4—右侧后面

例 6–1　车削螺纹升角 ψ=6°30′的右旋螺纹，螺纹车刀两侧切削刃的后角各应刃磨成多少度？

解：已知 ψ=6°30′，并选工作后角为 3°30′，则

$$\alpha_{oL}=(3°\sim5°)+\psi=3°30'+6°30'=10°$$

$$\alpha_{oR}=(3°\sim5°)-\psi=3°30'-6°30'=-3°$$

表 6–2　　螺纹车刀左、右切削刃刃磨后角的计算公式

螺纹车刀的刃磨后角	左侧切削刃的刃磨后角 α_{oL}	右侧切削刃的刃磨后角 α_{oR}
车右旋螺纹	$\alpha_{oL}=(3°\sim5°)+\psi$	$\alpha_{oR}=(3°\sim5°)-\psi$
车左旋螺纹	$\alpha_{oL}=(3°\sim5°)-\psi$	$\alpha_{oR}=(3°\sim5°)+\psi$

2. 螺纹车刀的背前角 γ_p 对螺纹牙型角 α 的影响

螺纹车刀两刃夹角 ε_r' 的大小取决于螺纹的牙型角 α。螺纹车刀的背前角 γ_p 对螺纹加工和螺纹牙型的影响见表 6–3。

精车刀的背前角应取得较小（γ_p=0°～5°），才能达到理想的效果。

表 6–3　　螺纹车刀的背前角 γ_p 对螺纹加工和螺纹牙型的影响

序号	背前角 γ_p	螺纹车刀两刃夹角 ε_r' 和螺纹牙型角 α 的关系	车出的螺纹牙型角 α 和螺纹车刀两刃夹角 ε_r' 的关系	螺纹牙侧	应用
1	0°	$\varepsilon_r'=60°$ α_{oL} $\varepsilon_r'=\alpha=60°$	$\alpha=60°$ $\alpha=\varepsilon_r'=60°$	直线	适用于车削精度要求较高的螺纹，同时可增大螺纹车刀两侧切削刃的后角，以提高切削刃的锋利程度，减小螺纹牙型两侧表面粗糙度值

续表

序号	背前角 γ_p	螺纹车刀两刃夹角 ε'_r 和螺纹牙型角 α 的关系	车出的螺纹牙型角 α 和螺纹车刀两刃夹角 ε'_r 的关系	螺纹牙侧	应用
2	>0°	$\gamma_p>0°$ $\varepsilon'_r=60°$ α_{oL} $\varepsilon'_r=\alpha=60°$	60° α $\alpha>\varepsilon'_r$，即 $\alpha>60°$，前角 γ_p 越大，牙型角的误差也越大	曲线	γ_p 不允许过大，必须对车刀两刃夹角 ε'_r 进行修正
3	5°～15°	$\gamma_p=5°\sim15°$ $\varepsilon'_r=59°\pm30'$ α_{oL} $\varepsilon'_r<\alpha$ 选 $\varepsilon'_r=58°30'\sim59°30'$	$\alpha=60°$ $\alpha=\varepsilon'_r=60°$	曲线	适用于车削精度要求不高的螺纹或粗车螺纹

六、车螺纹时车床的调整

1. 传动比的计算

图 6–6 所示为 CA6140 型卧式车床车螺纹时的传动图。从图中不难看出，当工件旋转一周时，车刀必须沿工件轴线方向移动一个螺纹的导程 $nP_{工}$。在一定的时间内，车刀的移动距离等于工件转数 $n_{工}$ 与工件螺纹导程 $nP_{工}$ 的乘积，也等于丝杠转数 $n_{丝}$ 与丝杠螺距 $P_{丝}$ 的乘积，即：

$$n_{工}nP_{工}=n_{丝}P_{丝}$$

$$\frac{n_{丝}}{n_{工}}=\frac{nP_{工}}{P_{丝}}$$

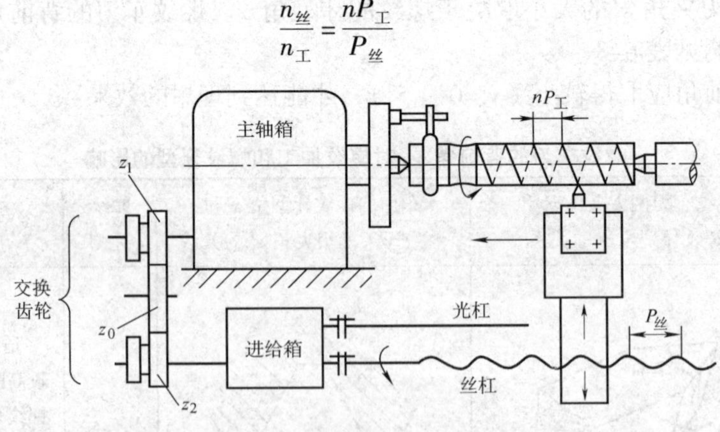

图 6–6　CA6140 型卧式车床车螺纹时的传动图

$\frac{n_{丝}}{n_{工}}$ 称为传动比，用 i 表示。由于 $\frac{n_{丝}}{n_{工}}=\frac{z_1}{z_2}=i$，因此可以得出车螺纹时交换齿轮的计算公式，即：

$$i=\frac{n_{丝}}{n_{工}}=\frac{nP_{工}}{P_{丝}}=\frac{z_1}{z_2}=\frac{z_1}{z_0}\times\frac{z_0}{z_2} \quad (6\text{–}3)$$

式中 $n_{丝}$——丝杠转数，r；

$n_{工}$——工件转数，r；

n——螺纹线数；

$P_{工}$——螺纹螺距，mm；

$nP_{工}$——螺纹导程，mm；

$P_{丝}$——丝杠螺距，mm；

z_1——主动齿轮齿数；

z_0——中间轮齿数；

z_2——从动齿轮齿数。

2. 车螺纹或蜗杆时交换齿轮的调整和手柄位置的变换

在 CA6140 型车床上车削常用螺距（或导程）的螺纹时，变换手柄位置分以下三个步骤：

（1）变换主轴箱外手柄的位置，可用来车削不同旋向和螺距（导程）的螺纹和蜗杆（表 6–4）。

表 6–4　车削螺纹和蜗杆时主轴箱外手柄的位置

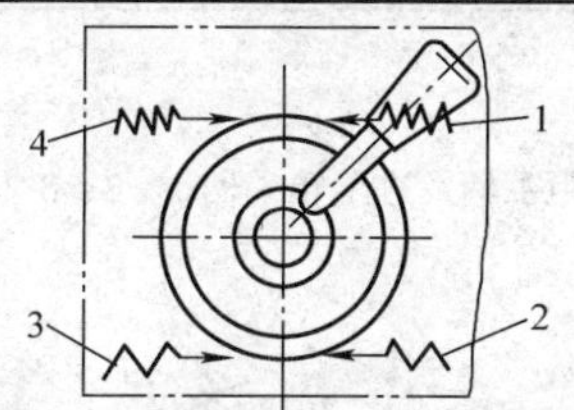

手柄位置	位置 1	位置 2	位置 3	位置 4
可以车削的螺纹和蜗杆	右旋正常螺距（或导程）	右旋扩大螺距（或导程）	左旋扩大螺距（或导程）	左旋正常螺距（或导程）

提示：在有进给箱的车床上车削常用螺距（或导程）的螺纹和蜗杆时，一般只要按照车床进给箱铭牌上标注的数据（表 6–5）变换主轴箱和进给箱外手柄的位置，并配合更换交换齿轮箱内的交换齿轮就可以得到需要的螺距（或导程）。

（2）在进给箱外，先将内手柄 1 置于位置 B 或 D，如图 6–7 所示，位置 B 可用来车削米制螺纹和米制蜗杆，位置 D 可用来车削英制螺纹和英制蜗杆。再将外手柄 2 置于Ⅰ、Ⅱ、Ⅲ、Ⅳ或Ⅴ的位置上。然后将进给箱外左侧的圆盘式手轮（图 6–7a）拉出，并转到与“▽”相对的 1～8 的某一位置后，再把圆盘式手轮推进去。

（3）最后在交换齿轮箱内调整交换齿轮。

车削米制螺纹和英制螺纹时，用 $\frac{z_1}{z_0}\times\frac{z_0}{z_2}=\frac{z_A}{z_B}\times\frac{z_B}{z_C}=\frac{63}{100}\times\frac{100}{75}$；车削米制蜗杆和英制蜗杆时，用 $\frac{z_1}{z_0}\times\frac{z_0}{z_2}=\frac{z_A}{z_B}\times\frac{z_B}{z_C}=\frac{64}{100}\times\frac{100}{97}$。

表 6–5　　CA6140 型车床进给箱铭牌（部分）

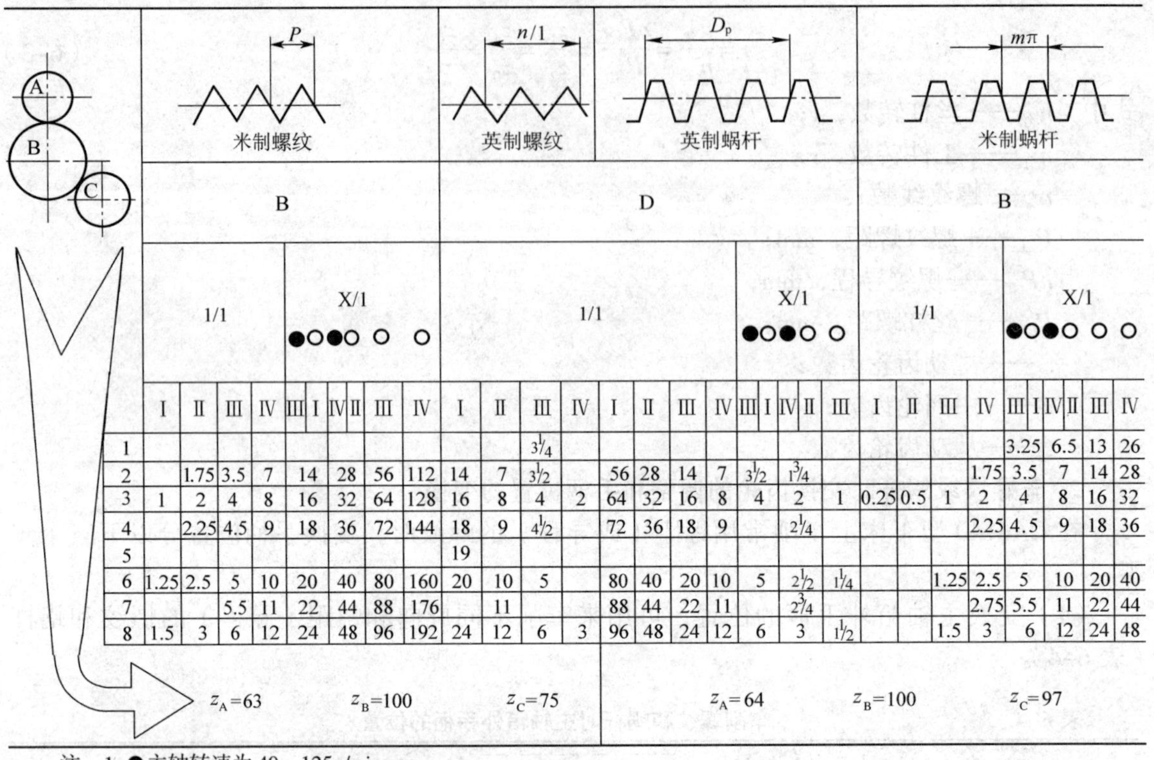

	米制螺纹								英制螺纹				英制蜗杆							米制蜗杆							
	B								D											B							
	1/1				X/1 ●○●○ ○ ○				1/1								X/1 ●○●○ ○			1/1				X/1 ●○●○ ○ ○			
	I	II	III	IV	III I	IV II	III	IV	I	II	III	IV	I	II	III	IV	III I	IV II	III	I	II	III	IV	III I	IV II	III	IV
1											$3\frac{1}{4}$													3.25	6.5	13	26
2		1.75	3.5	7	14	28	56	112	14	7	$3\frac{1}{2}$		56	28	14	7	$3\frac{1}{2}$	$1\frac{3}{4}$					1.75	3.5	7	14	28
3	1	2	4	8	16	32	64	128	16	8	4	2	64	32	16	8	4	2	1	0.25	0.5	1	2	4	8	16	32
4		2.25	4.5	9	18	36	72	144	18	9	$4\frac{1}{2}$		72	36	18	9		$2\frac{1}{4}$					2.25	4.5	9	18	36
5									19																		
6	1.25	2.5	5	10	20	40	80	160	20	10	5		80	40	20	10	5	$2\frac{1}{2}$	$1\frac{1}{4}$			1.25	2.5	5	10	20	40
7			5.5	11	22	44	88	176		11			88	44	22	11		$2\frac{3}{4}$					2.75	5.5	11	22	44
8	1.5	3	6	12	24	48	96	192	24	12	6	3	96	48	24	12	6	3	$1\frac{1}{2}$			1.5	3	6	12	24	48
	z_A=63				z_B=100				z_C=75				z_A=64					z_B=100					z_C=97				

注：1. ●主轴转速为 40 ~ 125 r/min。

2. ○主轴转速为 10 ~ 32 r/min。

3. 应用此表时应与主轴箱上加大螺距手柄及进给箱手柄 1、2、3 上的各标牌符号配合使用。

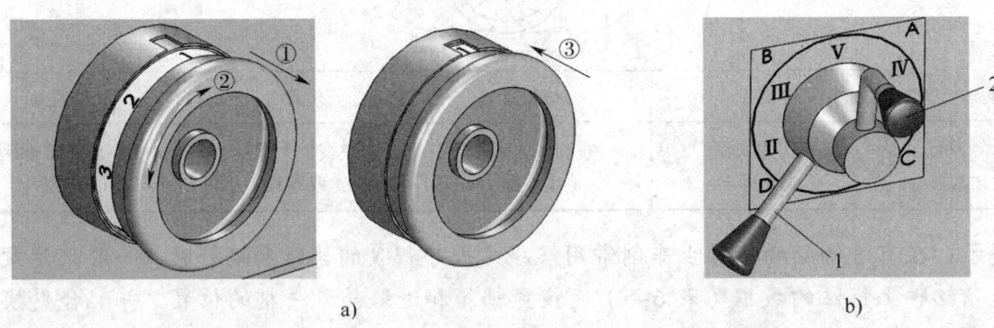

图 6–7　CA6140 型车床进给箱外手轮、手柄位置

a）圆盘式手轮　b）手柄位置

1—内手柄　2—外手柄

提示：交换齿轮必须组装在车床交换齿轮箱内的挂轮架上，为了能正常运转，组装时应注意以下事项：

（1）组装时，必须先切断车床电源。

（2）齿轮相互啮合不能太紧或太松，必须保证齿侧有 0.1 ~ 0.2 mm 的啮合间隙；否则，在转动时会产生很大的噪声，并易损坏齿轮。

（3）齿轮的轴套之间应经常用润滑脂润滑。有些车床的齿轮心轴上装有润滑脂油杯，应定期把油杯盖旋紧一些（图 6–8），将润滑脂压入齿轮的轴套间，并注意经常向油杯内加入润滑脂。

（4）交换齿轮组装完毕，应装好防护罩。

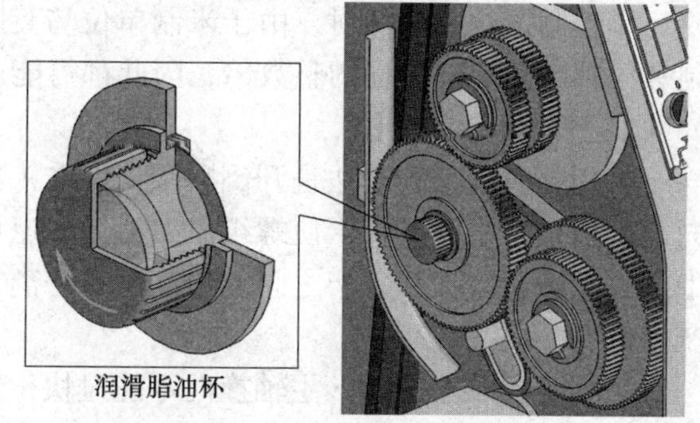

图 6–8　交换齿轮心轴的润滑脂润滑

例 6–2　在 CA6140 型车床上车削螺距 P=2.5 mm 的米制螺纹。问：手柄位置如何变换？交换齿轮如何变换？

解：（1）在主轴箱外，将正常或扩大螺距手柄放在“右旋正常螺距”位置 1。

（2）在进给箱外，先将内手柄置于车削米制螺纹的位置 B；再将外手柄置于位置Ⅱ；然后将进给箱外左侧的圆盘式手轮拉出，并转到与“▽”相对的“6”的位置后把圆盘式手轮推进去。

（3）最后在交换齿轮箱内变换交换齿轮。

车削米制螺纹时，用 $\frac{z_1}{z_0}\times\frac{z_0}{z_2}=\frac{z_A}{z_B}\times\frac{z_B}{z_C}=\frac{63}{100}\times\frac{100}{75}$。

但是，当铭牌上的数据不够用或在无进给箱的车床上车削螺纹或蜗杆时，必须计算出交换齿轮的齿数，并通过正确组装，才能车出导程正确的螺纹。此内容较复杂，可查阅有关资料。

七、车螺纹时乱牙的预防

车螺纹和蜗杆时，都要经过几次进给才能完成。如果在第二次进给时，车刀刀尖偏离前一次进给车出的螺旋槽，把螺旋槽车乱，称为乱牙。

1. 产生乱牙的原因

当丝杠转一转时，工件未转过整数转是产生乱牙的主要原因。

车螺纹和蜗杆时，工件和丝杠都在旋转，如提起开合螺母后，至少要等丝杠转过一转，才能重新按下。当丝杠转过一转时，工件转了整数转，车刀就能进入前一次进给车出的螺旋槽内，不会产生乱牙。如丝杠转过一转后，工件没有转过整数转，就会产生乱牙。

例 6–3　在丝杠螺距为 6 mm 的车床上，车削螺距为 3 mm 和 12 mm 的两种单线螺纹，试分别判断是否会产生乱牙。

解：根据式（6–3）

$$\frac{nP_{工}}{P_{丝}}=\frac{n_{丝}}{n_{工}}$$

（1）车削 $P_{工}$=3 mm 的螺纹时，$\frac{nP_{工}}{P_{丝}}=\frac{3}{6}=\frac{1}{2}=\frac{n_{丝}}{n_{工}}$

即丝杠转一转时，工件转了两转，不会产生乱牙。

（2）车削 $P_{工}$=12 mm 的螺纹时，$\frac{nP_{工}}{P_{丝}}=\frac{12}{6}=\frac{1}{0.5}=\frac{n_{丝}}{n_{工}}$

即丝杠转一转时，工件转了 1/2 转，刀尖有可能切入两槽之间，因此可能会产生乱牙。

车英制螺纹和蜗杆时，由于米制单位与英制单位换算的原因，车床丝杠螺距不可能是英制螺纹螺距和蜗杆导程的整数倍，因此都可能产生乱牙。

2. 预防乱牙的方法

常用预防乱牙的方法是开倒顺车，即在一次行程结束时，不提起开合螺母，把车刀沿径向退出后，将主轴反转，使螺纹车刀沿纵向退回，再进行第二次车削。这样在往复车削过程中，因主轴、丝杠和刀架之间的传动没有分离，车刀刀尖始终在原来的螺旋槽中，所以不会产生乱牙。

采用开倒顺车法时，主轴换向不能过快；否则，车床传动部分受到瞬时冲击，易使传动机件损坏。

技能训练

车削螺纹基本技能训练

1. 车床的调整练习

车削螺纹时，中、小滑板与楔铁之间的间隙应适当。间隙过大，中、小滑板太松，车削中容易产生“扎刀”现象；间隙过小，中、小滑板操作不灵活，摇动滑板费力。

按照表 6–6 中的步骤进行小滑板调整练习，按照表 6–7 中的步骤进行中滑板调整练习。

表 6–6　小滑板调整步骤

步骤	图示
1. 松开小滑板右侧的顶紧螺栓	
2. 调整小滑板左侧的限位螺栓，同步沿顺时针方向转动小滑板做进刀方向移动，至松紧得当	
3. 调整合适后，紧固右侧的顶紧螺栓	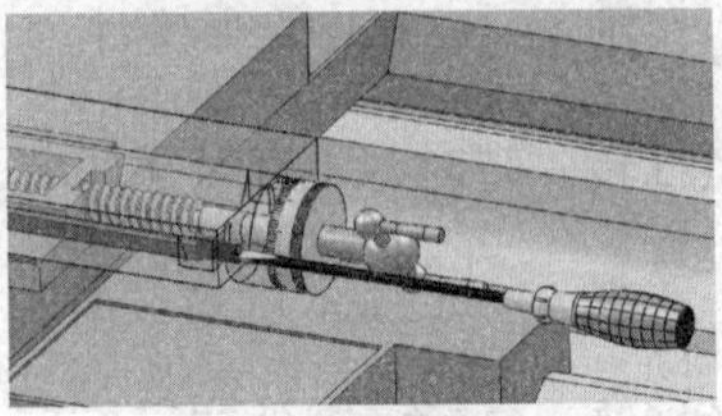

表 6–7　　中滑板调整步骤

步骤	图示
1. 松开中滑板后面的顶紧螺栓	
2. 调整前面的限位螺栓，同步摇动中滑板手柄，调整至松紧得当	
3. 调整合适后，紧固中滑板后面的顶紧螺栓	

2. 手柄位置调整练习

按工件上待加工螺纹的螺距，在车床进给箱的铭牌上查找到相应手柄的位置参数，把手柄拨到所需的位置上。

CA6140 型车床进给箱上手柄的位置如图 6–9 所示，进给箱上的铭牌如图 6–10 所示。

图 6–9　进给箱上手柄的位置

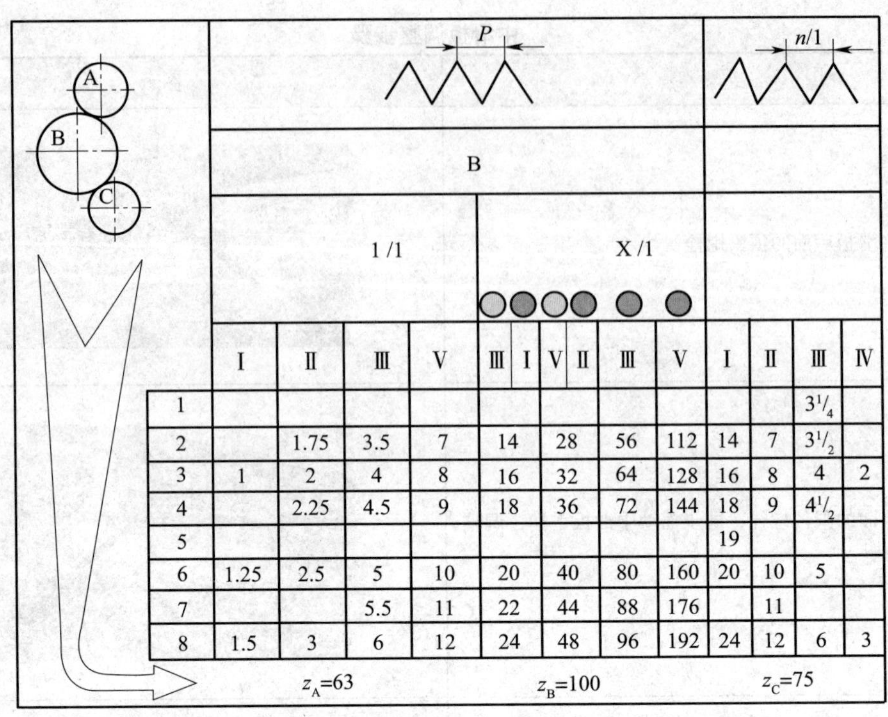

	1/1				X/1				n/1			
	Ⅰ	Ⅱ	Ⅲ	Ⅴ	Ⅲ Ⅰ	Ⅴ Ⅱ	Ⅲ	Ⅴ	Ⅰ	Ⅱ	Ⅲ	Ⅳ
1											$3^1/_4$	
2		1.75	3.5	7	14	28	56	112	14	7	$3^1/_2$	
3	1	2	4	8	16	32	64	128	16	8	4	2
4		2.25	4.5	9	18	36	72	144	18	9	$4^1/_2$	
5									19			
6	1.25	2.5	5	10	20	40	80	160	20	10	5	
7			5.5	11	22	44	88	176		11		
8	1.5	3	6	12	24	48	96	192	24	12	6	3

图 6-10　进给箱上的铭牌

按照表 6-8 中的步骤进行手柄位置调整练习。

表 6-8　　**手柄位置调整步骤**

步骤	图示
1. 变换正常或加大螺距手柄位置，选择右旋正常螺距（或导程）	1/1　1/1　X/1　X/1
2. 变换主轴变速手柄位置，选择主轴转速小于 170 r/min，以满足切削速度的要求	CA6140 400×1000

续表

步骤	图示
3. 变换螺纹种类及手柄位置，选择手柄位置 B（米制螺纹）	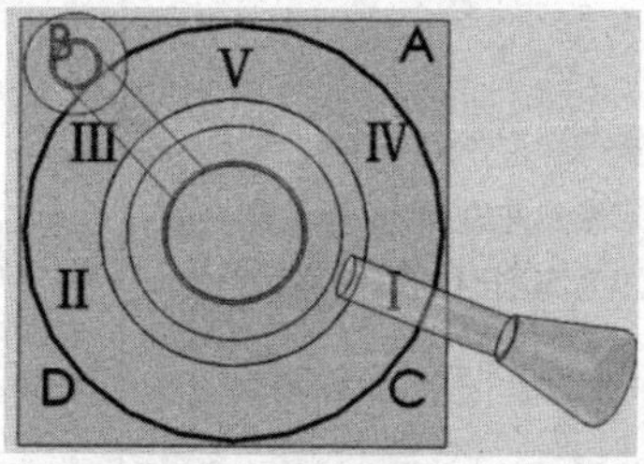 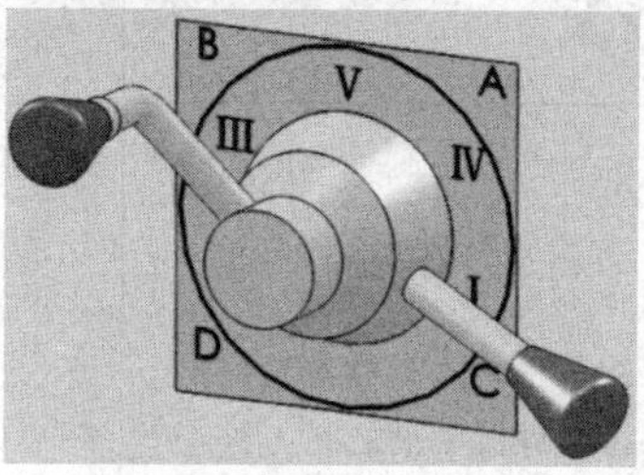
4. 变换进给基本组操纵手柄位置，将手柄扳至“1”（此处选择所需螺距 P=2 mm）	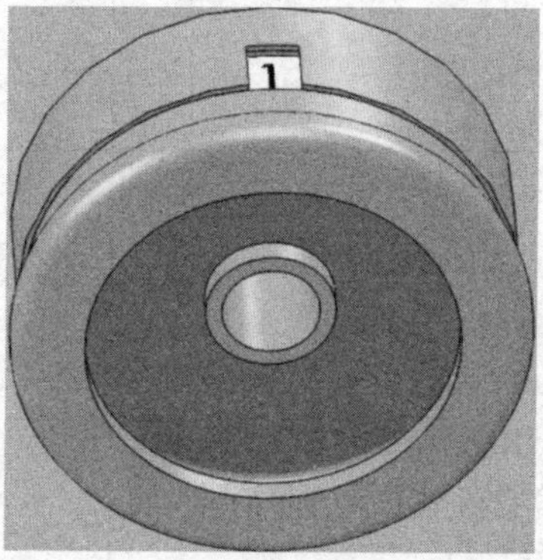
5. 变换进给倍增组操纵手柄，将手柄扳至“Ⅱ”	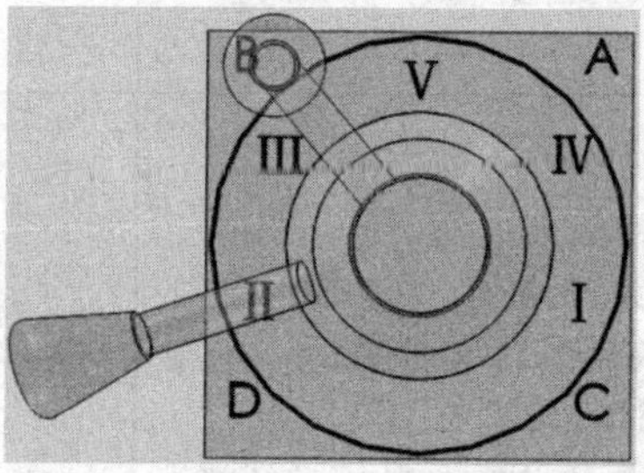

3. 提开合螺母法和开倒顺车法练习

按照表 6–9 中的步骤进行提开合螺母法练习。

表 6–9 提开合螺母法操作步骤

步骤	图示
1. 确认丝杠旋转，并在导轨离卡盘一定距离处做一记号作为车削时的纵向移动终点	 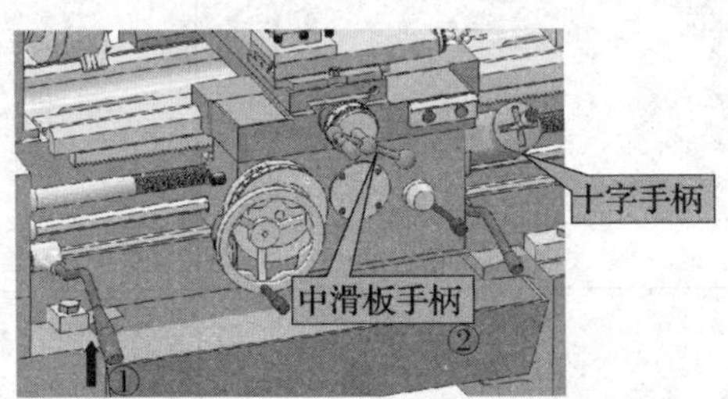
2. 向上提起操纵杆手柄（图中①），操作者站在十字手柄和中滑板手柄之间（约 45° 方向）（图中②）。此时车床主轴转速建议小于或等于 170 r/min	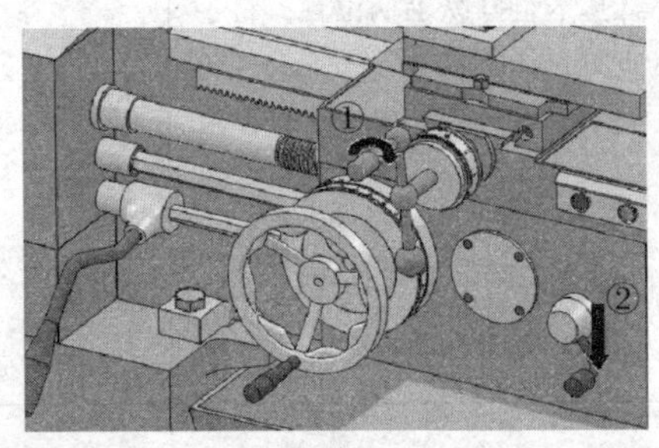
3. 左手握中滑板手柄进给 0.5 mm（图中①），右手压下开合螺母手柄（图中②），使开合螺母与丝杠啮合到位，床鞍和刀架按照一定的螺距做纵向移动	
4. 当床鞍移到记号处时，右手迅速提起开合螺母手柄（图中①），左手操作中滑板手柄退刀（图中②） 手摇床鞍手轮，将床鞍移到初始位置 重复步骤 2、3、4	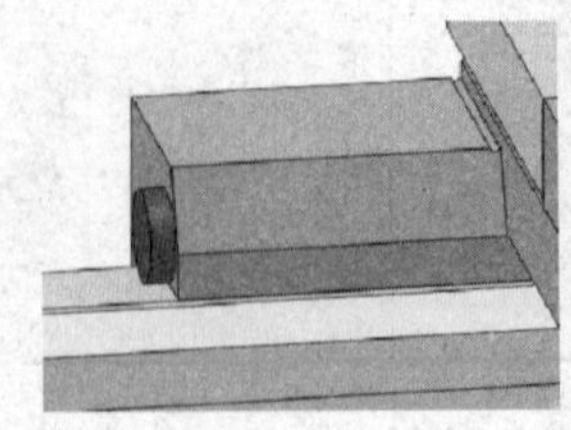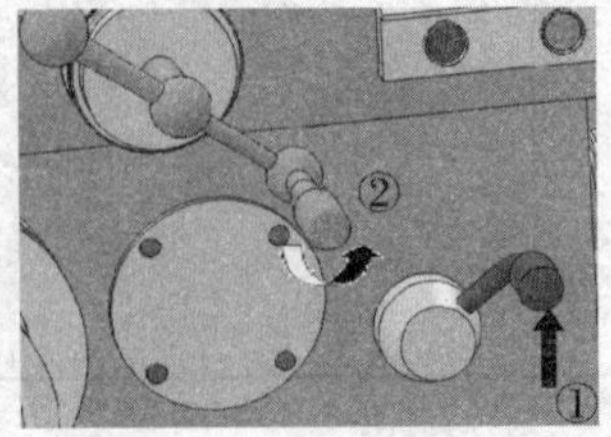

按照表 6–10 中的步骤进行开倒顺车法练习。

表 6–10　　开倒顺车法操作步骤

步骤	图示
1. 操作者站立位置改为站在卡盘和刀架之间（约 45° 方向），左手操作中不离开操纵杆手柄（图中①），右手在开合螺母合下后（图中②），负责操纵中滑板手柄（图中③）进刀	
2. 当床鞍移到记号处时，不提开合螺母手柄（图中①），右手快速退中滑板（图中②），左手同时压下操纵杆手柄（图中③），使主轴反转，床鞍纵向退回 向上提起操纵杆手柄，将床鞍停留到初始位置 重复步骤 1、2	

课题二　车三角形螺纹

普通螺纹、英制螺纹、美制统一螺纹和管螺纹的牙型都是三角形，所以统称为三角形螺纹。

一、三角形螺纹的尺寸计算

1. 普通螺纹

普通螺纹是应用最广泛的一种三角形螺纹，它分为粗牙普通螺纹和细牙普通螺纹两种。当公称直径相同时，细牙普通螺纹比粗牙普通螺纹的螺距小。粗牙普通螺纹的螺距不是直接标注的。

普通螺纹的牙型如图 6–11 所示，牙型角为 60°。其基本要素的计算公式见表 6–11。

2. 英制螺纹

在我国设计新产品时不使用英制螺纹，只有在某些进口设备中和维修旧设备时应用。

英制螺纹的牙型如图 6–12 所示，它的牙型角为 55°，公称直径是指内螺纹的大径，用 in 表示。螺距 P 以 1 in（25.4 mm）中的牙数 n 表示，如 1 in 中有 12 牙，则螺距为 1/12 in。英制螺距与米制螺距的换算公式如下：

$$P = \frac{1}{n} \text{in} = \frac{25.4}{n} \text{mm} \tag{6-4}$$

英制螺纹 1 in 内的牙数及各基本要素的尺寸可从有关手册中查出。

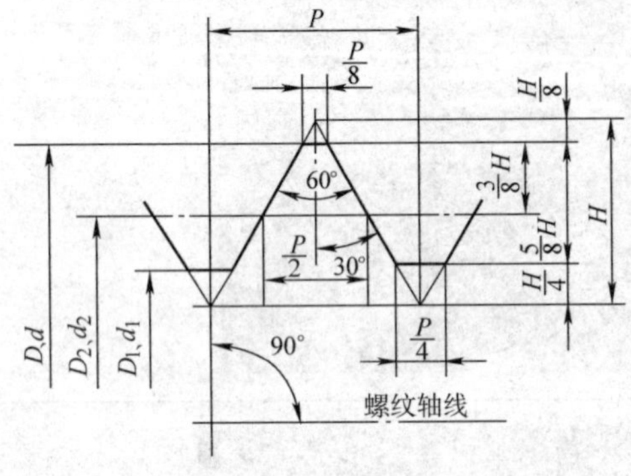

图 6-11 普通螺纹的牙型

表 6-11 普通螺纹基本要素的计算公式

基本参数	外螺纹	内螺纹	计算公式
牙型角	α		α=60°
螺纹大径（公称直径）/mm	d	D	$d=D$
螺纹中径 /mm	d_2	D_2	$d_2=D_2=d-0.649\,5P$
牙型高度 /mm	h_1		$h_1=0.541\,3P$
螺纹小径 /mm	d_1	D_1	$d_1=D_1=d-1.082\,5P$

3. 美制统一螺纹

在对外交流中，美制统一螺纹的应用也较常见。

（1）美制统一螺纹的标记

美制统一螺纹的标记示例如图 6-13 所示，各代号及其含义见表 6-12。

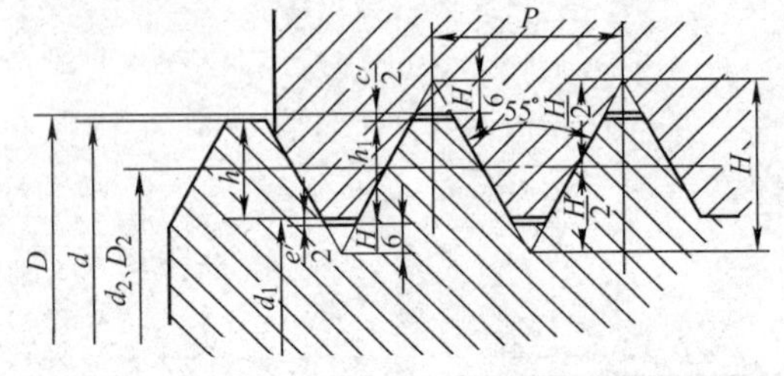

图 6-12 英制螺纹的牙型

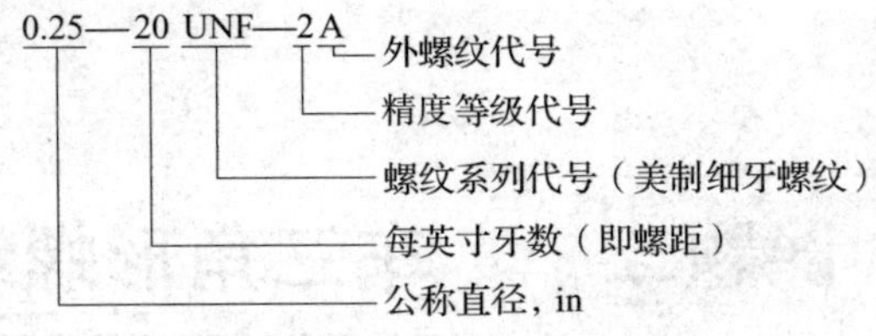

图 6-13 美制统一螺纹的标记示例

表 6-12 美制统一螺纹标记代号及其含义

<table>
<tr><th>代号</th><th>表示</th><th colspan="10">说明</th></tr>
<tr><td rowspan="3">公称直径代号（即螺纹的大径尺寸）</td><td>用小数</td><td colspan="10">单位为 in</td></tr>
<tr><td rowspan="2"><0.25 in 小直径系列，用 10 个号码表示大径</td><td>0</td><td>1</td><td>2</td><td>3</td><td>4</td><td>5</td><td>6</td><td>8</td><td>10</td><td>12</td></tr>
<tr><td>0.060</td><td>0.073</td><td>0.086</td><td>0.099</td><td>0.112</td><td>0.125</td><td>0.138</td><td>0.164</td><td>0.190</td><td>0.216</td></tr>
<tr><td>每英寸牙数代号（即螺距）</td><td>牙数 n/in</td><td colspan="10">螺距 P 以 1 in（25.4 mm）中的有效牙数 n 表示，如 1 in 中有 40 牙，则螺距为 1/40 in。美制螺距与米制螺距的换算公式如下：
$$P = \frac{1}{n} \text{in} = \frac{25.4}{n} \text{mm}$$</td></tr>
</table>

续表

代号	表示	说明
螺纹系列代号	多个	UNC——美制粗牙螺纹 UNF——美制细牙螺纹 UN——美制不变螺距螺纹
精度等级代号	1、2、3 级	1 级为配合后螺纹间隙大；2 级为一般用途的螺纹紧固件；3 级为无间隙配合，用于精度要求高的场合
内、外螺纹代号	A、B	A 表示外螺纹，B 表示内螺纹

（2）美制统一螺纹的牙型

美制统一螺纹的牙型如图 6–14 所示，它的牙型角为 60°，其主要参数的尺寸可从有关手册中查出。

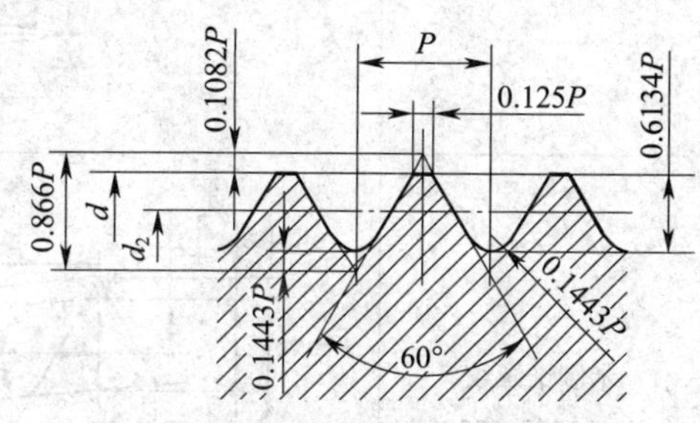

图 6–14　美制统一螺纹的牙型

4. 管螺纹

管螺纹是在管子上加工的特殊的细牙螺纹，其使用范围仅次于普通螺纹，牙型角有 55° 和 60° 两种。

常见的管螺纹有 55° 非密封管螺纹、55° 密封管螺纹、60° 密封管螺纹、米制锥螺纹四种，其中 55° 非密封管螺纹用得较多。管螺纹的牙型和用途见表 6–13。

虽然米制锥螺纹在性能上一点也不比其他管螺纹差，但是由于继承性的关系，米制锥螺纹的使用并不普遍。

表 6–13　　管螺纹的牙型和用途

管螺纹	管螺纹的牙型	牙型角	锥度及适应的压力	用途
55° 非密封管螺纹（GB/T 7307—2001）	$\frac{H}{6}$，$\frac{h}{2}$，h，H，r，27°31′，27°31′，P，$\frac{H}{6}$	55°	无锥度，适用于较低的压力	适用于管接头、旋塞、阀门及其附件
55° 密封管螺纹（GB/T 7306.1～7306.2—2000）	H，h，r，27° 30′，$\frac{h}{2}$，D_1、d_1，D_2、d_2，D、d，P，90°，螺纹轴线，16，1，1:16	55°	1 ∶ 16 的锥度可以使管螺纹连接时越旋越紧，适用于较高的压力	适用于管子、管接头、旋塞、阀门及其附件

续表

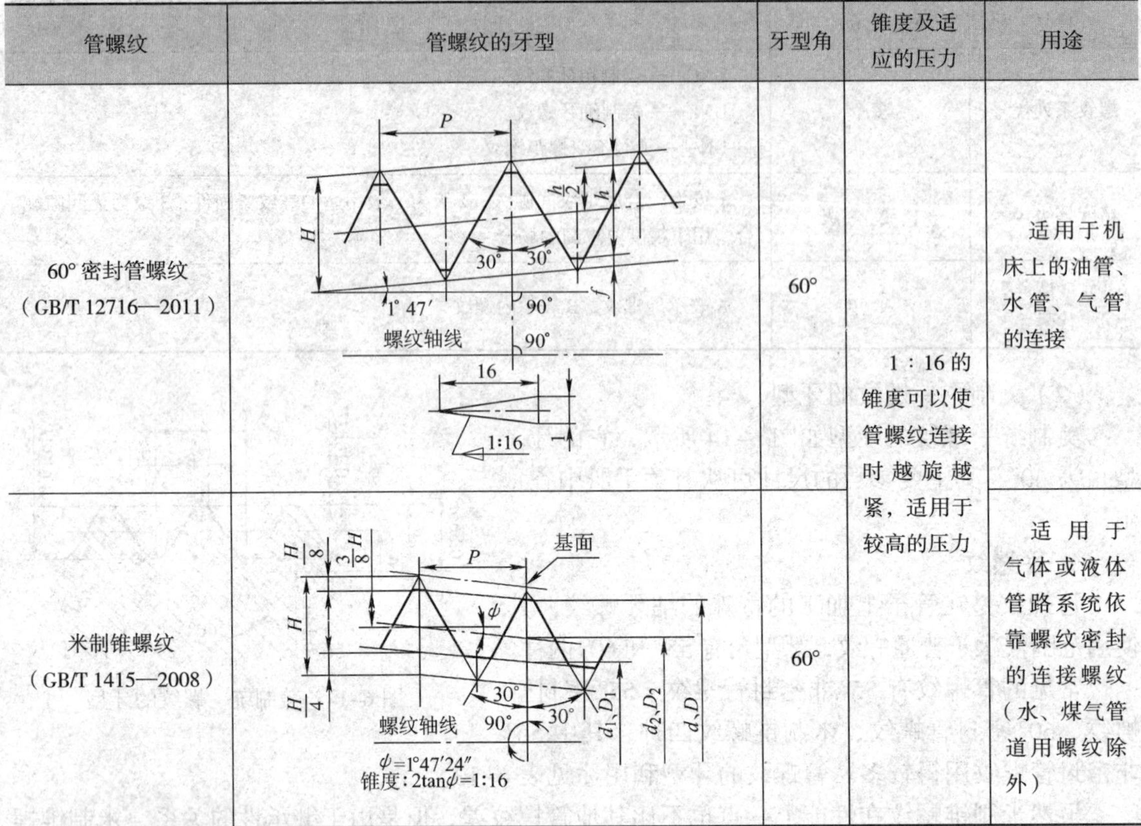

管螺纹	管螺纹的牙型	牙型角	锥度及适应的压力	用途
60° 密封管螺纹（GB/T 12716—2011）		60°	1∶16 的锥度可以使管螺纹连接时越旋越紧，适用于较高的压力	适用于机床上的油管、水管、气管的连接
米制锥螺纹（GB/T 1415—2008）		60°		适用于气体或液体管路系统依靠螺纹密封的连接螺纹（水、煤气管道用螺纹除外）

二、三角形螺纹车刀

1. 螺纹车刀的刃磨要求

（1）刀尖角 ε_r 应等于牙型角 α。车普通螺纹时，$\varepsilon_r=60°$；车英制螺纹时，$\varepsilon_r=55°$。

（2）当螺纹车刀的径向前角 $\gamma_p=0°$ 时，车刀前面上的刀尖角 $\varepsilon_r'=\varepsilon_r=\alpha$；当螺纹车刀的径向前角 $\gamma_p>0°$ 时，车刀前面上的刀尖角 $\varepsilon_r'\leqslant\alpha$，$\varepsilon_r'$ 按表 6-14 进行修正。

（3）螺纹车刀的两个切削刃必须刃磨平直，不允许出现崩刃。

表 6-14　螺纹车刀前面上刀尖角 ε_r' 修正值

径向前角 γ_p	牙型角 α				
	60°	55°	40°	30°	29°
0°	60°	55°	40°	30°	29°
5°	59°49′	54°49′	39°52′	29°53′	28°54′
10°	59°15′	54°17′	39°26′	29°34′	28°35′
15°	58°18′	53°23′	38°44′	29°01′	28°03′
20°	56°58′	52°08′	37°46′	28°16′	27°19′

（4）螺纹车刀的切削部分不能歪斜，刀尖半角 $\varepsilon_r'/2$ 应对称。

（5）螺纹车刀的前面与两个主后面的表面粗糙度值要小。

2. 螺纹车刀的刃磨注意事项

（1）粗磨有径向前角的螺纹车刀时，应使刀尖角略大于牙型角，待磨好前角后再修磨两刃夹角。

（2）刃磨高速钢螺纹车刀时，应选用细粒度砂轮（如粒度号为 80 的氧化铝砂轮）。

（3）刃磨时车刀对砂轮的压力应小于一般车刀，并常浸水冷却，以防过热而引起退火。

（4）螺纹车刀在刃磨过程中，应在砂轮表面水平方向缓慢移动，这样容易使车刀刃口刃磨平直，表面粗糙度值小。

（5）刃磨车削窄槽和高台阶螺纹的螺纹车刀时，应将螺纹车刀进给方向一侧的切削刃磨短些（图 6–15），以有利于车削时退刀。

图 6–15　车削窄槽和高台阶螺纹的车刀

3. 三角形外螺纹车刀

（1）高速钢三角形外螺纹车刀

高速钢三角形外螺纹车刀的形状如图 6–16 所示。为了车削顺利，粗车刀应选用较大的背前角（γ_p=15°）。为了获得较正确的牙型，精车刀应选用较小的背前角（γ_p 取 6° ~ 10°）。

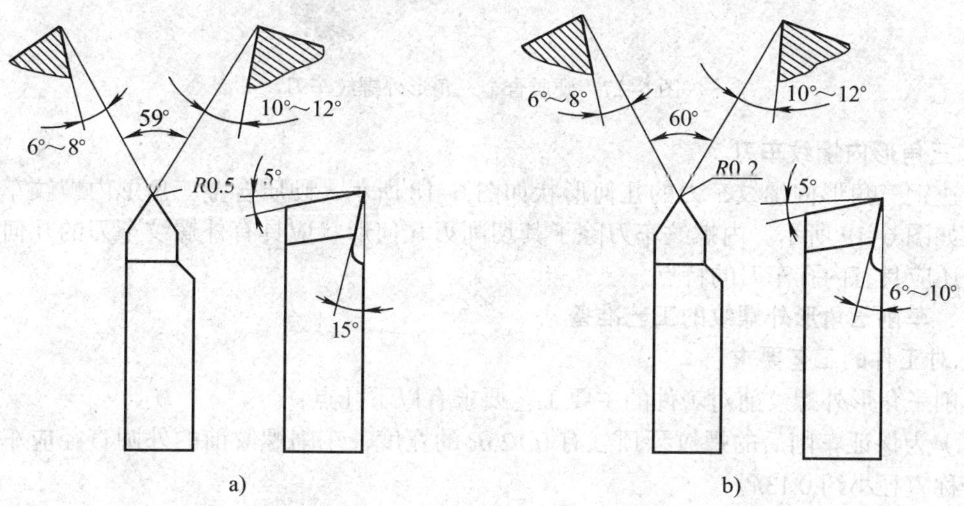

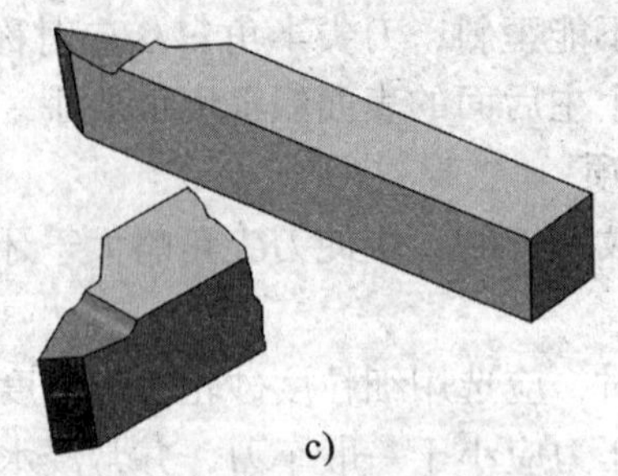

图 6–16　高速钢三角形外螺纹车刀

a）粗车刀　b）精车刀　c）立体图

（2）硬质合金三角形外螺纹车刀

硬质合金三角形外螺纹车刀的几何形状如图 6–17 所示，在车削较大螺距（P>2 mm）以及材料硬度较高的螺纹时，在车刀两侧切削刃上磨出宽度 $b_{\gamma1}$ 为 0.2 ~ 0.4 mm 的倒棱。

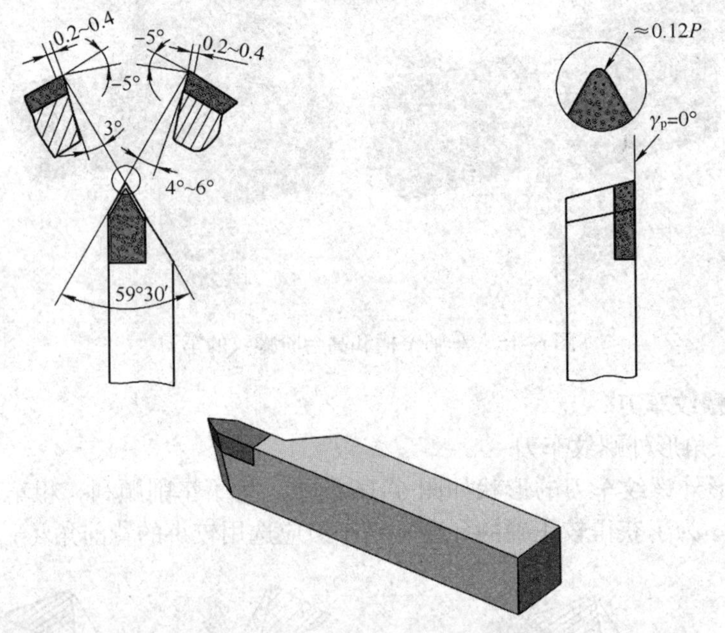

图 6–17　硬质合金三角形外螺纹车刀

4. 三角形内螺纹车刀

高速钢三角形内螺纹车刀的几何形状如图 6–18 所示，硬质合金三角形内螺纹车刀的几何形状如图 6–19 所示。内螺纹车刀除了其切削刃几何形状应具有外螺纹车刀的几何形状特点外，还应具有内孔车刀的特点。

三、车削三角形外螺纹的工艺准备

1. 对工件的工艺要求

车削三角形外螺纹前对工件的主要工艺要求有以下几点：

（1）为保证车削后的螺纹牙顶处有 0.125P 的宽度，车削螺纹前的外圆直径应车削至比螺纹公称直径小约 0.13P。

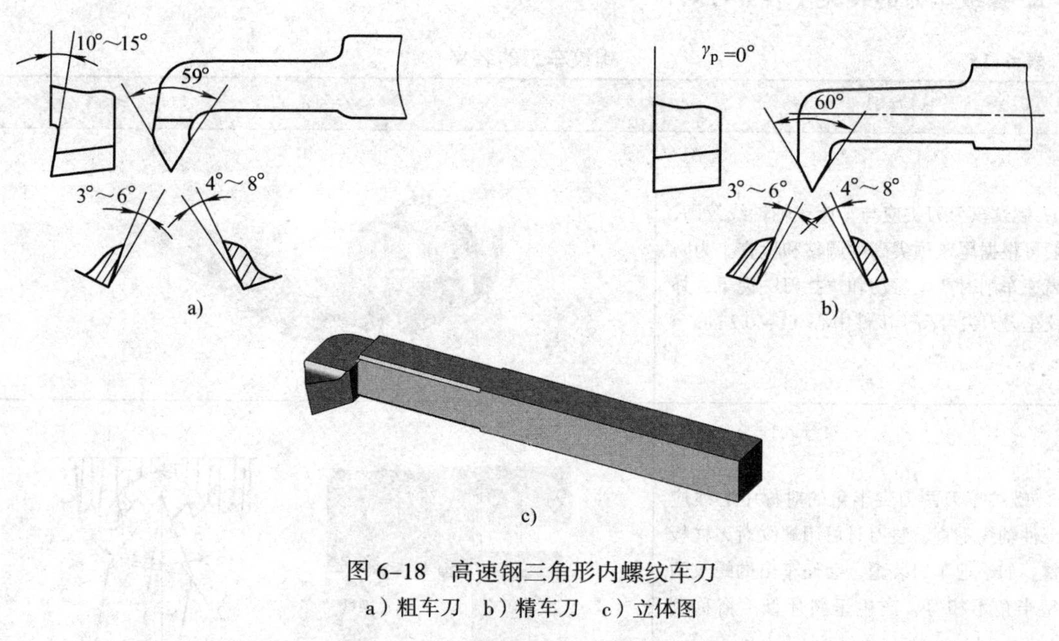

图 6–18　高速钢三角形内螺纹车刀

a）粗车刀　b）精车刀　c）立体图

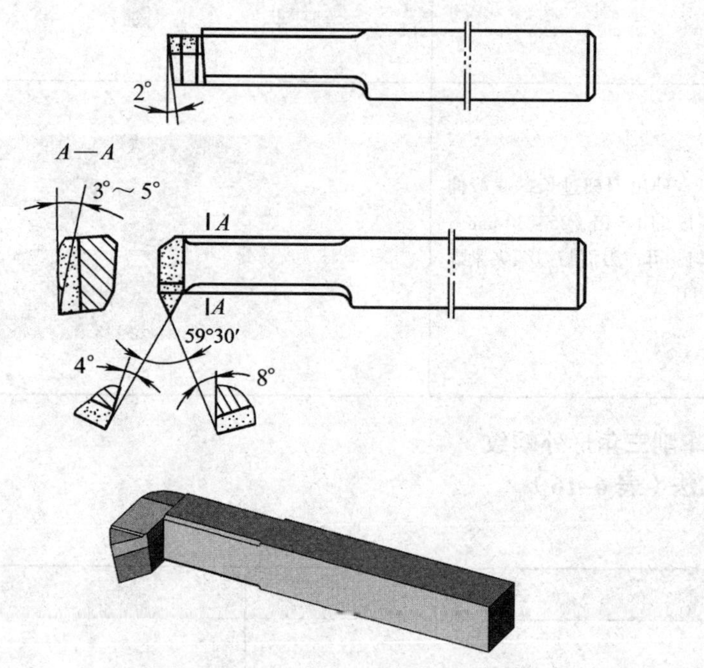

图 6–19　硬质合金三角形内螺纹车刀

（2）外圆端面处倒角至略小于螺纹小径。

（3）对于有退刀槽的螺纹，车削螺纹前应先加工退刀槽，退刀槽的直径应小于螺纹小径，退刀槽宽度等于（2 ~ 3）P。

（4）车削脆性材料（如铸铁）时，车削螺纹前的外圆表面粗糙度值要小，以免在车削螺纹时牙顶发生崩裂。

2. 螺纹车刀的装夹（表 6–15）

表 6–15　　螺纹车刀的装夹

方法	图示
1. 螺纹车刀刀尖应与车床主轴轴线等高，一般可根据尾座顶尖高度调整和检查。为防止高速车削时产生振动和“扎刀”现象，外螺纹车刀刀尖可高于工件中心 0.1 ~ 0.2 mm	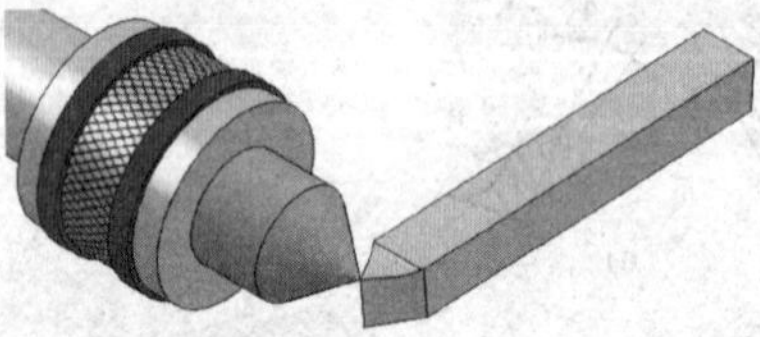
2. 螺纹车刀两刀尖半角的对称中心线应与工件轴线垂直，装刀时可用螺纹对刀样板调整。如果把车刀装歪，会使车出的螺纹两牙型半角不相等，产生歪斜牙型（俗称倒牙）	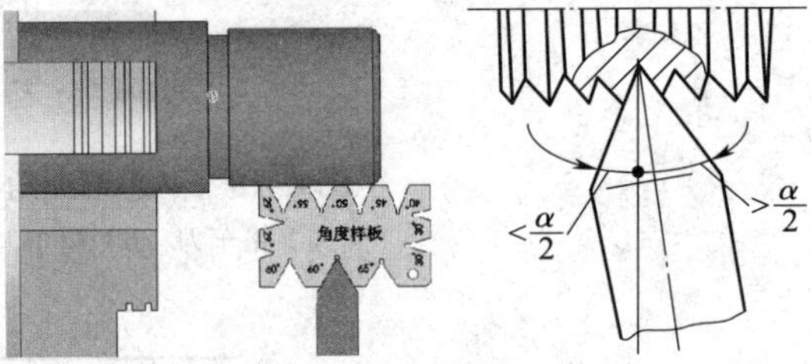 角度样板　$<\frac{\alpha}{2}$　$>\frac{\alpha}{2}$
3. 螺纹车刀不宜伸出刀架过长，一般伸出长度为刀柄厚度的 1.5 倍（25 ~ 30 mm）。为使刀面受力均匀，可在刀面与刀架夹紧螺钉之间垫一片垫刀片	 25 ~ 30mm

四、低速车削三角形外螺纹

1. 进刀方法（表 6–16）

表 6–16　　进刀方法

方法	内容	图示
直进法	车螺纹时，每次车削只用中滑板进刀，螺纹车刀的左、右切削刃同时参与切削。直进法操作简单，可以获得比较正确的螺纹牙型，常用于车削螺距 *P* 小于 2 mm 和脆性材料的螺纹	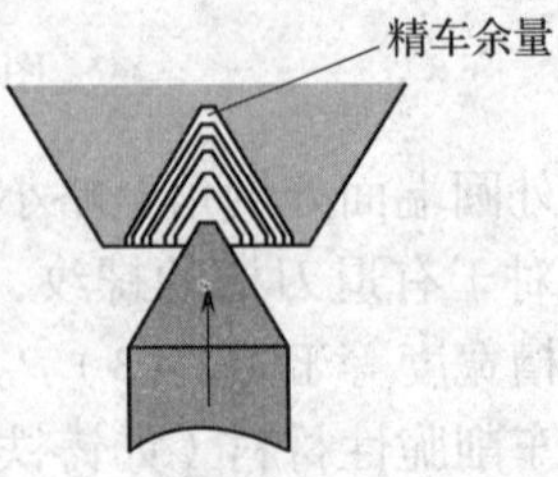 精车余量

续表

方法	内容	图示
左右切削法	车螺纹时，除了用中滑板控制径向进给外，同时使用小滑板将螺纹车刀向左、向右做微量轴向移动。左右切削法常用于螺纹精车和大螺距螺纹加工，在精车时为了使螺纹两侧面的表面粗糙度值减小，先向一侧借刀，待这一侧面达到要求后，再向另一侧借刀，并控制螺纹中径尺寸及表面粗糙度，最后将车刀移到牙槽中间，用直进法车牙底，以保证牙型清晰	精车余量
斜进法	车削螺距较大的螺纹时，由于螺纹牙槽较深，为了粗车时切削顺利，除采用中滑板横向进给外，还可采用小滑板向一侧借刀的车削方法	精车余量

2. 切削用量的选择

低速车削三角形外螺纹时，应根据工件的材质、螺纹的牙型角和螺距的大小及所处的加工阶段（粗车还是精车）等因素，合理选择切削用量。

（1）由于螺纹车刀两切削刃夹角较小，散热条件差，因此切削速度应比车削外圆时低，一般粗车时 v_c 取 10 ~ 15 m/min，精车时 v_c 取 6 m/min。

（2）粗车第一刀和第二刀时，螺纹车刀刚切入工件，总的切削面积不大，可以选择较大的背吃刀量，以后每次进给的背吃刀量应逐步减小。精车时，背吃刀量更小，排出的切屑很薄（像锡箔一样），以获得小的表面粗糙度值。

（3）车削螺纹必须在一定的进给次数内完成。表 6–17 列出了车削 M24、M20、M16 螺纹的最少进给次数，供参考。

表 6–17　　低速车三角形螺纹进给次数参考表

进给次数	M24　P=3 mm			M20　P=2.5 mm			M16　P=2 mm		
	中滑板进刀格数	小滑板进刀（借刀）格数		中滑板进刀格数	小滑板进刀（借刀）格数		中滑板进刀格数	小滑板进刀（借刀）格数	
		左	右		左	右		左	右
1	11	0		11	0		10	9	
2	7	3		7	3		6	3	
3	5	3		5	3		4	2	
4	4	2		3	2		2	2	

续表

进给次数	M24　P=3 mm			M20　P=2.5 mm			M16　P=2 mm		
	中滑板进刀格数	小滑板进刀（借刀）格数		中滑板进刀格数	小滑板进刀（借刀）格数		中滑板进刀格数	小滑板进刀（借刀）格数	
		左	右		左	右		左	右
5	3	2		2	1		1	1/2	
6	3	1		1	1		1	1/2	
7	2	1		1	0		1/4	1/2	
8	1	1/2		1/2	1/2		1/4		2.5
9	1/2	1		1/4	1/2		1/2		1/2
10	1/2	0		1/4		3	1/2		1/2
11	1/4	1/2		1/2		0	1/4		1/2
12	1/4	1/2		1/2		1/2	1/4		0
13	1/2		3	1/4		1/2	螺纹深度 =1.3 mm，n=26 格		
14	1/2		0	1/4		0			
15	1/4		1/2	螺纹深度 =1.625 mm，n=32.5 格					
16	1/4		0						
	螺纹深度 =1.95 mm，n=39 格								

3. 车有退刀槽螺纹

启动车床并移动螺纹车刀，使车刀刀尖与工件外圆轻微接触，将床鞍向右移动并退出工件端面，记住中滑板刻度读数或将中滑板刻度盘调零。车刀横向进给 0.05 mm，使刀尖在工件表面车出一条较浅的螺旋线痕后停车（图 6–20）。用钢直尺或游标卡尺检查螺距（图 6–21），确认螺距正确无误后，开始车螺纹。经多次车削使背吃刀量等于牙型深度后，停车检查螺纹是否合格。

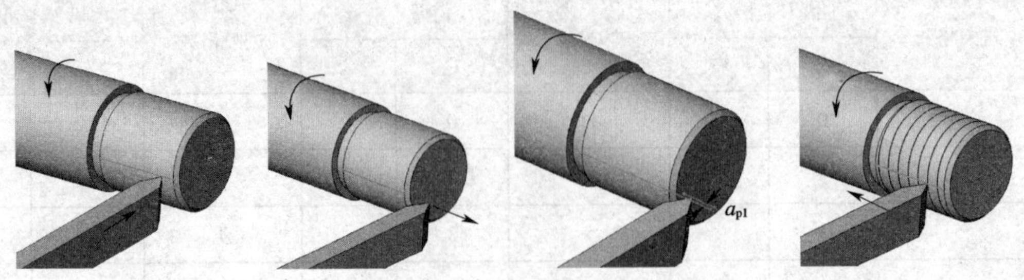

图 6–20　车螺旋线痕

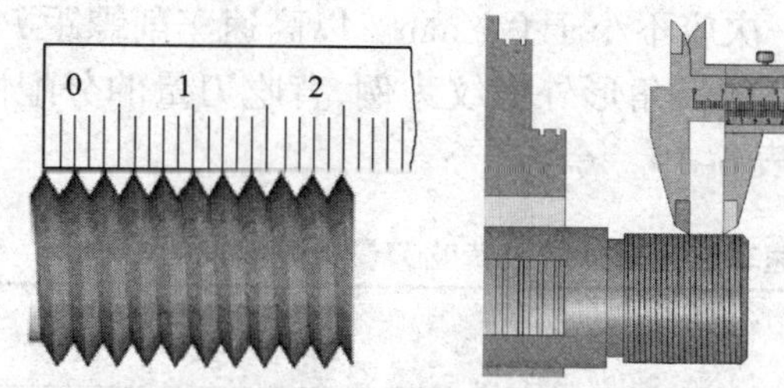

图 6–21　检查螺距

提示：

提开合螺母法车螺纹：床鞍纵向退出工件端面→中滑板横向进给→压下开合螺母车削螺纹→提起开合螺母→横向退出中滑板。提、压开合螺母应果断、有力。

倒顺车法车螺纹：中滑板的横向退出要快，双手操作中滑板手柄和操纵杆手柄动作要协调一致。

4. 车无退刀槽螺纹

车无退刀槽螺纹时，先启动车床在螺纹的有效长度处用车刀刻划一道刻线。车螺纹过程中车刀移到螺纹终止刻线处时，横向迅速退刀并提起开合螺母或压下操纵杆开倒车，使螺纹收尾在 2/3 圈之内，如图 6–22 所示。

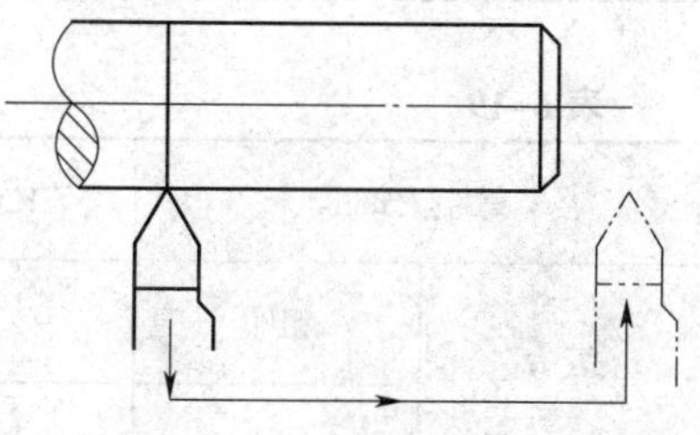

图 6–22　螺纹中止退刀标记

5. 中途换刀法

在车削螺纹的过程中，螺纹车刀因磨损而变钝，经刃磨后重新装夹或中途更换螺纹车刀，这时需要重新调整车刀中心高和刀尖半角。车刀装夹正确后，不切入工件，而是开车合上开合螺母，当车刀纵向移到工件端面处时，迅速将操纵杆放置到中间位置，待车刀自然停稳后，移动小滑板和中滑板，使车刀刀尖对准已车出的螺旋槽，然后“晃车”（将操纵杆轻提但不提到位，再放回中间位置，使车床“点动”），观察车刀是否在螺旋槽内，反复调整，直到刀尖对准螺旋槽为止，才能继续车削螺纹。

五、高速车削三角形外螺纹

1. 高速车削三角形外螺纹的特点

用硬质合金车刀高速车削三角形外螺纹时，切削速度可比低速车削螺纹提高 15 ~ 20 倍，而且行程次数可以减少 2/3 以上，如低速车削螺距 P=2 mm 的中碳钢材料的螺纹时，一般约需 12 个行程；而高速车削螺纹仅需 3 ~ 4 个行程即可，因此，可以大大提高生产效率，在企业中已被广泛采用。

高速车削螺纹时，为了防止切屑使牙侧起毛刺，不宜采用斜进法和左右切削法，只能用直进法车削。高速车削三角形外螺纹时，受车刀挤压后会使外螺纹大径尺寸变大。因此，车削螺纹前的外圆直径应比螺纹大径小些。当螺距为 1.5 ~ 3.5 mm 时，车削螺纹前的外径一般可以减小 0.2 ~ 0.4 mm。

2. 高速车削三角形外螺纹的方法

用硬质合金车刀高速车削三角形外螺纹时，只能用直进法车削。切削速度 v_c=50 ~ 100 m/min；车削螺距 P=1.5 ~ 3 mm 的中碳钢材料的螺纹时，只需 3 ~ 5 次切削就可完成；背吃刀量也是由大逐渐减小，但最后一次应不小于 0.1 mm。以高速车削螺距 P=1.5 mm（3 次切削完成）和 P=2 mm（4 次切削完成）的三角形外螺纹为例，背吃刀量的分配情况见表 6–18。高速车三角形外螺纹的进给次数见表 6–19。

表 6–18　　高速车三角形外螺纹背吃刀量分配情况

P=1.5 mm	P=2 mm
总背吃刀量　$a_P \approx 0.65P$=0.975 mm	总背吃刀量　$a_P \approx 0.65P$=1.3 mm
第 1 次切削背吃刀量　a_{p1}=0.5 mm	第 1 次切削背吃刀量　a_{p1}=0.6 mm
第 2 次切削背吃刀量　a_{p2}=0.375 mm	第 2 次切削背吃刀量　a_{p2}=0.4 mm
第 3 次切削背吃刀量　a_{p3}=0.1 mm	第 3 次切削背吃刀量　a_{p3}=0.2 mm
	第 4 次切削背吃刀量　a_{p4}=0.1 mm

表 6–19　　高速车三角形外螺纹的进给次数

螺距 P/mm		1.5 ~ 2	3	4	5	6
进给次数	粗车	2 ~ 3	3 ~ 4	4 ~ 5	5 ~ 6	6 ~ 7
	精车	1	2	2	2	2

六、车削三角形内螺纹

1. 内螺纹的形式与车削特点

三角形内螺纹有通孔内螺纹、台阶孔内螺纹和盲孔内螺纹三种形式，如图 6–23 所示。

车三角形内螺纹的方法与车三角形外螺纹的方法基本相同，但进刀与退刀的方向正好相反。车三角形内螺纹（尤其是直径较小的内螺纹）时，由于刀柄细长，刚度低，切屑不易排出，切削液不易注入及车削时不便于观察等，因此比车三角形外螺纹要困难得多。

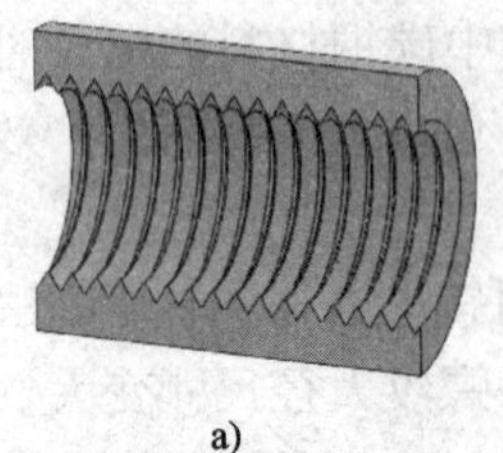
a)

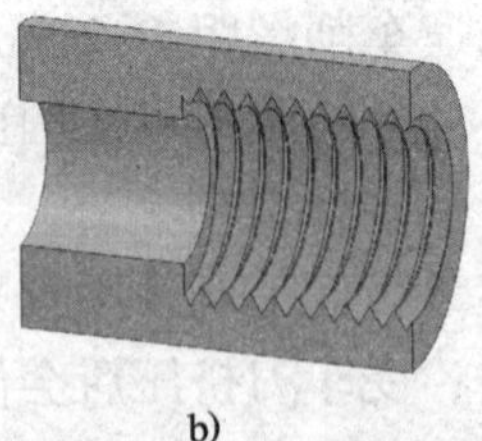
b)

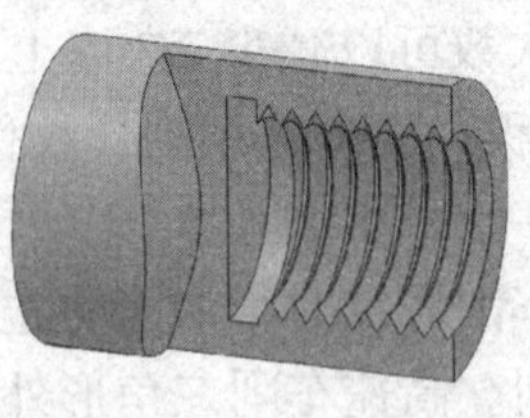
c)

图 6–23　内螺纹的形式
a）通孔内螺纹　b）台阶孔内螺纹　c）盲孔内螺纹

2. 车刀的选择

车内螺纹时，应根据不同的螺纹形式选用不同的内螺纹车刀。常见的内螺纹车刀如

图 6-24 所示。其中图 6-24a 所示整体式和图 6-24b 所示夹固式为通孔内螺纹车刀，图 6-24c 所示倾斜夹固式为车削盲孔和台阶孔内螺纹车刀。

内螺纹车刀刀柄受螺纹孔径的限制，应在保证顺利车削的前提下尽量使截面积大些，一般选用车刀切削部分径向尺寸比孔径小 3 ~ 5 mm 的螺纹车刀。刀柄太细，车削时容易振动；刀柄太粗，退刀时会碰伤内螺纹牙顶，甚至不能车削。

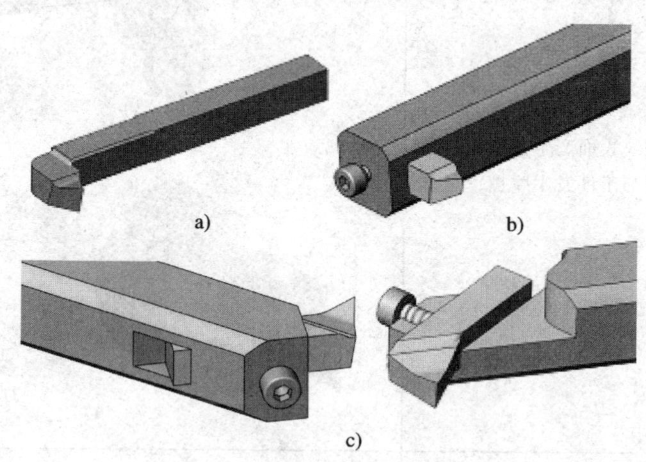

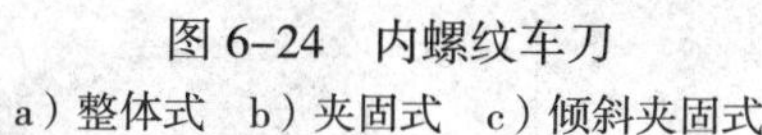

图 6-24　内螺纹车刀

a）整体式　b）夹固式　c）倾斜夹固式

3. 孔径的确定

车内螺纹前，一般先钻孔或扩孔。由于车削时的挤压作用，内孔直径会缩小，对于塑性金属材料较为明显，因此车螺纹前的底孔直径应略大于螺纹小径的公称尺寸。底孔直径可按下面的公式计算确定。

车削塑性材料时：$D_{孔} \approx D-P$

车削脆性材料时：$D_{孔} \approx D-1.05P$

式中　$D_{孔}$——底孔直径，mm；

D——内螺纹大径，mm；

P——螺距，mm。

4. 内螺纹车刀的装夹（表 6-20）

表 6-20　　内螺纹车刀的装夹

方法	图示
1. 刀柄的伸出长度应比内螺纹长度大 10 ~ 20 mm	$L_{螺纹}$ $L_{螺纹}+10\sim20$

续表

方法	图示
2. 刀尖应与工件轴线等高。如果装得过高，车削时容易引起振动，使螺纹表面产生鱼鳞斑；如果装得过低，刀头下部会与工件发生摩擦，车刀切不进去	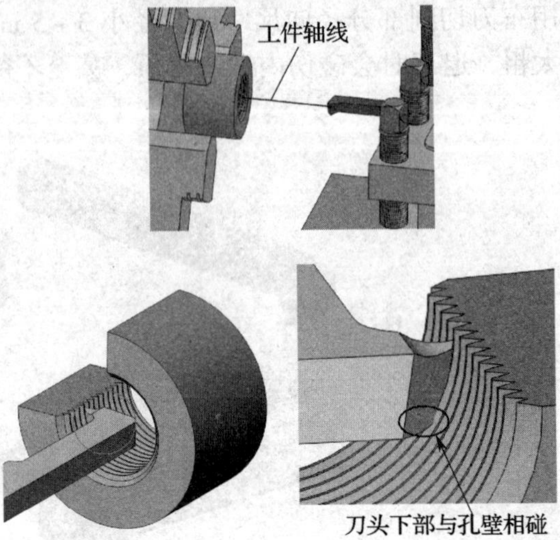
3. 用螺纹对刀样板侧面靠平工件端面，刀尖部分进入样板的槽内进行对刀，同时调整并夹紧车刀	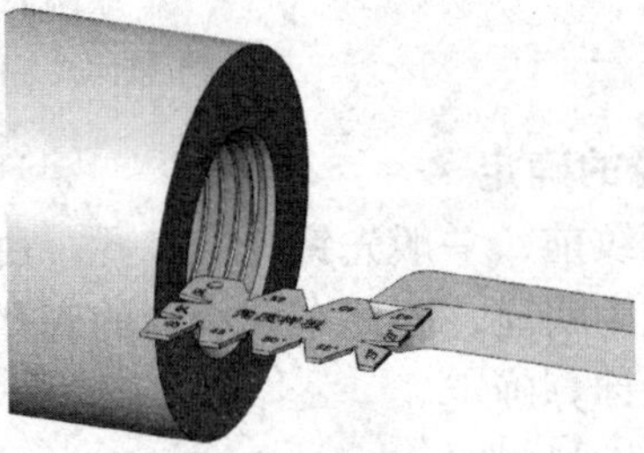
4. 装夹好的螺纹车刀应在底孔内手动试走一次，以防正式加工时刀柄和内孔相碰而影响加工	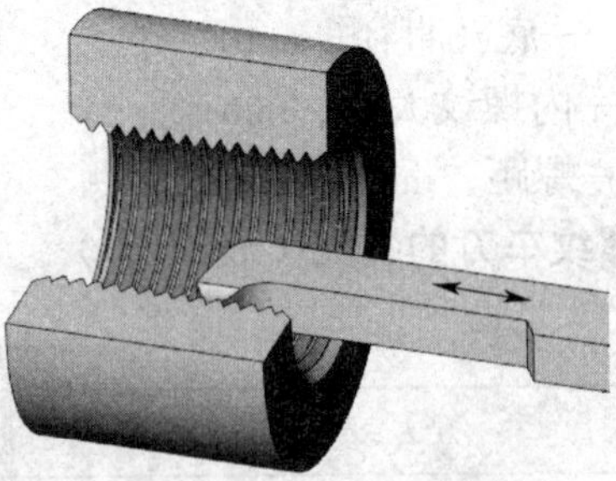

5. 内螺纹的车削方法

（1）车削内螺纹前，先把工件的端面、螺纹底孔及倒角等车好。车盲孔螺纹或台阶孔螺纹时，还需车好退刀槽，退刀槽直径应大于内螺纹大径，槽宽为（2～3）P，并与台阶平面平齐，如图 6–25 所示。

（2）选择合理的切削速度，并根据螺纹的螺距调整进给箱各手柄的位置。

（3）内螺纹车刀装夹好后，开车对刀，记住中滑板刻度或将中滑板刻度盘调零。

（4）在车刀刀柄上做标记（图 6–26）或用床鞍手轮刻度控制螺纹车刀在孔内车削的长度。

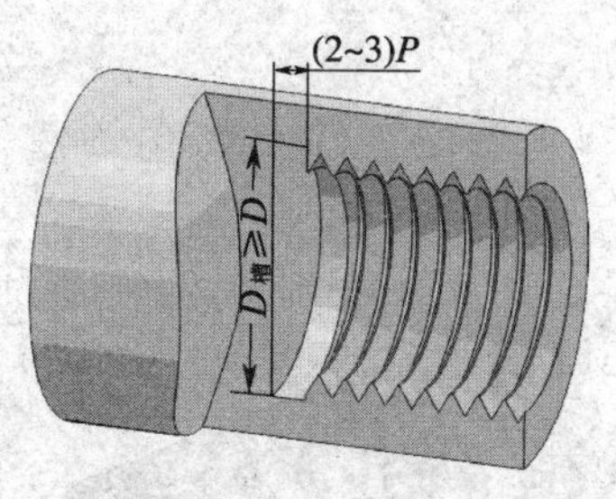

图 6–25　退刀槽直径和宽度

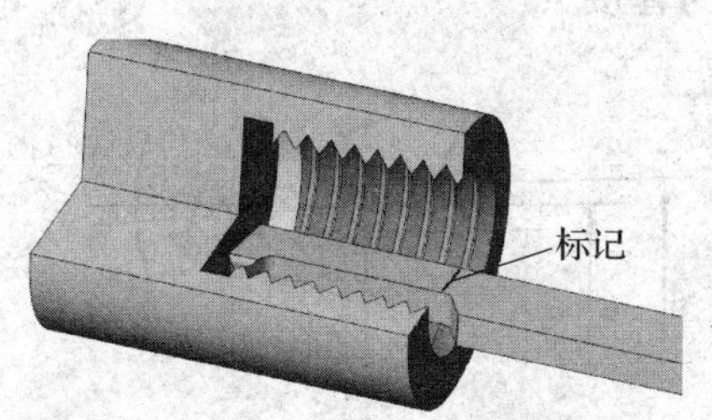

图 6–26　在车刀刀柄上做标记

（5）用中滑板进刀，控制每次车削的背吃刀量，进刀方向与车削外螺纹时的进刀方向相反。

（6）压下开合螺母手柄车削内螺纹。当车刀移到标记位置或床鞍手轮刻度显示到达螺纹长度位置时，快速退刀，同时提起开合螺母或压下操纵杆使主轴反转，将车刀退到起始位置。

（7）经数次进刀、车削后，使总背吃刀量等于螺纹牙型深度。

螺距 $P \leqslant 2$ mm 的内螺纹一般采用直进法车削。$P>2$ mm 的内螺纹一般先用斜进法粗车，并向进给相反方向一侧借刀，以改善内螺纹车刀的受力状况，使粗车能顺利进行；精车时采用左右微量借刀法精车两侧面，以减小牙型侧面的表面粗糙度值，最后采用直进法车至螺纹大径。

七、车削圆锥管螺纹

1. 圆锥管螺纹及其车削特征

圆锥管螺纹是一种英制细牙螺纹,用于管路连接。圆锥管螺纹的牙型角有 55° 和 60° 两种,其公称直径是指管子的孔径（以 in 为单位）。圆锥管螺纹有 1∶16 的锥度（圆锥半角 $\alpha/2=1°47'24''$）。圆锥管螺纹的大径、中径和小径应在基面内测量,如图 6–27 所示。

圆锥管螺纹的车削方法与三角形螺纹的车削方法相似，所不同的是需要解决螺纹的锥度问题。车削圆锥管螺纹的常用方法有靠模法、偏移尾座法和手赶法等。本课题仅介绍手赶法。

手赶法就是在车削螺纹时径向手动退刀或进刀，使刀尖沿着与圆锥素线平行的方向运动，以保证螺纹的锥度和尺寸的方法。由于锥度由手动保证，加工精度不高，一般用于精度较低的单件、小批量生产。

2. 圆锥管螺纹的车削方法

（1）径向退刀法

车削螺纹时，床鞍自右向左纵向移动的同时，手动摇动中滑板手柄做径向均匀退刀，车出圆锥管螺纹，如图 6–28 所示。操作的关键是手动退刀动作平稳、均匀，退刀速度要与车螺纹协调一致。

（2）径向进刀法

1）车圆锥管螺纹。将螺纹车刀反装，即车刀前面向下，车床主轴反转，螺纹车刀由左向右纵向移动的同时，手动使中滑板径向均匀进刀，车出圆锥管螺纹，如图 6–29 所示。

2）车倒锥管螺纹。车削时，车床主轴正转，床鞍带动螺纹车刀自右向左纵向移动的同时，手动使中滑板径向均匀进刀，车出圆锥管螺纹，如图 6–30 所示。这种方法常用于车削长度较短的管接头。

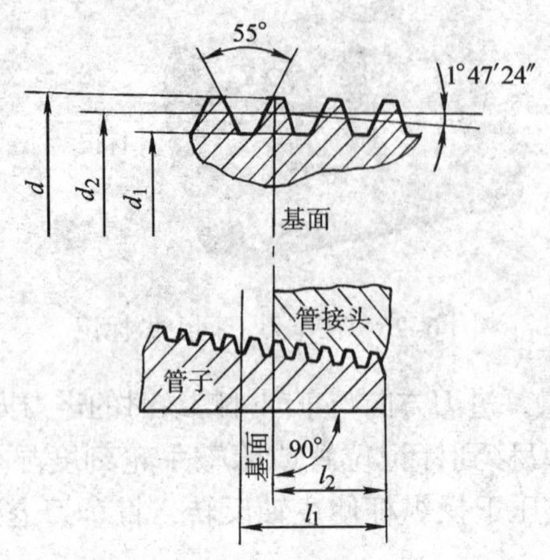

图 6–27　圆锥管螺纹

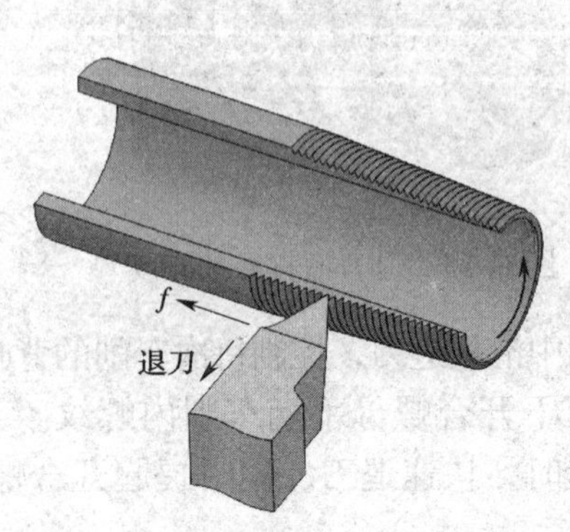

图 6–28　径向退刀法车圆锥管螺纹

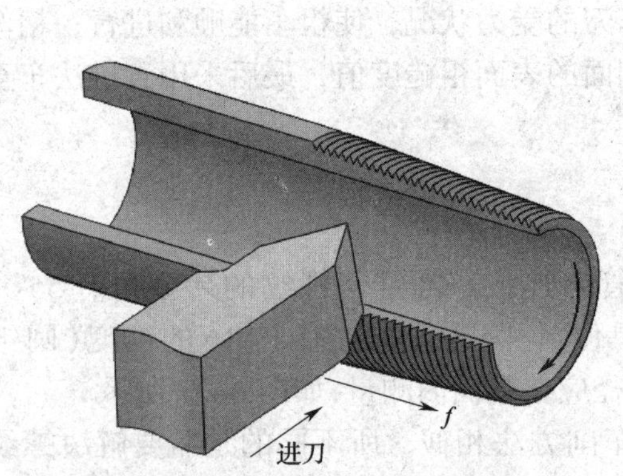

图 6–29　径向进刀法车圆锥管螺纹

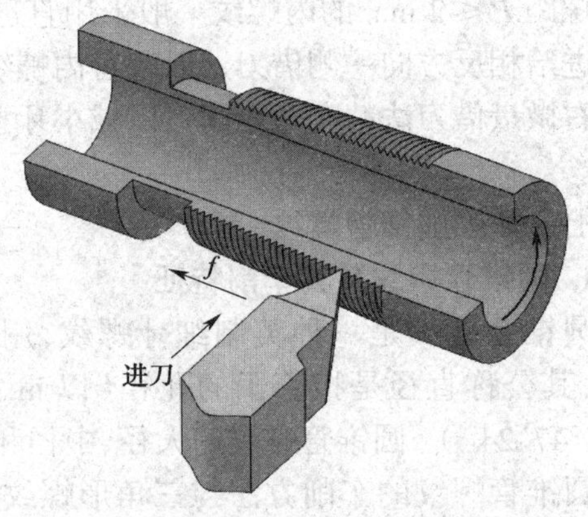

图 6–30　径向进刀法车倒锥管螺纹

3. 注意事项

（1）装夹车刀时，螺纹车刀的两刀尖半角对称线应垂直于工件轴线。

（2）手赶速度应与螺纹车刀纵向进给速度配合好，不可时快时慢；否则容易损坏螺纹车刀，且螺纹两侧面不光整，精度达不到要求。

（3）用管接头检查工件螺纹时，应以基面为准，保证有效长度 l_1，一般是把握“松三紧四”的原则，即管接头拧进 3 ~ 4 圈，螺纹收尾长度为 3 ~ 4 圈。

八、三角形螺纹的检测

1. 三角形外螺纹的检测

（1）单项检测

单项检测是指选择合适的量具来检测螺纹的某一单项参数，一般为检测螺纹的大径、螺距和中径。单项检测方法见表 6–21。

表 6–21　　单项检测方法

内容	步骤	图示
大径检测	螺纹大径公差较大，一般可采用游标卡尺检测	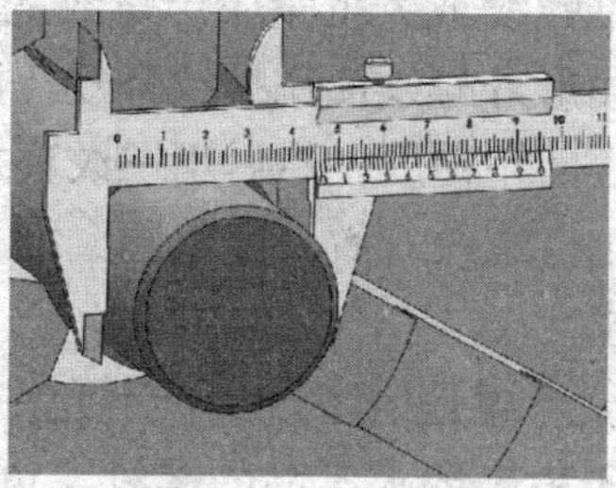
螺距检测	螺距常用钢直尺或螺纹样板检测。用钢直尺检测时，为了能准确检测出螺距，一般应检测几个螺距的总长度，然后取其平均值。用螺纹样板检测时，螺纹样板应沿工件轴平面方向嵌入牙槽中，如果与螺纹牙槽完全吻合，说明被检测螺距是正确的	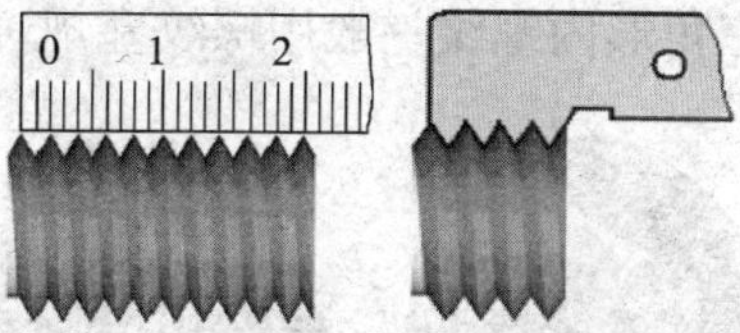 0 1 2
中径检测	三角形外螺纹的中径一般用螺纹千分尺检测。螺纹千分尺的结构和使用方法与一般外径千分尺相似，两者的读数原理相同，只是螺纹千分尺有两个可以调整的测量头（上、下测量头）。检测时，两个与螺纹牙型角相同的测量头正好卡在螺纹的牙型面上，测得的千分尺读数值即为螺纹中径的实际尺寸 螺纹千分尺附有两套（牙型角分别为 60° 和 55°）不同螺距的测量头，以适应各种不同的三角形外螺纹中径的检测 此外，中径也可用三针测量法检测，具体方法可参见后文梯形螺纹检测的内容	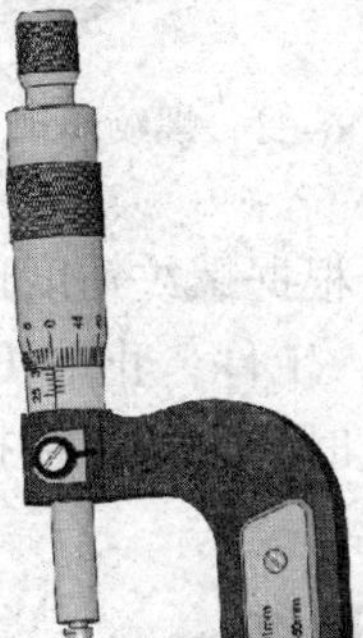 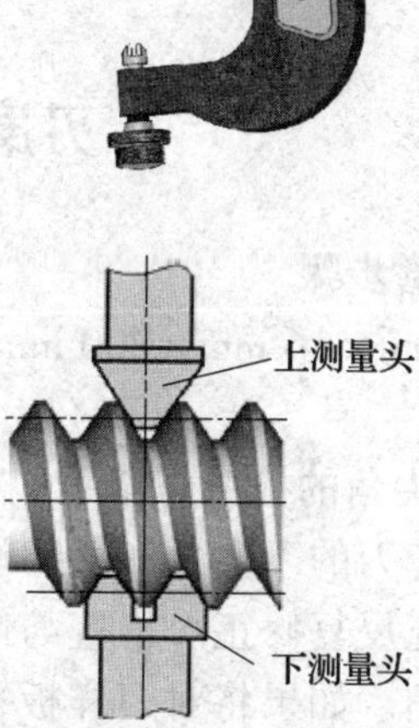 上测量头 下测量头

（2）综合检测

综合检测是指采用螺纹量规对螺纹各部分主要尺寸（螺纹大径、中径、螺距）同时进行综合检测的一种检验方法。综合检测效率高，使用方便，能较好地保证互换性，广泛地应用于对标准螺纹或大批量生产螺纹的检测。

三角形外螺纹使用螺纹环规（图 6–31）综合检测。检测前，应先检查螺纹的大径、牙型、螺距和表面粗糙度，然后用螺纹环规检测。如果螺纹环规通端（端面有字母 T，厚度厚）能顺利拧入工件螺纹有效长度范围，而止规（端面有字母 Z，厚度薄）不能拧入，则说明螺纹精度符合要求。

螺纹环规是精密量具，不允许强拧环规，以免引起严重磨损，降低环规检测精度。

对于精度要求不高的螺纹，可以用标准螺母来检测。以拧入时是否顺利和松紧的程度来确定是否合格。

2. 三角形内螺纹的检测

三角形内螺纹一般用螺纹塞规（图 6–32）做综合检测。

图 6–31　螺纹环规　　　　图 6–32　螺纹塞规

检测时，根据螺纹精度选用对应的塞规。若螺纹塞规通端（螺纹长的一端，端面有字母 T）能顺利拧入工件，止端（螺纹短的一端，端面有字母 Z）拧不进工件，则说明螺纹合格。检测盲孔螺纹时，塞规通端拧进的长度应达到图样要求的长度。

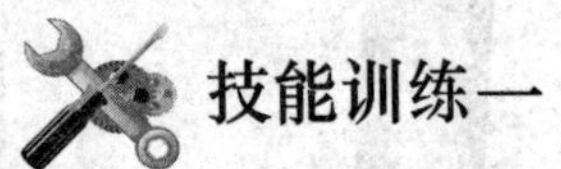

技能训练一

刃磨高速钢三角形外螺纹车刀

1. 刃磨步骤

以 6 mm × 16 mm × 200 mm 高速钢刀片刃磨图 6–16b 所示精车刀为例。刃磨步骤见表 6–22。

2. 刀尖角的检查与修正

螺纹车刀的刀尖角一般用螺纹对刀样板通过透光法检查，根据车刀两切削刃与对刀样板的贴合情况反复修正。检查与修正时，对刀样板应与车刀基面平行放置，才能使刀尖角近似等于牙型角。如果将对刀样板平行于车刀前面进行检查，车刀的刀尖角则没有被修正，用这样的螺纹车刀加工出的三角形螺纹，其牙型角将变大，如图 6–33 所示。

表 6–22 刃磨步骤

步骤	图示
1. 刃磨左侧进给方向后面，控制刀尖半角 $\varepsilon_r/2$ 及后角 α_{oL}（$\alpha_o+\psi$）。此时刀柄与砂轮圆周夹角约为 $\varepsilon_r/2$，刀面向外侧倾斜 $\alpha_o+\psi$，刀头上翘 5°	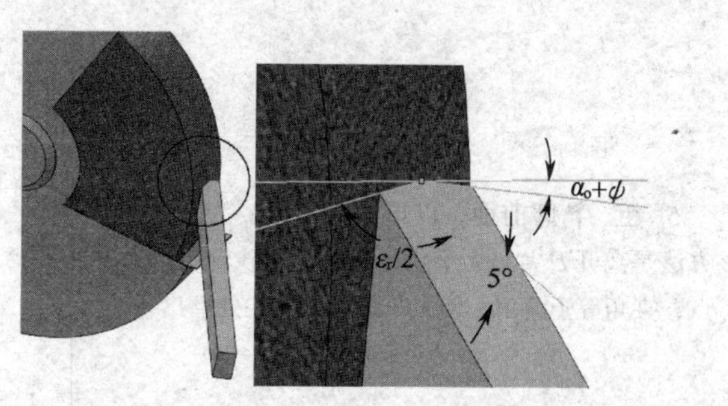
2. 刃磨右侧背离进给方向后面，以初步形成两切削刃的夹角，控制刀尖角 ε_r 及后角 α_{oR}（$\alpha_o-\psi$）。此时刀柄与砂轮圆周夹角仍约为 $\varepsilon_r/2$，刀面向外侧倾斜 $\alpha_o-\psi$，刀头上翘 5°	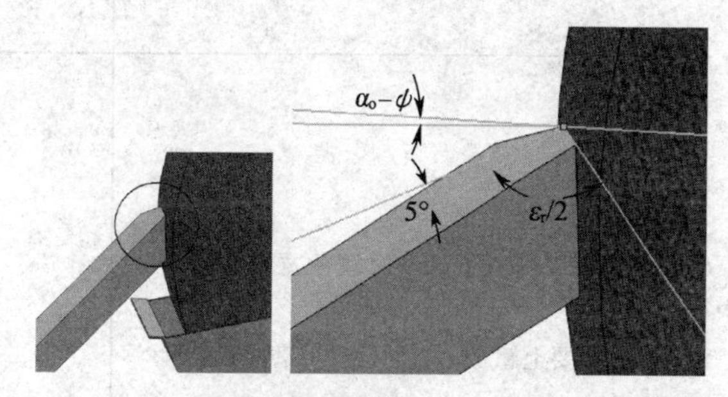
3. 刀具在刃磨过程中可通过目测法观察角度是否符合图样（切削）要求，切削刃是否锋利，表面是否有裂痕和其他不符合切削要求的缺陷，有问题要进行修整。用游标万能角度尺或螺纹样板测量刀尖角	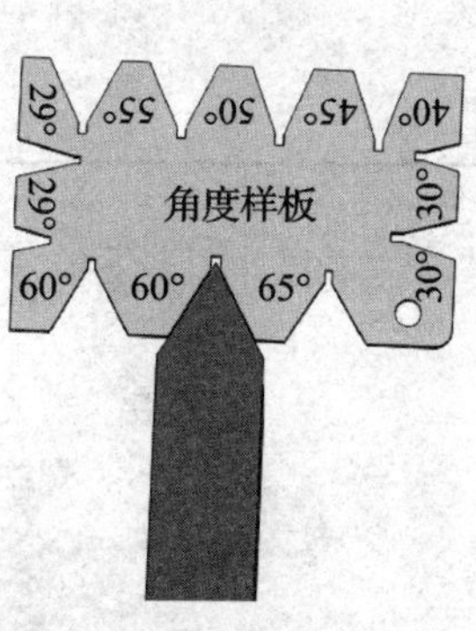
4. 精磨两后面。车刀左侧进刀后角 α_{oL} 为 10°～12°，右侧背离进刀后角 α_{oR} 为 6°～8°，刀头仍上翘 5°，以形成主后角 5°	 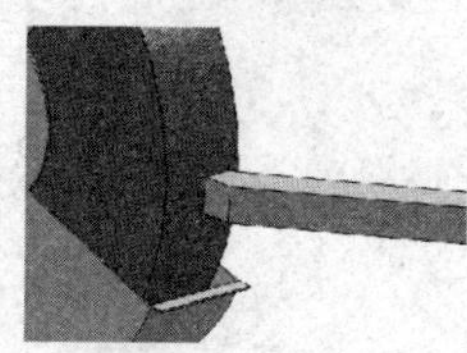

续表

步骤	图示
5. 粗、精磨前面，以形成前角，γ_p 为 6°～10°。方法是离开刀尖、大于牙型深度处以砂轮边角为支点，夹角等于前角，使火花最后在刀尖处磨出	
6. 刃磨刀尖圆弧过渡刃。过渡棱宽度约为 0.1P（P 为螺距） 注意刀头仍要上翘 5°，自然摆动刃磨成圆弧形	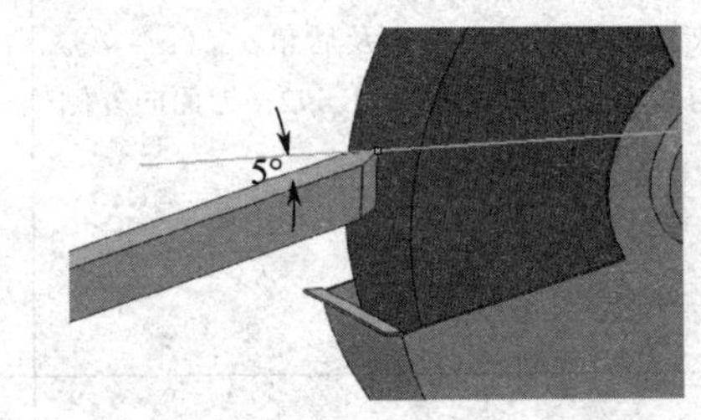

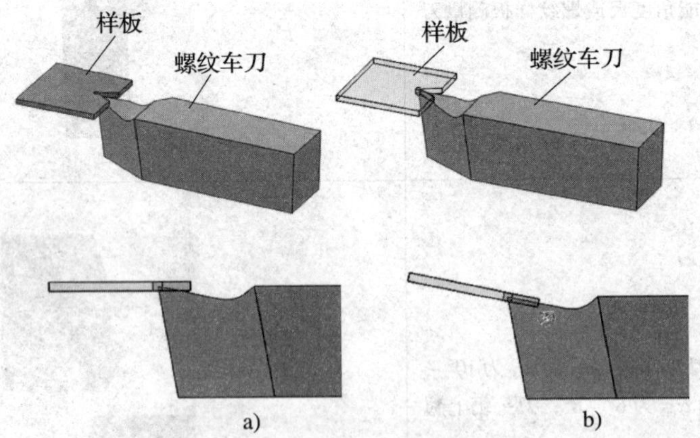

图 6–33　用样板检查和修正刀尖角

a）正确检查方法　b）错误检查方法

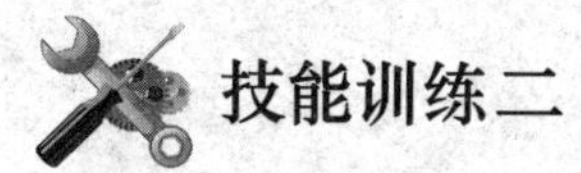

技能训练二

低速车削三角形外螺纹

1. 注意事项

（1）车螺纹前首先应调整好床鞍和中滑板、小滑板的松紧程度。

（2）调整机床手柄时应严格按照降转速→调手柄→合开合螺母的顺序，而螺纹车削完毕应按照提开合螺母→丝杠转动变光杠转动→换转速的顺序，可避免安全事故的发生。建议此动作顺序训练熟练后方可正式车削。

（3）车螺纹时思想要集中，待操作熟练后，逐步提高主轴转速，最终达到能高速车削三角形螺纹的目的。

（4）车螺纹时，应始终保持螺纹车刀锋利，中途换刀或刃磨后重新装刀，必须重新调整螺纹车刀刀尖的高低并进行对刀。

（5）车螺纹时，应注意不可将中滑板手柄多摇进一圈；否则会造成车刀刀尖崩刃或工件损坏。可在中滑板退刀向端面移动过程中将车刀进刀至接近工件表面来避免。

（6）车螺纹过程中，不准用手摸或用棉纱去擦螺纹，以免伤手。

（7）车无退刀槽螺纹时，应保证每次收尾均在 1/2 圈左右，且每次退刀位置大致相同；否则容易损坏螺纹车刀刀尖。

（8）车削脆性材料螺纹时，径向进给量（背吃刀量）不宜过大；否则会使螺纹牙顶爆裂，产生废品。低速精车螺纹时，最后几刀采取微量进给或无进给车削，以降低螺纹侧面的表面粗糙度值。

（9）刀尖出现积屑瘤时应及时清除。

（10）一旦刀尖“扎入”工件引起崩刃，应停车清除嵌入工件的硬质合金碎粒，然后用高速钢螺纹车刀低速修整螺纹。

（11）粗、精车分开车削螺纹时，应留适当的精车余量。

（12）当低速车削三角形螺纹熟练后方可采用硬质合金车刀高速车削。

2. 车有退刀槽螺纹练习

（1）工件图样（图 6–34）

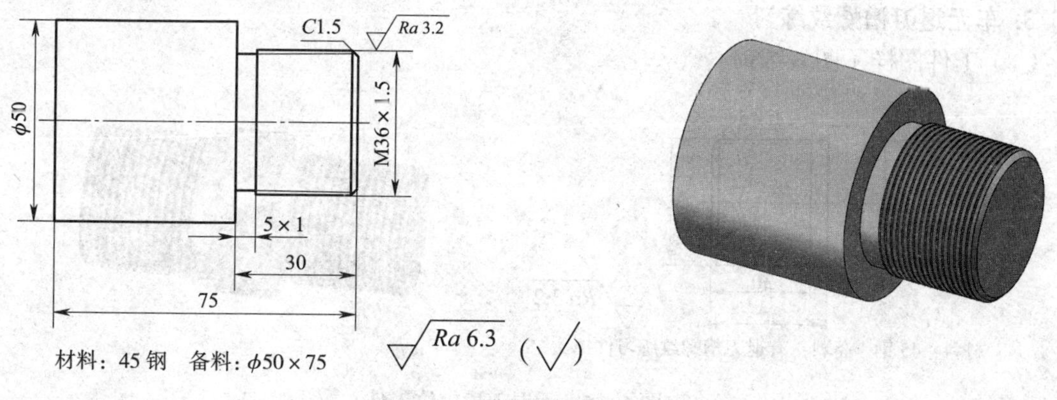

图 6–34　有退刀槽螺纹工件

（2）加工工艺卡（表 6–23）

表 6–23 **加工工艺卡**

工序	工步	内容	图示
10		检查备料 ϕ50 mm × 75 mm	
20		夹持毛坯外圆，伸出长度为 40 mm，找正并夹紧	
	1	车端面，车平即可	
	2	粗、精车外圆至 ϕ36 mm，长 25 mm	
	3	车退刀槽 5 mm × 1 mm	
	4	倒角 C1.5 mm	
	5	粗、精车螺纹 M36 × 1.5 至要求	
	6	检测（用螺纹环规或螺纹千分尺）	
30		检查质量，合格后卸下工件	

3. 车无退刀槽螺纹练习

（1）工件图样（图 6–35）

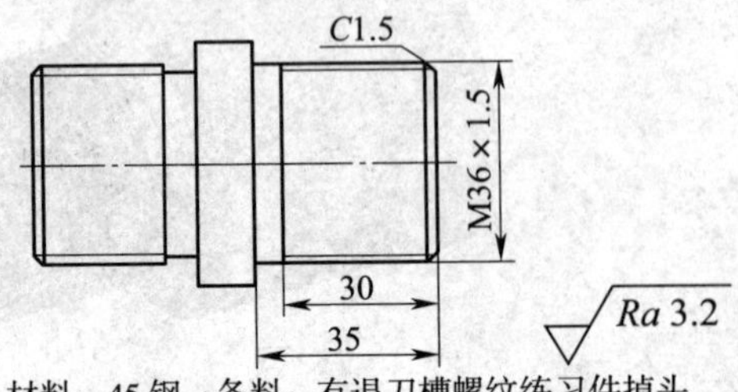

材料：45 钢　备料：有退刀槽螺纹练习件掉头

图 6–35　无退刀槽螺纹工件

（2）加工工艺卡（表 6–24）

表 6–24　　加工工艺卡

工序	工步	内容	图示
10		检查备料，用有退刀槽螺纹件训练，工件掉头	
20		垫铜皮夹持螺纹外圆，台阶端面靠在卡盘的卡爪上，夹紧	
	1	车端面，车平即可	
	2	粗、精车外圆至 ϕ36 mm，长 35 mm 至尺寸要求	
	3	倒角 C1.5 mm	
	4	在 30 mm 处刻线痕	
	5	粗、精车螺纹 M36 × 1.5 至要求	
	6	检测（用螺纹环规或螺纹千分尺）	
30		检查质量，合格后卸下工件	

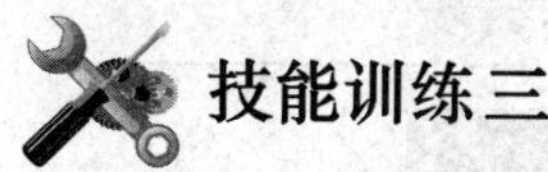

技能训练三

刃磨高速钢三角形内螺纹车刀

1. 刃磨要求

由于螺纹车刀的刀尖受刀尖角限制，刀头面积较小，因此刃磨方法比一般车刀难掌握。

（1）内螺纹车刀刀尖角 ε_r 的平分线必须与刀柄垂直，且刀柄保持与工件轴线平行；否则在车削内螺纹时刀柄部分会碰伤内螺纹小径。

（2）内螺纹车刀的主后角应适当增大，通常磨成双重后角。

（3）刃磨过程中，人的站立姿势要正确；否则，在刃磨整体式内螺纹车刀内侧时易将刀尖磨歪斜。

（4）粗磨时也要用角度样板检查。对径向前角大于 0° 的螺纹车刀，粗磨时两刃夹角应略大于牙型角，待前角磨好后，再修磨两刃夹角。

（5）由于内螺纹车刀的大小受内螺纹孔径的限制，因此，内螺纹车刀刀体的径向尺寸应比螺纹孔径小 3 mm 以上；否则，退刀时易碰伤牙顶，甚至无法车削（图 6–36）。

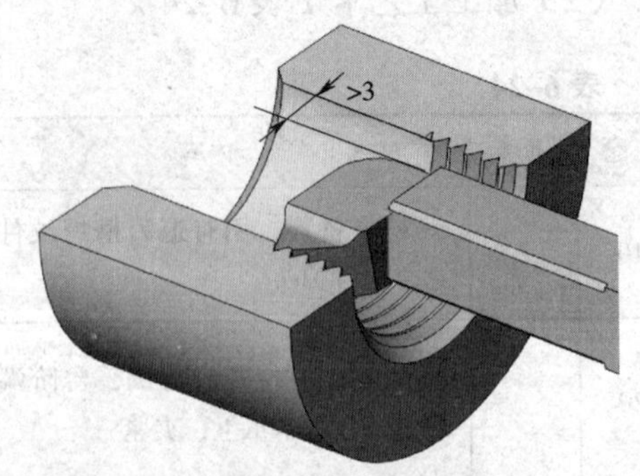

图 6–36　刀体的径向尺寸比孔径小 3 mm 以上

2. 刃磨步骤

以 14 mm × 14 mm × 200 mm 高速钢整体式车刀刃磨为例，刃磨步骤见表 6–25。

表 6–25　　刃磨步骤

步骤	图示
1. 根据螺纹长度和牙型深度，刃磨出留有刀头的刀柄伸出部分。L 应略大于螺纹长度，h 略大于牙型深度	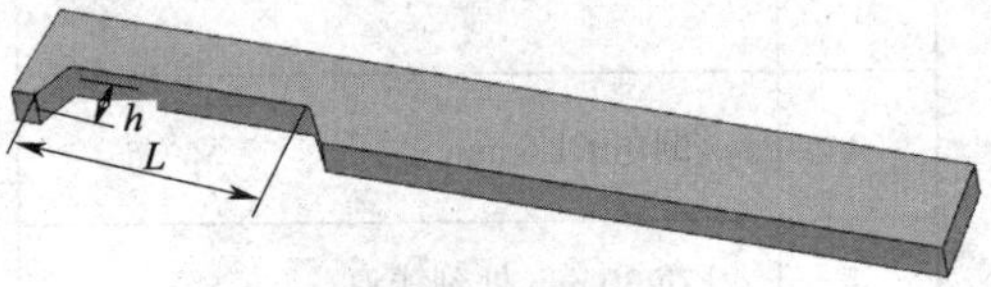
2. 刃磨进给方向后面，控制刀尖半角 $\varepsilon_r/2$ 及后角 $\alpha_o+\phi$（此时刀柄与砂轮圆周夹角约为 $\varepsilon_r/2$，刀面向外侧倾斜 $\alpha_o+\phi$）	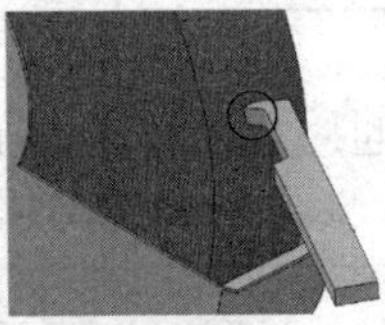 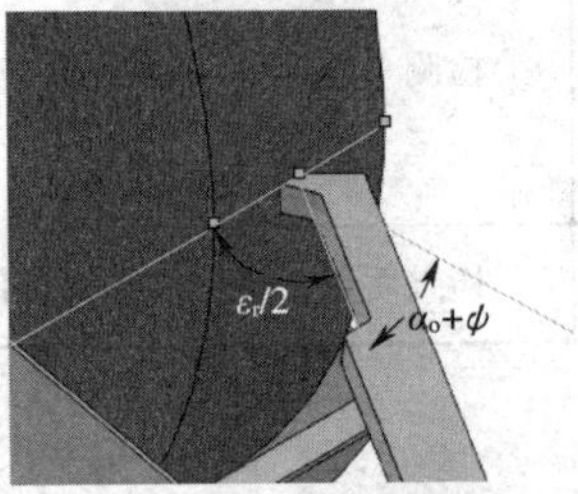
3. 刃磨背离进给方向后面，初步形成两刃夹角。控制刀尖角 ε_r 及后角 $\alpha_o-\phi$（刀柄与砂轮圆周夹角约为 $\varepsilon_r/2$，刀面向外侧倾斜 $\alpha_o-\phi$）	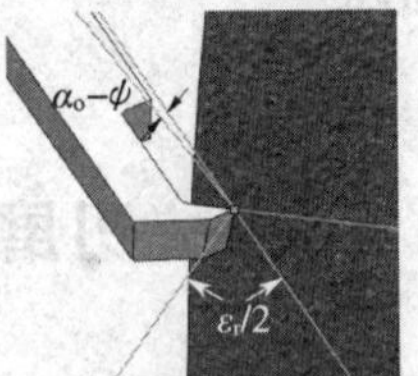 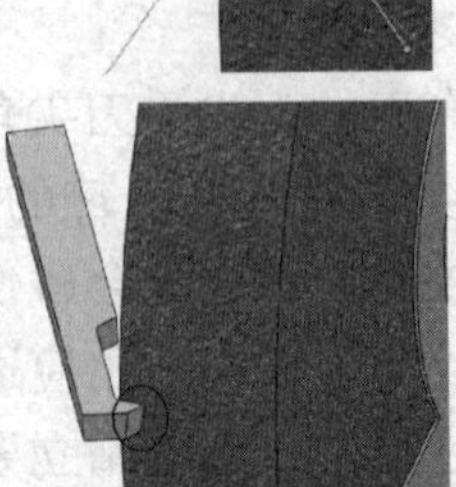

续表

步骤	图示
4. 刃磨前面，形成前角（离开刀尖、大于牙型深度处以砂轮边角为支点，夹角等于前角，使火花最后在刀尖处磨出）	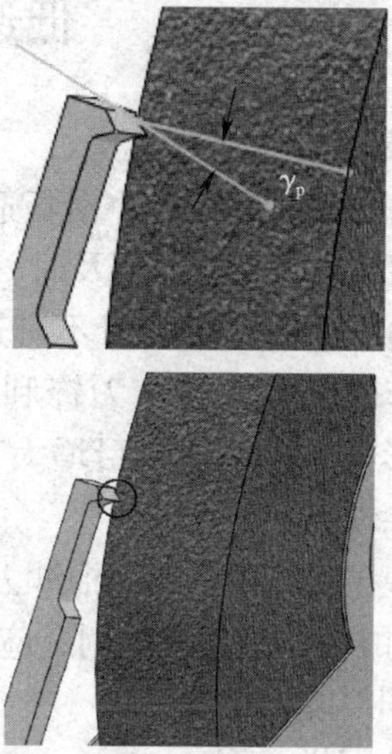
5. 粗、精磨后面，并用螺纹车刀样板测量刀尖角（测量时样板应与车刀刀柄平行，用透光法检查）	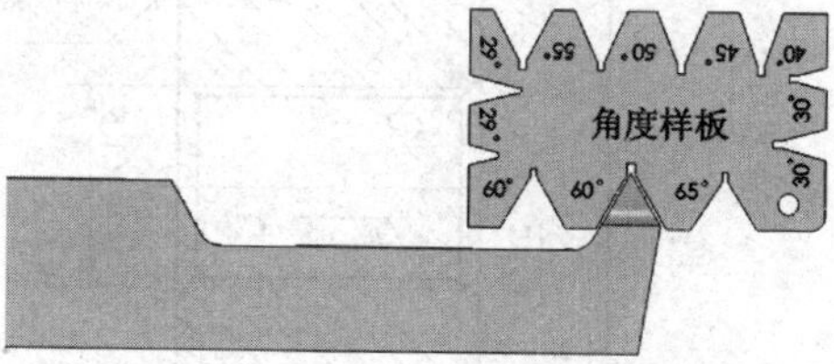
6. 修磨刀尖（刀尖过渡棱宽度约为 0.1P）	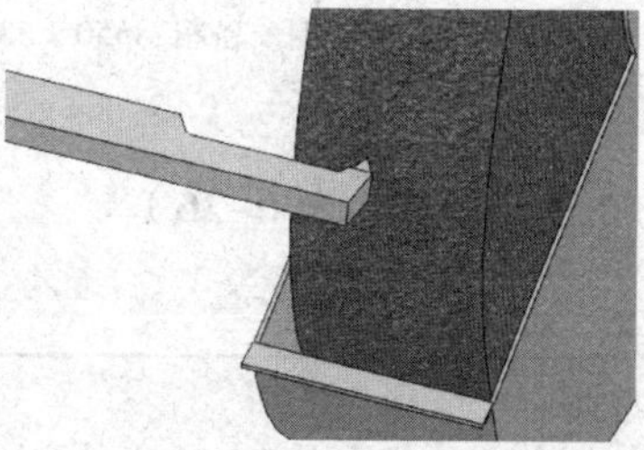
7. 磨出径向后角，防止与螺纹大径相碰（磨圆弧，以形成 2 个后角）	

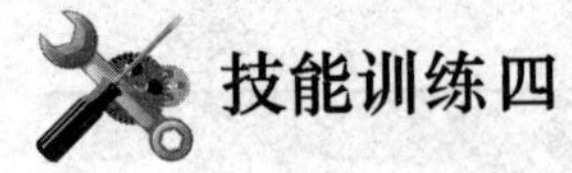

技能训练四

低速车削三角形内螺纹

1. 注意事项

（1）车内螺纹时，应将小滑板适当调紧些，以防车削中小滑板产生位移而造成螺纹乱牙。

（2）车内螺纹时，退刀要及时、准确。退刀过早螺纹未车完；退刀过迟车刀容易碰撞孔底。

（3）车内螺纹时，借刀量不宜过多，以防精车螺纹时没有余量。

（4）精车时必须保持车刀锋利，否则容易产生“让刀”现象，致使螺纹产生锥形误差。一旦产生锥形误差，不能盲目增大背吃刀量，而应让螺纹车刀在原背吃刀量上反复进行无进给切削来消除误差。

（5）工件在回转中不能用棉纱去擦内孔。更不允许用手指去摸内螺纹表面，以免发生事故。

（6）车削中车刀碰撞孔底时，应及时重新对刀，以防因车刀移位而造成乱牙。

2. 车通孔内螺纹练习

（1）工件图样（图 6–37）

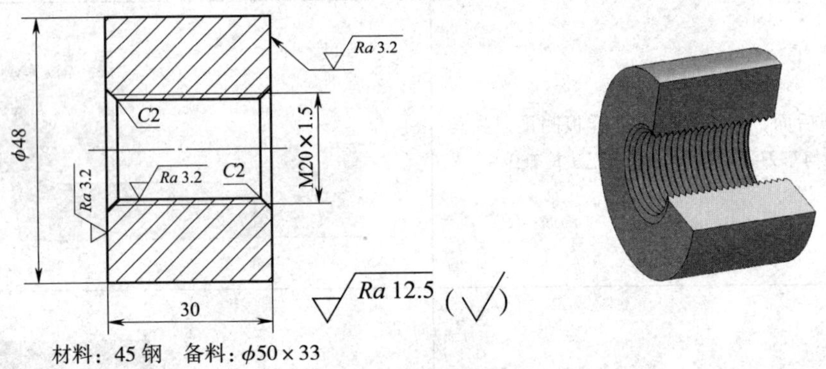

材料：45 钢　备料：φ50×33

图 6–37　通孔内螺纹工件

（2）加工工艺卡（表 6–26）

表 6–26　　加工工艺卡

工序	工步	内容	图示
10		检查备料 φ50 mm×33 mm	
20		夹持外圆，伸出长度为 20 mm，找正并夹紧	

续表

工序	工步	内容	图示
	1	车端面，车平即可	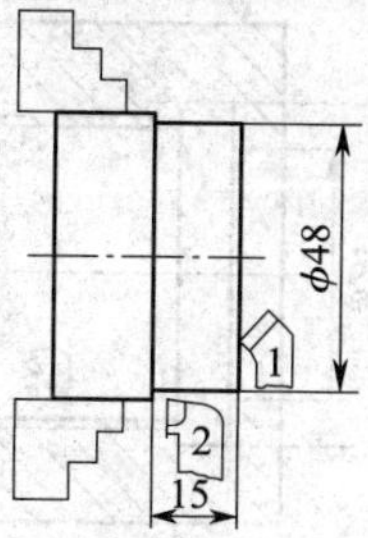
	2	车外圆至 $\phi 48$ mm，长度为 15 mm	
	3	外圆倒钝锐边	
	4	钻孔 $\phi 16$ mm	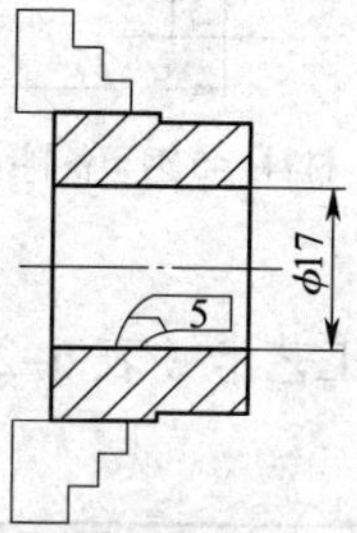
	5	粗车内孔至 $\phi 17$ mm	
	6	孔口倒角 $C2$ mm	
30		掉头夹持 $\phi 48$ mm 外圆，找正并夹紧	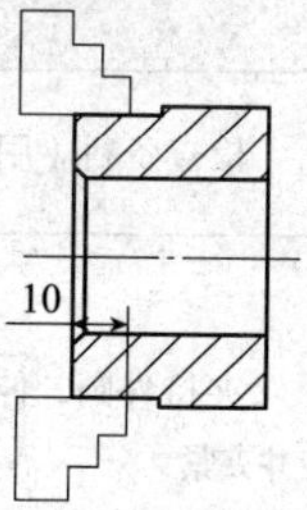
	1	车端面，保证总长为 30 mm	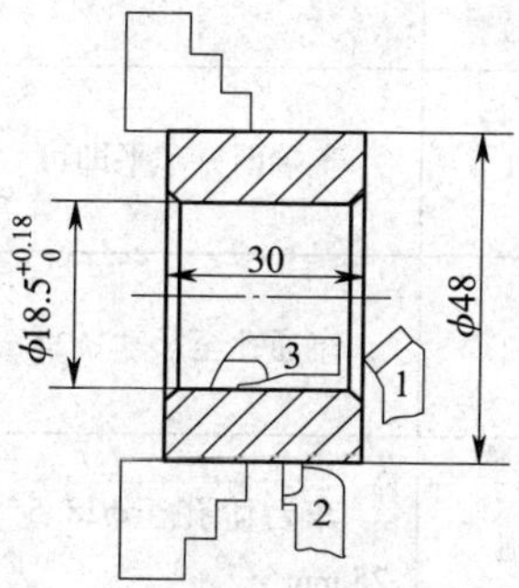
	2	车外圆 $\phi 48$ mm（接刀）	
	3	精车内孔至 $\phi 18.5^{+0.18}_{0}$ mm	
	4	外圆倒钝锐边，孔口倒角 $C2$ mm	
	5	粗、精车内螺纹 M20×1.5 至要求	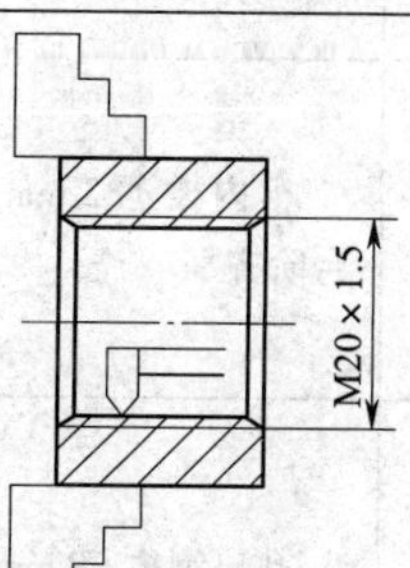
	6	检测（用螺纹塞规或自制标准外螺纹件）	
40		检查质量，合格后卸下工件	

3. 车台阶孔内螺纹练习

（1）工件图样（图 6–38）

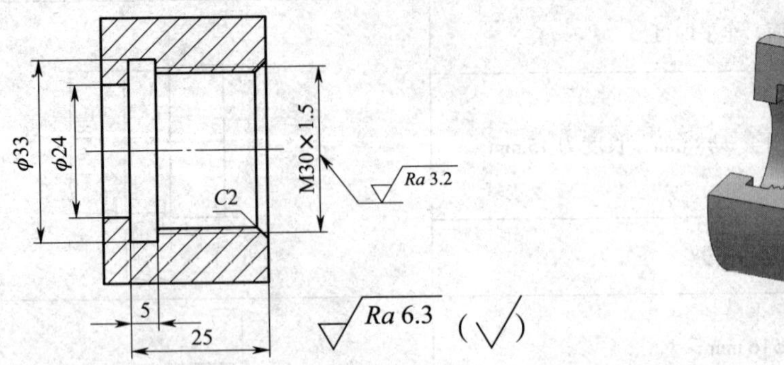

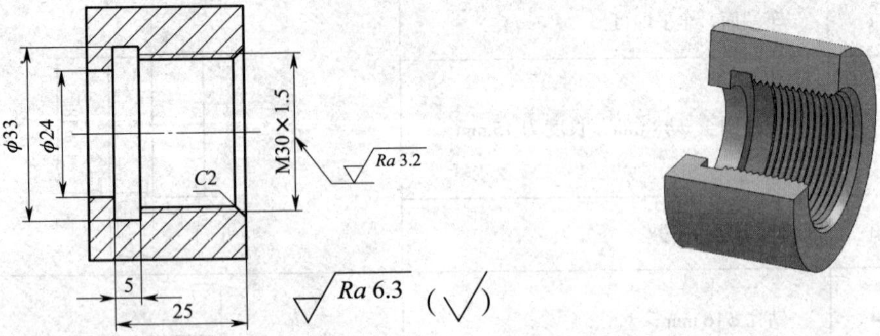

材料: 45 钢　备料: 通孔内螺纹工件

图 6–38　台阶孔内螺纹工件

（2）加工工艺卡（表 6–27）

表 6–27　　加工工艺卡

工序	工步	内容	图示
10		检查备料（用通孔内螺纹工件）	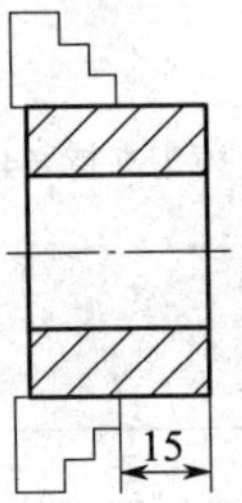
20		夹持外圆，伸出长度为 15 mm，找正并夹紧	
	1	车端面，车平即可	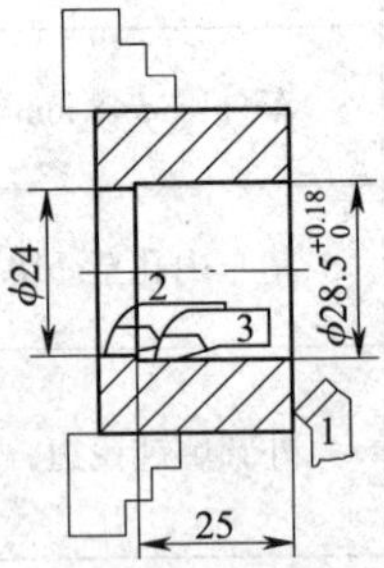
	2	车通孔至尺寸 ϕ24 mm	
	3	车台阶孔至$\phi 28.5^{+0.18}_{0}$ mm，深度为 25 mm	
	4	车内槽 ϕ33 mm，宽度为 5 mm，与台阶齐平	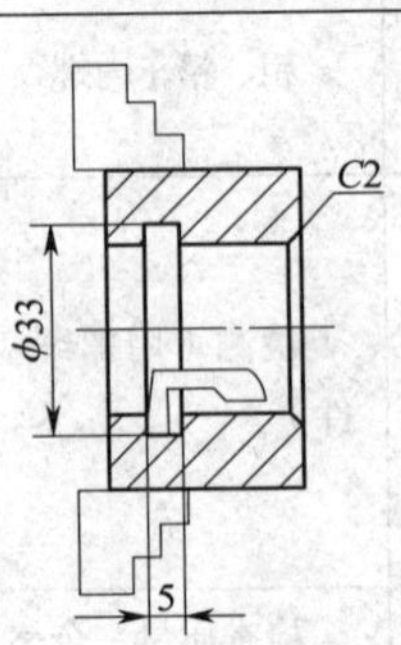
	5	孔口倒角 C2 mm	

续表

工序	工步	内容	图示
	6	粗、精车内螺纹 M30×1.5 至图样要求	
	7	检测（用螺纹塞规或自制外螺纹件）	
30		检查质量，合格后卸下工件	

4. 车盲孔内螺纹练习

（1）工件图样（图 6–39）

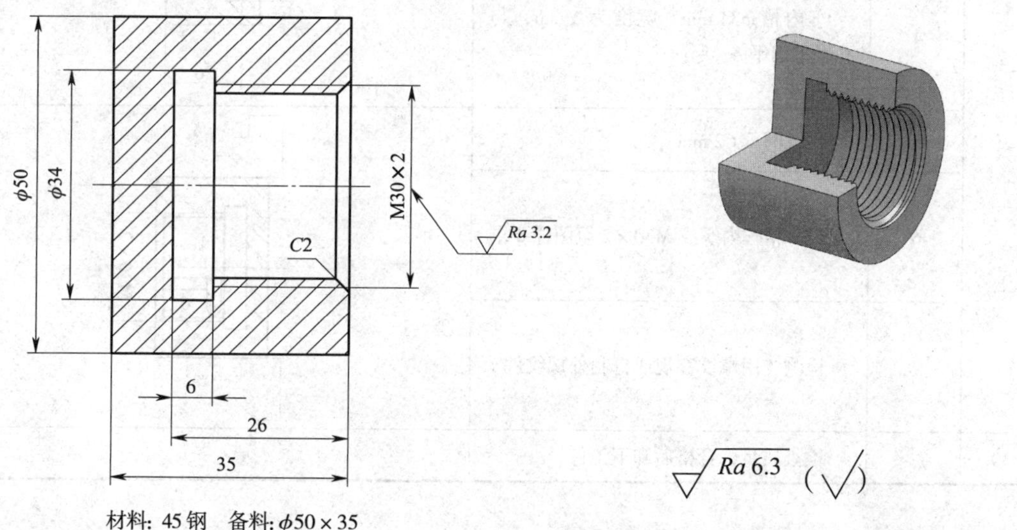

材料: 45 钢　备料: ϕ50×35

图 6–39　盲孔内螺纹工件

（2）加工工艺卡（表 6–28）

表 6–28　　**加工工艺卡**

工序	工步	内容	图示
10		检查备料 ϕ50 mm×35 mm	毛坯
20		夹持外圆，伸出长度为 15 mm，找正并夹紧	15

续表

工序	工步	内容	图示
	1	车端面，车平即可	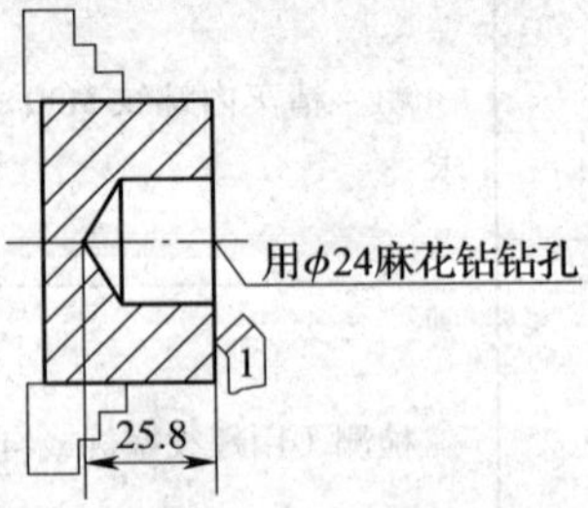 用ϕ24麻花钻钻孔 25.8
	2	用ϕ24 mm 麻花钻钻孔，深度为 25.8 mm（含钻头顶部）	
	3	车内孔及孔底平面至$\phi 28^{+0.18}_{0}$ mm，深度为 26 mm	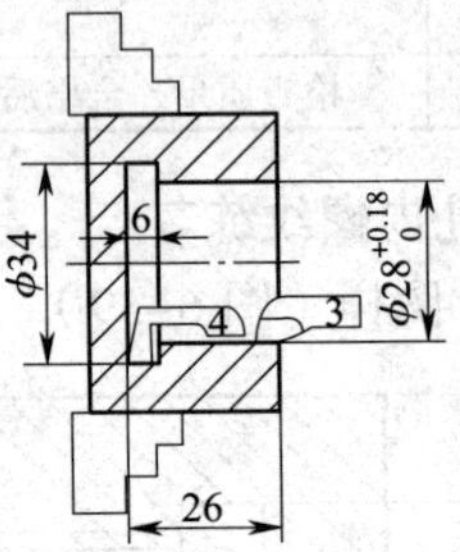 ϕ34 $\phi 28^{+0.18}_{0}$ 26
	4	车内槽ϕ34 mm，宽度为 6 mm，与孔底平面平齐	
	5	孔口倒角 C2 mm	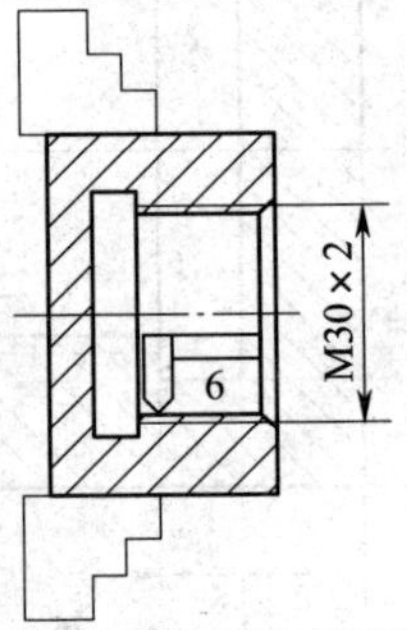 M30×2
	6	粗、精车内螺纹 M30×2 至图样要求	
	7	检测（用螺纹塞规或自制外螺纹件）	
30		检查质量，合格后卸下工件	

课题三　套螺纹和攻螺纹

一、在车床上用板牙套螺纹

1. 板牙的结构

板牙是一种标准的多刃螺纹加工工具，它的结构和形状如图 6-40 所示。它像一个圆螺母，周围有排屑孔（一般有 3～5 个），其两端的锥角是切削部分，中间有完整齿深的一段是校正部分，所以板牙的正、反两面都可使用。

用板牙切削螺纹操作简便，生产效率高。

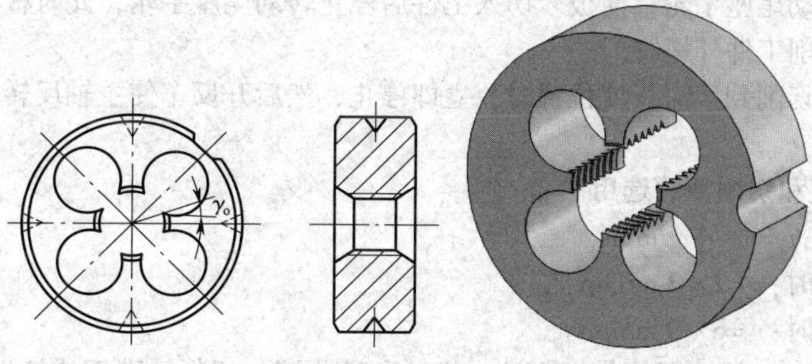

图 6-40　板牙

2. 套螺纹前的工艺要求

（1）用板牙套螺纹，通常适用于公称直径小于 16 mm 或螺距小于 2 mm 的外螺纹。

（2）由于套螺纹时工件材料受板牙的挤压而产生变形，牙顶将被挤高，因此，套螺纹前工件外圆应车削至略小于螺纹大径，一般可按下式计算确定：

$$d_0=d-0.13P$$

式中　d_0——套螺纹前圆柱直径，mm；

d——螺纹大径，mm；

P——螺距，mm。

（3）外圆车好后，端面必须倒角，倒角后端面直径应稍小于螺纹小径，以便于板牙切入工件。

（4）套螺纹前必须找正尾座，其轴线应与车床主轴轴线重合。

（5）板牙端面应与主轴轴线垂直。

3. 套螺纹的方法

在车床上主要用套螺纹工具套螺纹（图 6-41），具体方法如下：

（1）将套螺纹工具的锥柄装入尾座套筒的锥孔内。

（2）将板牙装入套螺纹工具内，使螺钉对准板牙上的锥坑后拧紧。

（3）将尾座移到工件前适当位置（约 20 mm）处锁紧。

（4）转动尾座手轮，使板牙靠近工件端面，启动车床和切削液泵加注切削液。

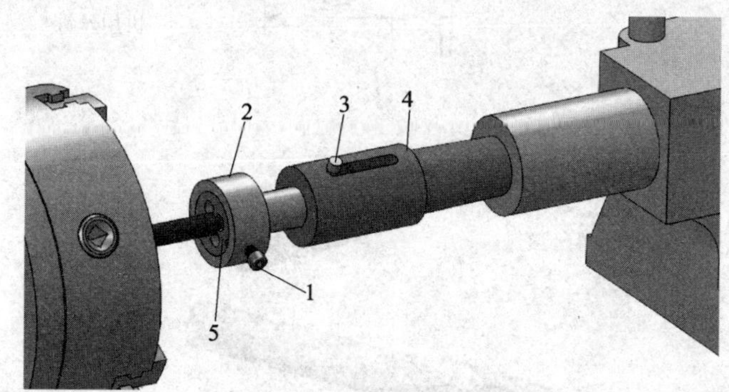

图 6-41　在车床上套螺纹

1—螺钉　2—滑动套筒　3—销钉　4—工具体　5—板牙

（5）继续转动尾座手轮，使板牙切入工件后停止转动尾座手轮，此时板牙沿工件轴线自动进给，板牙切削工件外螺纹。

（6）当板牙切削到所需长度位置时，立即停止，然后开反车使主轴反转，退出板牙，完成螺纹加工。

4. 切削速度和切削液的选用

切削钢件时：v_c=3 ~ 4 m/min。

切削铸铁件时：v_c=2 ~ 3 m/min。

切削黄铜件时：v_c=6 ~ 9 m/min。

切削钢件时，一般选用硫化切削油、机油和乳化液；切削低碳钢或韧性较大的材料时，可选用工业植物油；切削铸铁件时，可选用煤油或不使用切削液。

5. 注意事项

（1）选用板牙时，应检查板牙的齿形是否有缺损。

（2）装夹板牙时不能歪斜。

（3）套制塑性材料的螺纹时应充分加注切削液。

（4）套螺纹工具在尾座套筒锥孔中必须装紧，以防套螺纹时过大的切削力矩引起套螺纹工具锥柄在尾座锥孔内打转，损坏尾座锥孔表面。

二、在车床上用丝锥攻螺纹

1. 丝锥的结构

丝锥是一种多刃成形刀具，可以加工车刀无法车削的小直径内螺纹，操作方便，生产效率高。丝锥的结构如图 6–42 所示。

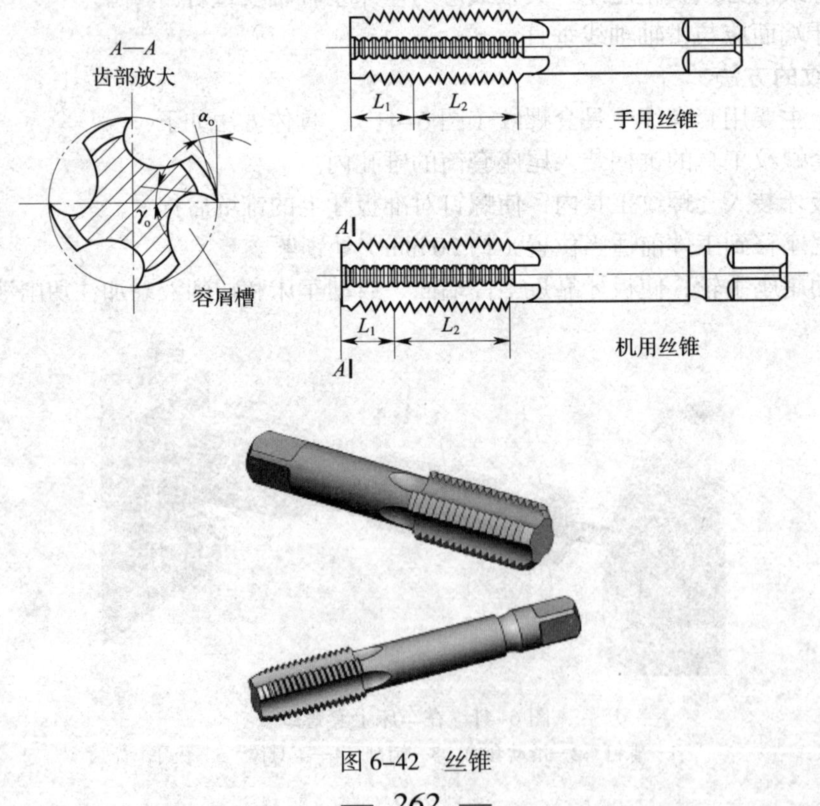

图 6–42　丝锥

丝锥主要分为手用丝锥和机用丝锥两大类。手用丝锥主要是钳工使用，通常为两支一组（攻制 M16 ~ M24 的内螺纹）或三支一组（攻制 M16 以下或 M24 以上的内螺纹），分别称为初锥（头攻）、中锥（二攻）和底锥（三攻），它们必须依次使用。机用丝锥的形状与手用丝锥相似，只是在尾部多一条防止丝锥从夹头中脱落的环形槽，用以防止丝锥从攻螺纹工具中脱落。机用丝锥通常是用单支攻螺纹，一次成形，效率较高。

丝锥上开有 4 条容屑槽，长度为 L_1 的锥形部分起主要切削作用，长度为 L_2 的锥形部分对工件牙型起校正、修光、导向作用。

2. 攻螺纹前的工艺要求

（1）攻螺纹前孔径 $D_{孔}$的确定。为了减小切削抗力和防止丝锥折断，攻螺纹前的孔径必须比螺纹小径稍大些，普通螺纹攻螺纹前的孔径可根据经验公式计算：

加工钢件和塑性较大的材料：$D_{孔} \approx D-P$

加工铸件和塑性较小的材料：$D_{孔} \approx D-1.05P$

式中 D——内螺纹大径，mm；

$D_{孔}$——攻螺纹前孔径，mm；

P——螺距，mm。

（2）攻制盲孔螺纹底孔深度的确定。攻制盲孔螺纹时，由于丝锥前端的切削刃不能攻制出完整的牙型，因此钻孔深度要大于规定的螺纹深度。通常钻孔深度约等于螺纹的有效长度加上螺纹公称直径的 70%，即：

$$H=h_{有效}+0.7D$$

式中 H——攻螺纹前底孔深度，mm；

$h_{有效}$——螺纹有效长度，mm；

D——内螺纹大径，mm。

（3）孔口倒角 30°（图 6–43），可用 60° 锪孔钻加工，也可用车刀倒角，倒角后的直径应大于螺纹大径。

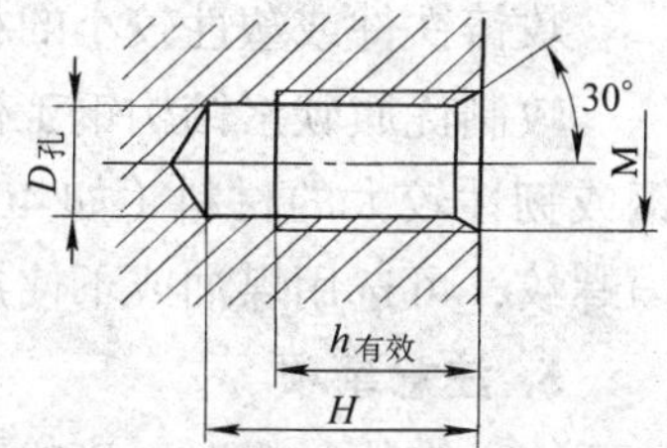

图 6–43　攻螺纹前的工艺要求

3. 攻螺纹的方法

（1）将攻螺纹工具的锥柄装入尾座套筒的锥孔内。

（2）将丝锥装入攻螺纹工具的方孔中。

（3）根据螺纹的有效长度，在丝锥或攻螺纹工具上做标记。

（4）移动尾座，使丝锥靠近工件端面处，锁紧尾座。

（5）启动车床（低速），充分浇注切削液，转动尾座手轮使丝锥切削部分进入工件孔内，当丝锥切入几牙后，停止转动尾座手轮，攻螺纹工具随丝锥自动进给，攻制内螺纹。

（6）当丝锥攻至需要的深度尺寸时，迅速开倒车退出丝锥。

图 6–44 所示为攻螺纹工具，在攻螺纹过程中，当切削力矩超过所调整的摩擦力矩时，摩擦杆 11 会打滑，丝锥则随工件一起转动，不再切削，可有效地防止丝锥的折断，适用于盲孔螺纹的攻制。

图 6–45 所示为一种简易攻螺纹工具，由于没有过载保护机构，当切削力过大时丝锥容易折断，适用于攻制通孔及精度较低的内螺纹。

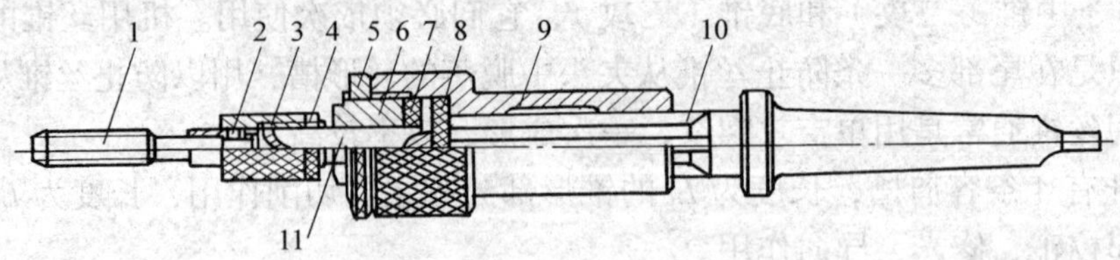

图 6–44 攻螺纹工具

1—丝锥 2—钢球 3—内锥套 4—锁紧螺母 5—并紧螺母 6—调节螺栓
7、8—尼龙垫片 9—花键套 10—花键心轴 11—摩擦杆

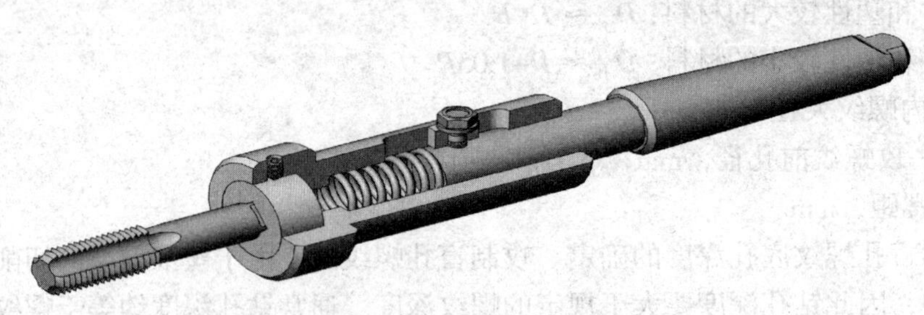

图 6–45 简易攻螺纹工具

4. 切削速度和切削液的选择

攻螺纹时的切削速度按下述选择：

攻钢件和塑性较大的材料时：v_c=2 ~ 4 m/min。

攻铸铁件或塑性较小的材料时：v_c=4 ~ 6 m/min。

攻制优质碳素结构钢工件的内螺纹时，一般选用硫化切削油、机油和乳化液；攻制低碳钢或韧性较大的材料（如 40Cr 钢等）上的内螺纹时，可选用工业植物油；在铸铁材料上攻内螺纹，可选用煤油或不使用切削液。

5. 注意事项

（1）选用丝锥时，应检查丝锥是否缺齿。

（2）装夹丝锥时，应防止丝锥歪斜。

（3）攻制内螺纹时，应充分浇注切削液。

（4）攻螺纹时，不要一次攻至所需深度，应分多次进刀，即丝锥每攻进一段深度后应及时退出，清理切屑后，再继续向里攻。

（5）攻盲孔螺纹时，应选用有过载保护机构的攻螺纹工具，并应在丝锥上或攻螺纹工具上做深度标记，防止丝锥攻至孔底造成丝锥折断。

（6）严禁开车时用手或棉纱清理螺纹孔内的切屑，以防发生事故。

三、套螺纹与攻螺纹时的质量分析

套螺纹与攻螺纹时产生废品的原因及预防方法见表 6–29。

表 6–29　　套螺纹与攻螺纹时产生废品的原因及预防方法

废品种类	产生原因	预防方法
牙型高度不够	1. 外螺纹的外圆车得太小 2. 内螺纹的内孔钻得太大	按计算的尺寸加工外圆和内孔
螺纹中径尺寸不对	1. 板牙或丝锥安装歪斜 2. 板牙或丝锥磨损	1. 校正尾座与主轴同轴度误差≤ 0.05 mm，板牙端面必须与主轴中心线垂直 2. 更换板牙或丝锥
螺纹表面粗糙度值低	1. 切削速度太高 2. 切削液缺少或选用不当 3. 板牙或丝锥齿部崩裂 4. 容屑槽切屑挤塞	1. 降低切削速度 2. 合理选择和充分浇注切削液 3. 修磨或调换板牙或丝锥 4. 经常清除容屑槽中的切屑

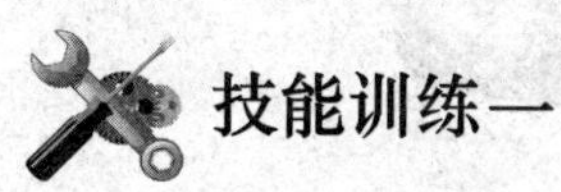

技能训练一

套　螺　纹

1. 工件图样（图 6–46）

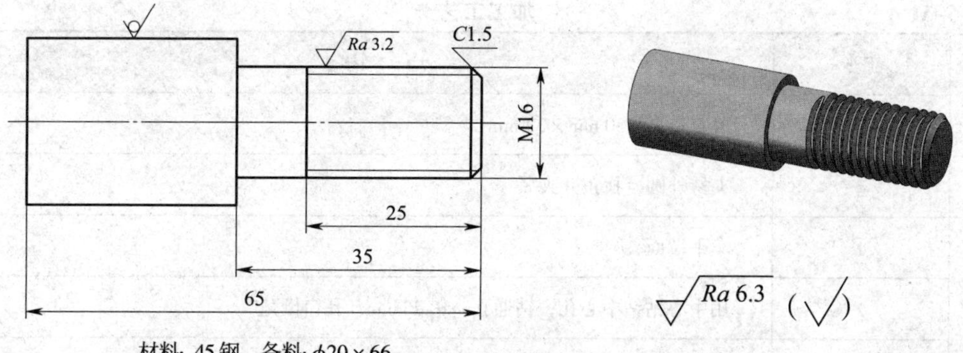

材料：45 钢　备料：$\phi 20\times66$

图 6–46　套螺纹工件

2. 加工工艺卡（表 6–30）

表 6–30　　加工工艺卡

工序	工步	内容
10		检查备料 ϕ20 mm × 66 mm
20		夹持外圆，伸出长度为 40 mm，找正并夹紧
	1	车端面；粗、精车外圆至 ϕ15.74 mm，长度为 35 mm
	2	倒角 C1.5 mm
	3	选择较低转速加注机油或乳化液，用 M16 板牙套螺纹
30		检查质量，合格后卸下工件

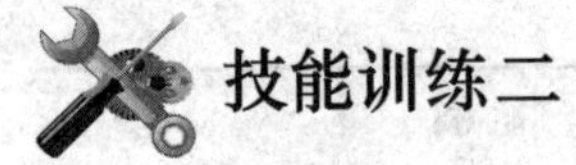

技能训练二

攻 螺 纹

1. 工件图样（图 6–47）

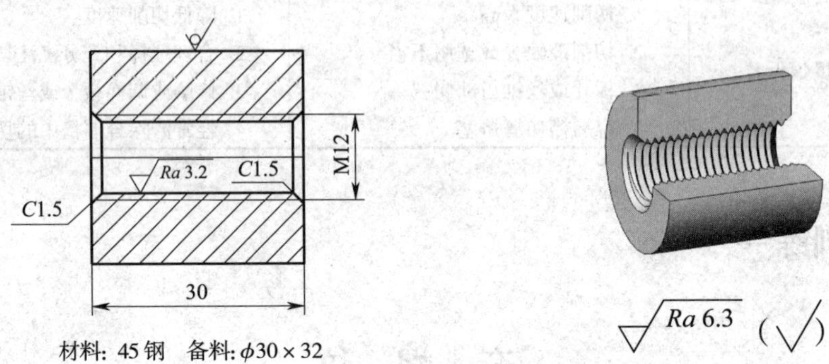

图 6–47　攻螺纹练习件

2. 加工工艺卡（表 6–31）

表 6–31　　加工工艺卡

工序	工步	内容
10		检查备料 ϕ30 mm × 32 mm
20		夹持外圆，找正并夹紧
	1	车平端面
	2	用中心钻钻中心孔；钻通孔 ϕ10.25 mm；孔口倒角
	3	攻螺纹 M12
30		检查质量，合格后卸下工件

课题四　车矩形螺纹、梯形螺纹和锯齿形螺纹

矩形螺纹、梯形螺纹和锯齿形螺纹是应用很广泛的传动螺纹，其工作长度较长，精度要求较高，而且导程和螺纹升角较大，所以要比车削三角形螺纹困难。

一、矩形螺纹、梯形螺纹和锯齿形螺纹基本要素的计算

1. 矩形螺纹基本要素的尺寸计算

矩形螺纹也称方牙螺纹，是一种非标准螺纹。因此，在零件图上的标记为“矩形 公称直径 × 螺距”，例如，矩形 40×6。

矩形螺纹的牙型如图 6–48 所示，各基本要素的计算公式见表 6–32。

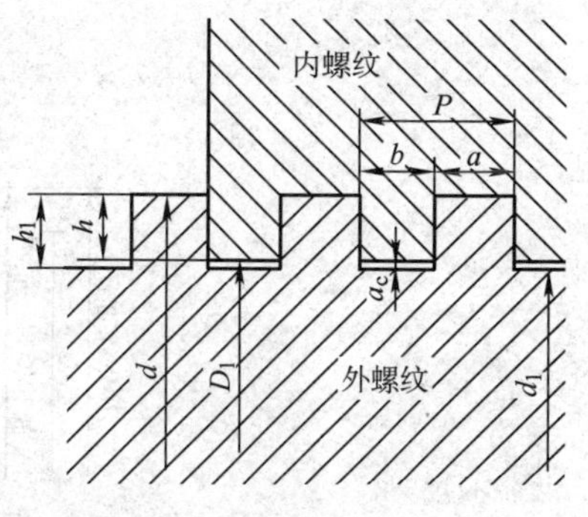

图 6–48 矩形螺纹的牙型

表 6–32 矩形螺纹各基本要素的计算公式 mm

基本参数	符号	计算公式
牙型角	α	$\alpha=0°$
牙型高度	h_1	$h_1=0.5P+a_c$
外螺纹大径	d	公称直径
外螺纹小径	d_1	$d_1=d-2h_1$
外螺纹槽宽	b	$b=0.5P+$（0.02 ~ 0.04）mm
外螺纹牙宽	a	$a=P-b$
牙顶间隙	a_c	根据螺距 P 的大小取 $a_c=0.1$ ~ 0.2 mm

例 6–4 车削矩形 30×6 的丝杠，求矩形螺纹基本要素的尺寸。

解：已知矩形螺纹的公称直径 d=30 mm，螺距 P=6 mm，取 a_c=0.15 mm。根据表 6–32 中的公式得：

$h_1=0.5P+a_c$=3 mm+0.15 mm=3.15 mm

$d_1=d-2h_1$=30 mm−2×3.15 mm=23.7 mm

$b=0.5P+$（0.02 ~ 0.04）mm

=0.5×6 mm+0.03 mm=3.03 mm

$a=P-b$=6 mm−3.03 mm=2.97 mm

2. 梯形螺纹的尺寸计算

梯形螺纹分为米制和英制两种。我国常采用米制梯形螺纹，其牙型角为 30°。

梯形螺纹的牙型如图 6–49 所示，梯形螺纹基本要素的名称、代号及计算公式见表 6–33。

例 6–5 车削 Tr42×10 的丝杠和螺母，试求内、外螺纹基本要素的尺寸和螺纹升角。

解：公称直径 d=42 mm，螺距 P=10 mm，a_c=0.5 mm。根据表 6–33 中的公式得：

$h_3=H_4=0.5P+a_c$=0.5×10 mm+0.5 mm=5.5 mm

$d_2=D_2=d-0.5P$=42 mm−0.5×10 mm=37 mm

$d_3=d-2h_3$=42 mm−2×5.5 mm=31 mm

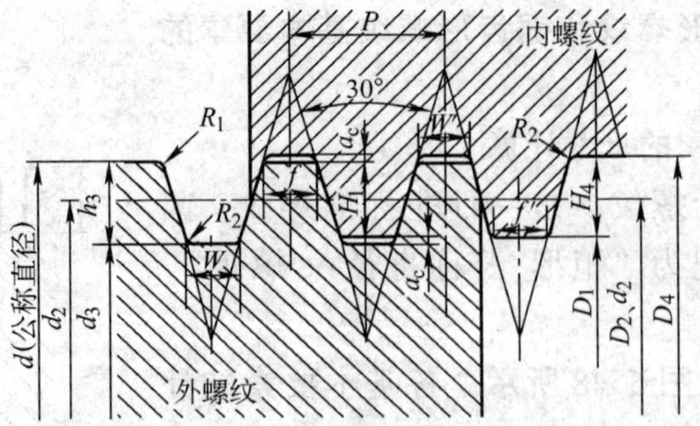

图 6–49　梯形螺纹的牙型

表 6–33　　梯形螺纹基本要素的名称、代号及计算公式

<table>
<tr><th colspan="2">名称</th><th>代号</th><th colspan="4">计算公式</th></tr>
<tr><td colspan="2">牙型角</td><td>α</td><td colspan="4">α=30°</td></tr>
<tr><td colspan="2">螺距</td><td>P</td><td colspan="4">由螺纹标准确定</td></tr>
<tr><td colspan="2" rowspan="2">牙顶间隙</td><td rowspan="2">a_c</td><td>P/mm</td><td>1.5 ~ 5</td><td>6 ~ 12</td><td>14 ~ 44</td></tr>
<tr><td>a_c/mm</td><td>0.25</td><td>0.5</td><td>1</td></tr>
<tr><td rowspan="4">外螺纹</td><td>大径</td><td>d</td><td colspan="4">公称直径</td></tr>
<tr><td>中径</td><td>d_2</td><td colspan="4">$d_2=d-0.5P$</td></tr>
<tr><td>小径</td><td>d_3</td><td colspan="4">$d_3=d-2h_3$</td></tr>
<tr><td>牙高</td><td>h_3</td><td colspan="4">$h_3=0.5P+a_c$</td></tr>
<tr><td rowspan="4">内螺纹</td><td>大径</td><td>D_4</td><td colspan="4">$D_4=d+2a_c$</td></tr>
<tr><td>中径</td><td>D_2</td><td colspan="4">$D_2=d_2$</td></tr>
<tr><td>小径</td><td>D_1</td><td colspan="4">$D_1=d-P$</td></tr>
<tr><td>牙高</td><td>H_4</td><td colspan="4">$H_4=h_3$</td></tr>
<tr><td colspan="2">牙顶宽</td><td>f、f'</td><td colspan="4">$f=f'=0.366P$</td></tr>
<tr><td colspan="2">牙槽底宽</td><td>W、W'</td><td colspan="4">$W=W'=0.366P-0.536a_c$</td></tr>
</table>

$D_1=d-P=42\text{ mm}-10\text{ mm}=32\text{ mm}$

$f=f'=0.366P=0.366\times10\text{ mm}=3.66\text{ mm}$

$W=W'=0.366P-0.536a_c=0.366\times10\text{ mm}-0.536\times0.5\text{ mm}=3.392\text{ mm}$

根据式（6–2）

$$\tan\psi=\frac{P_h}{\pi d_2}\approx\frac{10\text{ mm}}{3.14\times37\text{ mm}}\approx0.086$$

$$\psi\approx4°55'$$

3. 锯齿形螺纹主要参数的计算

锯齿形内、外螺纹配合时，小径之间有间隙，大径之间没有间隙。这种螺纹能承受较大的单向压力，通常用于起重和压力机械设备中。

锯齿形螺纹的牙型角分别是3°、30°。根据国家标准《锯齿形（3°、30°）螺纹　第1部分：牙型》（GB/T 13576.1—2008），锯齿形螺纹的基本牙型与尺寸计算见表6–34。

表6–34　　锯齿形螺纹的基本牙型与尺寸计算

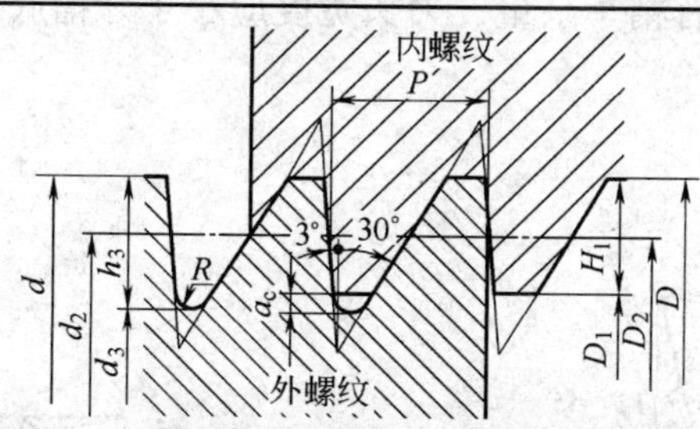

名称	代号	计算公式
基本牙型高度	H_1	H_1=0.75P
内螺纹牙顶与外螺纹牙底间的间隙	a_c	a_c=0.117 76P
外螺纹牙高	h_3	$h_3=H_1+a_c$=0.867 767P
内、外螺纹大径（公称直径）	d、D	$d=D$
内、外螺纹中径	d_2、D_2	$d_2=D_2=d-H_1=d-0.75P$
内螺纹小径	D_1	$D_1=d-2H_1=d-1.5P$
外螺纹小径	d_3	$d_3=d-2H_3=d-1.735\ 534P$
外螺纹牙底圆弧半径	R	R=0.124 271P

二、矩形螺纹车刀、梯形螺纹车刀和锯齿形螺纹车刀

1. 矩形螺纹车刀

矩形螺纹车刀与车槽刀十分相似，其几何形状如图6–50所示。

刃磨矩形螺纹车刀应注意以下问题：

（1）精车刀的主切削刃宽度直接决定着螺纹的牙槽宽，其主切削刃宽度b=0.5P+（0.02～0.04）mm。

（2）为了使刀头有足够的强度，刀头长度L不宜过长，一般取L=0.5P+（2～4）mm。

（3）矩形螺纹的螺纹升角一般都比较大，刃磨两侧后角时必须考虑螺纹升角的影响。

（4）为了减小螺纹牙侧的表面粗糙度值，在精车刀的两侧面切削刃上应磨有b_ε'=0.3～0.5 mm修光刃。

例6–6　车削矩形50×10的丝杠，已知螺纹升角ψ=4°3′，求矩形螺纹车刀各部分的尺寸。

解：刀头宽度b=0.5P+0.03 mm=5.03 mm

刀头长度L=0.5P+（2～4）mm=5 mm+3 mm=8 mm

因为是右旋螺纹，所以：

左侧切削刃刃磨后角 α_{oL}=（3°～5°）+ ψ =3°57′ +4°3′ =8°

右侧切削刃刃磨后角 α_{oR}=（3°～5°）－ ψ =4°3′ −4°3′ =0°

2. 梯形螺纹车刀

（1）高速钢梯形外螺纹粗车刀

高速钢梯形外螺纹粗车刀的几何形状如图 6–51 所示，车刀刀尖角 ε_r 应比螺纹牙型角小 30′，为了便于左右切削并留有精车余量，刀头宽度应小于牙槽底宽 W。

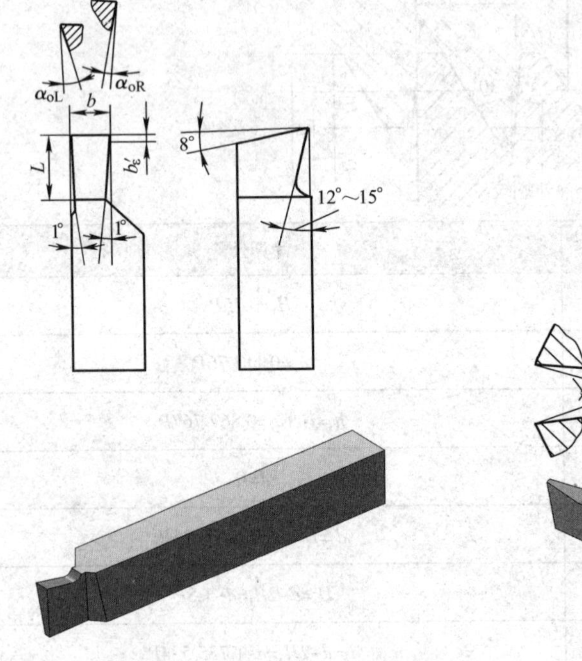

图 6–50　矩形螺纹车刀

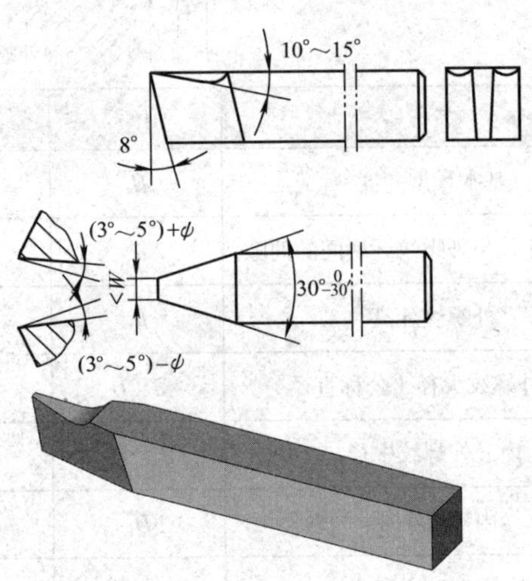

图 6–51　高速钢梯形外螺纹粗车刀

（2）高速钢梯形外螺纹精车刀

高速钢梯形外螺纹精车刀的几何形状如图 6–52 所示。车刀背前角 γ_p=0°，车刀刀尖角 ε_r 等于牙型角 α，为了保证两侧切削刃切削顺利，都磨出有较大前角（γ_o 取 12°～16°）的卷屑槽。但在使用时必须注意，车刀前端切削刃不能参加切削。该车刀主要用于精车梯形外螺纹牙型两侧面。

（3）硬质合金梯形外螺纹车刀

为了提高效率，在车削一般精度的梯形螺纹时，可使用硬质合金车刀进行高速车削。图 6–53 所示为硬质合金梯形外螺纹车刀的几何形状。

高速车削螺纹时，由于三条切削刃同时参与切削，切削力较大，易引起振动；并且当刀具前面为平面时，切屑呈带状排出，操作很不安全。为此，可在车刀前面磨出两个圆弧，如图 6–54 所示。

（4）梯形内螺纹车刀

图 6–55 所示为梯形内螺纹车刀，其几何形状和三角形内螺纹车刀基本相同，只是刀尖角应刃磨成 30°。

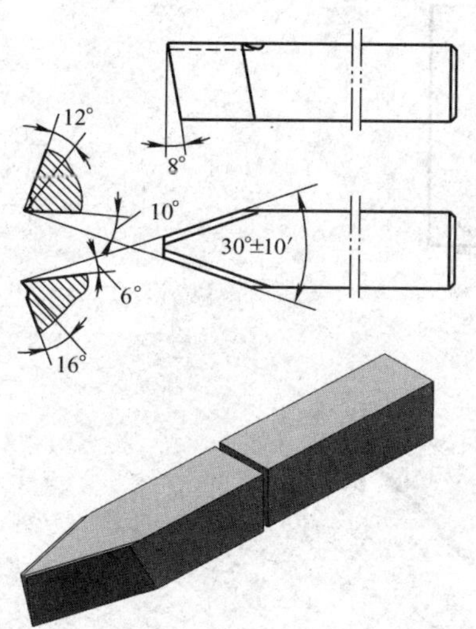

图 6-52　高速钢梯形外螺纹精车刀

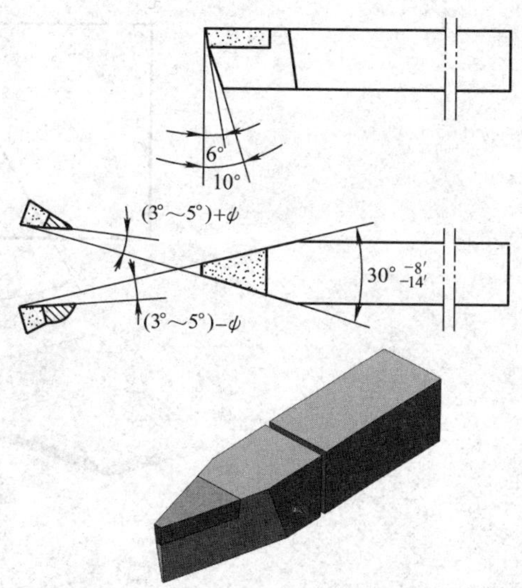

图 6-53　硬质合金梯形外螺纹车刀

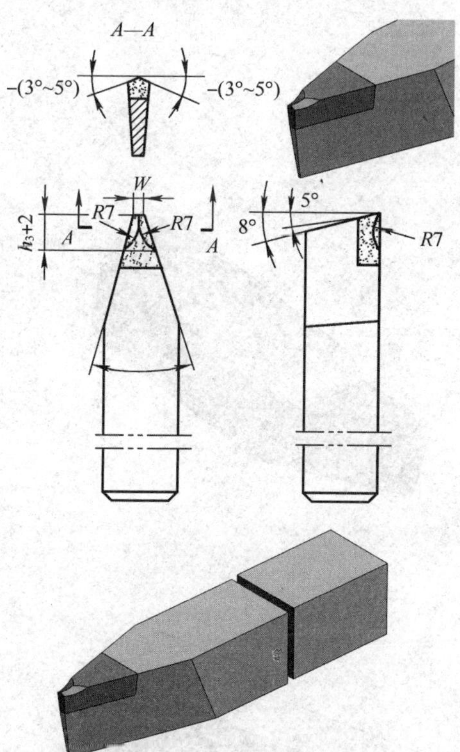

图 6-54　双圆弧硬质合金梯形外螺纹车刀

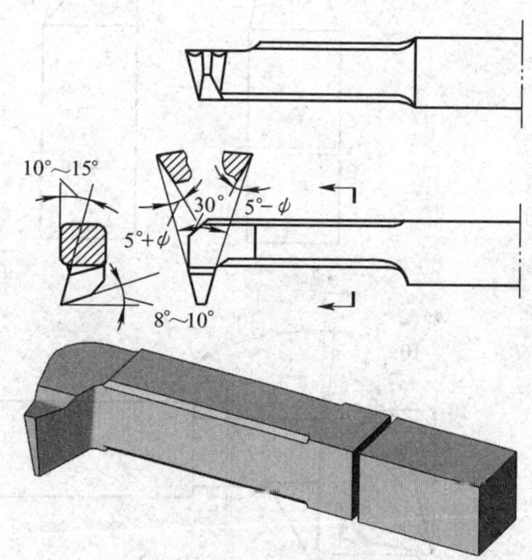

图 6-55　梯形内螺纹车刀

3. 锯齿形螺纹车刀

锯齿形内、外螺纹车刀和梯形螺纹车刀相似，所不同的是锯齿形螺纹车刀是一个不等腰梯形。牙型的一侧面与轴线垂直面的夹角为 30°，另一侧面的夹角为 3°。在刃磨和装夹车刀时，用锯齿形螺纹角度样板检查及找正车刀刃磨的角度和装夹位置（图 6-56）。图 6-57 所示为常用的锯齿形外螺纹和内螺纹车刀。

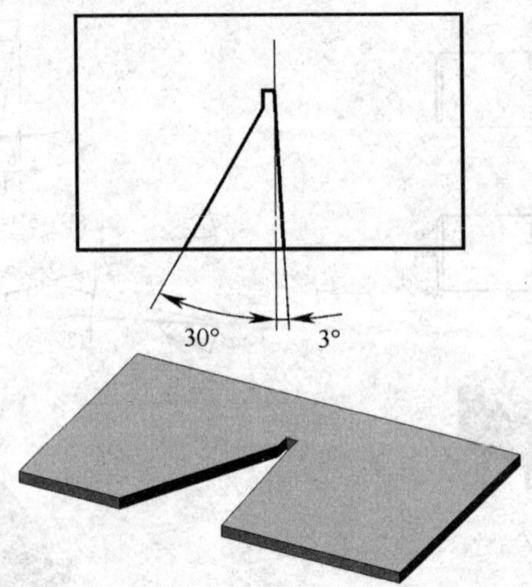

图 6–56　锯齿形螺纹角度样板

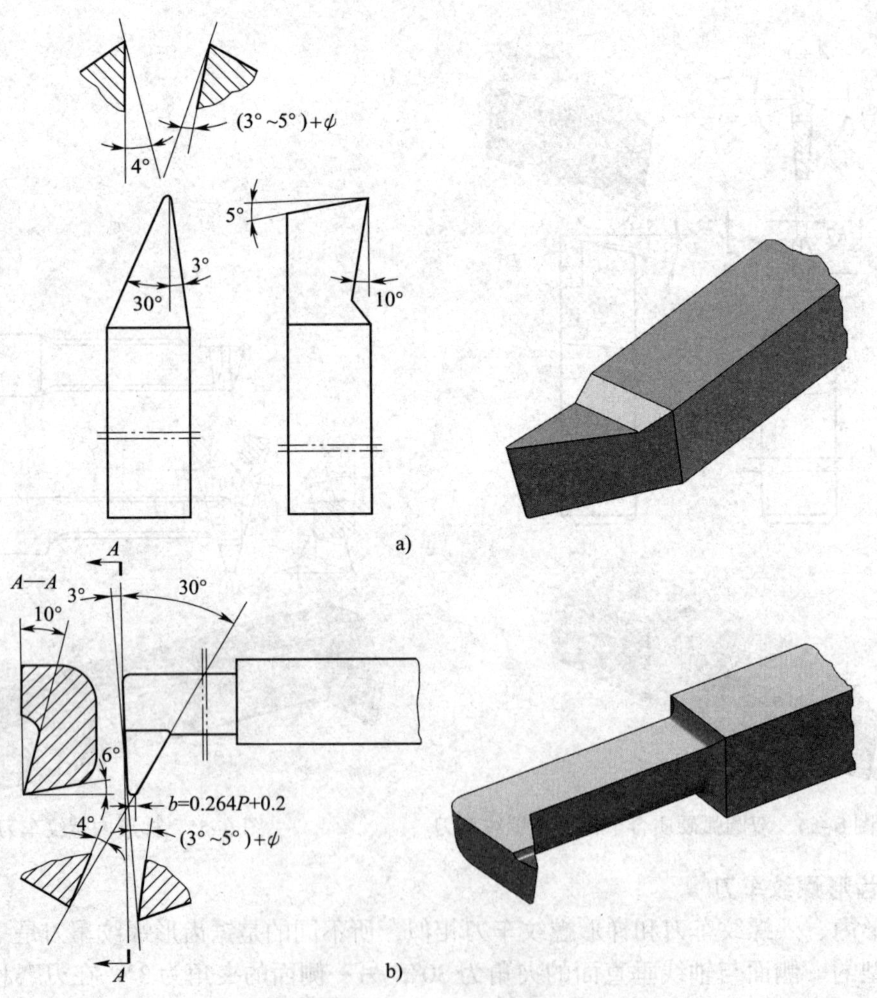

图 6–57　锯齿形螺纹车刀

a）锯齿形外螺纹车刀　b）锯齿形内螺纹车刀

三、矩形螺纹、梯形螺纹和锯齿形螺纹的车削方法

1. 矩形螺纹的车削方法

矩形螺纹一般采用低速车削。车削 $P<4$ mm 的矩形螺纹时，一般不分粗车、精车，使用一把车刀用直进法完成车削。车削螺距 P 为 4 ~ 12 mm 的螺纹时，先用直进法粗车，两侧各留 0.2 ~ 0.4 mm 的余量，再用精车刀采用直进法精车，如图 6–58a 所示。

车削大螺距（$P>12$ mm）的矩形螺纹，粗车时用刀头宽度较小的矩形螺纹车刀采用直进法切削，精车时用两把类似左、右偏刀的精车刀，分别精车螺纹的两侧面，如图 6–58b 所示。但是，在车削过程中要严格控制牙槽宽度。

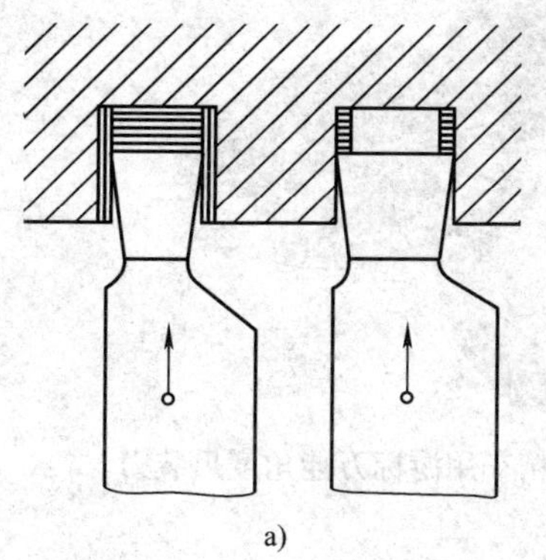
a)

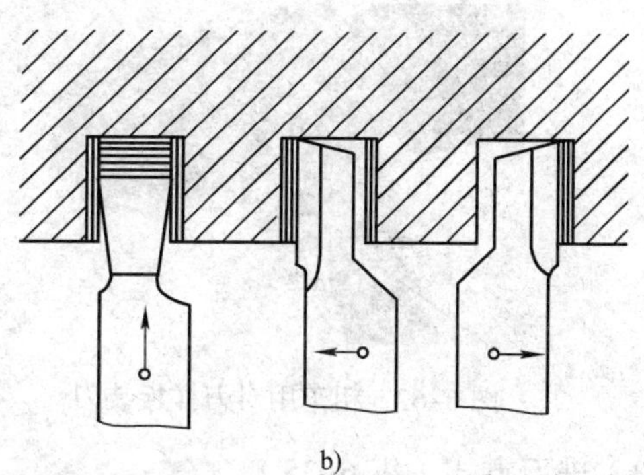
b)

图 6–58　低速车削矩形螺纹

a）直进法　b）左右切削法

2. 梯形螺纹的车削方法

（1）低速车梯形外螺纹

1）工件的装夹。车梯形螺纹时，切削力较大，工件一般用一夹一顶方式装夹（图 6–59）。此外，轴向采用限位台阶或限位支撑固定工件的轴向位置，以防车削中工件轴向窜动或移位而造成乱牙或撞坏车刀。精车根据精度要求，也可用两顶尖装夹。

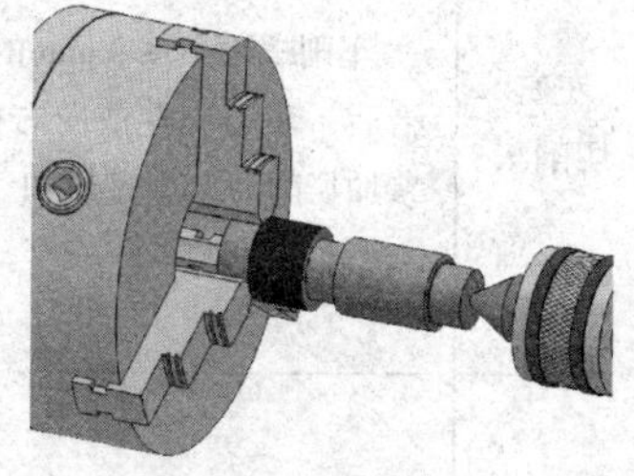
图 6–59　工件的装夹

2）车刀的装夹

①车刀刀尖应与工件轴线等高。装得过高（图 6–60），吃刀到一定深度时，车刀的后面顶住工件，不能切入工件，增大摩擦力，甚至把工件顶弯，造成啃刀现象。装得过低（图 6–61），切屑不易排出，车刀径向力的方向是工件中心，加上横向进给丝杠与螺母间隙过大，致使吃刀深度不断自动趋向加深，从而把工件抬起，出现啃刀现象。

②车刀两切削刃夹角（刀尖角）的平分线应垂直于工件轴线，粗车时用梯形螺纹刀角度样板找正后装夹（图 6–62），以免产生螺纹半角误差。精车时将游标万能角度尺旋至牙型半角并锁紧，基尺面靠住外径表面，用透光对刀法将精车刀装正（图 6–63）。

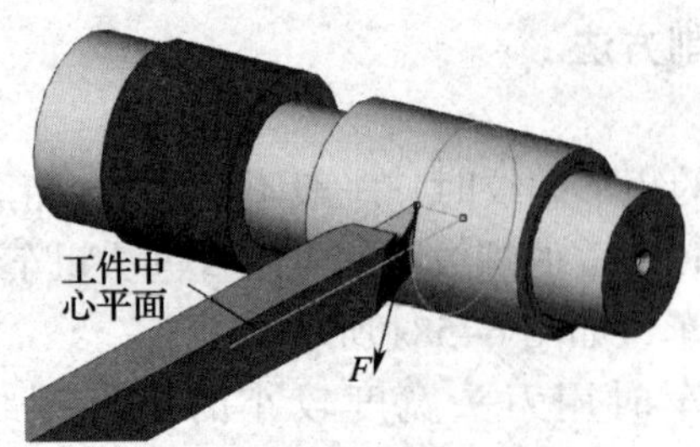

图 6–60　车刀装得过高

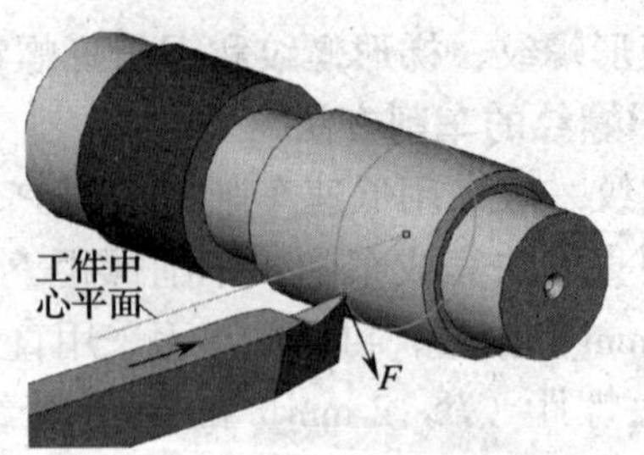

图 6–61　车刀装得过低

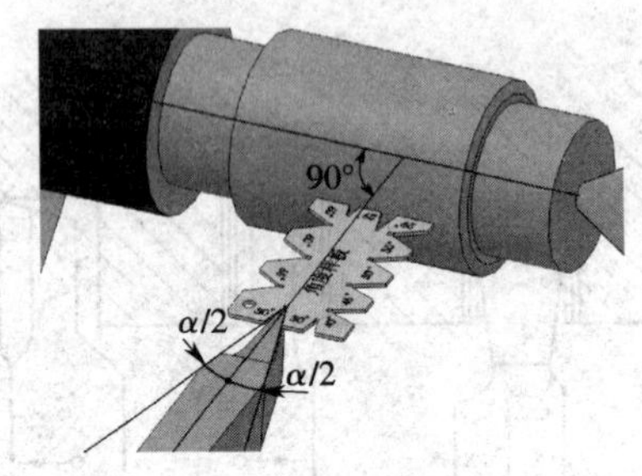

图 6–62　粗车用对刀样板装刀

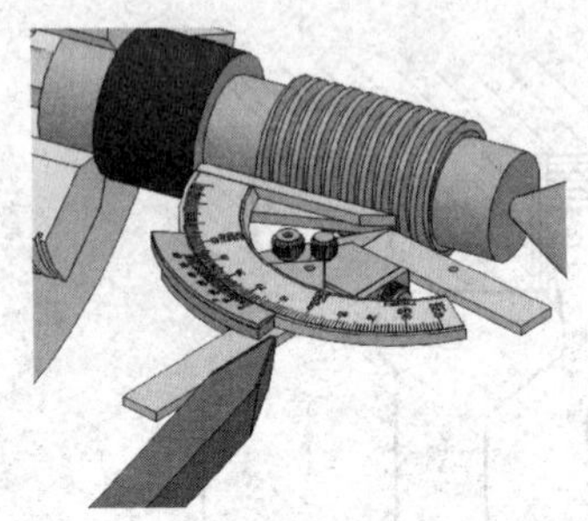

图 6–63　精车用游标万能角度尺装刀

3）进刀方式（表 6–35）

表 6–35　　　　**进刀方式**

方式	说明	图示
左右切削法	车削螺距 $P\leqslant 8$ mm 的梯形螺纹至一定深度，在每次横向进给后，车刀向左或向右微量移动，以防止因三个切削刃同时参加切削而产生过热和“扎刀”现象	
车直槽法	粗车螺距 $P\leqslant 8$ mm 的梯形螺纹时，可选用主切削刃宽度等于牙槽底宽 W 的矩形螺纹车刀车出螺旋直槽，使槽底直径等于梯形螺纹的小径，然后用梯形螺纹精车刀精车两牙侧	
车阶梯槽法	粗车螺距 P>8 mm 的梯形螺纹时，可用主切削刃宽度小于 $P/2$ 的矩形螺纹车刀，用车直槽法车至接近螺纹中径处，再用主切削刃宽度等于牙槽底宽 W 的矩形螺纹车刀把槽车至接近螺纹牙型高度，最后用梯形螺纹精车刀精车两牙侧	

4）机床手柄调整

①对床鞍及中、小滑板的配合部分进行检查及调整，使其间隙松紧得当。

②主轴上左、右摩擦片的松紧应调整合适，以减少切削时因机床因素而产生的加工误差。

③与车普通螺纹一样，先降低转速，再由螺距查看机床进给箱铭牌上各手柄的位置。

若车削螺距 P=6 mm 的右旋梯形螺纹，则进给箱手柄为 B、8、Ⅲ（图 6–64）。

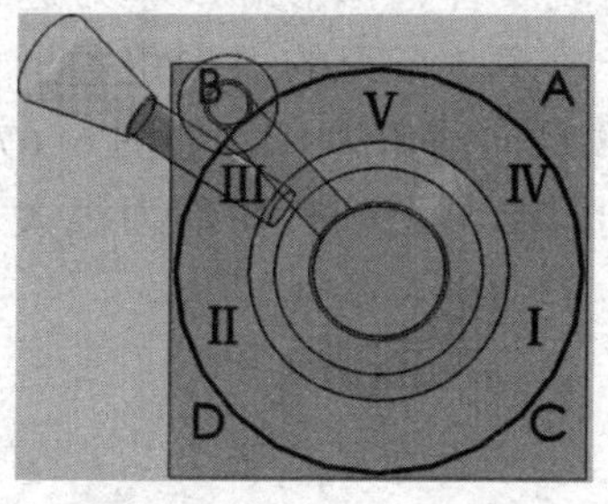

图 6–64　机床手柄调整

5）粗车梯形外螺纹

①粗车、半精车螺纹大径，留精车余量 0.2 mm 左右，车螺纹退刀槽，倒角（与端面成 15°）。

②降低转速，调整手柄，摇动中滑板，使粗车刀主切削刃在外圆处轻微接触后对“0”，合上开合螺母，用正反转车削法，进刀 0.1 mm 车削，检查螺距正确后采取恰当的进刀方法粗车、半精车梯形螺纹，每边留精车余量 0.1 ~ 0.2 mm，如图 6–65 所示。螺纹小径车至深度（可用中滑板刻度控制）。

③粗车完成，提起开合螺母手柄。

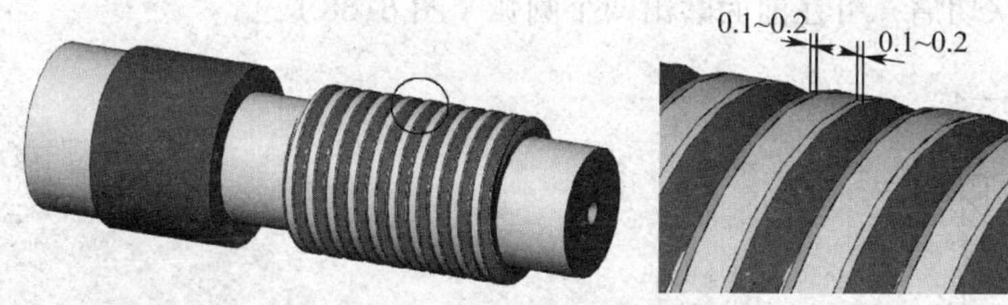

图 6–65　粗车梯形外螺纹

提示：螺距 P 小于 4 mm、精度要求不高的梯形外螺纹，可用一把梯形螺纹车刀粗车、精车到尺寸要求。

6）精车梯形外螺纹

①精车螺纹大径至图样要求。

②精车刀在螺纹外径表面对“0”后，扳好手柄，用“晃车”（操纵杆控制在接近水平，转速缓慢）技术将精车刀放置在螺纹槽小径表面，精车小径至牙型高度；在动态下（机床未停，左手控制操纵杆“晃车”，右手快速移动小滑板）将车刀右移至槽的后侧面，精车第一

个侧面至表面粗糙度达到要求；继续动态左移车刀至进刀方向侧面，中径处侧面车出，先测量，确定余量后，逐渐精车至中径尺寸及表面粗糙度符合要求（图 6–66）。

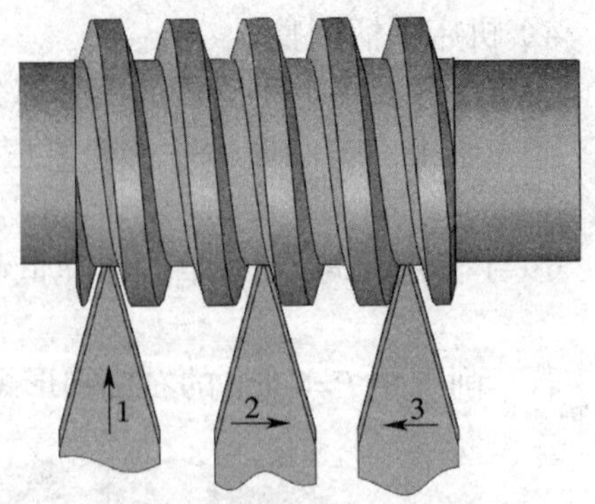

图 6–66　精车梯形外螺纹

（2）高速车梯形外螺纹

1）梯形螺纹车刀

①硬质合金梯形螺纹车刀。车削一般精度的梯形螺纹时，可使用硬质合金梯形螺纹车刀进行高速车削，以提高生产效率。车刀的刀尖角等于梯形螺纹牙型角，即 30°，径向前角为 0°，如图 6–67 所示。由于三个切削刃同时参与切削，切削力很大，容易引起振动。

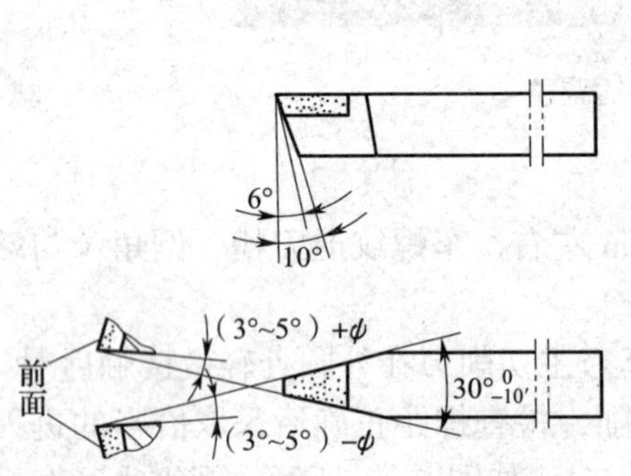

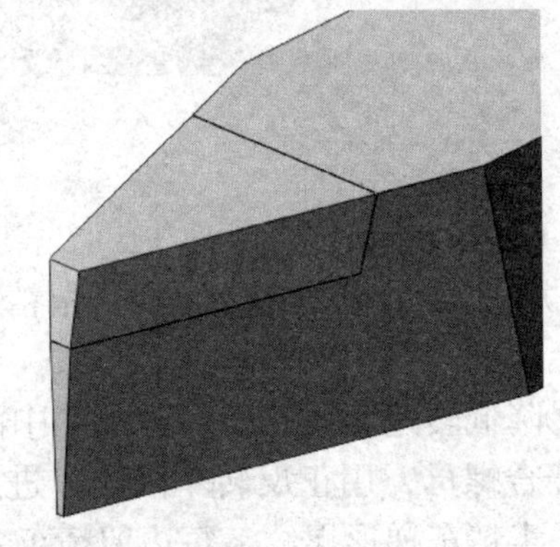
图 6–67　硬质合金梯形螺纹车刀

②双圆弧梯形螺纹车刀。为避免高速车削时三条切削刃同时切削引起的振动，以及前面为平面引起的带状切屑，可在前面磨出两个圆弧（图 6–68）。

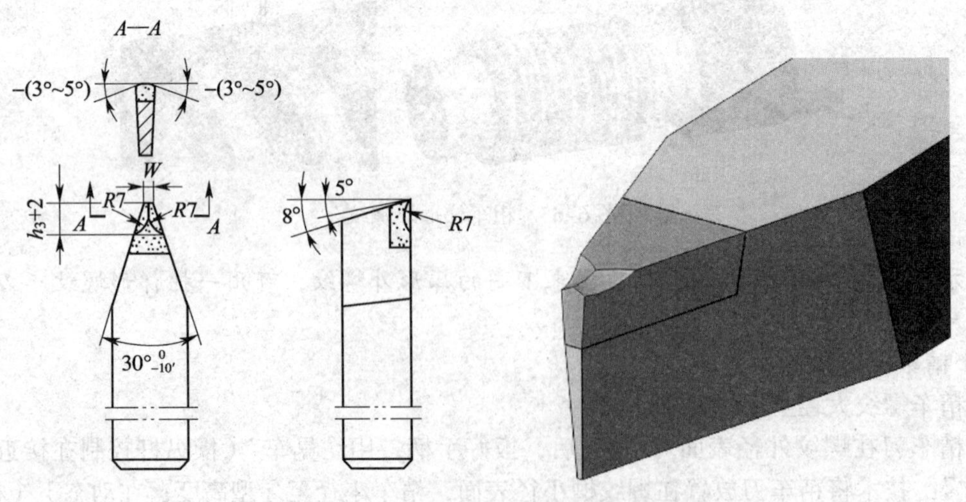

图 6–68　双圆弧硬质合金梯形螺纹车刀

2）进刀方式（表 6–36）

表 6–36　　进刀方式

方式	说明	图示
车直槽法	当螺距 $P \leqslant 8$ mm 时，用直进法粗车、精车梯形螺纹	
车阶梯槽法	当螺距 $P>8$ mm 时，为防止产生振动，采用车直槽法或车阶梯槽法先粗车，再用硬质合金螺纹车刀精车	

（3）低速车梯形内螺纹

1）梯形内螺纹车刀的形式

①整体式梯形内螺纹车刀。整体式梯形内螺纹车刀与三角形内螺纹车刀基本相同，只是刀尖角等于 30°。刀头宽度略大于牙顶宽，一般比 f 大 0.2 ~ 0.5 mm（图 6–69）。

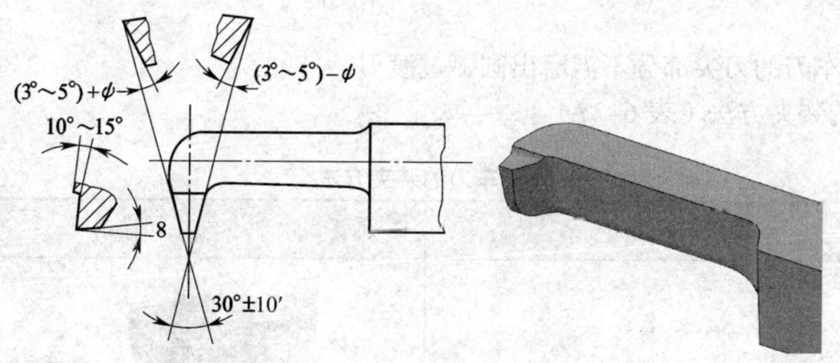

图 6–69　整体式梯形内螺纹车刀

②刀排梯形内螺纹车刀。为节约刀具材料，可将短的高速钢材料用自制磨刀器刃磨后，放入刀排内，用螺钉夹紧后车削。这样车刀前面变为在刀柄的横截面中间部位，大大增加了车刀在车内螺纹时的横截面，进一步提高了车刀的刚度（图 6–70）。

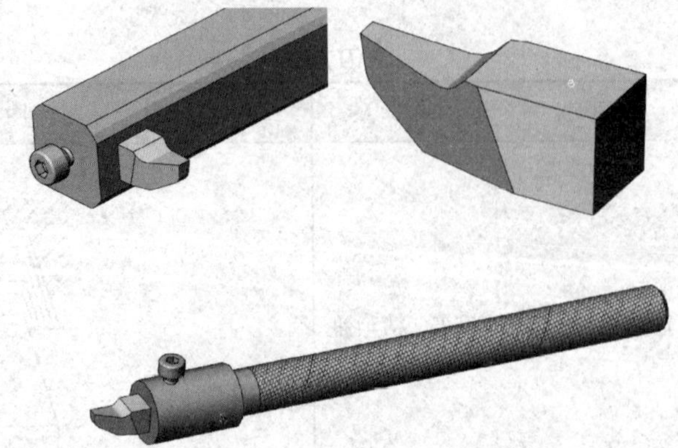

图 6–70　刀排梯形内螺纹车刀

③中心钻梯形内螺纹车刀。中心钻折断后，一般就报废了。可用自制磨刀器将其刃磨成梯形内螺纹刀头，放入刀排，同样可车削梯形内螺纹（图 6–71）。

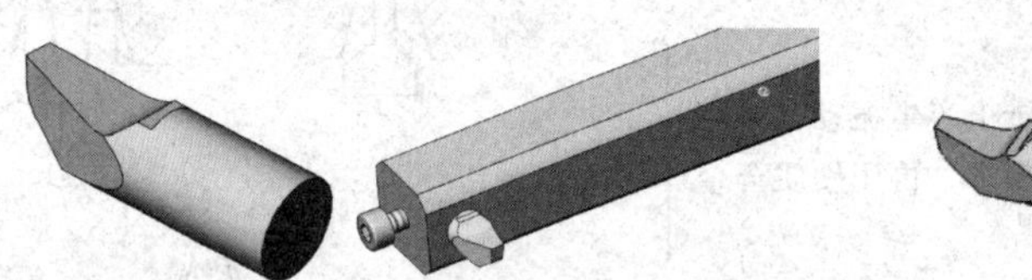

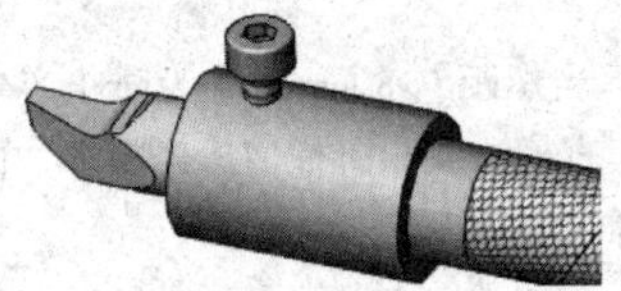

图 6–71　中心钻梯形内螺纹车刀

2）梯形内螺纹车刀的刃磨要求

①梯形内螺纹车刀两侧切削刃对称线（刀尖角平分线）应垂直于刀柄。

②刃磨两侧后角时要注意螺纹的进给方向，然后根据螺纹升角的大小来决定两侧后角的数值。

③根据所选择的车削方法刃磨内螺纹车刀。

④刃磨过程中注意用力大小，随时目测和用角度样板校对，及时放入水中冷却以防退火。

⑤内螺纹车刀的刀尖部分不需磨出圆弧过渡刃。

3）车刀的装夹方法（表 6–37）

表 6–37　　**车刀的装夹方法**

方法	图示
1. 与三角形内螺纹车刀装夹要求一样，刀头指向操作者。车削时，工件正转，车刀由尾座方向向主轴箱方向车削	工件中心平面

续表

方法	图示
2. 将内螺纹车刀刀头向操作者对面方向装夹，车削时工件反转，车刀由主轴箱方向向尾座方向车削。需注意进刀方向后角和普通方法车削内螺纹时相反	
3. 内螺纹车刀刀头在操作者一侧，但刀具反装，即前面向下。车削时工件反转，车刀由主轴箱方向向尾座方向车削。此法切削轻快，切屑不易堵塞，但车刀装夹难度大	

4）车削方法

梯形内螺纹的车削方法与三角形内螺纹的车削方法基本相同。

①首先加工内螺纹底孔，$D_{孔}=D_1=d-P$。孔径应略大于螺纹小径的公称尺寸（图 6–72）。

②在端面上车一个轴向深度为 1 ~ 2 mm，孔径等于螺纹公称尺寸的内台阶孔，作为车内螺纹时的对刀基准（图 6–73）。

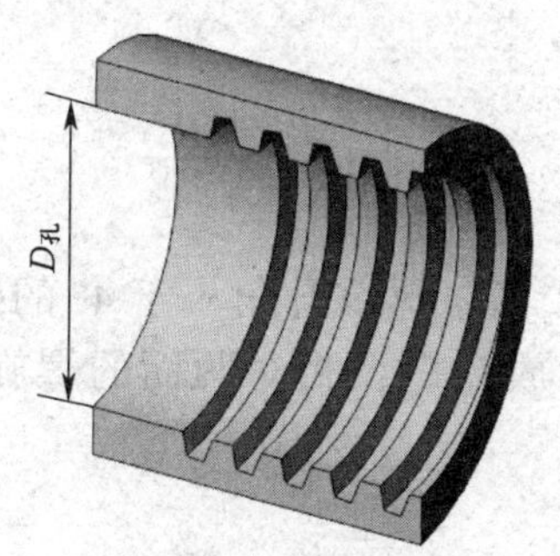

图 6–72　内螺纹底孔

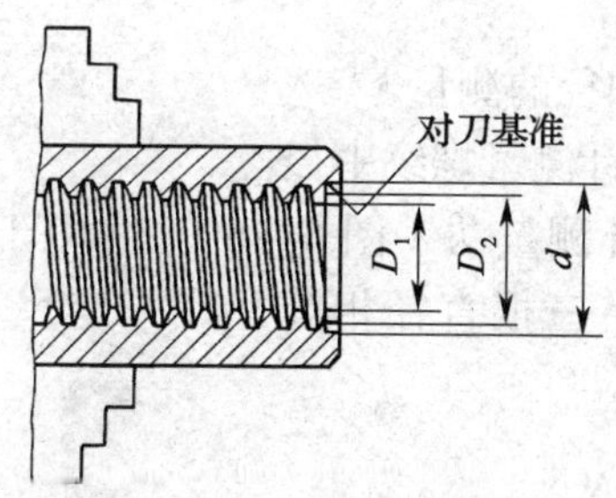

图 6–73　内台阶孔

③装夹好的螺纹车刀应在底孔内手动试走一次，以防正式加工时刀柄和内孔相碰而影响加工。

④车削时，中途对刀较困难，$P<8$ mm 时，适宜采用直进法，但要相应减小背吃刀量，并遵循由多到少，进入 1/2 牙型深度后多在原位（中滑板不进刀）走动的原则。

3. 锯齿形螺纹的车削方法

锯齿形螺纹的车削方法和梯形螺纹相似，在此不再赘述。

四、梯形螺纹的检测

1. 梯形外螺纹的检测

（1）大径和底径的测量

1）螺纹大径可用游标卡尺和公法线千分尺等量具测量（图 6–74）。

2）一般由中滑板刻度盘控制牙型高度来间接保证底径尺寸。

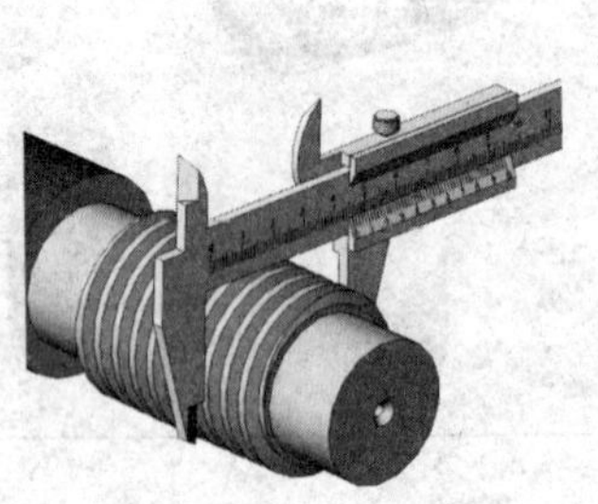

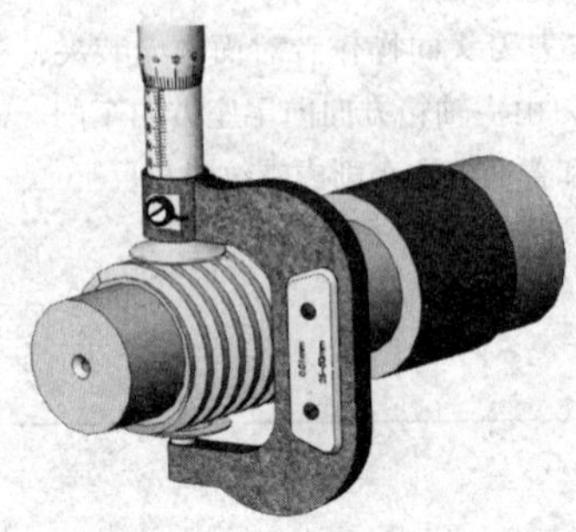

图 6–74　大径的测量

（2）牙型角的测量

可用游标万能角度尺测量牙型半角，用角度样板测量牙型角（图 6–75）。

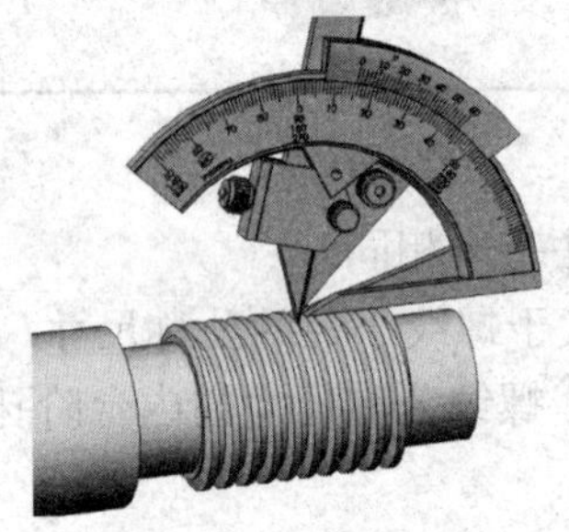

图 6–75　牙型角的测量

（3）中径的测量

1）三针测量螺纹中径

①三针测量法（图 6–76）。适用于测量精度要求较高、螺纹升角小于 4° 的螺纹中径。测量时，将三根直径相等并在一定尺寸范围内的量针放在螺纹相对两面的螺旋槽中，再

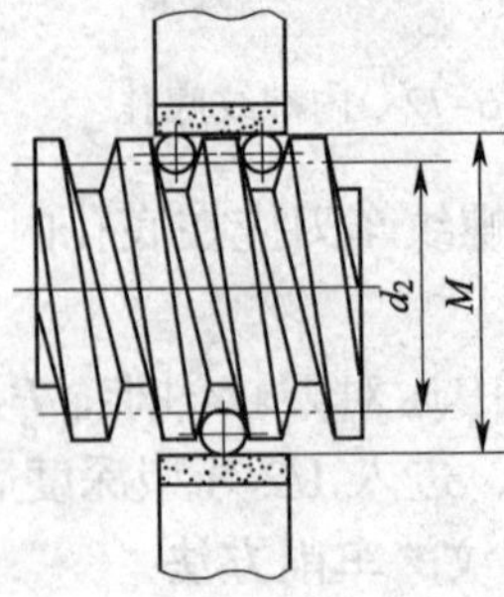

图 6–76　三针测量法

用公法线千分尺量出两面量针顶点之间的距离 M，中径偏差即为 M 值的偏差，就可换算出螺纹中径的实际尺寸。

②量针的选择（图 6–77）。三针测量用的量针直径 d_D 不能太大，必须保证量针截面与螺纹牙侧相切；也不能太小，否则量针将陷入牙槽中，其顶点低于螺纹牙顶而无法测量。最佳量针直径是指量针横截面与螺纹牙侧相切于螺纹中径处时的量针直径。

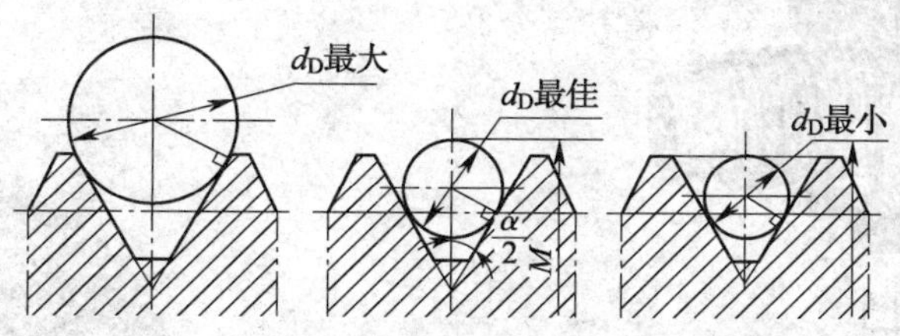

图 6–77　量针的选择

③ M 值和量针直径的简化计算公式见表 6–38。

表 6–38　　M 值和量针直径的简化计算公式

螺纹牙型角	M 计算公式	量针直径 d_D		
		最大值	最佳值	最小值
30°（梯形螺纹）	$M=d_2+4.864d_D-1.866P$	$0.656P$	$0.518P$	$0.486P$
40°（蜗杆）	$M=d_1+3.924d_D-4.316m_x$	$2.446m_x$	$1.675m_x$	$1.61m_x$
55°（英制螺纹）	$M=d_2+3.166d_D-0.961P$	$0.894P-0.029$	$0.564P$	$0.481P-0.016$
60°（普通螺纹）	$M=d_2+3d_D-0.866P$	$1.01P$	$0.577P$	$0.505P$

注：d_1 为蜗杆分度圆直径，m_x 为轴向模数。

2）单针测量螺纹中径（图 6–78）。当直径和螺距较大时，用此法比三针测量简单、方便。测量时，将一根量针放入螺旋槽中，另一侧则以螺纹的大径为基准，用千分尺测量出量针顶点与另一侧螺纹大径之间的距离 A，基本尺寸 $A=\frac{M+d_0}{2}$（d_0 是大径的实际尺寸），中径偏差的一半为 A 值偏差，就可换算出螺纹中径的实际尺寸。量针选择与三针测量相同。

（4）综合测量

对于精度要求不高的梯形外螺纹，一般采用标准的梯形螺纹量规——螺纹环规（图 6–79）进行综合检测。检测前应先检查螺纹的大径、牙型角和牙型半角、螺距和表面粗糙度，然后用螺纹环规检测。如果螺纹环规的通规能顺利拧入工件螺纹，而止规不能拧入，则说明被检测梯形螺纹合格。

2. 梯形内螺纹的检测

梯形内螺纹通常使用标准的梯形螺纹量规——螺纹塞规和小径塞规进行综合检测。检测时，先用小径塞规（测量面为光滑外圆柱面）检查小径，小径塞规的通端应能顺利进入内螺纹，止端则不能进入（允许内螺纹小径两端进入不超过一个螺距）。然后用螺纹塞规检测，若螺纹塞规的通端能顺利拧入工件内螺纹，而止端不能拧入，取下后在螺母的两侧均能顺利旋入，且松紧得当，轴向间隙小于 0.1 mm，则说明被检测梯形内螺纹合格。

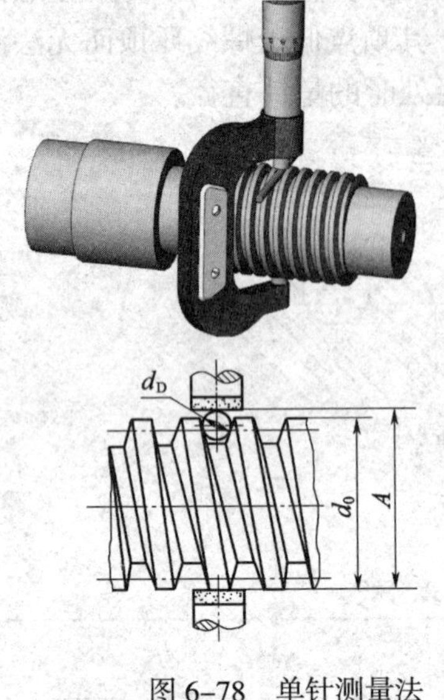

图 6–78　单针测量法

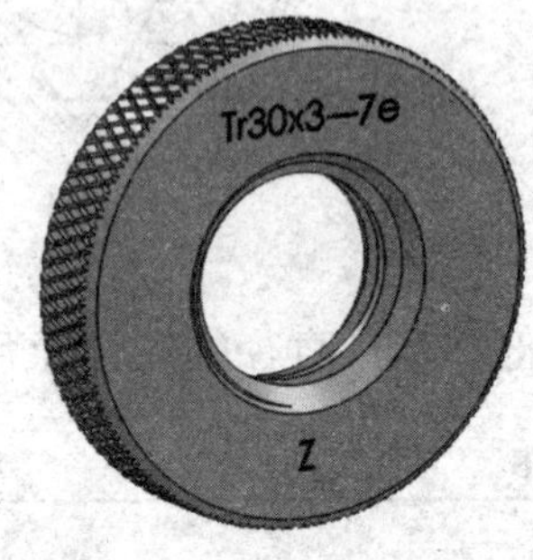

图 6–79　螺纹环规

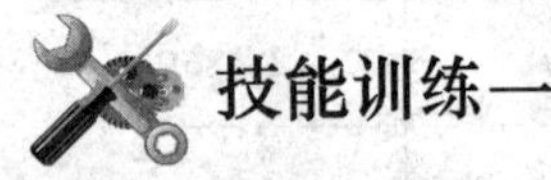

技能训练一

刃磨高速钢梯形外螺纹车刀

1. 刃磨要求

（1）刃磨螺纹车刀两刃夹角时，应随时目测和用样板校对。

（2）对于径向前角不等于 0° 的螺纹车刀，两切削刃的夹角应修正，其修正方法与三角形螺纹车刀修正方法相同，参见表 6–14。

（3）螺纹车刀各切削刃要光滑、平直、无裂口，两侧切削刃应对称，刀头不能歪斜。

（4）螺纹车刀各切削刃应用油石研去毛刺。

2. 注意事项

（1）刃磨两侧后角时，要注意螺纹的左右旋向，并根据螺纹升角的大小来确定两侧后角的增减。

（2）刃磨高速钢梯形螺纹车刀时，应随时蘸水冷却，以防刃口因过热而退火。

（3）为提高梯形螺纹粗车刀刀头强度，可在两刀尖处磨出圆弧过渡刃。精车刀为保证螺纹牙型清晰和刀具的锋利性，不需磨出圆弧过渡刃。

（4）螺距较小的梯形螺纹精车刀不便于刃磨断屑槽时，可采用较小径向前角梯形螺纹精车刀。

3. 刃磨步骤

以刃磨高速钢梯形螺纹粗车刀为例，刃磨步骤见表 6–39。

表 6-39　　刃磨步骤

步骤	图示
1. 刃磨左侧进给方向后面，控制刀尖半角 $\varepsilon_r/2$ 及后角 α_{oL}（$\alpha_o+\phi$）。此时刀柄与砂轮圆周夹角约 $\varepsilon_r/2$，刀面向外侧倾斜 $\alpha_o+\phi$，刀头上翘 8° 若为左旋螺纹，则进刀方向后面在车刀另一侧面	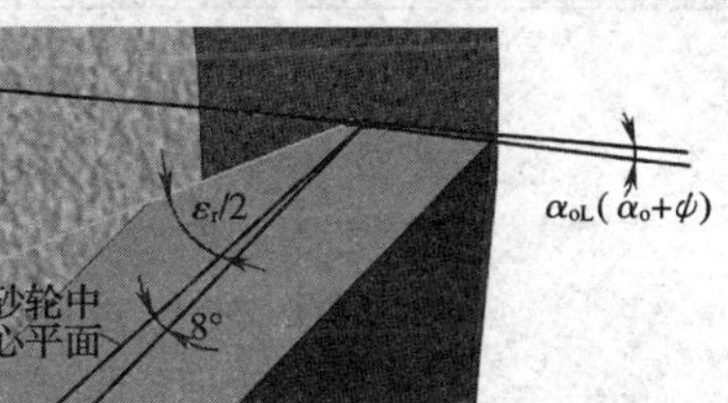
2. 刃磨右侧背离进给方向后面，以初步形成两刃夹角，控制刀尖角 ε_r 及后角 α_{oR}（$\alpha_o-\phi$）。此时刀柄仍是与砂轮圆周夹角约 $\varepsilon_r/2$，刀面向外侧倾斜 $\alpha_o-\phi$，刀头上翘 8°	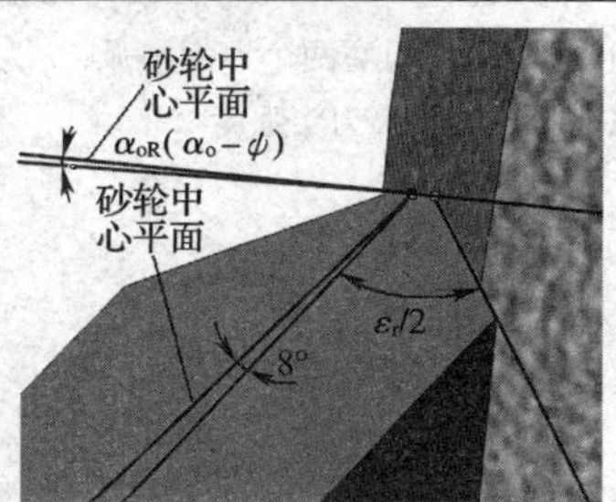
3. 粗、精磨前面，以形成前角，γ_p 为 10°～15°。方法是离开刀尖、大于牙型深度处以砂轮边角为支点，夹角等于前角，以前面与砂轮接触处为支点，摆动尾部，使火花最后在刀尖处磨出	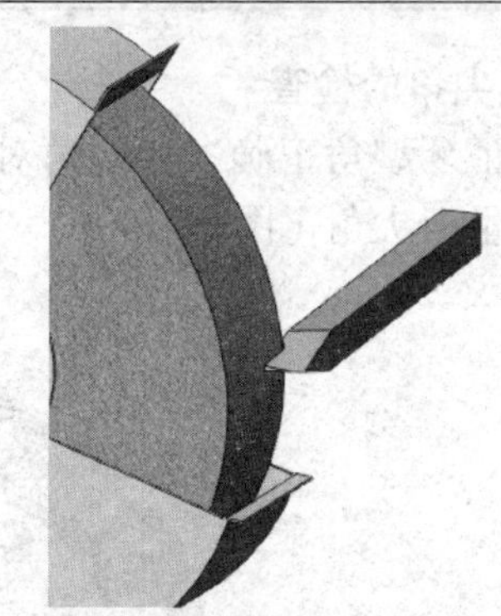
4. 用螺纹车刀角度样板测量刀尖角，根据透光缝隙修正正确	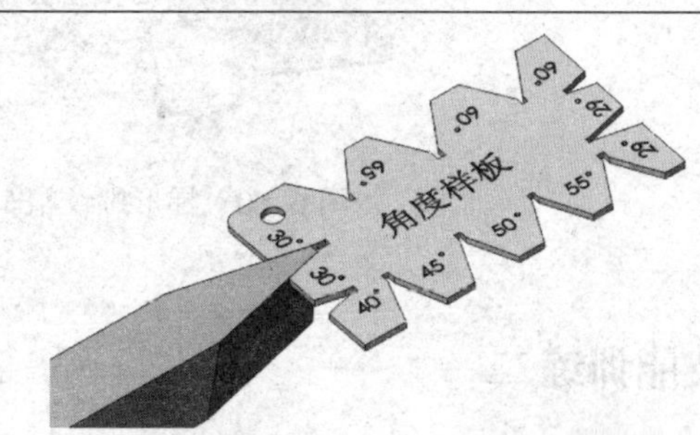
5. 精磨两后面，形成车刀左侧进刀后角 α_{oL} 和右侧背离进刀后角 α_{oR}，刀头仍上翘 8°，以形成主后角 8°	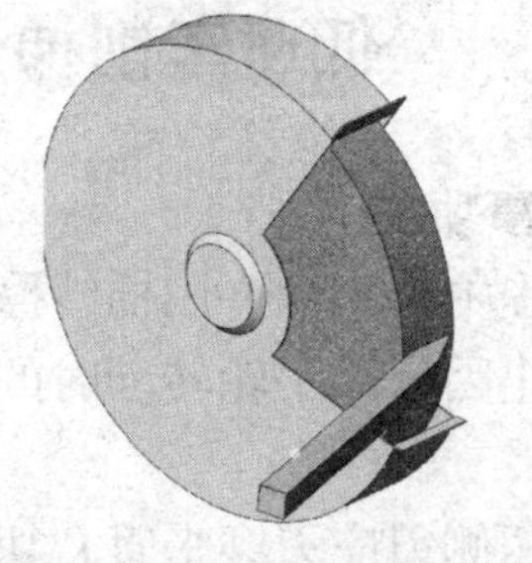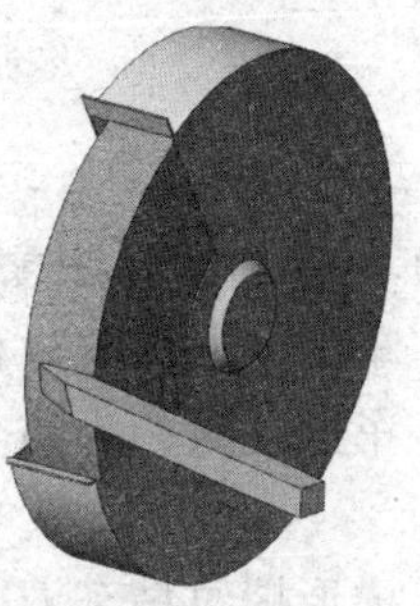

续表

步骤	图示
6. 刀头仍上翘 8°，刃磨主后面并测量刀头宽度正确后，刃磨两个刀尖圆弧，r 为 0.1 ~ 0.15 mm，以提高刀头强度	砂轮中心平面 8° r=0.1~0.15 r=0.1~0.15

4. 精车刀刀尖角的检查

精车后要保证牙型角正确，牙型角对螺纹的配合影响较大。为减小误差，精车刀可用游标万能角度尺测量刀尖角（图 6–80）。

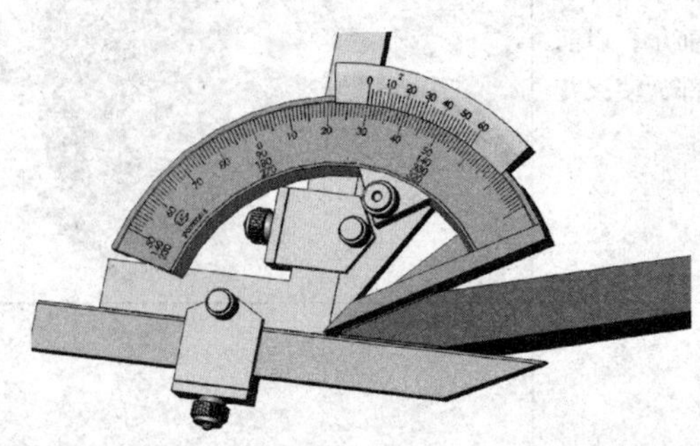

图 6–80　梯形螺纹精车刀刀尖角的检查

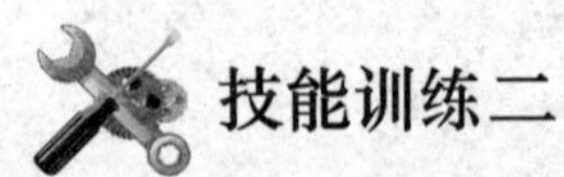

技能训练二

低速车削梯形外螺纹

1. 车削梯形螺纹注意事项

（1）车削梯形螺纹过程中，不允许用棉纱擦拭工件，以防发生安全事故。

（2）车螺纹时，为防止因床鞍手轮转动时的不平衡而使床鞍发生窜动，可在手轮上安装平衡块。

（3）梯形螺纹精车刀两侧刃应刃磨平直，切削刃应保持锋利。

（4）精车前，最好重新修正中心孔，以保证螺纹的同轴度精度。

（5）车螺纹时精力要集中，严防中滑板手柄多进一圈而撞坏螺纹车刀或使工件碰撞而报废。

（6）粗车螺纹时，应将小滑板调紧一些，以防车刀发生移位而产生乱牙。

（7）车螺纹时，应选择较小的切削用量，以减少工件的变形，同时应充分加注切削液。

（8）一夹一顶装夹工件时，尾座套筒不能伸出太短，以防止车刀退刀时床鞍与尾座相碰。

2. 车单线梯形外螺纹练习

（1）工件图样（图 6–81）

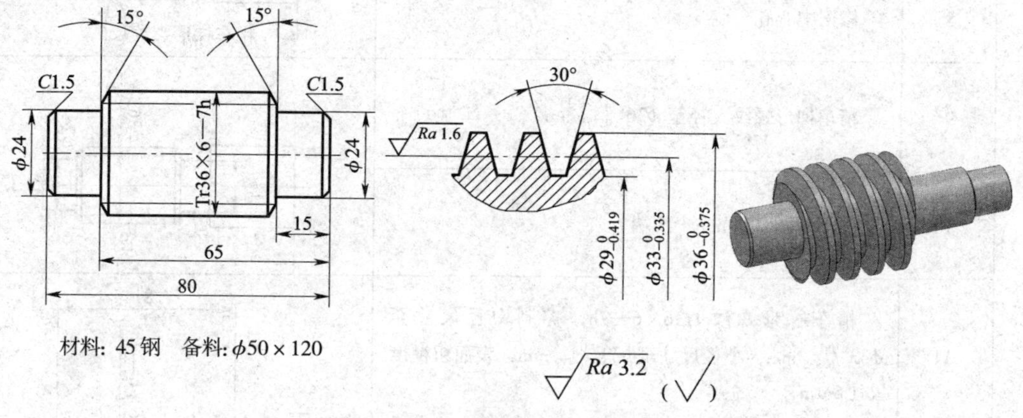

图 6–81　单线梯形外螺纹工件

（2）加工工艺卡（表 6–40）

表 6–40　　**加工工艺卡**

工序	工步	内容	图示
10		检查备料 φ50 mm × 120 mm	
20		夹持外圆，伸出长度为 100 mm，找正并夹紧	100
	1	车端面，车平即可	钻中心孔
	2	钻中心孔，用尾座顶尖支撑工件，或一夹一顶装夹	
	3	粗车梯形螺纹大径至 φ36.3 mm，长大于 65 mm	φ24.3　φ36.3　φ24.3　15　15
	4	粗车外圆 φ36.3 mm 至 φ24.3 mm，长 15 mm	
	5	粗车退刀槽至 φ24.3 mm，宽度大于 15 mm	

续表

工序	工步	内容	图示
	6	梯形螺纹大径两端倒 15° 角	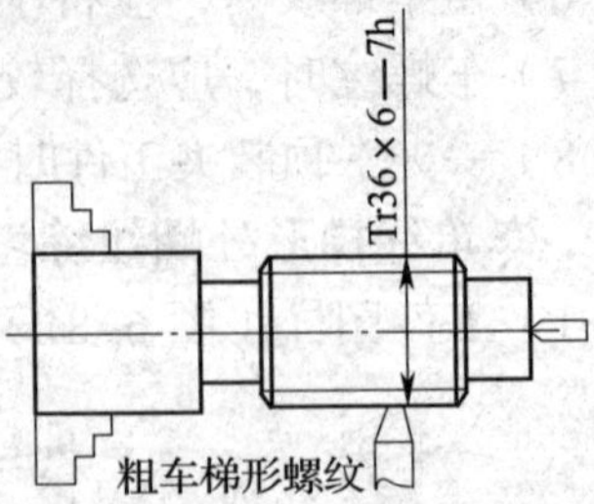
	7	粗车梯形螺纹 Tr36×6—7h，小径和中径均留有精车余量	Tr36×6—7h 粗车梯形螺纹
	8	修正中心孔	
	9	精车梯形螺纹大径至 $\phi36_{-0.375}^{\ 0}$ mm	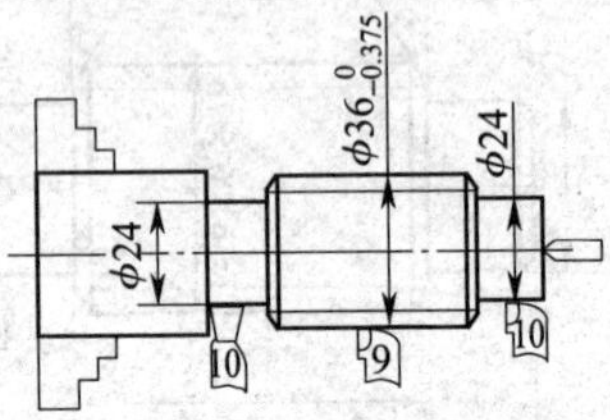 $\phi36_{-0.375}^{\ 0}$ $\phi24$ $\phi24$ 10 9 10
	10	精车外圆 $\phi24$ mm（两端）	
	11	精车梯形螺纹 Tr36×6—7h，控制中径尺寸至 $\phi33_{-0.335}^{\ 0}$ mm，小径尺寸至$\phi29_{-0.419}^{\ 0}$ mm，表面粗糙度 $Ra1.6$ μm	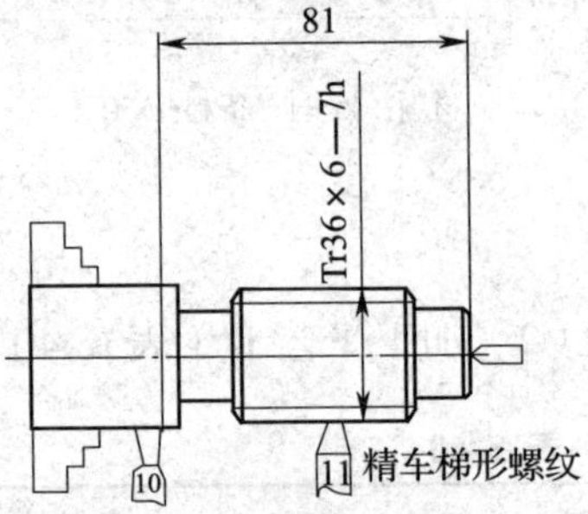 81 Tr36×6—7h 10 11 精车梯形螺纹
	12	外圆倒角 $C1.5$ mm	
	13	切断，总长为 81 mm	
30		掉头，梯形螺纹大径处包铜皮，找正并夹紧	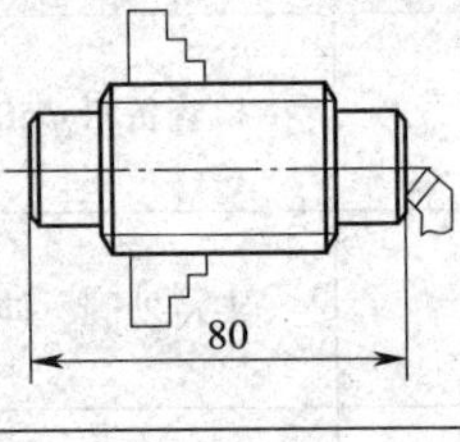 80
	1	车端面，控制总长 80 mm	
	2	倒角 $C1.5$ mm	
40		检查质量，合格后卸下工件，上油	

课题五　车蜗杆

图 6-82 所示蜗杆和蜗轮组成的蜗杆副常用于减速传动机构中，以传递两轴在空间成 90° 角的交错运动，如车床溜板箱内的蜗杆副。蜗杆的齿形角 α 是在通过蜗杆轴线的平面内，

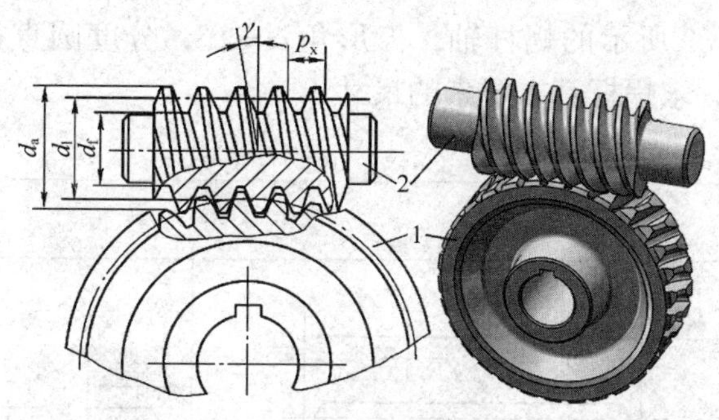

图 6–82　蜗杆传动

1—蜗轮　2—蜗杆

轴线垂直面与齿侧之间的夹角，见表 6–41。蜗杆一般可分为米制蜗杆（α= 20°）和英制蜗杆（α=14.5°）两种。本课题仅介绍我国常用的米制蜗杆的车削方法。

一、蜗杆基本要素及其尺寸计算

蜗杆基本要素的名称、代号及计算公式见表 6–41。

表 6–41　　蜗杆基本要素的尺寸计算

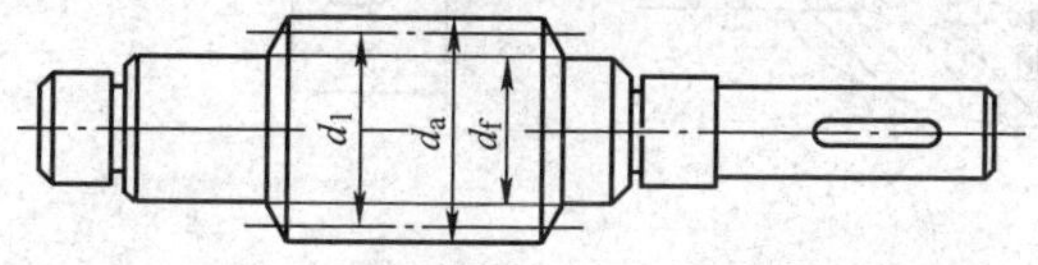

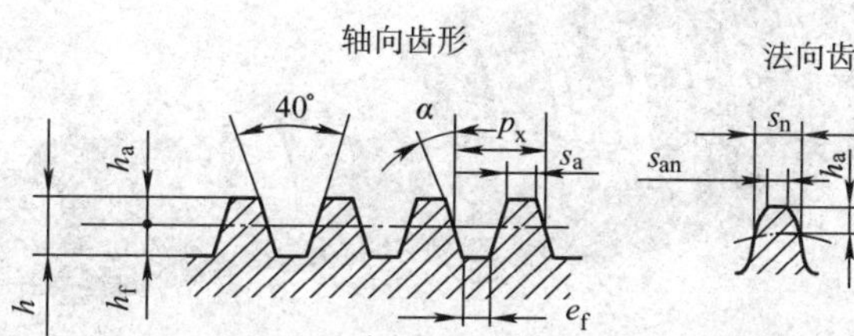

名称	计算公式
轴向模数 m_x	（基本参数）
头数 z_1	（基本参数）
分度圆直径 d_1	（基本参数）
齿形角 α	α=20°
轴向齿距 p_x	$p_x=\pi m_x$
导程 p_z	$p_z=z_1p_x=z_1\pi m_x$
齿顶高 h_a	$h_a=m_x$
齿根高 h_f	$h_f=1.2m_x$
全齿高 h	$h=2.2m_x$
齿顶圆直径 d_a	$d_a=d_1+2m_x$

名称		计算公式
齿根圆直径 d_f		$d_f=d_1-2.4m_x$ $d_f=d_a-4.4m_x$
导程角 γ		$\tan\gamma=\frac{p_z}{\pi d_1}$
齿顶宽 s_a	轴向 s_a	$s_a=0.843m_x$
	法向 s_{an}	$s_{an}=0.843m_x\cos\gamma$
齿根槽宽 e_f	轴向 e_f	$e_f=0.697m_x$
	法向 e_{fn}	$e_{fn}=0.697m_x\cos\gamma$
齿厚 s	轴向 s_x	$s_x=\frac{p_x}{2}=\frac{\pi m_x}{2}$
	法向 s_n	$s_n=\frac{p_x}{2}\cos\gamma=\frac{\pi m_x}{2}\cos\gamma$

例 6-7 车削图 6-83 所示的蜗杆轴，齿形角 α=20°，分度圆直径 d_1=35.5 mm，轴向模数 m_x=3 mm，头数 z_1=1，求蜗杆基本要素的尺寸。

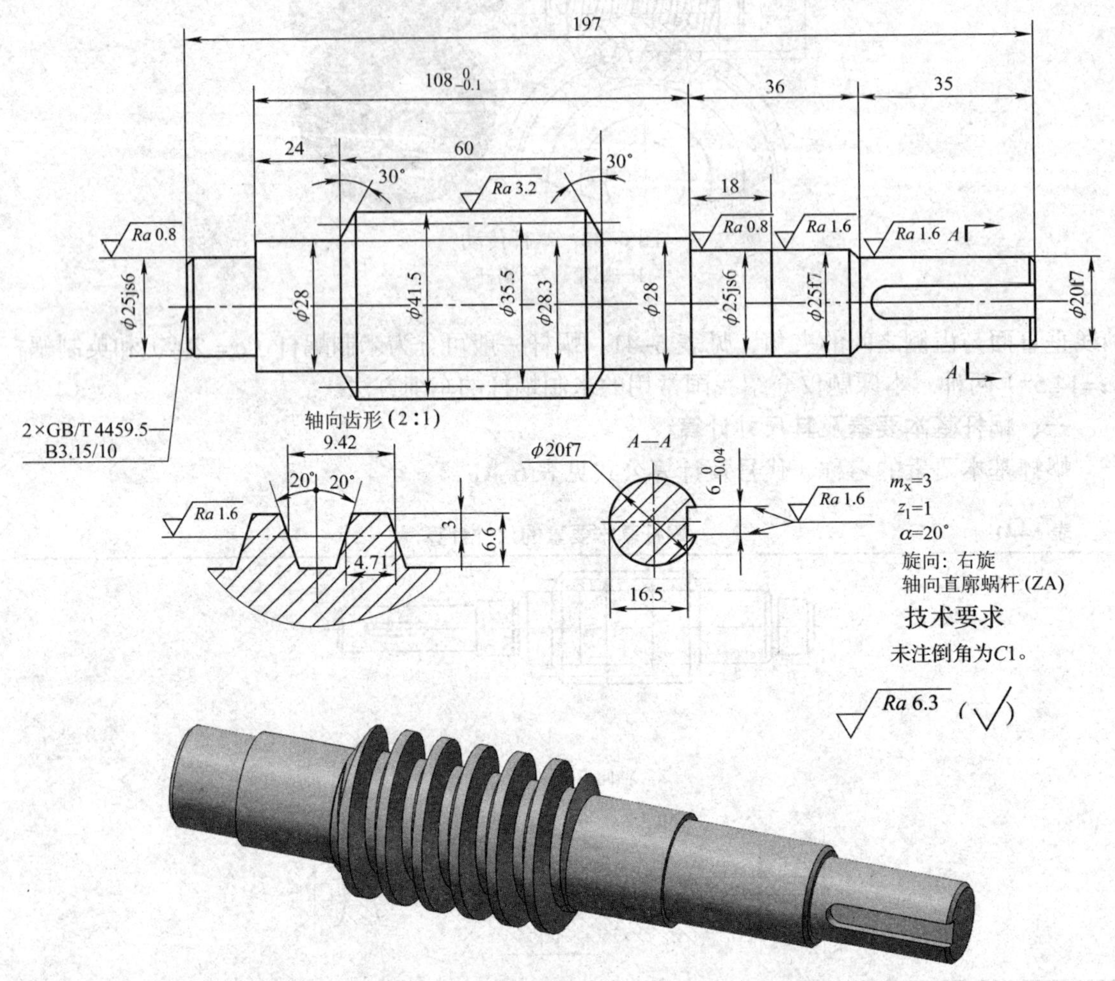

图 6-83　蜗杆轴

解：根据表 6-41 中的计算公式：

轴向齿距 $p_x=\pi m_x=3.141\,6\times3$ mm ≈ 9.425 mm

导程 $P_z=z_1\pi m_x=1\times3.141\,6\times3$ mm ≈ 9.425 mm

齿顶高 $h_a=m_x=3$ mm

齿根高 $h_f=1.2m_x=1.2\times3$ mm=3.6 mm

全齿高 $h=2.2m_x=2.2\times3$ mm=6.6 mm

齿顶圆直径 $d_a=d_1+2m_x$=35.5 mm+2 × 3 mm=41.5 mm

齿根圆直径 $d_f=d_1-2.4m_x$=35.5 mm−2.4 × 3 mm=28.3 mm

轴向齿顶宽 $s_a=0.843m_x=0.843\times3$ mm ≈ 2.53 mm

轴向齿根槽宽 $e_f=0.697m_x=0.697\times3$ mm ≈ 2.09 mm

轴向齿厚 $s_x=\frac{p_x}{2}=\frac{9.425}{2}$ mm ≈ 4.71 mm

导程角 $\tan\gamma=\dfrac{p_x}{\pi d_1}=\dfrac{9.425\text{ mm}}{3.1416\times35.5\text{ mm}}\approx0.085$

$\gamma\approx4°52'$

法向齿厚 $s_n=\dfrac{p_x}{2}\cos\gamma=\dfrac{9.425}{2}\text{ mm}\times\cos4°52'\approx4.696\text{ mm}$

二、蜗杆车刀及其装夹

1. 蜗杆车刀几何形状

蜗杆车刀一般用高速钢材料磨制而成。由于蜗杆的齿形较深，导程较大，加工的难度大于车削梯形螺纹，为提高蜗杆的加工质量，车削蜗杆时，蜗杆的粗车与精车一般应分开进行。

（1）蜗杆粗车刀（图 6–84）

蜗杆粗车刀和梯形螺纹粗车刀一样，螺纹左、右侧面要留有精车余量，所以刀头宽度应小于牙槽底宽 e_f，一般比 e_f 小 0.2 mm 左右。粗车刀刀尖要适当倒圆。

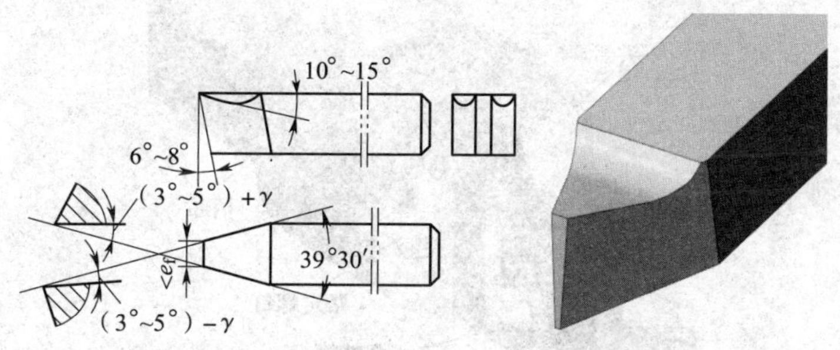

图 6–84　蜗杆粗车刀

（2）两侧磨卷屑槽的蜗杆精车刀（图 6–85）

精车刀左、右切削刃之间夹角应等于两倍齿形角（2α =40°），左、右切削刃两侧的前角较大。这种精车刀只能精车两侧齿侧面，车刀前端切削刃不能用来车削槽底。

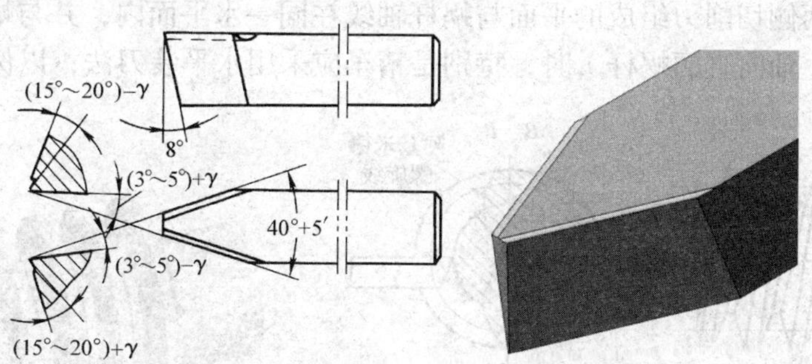

图 6–85　两侧磨卷屑槽的蜗杆精车刀

（3）蜗杆精车刀（图 6–86）

切削刃的直线度精度要高，表面粗糙度值小。前面径向前角 γ_p 为 0° ~ 5°。

（4）可调节刀排（图 6–87）

使用可调节刀排车削蜗杆，可以不考虑导程角对车刀实际工作前角和工作后角的影响，刀头刃磨简单、方便，易于垂直装刀。而车刀装好后，朝进给方向一侧转动刀排头部一个导程角 γ 即可。弹性槽使车刀车削时不易“扎刀”。

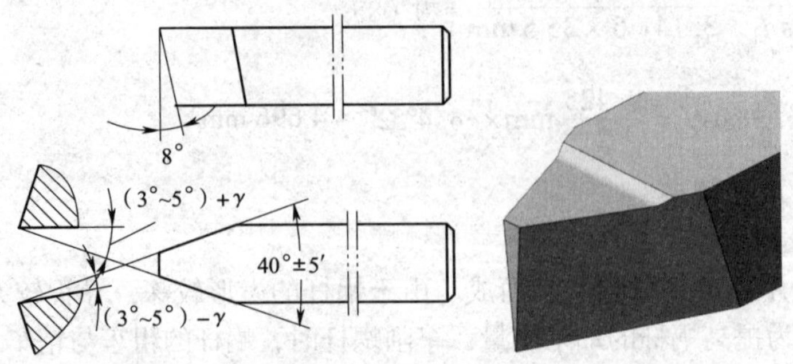

图 6-86　蜗杆精车刀

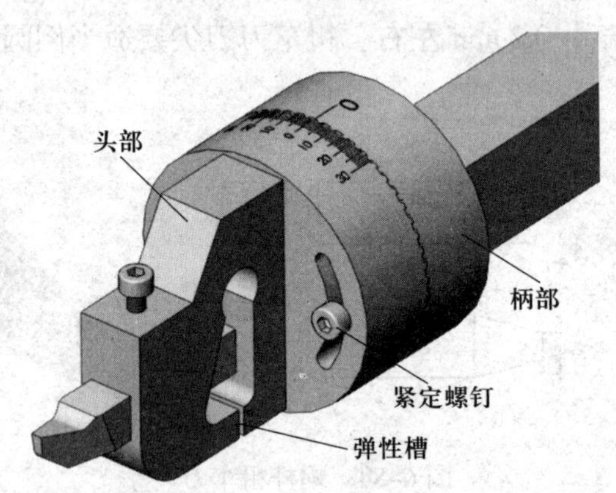

图 6-87　可调节刀排

2. 蜗杆车刀的装夹

（1）水平装刀法（图 6-88）

使蜗杆车刀两侧切削刃组成的平面与蜗杆轴线在同一水平面内，并与蜗杆轴线等高。车削阿基米德蜗杆（轴向直廓蜗杆）时，特别是精车应采用水平装刀法，以保证齿形正确。

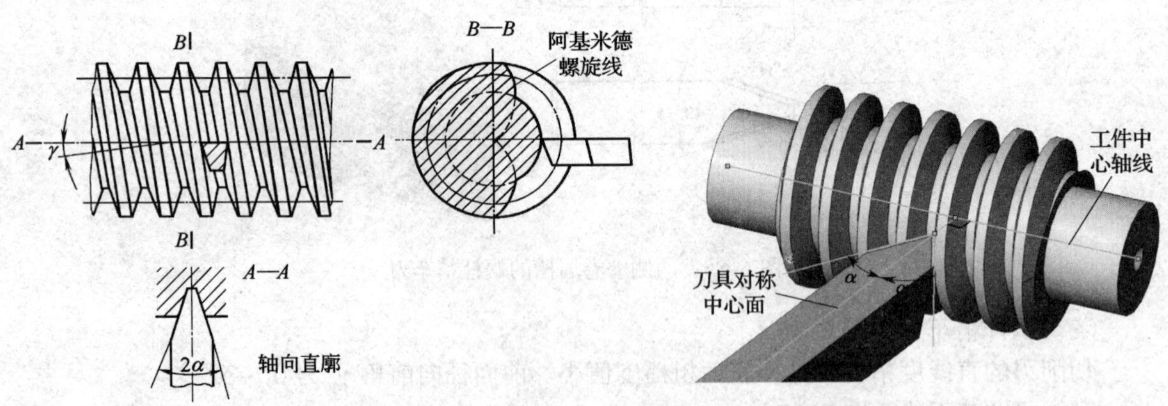

图 6-88　水平装刀法

（2）垂直装刀法（图 6-89）

使蜗杆车刀两侧切削刃组成的平面垂直于蜗杆齿面，两侧切削刃夹角的平分线在通过蜗杆轴线的水平面上。车削法向直廓蜗杆时应采用垂直装刀法。

粗车阿基米德蜗杆时，为避免产生振动和“扎刀”现象，保证切削顺利，也可采用垂直装刀法，但精车阿基米德蜗杆时仍需采用水平装刀法。

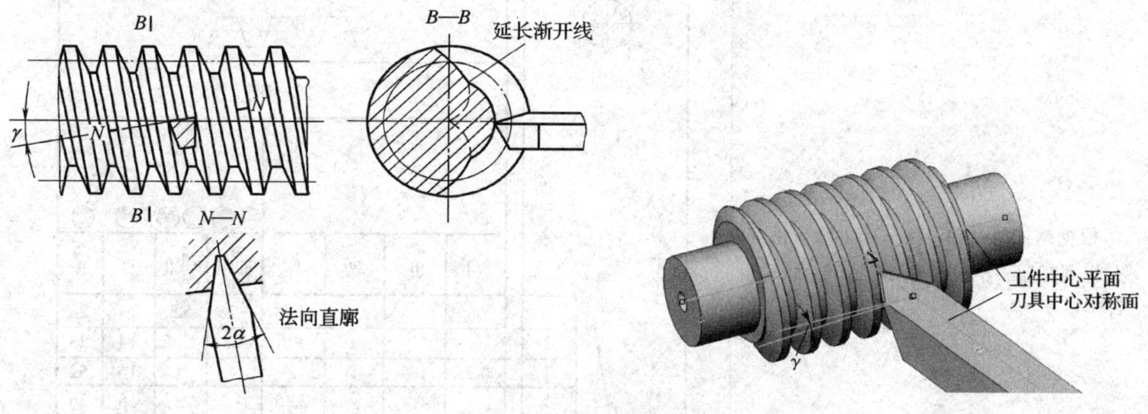

图 6–89　垂直装刀法

三、蜗杆的车削方法

1. 蜗杆一般技术要求

（1）蜗杆的轴向模数和与之啮合的蜗轮的端面模数必须相等。

（2）蜗杆的轴向齿距应符合要求。

（3）蜗杆的轴向齿厚或法向齿厚应符合要求。

（4）蜗杆两齿侧面的表面粗糙度值要小，齿形应符合图样要求。

（5）蜗杆齿槽的径向圆跳动应在规定精度的允许范围内。

2. 工件的装夹

车削蜗杆时，切削力较大，工件应采用一夹一顶方式装夹。车削模数较大的蜗杆时，应采用四爪单动卡盘与尾座顶尖装夹，使装夹牢固、可靠。工件轴向应采用限位台阶或限位支撑定位，以防蜗杆在车削中发生窜动。

3. 机床手柄的调整（表 6–42）

4. 车削方法

蜗杆的车削方法与梯形螺纹的车削方法基本相同。由于蜗杆的导程（轴向齿距）不是整数，车削蜗杆时不能使用提开合螺母法，只能使用开倒顺车法车削。

粗车时，蜗杆的轴向模数 $m_x \leqslant 3$ mm 时，可采用左右切削法车削；蜗杆的轴向模数 $m_x>3$ mm 时，一般先采用车直槽法粗车，然后再用左右切削法半精车；如果蜗杆的轴向模数很大，$m_x>5$ mm 时，则采用车阶梯槽（分层切削）法粗车，再用左右切削法半精车，单边留 0.2 ~ 0.3 mm 的精车余量。

精车时，用蜗杆精车刀分左、右单边切削成形（第一个侧面车平即可，第二个侧面根据中径的尺寸要求车出），最后用刀尖角略小于两倍齿形角的精车刀精车蜗杆齿根圆直径，把齿形修整清晰。

表 6–42　　　　　　　　　　　　　　　　机床手柄的调整

内容	图示
根据蜗杆的模数，在车床进给箱铭牌上找到相应手柄的位置，并对各手柄进行调整	πm A B C z_C=97（铭牌见下表）
实例应用 1 车削蜗杆时，已知参数是 m_x，查铭牌时，在 πm 一列里查找 例：车削 m_x=3 mm 的蜗杆，查表知各手柄为 m、8、Ⅲ	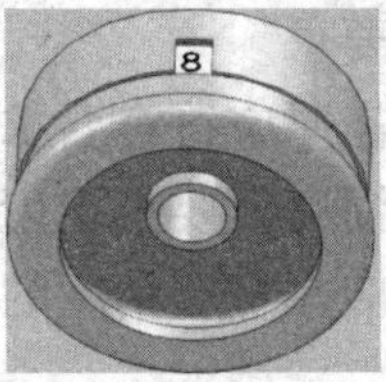 8 B　V　A Ⅲ　Ⅳ Ⅱ　Ⅰ D　C
实例应用 2 车削 $m_x \geqslant 8$ mm 的蜗杆时，由铭牌可知，因周节大，为防止因来不及退刀造成事故，转速控制为低速，螺纹旋向手柄要旋至加大螺距 例：车削 m_x=8 mm 的蜗杆，查表知各手柄为 m、1、Ⅰ及加大螺距	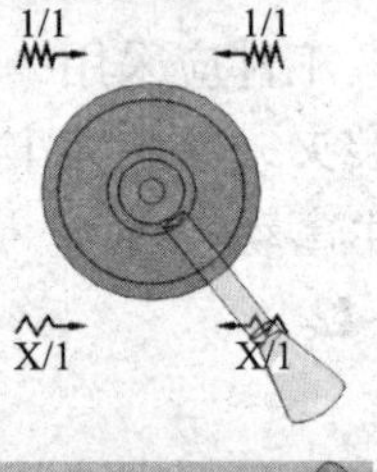 1/1　1/1 X/1　X/1 3 B　V　A　Ⅲ　Ⅳ　Ⅱ　Ⅰ　D　C 主轴中速时选择 B　V　A　Ⅲ　Ⅳ　Ⅱ　Ⅰ　D　C 主轴低速时选择

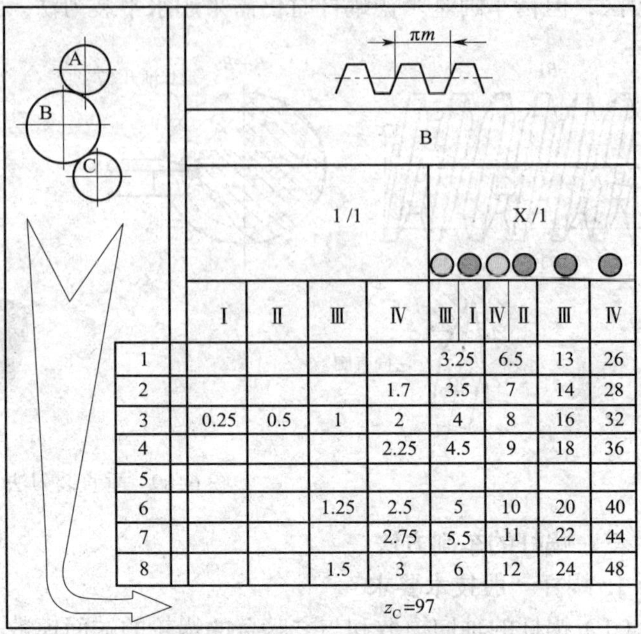

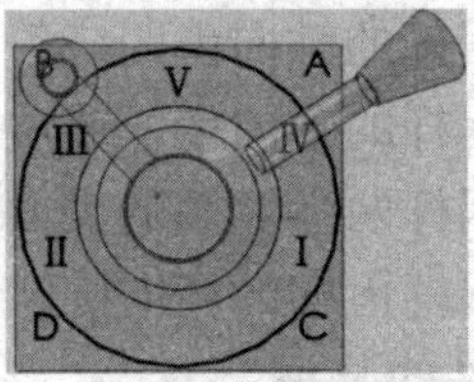

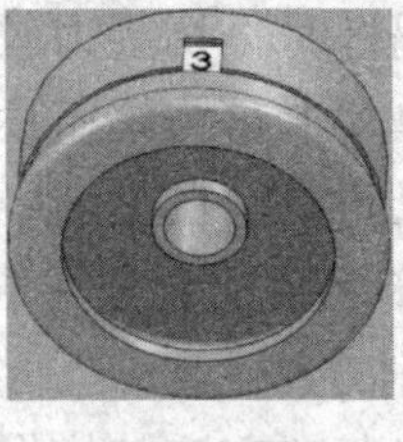

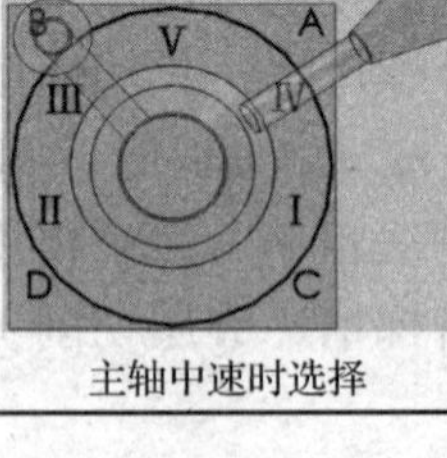

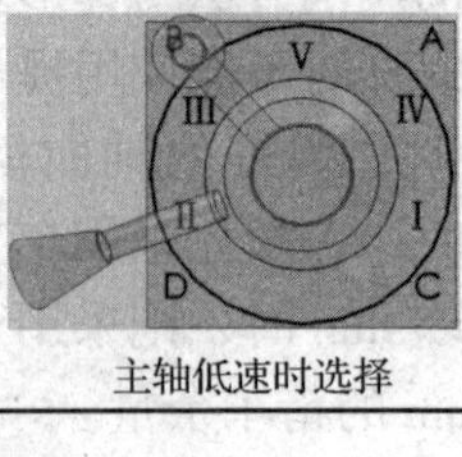

B	1/1				X/1			
	Ⅰ	Ⅱ	Ⅲ	Ⅳ	Ⅲ Ⅰ	Ⅳ Ⅱ	Ⅲ	Ⅳ
1					3.25	6.5	13	26
2				1.7	3.5	7	14	28
3	0.25	0.5	1	2	4	8	16	32
4				2.25	4.5	9	18	36
5								
6			1.25	2.5	5	10	20	40
7				2.75	5.5	11	22	44
8			1.5	3	6	12	24	48

z_C=97

5. 车削注意事项

（1）车削蜗杆时，车第一刀后，应先检查蜗杆的轴向齿距是否正确。

（2）由于蜗杆的导程角较大，蜗杆车刀的两侧后角应适当增减。

（3）鸡心夹头应靠紧卡爪并牢固夹住工件，防止车蜗杆时发生转动而损坏工件，并应在车削过程中经常检查前、后顶尖松紧情况。

（4）粗车蜗杆时，应尽可能提高工件的装夹刚度，减小机床床鞍与导轨之间的间隙，以减小窜动量。

（5）精车蜗杆时，采用低速车削，并充分加注切削液，为了提高蜗杆齿面的表面质量，可采用“晃车”进行慢速切削。

（6）粗车蜗杆时，每次切入深度要适当，并经常检测（法向）齿厚，以控制精车余量。

四、蜗杆的检测

蜗杆的主要测量参数有齿顶圆直径 d_a、分度圆直径 d_1、轴向齿距 p_x 和齿厚 s。

齿顶圆直径 d_a 可用千分尺测量；轴向齿距 p_x 可用钢直尺或游标卡尺粗略测量；分度圆直径 d_1 可用三针或单针测量。用三针（或单针）测量分度圆直径的量针直径和 M 值（或 A 值）的计算公式见表 6-38。

1. 用游标齿厚卡尺测量

当蜗杆精度较低时，蜗杆的齿厚可用游标齿厚卡尺测量。游标齿厚卡尺由相互垂直的齿高卡尺、齿厚卡尺组成，如图 6-90 所示。

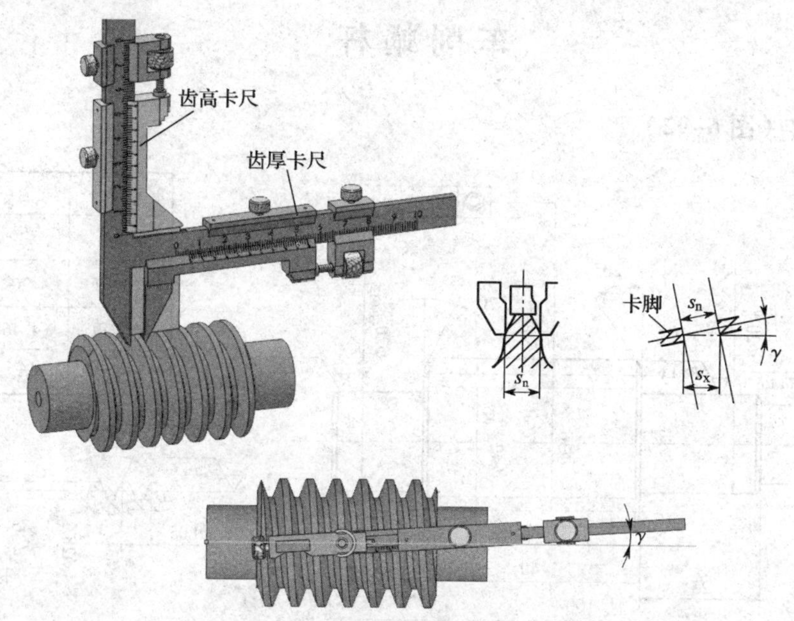

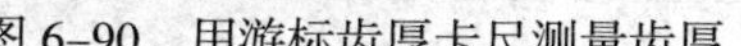
图 6-90　用游标齿厚卡尺测量齿厚

测量时，将齿高卡尺的读数调整为蜗杆的齿顶高尺寸（按工件实际齿顶圆直径进行修正），使齿厚卡尺的两卡脚法向切入蜗杆齿廓（卡尺与蜗杆轴线相交成一个导程角 γ），齿高卡尺的卡脚则顶住齿廓顶部。微量摆动，测出的最小读数即为蜗杆分度圆处的法向齿厚 s_n。

蜗杆图样上一般只标注轴向齿厚 s_x，但无法测量，需通过法向齿厚 s_n 的测量来判断是否正确。两者的换算公式是 $s_n=s_x\cos\gamma$。

2. 用三针或单针测量

当蜗杆精度要求较高，在图样上标注的是齿厚偏差时，可将齿厚偏差换算成三针（或单针）测量值 M（或 A）的偏差，用三针（或单针）测量法来间接测量，如图 6-91 所示。

由齿厚偏差 Δs 可算出三针测量值的偏差 $\Delta M=2.747\,5\times\Delta s$，单针测量值的偏差 $\Delta A=1.373\,7\times\Delta s$。

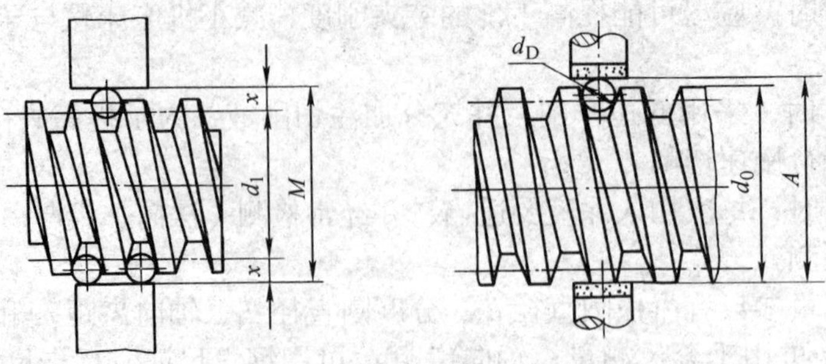

图 6–91　用三针或单针测量齿厚偏差

技能训练

车削蜗杆

1. 工件图样（图 6–92）

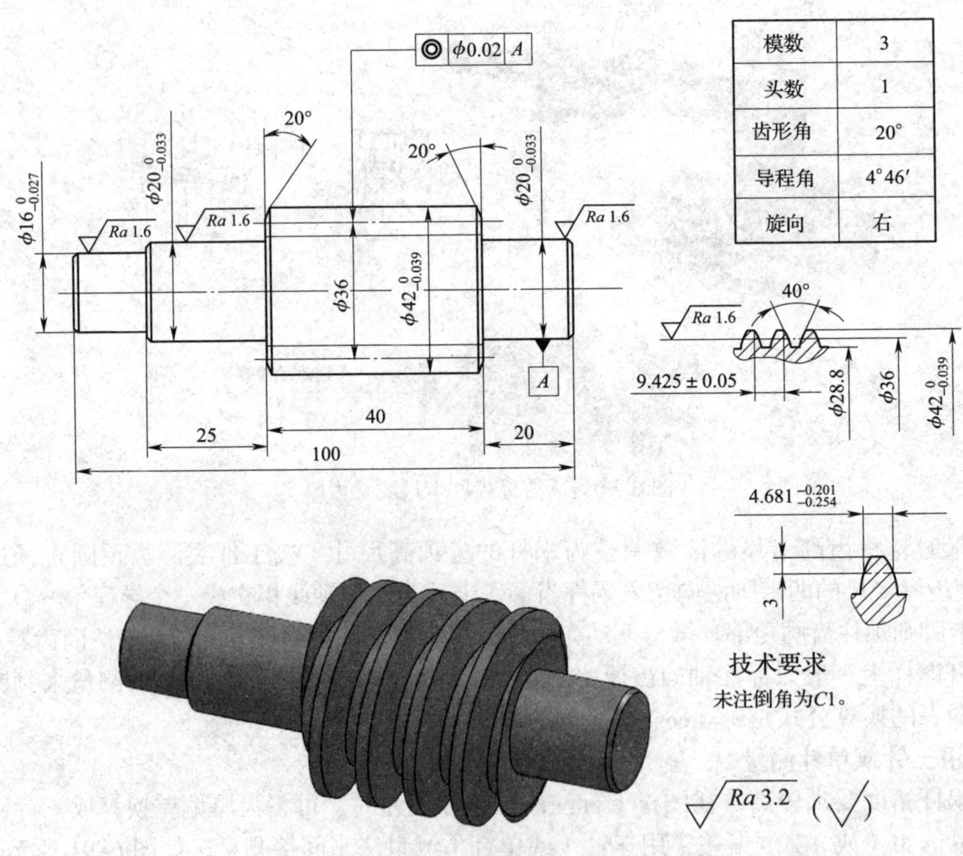

材料：45 钢　备料：φ50 × 120

图 6–92　单头蜗杆

2. 加工工艺卡（表 6–43）

表 6–43　　　　　　　　　　　　　加工工艺卡

工序	工步	内容	图示
10		检查备料 ϕ50 mm × 120 mm	
20		夹持毛坯外圆，工件伸出长度为 85 mm 左右，找正并夹紧	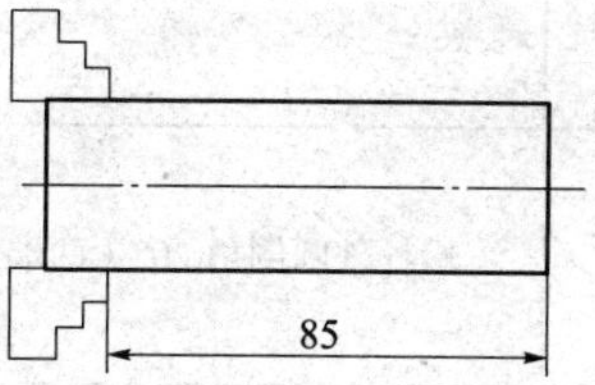
	1	车端面，车平即可	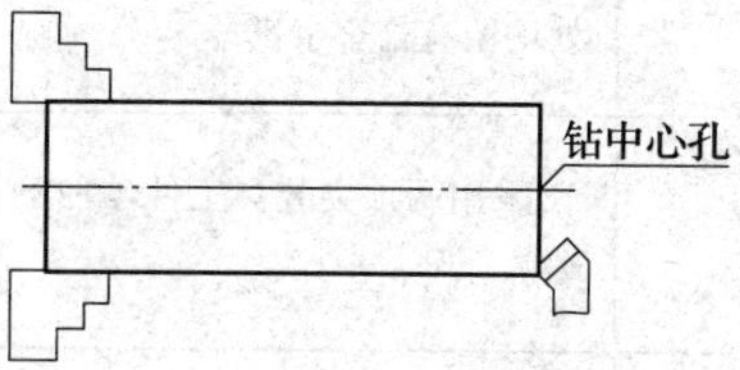
	2	钻中心孔，用尾座顶尖支撑工件，或一夹一顶装夹	
	3	车外圆至 ϕ43 mm，长度大于 65 mm	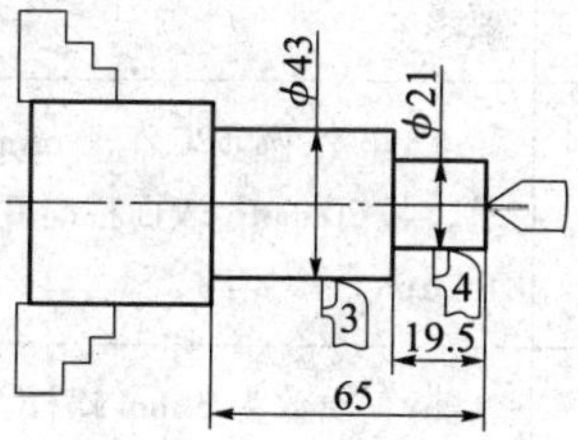
	4	粗车 ϕ43 mm 外圆至 ϕ21 mm，长 19.5 mm	
	5	倒角 C1 mm	
30		工件掉头，夹持 ϕ21 mm 外圆，找正并夹紧	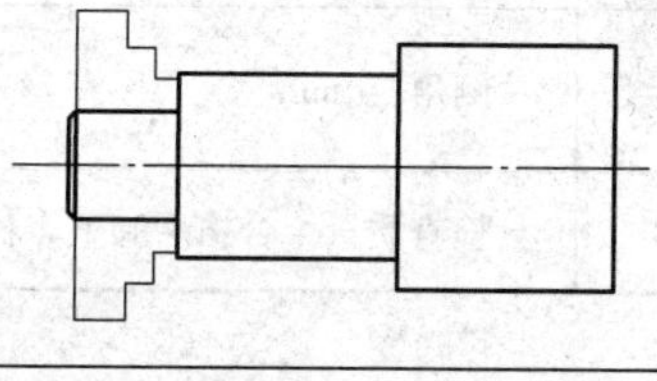
	1	车端面，控制总长 100 mm	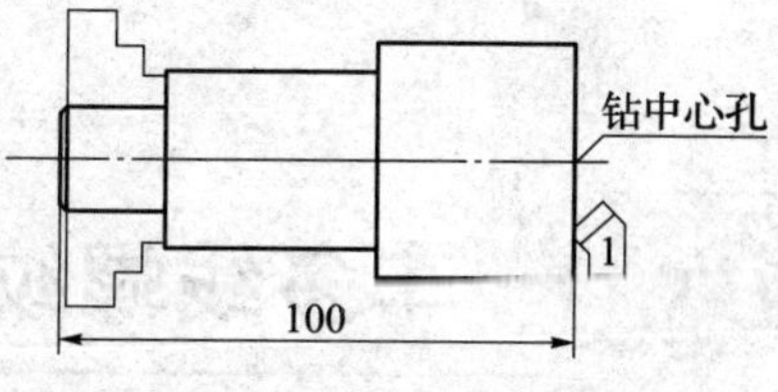
	2	钻中心孔，用尾座顶尖支撑工件，一夹一顶装夹	
	3	粗车 ϕ50 mm 外圆至 ϕ21 mm，长 39.5 mm	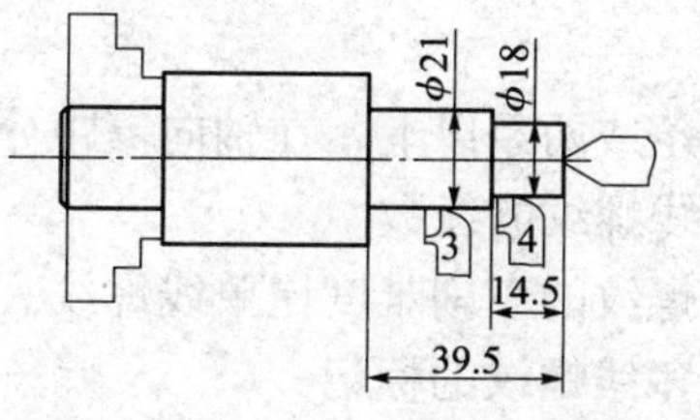
	4	粗车 ϕ21 mm 外圆至 ϕ18 mm，长 14.5 mm	

工序	工步	内容	图示
40		工件掉头，夹持 $\phi18$ mm 外圆，用尾座顶尖支撑，一夹一顶装夹	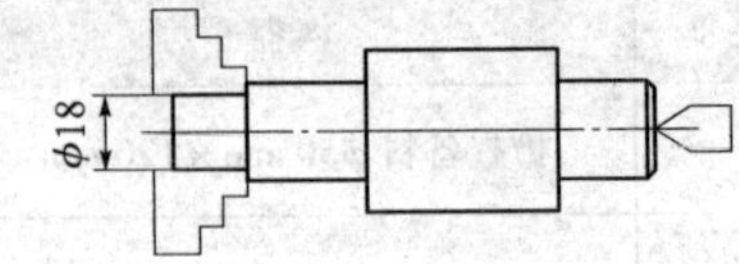
	1	蜗杆外圆倒角 20°（两端）	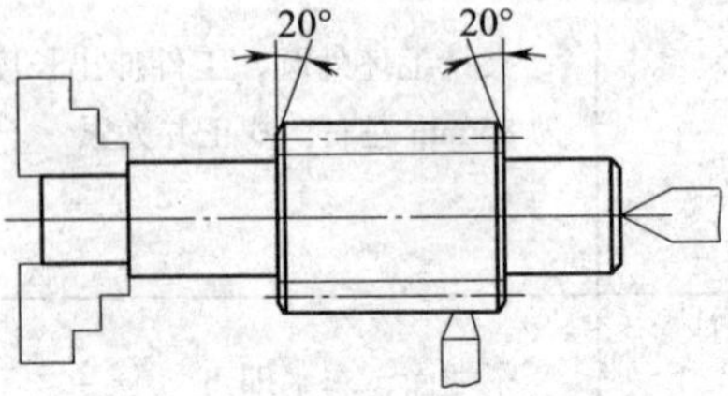
	2	粗车蜗杆，模数为 3 mm，各处均留有精车余量	
50		采用两顶尖装夹工件（加工右端）	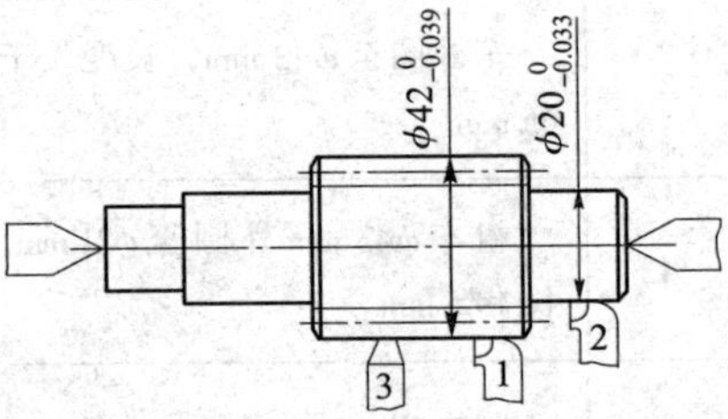
	1	精车蜗杆 $\phi42_{-0.039}^{0}$ mm 外圆至要求	
	2	精车外圆 $\phi20_{-0.033}^{0}$ mm 至要求，长 20 mm，表面粗糙度 $Ra \leqslant 1.6\ \mu m$	
	3	精车模数为 3 mm 蜗杆至图样要求	
	4	倒角 $C1$ mm	
60		检查质量，合格后卸下工件	

课题六　车多线螺纹

沿两条或两条以上、在轴向等距分布的螺旋线所形成的螺纹称为多线螺纹。螺旋线的条数称为多线螺纹的线数。

多线螺纹的车削难度比单线螺纹大。

一、多线螺纹的标记

多线螺纹的标记见表 6-44。

表 6–44　　多线螺纹的标记

类别	普通螺纹	矩形螺纹	梯形螺纹	锯齿形螺纹
多线螺纹	M40Ph12P4—6H Ph12—导程 P4—螺距为 4mm（3 线） 6H—内螺纹中径和顶径公差带代号	矩形 60×24（P8）—8H 24—导程 P8—螺距为 8mm（3 线） 8H—中径公差带代号	Tr36×12（P6）—9H 12—导程 P6—螺距为 6mm（双线） 9H—中径公差带代号	B40×14（P7）—8c 14—导程 P7—螺距为 7mm（双线） 8c—中径公差带代号
螺旋副	M40Ph12P4—6H/6g 或 M40Ph12P4（three starts）—6H/6g	—	Tr36×12（P6）—7H/7e	B40×14（P7）—7A/7c
说明与要求	1. 多线矩形螺纹、梯形螺纹和锯齿形螺纹用“公称直径 × 导程（螺距）—中径公差带代号”表示 2. 多线螺纹同时标导程和螺距 3. 左旋矩形螺纹、梯形螺纹和锯齿形螺纹用“LH”标注在尺寸代号之后 4. 矩形螺纹、梯形螺纹和锯齿形螺纹有长旋合长度 L、中等旋合长度 N（不标），无短旋合长度；或特殊需要时标注旋合长度数值 5. 矩形螺纹、梯形螺纹和锯齿形螺纹只标中径公差带代号，无顶径公差带代号 6. 螺旋副标记：前者为内螺纹公差带代号，后者为外螺纹公差带代号，中间用“/”隔开 7. 多线螺纹的技术要求：螺距、小径、牙型角必须相等			

二、多线螺纹的技术要求和特点

1. 技术要求

多线螺纹的技术要求如下：

（1）多线螺纹的螺距必须相等。

（2）多线螺纹的小径必须相等。

（3）多线螺纹的牙型角必须相等。

车削多线螺纹的主要问题是解决好螺纹的分线。如果分线不准确，会使车削出的多线螺纹的螺距互不相等，这样就会严重影响内、外螺纹的配合精度，缩短使用寿命。

2. 特点

多线螺纹常用于快速移动机构中，多线螺纹的各螺旋槽具有在轴向等距离分布（图 6–93）、在圆周上等角度分布（图 6–94）的特点。可根据螺纹尾部螺旋槽的数目，或从螺纹的端面上判定螺纹的线数。

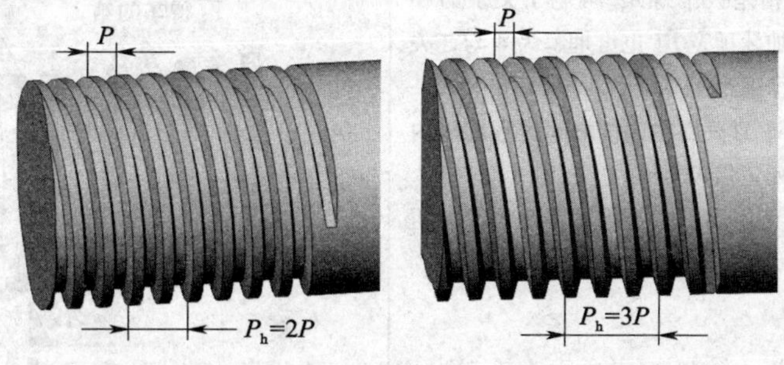

图 6–93　轴向等距离分布

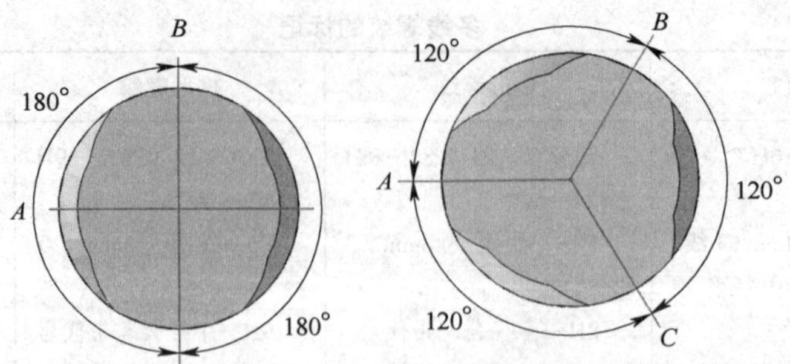

图 6–94　圆周等角度分布

三、多线螺纹的分线方法

1. 轴向分线法（表 6–45）

表 6–45　轴向分线法

方法	说明	图示
用小滑板刻度分线法	车好一条螺旋槽后，利用小滑板刻度值，将车刀向前（向后）移动一个螺距，以达到分线的目的 小滑板刻度转过的格数$K=\dfrac{P}{a}$，即螺距 / 小滑板刻度盘每格移动的距离 用小滑板刻度分线方法简单，不需要辅助工具，但分线精度不高，适用于单件、小批量生产	
刻线法	根据计算出的牙顶宽尺寸，采用小滑板移动法，用尖头刀切入小于 0.5 mm 的深度，刻出各螺旋线。以双线为例，根据导程刻出螺旋线 1，2 与 1 关系为相差一个牙顶宽f，3 与 1 关系为相差一个螺距，4 与 1 关系为相差一个螺距加牙顶宽f（也可理解为 4 与 2 关系为相差一个螺距） 车削时，车刀只需在刻线之间的螺旋槽内车削，不必死记借刀量 刻线法精度不高，主要用于多线螺纹的粗车	

续表

方法	说明	图示
开合螺母分线法	当多线螺纹的导程为车床丝杠螺距的整数倍且其倍数又等于线数时，可用开合螺母分线。方法是车好一条螺旋槽，用开倒顺车法将车刀返回开始车削的位置，提起开合螺母手柄（图中①），用床鞍刻度盘纵向进给或后退一个车床丝杠螺距（图中②），再合上开合螺母（图中③），即可车削另一条螺旋槽 提开合螺母分线法效率较高，但精度不高，可用于多线螺纹的粗车	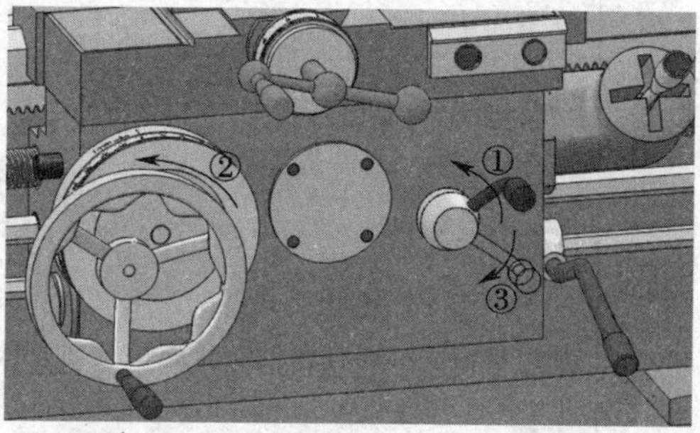
百分表分线法	对螺距精度要求较高的螺纹分线时，把百分表固定在刀架上，在车削前，移动小滑板，使百分表测头与刀架侧面（或小滑板端面）垂直接触，并把百分表调整至零位。当车好第一条螺旋槽后，移动小滑板，百分表指示的读数等于被车螺纹的螺距 该方法主要用于分线精度要求高、螺距（或轴向齿距）较小的多线螺纹的单件生产	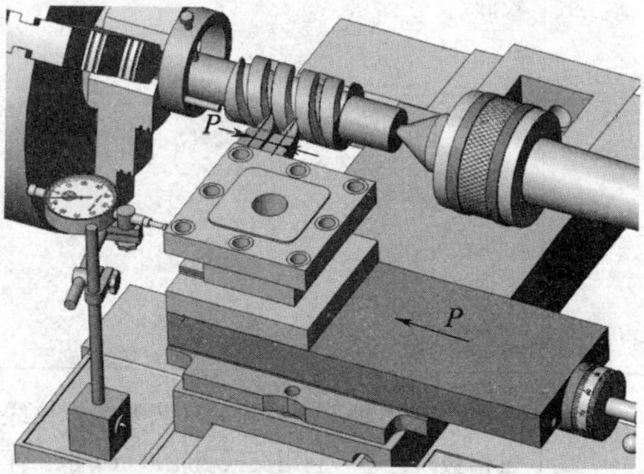
百分表和量块分线法	在对螺距较大的多线螺纹进行分线时，因受百分表行程的限制，可在百分表与挡块之间垫人一块（或一组）量块，其厚度最好等于工件螺距。当百分表读数与量块厚度之和等于工件的螺距时，方可车削第二条螺旋槽 该方法适用于导程较大、精度要求较高的多线螺纹的分线	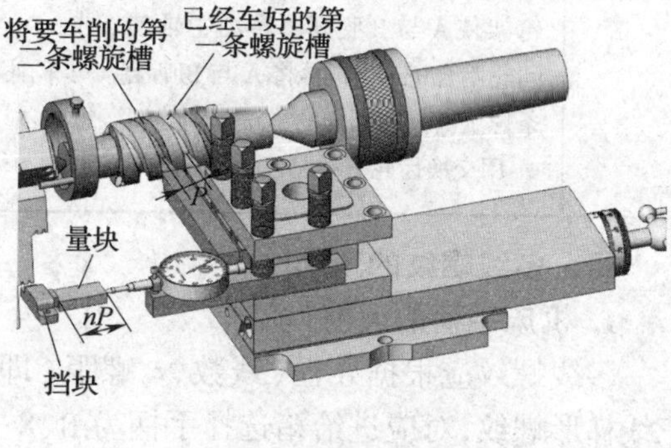

2. 圆周分线法（表 6–46）

表 6–46　　圆周分线法

方法	说明	图示
卡盘分线法	当工件采用两顶尖装夹，并用卡盘的卡爪代替拨盘时，可以在车好一条螺旋槽后，松开顶尖，把工件连同鸡心夹头转过一个角度，由卡盘上的另一个卡爪拨动，再用顶尖支撑好后就可以车削另一条螺旋槽 由于卡盘卡爪自身等分精度不高，因此用卡盘分线的方法虽然操作简单、方便，但分线精度较低	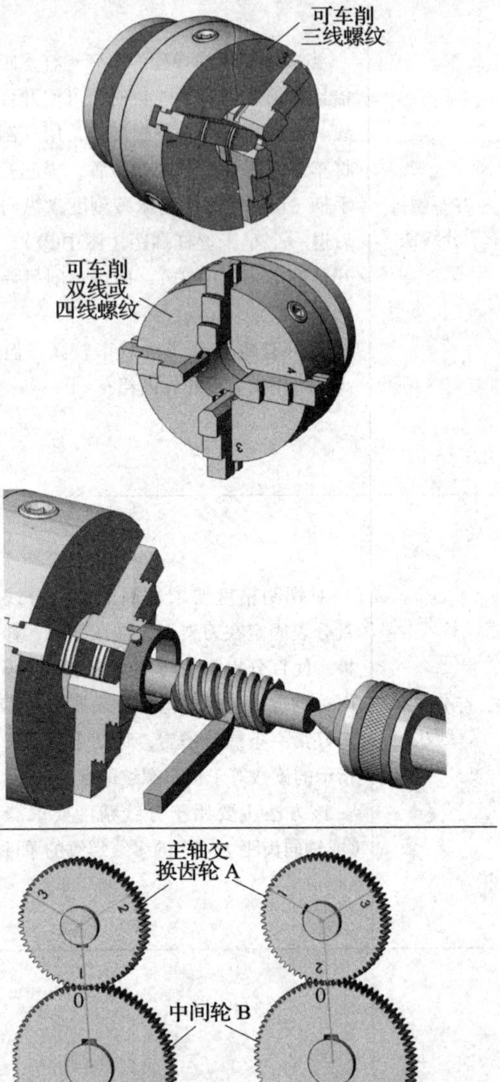 可车削三线螺纹 可车削双线或四线螺纹
交换齿轮分线法	当车床主轴上交换齿轮 A 齿数是螺纹线数的整倍数时，就可利用交换齿轮进行分线。车好一条螺旋槽分线后，先切断电源（不需脱开传动链，并将操纵杆提起，而开合螺母手柄不能提起）。在 A 上根据线数进行等分（例图表示等分为三处，车三线螺纹），做好记号，松开交换齿轮架使 A 与 B 脱开，转动主轴使 2 或 3 对准中间轮啮合记号 0，再将 A 与 B 啮合，可车削第二条螺旋槽，用同样的方法车削第三条螺旋槽 用交换齿轮分线精度高，但比较麻烦	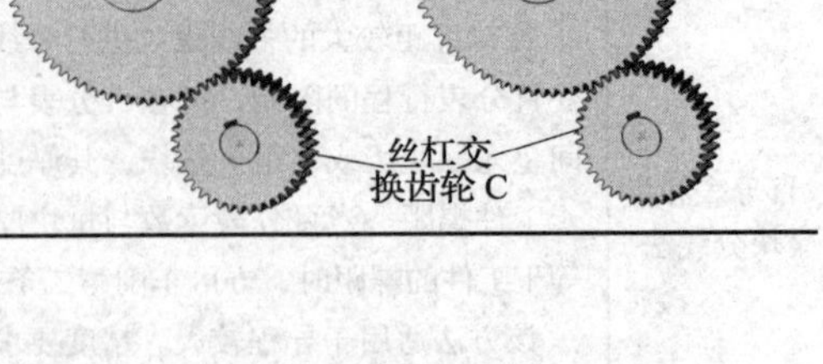 主轴交换齿轮 A 中间轮 B 丝杠交换齿轮 C

四、多线螺纹的车削

1. 机床手柄的调整

多线螺纹应根据导程（线数 × 螺距，即 nP）选择进给箱上手柄。例如，车削 P=4 mm 的三线梯形螺纹，对应进给箱选择手柄为 B、8、V（图 6–95）。

2. 粗车方法

多线螺纹每一条螺旋槽的车削方法与车削单线螺纹相同，关键是准确地分线和保证各螺旋槽尺寸一致。多线螺纹的粗车必须是车完一条螺旋槽（两侧面留精车余量），再根据精度要求选择适当的分线方法车第二条、第三条……每条螺旋槽的背吃刀量要一致、小滑板借刀量相同，而进刀方法与车削单线螺纹时相同（图 6–96）。

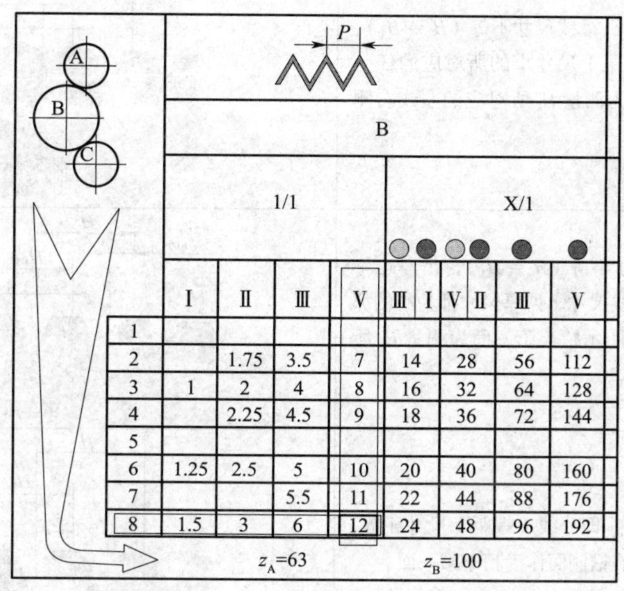

	Ⅰ	Ⅱ	Ⅲ	Ⅴ	ⅢⅠ	ⅤⅡ	Ⅲ	Ⅴ
1								
2		1.75	3.5	7	14	28	56	112
3	1	2	4	8	16	32	64	128
4		2.25	4.5	9	18	36	72	144
5								
6	1.25	2.5	5	10	20	40	80	160
7			5.5	11	22	44	88	176
8	1.5	3	6	12	24	48	96	192

图 6–95　车多线螺纹机床手柄的调整

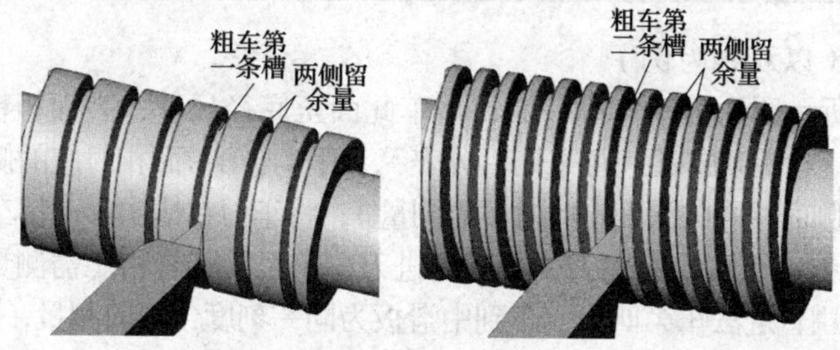

图 6–96　粗车多线螺纹

3. 精车第一个侧面的选择（以双线为例）（表 6–47）

表 6–47　　精车第一个侧面的选择

内容	图示
1. 若测量后 $H=H_1$，说明车削分线（螺距）尺寸相等，而法向齿厚 $S_n \neq S_{n1}$，则取齿厚小的牙两侧面中的任一面。例：图示精车第一面为测量小的齿厚所对应的左或右侧面	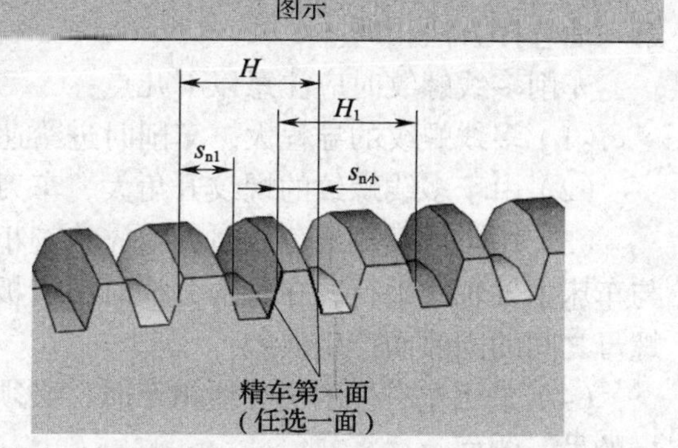

续表

内容	图示
2. 若齿厚相等（$S_n=S_{n1}$），分线尺寸不等（$H\neq H_1$），则精车第一面取分线（螺距）尺寸小的所对应的任一面。例：图示精车第一面为测量 H_1 所对应的左或右侧面	S_{n1} H $H_{1小}$ S_n 精车第一面（二选一）
3. 若分线（螺距）尺寸不等（$H\neq H_1$），齿厚也不相等（$S_n\neq S_{n1}$），则取分线尺寸、齿厚尺寸都为小的那一面为精车第一面。例：图示精车第一面为测量 H_1 所对应的右侧面	$S_{n1小}$ H $H_{1小}$ S_n 精车第一面
4. 若测量 $H=H_1$，$S_n=S_{n1}$，即分线（螺距）尺寸相等，齿厚相等，可任意选择螺旋槽侧面作为精车第一面	H S_{n1} H_1 S_n

4. 精车的方法（以双线为例）

若选择图 6–97 所示侧面为精车第一面，精车此面至底径尺寸，表面粗糙度达到要求即可；第二面应将车刀移动一个精确螺距（可采用百分表），精车与第一面相对应的侧面第二面，采用直进法，车至与第一个侧面相同的深度（此时不需测量）；将车刀在槽中移动精车第二个槽的另一侧面第三面，中滑板为同一刻度，只借刀，不横向进刀，车至中径合格（需测量）；将车刀再次移动一个精确螺距，采用直进法车第四面，车到中滑板为同一刻度（提前测量，中径合格为前提）。

5. 注意事项

多线螺纹除了要保证和单线螺纹一样的精度外（测量方法一样，用量针测量时需注意测量每条螺旋槽的中径），还要保证分线精度（螺距精度）。首先测量法向齿厚，如果 $S_n=S_{n1}$，就测量 H（两个齿的法向齿厚和一个螺旋槽宽度），再向前或向后移动一个法向齿厚，然后测量 H_1，得到的测量值误差就是分线误差，如图 6–98 所示。若不满足精度要求，修正面的选择与精车第一面选择方法相同。

车削多线螺纹时应注意以下几点：

（1）多线螺纹的导程大，车削时进给速度快，要注意防止撞车。

（2）由于多线螺纹的螺纹升角大，车刀两侧后角要相应增减。

（3）用小滑板刻线分线时，应先检查小滑板行程是否满足分线的要求和小滑板导轨是否与车床主轴轴线平行，在每次分线时小滑板手柄的转动方向必须相同，以避免小滑板丝杠与螺母之间的间隙而产生误差。

（4）采用左右切削法分线精车时，必须先车削各螺旋槽的同一侧面，然后再车削各螺旋槽的另一侧面。

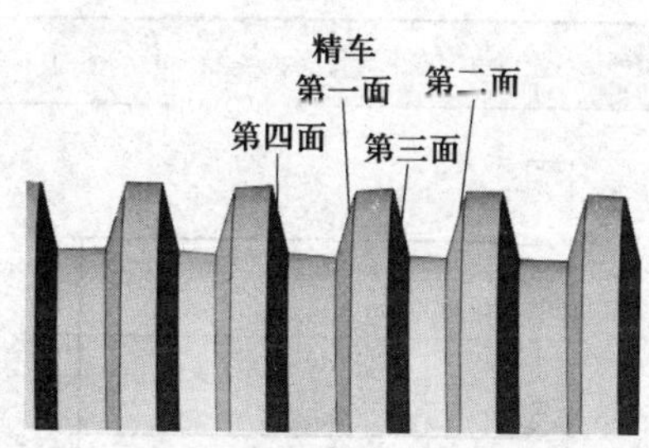

图 6–97　精车多线螺纹

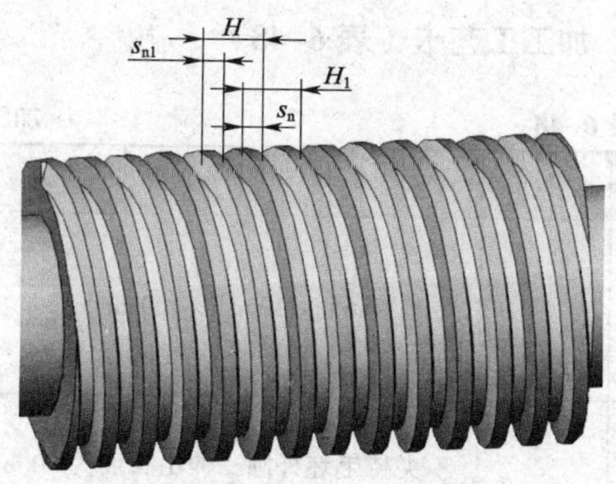

图 6–98　测量牙厚

（5）用百分表分线时，百分表的测杆应与工件轴线平行；否则也会产生分线误差。

（6）精车时要多次循环分线，以矫正粗车或借刀时所产生的分线误差。

（7）多线螺纹分线不正确的主要原因如下：

1）小滑板移动距离不正确。

2）车刀修磨后，没有对准原来的轴向位置，或随便借刀使轴向位置移动。

3）工件没有夹紧，车削时因切削力过大造成工件微量移动或转动，使分线不正确。

技能训练

车削双线梯形螺纹

1. 工件图样（图 6–99）

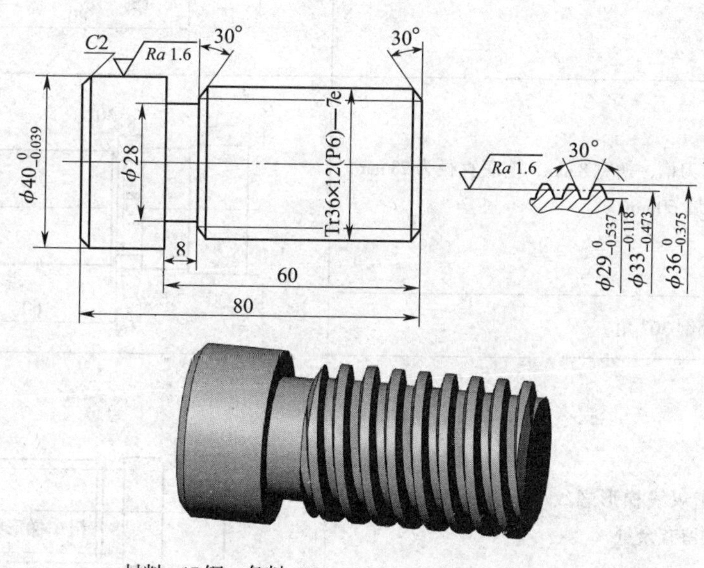

图 6–99　双线梯形螺纹工件

2. 加工工艺卡（表 6–48）

表 6–48　　加工工艺卡

工序	工步	内容	图示
10		检查备料 ϕ50 mm × 120 mm	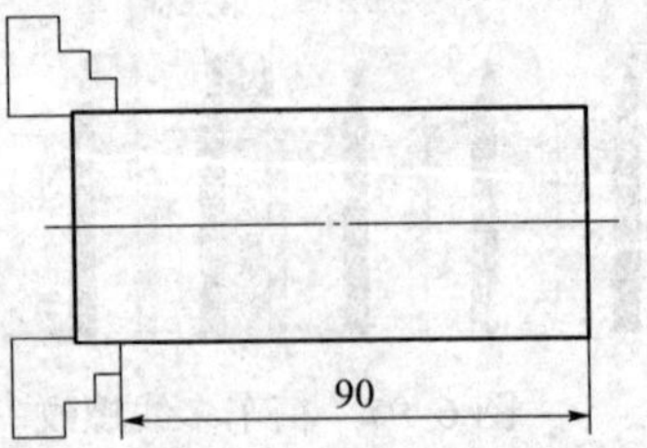 90
20		夹持毛坯外圆，伸出长度为 90 mm 左右，找正并夹紧	
	1	车端面，车平即可	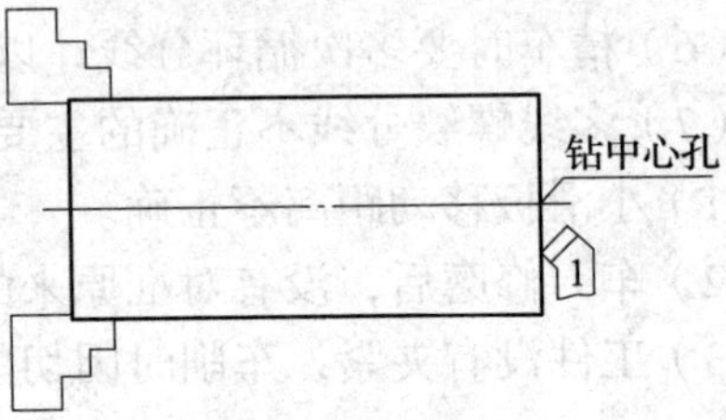 钻中心孔 1
	2	钻中心孔，用尾座顶尖支撑工件，一夹一顶装夹	
	3	粗车外圆 ϕ50 mm 至 ϕ41 mm，长度大于 80 mm	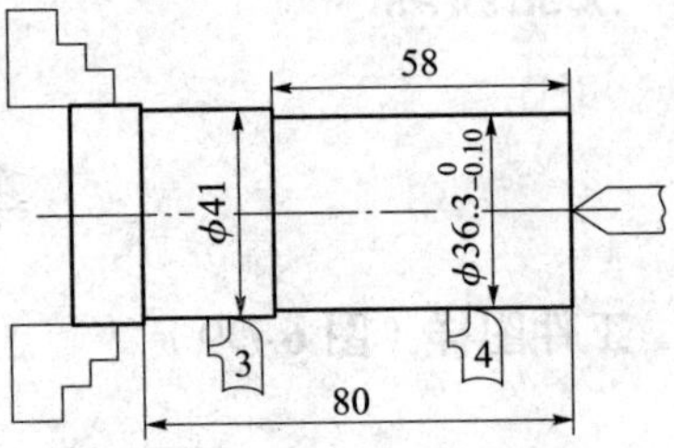 58 ϕ41 $\phi36.3_{-0.10}^{0}$ 3 4 80
	4	粗车梯形螺纹大径至 $\phi36.3_{-0.10}^{0}$ mm，长 58 mm	
	5	车退刀槽，槽宽 8 mm，槽底直径为 28 mm，控制长度 60 mm	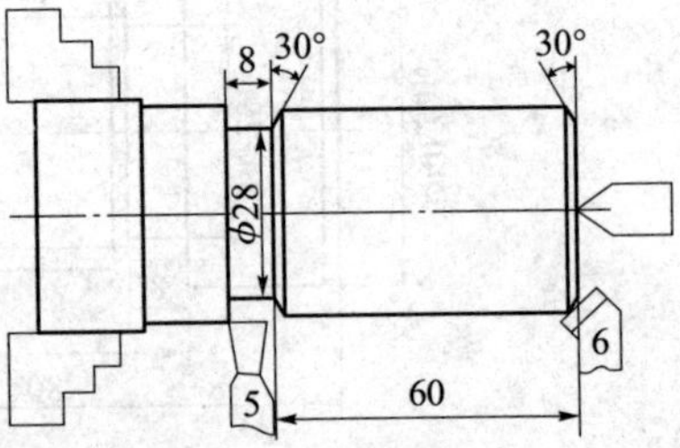 8 30° 30° ϕ28 6 5 60
	6	两处倒 30° 角	
	7	粗车双线梯形螺纹 Tr36 × 12（P6）—7e，各槽均留有余量	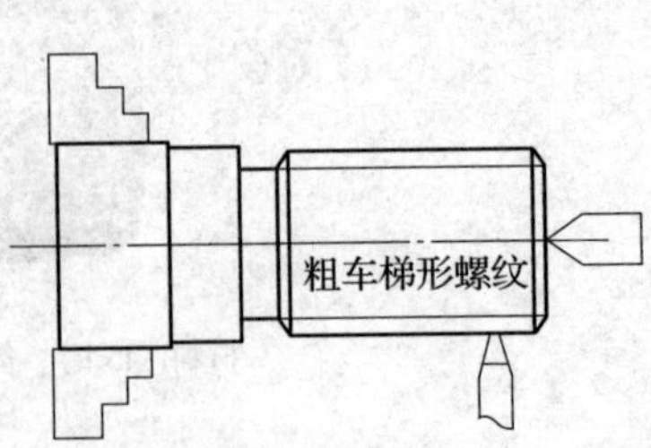 粗车梯形螺纹

续表

工序	工步	内容	图示
	8	修正中心孔	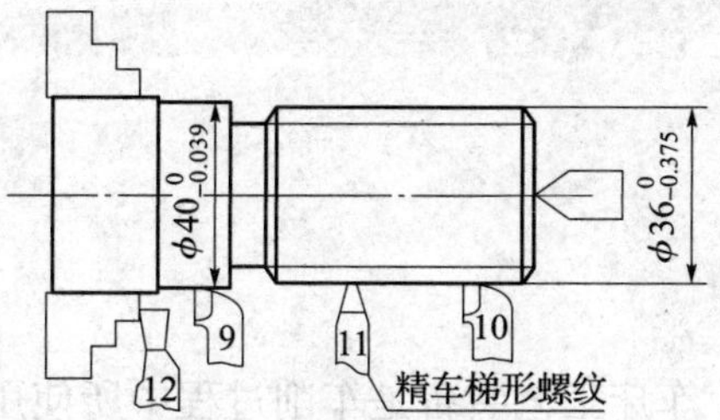
	9	精车外圆$\phi40_{-0.039}^{\ 0}$ mm至尺寸要求，表面粗糙度$Ra\leqslant1.6$ μm	
	10	精车双线梯形螺纹大径$\phi36_{-0.375}^{\ 0}$ mm，表面粗糙度$Ra\leqslant1.6$ μm	
	11	精车双线梯形螺纹，小径为$\phi29_{-0.537}^{\ 0}$ mm，中径为$\phi33_{-0.473}^{-0.118}$ mm，表面粗糙度$Ra\leqslant1.6$ μm	
	12	切断，总长为80.5 mm	
30		工件掉头，在$\phi40_{-0.039}^{\ 0}$ mm外圆上包铜皮，找正并装夹	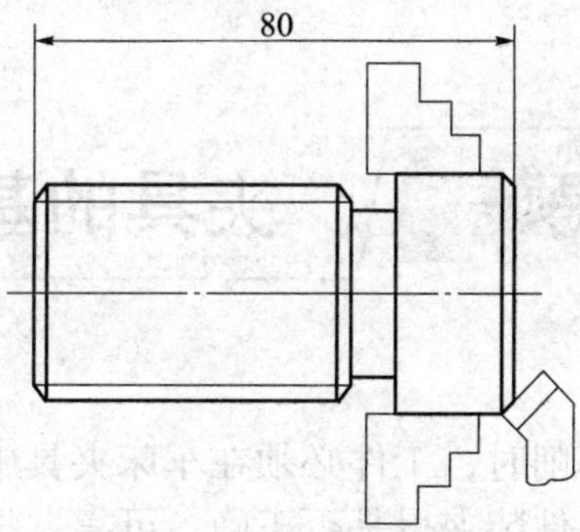
	1	车端面，控制总长80 mm	
	2	倒角$C2$ mm	
40		检查质量，合格后卸下工件	

第七单元

车床工艺装备

车床工艺装备是车削过程中所使用的各种工具的总称，包括车床夹具、刀具、量具和辅具等。本单元重点介绍车床夹具和硬质合金可转位车刀。

课题一 夹具的基本概念

车削时，工件必须在车床夹具中定位并夹紧，使它在整个车削过程中始终保持正确的位置。工件装夹得是否正确、可靠，将直接影响加工质量和生产效率，应十分重视。

一、夹具的定义和分类

用以装夹工件（和引导刀具）的装置称为夹具。在车床上用以装夹工件的装置称为车床夹具。车床夹具的种类、定义和应用见表 7–1。本单元重点介绍专用夹具。

表 7–1　　车床夹具的种类、定义和应用

种类	定义	应用
通用夹具	已标准化，可装夹多种工件的夹具	它一般由专业企业生产，作为车床附件供应，如车床上常用的三爪自定心卡盘、四爪单动卡盘、顶尖、中心架和跟刀架等
专用夹具	为某一工件某道工序的加工而专门设计和制造的夹具	在产品相对稳定、批量较大的生产中，使用各种专用夹具可获得较高的加工精度和生产效率
组合夹具	按某一工件某道工序的加工要求，由一套事先制造好的标准元件和部件组装而成的夹具	适用于小批量生产或新产品试制

二、夹具的组成

图 7–1 所示为支架，该工件的毛坯为压铸件，4 个 $\phi6.5$ mm 孔在压铸后就达到图样要求，底面经加工后也达到图样要求。现要求加工两端 $\phi26K7$ 轴承孔、$\phi22$ mm 通孔及两个端面，两个 $\phi26K7$ 孔之间的同轴度公差为 $\phi0.04$ mm。

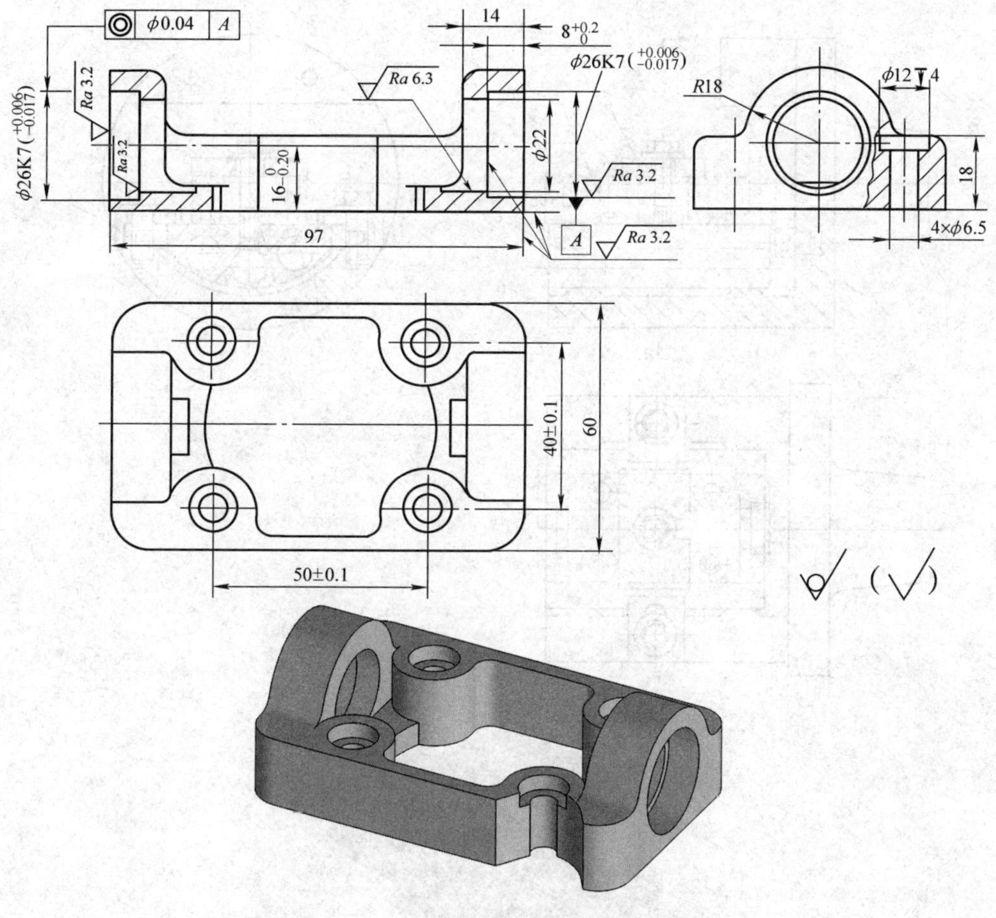

图 7–1　支架

图 7–2 所示为加工该支架的锥柄连接式车床专用夹具。装夹工件时，将工件放在夹具圆弧定位体上，使工件已加工的底面紧贴在圆弧定位体的上平面上，并使两个定位销插入工件上两个 $\phi6.5$ mm 的孔中，以确定工件在圆弧定位体上的位置，然后用压板将工件夹紧。圆弧定位体与夹具体之间的圆弧面（半径为 R）紧密接触，并且圆弧定位体可在夹具体上摆动。将圆弧定位体的端面紧靠在止推钉上，再用两块压板将圆弧定位体压紧在夹具体上。

夹具用锥柄与车床主轴连接。制造夹具时，使配合圆弧面的轴线与主轴的回转轴线之间达到较高的同轴度精度，同时，保证半径为 R 的圆弧的中心线与定位面之间的距离为 II，即可控制工件上孔的轴线与底面之间的高度尺寸。一端切削完毕，松开两块压板，把圆弧定位体调转 180°，压紧后加工另一端。由于中心高度和几何中心都不变，因此两端孔的同轴度也就得到了保证。

由上面的实例不难看出，夹具一般由定位装置、夹紧装置和夹具体等组成。

1. 定位装置

定位装置是保证工件在夹具中具有确定位置的装置。图 7–2 中的圆弧定位体、定位销等组成了加工支架用车床夹具的定位装置。

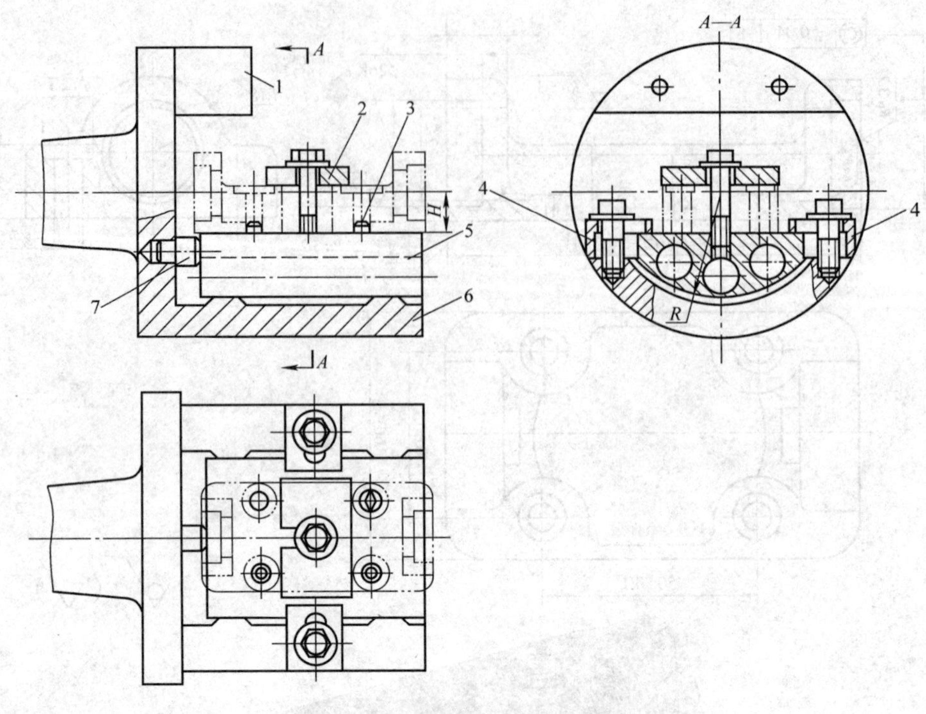

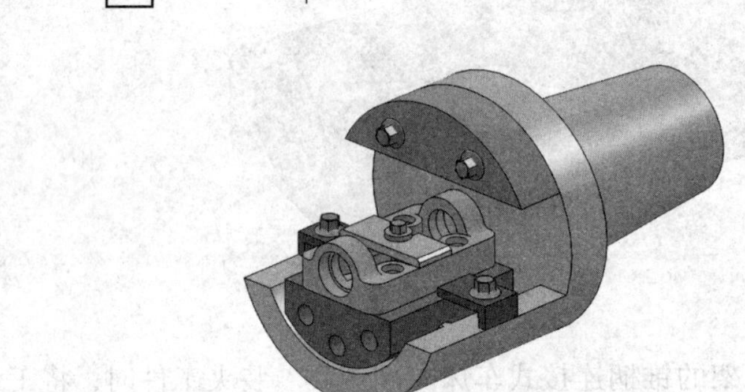

图 7-2　加工支架用车床夹具

1—平衡铁　2、4—压板　3—定位销　5—圆弧定位体　6—夹具体　7—止推钉

2. 夹紧装置

夹紧装置是指在工件定位后将其固定的装置，用以保持工件在加工过程中定位位置不变。图 7-2 中的螺栓、螺母和压板等组成了夹紧装置。

3. 夹具体

夹具体是夹具的基座与骨架，其作用是将定位装置与夹紧装置连成一个整体，并使夹具与机床的有关部位相连接，确定夹具相对于机床的位置，图 7-2 中的 6 为夹具体。

4. 辅助装置

辅助装置是根据夹具的实际需要而设置的一些附属装置，如图 7-2 中的平衡铁。

三、夹具的作用

1. 保证加工精度

采用夹具后，工件上各有关表面的相互位置精度就由夹具来保证，这比划线找正所达到的精度高，能较容易地达到图样所要求的精度。

2. 提高劳动生产率

采用夹具后，可省去划线工序，减少找正时间，因而提高了劳动生产率。同时，由于工件装夹稳固，可加大切削用量，减少切削时间。有的夹具可同时装夹几个工件，劳动生产率显著提高。若再采用气动或液压传动来驱动夹紧装置，则效果更为明显，同时可以减轻工人的劳动强度。

3. 解决车床加工及装夹中的特殊困难

图 7–1 所示的支架，如果不采用夹具进行加工，则很难达到图样要求。有些工件，不论数量多少，不用夹具甚至无法加工。

4. 扩大车床的加工范围

在单件、小批量生产中，工件的种类很多，且工艺过程较复杂，当机床的种类不齐全时，可对某种车床进行适当的改造，并采用适当的夹具，使车床"一机多用"。例如，在车床的中滑板上装上镗模，就可实现"以车代镗"。

课题二 工件的定位

一、定位和基准的基本概念

1. 工件的定位

使用夹具对工件进行加工时，必须按照加工工艺的要求先把工件放在夹具中，使工件在夹紧之前相对于机床和刀具有一个正确的确定位置，这个过程称为工件的定位。工件的定位是通过工件上的某些表面与夹具定位元件的接触来实现的。

图 7–3 所示为支架在车床夹具上的定位实例，其定位方法如下：工件的底面 *A* 与夹具圆弧定位体的平面接触。工件上两个 ϕ6.5 mm 的孔分别套在削边销和圆柱销（此两销按要求装在圆弧定位体上）上，使工件既不能移动，也不能转动，从而保证了工件在夹具中有一个正确的确定位置。

2. 定位基准

定位基准体现的是工件与夹具定位元件工作表面相接触的表面。由图 7–3 不难看出，加工支架上两端 ϕ26K7 孔、ϕ22 mm 通孔及两个端面的定位基准是支架的底面和两个 ϕ6.5 mm 孔的轴线。

当工件的定位基准确定后，工件上其他部分的位置也随之确定。在图 7–3 中，当支架的底面和两个 ϕ6.5 mm 孔的位置确定后，两端 ϕ26K7 孔和 ϕ22 mm 通孔轴线的位置也就确定了。

工件定位时，作为基准的点和线往往由某些具体表面体现出来，这种表面称为定位基面。例如，用两顶尖装夹车轴时，轴的两中心孔就是定位基面，它体现的定位基准是轴的轴线。

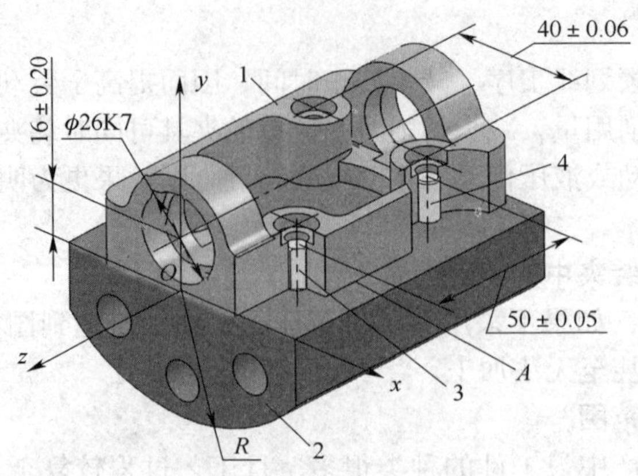

图 7–3　车床夹具定位实例

1—工件　2—圆弧定位体　3—削边销　4—圆柱销

二、工件的定位原理

1. 六点定位规则

任何工件在空间直角坐标系中都可以沿 x、y、z 这 3 个坐标轴移动，也可绕着这 3 个坐标轴转动。习惯上把沿 x、y、z 坐标轴移动的自由度分别用 $\overleftrightarrow{x}$、$\overleftrightarrow{y}$、$\overleftrightarrow{z}$ 表示，把绕着这 3 个坐标轴转动的自由度分别用 $\widehat{x}$、$\widehat{y}$、$\widehat{z}$ 表示，如图 7–4 所示。

为使工件在夹具中有一个完全确定的位置，必须靠在夹具中适当分布的 6 个支撑点来限制工件的 6 个自由度，这就是六点定位规则。

图 7–5 所示的长方体工件，被夹具中的 6 个按一定要求布置的支撑点限制了其 6 个自由度。其中底面 A 支撑在 3 个支撑点上，限制了工件 $\widehat{x}$、$\widehat{y}$、$\overleftrightarrow{z}$ 3 个自由度；左侧面靠在 2 个支撑点上，限制了工件 $\overleftrightarrow{x}$ 和 $\widehat{z}$ 2 个自由度；端面与 1 个支撑点 C 接触，限制了工件 $\overleftrightarrow{y}$ 1 个自由度。这样工件的 6 个自由度全部被限制，工件在夹具中只有唯一的位置。

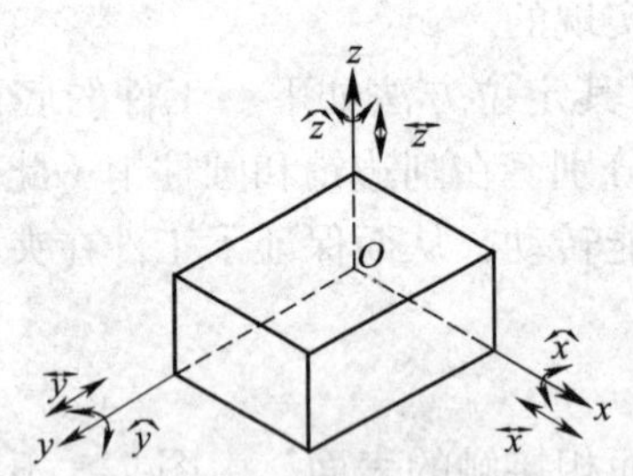

图 7–4　工件在空间的 6 个自由度

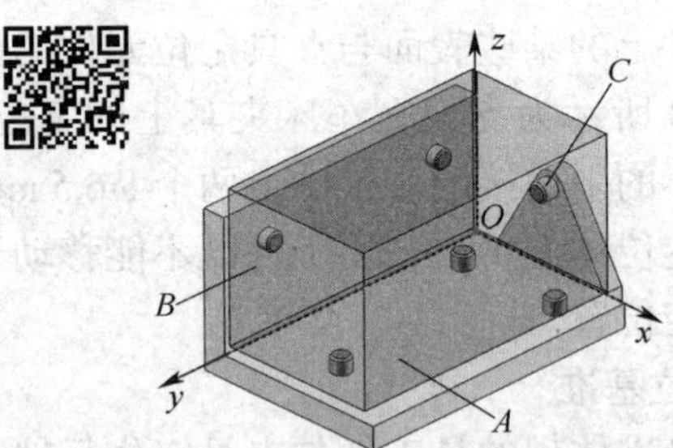

图 7–5　长方体工件的定位

2. 工件定位的类型

在加工过程中，并非所有的工件都必须限制 6 个自由度。工件所需限制自由度的个数主要取决于工件在该工序中的加工要求。工件在夹具中的定位主要有完全定位、不完全定位、重复定位和欠定位等。

（1）完全定位

工件的 6 个自由度全部被限制，在夹具中只有唯一位置的定位称为完全定位。图 7–2 和图 7–5 所示的工件定位即完全定位。

（2）不完全定位

不完全定位又称部分定位，指根据加工要求，并不需要限制工件的全部自由度，而工件应当限制的自由度都受到了限制。

图 7–6 所示的车削轴承座上 ϕ20H7 孔的车床夹具即采用了不完全定位，其被限制的自由度包括：底面 *N* 与角铁定位板的水平面相接触，角铁定位板的水平面相当于 3 个支撑点，限制了工件的 3 个自由度；侧面 *K* 与侧定位板 4 接触，侧定位板为窄长平面，相当于 2 个支撑点，限制了工件的 2 个自由度。因此，该夹具共限制了 5 个自由度，剩下一个沿车床主轴轴线方向移动的自由度没有限制。不难看出，这对加工不会产生影响。

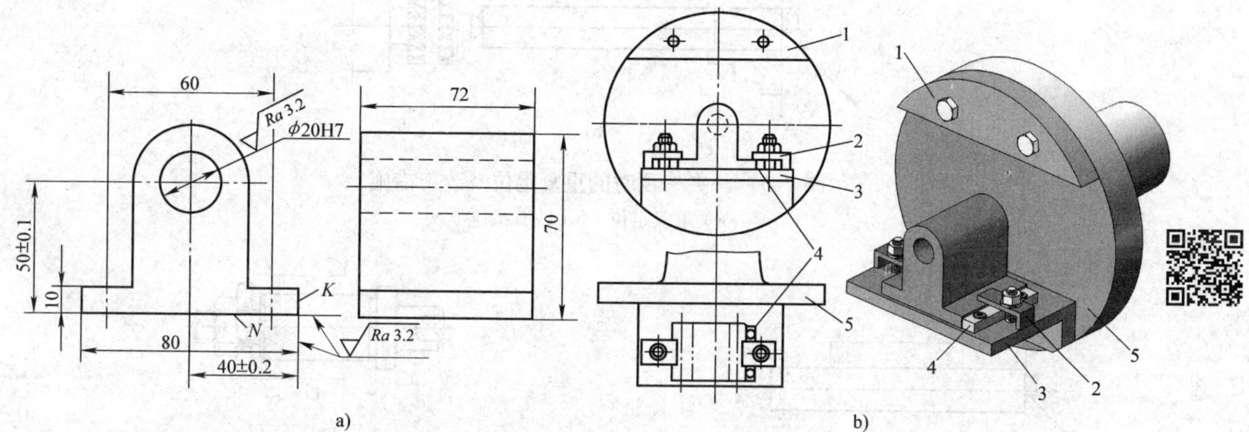

图 7–6　车削轴承座的不完全定位

a）轴承座　b）夹具图

1—平衡铁　2—压板　3—角铁定位板　4—侧定位板　5—锥柄夹具体

由此可见，只要满足加工要求，不完全定位是允许的。

（3）重复定位

工件的同一自由度同时被几个支撑点重复限制的定位称为重复定位。

图 7–7a 所示的一夹一顶装夹工件即采用了重复定位。当卡盘夹持的部分较长时，相当于 4 个定位支撑点，限制了 $\overset{\frown}{y}$、$\overleftrightarrow{y}$、$\overset{\frown}{z}$、$\overleftrightarrow{z}$ 4 个自由度。后顶尖因能沿 *x* 方向移动，所以限制了 $\overset{\frown}{y}$、$\overset{\frown}{z}$ 2 个自由度。因此，$\overset{\frown}{y}$、$\overset{\frown}{z}$ 各有两个支撑点来限制，是重复定位。当卡爪夹紧后，后顶尖往往顶不到中心处；如果强制夹持，则工件容易变形。因此，采用一夹一顶装夹工件时，卡爪夹持部分应短一些，使其相当于 2 个支撑点，只限制 $\overleftrightarrow{y}$、$\overleftrightarrow{z}$ 2 个自由度，如图 7–7b 所示。

图 7–8a 所示为用心轴定位一个套类工件，心轴的外圆相当于 4 个支撑点，限制了 $\overset{\frown}{y}$、$\overleftrightarrow{y}$、$\overset{\frown}{z}$、$\overleftrightarrow{z}$ 4 个自由度。如果按图 7–8b 所示定位，由于增加了一个平面（台阶），限制了 $\overleftrightarrow{x}$、$\overset{\frown}{y}$、$\overset{\frown}{z}$ 3 个自由度，因此对 $\overset{\frown}{y}$、$\overset{\frown}{z}$ 是重复定位。由于工件的端面与孔的轴线有垂直度误差，夹紧时心轴发生变形，影响了加工精度。

为了改善这种情况，可采取以下几种措施：

1）如果主要以孔定位，则平面与工件的接触面较小，使平面只限制 $\overleftrightarrow{x}$ 1 个自由度，如图 7–9a 所示。

2）如果心轴台阶面因装夹等原因不能减小，可使用球面垫圈作定位支撑。球面垫圈能自动定心，起浮动作用，相当于 1 个支撑点，限制工件的 $\overleftrightarrow{x}$ 1 个自由度，如图 7–9b 所示。

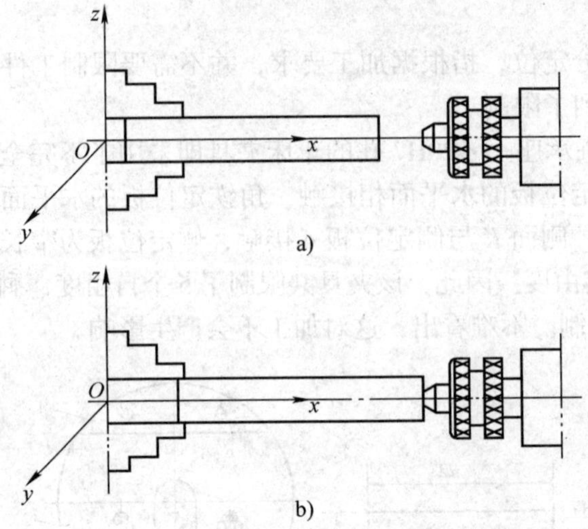

图 7–7　一夹一顶时的重复定位及改善措施

a）重复定位　b）改善措施

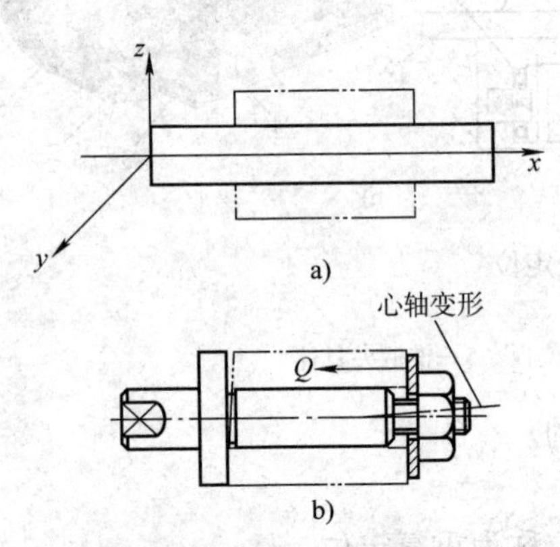

图 7–8　圆柱孔用心轴定位

a）无平面（无台阶）　b）有平面（有台阶）

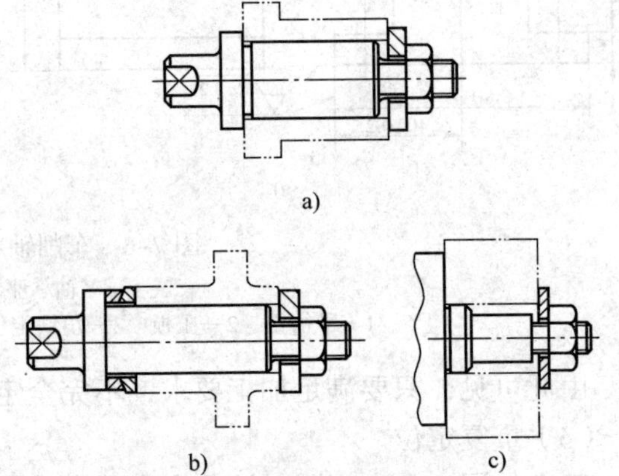

图 7–9　圆柱孔用心轴定位时防止重复定位的方法

a）减小平面　b）增加球面垫圈　c）缩短心轴

3）如果工件主要以端面定位，则应把心轴的定位圆柱做得相对短些，使其只限制工件的 $\overset{\frown}{y}$ 和 $\overset{\frown}{z}$ 2 个自由度，如图 7–9c 所示。

（4）欠定位

工件定位时，定位元件实际所限制的自由度数目少于按加工要求所需要限制的自由度数目，使工件不能正确定位，称为欠定位。

图 7–10 所示为用卡盘装夹小轴的情况，图 7–10a 所示的工件被夹持部分较短，相当于两个支撑点，只限制了工件 $\overset{\frown}{y}$ 和 $\overset{\frown}{z}$ 2 个自由度，而其他自由度都没有限制。加工时，在切削力的作用下，工件易从卡盘中飞出，导致事故的发生。

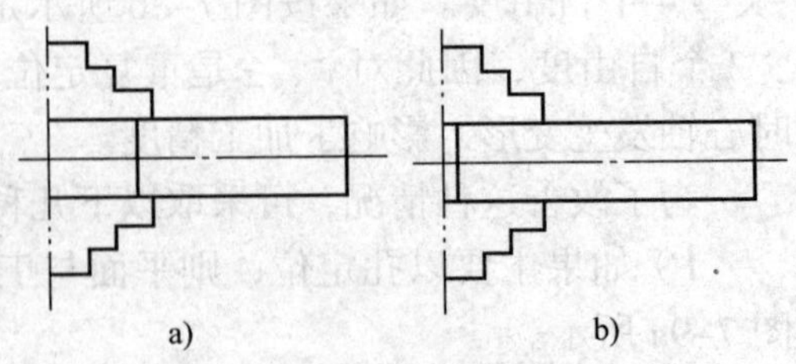

图 7–10　用卡盘装夹小轴

a）夹持部分短　b）夹持部分长

由此可见，欠定位不能保证加工要求，往往会产生废品，也不能保证生产的安全性，因此绝对不允许出现欠定位。要改变图 7–10a 所示的欠定位，可用图 7–10b 所示的方法夹持，使卡爪夹持的部分长些，限制工件的 4 个自由度，使工件的定位成为不完全定位。

三、工件的定位方法和定位元件

1. 工件以平面定位

当工件以平面为定位基准时，由于工件的定位平面和定位元件支撑面不可能是绝对的理想平面，因此相互接触的只能是最突出的三个点，并且在一批工件中这三个点的位置无法预定。如果这三个点之间的距离很近，就会使工件定位不稳定。为了保证定位稳定、可靠，一般应采用三点定位的方法，并尽量增大支撑点之间的距离。

如果工件定位基面经过精加工，平面度误差很小，也可适当增大定位元件的接触面积，以增加定位的刚度和稳定性。在用大平面定位时，应把定位平面的中间部分做成凹的，使工件定位基面的中间部分不与定位元件接触，这样既可减少定位基准的加工量，又可提高工件定位的稳定性。

工件以平面定位时的定位元件主要有支撑钉、支撑板、可调支撑和辅助支撑等。

（1）支撑钉

支撑钉的结构、接触性质、特点和用途见表 7–2。

表 7–2　　　　支　撑　钉

标准结构形式	平头型	球面型	网纹顶面型
图示			I　I放大　90°　0.2~0.5　p
接触性质	面接触	点接触	面接触
特点	可以减小支撑钉头部的磨损，避免压伤基准面	可以减小接触面积，但头部容易磨损	可以增大摩擦力，但容易积屑
用途	主要用于已加工平面的定位	适用于未加工平面的定位	常用于未加工的侧平面定位

（2）支撑板

支撑板的结构、接触性质、特点和用途见表 7–3。

装配后位置固定不变的定位元件称为固定支撑。支撑钉和支撑板都是固定支撑。

（3）可调支撑

由于支撑钉和支撑板的高度不可调整，在实际定位中会遇到一些困难，此时可采用可调支撑。可调支撑的结构如图 7–11 所示，主要用于毛坯面的定位，尤其适用于尺寸变化较大的毛坯。

表 7-3　　　　　　　　　　支 撑 板

结构	A 型	B 型
图示		
接触性质	面接触	面接触
特点	支撑板的沉头螺钉凹坑处容易积屑，影响定位	支撑板在螺钉孔处开有斜槽，容易清除切屑，且支撑板与工件定位基面的接触面积小，定位较精确
用途	只适用于精加工过的大、中型工件的侧平面定位	适用于精加工过的大、中型工件的底平面定位

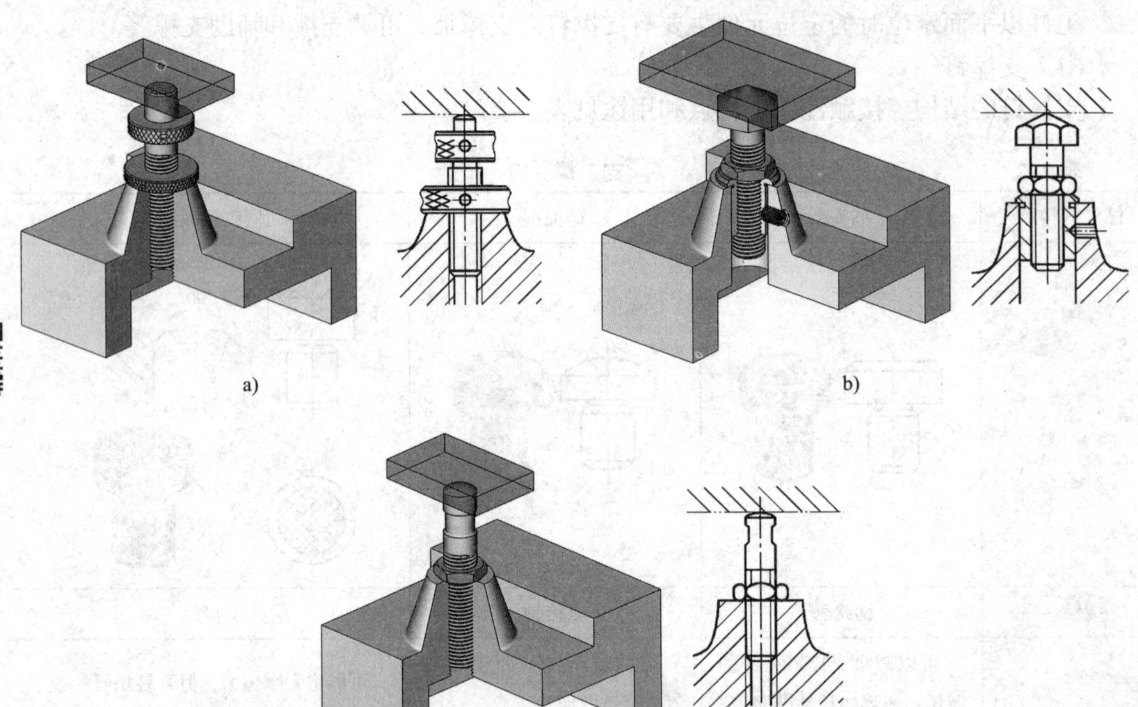

图 7-11　可调支撑

（4）辅助支撑

由于工件结构特点，使工件定位不稳定或工件局部刚度较低而容易变形，这时可在工件的适当部位设置辅助支撑。这种支撑在定位支撑对工件定位后才参与支撑，仅与工件适当接触，不起任何限制自由度的作用。

图 7-12 所示为在滑动轴承座上车孔的夹具。由于工件以底面定位，其右端悬空，工件在加工时不稳定，因此采用辅助支撑。

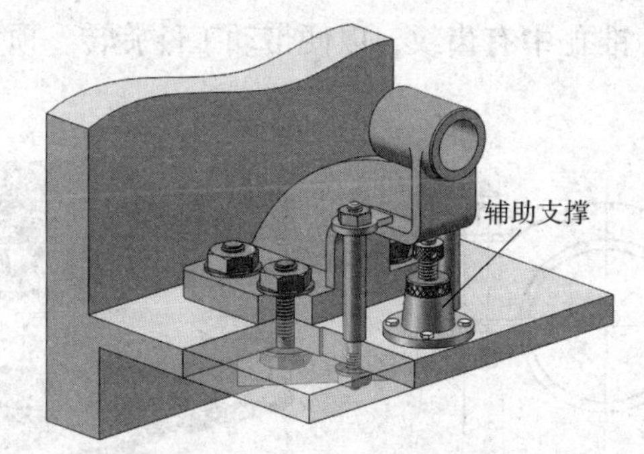

图 7–12　辅助支撑的使用

2. 工件以外圆定位

车削时，工件以外圆定位的情况很多，如台阶轴、曲轴及套类工件等的加工常以外圆定位。除通用夹具外，常用的定位元件有 V 形架、定位套和半圆弧定位套等。

（1）在 V 形架中定位

V 形架是应用很广泛的定位元件，工件在 V 形架上定位的情况如图 7–13 所示。不难看出，它限制了$\vec{x}$、$\vec{z}$、$\widehat{x}$、$\widehat{z}$ 4 个自由度。V 形架定位可用于粗基准和精基准的定位。

（2）在定位套中定位

定位套常用于小型形状简单的轴类工件的精基准定位，图 7–14 所示为定位套的几种常见结构。定位套内孔轴线是定位基准，内孔面是定位面。为了限制工件沿轴向移动的自由度，常与端面联合定位。以端面作为主要定位面时，应控制套的定位长度，以免夹紧时工件产生变形。

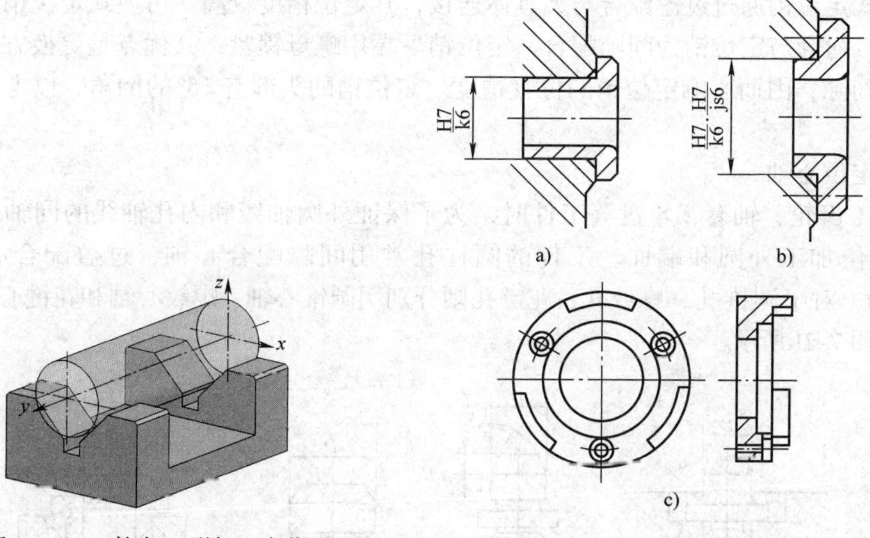

图 7–13　工件在 V 形架上定位

图 7–14　常用定位套

（3）在半圆弧定位套上定位

半圆弧定位套的结构如图 7–15 所示，其下面的半圆弧定位套是定位元件，上面的半圆弧定位套起夹紧作用。它主要用于大型轴类工件及不便于轴向装夹的工件。

（4）圆锥定位套

圆锥定位套的结构如图 7–16 所示，由顶尖体、螺钉和圆锥套组成。工件以圆柱面的端部在圆锥套的锥孔中定位，锥孔中有齿纹，以便带动工件旋转。顶尖体的锥柄部分插入车床主轴孔中，螺钉用以传递转矩。

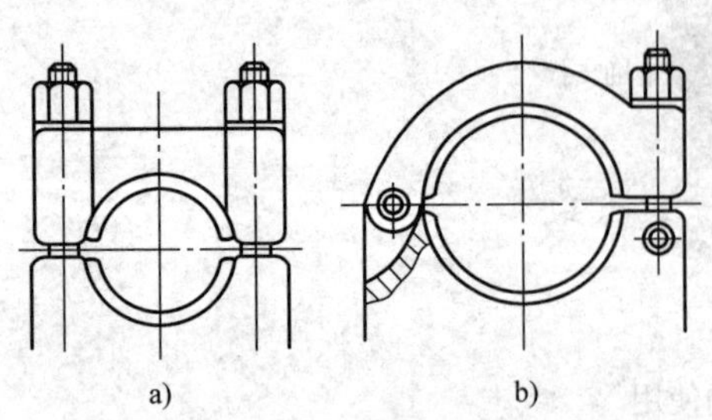

图 7–15　工件在半圆弧定位套上定位

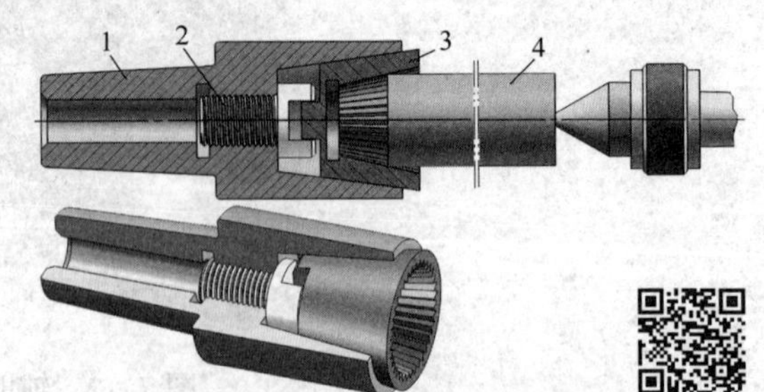

图 7–16　工件在圆锥定位套中定位

1—顶尖体　2—螺钉　3—圆锥套　4—工件

3. 工件以内孔定位

工件以内孔定位在车削中应用广泛，如连杆、套筒、齿轮和盘盖等工件，常以加工好的内孔作为定位基准定位。用这种方法定位，不仅装夹方便，而且能很好地保证内、外圆表面的同轴度。工件以内孔定位时，其定位元件主要有定位销、定位心轴及定心夹紧装置。

（1）定位销

定位销常用于圆柱孔的定位，是组合定位中常用的定位元件之一。定位销分为固定式和可换式两种，其结构如图 7–17 所示。定位销能限制工件的两个自由度。

固定式定位销通过过盈配合与夹具体连接，其定位精度较高。可换式定位销的夹具体中压有衬套，衬套与定位销为间隙配合，定位销下端用螺母锁紧，其优点是更换方便，但由于存在装配间隙，因而影响定位销的位置精度。定位销的头部有 15°的倒角，以方便工件的顺利装入。

（2）定位心轴

在加工齿轮、轴套、轮盘等工件时，为了保证外圆轴线和内孔轴线的同轴度要求，常以心轴定位加工外圆和端面。工件的圆柱孔常用间隙配合心轴、过盈配合心轴等定位（图 7–18）。对于圆锥孔、螺纹孔、花键孔则分别用圆锥心轴、螺纹心轴和花键心轴定位，如图 7–19 ~ 图 7–21 所示。

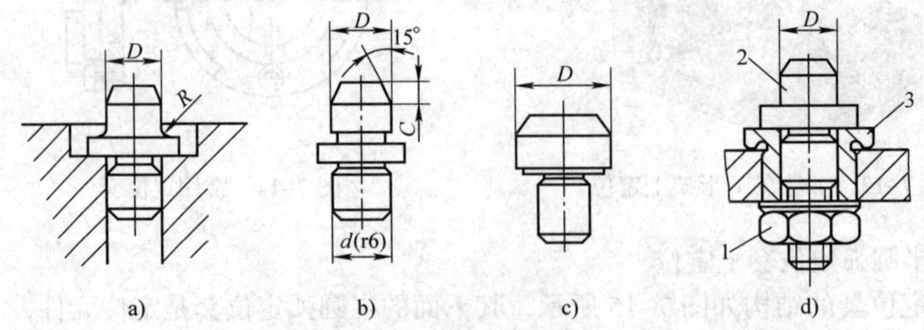

图 7–17　定位销

a）固定式（D 为 3 ~ 10 mm）b）固定式（D 为 10 ~ 18 mm）c）固定式（D 为 18 mm）d）可换式

1—螺母　2—可换式定位销　3—衬套

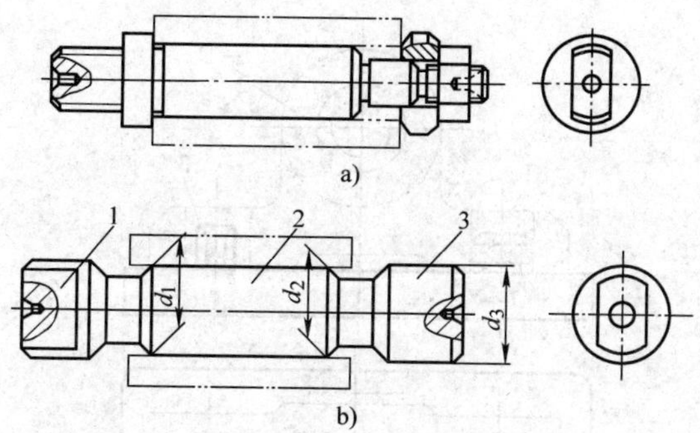

图 7-18　圆柱心轴

a）间隙配合心轴　b）过盈配合心轴

1—传动部分　2—工作部分　3—引导部分

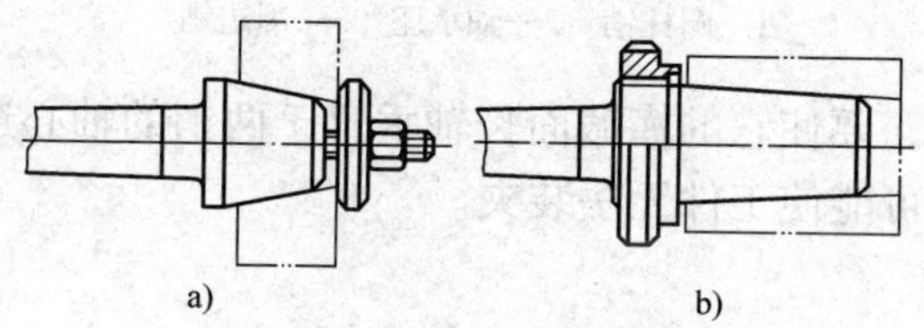

图 7-19　圆锥心轴

a）普通圆锥心轴　b）带螺母的圆锥心轴

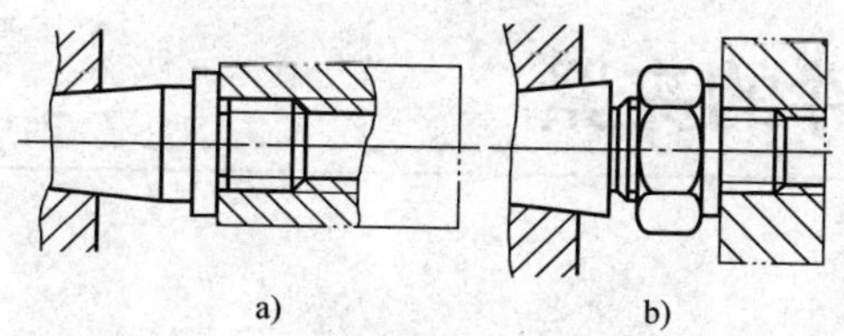

图 7-20　螺纹心轴

a）简易螺纹心轴　b）带螺母的螺纹心轴

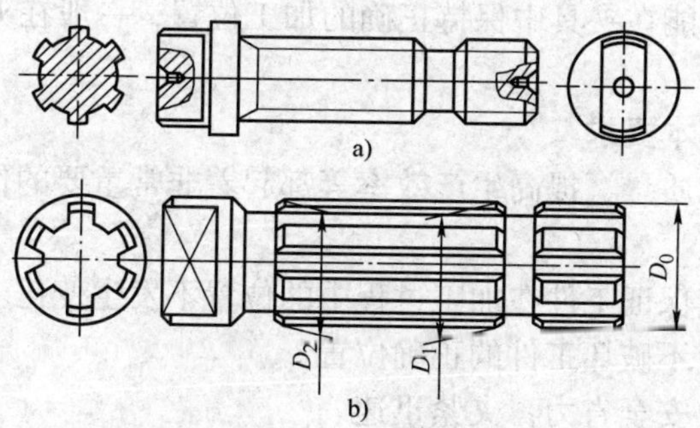

图 7-21　花键心轴

a）普通花键心轴　b）带锥度花键心轴

4. 工件以两孔一面定位

当工件以两个轴线互相平行的孔和与其相垂直的平面定位时，可用一个圆柱销、一个削边销和一个平面作为定位基准，如图 7-22 所示。这种定位方式在加工轴承座或箱体类工件时经常采用。

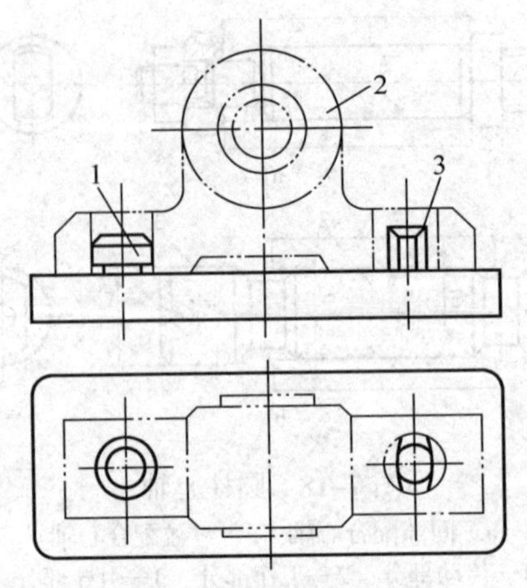

图 7–22　两孔一面定位
1—圆柱销　2—轴承座　3—削边销

使用削边销时应注意，要使它的横截面长轴垂直于两销的轴心连线；否则，削边销不但起不到其应有的作用，还可能使工件无法装夹。

课题三　工件的夹紧

工件的装夹包括定位和夹紧两个既有本质区别又有密切联系的工作过程。在加工过程中，工件会受到切削力、惯性力和重力等外力的作用。为了保证工件在这些外力的作用下不产生振动或位移，使其仍能在夹具中保持正确的加工位置，一般在夹具中都设置一定的夹紧装置，将工件可靠地夹紧。

一、对夹紧装置的基本要求

夹紧装置对保证加工质量、提高生产效率等都起着非常重要的作用。夹紧装置应满足下列要求：

（1）牢。夹紧后，应保证工件在加工过程中的位置不发生变化。

（2）正。夹紧后，应不破坏工件的正确位置。

（3）快。操作方便，安全省力，夹紧迅速。

（4）简。结构简单、紧凑，有足够的刚度和强度，且便于制造。

二、常见的夹紧装置

夹紧装置的种类很多，按其结构可分为斜楔夹紧装置、螺旋夹紧装置和螺旋压板夹紧装置等。

1. 斜楔夹紧装置

应用斜楔夹紧装置的夹具如图 7–23 所示，它主要利用斜楔斜面移动时所产生的压力夹紧工件。图 7–23 所示夹紧机构的工作原理：转动螺杆，推动楔块前移，使铰链压板转动，从而夹紧工件。

因为斜楔夹紧机构产生的夹紧力小，且夹紧费时、费力，所以单独的斜楔夹紧机构只在要求夹紧力不大、生产批量较小的情况下使用，多数情况下是斜楔与其他元件或机构组合起来使用。

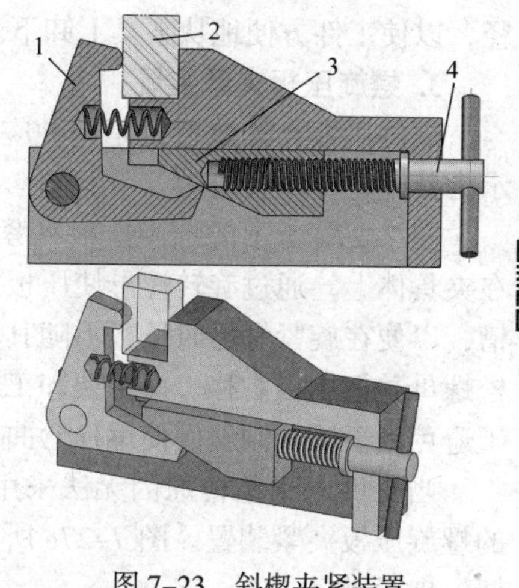

图 7–23　斜楔夹紧装置

1—铰链压板　2—工件　3—楔块　4—螺杆

2. 螺旋夹紧装置

螺旋夹紧装置在机械加工中应用非常普遍，特别适合手动夹紧。螺旋夹紧装置的优点是结构简单，夹紧可靠，夹紧行程大；特别便于增大夹紧力，自锁性能好。但是夹紧和松开工件时比较费时、费力。

（1）螺钉夹紧装置

在简单的夹紧机构中，螺钉夹紧机构的使用最为广泛。图 7–24 所示为常用的螺钉夹紧装置，其工作原理是通过旋转螺钉使其直接压在工件上。为了防止螺钉头部被挤压变形后拧不出，通常使螺钉前端的圆柱部分直径变小并淬硬。钢质螺母套可保护夹具体不被过快磨损。

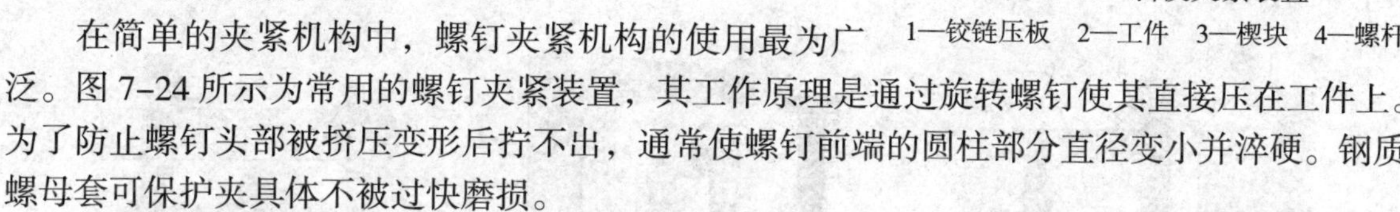

为防止螺钉拧紧时损伤工件表面或带动工件旋转，可在螺钉头部装上摆动压块，如图 7–25 所示。摆动压块只随螺钉移动而不跟螺钉一起转动，所以能防止螺钉拧紧时损伤工件表面，而且可以增大接触面积，使夹紧更加可靠。

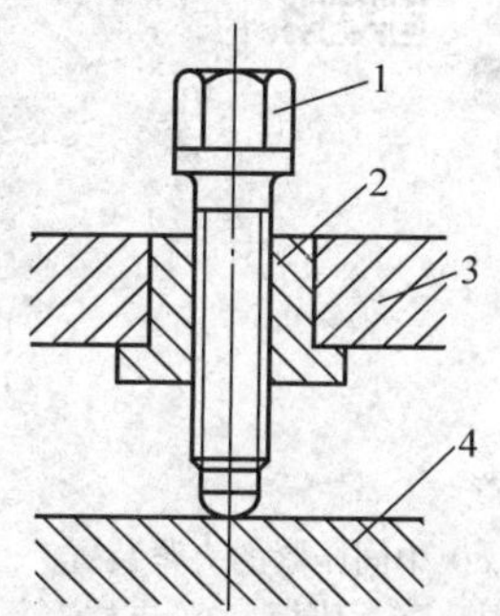

图 7–24　螺钉夹紧装置

1—螺钉　2—钢质螺母套

3—夹具体　4—工件

图 7–25　带摆动压块的螺钉夹紧装置

1—螺钉　2—钢质螺母套　3—夹具体

4—摆动压块　5—工件

（2）螺母夹紧装置

当工件以孔定位时，常采用螺母夹紧装置，其结构如图 7–26 所示。螺母夹紧装置的夹紧力大，自锁性能好，适用于手动夹紧。其缺点是装卸工件时必须把螺母从螺杆上卸下，如采用开口垫圈可解决这一问题。采用开口垫圈时，垫圈应做厚些，并在淬硬后把两端面磨平，使螺母外径明显小于定位孔内

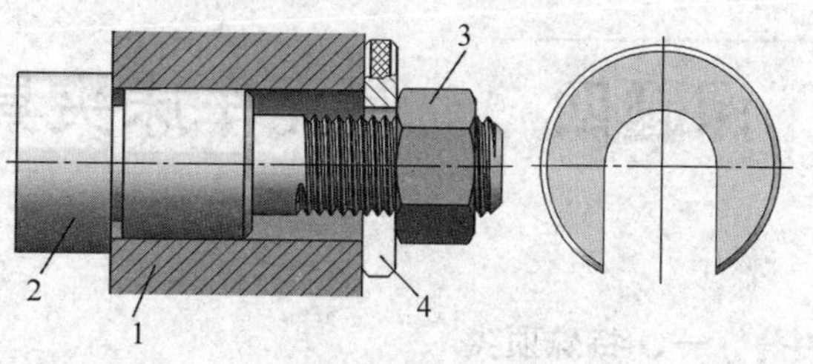

图 7–26　螺母夹紧装置

1—工件　2—圆柱心轴　3—螺母　4—开口垫圈

径，以使工件方便地从夹具上卸下。

3. 螺旋压板夹紧装置

螺旋压板夹紧装置也是一种应用很广泛的夹紧装置，其结构形式变化较多，图 7–27 所示为其中三种典型结构。

图 7–27a 所示的螺旋压板夹紧装置由螺旋机构、压板及支柱等组成，夹紧时螺杆连接在夹具体上，通过旋转螺母使压板夹紧工件。支柱可调整高度，压板底面有放置支柱的纵向槽，以便在旋紧螺母时压板不随其转动。在压板的中间有一长腰形孔，装卸工件时，只要旋松螺母并把压板右移，即可装卸工件。当松开螺母后，由于弹簧的作用，压板自动抬起。为了避免由于压板倾斜而使螺杆弯曲，采用了自动定心的球面垫圈。

当工件由于结构原因无法采用中间压紧的夹紧装置时，可采用图 7–27b 所示旁边压紧的螺旋压板夹紧装置。图 7–27c 所示为采用铰链压板的中间压紧的夹紧装置，该装置操作快捷，夹紧可靠。

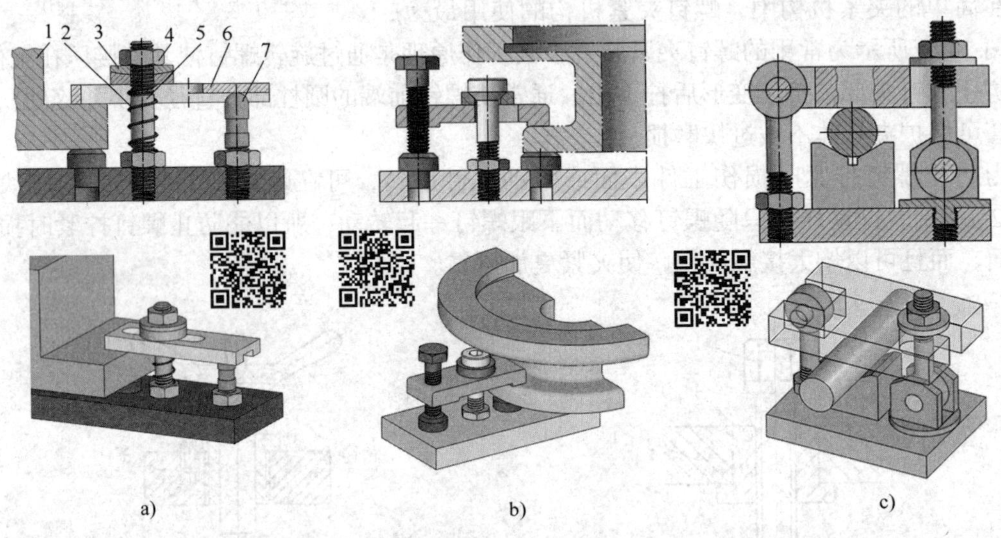

图 7–27　螺旋压板夹紧装置

a）结构完善的夹紧装置　b）旁边压紧的夹紧装置　c）中间压紧的夹紧装置

1—工件　2—弹簧　3—球面垫圈　4—螺母　5—螺杆　6—压板　7—支柱

课题四　常见车床夹具

一、特殊顶尖

1. 内、外拨动顶尖

为了缩短装夹时间，可采用内、外拨动顶尖。图 7–28a 所示为外拨动顶尖，用于装夹套类工件，它能在一次装夹中加工套类工件的整个外圆。图 7–28b 所示为内拨动顶尖，用于装夹轴类工件。内、外拨动顶尖的圆锥角一般为 60°，在其锥面上加工有淬硬的齿，在夹紧工件时该齿嵌入工件，并拨动工件旋转。

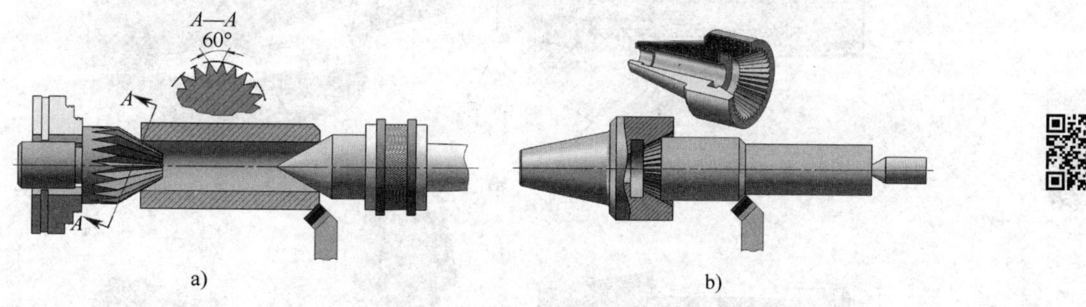

图 7–28　内、外拨动顶尖

a）外拨动顶尖　b）内拨动顶尖

2. 端面拨动顶尖

端面拨动顶尖的结构如图 7–29 所示。在用这种前顶尖装夹工件时，利用端面上的拨爪带动工件旋转，此时工件以中心孔定位。

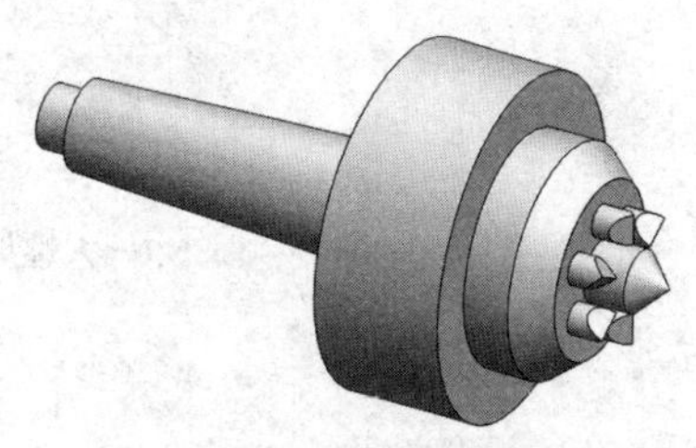

图 7–29　端面拨动顶尖

使用这种顶尖的优点如下：能快速装夹工件，并在一次装夹中能加工出全部外表面。它适用于装夹外径为 50 ~ 150 mm 的工件。

二、定心夹紧装置

定心夹紧装置是一种在装夹过程中同时实现定位和夹紧作用的机构，在这种机构中，与工件定位基准接触的元件既是定位元件又是夹紧元件。

车床上常用的定心夹紧装置是弹簧套筒定心夹紧装置。根据其用途分为弹簧夹头、弹簧心轴和顶尖式心轴等。

1. 弹簧夹头

弹簧夹头主要用于装夹以外圆柱面为定位基准的工件，图 7–30a 所示为一种常用的弹簧夹头，其弹簧套筒的形状如图 7–30b 所示，它的右端制有簧瓣和外圆锥面。该弹簧夹头的工作原理如下：旋转大螺母 1，使螺母上的锥孔产生轴向位移，从而迫使弹簧套筒 2 产生弹性变形，以使工件 4 定心，并夹紧工件。圆锥销 5 的作用是防止弹簧套筒旋转。

图 7–31a 所示为另一种弹簧夹头，其弹簧套筒的结构如图 7–31b 所示，它的两端都有簧瓣和外圆锥面。当拧紧螺母 1 时，可推动弹簧套筒 2 向左移动，并与夹具体 4 上的锥面一起使弹簧套筒收缩，从而对工件 3 实现定心夹紧。由于两端都能产生弹性变形，弹簧套筒与工件的接触和夹紧都优于图 7–30 所示的弹簧夹头。

2. 弹簧心轴

弹簧心轴主要用于以内孔定位时工件的装夹，其结构如图 7–32a 所示；弹簧套筒的形状如图 7–32b 所示，当它的长度与直径之比 $L/D>1$ 时，弹簧套筒的两端各制有簧瓣。夹紧工件时，旋转螺母 5，使锥套 4 向左移动。由于锥套和心轴 1 上圆锥面的作用，迫使弹簧套筒 3 的直径胀大，从而将工件 2 定心夹紧。

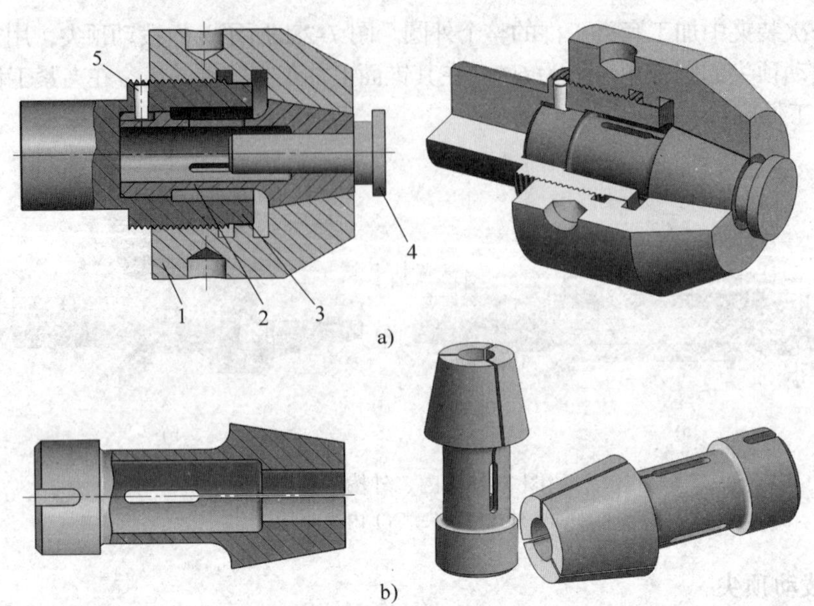

图 7–30 弹簧夹头装置（一）

a）弹簧夹头 b）弹簧套筒

1—大螺母 2—弹簧套筒 3—夹具体 4—工件 5—圆锥销

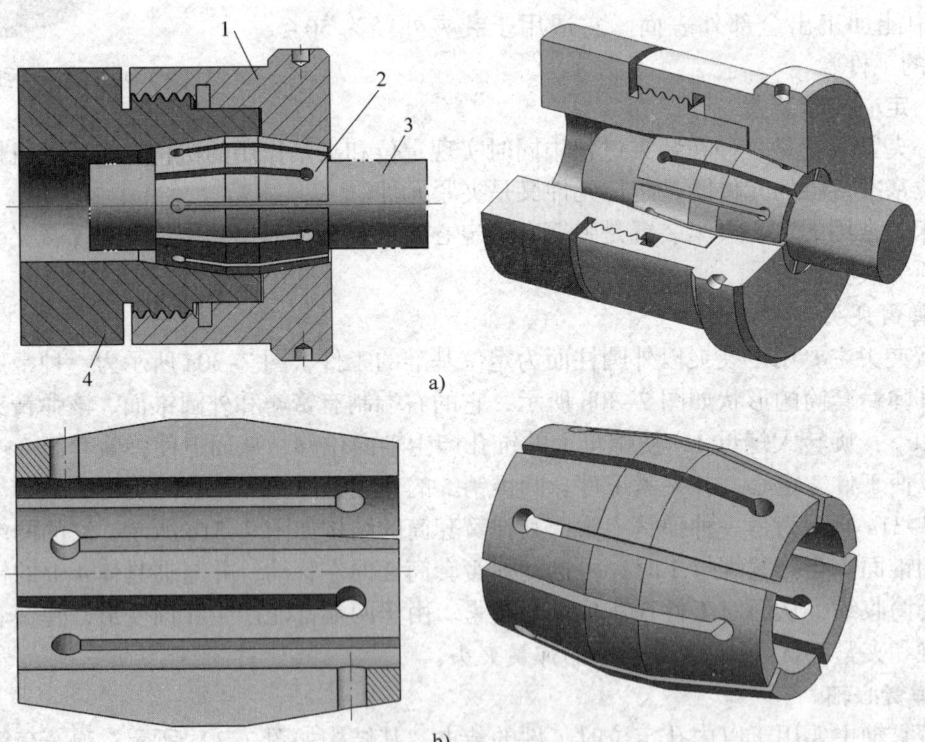

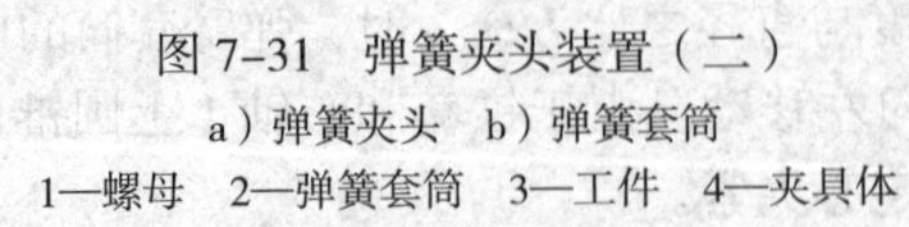

图 7–31 弹簧夹头装置（二）

a）弹簧夹头 b）弹簧套筒

1—螺母 2—弹簧套筒 3—工件 4—夹具体

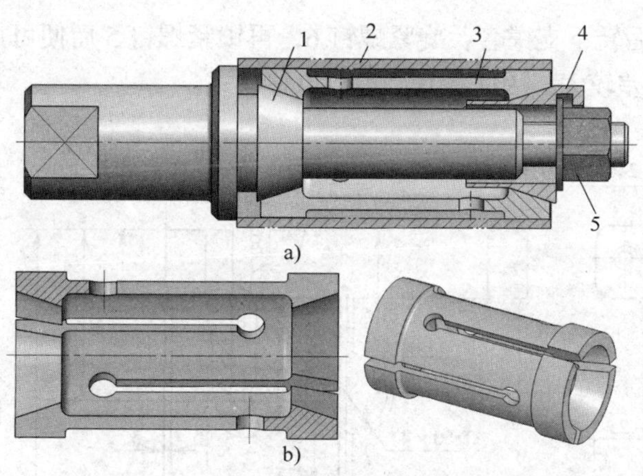

图 7–32 弹簧心轴装置

a）弹簧心轴 b）弹簧套筒

1—心轴 2—工件 3—弹簧套筒 4—锥套 5—螺母

3. 顶尖式心轴

图 7–33 所示为顶尖式心轴，它适用于加工内、外圆无同轴度要求，或只需加工外圆柱面的套筒类工件。使用时，旋转螺母 6，使活动顶尖套 4 左移，从而使工件 3 定心夹紧。

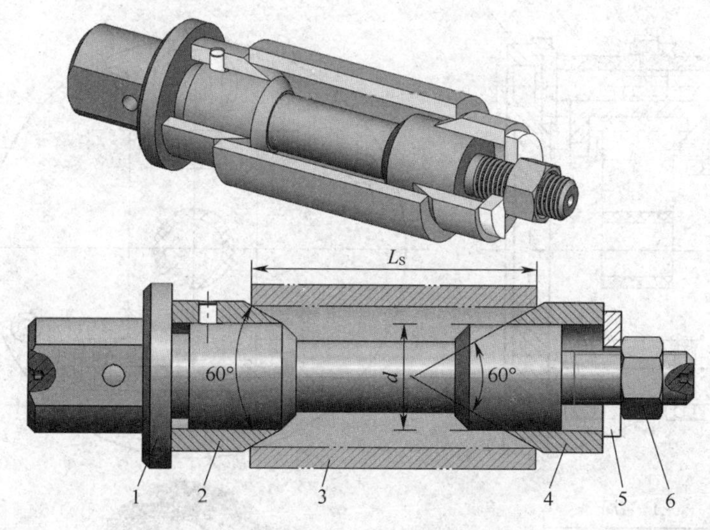

图 7–33 顶尖式心轴

1—心轴 2—固定顶尖套 3—工件 4—活动顶尖套 5 快换垫圈 6—螺母

三、车床夹具实例

图 7–34 所示为半螺母工件。为了便于车削梯形螺纹，毛坯采用两件合并加工后，在铣床上用锯片铣刀切开的加工工艺。车削梯形螺纹前，上、下两底面及 4 个 M12 螺孔已加工好，2 个 ϕ10 mm 锥销孔铰至 2 × ϕ10H7，以作定位孔用。

图 7–35 所示为车削半螺母上梯形螺纹时的夹具。工件以两孔一面定位形式装夹在夹具的角铁上，构成完全定位，并借助于工件上 2 个 M12 螺孔用 2 个螺钉 1 紧固工件。为了提高工件的装夹刚度，在上端增加了一个辅助支撑。使用时，先松开螺钉 5，将支撑套 4 向上转动，装上

工件并旋紧螺钉 1，然后转下支撑套，旋紧螺钉 6，再锁紧螺钉 5 后便可加工工件。由于辅助支撑夹紧处是毛坯面，误差较大，因此将其制造成可移动式。

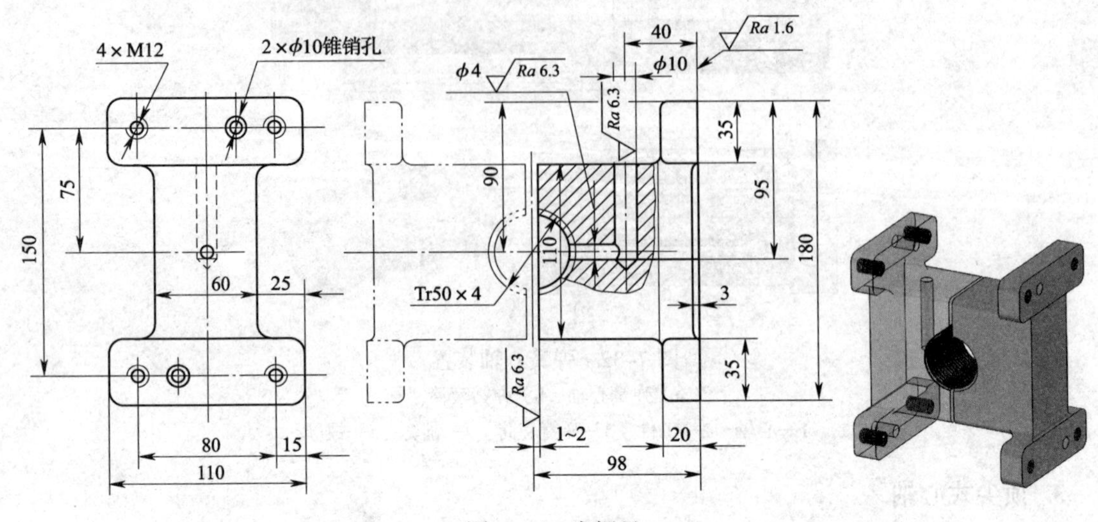

图 7–34　半螺母

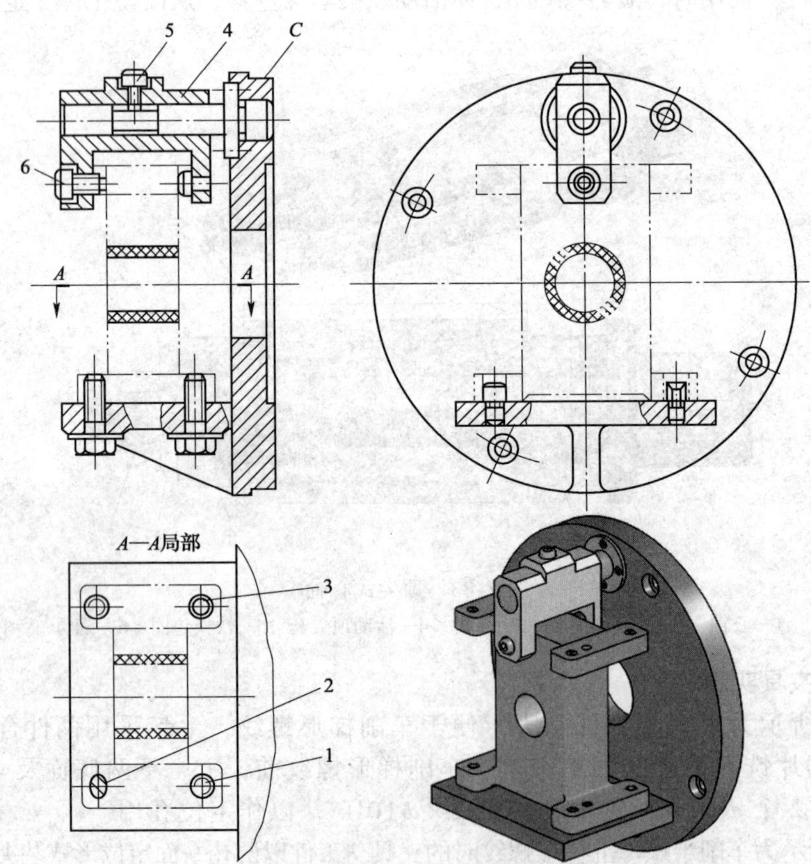

图 7–35　半螺母车床夹具

1、5、6—螺钉　2—削边销　3—圆柱销　4—支撑套夹具用4个螺钉装夹在车床的花盘（或特制的连接盘）上，找正夹具上的外圆基准 C，并用螺钉紧固后即可使用。夹具上下质量相差不大，车螺纹时转速较低，可以不用平衡铁。

课题五 组合夹具简介

组合夹具是由可循环使用的标准夹具零部件（或专用零部件）组装而成的易于连接、拆卸和重组的夹具。其零部件具有各种不同的几何形状、尺寸和规格，并且它们的精度高，硬度高，耐磨性好，具有良好的互换性。利用这些零部件，可根据被加工工件的工艺要求，快速组装成专用夹具。夹具使用完毕，可以非常方便地将其拆开，便于重复使用。

一、组合夹具元件

组合夹具元件按用途不同分为8大类，即基础件、支撑件、定位件、导向件、压紧件、紧固件、辅助件和组合件等，如图7–36所示。

1. 基础件

基础件主要作夹具体用，上面有V形槽、键槽、光孔和螺孔等，用于其他元件的定位及紧固。基础件包括各种规格的方形基础板、矩形基础板、圆形基础板和基础角铁4种结构，如图7–36a所示。

2. 支撑件

支撑件主要包括各种规格的方形支撑、长方形支撑、伸长板、角铁、角铁支撑、垫片、垫板、菱形板和V形架等，如图7–36b所示。支撑件上一般有T形槽、键槽、光孔和螺孔等，可以将支撑件与基础件、其他元件连成整体，用于不同高度的支撑和各种定位支撑平面，因此，支撑件是夹具体的骨架。

3. 定位件

定位件主要包括各种定位销、定位键、定位轴、定位支座、定位支撑和顶尖等，如图7–36c所示。定位件主要用于工件的定位和确定元件与元件之间的相对位置。

4. 导向件

导向件包括各种规格的钻套、快换钻套和导向支撑等，如图7–36d所示。导向件用来确定刀具与工件间的相对位置。

5. 压紧件

压紧件包括各种形状的压板，如图7–36e所示。压紧件主要用来压紧工件。

6. 紧固件

紧固件用于连接组合夹具元件和紧固工件，包括各种螺钉、螺栓、螺母和垫圈等，如图7–36f所示。

7. 辅助件

辅助件是指除上述6类元件以外的各种用途的单一件，如连接板、回转压板、浮动块、各种支撑钉、支撑帽、二爪支撑、三爪支撑、弹簧和平衡铁等，如图7–36g所示。

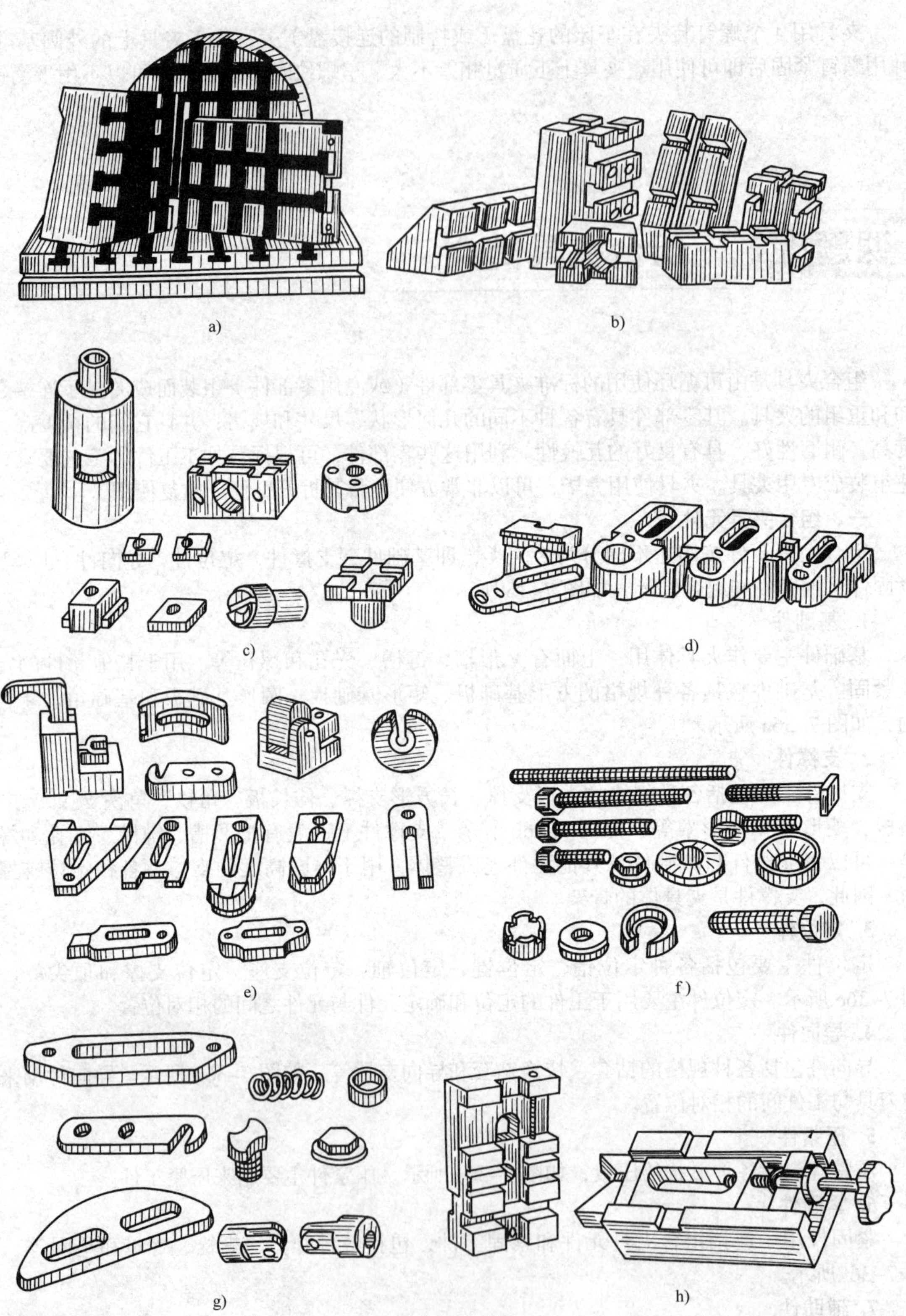

图 7-36　组合夹具元件

a）基础件　b）支撑件　c）定位件　d）导向件　e）压紧件　f）紧固件　g）辅助件　h）组合件

8. 组合件

组合件是指在组装过程中不拆开使用的独立部件，按其用途可以分为定位组合件、导向组合件、夹紧组合件、分度组合件等，图 7–36h 所示为其中的一部分。

二、组合夹具的组装实例

按照一定的步骤和要求，把组合夹具的元件组装成加工所需要的夹具的过程称为组合夹具的组装。

图 7–37 所示为加工缸体用车床组合夹具。组合夹具可按下列步骤组装：

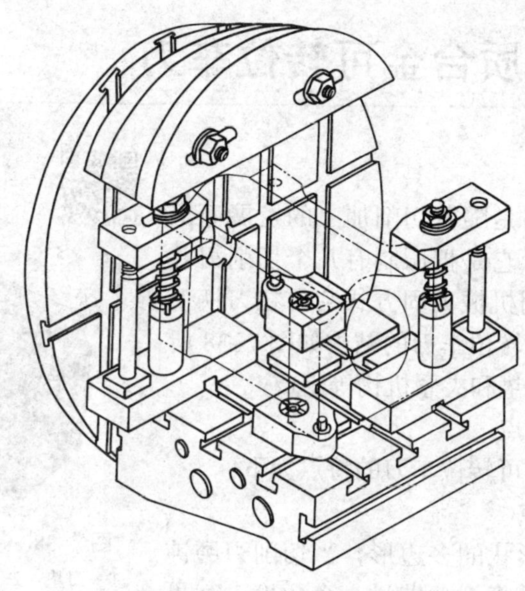

图 7–37　车床组合夹具

1. 准备阶段

准备阶段是指根据工件加工图样、实物及有关资料，了解工件的形状、结构、尺寸及几何公差等技术要求，了解工件的加工工艺及所使用的车床、刀具等情况，以便确定工件的定位、夹紧和装卸等方法。

2. 确定组装方案

在熟悉资料的同时，根据工件定位基准的特点和夹紧要求，确定工件的定位基面和夹紧部位。选择所需的定位元件、夹紧元件以及相适应的支撑件、基础件和辅助件等，初步设想夹具的结构形式。

装在基础件上的元件都不能超出基础件的最大外径，必要时应增设防护罩。

3. 试装

按照初步设想的夹具结构方案先对夹具进行试装，注意各元件之间暂不紧固，以便对主要元件的精度进行测量。试装的目的是检验夹具的组装方案是否正确，并对初步设想的组装方案进行修改和补充，确保组合后的夹具正确、合理，避免正式组装时造成大的返工。

4. 各元件的连接、调整和固定

经试装确定夹具的组装方案后，即可进行元件的连接和调整，调整好的元件应及时紧固，以防旋转时甩出。

5. 检验

夹具元件全部紧固后，要进行仔细而全面的检验，主要检验夹具的总体精度、尺寸精度和相互位置精度。检验合格后方可交付使用。

课题六　硬质合金可转位车刀

硬质合金可转位车刀是随着切削加工的发展而出现的一种新型高效刀具。它是把压制有几个切削刃并具有合理参数的刀片，用机械夹固方式装夹在刀柄上的一种刀具。硬质合金可转位车刀的结构如图 7–38 所示，它由刀片、刀柄、刀垫和夹紧机构等组成。

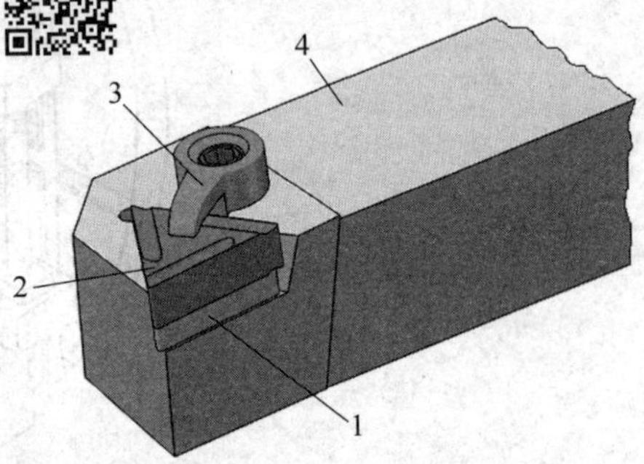

图 7–38　硬质合金可转位车刀的结构

1—刀垫　2—刀片　3—夹紧机构　4—刀柄

一、可转位车刀的特点

与焊接式车刀相比，可转位车刀的特点如下：

1. 可转位车刀的优点

（1）刀片是呈一定形状的多边形，当切削刃磨钝后，不必重磨刀片，只需将刀片转过一个角度，就可使用另一新的切削刃。因此，缩短了换刀、磨刀的辅助时间，生产效率高，并可适应数控车削的发展需要。

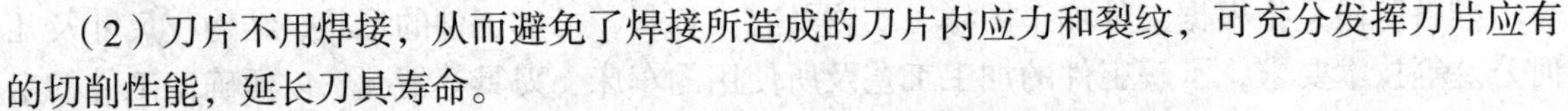

（2）刀片不用焊接，从而避免了焊接所造成的刀片内应力和裂纹，可充分发挥刀片应有的切削性能，延长刀具寿命。

（3）卷屑槽在刀片制造时压制成型，槽型尺寸稳定，断屑性能可靠。

（4）刀片在使用过程中不需刃磨，有利于涂层材料的推广应用，可进一步提高切削效率及延长刀具寿命。

（5）刀柄能多次使用，节约刀柄材料，便于刀具标准化，简化刀具的管理工作。

（6）对操作者车刀的刃磨技术要求低。

2. 可转位车刀的缺点

（1）结构复杂，装卸费时。

（2）刀片的几何参数不能完全达到最佳值。

（3）一次性投资较大。

二、硬质合金可转位车刀刀片

国家标准规定，可转位车刀刀片的型号由代表给定意义的字母和数字代号按一定顺序位置排列而成，共有 10 个号位。如：

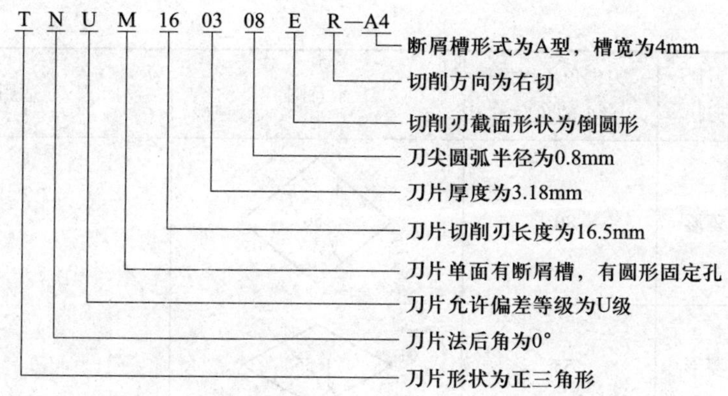

1. 可转位刀片的形状

第一位表示刀片形状，用一个字母表示，见表 7–4。刀片的形状应根据刀具用途、刀具寿命和刀片利用率来选择。

表 7–4　　刀片形状的符号及其适用的车刀

刀片形式	字母符号	刀片形状	刀尖角（均指较小的角度）	示意图	适用的车刀
等边等角	H	正六边形	120°	120°	应用少
	O	正八边形	135°	135°	应用少
	P	正五边形	108°	108°	加工直径比较小的盘形工件
	S	正方形	90°	90°	可装成 30°、45°、75° 等各种主偏角 κ_r<90° 的车刀，车外圆、端面、孔和倒角 刀尖角大小适中，通用性较好
	T	正三角形	60°	60°	可装成 κ_r=90° 的车刀，车外圆、端面、孔 粗车螺纹以及当工件—机床—夹具刚度较差时用，可减小背向力

续表

刀片形式	字母符号	刀片形状	刀尖角（均指较小的角度）	示意图	适用的车刀
等边不等角	C	菱形	80°	80°	数控车削
	D	菱形	55°	55°	
	E	菱形	75°	75°	
	M	菱形	86°	86°	
	V	菱形	35°	35°	
	W	等边不等角六边形	80°	80°	可装成 κ_r=90° 的车刀，分别形成 10° 及 8° 的副偏角，能降低工件的表面粗糙度值，应用较广泛，主要用来车外圆、端面和孔 刀尖强度较高，刀具寿命较长
等角不等边	L	矩形	90°	90°	应用一般
不等边不等角	A	平行四边形	85°	85°	可装成 κ_r=90° 的重型车刀，刀片立放于刀柄刀片槽中
	B	平行四边形	82°	82°	
	K	平行四边形	55°	55°	数控车削以及粗车牙型角为 55° 的螺纹

续表

刀片形式	字母符号	刀片形状	刀尖角（均指较小的角度）	示意图	适用的车刀
不等边不等角	F	不等边不等角六边形	82°	82°	可装成κ_r=90°的车刀，车外圆、端面和孔
圆形	R	圆形刀片	—		仿形法车特形面，也可用于一般车刀

总的来说，刀片刃口数越多，刀片的利用率越高；刀尖角越大，刀具耐用度越高，工件表面质量也越好。但也受到工件形状、工艺系统的刚度和吃刀深度的限制（刃口越多，刃口长度越短）。

2. 可转位刀片的法后角 α_n

第二位表示刀片法后角，用一个字母表示，共有 10 种，见表 7–5。如果是不等边刀片，符号用于表示较长边的法后角。刀片法后角靠刀片倾斜安装形成。

表 7–5　　可转位刀片法后角

字母符号	刀片法后角 α_n	字母符号	刀片法后角 α_n	字母符号	刀片法后角 α_n	字母符号	刀片法后角 α_n
A	3°	D	15°	G	30°	O	其余法后角需专门说明
B	5°	E	20°	N（使用最广泛）	0°		
C	7°	F	25°	P	11°		

3. 可转位刀片允许的偏差等级

第三位表示刀片允许偏差等级，用一个字母表示。刀片主要尺寸包括刀片的内切圆直径 ϕ、刀片厚度 s 和刀尖位置尺寸 m。刀片允许偏差等级共 12 级，其中 J、K、L、M、N、U 为普通级，A、F、C、H、E、G 为精密级。

4. 可转位刀片的断屑槽与中心固定孔

第四位表示刀片有无断屑槽与中心固定孔，用一个字母表示，共有 15 种，见表 7–6。如 M 表示有圆形固定孔和单面有断屑槽。

5. 可转位刀片的切削刃长度

第五位表示刀片切削刃长度，用两位阿拉伯数字表示，取刀片理论边长的整数部分作为代号，如边长为 16.5 mm 的刀片代号为 16。若舍去小数后只剩一位数，则在该数字前加 0，如边长为 8.325 mm 的刀片代号为 08。

表 7–6　可转位刀片的固定方式和断屑槽

代号	固定方式	断屑槽	代号	固定方式	断屑槽	代号	固定方式	断屑槽
N	无固定孔	无断屑槽	A	有圆形固定孔	无断屑槽	B	单面有 70° ~ 90° 固定沉孔	无断屑槽
R		单面有断屑槽	M		单面有断屑槽	H		单面有断屑槽
F		双面有断屑槽	G		双面有断屑槽	C	双面有 70° ~ 90° 固定沉孔	无断屑槽
W	单面有 40° ~ 60° 固定沉孔	无断屑槽	Q	双面有 40° ~ 60° 固定沉孔	无断屑槽	J		双面有断屑槽
T		单面有断屑槽	U		双面有断屑槽	X	其他尺寸和详情需附图加以说明	

6. 可转位刀片的厚度

第六位表示刀片厚度，用两位阿拉伯数字表示，取刀片厚度的整数部分作为代号。若去掉小数后只剩一位数，则在该数字前加 0；当整数值相同、小数部分值不同时，则将小数部分值大的刀片代号用 T 表示，如刀片厚度分别为 3.18 mm 和 3.97 mm 时，则前者代号为 03，后者代号为 T3。

7. 可转位刀片的转角形状或刀尖圆弧半径

第七位表示刀片转角形状或刀尖圆弧半径，用两位阿拉伯数字表示。

8. 可转位刀片切削刃的截面形状

第八位表示切削刃截面形状，用一个字母表示，共 4 种。其中 F 表示尖锐切削刃，E 表示倒圆切削刃，T 表示倒棱切削刃，S 表示既倒棱又倒圆的切削刃。

9. 可转位刀片的切削方向

第九位表示切削方向，用一个字母表示。其中 R 表示右切；L 表示左切；N 表示既能用于左切，也可用于右切。

10. 可转位刀片断屑槽的形式与宽度

第十位表示断屑槽形式与宽度，用一个字母和一个数字表示，共 13 种，见表 7–7。断屑槽宽度用舍去小数部分的槽宽毫米数表示。

表 7–7　可转位刀片断屑槽的形式

代号	断屑槽形式举例	代号	断屑槽形式举例
A	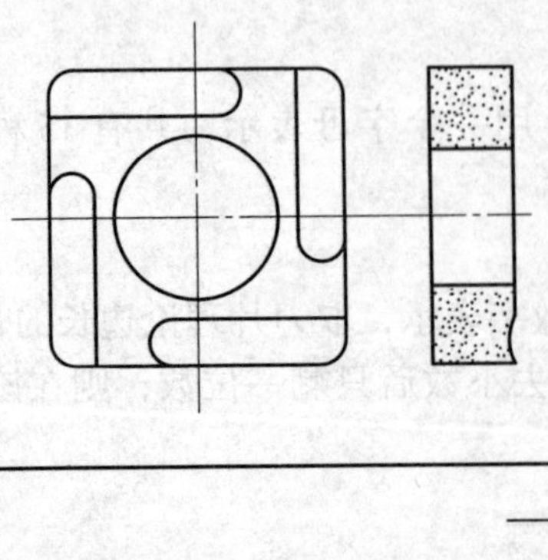	B	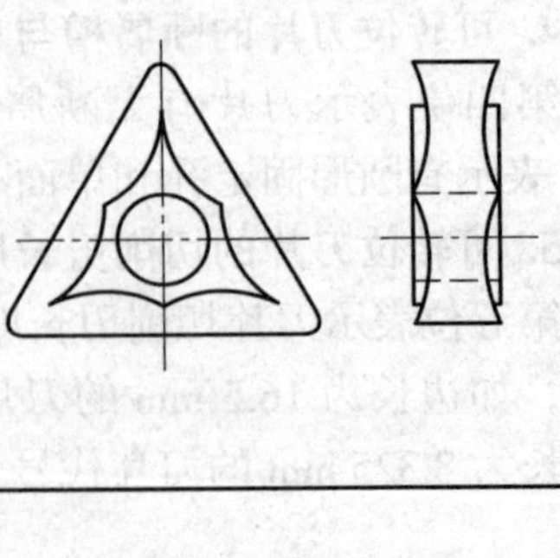

续表

代号	断屑槽形式举例	代号	断屑槽形式举例
C		P	
D		T	
G		V	
H		W	
J		Y	
K			

三、硬质合金可转位车刀刀柄及刀垫

1. 刀柄

刀柄用以装夹刀片并便于在刀架上夹持。刀柄上的刀片槽用来放置并保证刀片的定位。

硬质合金可转位车刀各主要角度是由刀片角度和刀片装夹在具有一定角度刀槽的刀柄上综合形成的。刀柄上刀槽的角度根据所选刀片参数设计和制造。刀柄材料一般选用 45 钢，硬度一般为 40 ~ 50HRC。

GB/T 5343.1—2007 规定，可转位车刀刀柄或刀夹的代号由代表给定意义的字母或数字符号按一定的规则排列所组成，共有 10 位符号。例如，可转位车刀刀柄代号的含义如下：

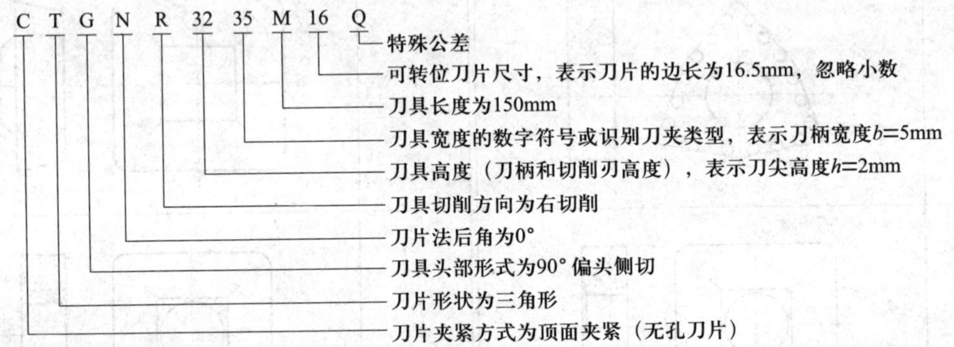

任何一种车刀刀柄或刀夹都应使用前 9 位符号，最后一位符号在必要时才使用。

2. 刀垫

刀垫的作用是在正常切削时防止切屑擦伤刀柄，并能防止刀片崩坏时损伤刀柄，从而延长刀柄的使用寿命。刀垫的主要尺寸按相应的刀片尺寸设计，材料选用 GGr15、K20 或 W18Cr4V。刀垫的硬度不低于 55HRC。

四、硬质合金可转位车刀刀片的夹紧形式

1. 可转位车刀定位、夹紧结构的要求

（1）定位精度高。刀片转位或调换后，刀尖及切削刃的位置变化应尽量小。定位精度高可使刀片夹紧更稳定。夹紧力的方向应使刀片靠紧定位面，保持定位精度不易被破坏。

（2）刀片转位和调换方便。

（3）夹紧牢固、可靠，保证刀片、刀垫、刀柄接触紧密，在受到冲击、振动和热变形时各元件不致松动。

（4）刀片前面上最好无障碍，保证排屑顺利、观察方便。

（5）结构紧凑，工艺性好。

2. 硬质合金可转位车刀的夹紧形式

可转位车刀的夹紧形式有上压式、螺钉压孔式、弹性刀槽夹紧式、楔块式、杠销式、偏心式和杠杆式等几种，其中上压式、螺钉压孔式和弹性刀槽夹紧式是使用最普遍的形式。

（1）上压式

上压式是利用压板向下的压力将刀片压紧。这种夹紧形式夹紧力大，通过两定位侧面能获得稳定、可靠的定位，耐冲击。但刀片上的压板使排屑受到一定影响。

上压式中以螺销上压式夹紧（图 7–39）较常用，综合性能好，夹紧力大，但结构复杂。

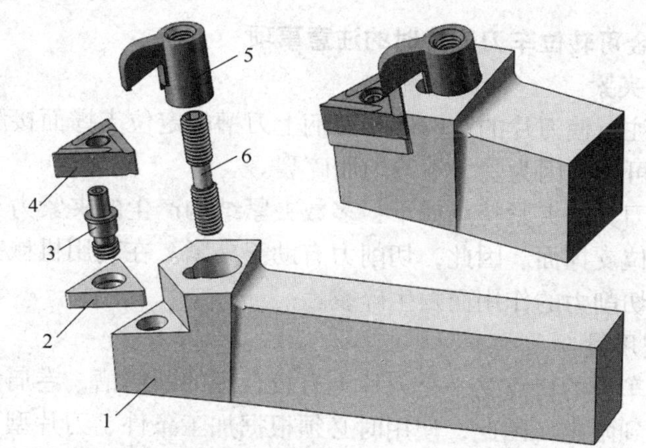

图 7–39 螺销上压式夹紧

1—刀柄 2—合金刀垫 3—刀垫螺钉 4—合金刀片 5—固定压板 6—压板螺钉

（2）螺钉压孔式

一般常用锥头螺钉压孔式夹紧，如图 7–40 所示。

（3）弹性刀槽夹紧式（图 7–41）

当螺钉向下旋入时，开缝的弹性压板产生弹性变形，将刀片夹紧在刀槽中，适用于切断刀等片状车刀的夹紧。

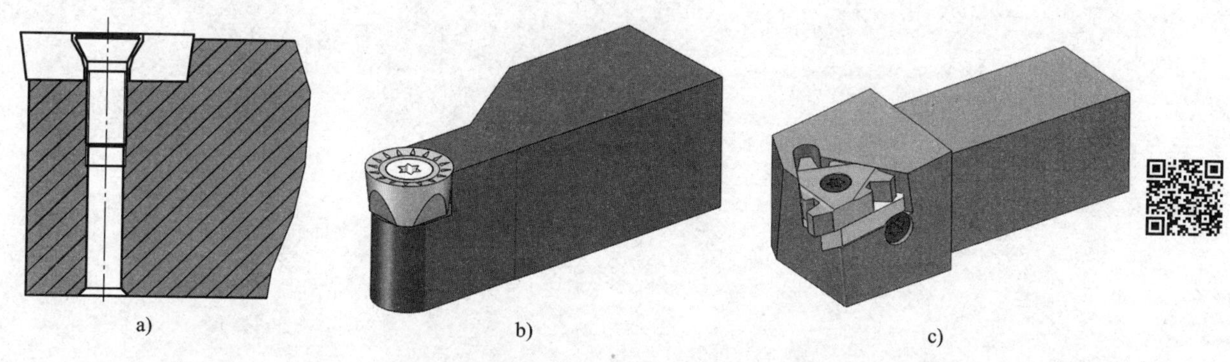

图 7–40 锥头螺钉压孔式夹紧

a）锥头螺钉压孔式夹紧的结构 b）、c）锥头螺钉压孔式夹紧的应用

图 7–41 弹性刀槽夹紧式

五、使用硬质合金可转位车刀刀片时的注意事项

1. 刀片的定位和夹紧

装夹刀片时，要注意使刀片的定位面和刀柄上刀槽的定位支撑面接触良好；否则，在切削力的作用下，刀片可能会因为受力不均匀而碎裂。

硬质合金可转位刀具的夹紧特点如下：多数夹紧结构产生的夹紧力和切削力方向基本一致，而且指向刀柄定位支撑面。因此，切削力有助于夹紧。在利用机械夹紧时，用力不需很大；否则刀片会因为切削力的作用而发生碎裂。

2. 合理选择切削用量

硬质合金可转位车刀的特点之一是刀片上有较合理的断屑槽，卷屑和断屑性能好，但切削用量的选择范围受到限定。因此，使用时必须根据加工条件、刀片型号和工件材料查阅有关手册；或进行试切削，选用断屑效果较好的切削用量。

第八单元

车复杂工件

车床加工中会遇到一些外形复杂和不规则的工件，如对开轴承座、十字孔工件、双孔连杆、齿轮泵泵体、偏心工件、曲轴和环首螺钉等，常见复杂工件的形状如图 8–1 所示。这些工件不能用三爪自定心卡盘或四爪单动卡盘直接装夹，必须借助于车床附件或装夹在专用夹具上加工。细长轴、薄壁和深孔工件等虽然形状并不复杂，但采用普通方法加工非常困难，往往要配备一些专用工艺装备，因此，这几类工件的加工也安排在本单元中介绍。

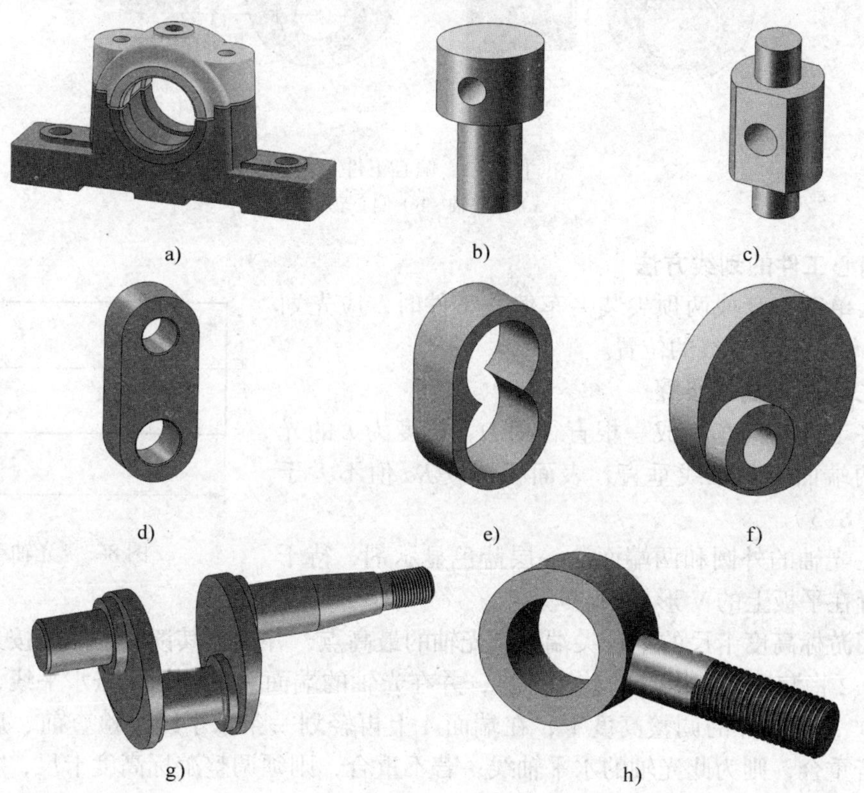

图 8–1　常见的复杂工件
a）对开轴承座　b）、c）十字孔工件　d）双孔连杆　e）齿轮泵泵体
f）偏心凸轮　g）曲轴　h）环首螺钉

课题一 车偏心工件

在机械传动中，回转运动变为往复直线运动或直线运动变为回转运动，一般都用偏心轴或曲轴来完成，如车床主轴箱中的偏心轴、汽车发动机中的曲轴等。外圆与外圆、内孔与外圆的轴线平行但不重合的工件，称为偏心工件（图 8–2）。其中，外圆与外圆偏心的工件称为偏心轴（图 8–2a）；内孔与外圆偏心的工件称为偏心套（图 8–2b），两轴线之间的距离称为偏心距 *e*。

车削偏心工件的基本原理如下：把所要加工偏心部分的轴线找正到与车床主轴轴线重合，但应根据工件的数量、形状、偏心距的大小和精度要求相应地采用不同的装夹方法。

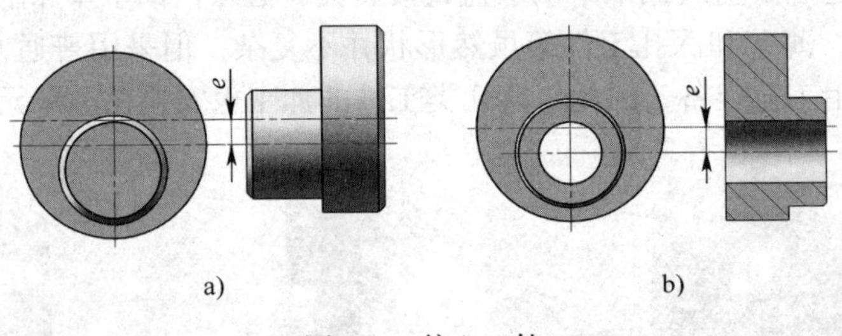

图 8–2 偏心工件
a）偏心轴 b）偏心套

一、偏心工件的划线方法

用四爪单动卡盘或两顶尖装夹车偏心工件时，应先划线确定偏心轴（套）轴线的位置。

1. 偏心工件的划线步骤

（1）将工件毛坯车削成一根直径为 *D*、长度为 *L* 的光轴，光轴两端面应与轴线垂直，表面粗糙度 *Ra* 值不大于 3.2 μm（图 8–3）。

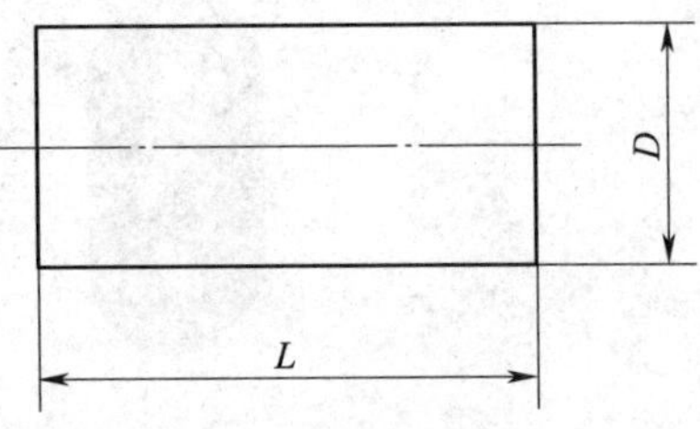

图 8–3 光轴毛坯

（2）在光轴的外圆和两端面涂一层蓝色显示剂，待干后将其放置在平板上的 V 形架中。

（3）用游标高度卡尺的划针尖端测量光轴的最高点，并记下其读数，然后按光轴实测直径尺寸的 1/2 将游标高度卡尺的游标下移，并在光轴的端面 *A* 上轻划一条水平线，接着将光轴转过 180°，在同样的调整高度下，在端面 *A* 上再轻划一条水平线，检查前、后两条线是否重合。若重合，则为此光轴的水平轴线；若不重合，则须调整游标高度卡尺，将游标下移或上移两平行线间距离的一半，重新划线，直至两线重合为止（图 8–4）。

（4）找出工件的轴线后，在工件的端面和四周划圈线。

（5）将工件转动 90°，用直角尺对齐已划好的端面线，然后用调整好的游标高度卡尺再划一道圈线，工件上就得到两道互相垂直的圈线。

（6）将游标高度卡尺的游标上移一个偏心距 *e*，在光轴端面和四周再划一道圈线。

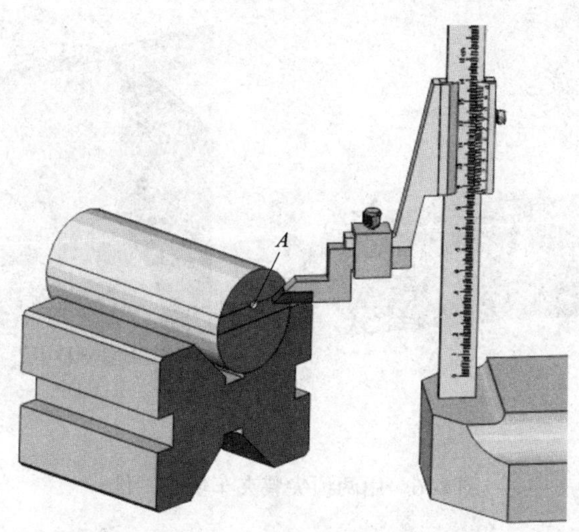

图 8–4 在 V 形架上划偏心的方法

（7）在工件两端面的偏心距中心位置分别打样冲眼，要求样冲眼的中心位置准确，眼坑宜浅，且小而圆。

1）若采用两顶尖装夹车削偏心轴，则应以此样冲眼为基准先钻中心孔。

2）若采用四爪单动卡盘装夹车削偏心轴，则要以样冲眼为中心先划出一个偏心圆（在端面允许的情况下，偏心圆直径宜取大值），并在此偏心圆上均匀、准确地打上几个样冲眼，以便于找正，如图 8–5 所示。

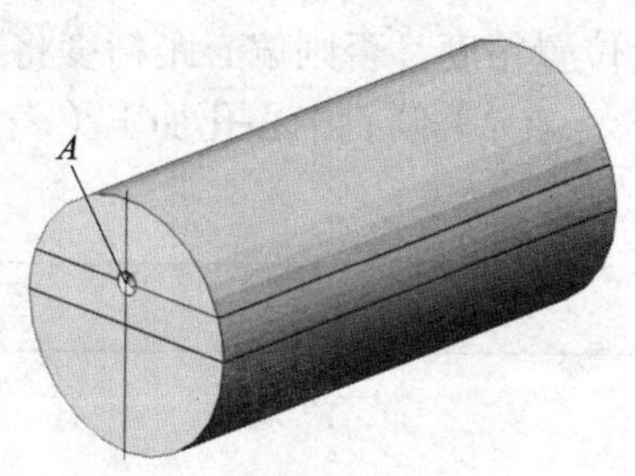

图 8–5 划偏心圆

2. 注意事项

（1）划线用涂料应有良好的附着性，应均匀地在工件上涂薄薄的一层，不宜涂厚，以免影响划线的清晰度。

（2）划线时，用手轻扶工件，防止其移动和转动；划线平台表面与游标高度卡尺底座底面应光洁、无毛刺，平台表面可薄薄地涂一层机油，以减小划线时游标高度卡尺移动的摩擦阻力。

（3）样冲尖应仔细刃磨，要求圆且尖；敲击样冲时，应使样冲与标示线垂直；冲偏心轴孔时更要注意，防止产生偏心误差；偏心圆圆周上一般均匀打 4 个样冲眼即可。

二、车偏心工件的方法

1. 用两顶尖装夹车偏心工件

对于较长的偏心轴，只要两端能钻中心孔，且有装夹鸡心夹头的位置，都可以用两顶尖装夹进行车削，如图 8–6 所示。采用这种方法时，首先必须在工件的两个端面根据偏心距的要求，共钻出 $2n+2$ 个中心孔（其中只有 2 个不是偏心中心孔，n 为工件上偏心轴线的个数）。

（1）工艺特点

1）用两偏心的中心孔定位装夹工件车削偏心圆柱，与在两顶尖间车削一般外圆柱的方法相似，主要的差别是车削偏心圆柱时，在工件圆周上加工余量变化很大，且是断续切削，因此会产生较大的冲击和振动。

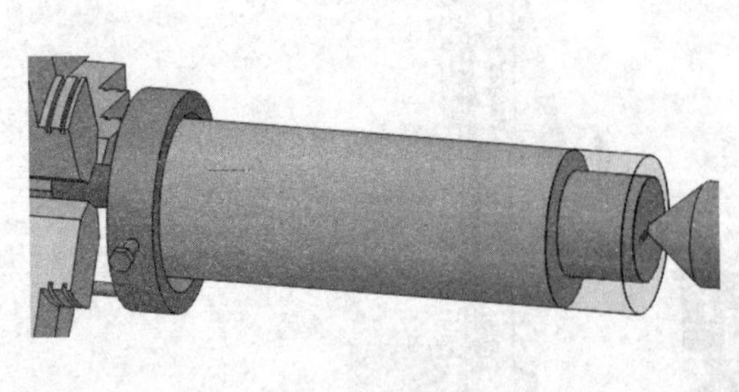

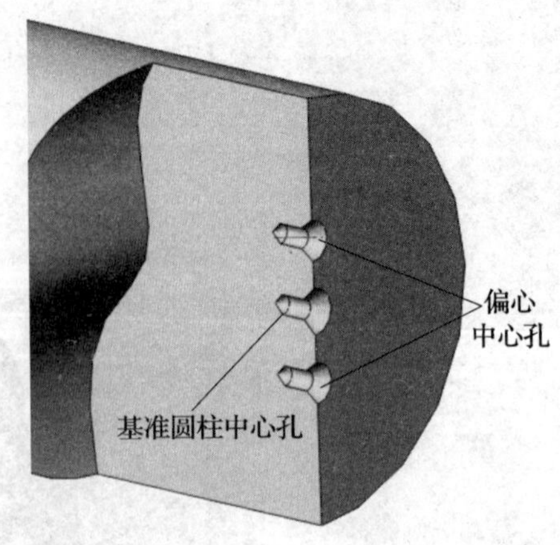

图 8-6　用两顶尖装夹车偏心工件

2）用两顶尖装夹车偏心工件，不需要用很多的时间去找正工件的偏心位置。

3）用两顶尖装夹车偏心工件，关键是要保证基准圆柱中心孔和偏心圆柱中心孔的钻孔位置精度，否则偏心距精度将无法保证。

（2）偏心中心孔加工（表 8-1）

表 8-1　偏心中心孔加工

内容	图示
单件、小批量生产时，精度要求不高的偏心轴，其偏心中心孔可经划线后在钻床上钻出；偏心距精度较高时，其偏心中心孔可在坐标镗床上钻出	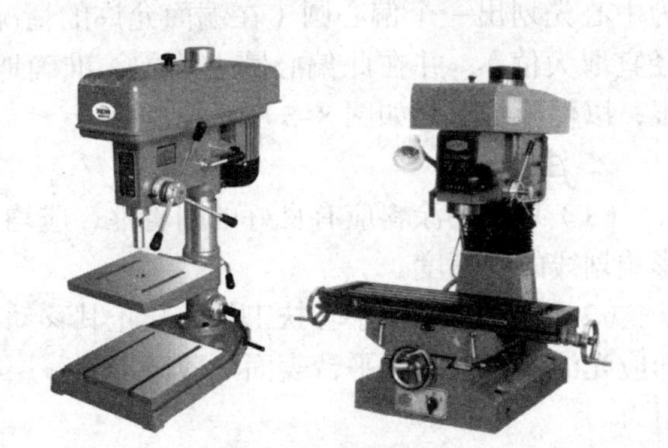
成批生产时，偏心中心孔可在专门的中心孔钻床或偏心夹具上钻出 将偏心距等于工件偏心距的偏心套用软卡爪装夹在三爪自定心卡盘上，工件的基准圆插入夹具体的偏心孔中，用铜螺钉固定工件，则钻出的中心孔就是偏心圆中心孔。工件掉头钻另一端中心孔时，连同夹具体一起掉头，工件不能卸下，然后用软卡爪夹紧夹具体，钻另一端偏心圆中心孔	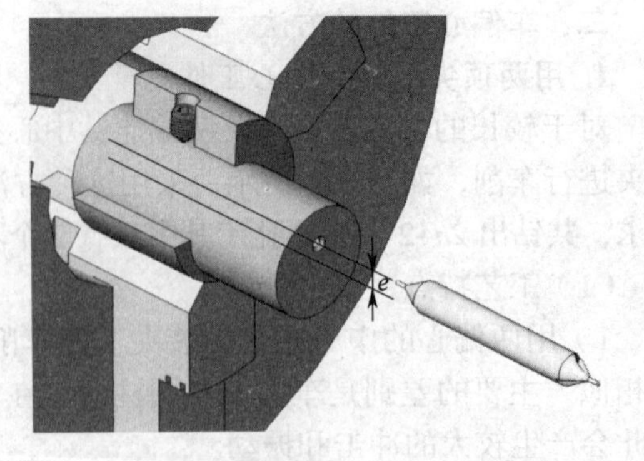

续表

内容	图示
偏心距较小的偏心轴，偏心中心孔与基准圆柱中心孔可能部分重叠干涉，此时可按图示方法，将工件长度加长两个中心孔深度，车削时先用两基准圆柱中心孔装夹车成光轴，然后切去基准圆柱中心孔至工件长度再划线，钻偏心中心孔，车削偏心圆柱	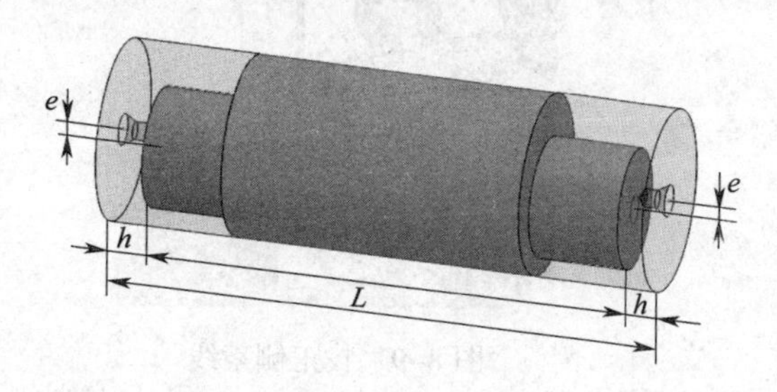

2. 用四爪单动卡盘装夹车偏心工件

数量少、偏心距小、长度较短、不便于用两顶尖装夹或形状比较复杂的偏心工件，可以用四爪单动卡盘装夹车削。装夹工件时，必须根据毛坯上已划好的线找正，使偏心圆柱的轴线与车床主轴轴线重合，并找正工件外圆侧素线与车床主轴轴线平行。

（1）偏心工件位置的找正

1）按划线找正

①调整卡盘卡爪的位置，使其中两爪呈对称布置，另两爪呈不对称布置，其偏离主轴中心距离大致等于工件的偏心距。各对卡爪之间张开的距离稍大于工件装夹部位的直径，使工件偏心圆柱的轴线基本处于卡盘中央，然后装夹工件，如图 8–7 所示。

②夹持工件长 15 ~ 20 mm，工件外圆垫 1 mm 左右厚钢片，夹持工件后，推动尾座顶尖接近工件，调整卡爪位置，使顶尖对准偏心圆中心（图 8–8 中的 *A* 点），然后移走尾座。

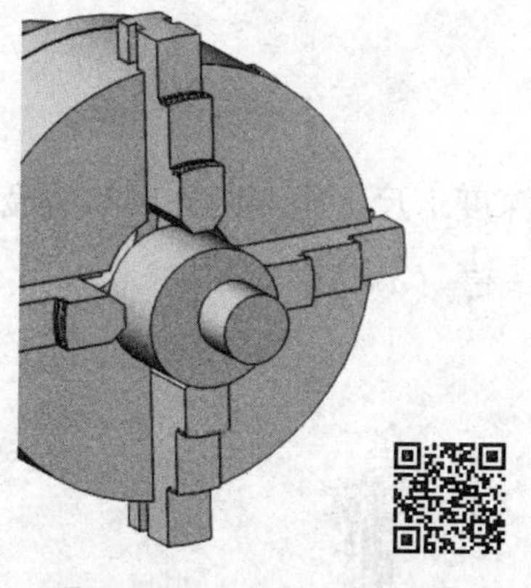

图 8–7　用四爪单动卡盘装夹偏心工件

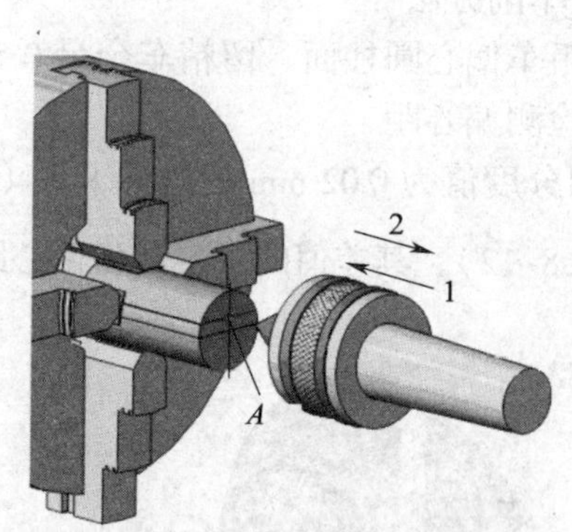

图 8–8　用尾座顶尖对准偏心圆中心

③将划线盘置于中滑板（或床鞍）上适当位置，使划针尖端对准工件外圆上的侧素线（图 8–9），移动床鞍，检查侧素线是否水平，若不水平，可用木锤轻轻敲击进行找正。然后将卡盘（工件）转动 90°，用同样的方法检查和找正侧素线。

④将划针尖端对准工件端面上的偏心圆线，扳转卡盘，找正偏心圆，如图 8–10 所示。

⑤重复步骤③和④找正，直至使两条侧素线均呈水平（基准圆轴线与偏心圆轴线平行），使偏心圆轴线与车床主轴轴线重合为止。

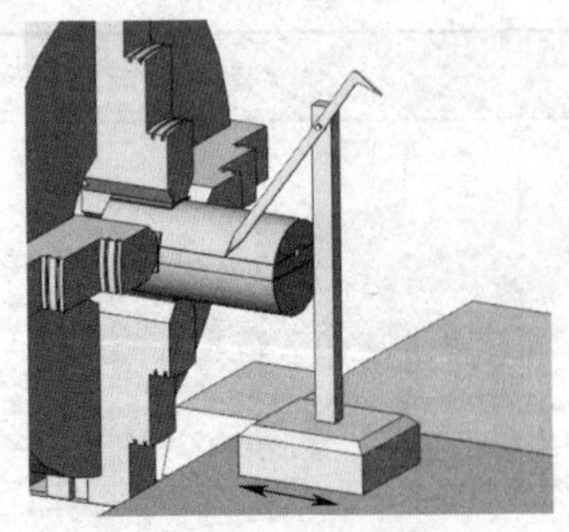

图 8–9　找正侧素线

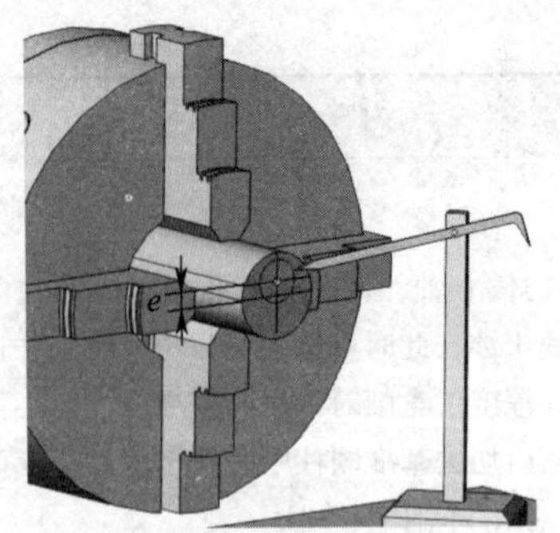

图 8–10　找正偏心圆

⑥将四个卡爪成对均匀地拧紧一遍，检查并确认侧素线和偏心圆线在紧固卡爪时没有产生位移。

由于存在划线误差和找正误差，按划线找正偏心工件位置的方法仅适用于加工精度要求不高的偏心工件。

2）用百分表找正

偏心距较小、加工精度要求较高的工件，用百分表精确找正工件装夹位置。

①先按划线法初步找正工件。

②移动床鞍，用百分表在 a、b 两点处交替测量，找正工件侧素线，使偏心工件两轴线平行。

③将百分表测杆垂直于基准轴（光轴），转动卡盘，打到最低点，使测头接触外圆表面并压缩 0.5 ~ 1 mm，用手缓慢转动卡盘一周，找正偏心距（图 8–11）。百分表在工件转过一周中读数最大值与最小值之差的一半即为偏心距。a、b 两点处偏心距应基本一致，并在图样允许误差范围内。反复调整，直至找正为止。

（2）车削方法

1）粗车偏心圆柱面，留精车余量 0.5 mm。

2）检测偏心距

①用分度值为 0.02 mm 的游标卡尺（或游标深度卡尺）检测两外圆间的最大距离和最小距离（图 8–12），其差值的一半即为偏心距，即 $e=\frac{1}{2}(a-b)$。

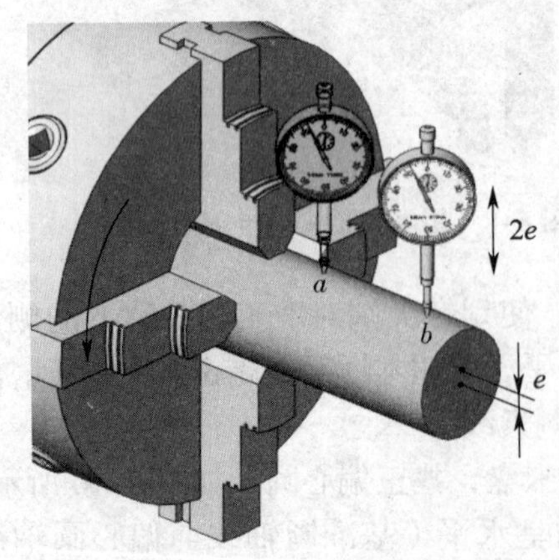

图 8–11　用百分表找正偏心工件

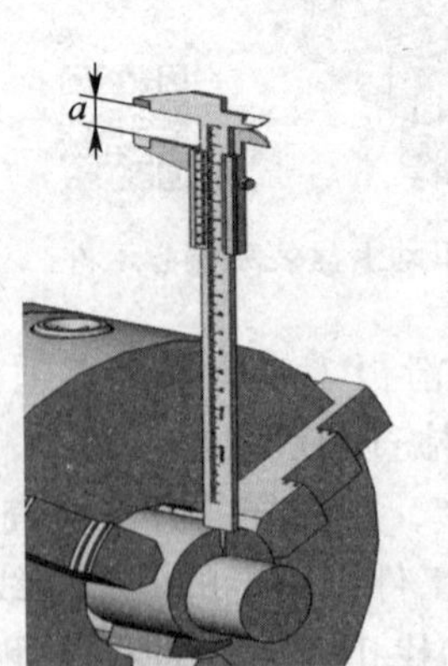

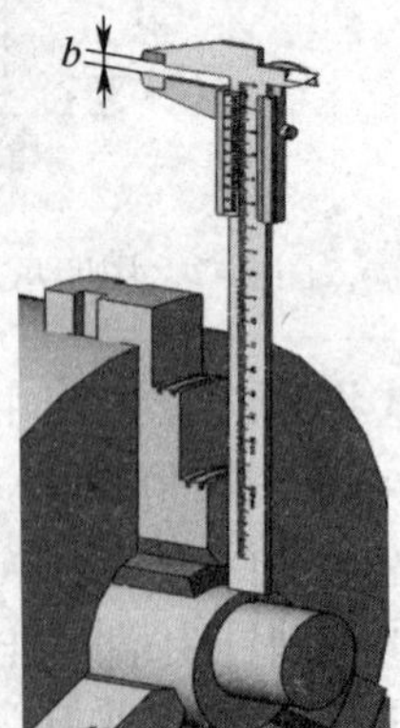

图 8–12　用游标卡尺检测偏心距

②用百分表检测，如图 8–13 所示，将百分表测头与工件基准外圆柱面接触，使卡盘缓慢转过一圈，百分表指示的最大值与最小值之差的一半即为偏心距。

检测结果若偏心距误差较大时，可少量调节呈不对称布置的两个卡爪；若偏心距误差不大时，则仅需继续夹紧某一个卡爪（e 偏大时，夹紧离偏心轴线远的卡爪；e 偏小时，夹紧离偏心轴线近的卡爪）。

③精车偏心外圆柱面至尺寸要求。

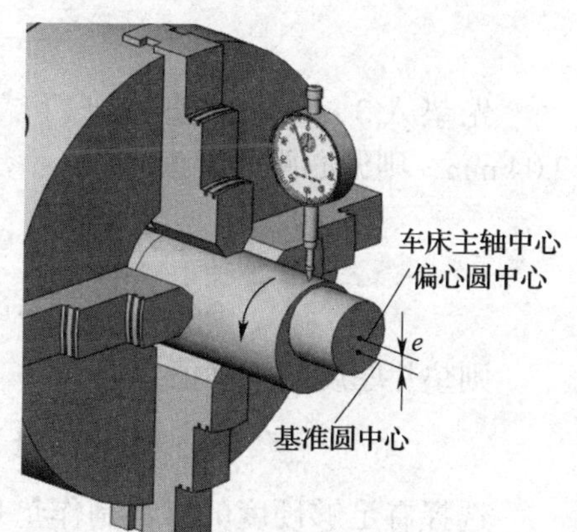

图 8–13　用百分表检测偏心距

3. 用三爪自定心卡盘装夹车偏心工件

（1）偏心原理

在三爪自定心卡盘任意一个卡爪与已加工好的工件基准外圆柱面的接触部位之间垫上一块预先选好厚度的垫片，使工件轴线相对于车床主轴轴线产生等于工件偏心距 e 的位移，找正正确并夹紧后即可车削，如图 8–14 所示。

（2）垫片选择

对长度较短且偏心距较小（$e \leqslant 6$ mm）的偏心工件，也可以在三爪自定心卡盘的一个卡爪上增加一块垫片，使工件产生偏心来车削，如图 8–15 所示。垫片厚度可用下列近似公式计算：

$$x=1.5e+k \tag{8-1}$$

$$k \approx 1.5\Delta e \tag{8-2}$$

$$\Delta e=e-e_{测} \tag{8-3}$$

式中　x——垫片厚度，mm；

e——工件偏心距，mm；

k——偏心距修正值，其正负值按实测结果确定，mm；

Δe——试切后的实测偏心距误差，mm；

$e_{测}$——试切后的实测偏心距，mm。

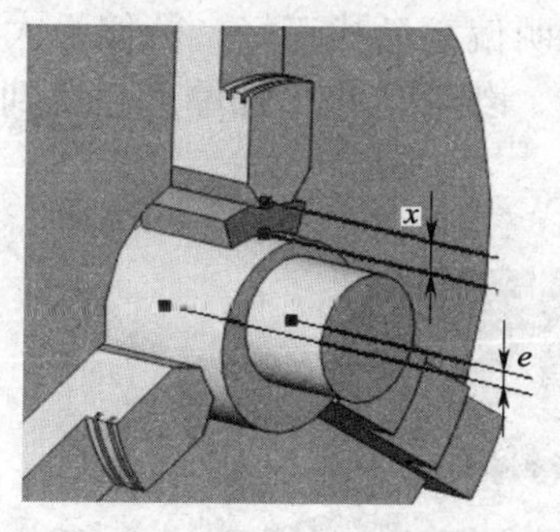

图 8–14　偏心原理

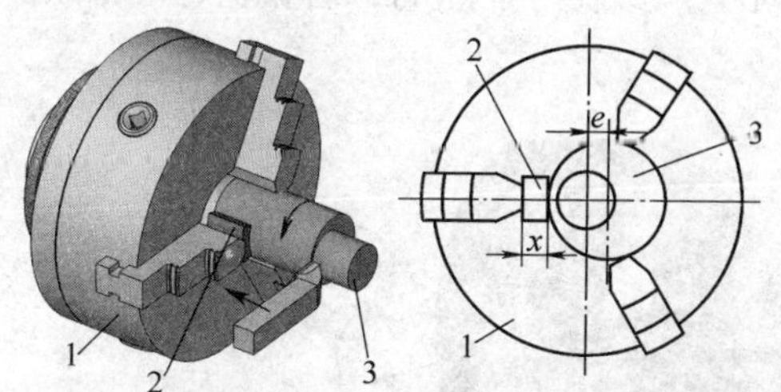

图 8–15　在三爪自定心卡盘上车偏心工件

1—三爪自定心卡盘　2—垫片　3—偏心工件

例 8–1　车削偏心距 e=2 mm 的工件，试用近似公式计算垫片厚度 x。

解：先不考虑修正值，按式（8–1）计算垫片厚度：

$$x=1.5e=1.5\times 2\ \text{mm}=3\ \text{mm}$$

先垫入 3 mm 厚的垫片进行试车削，试车后检查其实际偏心距。如实测偏心距为 2.04 mm，则偏心距误差为：

$$\Delta e=e-e_{测}=2\ \text{mm}-2.04\ \text{mm}=-0.04\ \text{mm}$$

$$k\approx 1.5\Delta e=1.5\times(-0.04\ \text{mm})=-0.06\ \text{mm}$$

则垫片厚度的正确值为：

$$x=1.5e+k=1.5\times 2\ \text{mm}+(-0.06\ \text{mm})=2.94\ \text{mm}$$

选择有足够硬度的材料制作垫片，以防装夹时发生挤压变形。垫片应选择与基准圆相匹配的圆弧面（起包容作用），这样不易在加工中受切削力影响而走动以造成误差，如图 8–16 所示。

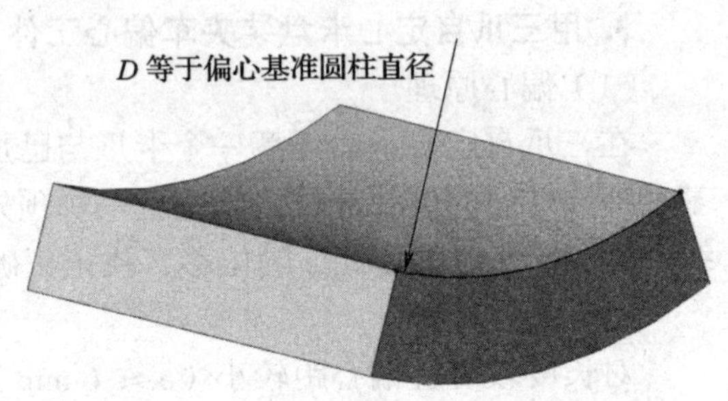

图 8–16　垫片

（3）注意事项

1）垫入垫片前，应先擦净卡盘、卡爪处切屑。

2）卡爪若磨损严重，出现喇叭口要及时更换。

3）在调校过程中，为保证安全，可将变速手柄放置在空挡。

4）三爪自定心卡盘一般适用于加工精度要求不高、偏心距 $e\leqslant 6$ mm 的短偏心工件。

（4）找正方法

1）找正平行度（图 8–17）。将垫片垫入卡爪与基准外圆间（该外圆与偏心车削前外圆严格同轴），略微夹紧工件，移动床鞍，使百分表在 a、b 两点间交替测量，用铜棒敲击至两点百分表指针一致，工件转过 90° 再检查，若读数仍一致，说明工件素线与机床主轴轴线已平行。

2）找正偏心距（图 8–18）。将百分表测头垂直于工件外圆表面，在圆周上找到最低点后，下压 0.5 ~ 1 mm，转动卡盘（卡盘放空挡）一周，若一周内百分表指针最大与最小差值的一半在偏心距允差范围内，并且 a、b 两点都正确，说明偏心已找正好。若偏心大了，说明垫片太厚，要换薄一点的；若偏心小了，则可加入铜片、纸片等来增加厚度。达到要求后夹紧。

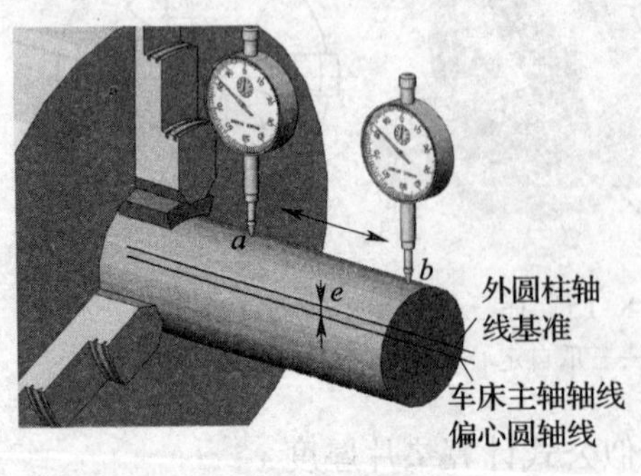

图 8–17　找正平行度

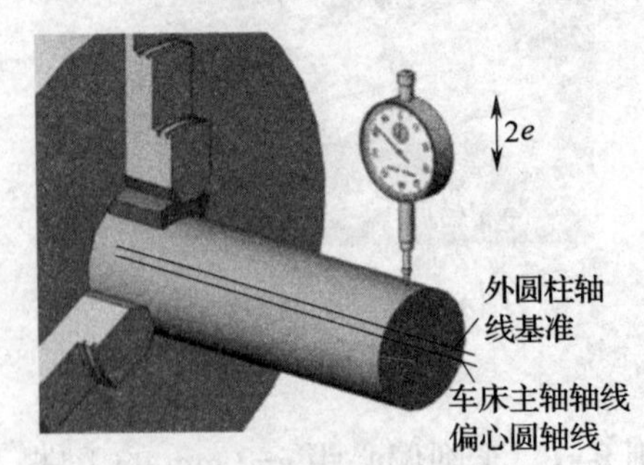

图 8–18　找正偏心距

（5）车削方法（表 8–2）

表 8–2　　车削方法

内容	图示
粗车：开始车削时，车刀应先远离工件再启动车床，以防止工件碰撞车刀。选取负值刃倾角车刀，用大背吃刀量及小进给量车削。待工件车圆后，再适当增大进给量，否则易损坏车刀或使工件产生位移	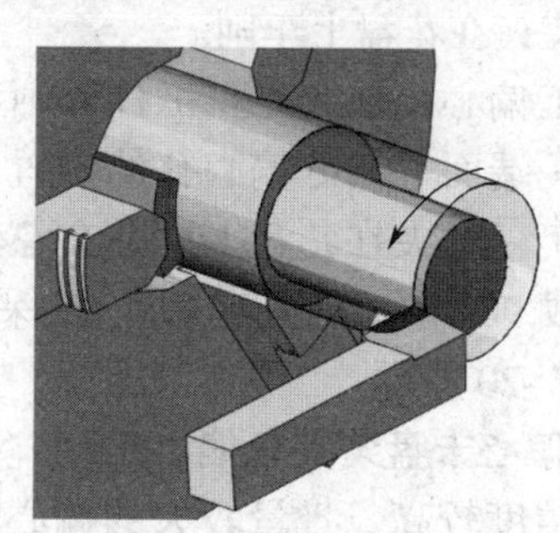
精车：当偏心直径还剩 1 mm 左右精车余量时，再复检偏心距。方法是将百分表测头与工件基准外圆接触，再按找正偏心方法找正。通常复检时偏心距误差应该是很小的，若偏心距超差，则略紧相应卡爪即可	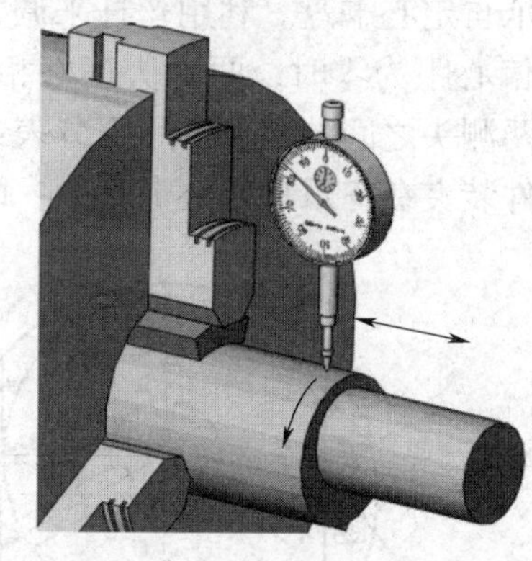

4. 用双重卡盘装夹车偏心工件

将三爪自定心卡盘装夹在四爪单动卡盘上，并移动一个偏心距 e。加工偏心工件时，只需把工件装夹在三爪自定心卡盘上即可车削，如图 8–19 所示。这种方法第一次在四爪单动卡盘上找正比较困难，但是，在加工一批工件中的其余工件时，则不需找正偏心距，因此适用于加工成批工件。由于两个卡盘重叠在一起，刚度不足且离心力较大，切削用量只能选得较低。此外，车削时尽量用后顶尖支顶，工件找正后还需加平衡铁，以防发生意外事故。

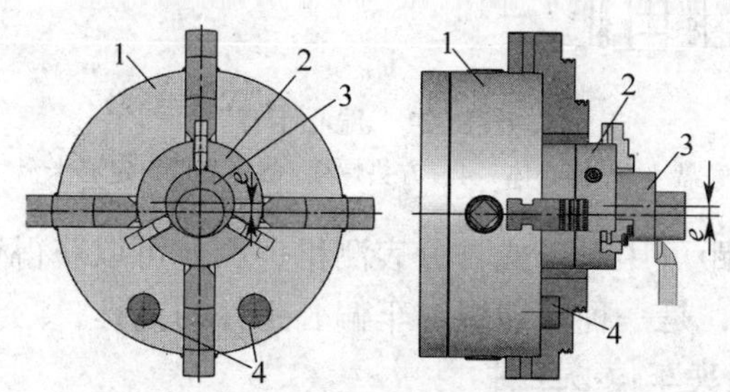

图 8–19　用双重卡盘装夹车偏心工件

1—四爪单动卡盘　2—三爪自定心卡盘　3—偏心工件　4—平衡铁

这种方法只适宜车削偏心距不大（$e \leqslant 5$ mm）且精度要求不高、批量较小的偏心工件。

5. 用花盘装夹车偏心工件

加工长度较短、偏心距较大（$e \geqslant 6$ mm）的偏心套时，可以装夹在花盘上车削。

在加工偏心孔前，先将工件外圆和两端面加工至要求后，在一端面上划好偏心孔的位置，然后用三块压板均匀地把工件装夹在花盘上，并在花盘靠近工件外圆处装上两块成 90°角布置的定位块，以保证偏心套的定位要求，如图 8–20 所示。

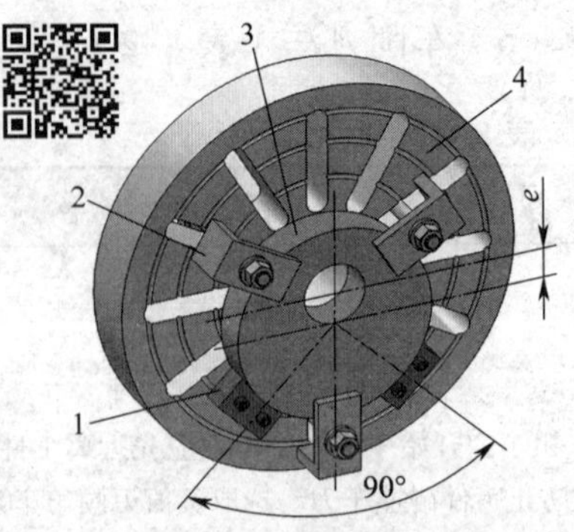

图 8–20　用花盘装夹车偏心套

1—定位块　2—压板　3—偏心套　4—花盘

6. 用偏心卡盘装夹车偏心工件

车削精度较高、批量较大的偏心工件时，可以用偏心卡盘（图 8–21）来车削。偏心卡盘分两层，底盘用螺钉固定在车床主轴的连接盘上，偏心体与底盘燕尾槽相互配合。偏心体上装有三爪自定心卡盘。利用丝杆来调整卡盘的中心距，偏心距 e 的大小可在两个测头之间测得。当偏心距为零时，两测头正好相碰。转动丝杆时，测头逐渐离开，离开的尺寸即为偏心距。两测头之间的距离可用百分表或量块测量。当偏心距调整好后，用 4 个方头螺栓紧固，把工件装夹在三爪自定心卡盘上，即可进行车削。

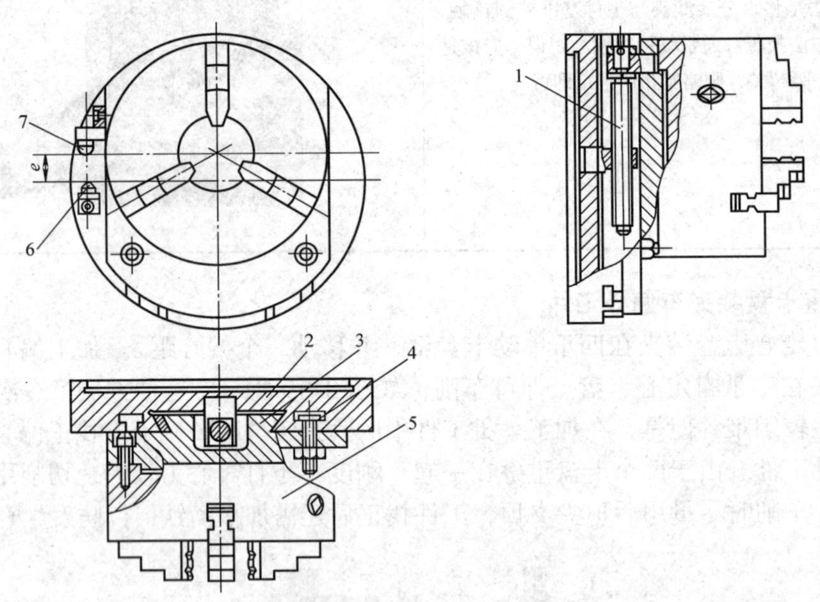

图 8–21　偏心卡盘

1—丝杆　2—底盘　3—偏心体　4—方头螺栓　5—三爪自定心卡盘　6、7—测头

由于偏心卡盘的偏心距可用量块或百分表测得，因此可以获得很高的精度。其次，偏心卡盘调整方便，通用性强，是一种较理想的车偏心工件的夹具。

7. 用专用偏心夹具装夹车偏心工件

（1）用偏心夹具车偏心工件

加工数量较多、偏心距精度要求较高的工件时，可以制造专用偏心夹具来装夹。如

图 8–22 所示，偏心夹具 2 或 6 分别装夹在三爪自定心卡盘 1 或 5 上。夹具中预先加工一个偏心孔，其偏心距等于偏心工件 4 或 7 的偏心距 e，工件就插在夹具的偏心孔中。可以用铜头螺钉紧固，如图 8–22a 所示；也可以将偏心夹具的较薄处铣开一条狭槽，依靠夹具变形来夹紧工件，如图 8–22b 所示。

图 8–22　用专用偏心夹具车偏心工件

a）用螺钉紧固工件　b）用夹具变形紧固工件

1、5—三爪自定心卡盘　2、6—偏心夹具　3—铜头螺钉　4、7—偏心工件　8—狭槽

（2）用偏心夹具钻偏心中心孔

当加工数量较多的偏心轴时，若用划线的方法找正中心来钻中心孔，生产效率低，偏心距精度不易保证。这时可将偏心轴用紧定螺钉装夹在偏心夹具中，用中心钻钻中心孔，如图 8–23 所示。工件掉头钻偏心中心孔时，只把夹具掉头，工件不能卸下，再装夹在软卡爪上。偏心中心孔钻好后，再在两顶尖间车偏心轴。

三、偏心工件的检测

1. 在两顶尖间检测偏心距

两端有中心孔、偏心距较小、不易放在 V 形架上测量的偏心轴类工件，可以在两顶尖间检测偏心距，如图 8–24 所示。检测时，将百分表测杆垂直于工件轴线接触在偏心部位，用手均匀、缓慢转动工件一周，百分表指示的最大值与最小值之差的一半即为偏心距。

将偏心套套在带有中心孔的心轴上，再用两顶尖支撑心轴，可用同样的方法检测偏心套的偏心距。

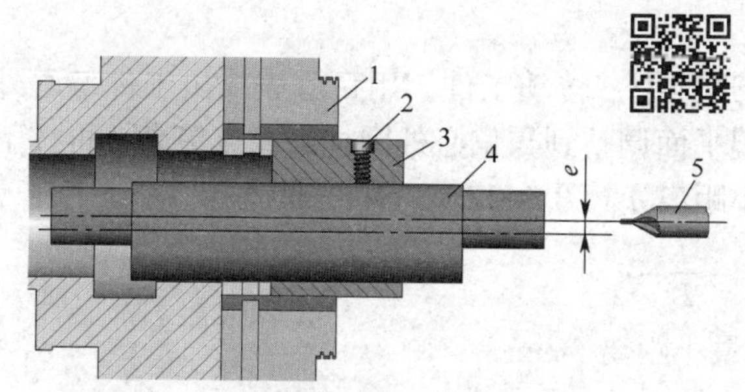

图 8–23　用偏心夹具钻偏心中心孔

1—软卡爪　2—紧定螺钉　3—偏心夹具

4—偏心轴　5—中心钻

图 8–24　在两顶尖间检测偏心距

2. 在 V 形架上检测偏心距

无中心孔或长度较短、偏心距 $e<5$ mm 的偏心工件，可在 V 形架上检测偏心距，如图 8–25 所示。检测时，将工件基准圆柱放置在 V 形架上，百分表测杆垂直于基准轴线接触在工件偏心部位，均匀、缓慢转动工件一周，百分表指示最大值与最小值之差的一半即为偏心距。

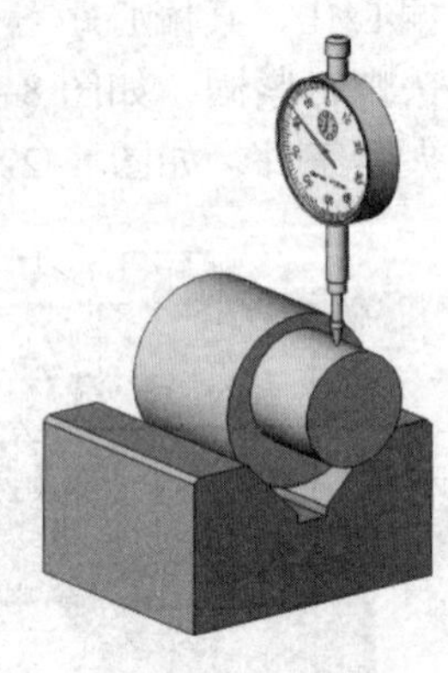

图 8–25　在 V 形架上检测偏心距

3. 偏心距较大的工件的检测方法

偏心距较大（$e \geqslant 5$ mm）的偏心工件，受百分表测量范围的限制，不能用百分表直接检测其偏心距时，可用下列间接测量方法：

（1）在两顶尖间间接测量偏心距

将偏心轴的基准中心孔支撑在两顶尖之间，转动工件，用百分表找出偏心圆柱的最低点，调整可调量规平面，使其与偏心圆柱最低点处于同一水平位置（用百分表测定），然后固定可调量规平面，再转动偏心工件，找出偏心圆柱的最高点，并在可调量规平面上放量块（组），用百分表测定，使量块的高度与偏心圆柱的最高点等高，如图 8–26 所示，则量块高度的 1/2 即是偏心距。

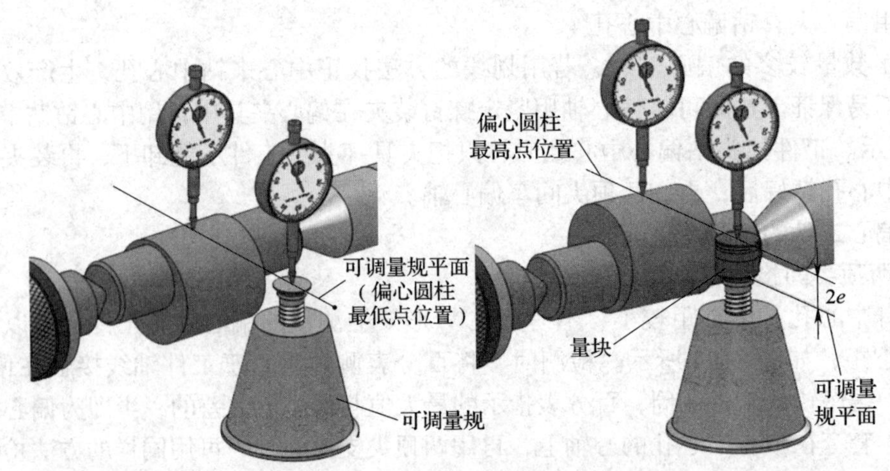

图 8–26　在两顶尖间检测较大的偏心距

（2）在 V 形架上间接测量偏心距

将 V 形架置于测量平板上，工件放在 V 形架中，转动工件，用百分表找出工件偏心外圆柱的最高点，将工件固定，然后使可调量规平面调整到与偏心外圆柱最高点等高，再按下式计算出偏心外圆柱到基准外圆柱之间的最小距离 a（图 8–27）：

$$a=\frac{D}{2}-\frac{d}{2}-e$$

式中　a——偏心外圆柱到基准外圆柱之间的最小距离，mm；

d——偏心外圆柱的实测直径尺寸，mm；

D——基准外圆柱的实测直径尺寸，mm；

e——偏心距，mm。

选择一组量块，组成尺寸 a，将量块组置于可调量规平面上，水平移动百分表分别测量基准外圆柱最高点（读数 A）和量块组上表面（读数 B），比较读数差值是否在偏心距误差允许范围内，以判定此偏心工件的偏心距是否满足要求。

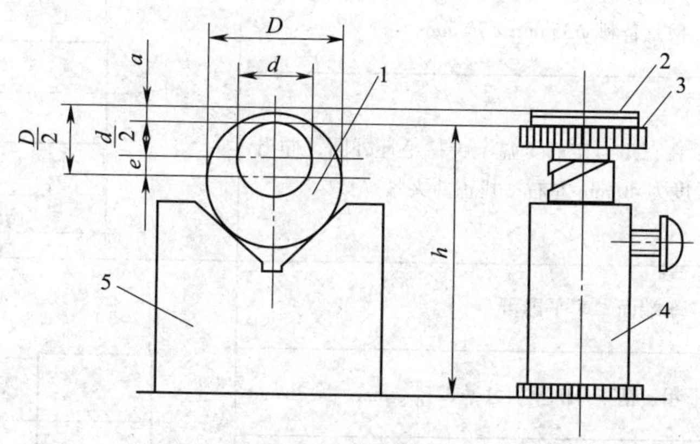

图 8–27　在 V 形架上检测较大的偏心距

1—偏心工件　2—量块　3—可调量规平面　4—可调量规　5—V 形架

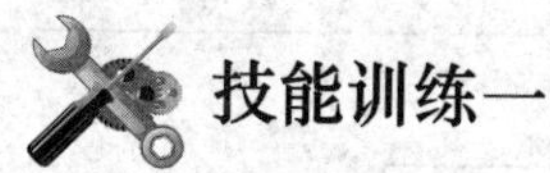
技能训练一

在三爪自定心卡盘上车削偏心轴

1. 工件图样（图 8–28）

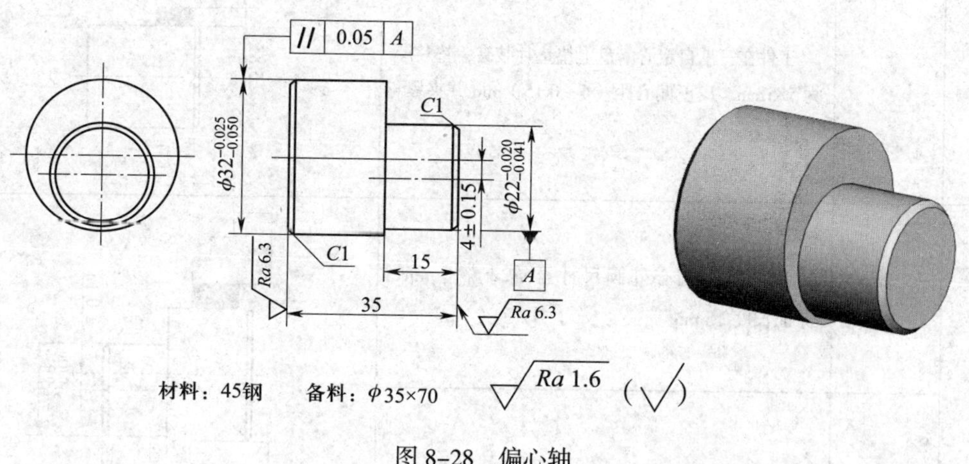

图 8–28　偏心轴

2. 加工工艺卡（表 8–3）

表 8–3　加工工艺卡

工序	工步	内容	图示
10		检查备料 ϕ35 mm × 70 mm	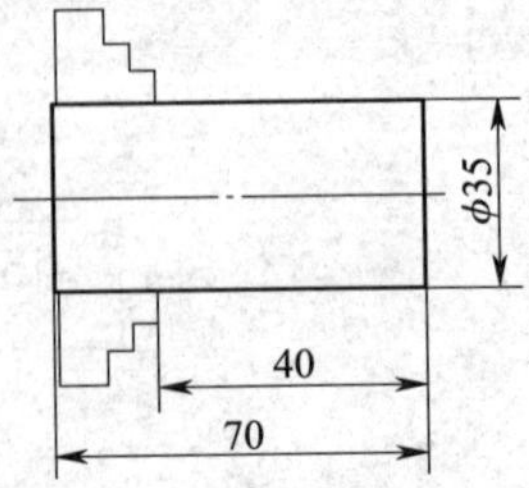
20		在三爪自定心卡盘上夹持毛坯外圆，伸出长度为 40 mm 左右，找正并夹紧	
	1	车端面，车平即可	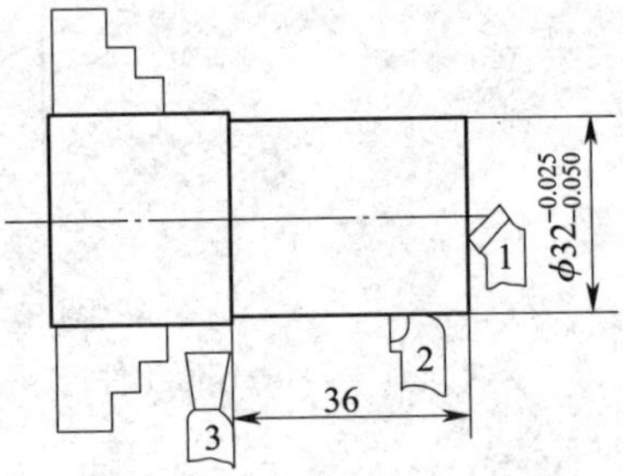
	2	粗、精车外圆至尺寸 $\phi 32_{-0.050}^{-0.025}$ mm，长 36 mm	
	3	倒角 $C1$ mm	
	4	切断，长 36 mm	
30		掉头，夹持 $\phi 32_{-0.050}^{-0.025}$ mm 外圆，找正并夹紧	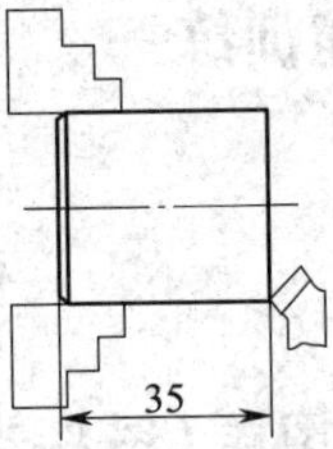
	1	车另一端面，保证总长 35 mm	
40		工件在三爪自定心卡盘上垫垫片装夹，垫片厚为 5.85 mm，找正偏心距（4 ± 0.15）mm 并夹紧	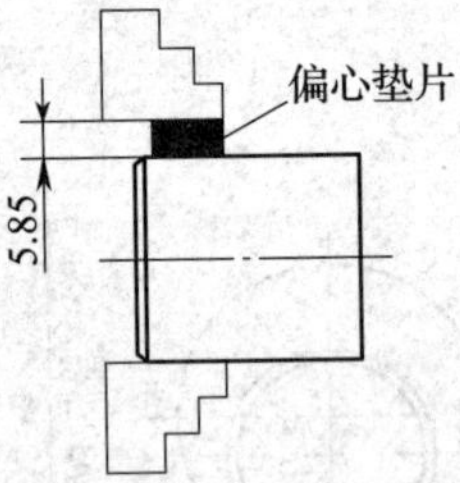
	1	粗、精车偏心外圆尺寸至 $\phi 22_{-0.041}^{-0.020}$ mm，保证长度 15 mm	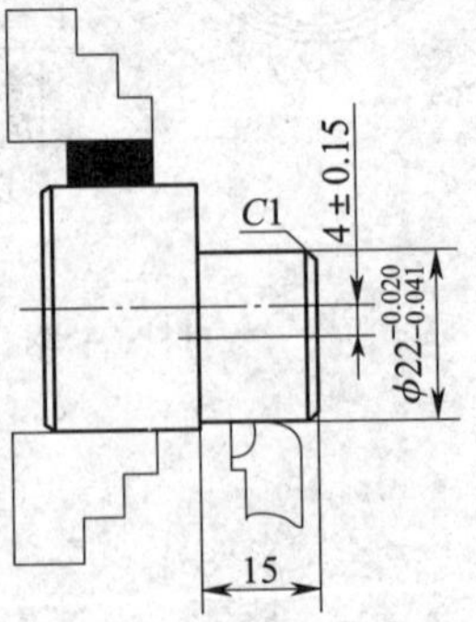
	2	外圆倒角 $C1$ mm	
50		检查质量，合格后卸下工件	

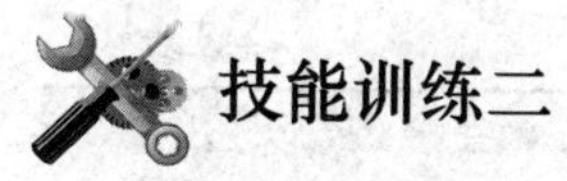

技能训练二

在三爪自定心卡盘上车削偏心套

1. 工件图样（图 8–29）

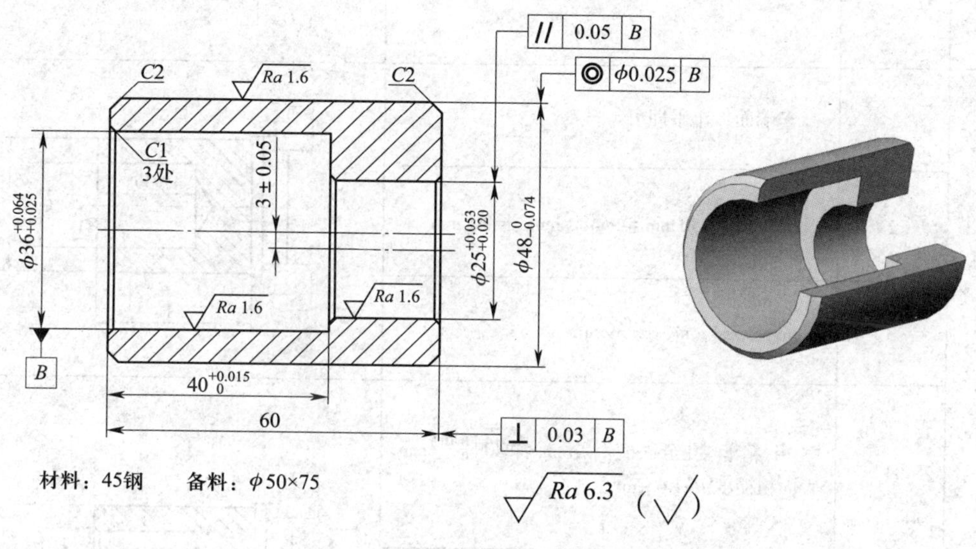

图 8–29　偏心套

2. 加工工艺卡（表 8–4）

表 8–4　　加工工艺卡

工序	工步	内容	图示
10		检查备料 φ50 mm × 75 mm	
20		用三爪自定心卡盘夹持毛坯外圆，伸出长度为 20 mm 左右，找正并夹紧	20 75
	1	车端面，车平即可	10 φ45 1 2
	2	车外圆至 φ45 mm，长 10 mm	

续表

工序	工步	内容	图示
30		掉头夹持 ϕ45 mm 外圆，找正并夹紧	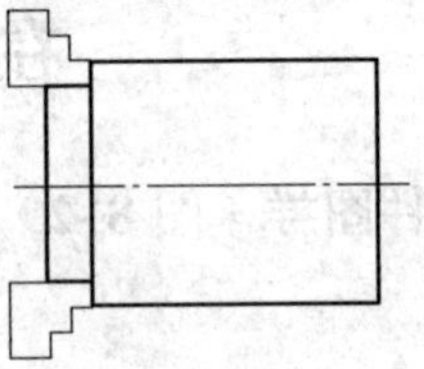
	1	车端面，车平即可	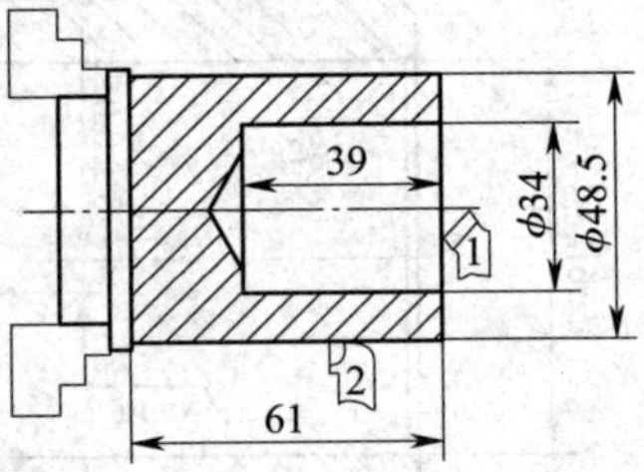
	2	粗车外圆 ϕ50 mm 至 ϕ48.5 mm，长 61 mm	
	3	钻孔 ϕ34 mm，深 39 mm	
	4	粗、精车内孔至 $\phi 36^{+0.064}_{+0.025}$ mm，深 $40^{+0.015}_{0}$ mm，表面粗糙度 Ra1.6 μm	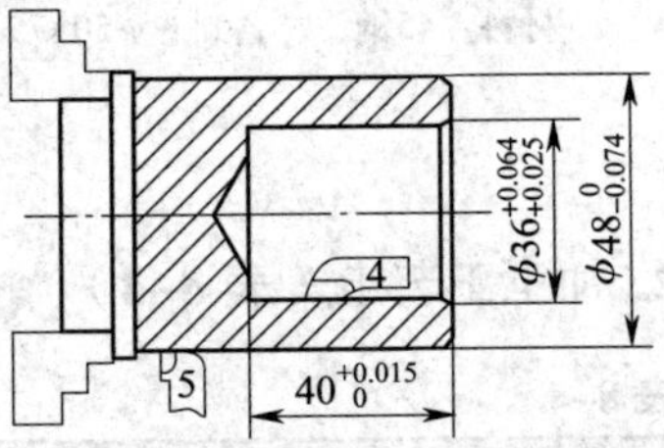
	5	精车外圆 $\phi 48^{0}_{-0.074}$ mm 至尺寸要求，表面粗糙度 Ra1.6 μm	
	6	外圆倒角 C2 mm，内孔孔口倒角 C1 mm	
40		工件掉头，在 $\phi 48^{0}_{-0.074}$ mm 外圆表面包铜皮，找正并夹紧	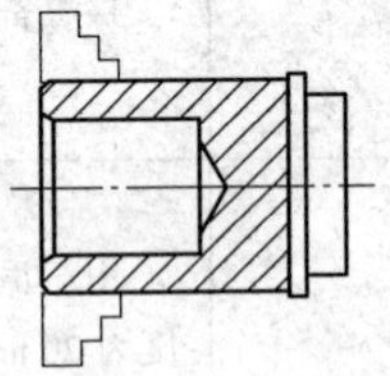
	1	车端面，保证总长 60 mm	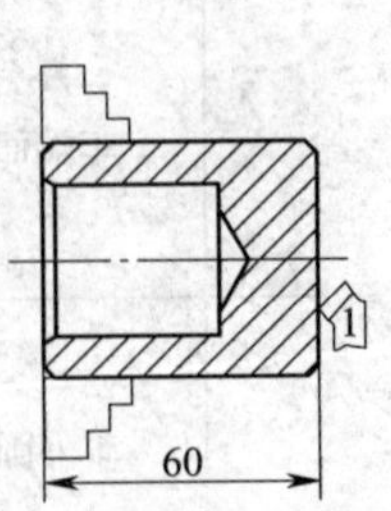
	2	倒角 C2 mm	

续表

工序	工步	内容	图示
50		在 $\phi 48_{-0.074}^{0}$ mm 外圆表面包铜皮，用三爪自定心卡盘夹持，垫偏心垫片，找正并夹紧	偏心垫片 $\phi 23$
	1	用百分表精确找正偏心距（3±0.05）mm，夹紧工件	
	2	钻孔 $\phi 23$ mm	
	3	粗、精车内孔至 $\phi 25_{+0.020}^{+0.053}$ mm，表面粗糙度 $Ra1.6$ μm	$\phi 25_{+0.020}^{+0.053}$ 3
	4	孔口倒角 $C1$ mm 两处	
60		检查质量，合格后取下工件	

课题二　车细长轴

通常将工件长度 L 与直径 d 之比大于 25（即长径比 $L/d>25$）的轴类工件称为细长轴。

细长轴外形并不复杂，但由于它本身的刚度低，车削时又受切削力、重力、切削热等因素的影响，容易引起振动及变形，由此产生形状误差等缺陷，难以保证加工精度。长径比越大，加工就越困难。

车削细长轴时一般采用两顶尖装夹或一夹一顶装夹。细长轴车削的三个关键技术如下：使用中心架和跟刀架作辅助支撑，提高工件的刚度；解决工件受热变形而伸长的问题；合理选择车刀的几何形状。

一、用中心架支撑车细长轴

中心架是车床的附件，在车刚度低的细长轴，或是不能穿过车床主轴孔的粗长工件以及孔与外圆同轴度精度要求较高的较长工件时，往往采用中心架来提高刚度及保证同轴度。

1. 中心架的结构

（1）普通中心架（图 8–30）

中心架工作时，架体 1 通过压板 8 和螺母 7 紧固在床身上，上盖 4 可以打开或扣合，并用防松螺钉 6 锁定。支撑爪 3 的进退分别用三个调整螺钉 2 来调整，以适应不同直径的工件，并分别用三个紧固螺钉 5 紧固。

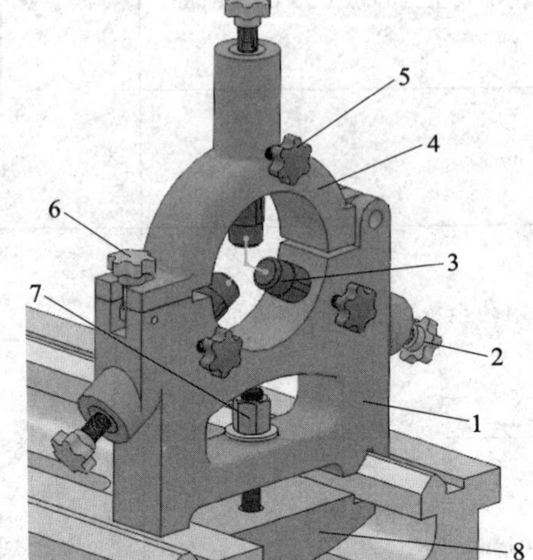

图 8–30　普通中心架

1—架体　2—调整螺钉　3—支撑爪　4—上盖　5—紧固螺钉　6—防松螺钉　7—螺母　8—压板

（2）滚动轴承中心架（图 8–31）

滚动轴承中心架的结构与普通中心架相同，区别在于支撑爪前端有三个滚动轴承，以滚动摩擦代替滑动摩擦。

优点：能高速车削，不会研伤工件表面。

缺点：同轴度误差较大。

中心架的支撑爪是易损件，磨损后可以更换，其材料应选用耐磨性好、不易研伤工件的材料，通常采用青铜、球墨铸铁、胶木、尼龙 1010 等材料。

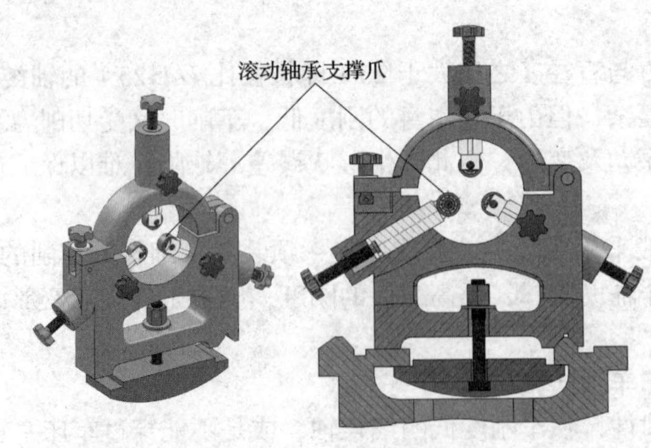

图 8–31　滚动轴承中心架

提示：使用中心架支撑车细长轴的关键是使中心架与工件表面接触的三个支撑爪所决定的圆的圆心必须在车床主轴的回转轴线上。

2. 用中心架支撑车细长轴

（1）用两顶尖装夹工件

1）中心架直接支撑在细长轴中间。先在工件中部中心架支撑部位用低速、小进给量的切削方法车出一段槽，槽直径应略大于该处工件要求的尺寸，槽宽度应宽于支撑爪，槽应有较小的表面粗糙度值（Ra≤1.6 μm）和较高的形状精度（圆度误差≤0.05 mm），然后装上中心架。这时的 L/d 值减小了一半，车削时工件的刚度可提高很多（图 8–32）。

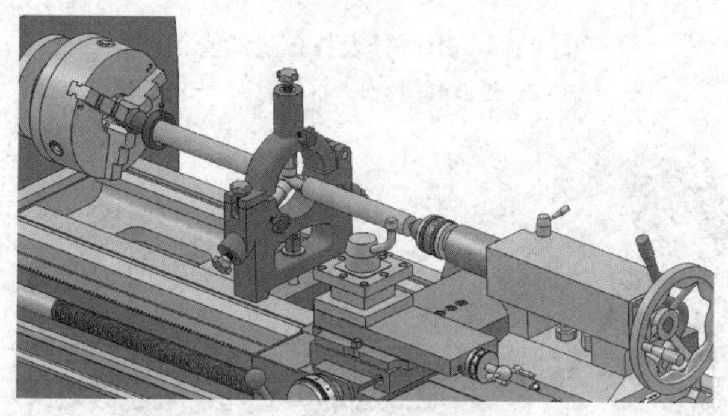

图 8–32 中心架支撑在工件中间车削细长轴

调整中心架支撑爪时，先调整好下面两个支撑爪，锁紧防松螺钉，然后盖上上盖并固定，最后调整好上面一个支撑爪，并锁紧防松螺钉。

车削完一端后，将工件掉头装夹，用中心架的三个支撑爪轻轻支撑已加工表面，再车另一端至尺寸要求。

2）过渡套筒与中心架配合使用车削细长轴。对于外径不规则的工件（如中心架支撑部位有键槽或花键等）或毛坯，可以采用中心架配以过渡套筒支撑工件的方式车削细长轴。过渡套筒如图 8–33 所示，其内孔比被加工工件外径大 20 mm 左右，外径的圆度误差应在 0.02 mm 以内，过渡套筒两端各装有 3 ~ 4 个调整螺钉，用于夹持及调整工件。使用时，调整这些螺钉，并用百分表找正，使过渡套筒外圆的轴线与主轴轴线重合（图 8–34），然后装上中心架，使三个支撑爪与过渡套筒外圆轻轻接触，并能使工件均匀转动，即可车削，如图 8–35 所示。

车完一端后，撤去过渡套筒，掉头装夹工件，调整中心架支撑爪与已加工表面接触，再车另一端。

（2）用卡盘装夹和中心架支撑工件

当工件一端用卡盘夹紧，另一端用中心架支撑时，工件在中心架上找正的方法有以下三种形式：

1）工件在一夹一顶半精车外圆后，若需车端面、钻孔、车孔或精车外圆时，只需将中心架放置并固定于适当位置，以外圆为基准，依次调整中心架的三个支撑爪，使其与工件外圆刚刚接触，然后锁紧支撑爪，在支撑爪与工件接触处加注润滑脂，移去尾座顶尖后即可车削。

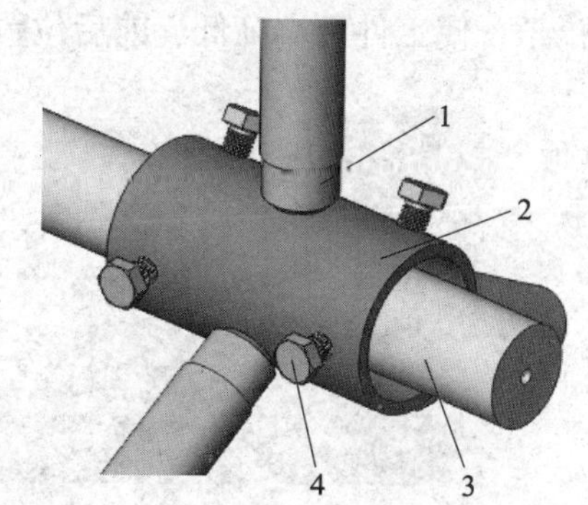

图 8–33 过渡套筒

1—中心架支撑爪 2—过渡套筒
3—工件 4—调整螺钉

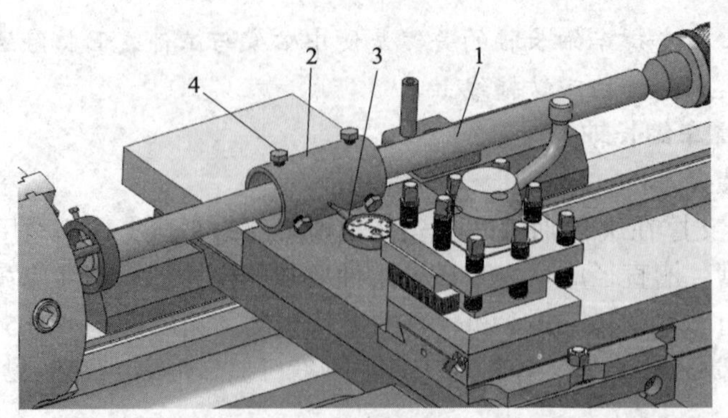

图 8-34　用百分表找正过渡套筒

1—工件　2—过渡套筒　3—百分表　4—调整螺钉

图 8-35　用中心架和过渡套筒支撑车削细长轴

2）外圆已加工、长度不太长的工件，可以一端夹持在卡盘上，另一端用中心架支撑。开始找正时，用手转动卡盘，使用划针或百分表找正工件两端外圆，找正后依次调整中心架的三个支撑爪，使之与工件外圆轻轻接触。

3）当工件的外圆已加工且长度较长时，可以将工件一端夹持在卡盘上，另一端用中心架支撑。先在靠近卡盘处将工件外圆找正，然后摇动床鞍、中滑板，用划针或百分表在工件两端做对比测量（当工件两端被测处直径相同时），或用游标高度卡尺测量两端实际尺寸，然后减去相应的半径差进行比较（当工件两端被测处直径不同时），并以此来调整中心架支撑爪，使工件两端高低、前后位置一致，如图 8-36 所示。

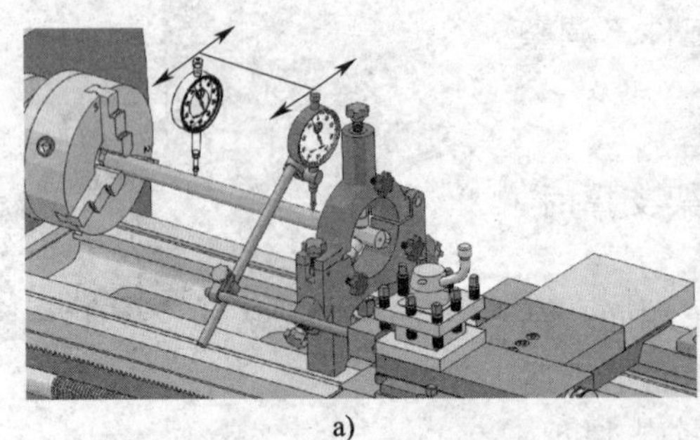

a)

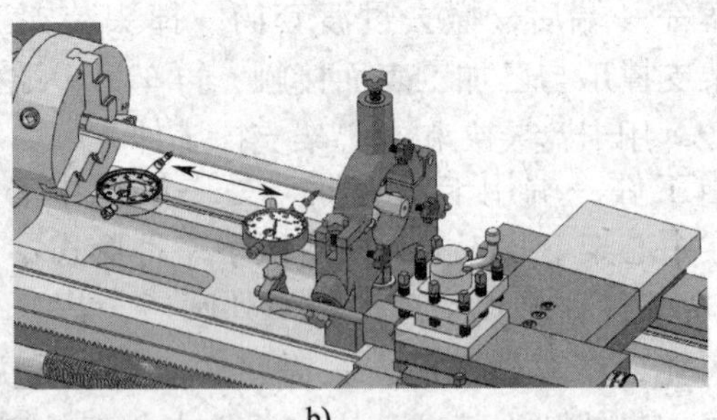

b)

图 8-36　在中心架上找正工件位置

a）找正高低位置　b）找正前后位置

（3）尾座中心位置的找正

用两顶尖装夹、中间用中心架支撑车削细长轴时，常使车削出的外圆产生锥度，其原因除中心架支撑爪调整不当或支撑爪本身的接触状况不良外，尾座的偏移也是一个重要因素，所以必须仔细地找正尾座。

尾座找正的方法是在车削中心架支撑部位外圆柱面的同时，在工件两端各车削一段直径相同的外圆（应留出足够的加工余量），用百分表找正尾座的中心位置，如图 8–37 所示。用百分表在工件两端直径相同的外圆处测量，当测得中滑板的进给读数相同而百分表的读数不同时，说明尾座中心偏移，则应进行找正，直到在工件两端百分表读数相同时为止。

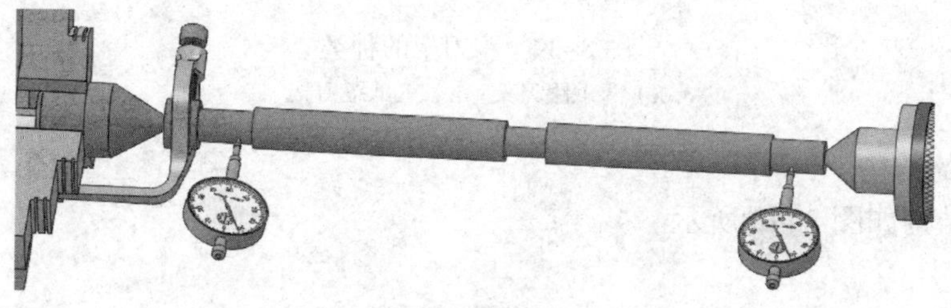

图 8–37　尾座中心位置的找正方法

尾座找正后，如果细长轴车削过程中仍产生锥度，则先检查车刀是否发生严重磨损，若不是，则可判定为中心架支撑爪将工件支撑偏移所致，需调整中心架的支撑爪。

二、用跟刀架支撑车细长轴

跟刀架是车床附件之一。对于直径一致的细长光轴和长丝杠，采用跟刀架支撑能有效提高其加工刚度。如图 8–38 所示为用跟刀架支撑车削细长轴，跟刀架 3 固定在床鞍上，其支撑爪支撑在细长轴 1 上，跟在车刀 2 的后面，并随车刀的进给而移动，从而抵消切削时产生的背向力，提高工件的刚度，减小变形和振动，提高细长轴的加工精度及减小表面粗糙度值。

1. 跟刀架的种类

常用的跟刀架有两爪跟刀架和三爪跟刀架两种，如图 8–39 所示。

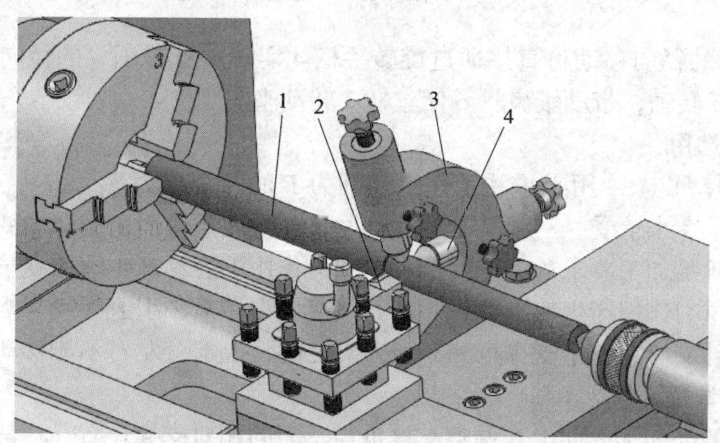

图 8–38　用跟刀架支撑车削细长轴

1—细长轴　2—车刀　3—跟刀架　4—支撑爪

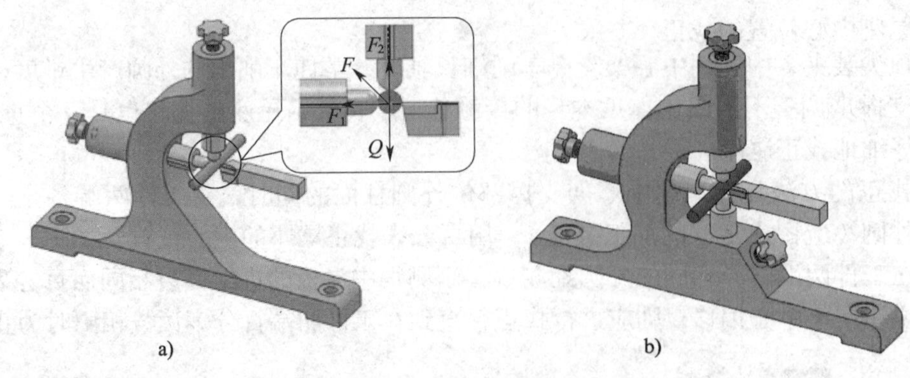

图 8-39　跟刀架的种类

a）两爪跟刀架　b）三爪跟刀架

2. 跟刀架的结构

跟刀架的结构如图 8-40 所示。

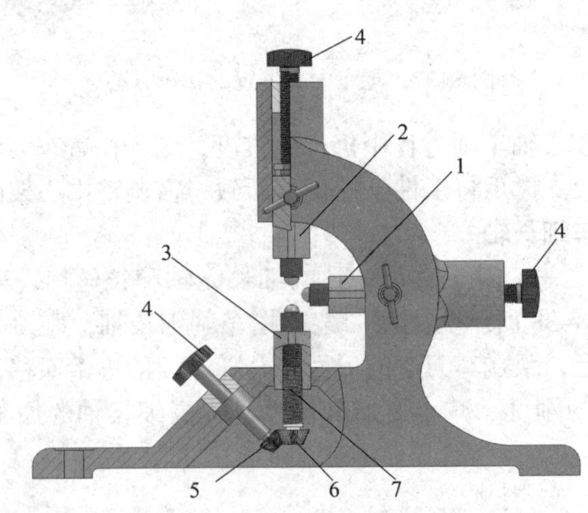

图 8-40　跟刀架的结构

1、2、3—支撑爪　4—手柄　5、6—锥齿轮　7—丝杆

支撑爪 1、2 的径向移动可直接通过旋转手柄 4 实现；支撑爪 3 的径向移动则通过旋转手柄，使锥齿轮 5 转动，带动锥齿轮 6 使丝杆 7 转动来实现。

3. 跟刀架的选用

跟刀架的支撑爪 1、2 用来承受工件上切削力 F 的两个分力 F_1 和 F_2，而重力 Q 对工件的作用则由支撑爪 3 来承受。对于具有足够刚度，不致因重力而引起弯曲变形的工件，使用两爪跟刀架可以满足加工要求；但刚度低，在重力作用下容易产生弯曲变形的细长轴，为避免车削时工件受重力作用产生变形而瞬时离开或接触支撑爪，引起振动，需选用三爪跟刀架支撑工件，使工件支撑在三个支撑爪和车刀刀尖之间，上下、左右不能移动，使车削稳定。

4. 支撑爪的调整

（1）在工件的已加工表面上，调整支撑爪与车刀的相对支撑位置，一般是让支撑爪位于车刀的后面，两者轴向距离应小于 10 mm。

（2）先调整后支撑爪，调整时，应综合运用手感、耳听、目测等方法控制支撑爪，使它轻微接触到外圆为止。再依次调整下支撑爪和上支撑爪，要求各支撑爪都能与轴保持相同的合理间隙，使轴可自由转动。

5. 支撑爪的修整

使用跟刀架前，应先检查跟刀架支撑爪是否能正确地与工件接触，若有如图 8–41 所示的不良接触状态时，必须对支撑爪进行修整。

修整可在本车床上进行，先将跟刀架固定安装在床鞍上，再将有可调刀柄的内孔车刀装在卡盘上，调整支撑爪的位置，然后使主轴（车刀）转动，用床鞍做纵向进给车削支撑爪的支撑面，使支撑面构成的直径基本等于工件支撑处轴颈的直径。

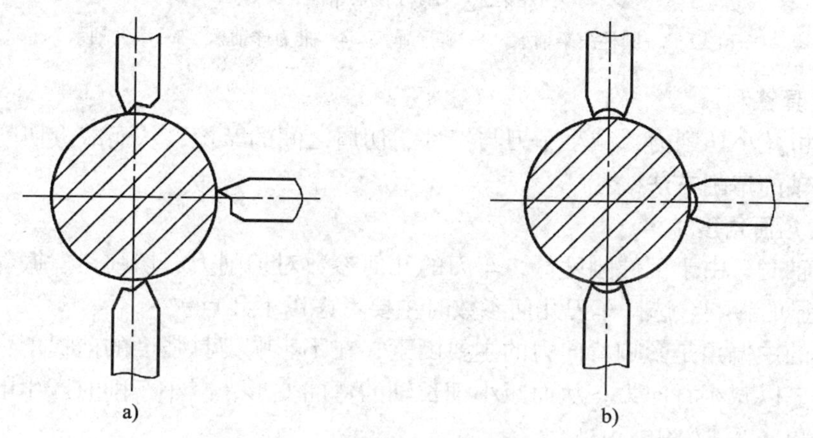

图 8–41　支撑爪的不良接触状态

a）支撑爪与工件表面点接触　b）支撑爪与工件表面部分接触

三、减少工件热变形伸长的方法

车削细长轴时，因工件细长，热扩散性能差，在传导给工件的切削热的作用下，工件受热伸长产生相当大的线膨胀。由于车细长轴时工件一般采用两顶尖或一夹一顶装夹，其轴向位置是固定的，工件的伸长将导致其产生弯曲，在工件高速回转时，工件弯曲而引起的离心力还将使弯曲进一步加剧，使车削无法进行。工件的伸长还可能造成工件在两顶尖间被卡住的现象。

减少工件热变形伸长的方法如下：

1. 使用弹性回转顶尖

弹性回转顶尖的结构如图 8–42 所示，顶尖 1 用圆柱滚子轴承 2、滚针轴承 5 承受背向力，推力球轴承 4 承受进给力。在圆柱滚子轴承和推力球轴承之间放置若干片碟形弹簧 3。当工件受热变形伸长时，工件推动顶尖，通过圆柱滚子轴承使碟形弹簧产生压缩变形。实践证明，用弹性回转顶尖加工细长轴，可有效补偿工件的热变形伸长，工件不易弯曲，车削可顺利进行。

2. 充分加注切削液

充分加注切削液可有效减少工件所吸收的热量，减少工件的热变形伸长，还可以降低刀尖的温度和延长刀具寿命。因此，车细长轴时，无论是低速切削还是高速切削，都必须充分加注切削液。

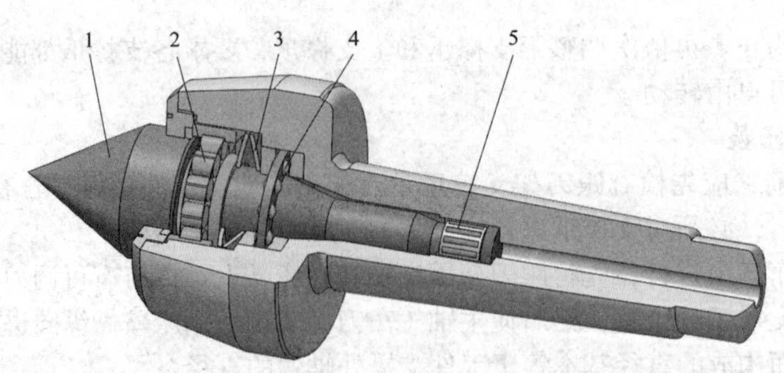

图 8–42　弹性回转顶尖

1—顶尖　2—圆柱滚子轴承　3—碟形弹簧　4—推力球轴承　5—滚针轴承

3. 保持刀具锋利

刀具锋利可减小切削力，减小车刀与工件、切屑之间的摩擦，从而减少切削热。

四、细长轴的车削方法

1. 车刀的几何角度

车削细长轴时，由于工件刚度低，车刀的几何参数对切削力、切削热、振动和工件弯曲变形等均有明显的影响。选择车刀几何参数时主要考虑以下几点：

（1）车刀的主偏角是影响背向力的主要因素，在不影响刀具强度的前提下，应尽量增大车刀的主偏角，以减小背向力，从而减小细长轴的弯曲变形，减小车削时产生的振动。细长轴车刀的主偏角 κ_r 宜取 80° ~ 93°。

（2）为了减小切削力，减少切削热，应选择较大的前角，以使刀具锋利，切削轻快，一般 γ_o 取 15° ~ 30°。

（3）应磨有 R1.5 ~ 3 mm 的圆弧形断屑槽，使切屑顺利卷曲及折断。

（4）刃倾角 λ_s 取 1° ~ 3°，控制切屑流向待加工表面，同时增加车刀的锐利程度。

（5）为了减小背向力，应选择较小的刀尖圆弧半径（r_ε<0.3 mm）。倒棱的宽度也应选得较小，一般选取倒棱宽度 b_r =0.5 mm 左右。

（6）要求切削刃表面粗糙度 $Ra \leqslant 0.4$ μm，并保持切削刃锋利。

图 8–43 所示为 90° 细长轴车刀。

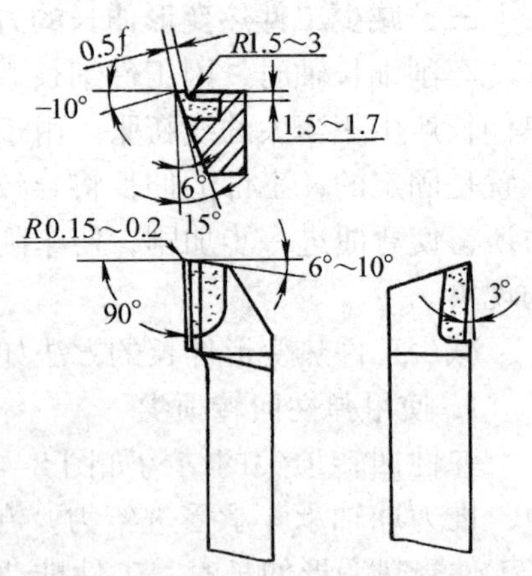

图 8–43　90° 细长轴车刀

2. 切削用量

由于细长轴刚度低，车削时切削用量应适当减小，其参考值见表 8–5。

表 8–5　车削细长轴时切削用量的参考值

加工性质	切削速度 v_c/（m · min^{-1}）	进给量 f/（mm · r^{-1}）	背吃刀量 a_p/mm
粗车	50 ~ 60	0.3 ~ 0.4	1.5 ~ 2
精车	60 ~ 100	0.08 ~ 0.12	0.5 ~ 1

3. 工艺准备

（1）校直毛坯。细长轴工件的毛坯存在弯曲现象时应进行校直，校直坯料不仅可使车削时余量均匀，避免或减小加工中的振动，而且还可以减小切削后的表面残余应力，避免产生较大的变形。校直后的毛坯，其直线度误差应小于 1 mm，毛坯校直后还要进行时效处理，以消除内应力。

（2）准备三爪跟刀架并做好检查、清洁工作，若支撑爪端面磨损严重或弧面太大，应取下并根据支撑基准面直径进行修整。

（3）刃磨好粗、精车用的细长轴外圆车刀。

4. 车削方法

（1）细长轴应采取一夹一顶的装夹方式，卡盘夹持的部分不宜过长，一般在 15 mm 左右。最好将钢丝圈垫在卡爪的凹槽中（图 8–44），使其与工件为点接触，工件在卡盘内能自由调节其位置，避免夹紧时产生弯曲力矩，当工件在切削过程中发生热变形伸长时，也不会因卡盘夹死而产生内应力。

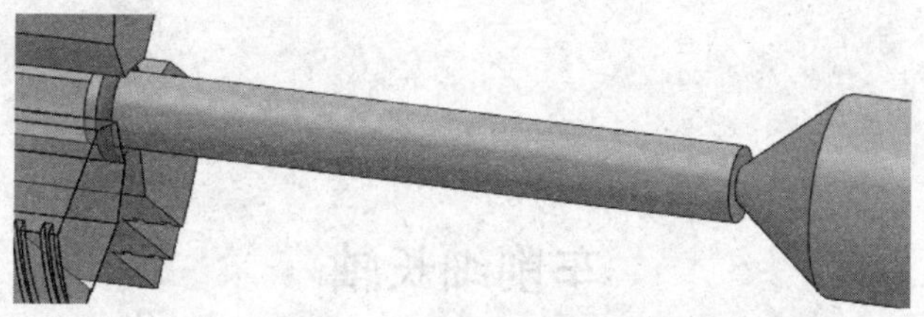

图 8–44　垫钢丝圈装夹工件

（2）采用反向进给方法车削。反向进给就是车削时床鞍带动车刀由主轴箱向尾座方向运动。反向进给时工件所受的轴向切削分力使工件受拉（与工件伸长变形方向一致），由于细长轴左端通过钢丝圈固定在卡盘内，右端支撑在弹性回转顶尖上，可以自由伸缩，不易产生弯曲变形，而且还能使工件获得较高的加工精度和较小的表面粗糙度值。

5. 注意事项

（1）车端面、钻中心孔时，为防止工件在主轴孔中摆动而产生弯曲，可用木楔或棉纱等物将工件左端固定在主轴孔中；批量大时可特制一个套筒来固定。

（2）当工件较长或直径大无法穿入主轴孔时，可利用中心架和过渡套筒，采用一端夹持、一端由中心架支撑的装夹方式车端面和钻中心孔。

（3）为防止车细长轴产生锥度，车削前必须调整尾座中心，使之与车床主轴轴线同轴。

（4）车削时，应随时注意顶尖的松紧程度，检查方法是开动车床使工件回转，用右手拇指和食指捏住弹性回转顶尖的转动部分，顶尖能停止回转，松开手指后，顶尖能恢复回转，说明顶尖的松紧程度适当（图 8–45）。

（5）粗车时应选择好第一次背吃刀量，必须保证将毛坯一次进刀车圆，以免影响跟刀架的正常工作。

（6）中心架的支撑爪与工件的接触压力要调整适当。如果支撑爪的压力过大，会使车出的工件产生形状误差；如果压力太小，甚至没有接触工件，则不能起到中心架的作用。应随时注意中心架的支撑爪与工件表面的接触和磨损情况，并随时做出相应的调整。

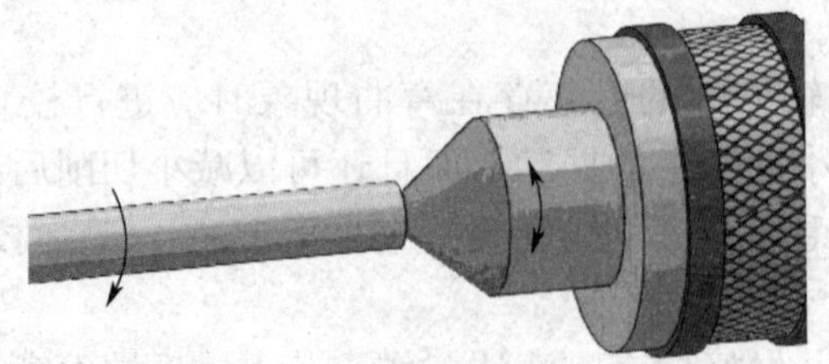

图 8-45 检查回转顶尖松紧的方法

（7）车削过程中，应随时注意工件已加工表面的变化情况，当发现开始出现竹节形、腰鼓形等缺陷时，要及时分析原因，采取应对措施。若缺陷越来越明显，应立即停车。车削时，支撑爪与工件接触处应经常加润滑脂，以减小磨损或“咬坏”现象，并经常检查支撑爪的摩擦发热情况。为使支撑爪与工件保持良好的接触，可以先在支撑爪与工件之间加一层砂布或研磨剂，进行研磨抱合。

（8）车削过程中，应始终充分浇注切削液。

技能训练

车削细长轴

1. 工件图样（图 8–46）

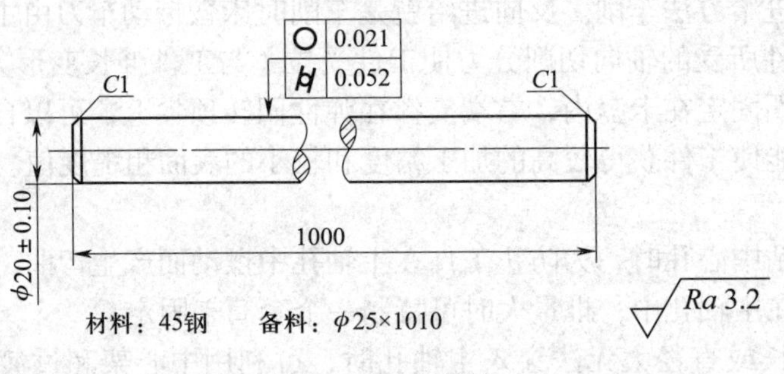

图 8-46 细长轴

2. 加工工艺卡（表 8–6）

表 8–6　　**加工工艺卡**

工序	工步	内容	图示
10		检查备料 ϕ25 mm × 1 010 mm	
20		将毛坯穿入车床主轴孔中，右端伸出卡盘约 50 mm，用三爪自定心卡盘夹紧	50

续表

工序	工步	内容	图示
	1	车端面，钻中心孔	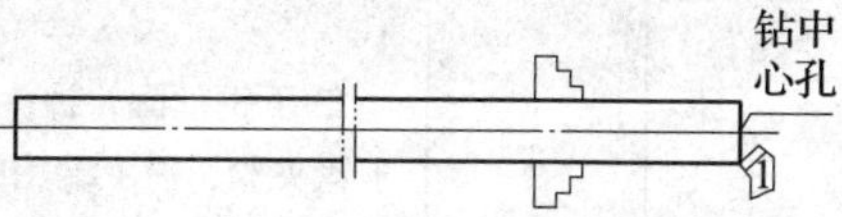 钻中心孔
	2	车毛坯外圆至ϕ22 mm，长 30 mm（用于以后用卡盘夹紧时的定位基准）	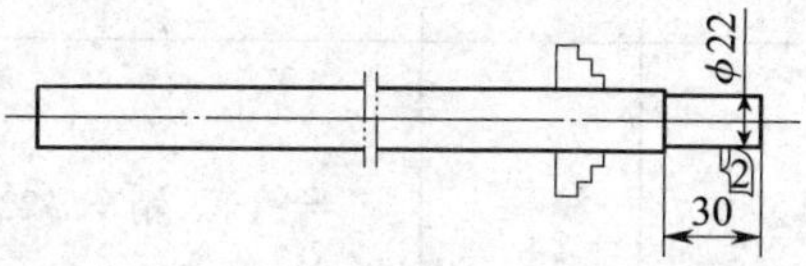 ϕ22 30
30		掉头将毛坯轴穿入车床主轴孔中，伸出卡盘约 50 mm，用三爪自定心卡盘夹紧	50
	1	车端面，保证总长为 1 000 mm	钻中心孔 1 000
	2	钻中心孔	
40		将工件拉出，在ϕ22 mm×30 mm 的外圆柱面上套上截面直径为 5 mm 的钢丝圈，并用三爪自定心卡盘夹紧，毛坯右端用弹性回转顶尖支撑	 ϕ5钢丝圈 弹性回转顶尖
	1	在靠近卡盘一端的毛坯外圆上车削跟刀架支撑基准，宽度为 15～20 mm，并在其右侧车一圆锥角为 40°的圆锥面	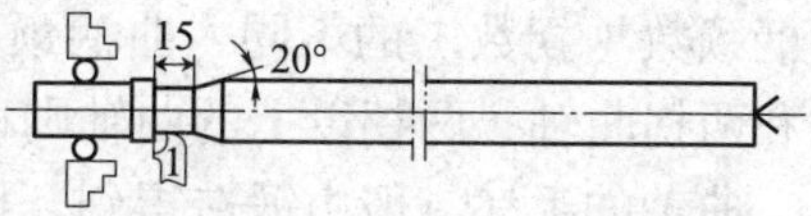 15 20°
	2	装跟刀架，用已车削的支撑基准面为基准，研磨跟刀架支撑爪的工作表面。研磨时车床工轴转速 n 取 300～600 r/min	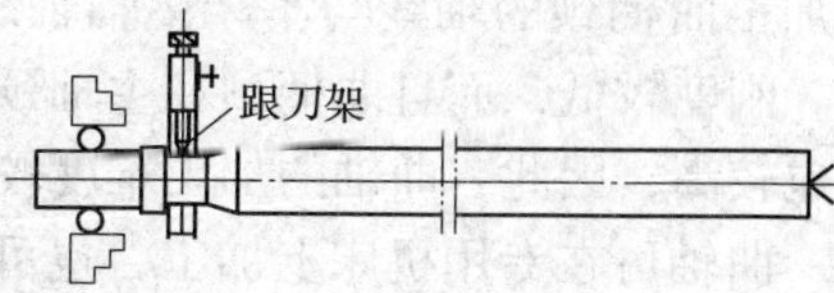 跟刀架
	3	跟刀架支撑爪在车刀后面（左侧）1～3 mm 处，采用反向进给法接刀车全长外圆	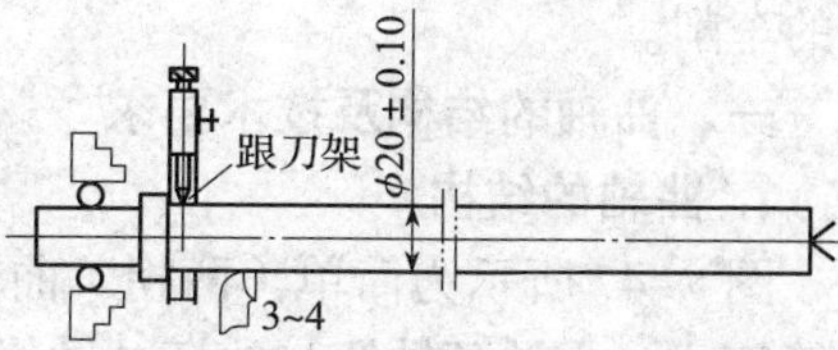 跟刀架 $\phi20\pm0.10$ 3~4
	4	多次重复上述 1、2、3 工步，直至一夹一顶接刀精车外圆至尺寸要求为止	

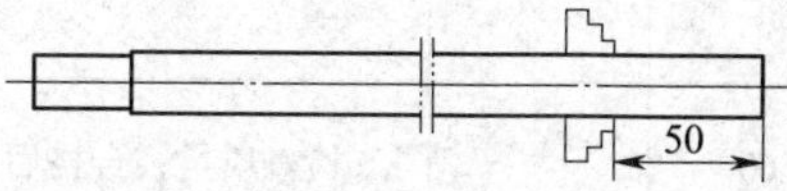

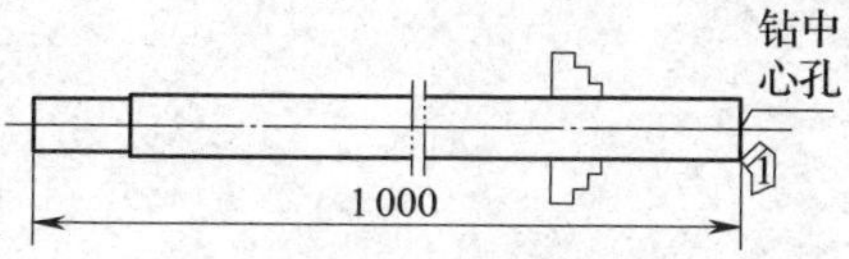

续表

工序	工步	内容	图示
50		卸下钢丝圈，掉头采用一端用三爪自定心卡盘夹紧，另一端用中心架支撑的方法装夹	中心架
	1	半精车、精车 ϕ22 mm×30 mm 段外圆至图样尺寸要求	中心架 1
60		检查质量，合格后卸下工件	

课题三 车单拐曲轴

曲轴是一种偏心工件，广泛地应用于压力机、压缩机和内燃机等机械中。根据曲轴曲柄颈（也称连杆轴颈）的多少，曲轴有单拐、两拐、四拐、六拐和八拐等多种结构形式。根据曲柄颈数（拐数）的不同，曲柄颈可以互成 90°、120°、180°等夹角。简单曲轴包括单拐曲轴和两拐曲轴，两拐以上的曲轴则称为多拐曲轴。

曲轴的毛坯一般由锻造得到，也有采用球墨铸铁铸造而成的。

曲轴的加工原理与加工偏心轴、偏心套相同，都是在工件的装夹上采取适当的措施，使被加工曲柄颈的轴线与车床主轴轴线重合。但由于曲轴结构复杂，不仅细长，又有多个曲拐，刚度较低，而且曲柄颈和主轴颈的尺寸精度、形状精度要求较高，彼此间的位置精度要求也较高，因此，曲轴的加工难度较大，工艺过程较复杂。

曲轴可在专用机床上加工，也可以在车床上加工。在车床上车削曲轴主要进行曲轴主轴颈和曲柄颈的粗加工和半精加工（精加工则通常采用磨削方法进行）。本课题仅介绍单拐曲轴的车削。

一、曲轴的结构及技术要求

1. 曲轴的结构

图 8–47 所示为简单（两拐）曲轴的结构，曲轴主要由主轴颈、曲柄颈、曲柄臂以及轴肩等组成。主轴颈轴线与曲柄颈轴线间的距离即为偏心距。

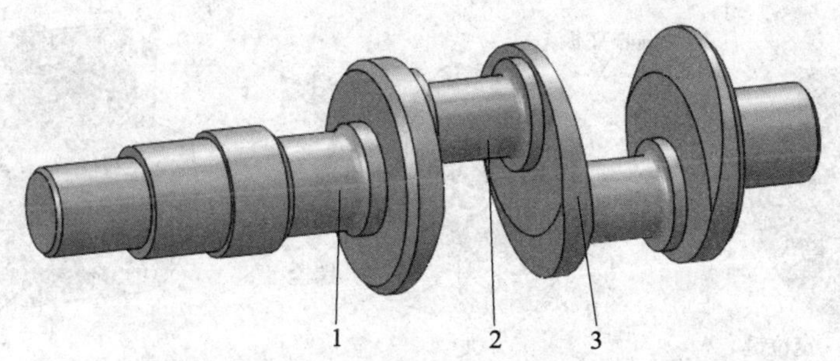

图 8–47　简单曲轴结构

1—主轴颈　2—曲柄颈　3—曲柄臂

2. 技术要求

曲轴除应有较高的尺寸精度、形状精度和较低的表面粗糙度值外，还应具有下列位置精度要求：

（1）曲柄颈轴线与主轴颈轴线之间的平行度。

（2）曲柄颈在圆周上的等分精度。

（3）曲柄颈的偏心距精度。

此外，曲轴的轴颈与轴肩的连接圆角应光洁、圆滑，不准有压痕、凹沟和磕碰、拉毛、划伤等现象，以防止产生应力集中而留下隐患。曲轴不允许有裂纹、气孔、砂眼、分层和夹渣等铸造、锻造缺陷。曲轴毛坯应进行适当的热处理，以改善其力学性能，提高耐磨性。

二、车削曲柄颈的工艺措施

1. 加工要点

（1）预留工艺轴颈

在工件主轴颈处预留工艺轴颈，使两端工艺轴颈端面足够大，能钻出主轴颈中心孔和曲柄颈中心孔，如图 8–48 所示。在曲轴车削完成后，再车去工艺轴颈。

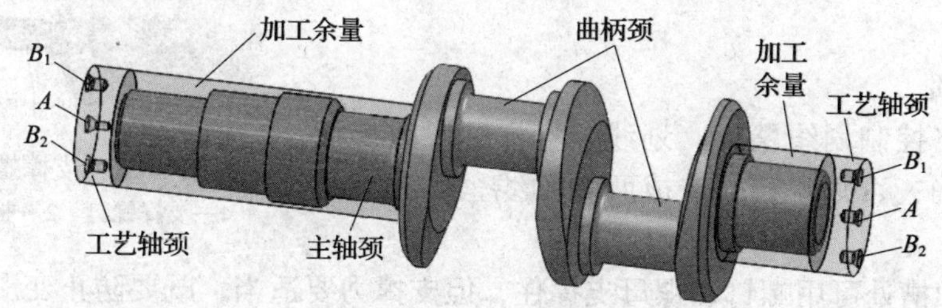

图 8–48　预留工艺轴颈

A—主轴颈中心孔　B_1、B_2—曲柄颈中心孔

（2）使用偏心夹板

根据工件偏心距的要求，先在偏心夹板上钻好偏心中心孔，使用时将偏心夹板用螺栓固定在主轴颈上（偏心夹板内孔与主轴颈采用过渡配合），并用紧定螺钉或定位键防止偏心夹板转动，如图 8–49 所示。将工件用两顶尖支撑在相应的偏心中心孔上，便可车削曲柄颈。

曲轴拐数不同，偏心夹板形式也不同（图 8–50）。

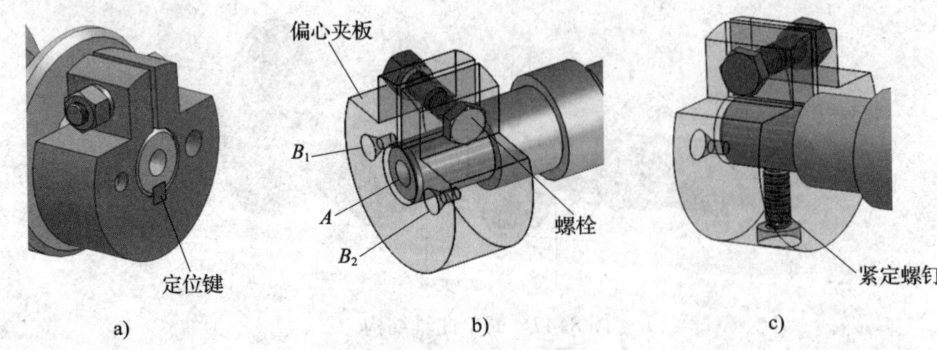

图 8–49 用偏心夹板装夹

a）用定位键定位 b）将偏心夹板固定在主轴颈上 c）用紧定螺钉定位

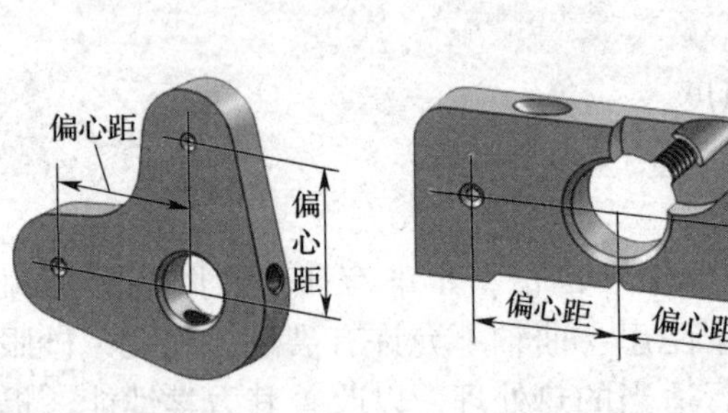

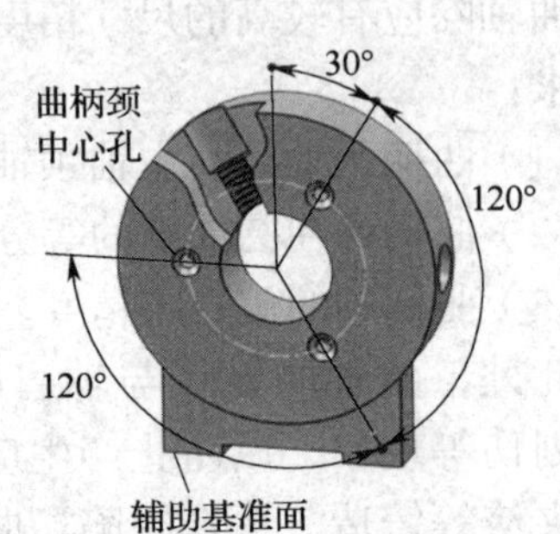

图 8–50 偏心夹板的形式

（3）提高曲轴刚度

曲轴刚度低，除采用粗车、（半）精车以减少因加工余量大，断续切削引起的冲击、振动对曲轴变形的影响外，车削时，为提高曲轴刚度，防止变形，可在曲柄颈对面的空当处用支撑螺钉撑住，如图 8–51 所示。

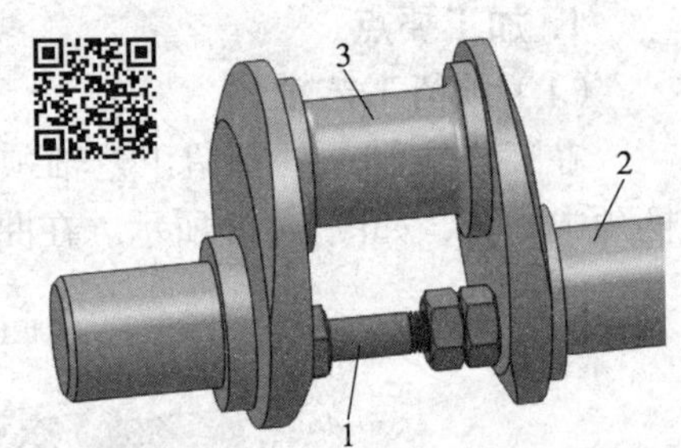

图 8–51 支撑螺钉使用方法

1—支撑螺钉 2—曲轴 3—曲柄颈

2. 注意事项

（1）要严格控制划线精度。划线、打样冲眼时要认真、仔细、准确；否则，容易造成两轴轴线歪斜和偏心距误差大。

（2）中间凹槽处可用螺钉、螺母支撑住，但支撑力要适当，既要防止变形，又要防止甩出伤人。

（3）启动车床时，车刀刀尖应离开工件足够的距离，并应从低速逐级提高，绝对不能开高速。

（4）加工曲轴时顶尖受力不均匀，前顶尖容易损坏或移位，因此必须经常检查。

（5）在加工曲轴的工艺过程中通常安排有热处理（调质）工序，经调质处理后的中心孔应仔细修研，然后才能进行后续车削。

（6）车削偏心距较大的曲轴时应找正平衡。

技能训练

车削单拐曲轴

1. 工件图样（图 8–52）

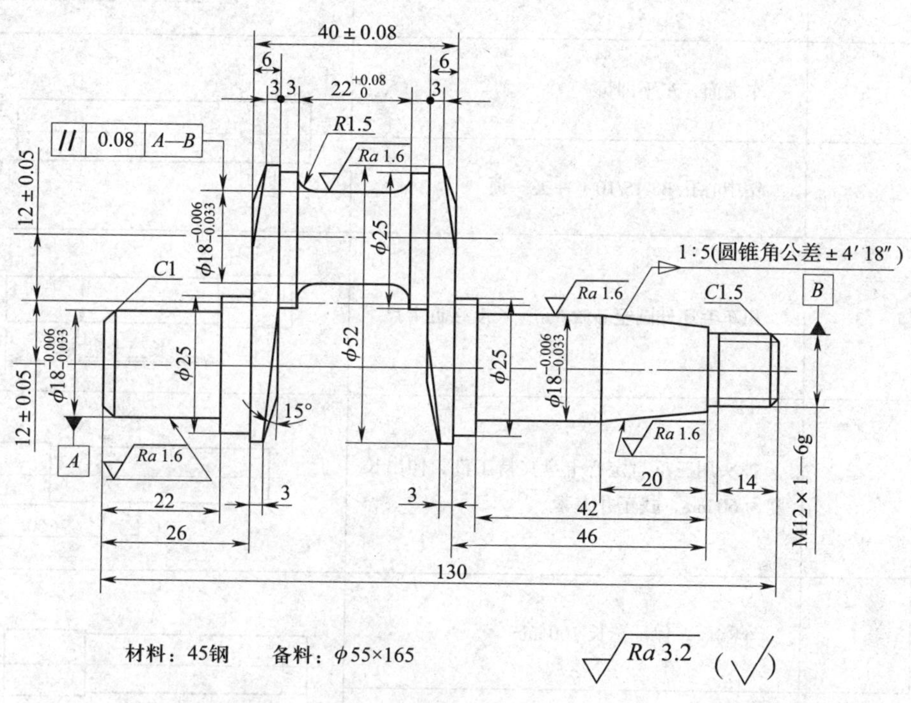

图 8–52　单拐曲轴

2. 加工工艺卡（表 8–7）

表 8–7　　加工工艺卡

工序	工步	内容	图示
10		检查备料 ϕ55 mm × 165 mm	
20		用三爪自定心卡盘夹持毛坯一端，伸出长度为 140 mm，找正并夹紧	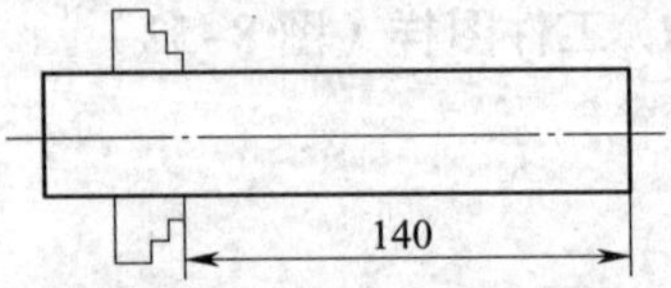
	1	车端面，车平即可	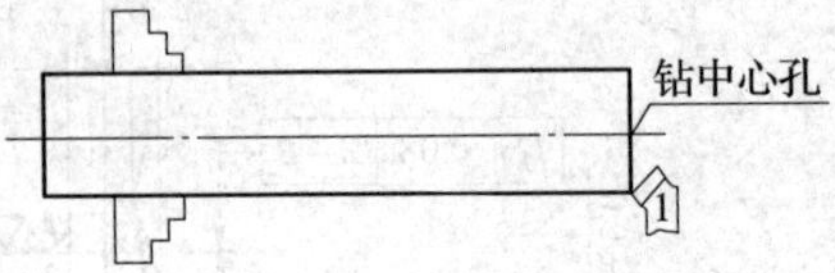
	2	钻中心孔 B3.15/10（一夹一顶）	
	3	粗车毛坯外圆至 ϕ52 mm，长度接近卡盘	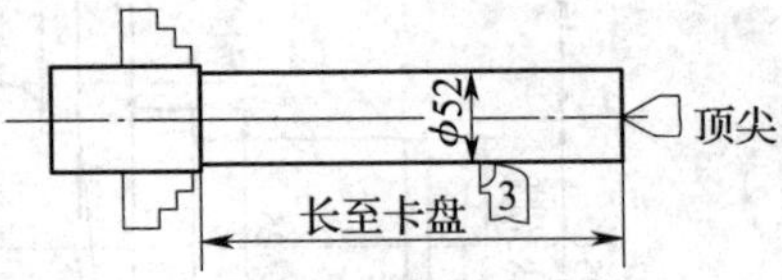
30		掉头用三爪自定心卡盘夹持工件，伸出长度为 60 mm，找正并夹紧	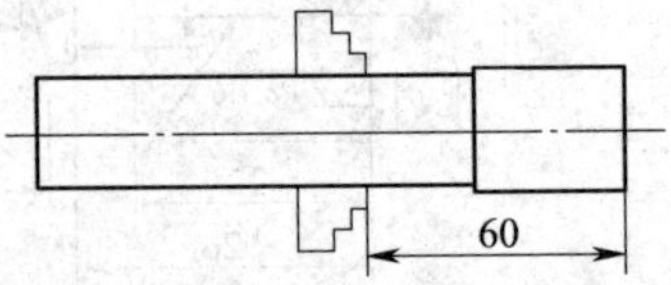
	1	车端面，保证总长 160 mm	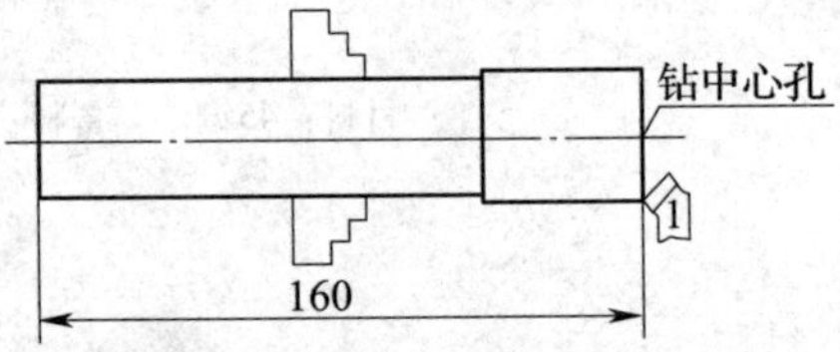
	2	钻中心孔 B3.15/10（一夹一顶）	
	3	接刀粗车毛坯外圆至 ϕ52 mm，整段外圆接头应平整	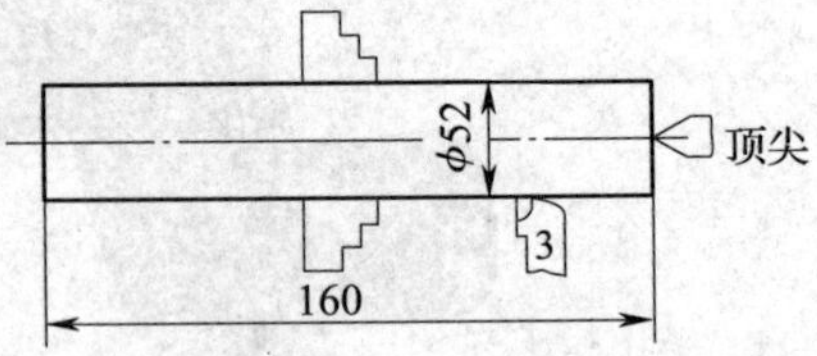
40		划两端面主轴颈中心线、曲柄颈中心线和四周圈线，打样冲眼	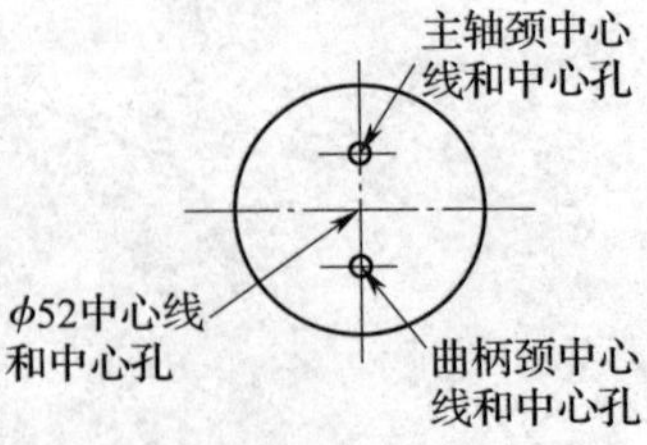
50		在坐标镗床上钻出两端面主轴颈中心孔和曲柄颈中心孔	

续表

工序	工步	内容	图示
60		用两顶尖支撑主轴颈中心孔	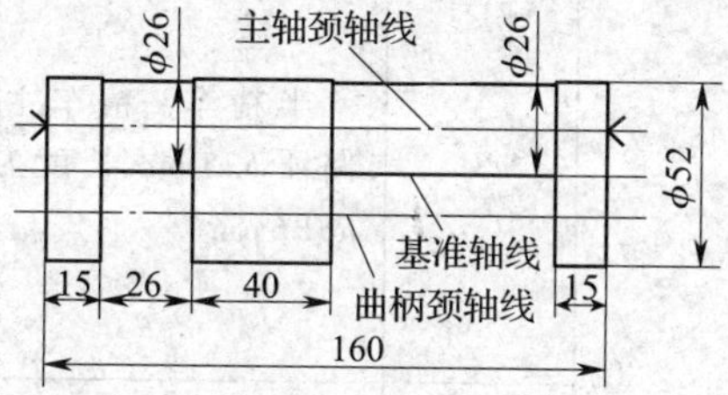
	1	粗车主轴颈及各级外圆，均留有精车余量	
70		用两顶尖支撑曲柄颈中心孔，中间凹槽处用支撑螺钉、螺母支撑，支撑力要适当	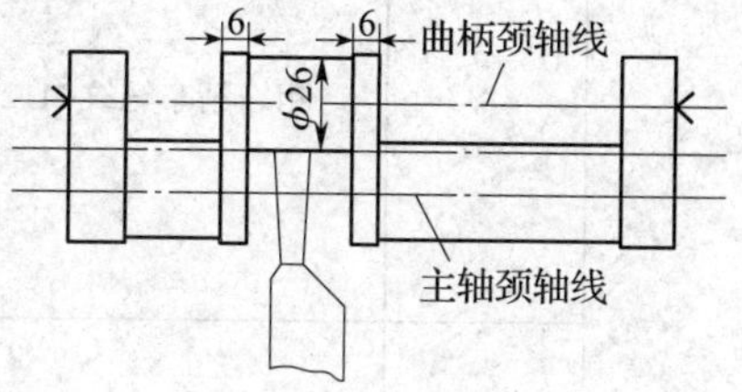
	1	粗车曲柄颈及各级外圆，均留有精车余量	
	2	车曲柄颈两端肩圆至 $\phi 25$ mm	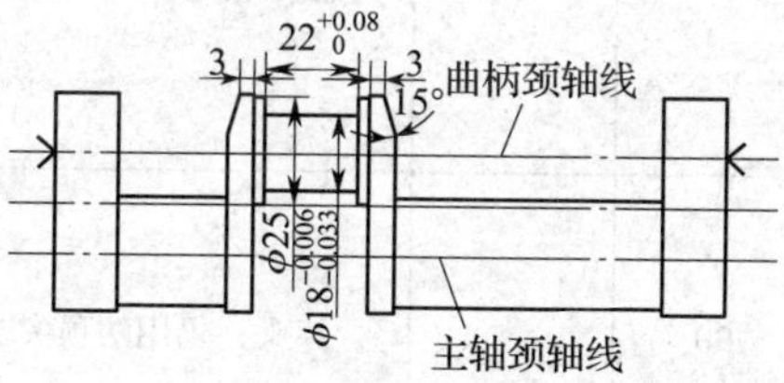
	3	半精车、精车曲柄颈至 $\phi 18_{-0.033}^{-0.006}$ mm，宽 $22_{0}^{+0.08}$ mm，$2\times R1.5$ mm，表面粗糙度 $Ra1.6$ μm	
	4	车 15°锥面，保证 3 mm 尺寸	
80		用两顶尖支撑主轴颈中心孔，在曲柄颈空当处用支撑螺钉、螺母支撑，支撑力要适当	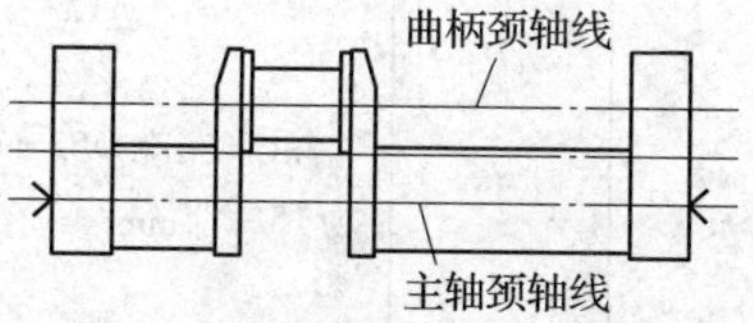
	1	粗车右端 $\phi 52$ mm 外圆至 $\phi 10$ mm，长度为 $15_{-0.30}^{-0.10}$ mm	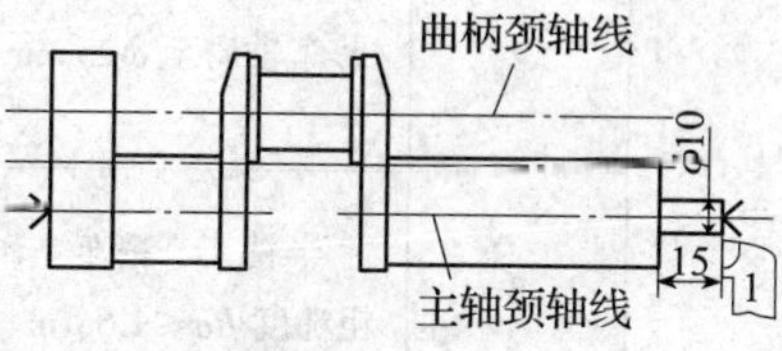
	2	车轴肩至 $\phi 25$ mm，长至台阶端面处；车 15°锥面，保证 3 mm 尺寸（2 处）	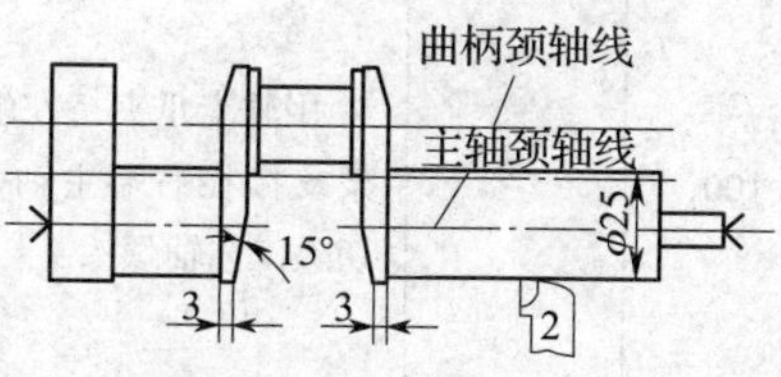

续表

工序	工步	内容	图示
	3	半精车、精车主轴颈至 $\phi18_{-0.033}^{-0.006}$ mm，保证 $\phi25$ mm 长度为 4 mm，表面粗糙度 $Ra1.6$ μm	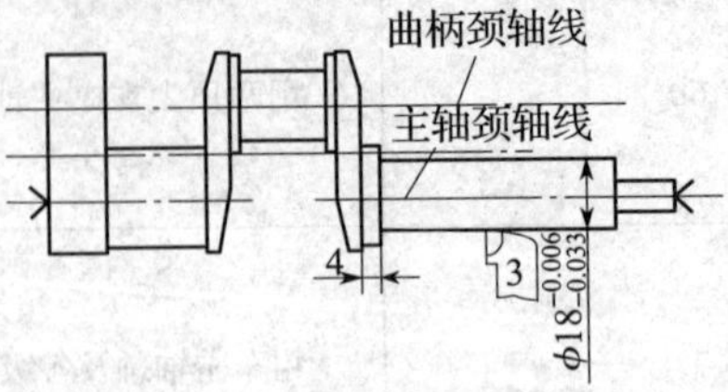 曲柄颈轴线 主轴颈轴线 4 3 $\phi18_{-0.033}^{-0.006}$
	4	粗、精车螺纹 M12×1—6g	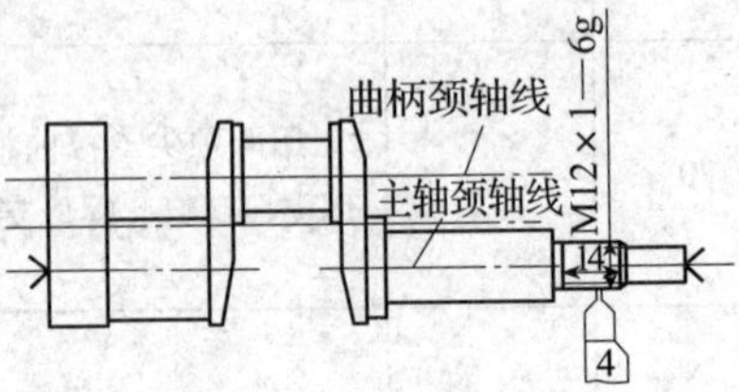 曲柄颈轴线 主轴颈轴线 M12×1—6g 14 4
	5	粗、精车 1∶5 圆锥至图样要求	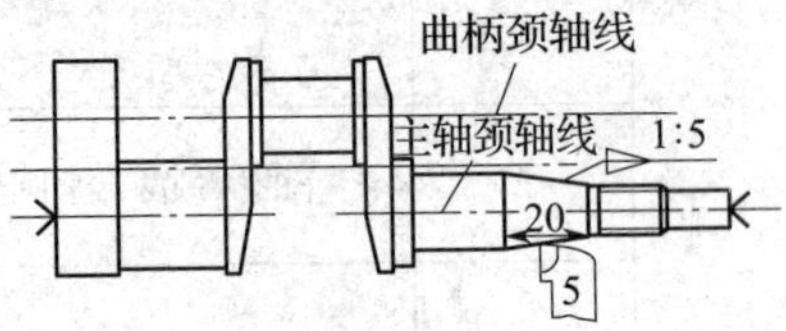 曲柄颈轴线 主轴颈轴线 1∶5 20 5
90		掉头，仍用两顶尖支撑主轴颈中心孔	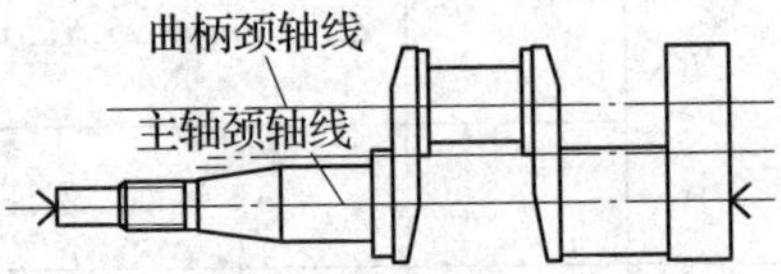 曲柄颈轴线 主轴颈轴线
	1	粗车左端 $\phi52$ mm 外圆至 $\phi14$ mm，长度为 $15_{-0.30}^{-0.10}$ mm	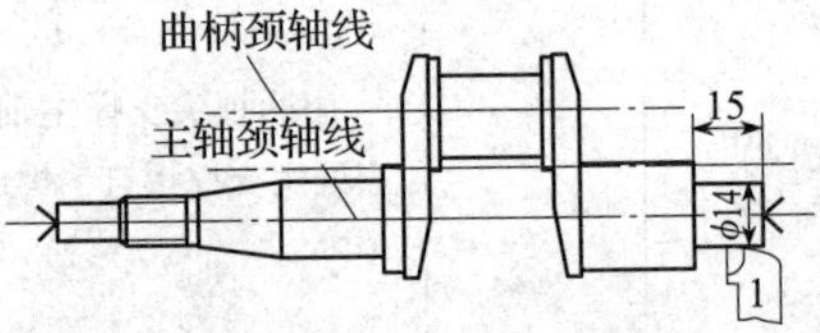 曲柄颈轴线 主轴颈轴线 15 $\phi14$ 1
	2	车轴肩至 $\phi25$ mm，长度为 4 mm	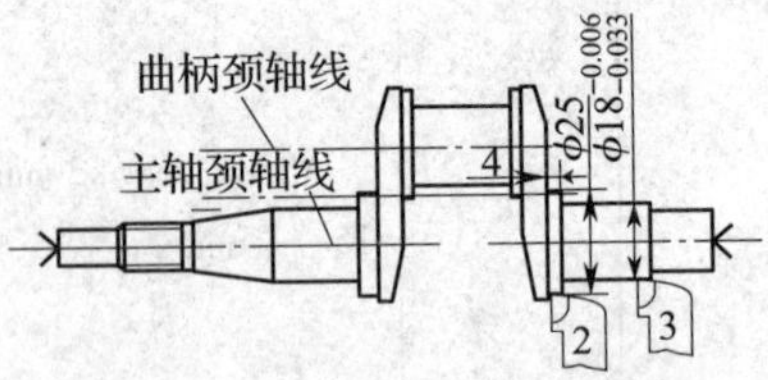 曲柄颈轴线 主轴颈轴线 4 $\phi25$ $\phi18_{-0.033}^{-0.006}$ 2 3
	3	半精车、精车主轴颈至 $\phi18_{-0.033}^{-0.006}$ mm，表面粗糙度 $Ra\leqslant1.6$ μm	
100		用软卡爪夹持左端主轴颈外圆，并以中心架支撑在右端主轴颈处，用百分表找正后，切除工艺轴颈	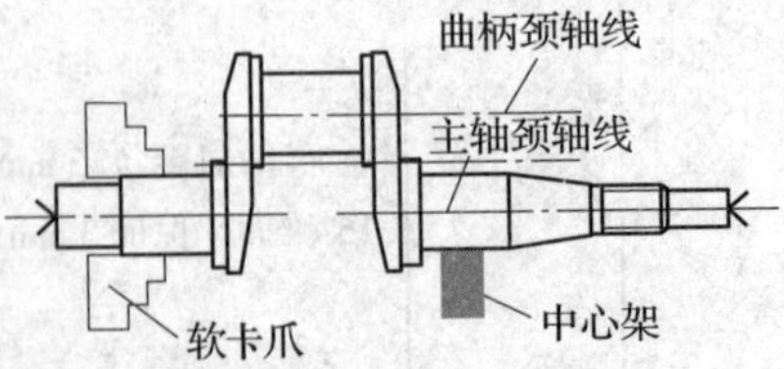 曲柄颈轴线 主轴颈轴线 软卡爪 中心架

续表

工序	工步	内容	图示
	1	车右端面，保证螺纹长 14 mm，螺纹收尾长 4 mm（总长为 18 mm）	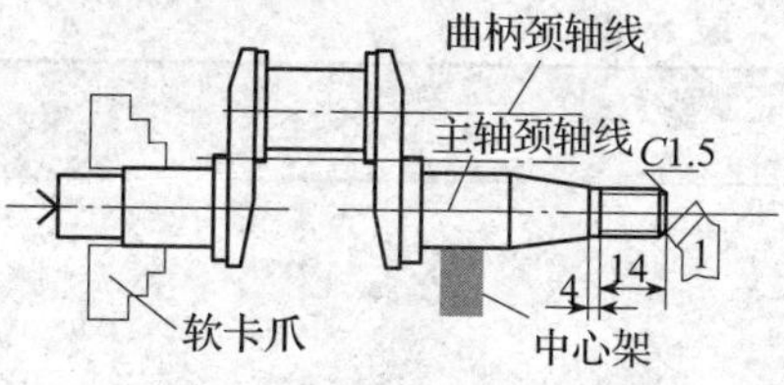
	2	倒角 $C1.5$ mm	
110		掉头，用软卡爪夹持右端主轴颈外圆，并以中心架支撑在左端主轴颈处，用百分表校正后，切除工艺轴颈	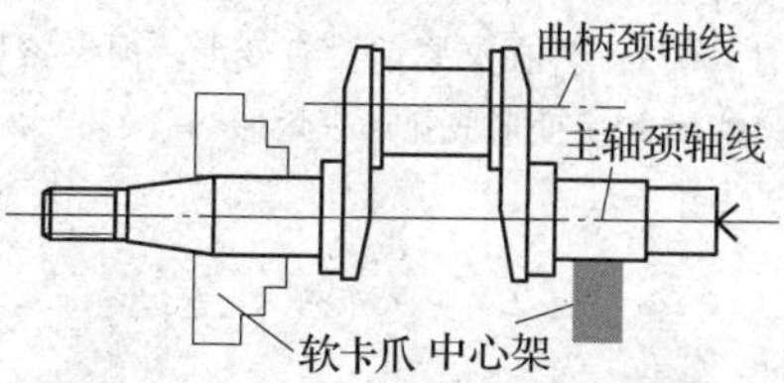
	1	车左端面，保证主轴颈长 22 mm 和曲轴总长 130 mm	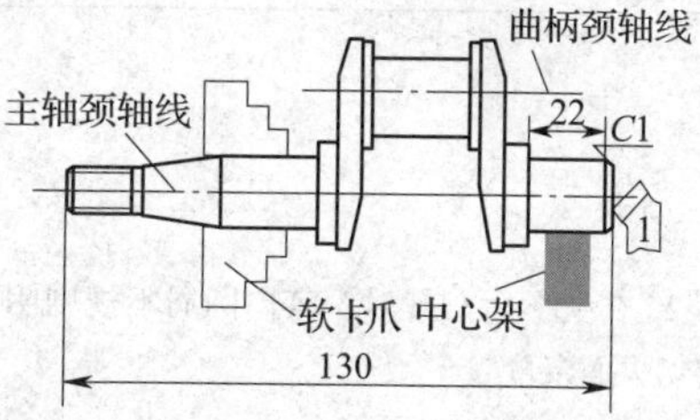
	2	倒角 $C1$ mm	
120		检查质量，合格后卸下工件	

课题四　车薄壁工件

薄壁工件（图 8–53）的壁厚不足其孔径的 1/15，因此刚度较低。在车削过程中，由于切削力、受热膨胀、夹紧力和测量压力的作用，会影响工件的尺寸精度、形状精度和表面粗糙度。

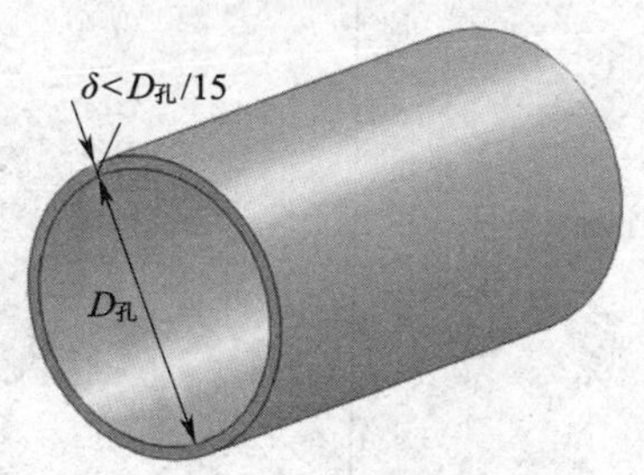

图 8–53　薄壁工件

一、薄壁工件的变形

1. 夹紧变形（表 8–8）

表 8–8　　夹紧变形

内容	图示
1. 薄壁工件在夹紧前没有变形，但夹紧后，因受夹紧力的作用，变形成弧形三角形	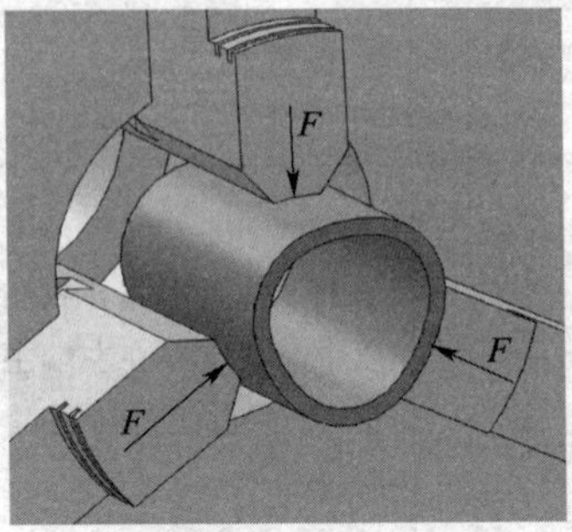 F F F
2. 在变形后车孔时，其内圆周不规则阴影部分变成将切去的余量	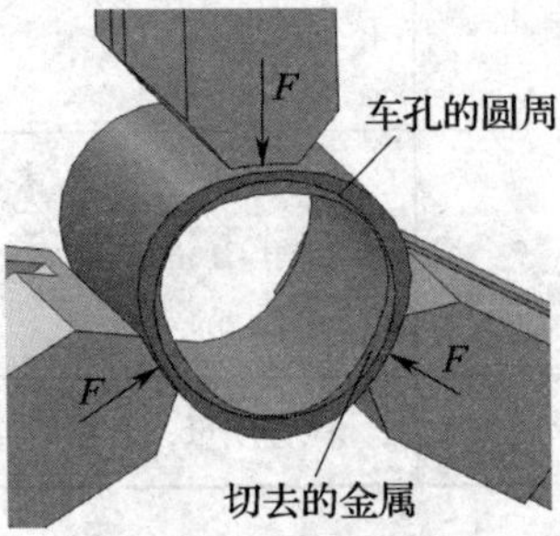 F 车孔的圆周 F F 切去的金属
3. 未从卡盘卸下的工件内孔圆周是等直径的，但与外圆的壁厚已不均匀	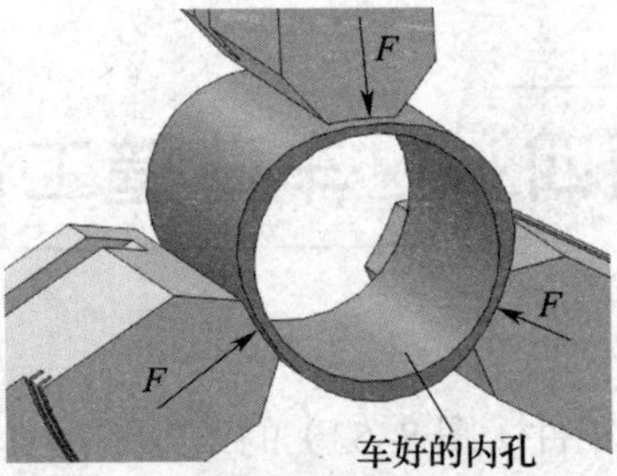 F F F 车好的内孔
4. 工件卸下后，由于弹性恢复，其外圆恢复成圆柱形，而内孔则变成了弧形三角形	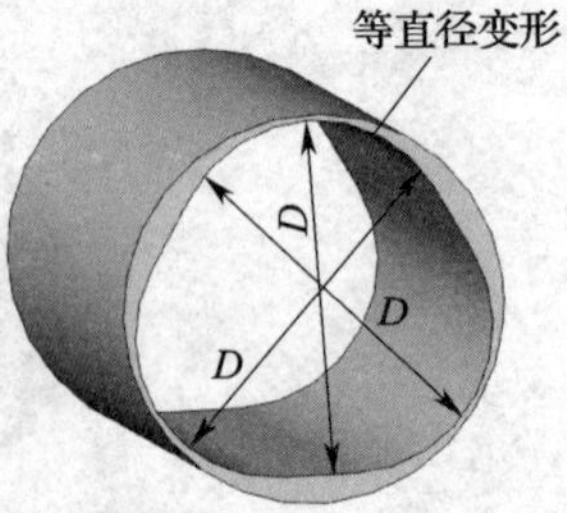 等直径变形 D D D

2. 热变形

由于工件壁薄，切削热引起的变形较严重，随加工条件的变化，车削时工件受热变形的规律不易掌握，使工件的尺寸精度很难控制。对于金属材料线膨胀系数较大的薄壁工件，此影响尤为显著。

3. 测量变形

对于精密的薄壁工件，测量时由于千分尺或百分表的测量压力而引起变形，可能出现测量误差，甚至因测量不当而造成废品。

4. 振动变形

由于工件的刚度低，在切削力（主要是背向力）的作用下容易产生振动，从而影响工件的表面粗糙度及尺寸精度。

二、减小变形的工艺措施

1. 增大装夹的接触面积（表 8–9）

表 8–9　增大装夹的接触面积

措施	说明	图示
开缝套筒	开缝套筒的内孔、外圆同轴，内孔直径和薄壁件外圆具有较小的配合间隙，将开缝套筒开口后包容在薄壁件外，增大装夹的接触面积，工件局部受力改变成均匀受力，让夹紧力均布在工件上，工件夹紧时不易变形	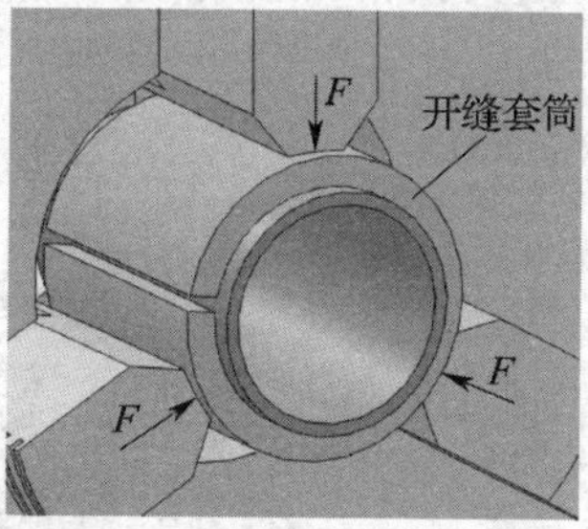 F　开缝套筒　F　F
特制的软卡爪	卡爪的夹紧处受力集中，工件易变形，用特制的软卡爪（如大面积软卡爪、扇形软卡爪等）置于工件和卡爪之间，增大工件着力处的厚度，减小变形	 扇形软卡爪　工件

续表

措施	说明	图示
弹性胀力心轴	将工件套在心部为螺纹连接、锥形配合和周向开口的台阶外圆上，当用扳手旋紧心部螺纹时，锥形外圆胀紧，与工件内壁无间隙，增大了接触面积，工件不易变形	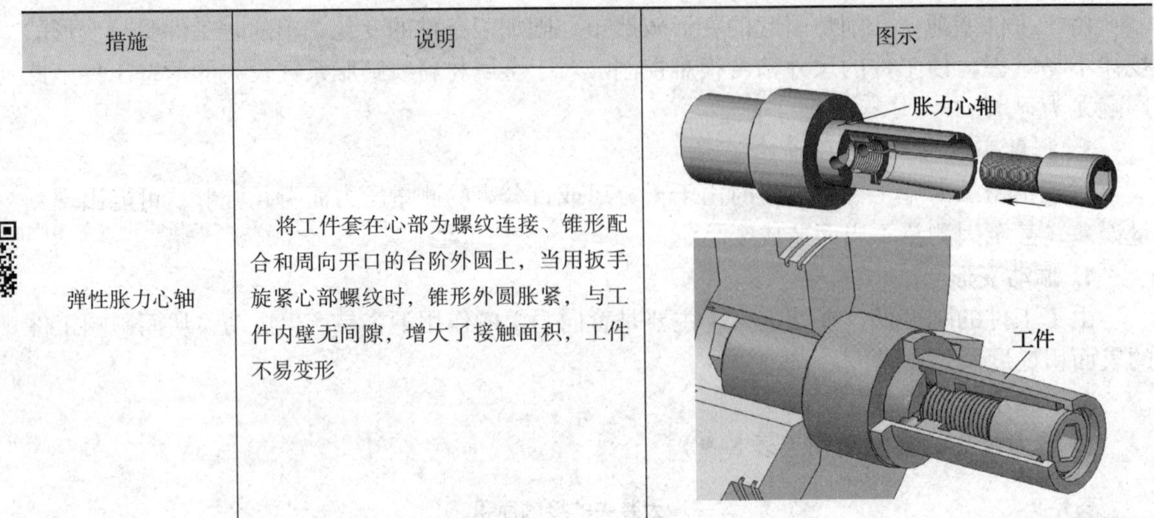

2. 采用轴向夹紧夹具（图 8–54）

由于薄壁套工件轴向刚度高，容易产生径向变形，因此，车削薄壁的套类工件时，尽量不使用径向夹紧，而采用轴向夹紧的方法。

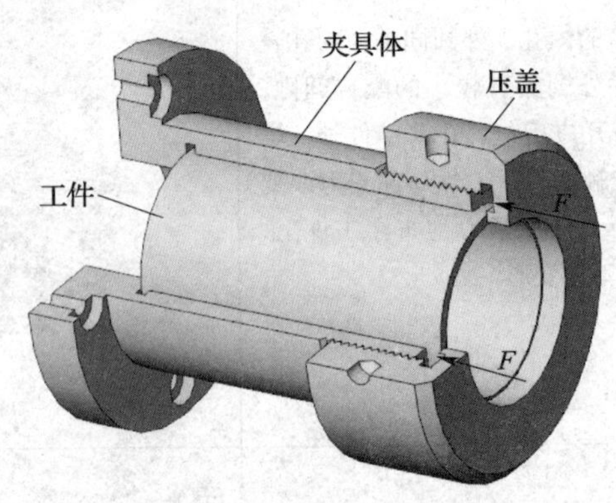

图 8–54 采用轴向夹紧夹具

3. 增加工艺肋（图 8–55）

有些薄壁工件，可在其装夹部位增加特制的工艺肋，以提高此处刚度，使夹紧力作用在工艺肋上，以减小工件变形，加工完毕，再去掉工艺肋。

4. 采用一次装夹完成工件加工（图 8–56）

车削尺寸较短小的薄壁工件时，可在一次装夹中完成全部加工内容。在钻削、粗车内孔时保持工件所需深度即可，不宜过深，并在精车前略松开卡爪，以减小弹性恢复造成的工件变形。

5. 把粗、精加工分开进行

粗车时切削余量大，夹紧力也较大，切削力和切削热也较大，因而工件温度上升加快，变形较大。粗车后工件应有足够的自然冷却时间，不致在精车时热变形加剧。精车时切削余量少，夹紧力稍小，一方面可使夹紧变形小；另一方面还可以消除粗车时因切削力过大而产生的变形。

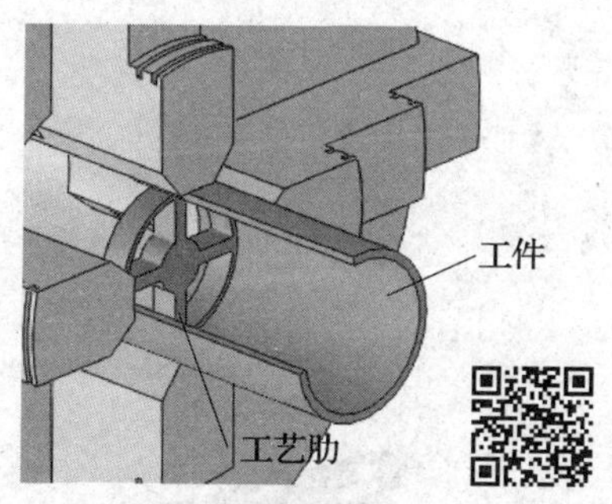

图 8–55　增加工艺肋

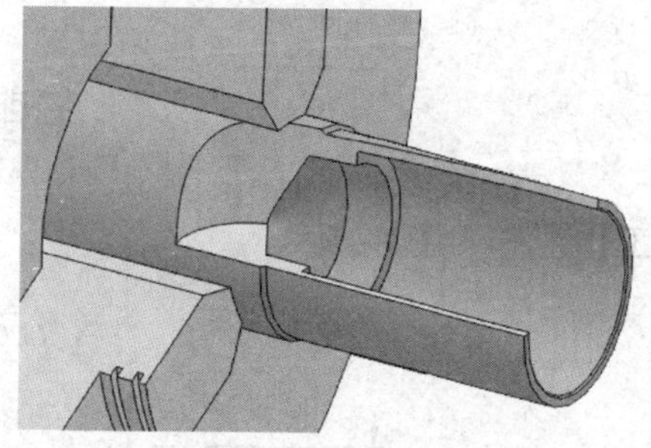

图 8–56　采用一次装夹完成工件加工

6. 合理选择切削用量

切削用量中背吃刀量对切削力的影响最大，切削速度对切削热的影响最为显著。因此，车削薄壁工件时应减小背吃刀量，增加进给次数，并适当提高进给量。

7. 浇注切削液

充分浇注切削液，降低切削温度，减小工件热变形。

8. 合理选择车刀几何参数

合理选择车刀的几何参数，精车薄壁工件时，车刀刀柄的刚度要高，车刀的修光刃不能过长（一般取 0.2 ~ 0.3 mm），刃口要锋利。

（1）选用较大的主偏角，增大主偏角可减小主切削刃参加工作的长度，并有利于减小径向切削分力。

（2）适当增大副偏角，可以减小副切削刃与工件之间的摩擦，从而减少切削热，有利于减小工件热变形。

（3）前角适当增大，应尽量使车刀锋利，切削轻快，排屑顺畅，以减小切削力和切削热。

（4）刀尖圆弧半径要小。

9. 采用减振措施

采用减振措施，调整好机床各部位的间隙，提高工艺系统的刚度，使用吸振材料。如将软橡胶片卷成筒状塞入工件已加工好的内孔中精车外圆（图 8–57），用医用橡胶管均匀缠绕在已加工好的外圆上精加工内孔（图 8–58）。

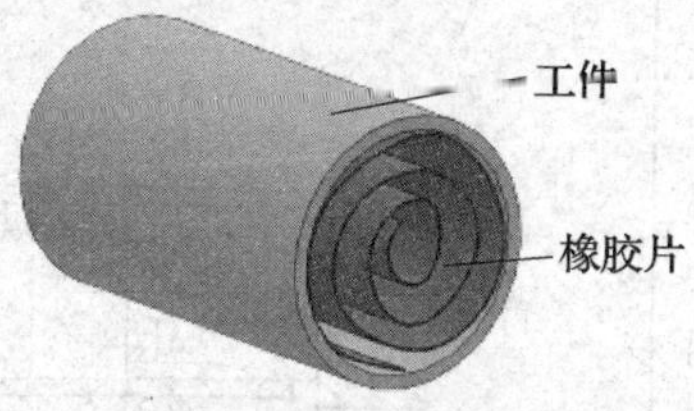

图 8–57　放入工件中的橡胶片

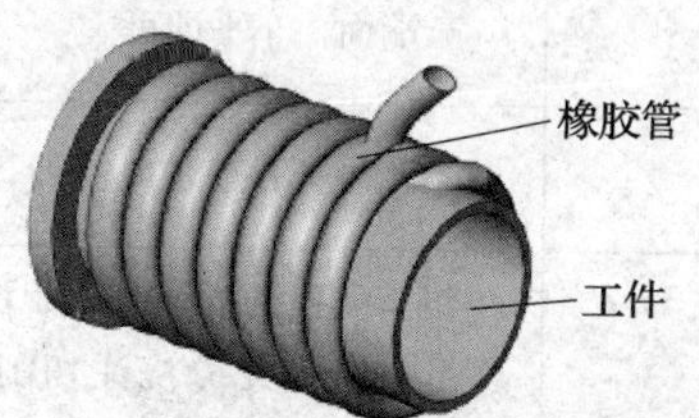

图 8–58　绕在工件上的橡胶管

技能训练

车削薄壁套

1. 工件图样（图 8–59）

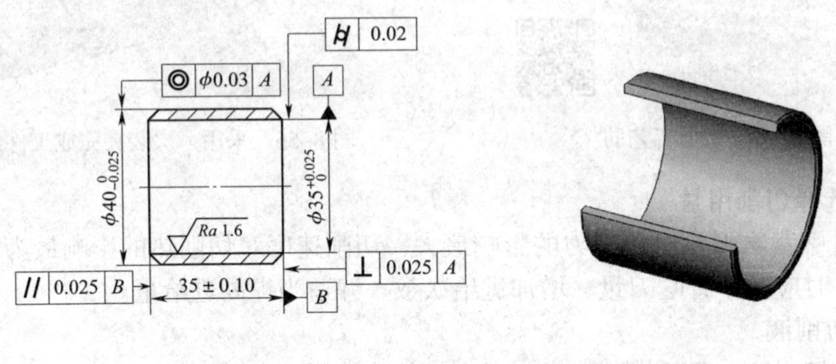

图 8–59　薄壁套

2. 加工工艺卡（表 8–10）

表 8–10　　**加工工艺卡**

工序	工步	内容	图示
10		检查备料 ϕ50 mm × 60 mm	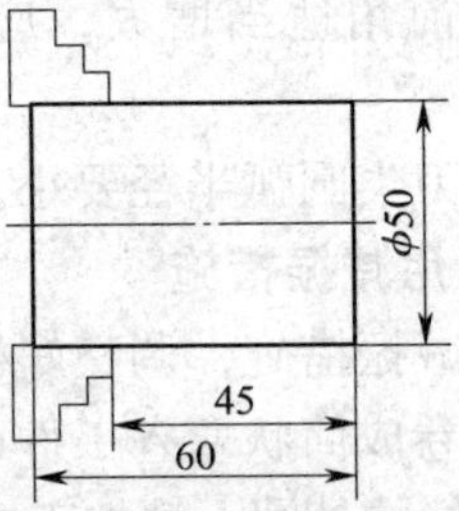
20		用三爪自定心卡盘夹持毛坯外圆，伸出长度为 45 mm 左右，找正并夹紧	
	1	车端面，车平即可	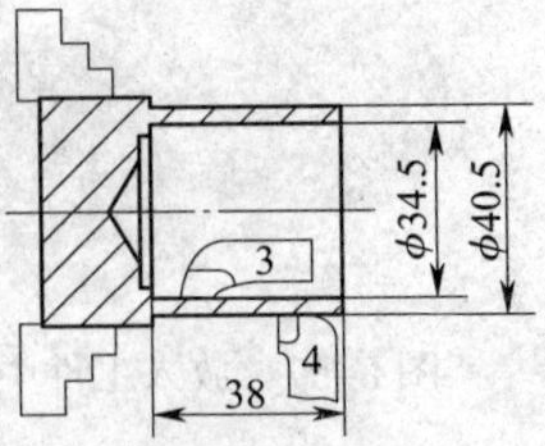
	2	钻孔、扩孔至 ϕ30 mm，深 40 mm	
	3	粗车内孔至 ϕ34.5 mm，深 38 mm 即可（注意粗车时应充分浇注切削液，以降低切削温度）	
	4	粗车外圆 ϕ50 mm 至 ϕ40.5 mm，长 38 mm 即可	

续表

工序	工步	内容	图示
	5	半精车内孔、外圆，各留精车余量 0.2 mm	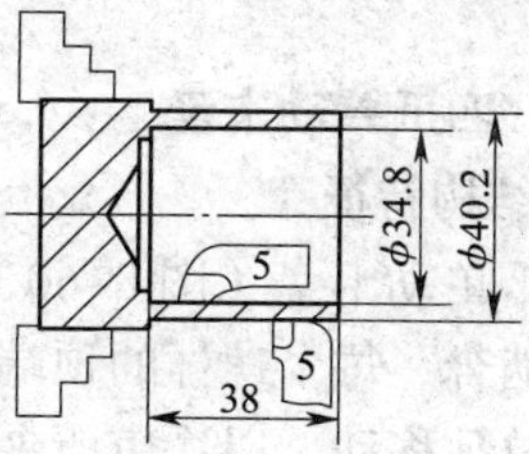
	6	精车内孔 $\phi35^{+0.025}_{0}$ mm 至尺寸要求，表面粗糙度 $Ra1.6$ μm	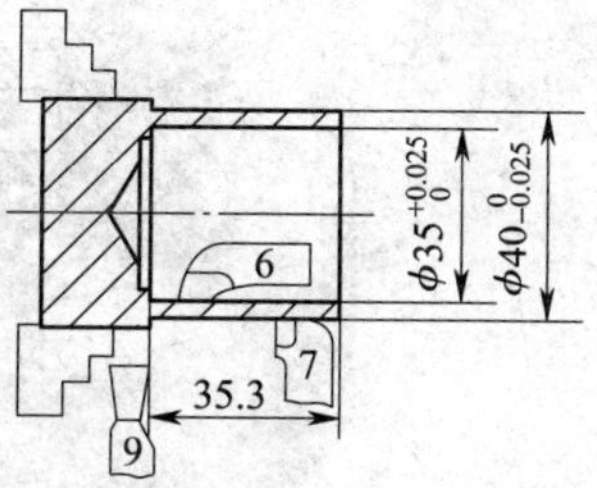
	7	精车外圆 $\phi40^{0}_{-0.025}$ mm 至尺寸要求，表面粗糙度 $Ra3.2$ μm	
	8	内孔、外圆倒角 $C0.5$ mm	
	9	切断，控制总长 35.3 mm	
30		工件掉头，套开缝套筒装夹，找正并夹紧	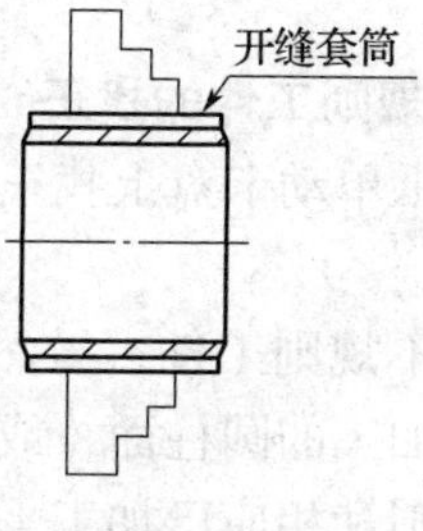
	1	车端面，保证总长（35±0.10）mm	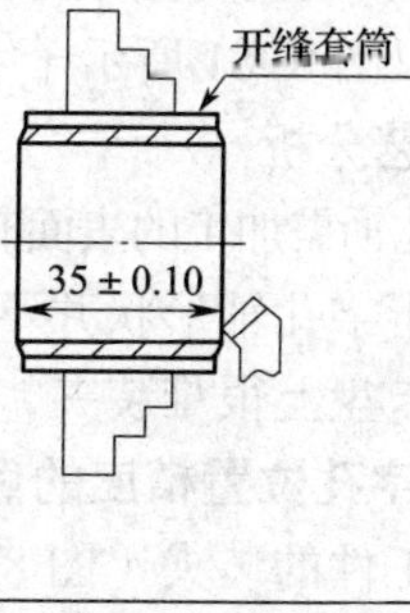
	2	内孔、外圆倒角 $C0.5$ mm	
40		检查质量，合格后取下工件	

课题五　在四爪单动卡盘上车对称工件

一、四爪单动卡盘

1. 结构特征

四爪单动卡盘（图 8–60）有四个各自独立运动的卡爪，各卡爪背面都有半圆弧形螺纹与螺杆啮合，每个螺杆的顶端都有方孔，插入卡盘钥匙的方榫并转动钥匙，便可通过螺杆带动卡爪单独移动，以适应所夹持工件大小的需要。通过四个卡爪的相应配合，可将工件装夹在卡盘中。与三爪自定心卡盘一样，四爪单动卡盘的背面有定位台阶（即止口）或螺纹（老式车床用螺纹连接）与车床主轴上的连接盘连接成一体。

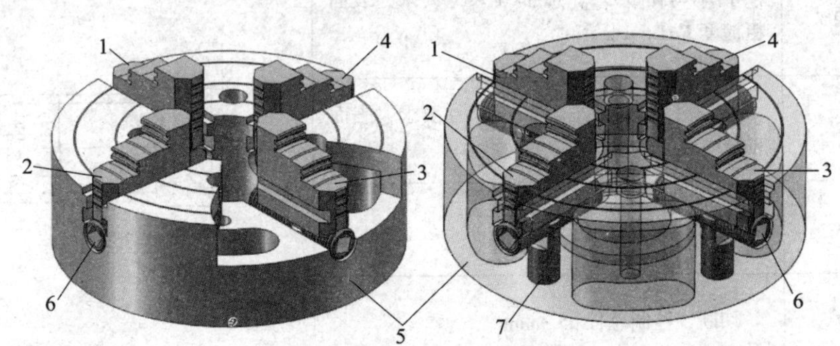

图 8–60　四爪单动卡盘

1、2、3、4—卡爪　5—卡盘体　6—螺杆　7—螺杆限位柱

2. 不规则工件的找正

在四爪单动卡盘上找正工件的目的是使工件被加工表面的回转中心与车床主轴的回转中心重合。

对于不规则工件，虽然它们形状各异，但用四爪单动卡盘装夹、加工，仍有其共同点，即都有待加工的圆柱面（或圆弧面）以及与其垂直的平面。找正时则以待加工圆柱面事先划好的找正圆和相应已加工平面或侧素线作为参考标准。先找正平面或侧素线，然后找正待加工圆柱面的轴线。

二、在四爪单动卡盘上车对称工件

下面以图 8–61 所示十字孔轴为例介绍在四爪单动卡盘上车对称工件的方法。

1. 工艺分析

十字孔轴需加工的表面有 $\phi48\,_{-0.019}^{\ 0}$ mm × (100 ± 0.02) mm 外圆及与轴线相垂直的 $\phi20\,_{\ 0}^{+0.021}$ mm 的通孔。十字孔轴形状并不复杂，只是车削位置精度要求很高的 $\phi20\,_{\ 0}^{+0.021}$ mm 的孔时，在三爪自定心卡盘上很难装夹，因而需要划线后用四爪单动卡盘装夹进行加工。

2. 十字孔位置精度的保证

（1）工件的装夹（图 8–62）

1）由于外圆已加工，因此工件在四爪单动卡盘上装夹时应在夹紧处垫铜皮，以免把工件表面夹伤。

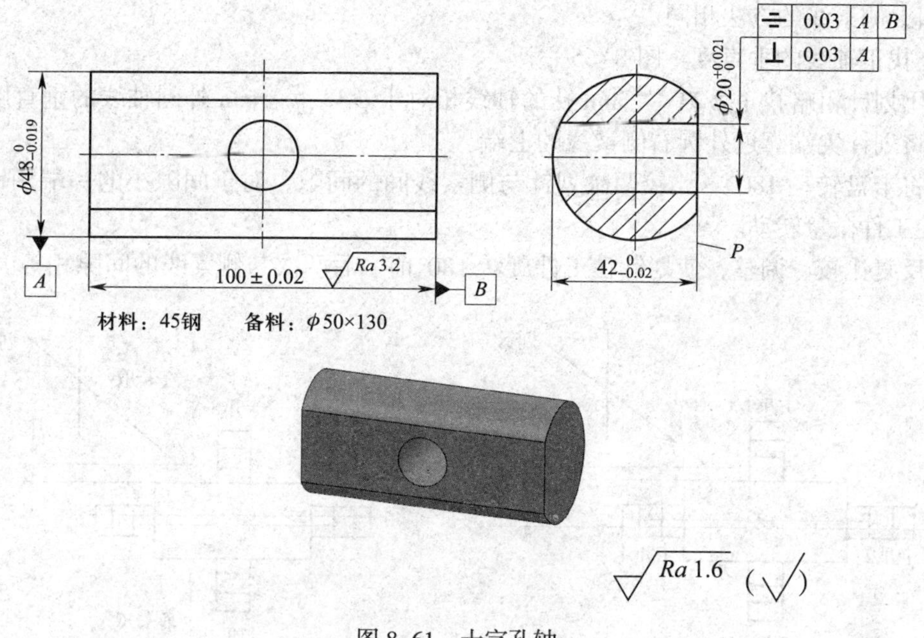

$\sqrt{Ra\,1.6}$ （$\sqrt{}$）

图 8-61　十字孔轴

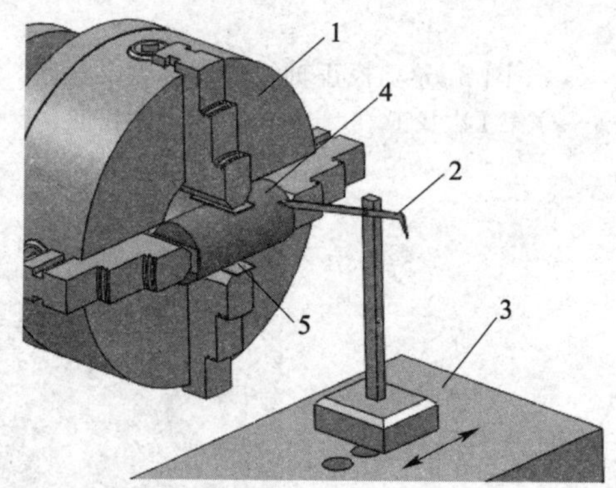

图 8-62　工件的装夹

1—四爪单动卡盘　2—划针　3—中滑板　4—工件　5—铜皮

2）用划针粗略找正 $\phi20^{+0.021}_{0}$ mm 孔的轴线相对于 $\phi48^{0}_{-0.019}$ mm 外圆轴线的对称度。

（2）找正轴线的对称度（图 8-63）

1）用手转动卡盘，使工件轴线处于水平位置，划线盘放在中滑板上，使划针靠近并找平外圆上侧素线。

2）移动床鞍，移开划线盘，并将卡盘转动 180°，再用划线盘找平外圆上侧素线（划针针尖高度不能改变），用透光法比较前后两次划针与上侧素线间的间隙 Δ_1 和 Δ_2。

3）若 $\Delta_1<\Delta_2$，则松卡爪 3，紧卡爪 1，调整量为两间隙差的一半，即（$\Delta_2-\Delta_1$）/2。

4）经反复找正，使划针与工件外圆侧素线之间两次间隙相等（$\Delta_1=\Delta_2$）为止，紧固卡爪 1 和 3。

（3）找正孔对两端面的对称度（图 8-64）

用划针粗略找正 $\phi20^{+0.021}_{0}$ mm 孔的轴线相对于两端面的中心平面的对称度，找正方法与找正外圆上侧素线的方法相同。

（4）找正轴线的垂直度（图 8–65）

1）用划针粗略找正 $\phi20^{+0.021}_{0}$ mm 孔的轴线相对于 $\phi48^{0}_{-0.019}$ mm 外圆轴线的垂直度。

2）将划针尖端靠近外圆右侧素线的上端。

3）将卡盘转动 180°，比较两次划针与侧素线间的间隙，对于间隙小的一端用铜锤轻轻敲击，使工件微量转动。

4）反复比较、调整，使划针在工件旋转 180°前、后两次与侧素线的间隙相等。

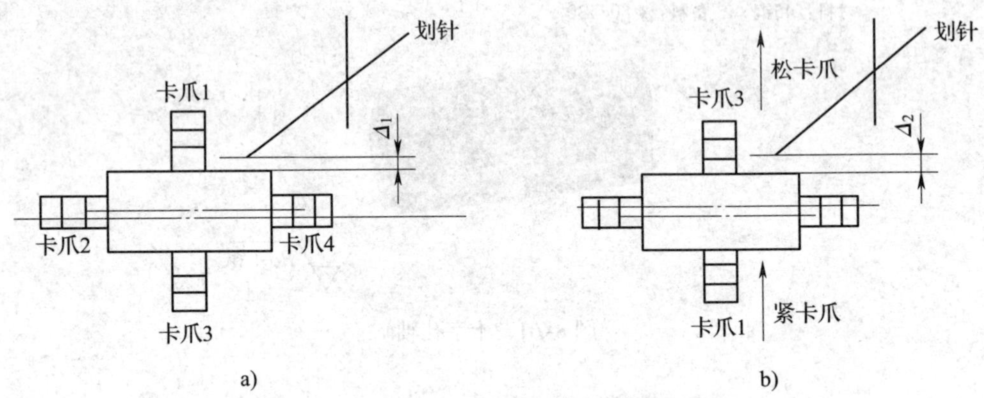

图 8–63　找正轴线的对称度

a）第 1 次找正　b）转 180°第 2 次找正

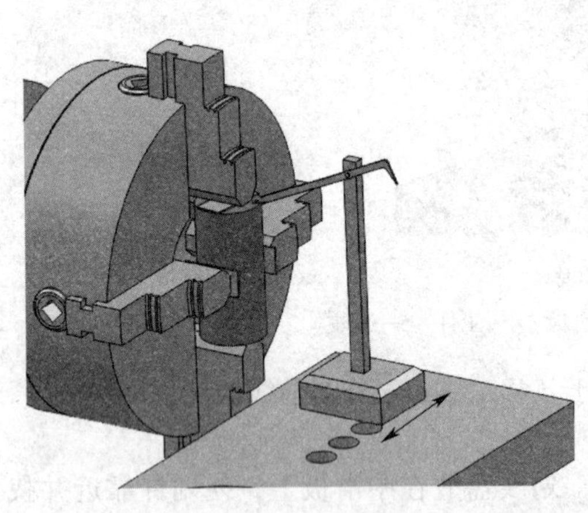

图 8–64　找正孔对两端面的对称度

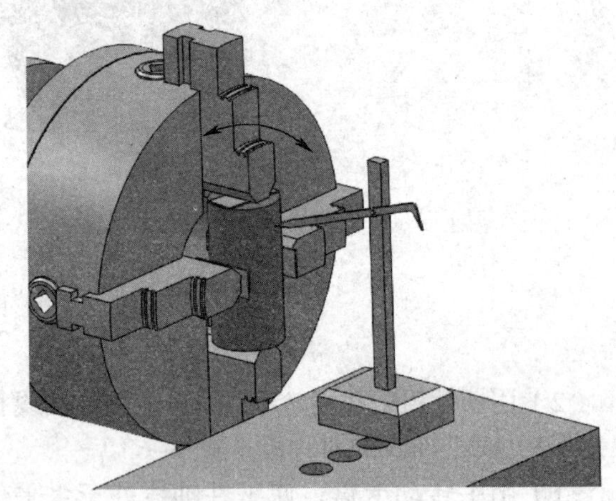

图 8–65　找正轴线的垂直度

（5）精找正工件

1）用与上述相同的方法对工件位置进行精找正，使对称度、垂直度达到图样要求。

2）工件精找正、夹紧后，还应用杠杆百分表复检一次，待合格后方可进行车削。

（6）注意事项

1）欲保证两轴线的对称度，关键是使外圆轴线处于通过车床主轴轴线的剖切平面内。

2）车削平面 P 时，车刀应先远离工件后再启动车床。车刀刀尖从工件最外处逐步切入工件，以防止工件碰撞车刀。

3）车削平面 P 时，由于是断续车削，车刀应选取负值刃倾角；刚开始车削时，背吃刀量稍大些，进给量要小些。

4）车削平面 P 时，由于断续切削会产生较大的冲击和振动，易使工件移位，因此，在精车 P 面和加工 $\phi 20^{+0.021}_{0}$ mm 的孔前应对工件位置精度进行复检。

3. 十字孔位置精度的检测

（1）孔轴线对外圆轴线垂直度误差的检测

由于 $\phi 20^{+0.021}_{0}$ mm 孔与平面 P 在一次装夹中车出，孔轴线与平面 P 是垂直的，检测孔轴线对外圆轴线的垂直度误差时，可以转换成检测平面 P 对 $\phi 48^{0}_{-0.019}$ mm 外圆轴线（或侧素线）的平行度误差。检测时，可以用千分尺测量 $\phi 48^{0}_{-0.019}$ mm 外圆两端侧素线至平面 P 的距离，即尺寸 $42^{0}_{-0.02}$ mm，两端测量值之差应不大于 0.03 mm。

（2）孔轴线对外圆轴线对称度误差的检测

用一根测量棒插入工件 $\phi 20^{+0.021}_{0}$ mm 的孔中，并一起装夹在 V 形架（或 160 mm × 160 mm 方箱的 V 形槽）上，V 形架（或方箱）及百分表座均放在测量平板上，对称度误差的检测方法如图 8–66 所示。用百分表检测工件外圆上侧素线的水平位置，并记下读数值；再将工件绕心轴旋转 180°，使其下侧素线呈水平位置，记下百分表第二次读数值，百分表两次读数值之差应不大于 0.03 mm。

（3）孔轴线对工件两端中心平面对称度误差的检测

检测方法与图 8–66 所示的方法类似，只需将轴从图示位置转动 90°，使工件端面处于水平位置，用百分表测量，记下读数值；再将工件转过 180°，使另一端面处于水平位置时进行测量，两次测量的读数值之差应不大于 0.03 mm。

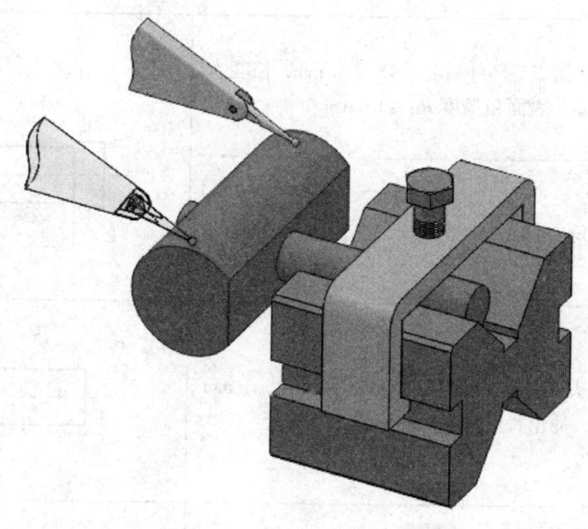

图 8–66　对称度误差的检测

技能训练

车削十字孔轴

1. 工件图样（图 8–61）

2. 加工工艺卡（表 8–11）

表 8–11　　加工工艺卡

工序	工步	内容	图示
10		检查备料 ϕ50 mm × 130 mm	
20		用三爪自定心卡盘夹持毛坯外圆，伸出长度为 110 mm，找正并夹紧	110
	1	车端面，车平即可	钻中心孔 1
	2	钻中心孔（一夹一顶）	
	3	粗、精车毛坯外圆至 $\phi 48_{-0.019}^{\ 0}$ mm，长度为 101 mm，表面粗糙度 $Ra \leqslant 1.6$ μm	$\phi 48_{-0.019}^{\ 0}$ 顶尖 3 101
	4	倒角 C1 mm	
30		掉头，用三爪自定心卡盘夹持 $\phi 48_{-0.019}^{\ 0}$ mm 外圆，伸出长度为 60 mm，找正并夹紧	60
	1	车端面，保证总长为（100±0.02）mm	100 ± 0.02 1

续表

工序	工步	内容	图示
40		在四爪单动卡盘上夹持、找正、夹紧，车削平面 P	用四爪单动卡盘夹持
	1	粗、精车平面 P，保证尺寸 $42_{-0.02}^{\ 0}$ mm	平面P $\phi20_{\ 0}^{+0.021}$ 4 1 $42_{-0.02}^{\ 0}$
	2	钻中心孔 A4/8.5	
	3	钻通孔 $\phi18$ mm	
	4	粗、精车内孔 $\phi20_{\ 0}^{+0.021}$ mm 至要求，表面粗糙度 $Ra\leqslant1.6$ μm	
	5	倒钝锐边	
50		检查质量，合格后卸下工件	

课题六　在花盘上车双孔连杆

一、常用车床附件

对于复杂工件，由于在三爪自定心卡盘和四爪单动卡盘上无法或不方便装夹，通常需要用相应的车床附件或专用夹具来装夹。而当工件数量较少时，一般不设计、制造专用夹具，而利用花盘、角铁等车床附件来装夹工件进行加工，见表 8-12。

表 8-12 车床附件

名称	说明	图示
花盘	花盘的材料为铸铁，盘面上有许多长短不同呈辐射状分布的通槽（或T形槽），用于安装各种螺栓，紧固工件。花盘可直接安装在车床主轴上，其盘面必须与主轴轴线垂直，盘面平整，表面粗糙度 Ra 值≤ 1.6 μm	
角铁	角铁通常由铸铁制造而成，常用的角铁为90°角铁（非90°角铁叫作角度角铁），其工作面为角铁上两个互相垂直的表面，精度要求较高，必须经过磨削或精刮。角铁上有长短不同的通孔，用于连接螺钉。角铁通常装在花盘上使用	
V形架	V形架的工作面是一条V形槽，其夹角有90°和120°两种。在V形架上根据需要可以加工出几个螺纹孔或圆柱孔，以便用螺钉把V形架固定在其他夹具上或把工件固定在V形架上	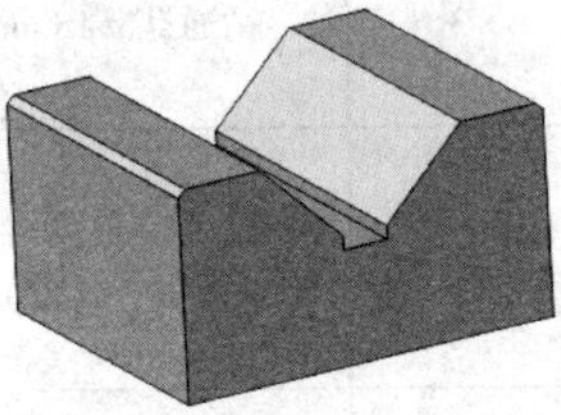
方头螺栓	方头螺栓用于装夹夹具和工件。螺栓的头部为方形，以防止安装到花盘上的夹具或工件产生转动，其长度可根据装夹要求做成长短不同的尺寸	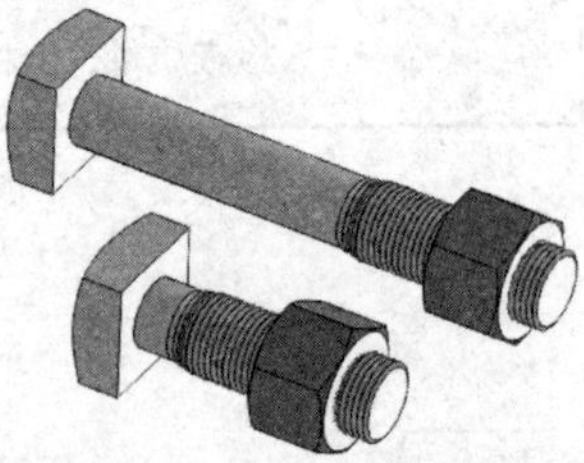
压板	压板可根据需要做成各种不同的规格。它的上面铣有腰形长槽，用来安插螺栓，并根据需要使螺栓在长槽中移动，以调整夹紧的位置	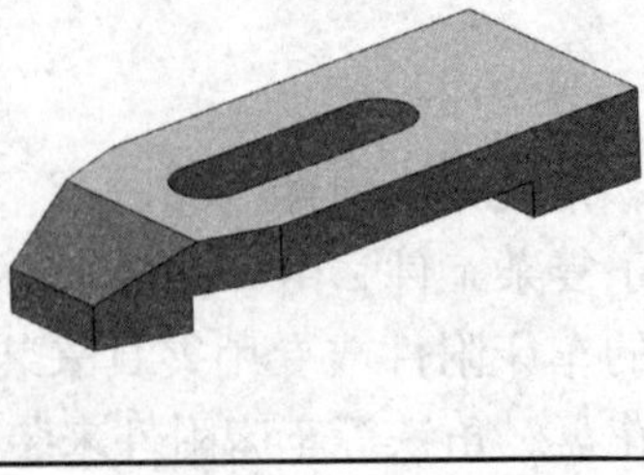

续表

名称	说明	图示
平垫铁	平垫铁安装在花盘、角铁等夹具上，常作为工件的定位基准平面和导向平面	
平衡块	在花盘、角铁和其他夹具上装夹的工件大部分是质量偏于一侧的（偏重），旋转时会产生很大的离心力，不但影响工件的加工精度，还会引起振动，从而损坏车床的主轴和轴承。因此，必须在偏重的对面装上适当的平衡块。平衡块可以用铸铁或钢制成，为了减小体积，也可用密度较大的铅制成	

二、花盘的安装与精度检测

花盘可直接安装在车床主轴上。由于工件是装夹在花盘上加工的，因此，花盘的精度直接影响工件的加工精度，故加工工件前必须对花盘的精度进行检测，要求花盘本身的几何误差小于工件相关公差的 1/2。

1. 花盘盘面轴向圆跳动误差的检测

新安装的花盘，在装夹工件前应进行轴向圆跳动误差的检测（图 8–67），具体方法如下：

（1）将百分表测头与花盘盘面外缘处接触，用手轻轻转动花盘，观察百分表指针的摆动量。

（2）将百分表测头移至花盘盘面近中央处（让开盘面上的通槽），转动花盘，观察百分表指针的摆动量，若摆动量不大于 0.02 mm，则花盘的轴向圆跳动符合要求。

2. 花盘盘面平面度误差的检测

（1）将百分表固定在刀架上，使其测头与盘面近外缘处接触。

（2）花盘不动，只移动中滑板，使百分表测头从盘面近外缘处通过花盘中心移到另一端外缘处，观察百分表指针的摆动量，若其值不大于 0.02 mm（且只允许内凹），则花盘的平面度符合要求（图 8–68）。

如果花盘上述两项检测不合格，应选用耐磨性较好的 YG6 硬质合金车刀将花盘盘面精车一刀，车削时必须紧固床鞍。若精车后仍不符合要求，则应调整车床主轴间隙或修刮中滑板。

图 8–67　花盘盘面轴向圆跳动误差的检测

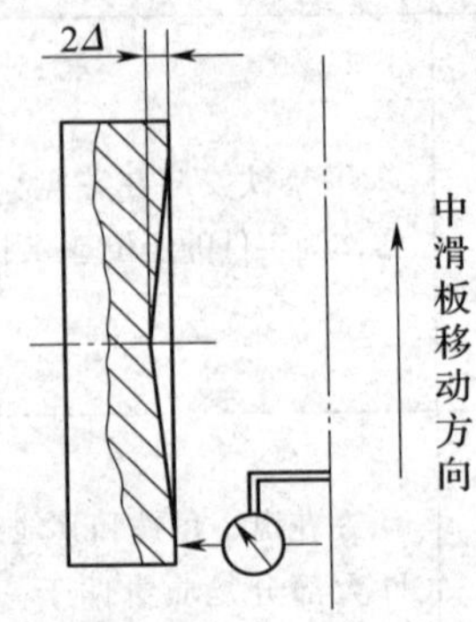

图 8–68　花盘盘面平面度误差的检测

技能训练

在花盘上车削双孔连杆

1. 工件图样（图 8–69）

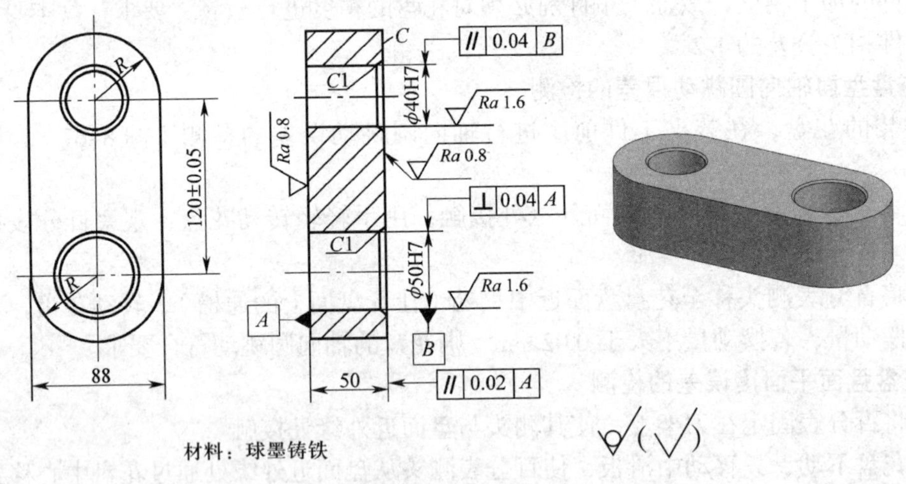

图 8–69　双孔连杆

2. 工艺分析

双孔连杆为铸造或锻造毛坯，外形周边不做加工，需要加工的表面为前、后两个平面和上、下两个内孔。两平面间除尺寸要求外，要求平行；两个内孔除孔径尺寸外有较高的中心距要求，且其轴线应与两平面垂直。两平面可先经铣削后，再以磨削作为精加工，以保证尺寸精度和平行度要求。用花盘装夹工件，车削两孔，达到以下要求：

（1）孔径尺寸精度为 IT7 级。

（2）两孔中心距公差为 ±0.05 mm。

（3）两孔轴线对基准平面的垂直度公差为 0.04 mm。

3. 加工工艺

（1）划线并打样冲眼

1）清洁双孔连杆表面，工件应无毛刺，倒钝锐边。

2）确定工件其中一面为定位基准面 A 并做标记。

3）在平面 C 上划两个孔的位置线，以便车孔时找正。

4）在平面 C 上打样冲眼。

（2）粗、精车第一个孔（图 8–70）

1）将工件上有标记的基准面 A 放置在花盘盘面上，使第一个孔的中心接近花盘（主轴）中心。

2）将 V 形架靠在工件下端的圆弧形表面上，并用方头螺栓和压板初步压紧。

3）根据基准孔的划线，用划线盘找正 ϕ50H7 孔的位置，使其中心与主轴轴线重合，然后用压板将工件压紧。

4）调整 V 形架，使其 V 形面抵住工件的圆弧形表面，并压紧 V 形架。

5）用方头螺栓穿过工件上的第二个毛坯孔并压紧工件的另一端。

6）按需要对花盘进行平衡，并检查有无碰撞现象。

7）将图样上 ϕ50H7 的孔粗车、半精车至 $\phi 49.6^{+0.05}_{0}$ mm。

8）精车 ϕ50H7 的孔至图样要求。

9）孔口倒角 C1 mm。

（3）调整两孔的中心距（图 8–71）

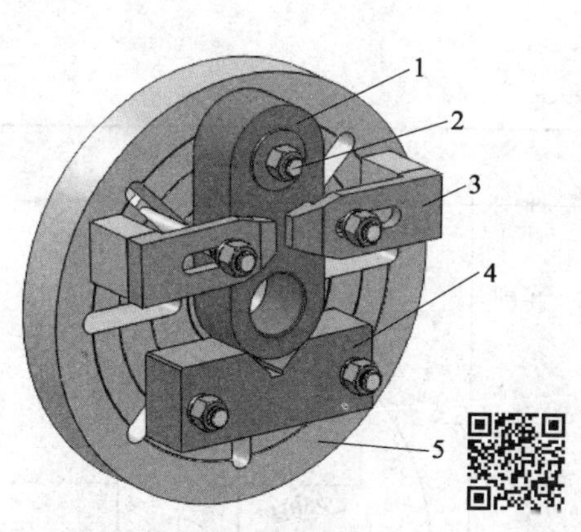

图 8–70 粗、精车第一个孔

1—双孔连杆 2—方头螺栓 3—压板

4—V 形架 5—花盘

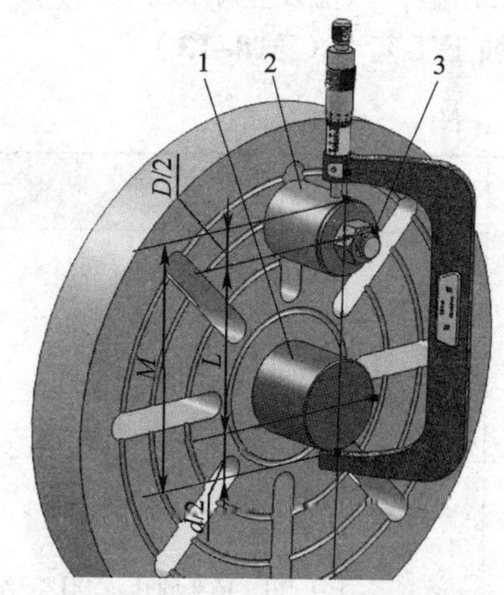

图 8–71 调整两孔的中心距

1—定位心轴 2—定位圆柱 3—压紧螺母

1）在主轴锥孔中装入一根 ϕ40 mm 的定位心轴，并找正其径向圆跳动。

2）在花盘上装一个定位圆柱，定位圆柱的外圆与已车好的第一个 ϕ50H7 的孔构成间隙值较小的间隙配合。

3）用千分尺测量出定位心轴与定位圆柱之间的尺寸 M。

4）按下式计算中心距：

$$L = M - \frac{D + d}{2}$$

5）当计算所得的中心距 L 与图样要求的中心距不符时，先松定位圆柱压紧螺母，用铜锤轻轻敲击定位圆柱，调整两孔的实际中心距，反复调整，直到符合图样要求后再紧固压紧螺母。

6）取下定位心轴，将工件已加工好的第一个孔套在定位圆柱上，找正第二个孔中心的位置并将工件夹紧。

（4）粗、精车第二个孔

1）按需要对花盘进行平衡，并检查有无碰撞现象。

2）将图样上 ϕ40H7 的孔粗车、半精车至 $\phi 39.6^{+0.05}_{0}$ mm。

3）精车 ϕ40H7 的孔至图样要求。

4）孔口倒角 $C1$ mm。

4. 注意事项

（1）压板、螺钉应靠近工件安装，垫块的高度与工件厚度一致。

（2）装夹工件的关键是保证两孔的中心距，应多测几次，取其平均值。

（3）车削时的切削用量不宜选得过大，以免引起车床振动，影响车孔的精度。尤其是转速过高、离心力过大时，更容易引起事故。

（4）车孔前，一定要认真检查花盘上所有压板、螺钉的紧固情况，最好再轮流对应拧紧一次。

（5）将床鞍移到车削工件的最终位置，用手转动花盘，检查工件、附件是否与小滑板前端及刀架相碰，以免发生事故。

5. 加工工艺卡（表 8–13）

表 8–13　　加工工艺卡

工序	工步	内容	图示
10		将工件安装在花盘上，找正、夹紧，车削第一个孔	花盘　ϕ50H7　C1　压板　V形架
	1	粗、精车内孔 ϕ50H7，表面粗糙度 $Ra1.6$ μm	
	2	孔口倒角 $C1$ mm	

续表

工序	工步	内容	图示
20		将工件安装在花盘上，找正两孔之间的中心距（120±0.05）mm，夹紧，车削第二个孔	
	1	粗、精车内孔 ϕ40H7，表面粗糙度 Ra1.6 μm	120±0.05 C1 ϕ40H7 压板 花盘 V形架
	2	孔口倒角 C1 mm	
30		检查质量，合格后卸下工件	

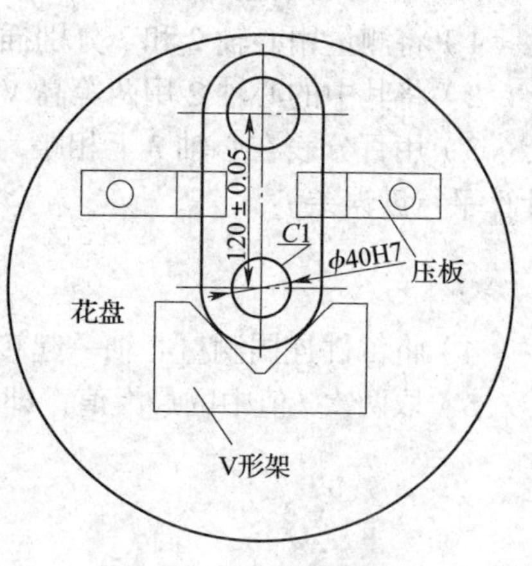

6. 双孔连杆精度检测

（1）垂直度误差的检测 (图 8–72)

1）将测量用心轴 1 插入双孔连杆的被测孔中。

2）将心轴连同工件一起装夹在 V 形架 2（或带有 V 形槽的方箱）上，并将 V 形架（或方箱）置于平板上。

3）用百分表在工件平面上检测，百分表读数的最大值即为垂直度误差。

（2）孔距的检测（图 8–73）

1）将测量用心轴 2 和 3 分别插入双孔连杆的两个孔中。

2）将其中的心轴 3 用两等高的 V 形架 1 支撑。

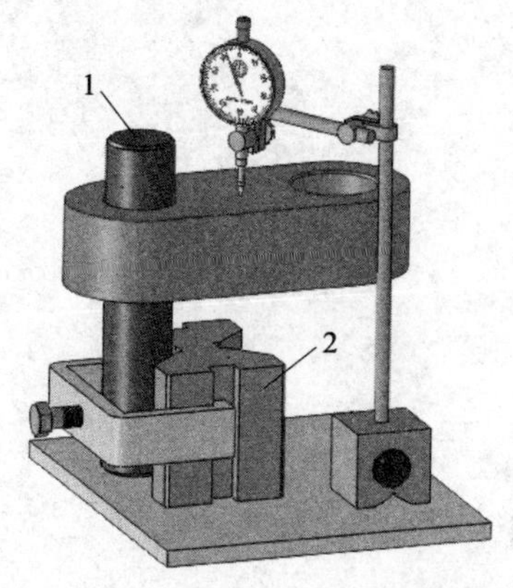

图 8–72　垂直度误差的检测

1—心轴　2—V 形架

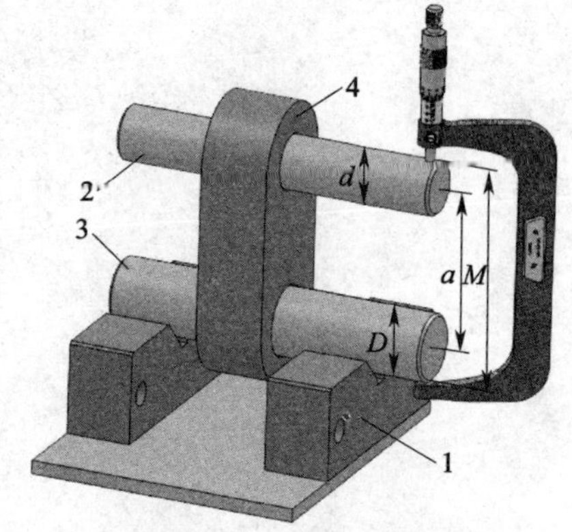

图 8–73　孔距的检测

1—V 形架　2、3—心轴　4—双孔连杆

3）用千分尺量出尺寸 M，按公式计算中心距 a：

$$a = M - \frac{D + d}{2}$$

4）判断计算出的中心距 a 与图样要求的中心距是否相符。

（3）平行度误差的检测（图 8–74）

1）将测量用心轴 2 和 3 分别插入双孔连杆的两个孔中。

2）将其中的心轴 2 用两等高 V 形架 1 支撑（图 8–74a）。

3）用百分表在心轴 3 上相距为 L_2 的 A 和 B 两点进行测量，得到读数 M_1 和 M_2，按下式计算平行度误差 f:

$$f = \frac{L_1}{L_2}\ (\,|\,M_1 - M_2\,|\,)$$

4）将工件连同测量心轴一起转过 90°（图 8–74b），按上述方法再测量及计算一次。

5）取两次 f 值中的最大值，即为平行度误差。

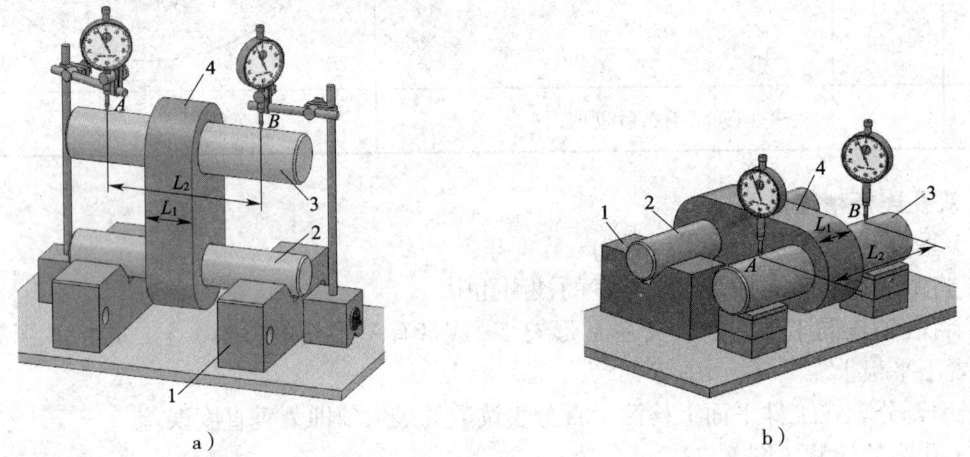

图 8–74　平行度误差的检测

a）用两等高 V 形架支撑　b）工件连同心轴一起转过 90°

1—V 形架　2、3—心轴　4—双孔连杆

第九单元

车　床

金属切削机床简称机床，是机械制造业的主要加工设备，常用的有车床、钻床、镗床、磨床、铣床、刨插床等，其中车床是机械制造中使用最广泛的一类机床。车床按照结构和用途可划分为卧式车床，立式车床，转塔车床，仿形及多刀车床，单轴自动车床，多轴自动、半自动车床以及各种专用车床。近几年来数控车床的应用越来越广泛。

为了正确地使用和保养车床，必须了解车床的规格，熟悉其性能、结构以及使用和调整方法。

课题一　机床型号及卧式车床的技术参数

一、机床型号

机床型号是机床产品的代号，用以简明地表示机床的类型、通用特性和结构特性、主要技术参数等。我国现行的机床型号是按国家标准《金属切削机床　型号编制方法》（GB/T 15375—2008）编制的。它由汉语拼音字母及阿拉伯数字组成。例如，CA6140 型车床型号中各代号的含义为：

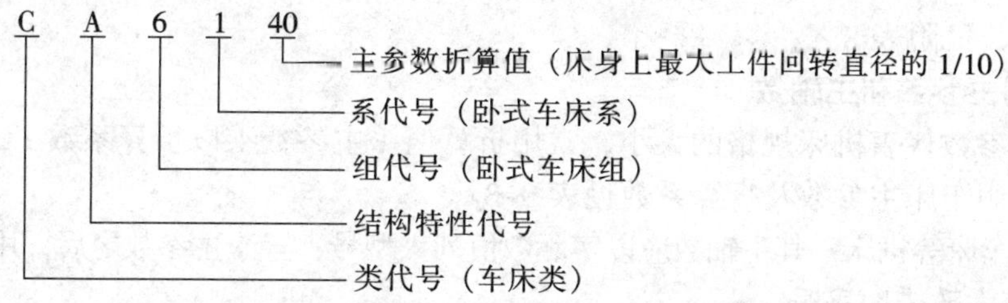

1. 机床的类代号

按照机床的工作原理、结构性能及使用范围，一般可将其分为 11 类。机床的类代号用大写的汉语拼音字母表示，见表 9–1。

表 9-1　　机床的类代号

类别	车床	钻床	镗床	磨床			齿轮加工机床	螺纹加工机床	铣床	刨插床	拉床	锯床	其他机床
代号	C	Z	T	M	2M	3M	Y	S	X	B	L	G	Q
读音	车	钻	镗	磨	二磨	三磨	牙	丝	铣	刨	拉	割	其

2. 机床的特性代号

机床的特性代号包括通用特性代号和结构特性代号，它们位于类代号之后，均用大写的汉语拼音字母表示。

（1）通用特性代号

当某些类型的机床除有普通型外，还有某种通用特性时，则在类代号之后加通用特性代号予以区分。机床的通用特性代号见表 9–2。

表 9-2　　机床的通用特性代号

通用特性	高精度	精密	自动	半自动	数控	加工中心（自动换刀）	仿形	轻型	加重型	柔性加工单元	数显	高速
代号	G	M	Z	B	K	H	F	Q	C	R	X	S
读音	高	密	自	半	控	换	仿	轻	重	柔	显	速

（2）结构特性代号

对主参数值相同而结构、性能不同的机床，在型号中用结构特性代号予以区分。结构特性代号在型号中没有统一的含义，只在同类机床中起区分机床结构、性能的作用。

当型号中有通用特性代号时，结构特性代号应排在通用特性代号之后。结构特性代号用汉语拼音字母表示，但是，通用特性代号已用的字母和“I”“O”两字母不能用。当单个字母不够用时，可将两个字母组合起来使用，如 AD、AE、DA、EA 等。

3. 机床的组、系代号

国家标准规定，每类机床划分为 10 个组，每个组又划分为 10 个系。机床的组代号用一位阿拉伯数字表示，位于类代号或特性代号之后。机床的系代号用一位阿拉伯数字表示，位于组代号之后，见附表 8。

4. 机床的主参数和主轴数

机床的主参数代表机床规格的大小，常用折算值（主参数乘以折算系数）表示，位于系代号之后。常用车床主参数及折算系数见表 9–3。

对于多轴车床等机床，其主轴数应以实际数值列入型号，置于主参数之后，用“×”分开。

5. 机床重大改进顺序号

当对机床的结构、性能有更高的要求，并需按新产品重新设计、试制和检定时，可按改进的先后顺序选用 A、B、C 等字母，加在型号基本部分的尾部，以区别原机床型号。如 CX5112A 型车床是最大车削直径为 1 250 mm、经过第一次重大改进的数显单柱立式车床。

表 9–3　　常用车床主参数及折算系数

车　床	主参数和折算系数		第二主参数
	主　参　数	折算系数	
多轴自动车床	最大棒料直径	1	轴数
回轮车床	最大棒料直径	1	
转塔车床	最大车削直径	1/10	
单柱及双柱立式车床	最大车削直径	1/100	
卧式车床	床身上最大工件回转直径	1/10	最大工件长度
铲齿车床	最大工件直径	1/10	最大模数

二、CA6140 型卧式车床的主要技术参数

CA6140 型卧式车床的主要技术参数见表 9–4。

表 9–4　　CA6140 型卧式车床的主要技术参数

主要技术参数	种类	主要技术参数值
床身上最大工件回转直径 D	—	D=400 mm
刀架上最大工件回转直径 D_1	—	D_1=210 mm
中心高（主轴中心至床身平面导轨距离）	—	H=205 mm
最大工件长度	4 种	750 mm、1 000 mm、1 500 mm、2 000 mm
最大车削长度	4 种	650 mm、900 mm、1 400 mm、1 900 mm
小滑板最大车削长度	1 种	140 mm
尾座套筒的最大移动长度	1 种	150 mm
尾座套筒锥孔	1 种	莫氏 5 号（Morse No.5）
主轴前端锥度	1 种	莫氏 6 号（Morse No.6）
主轴内孔直径（最大棒料直径）	1 种	ϕ 52 mm
主轴转速	正转（24 级）	10 ~ 1 400 r/min
	反转（12 级）	14 ~ 1 580 r/min
车削螺纹的范围	米制螺纹（44 种）	1 ~ 192 mm
	英制螺纹（20 种）	2 ~ 24 牙 /in
车削蜗杆的范围	米制蜗杆（39 种）	0.25 ~ 48 mm
	英制蜗杆（37 种）	1 ~ 96 牙 /in
机动进给量	纵向进给量 $f_{纵}$（64 种）	$f_{纵}$=0.028 ~ 6.33 mm/r
	横向进给量 $f_{横}$（64 种）	$f_{横}$=0.5$f_{纵}$=0.014 ~ 3.16 mm/r
快速移动速度	纵向快移速度	4 m/min
	横向快移速度	2 m/min

续表

主要技术参数	种类	主要技术参数值
主电动机	主电动机功率	7.5 kW
	主电动机转速	1 450 r/min
冷却电泵流量	—	25 L/min
刀柄截面尺寸	—	25 mm × 25 mm
长丝杠螺距	—	12 mm
车床主机净重	对应最大工件长度	1.99 t、2.07 t、2.22 t、2.57 t

课题二 卧式车床主要部件的调整

车床部件较多，第一单元已有介绍。本课题主要介绍主轴箱中摩擦离合器和制动装置的调整，溜板箱中开合螺母机构和中滑板间隙的调整及卡盘在主轴上的安装与拆卸。

一、摩擦离合器的调整

1. 摩擦离合器的结构

图 9–1a、b 所示为 CA6140 型车床主轴箱内的双向多片式摩擦离合器，该离合器具有左、右两组摩擦片，每一组由若干厚度为 1.5 mm 的内、外摩擦片（图 9–1c）相间排列，利用摩擦片在相互压紧时接触面之间产生的摩擦力传递运动和转矩。

带花键孔的内摩擦片 3 与轴 11 上的花键相连接；外摩擦片 2 的内孔是光滑圆孔，空套在轴 11 的花键外圆上，摩擦片外圆上有 4 个凸齿，卡在双联齿轮 1 右端套筒部分的缺口内。双联齿轮 1 和齿轮 13 空套在轴 11 上。

当操纵机构 12 拨动滑环 8 至右边位置时，通过摆块 10 绕轴销 9 摆动，使拉杆 7 左移，拉杆 7 左端有一圆柱销 6，使螺圈 4a 及加压套 5 向左压紧左边的一组摩擦片，通过摩擦片间的摩擦力，将转矩由轴 11 传给双联齿轮 1，这时可使主轴正转。相反，当操纵机构 12 拨动滑环 8 至左边位置时，可使螺圈 4b 及加压套 5 向右压紧右边的一组摩擦片，将转矩由轴 11 传给齿轮 13，这时主轴反转。当滑环 8 在中间位置时，左、右两组摩擦片都处于放松状态，轴 11 的运动不能传给齿轮 1 或 13，主轴即停止转动。

2. 摩擦片间隙

摩擦离合器的内、外摩擦片在松开时的间隙应适当。间隙太大时压不紧，摩擦片之间会出现打滑现象，不能传递足够的转矩，影响车床功率的正常传输，切削过程中易产生“闷车”现象，摩擦片容易磨损；间隙太小时，启动时费力，容易损坏操纵机构中的零件，松开时摩擦片不易脱开，使用过程中会因过热而导致摩擦片被烧坏。

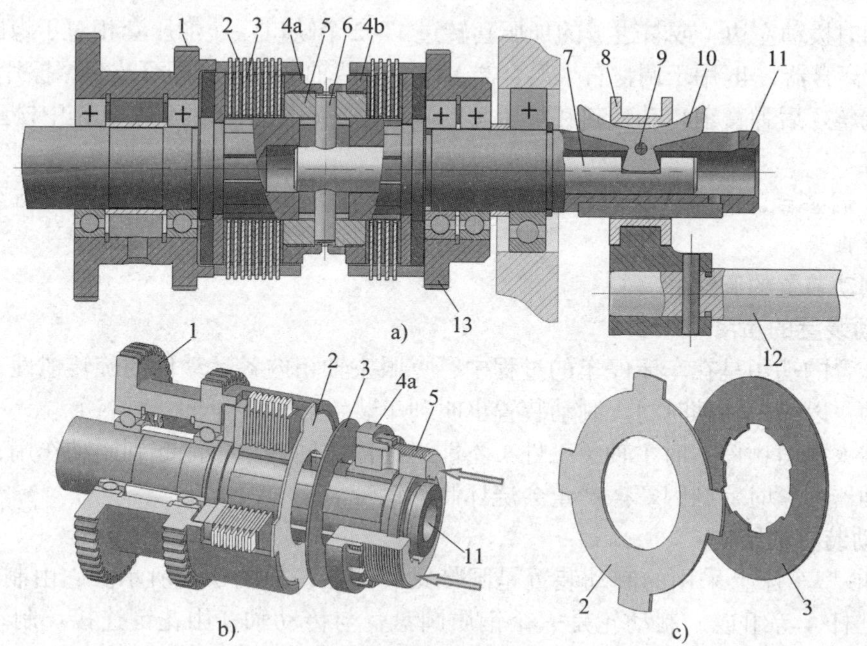

图 9–1　多片式摩擦离合器

a）原理图　b）结构图　c）内外摩擦片

1—双联齿轮　2—外摩擦片　3—内摩擦片　4a、4b—螺圈　5—加压套　6—圆柱销　7—拉杆　8—滑环　9—轴销　10—摆块　11—轴　12—操纵机构　13—齿轮

3. 调整方法

双向多片式摩擦离合器的调整如图 9–2 所示。

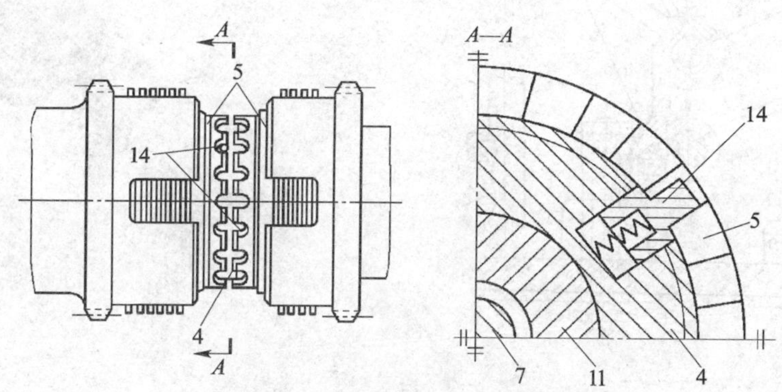

图 9–2　双向多片式摩擦离合器的调整

4—螺圈　5—加压套　7—拉杆　11—轴　14—弹簧销

（1）切断电源，打开主轴箱盖。

（2）提起（或落下）操纵杆手柄，使其处于正转（或反转）位置。

（3）用手转动卡盘，看到左边（或右边）的弹簧销 14。

（4）让操纵杆处于停车位置，此时左、右两组摩擦片都处于松开状态。正转时摩擦片太松，则调整左离合器；反转时摩擦片太松，则调整右离合器。

（5）先用一字旋具将左边（或右边）的弹簧销 14 压入加压套 5 的缺口下。

（6）同时拨动左边（或右边）的加压套转过 1 ~ 2 个缺口，使加压套相对于螺圈 4（4a 用于调整左半离合器，4b 用于调整右半离合器）做少量的轴向位移，即可改变摩擦片间的间隙。

（7）调整好后弹簧销自动弹起在加压套的缺口中，以防止加压套在工作中松动。最后盖上主轴箱盖。

提示：调整后，双向多片式摩擦离合器应操作自如，不得有阻滞或卡住现象，启动迅速，无异常声音。

二、制动装置的调整

1. 制动装置的功用

制动装置的功用是在车床停车的过程中，克服主轴箱内各运动件的旋转惯性，使主轴迅速停止转动，以缩短辅助时间。制动装置也叫刹车装置。

制动器太松时，停车时主轴（工件）不能迅速停止回转，不能起到制动作用，影响生产效率；制动器太紧时，则因摩擦严重会烧坏制动钢带。

2. 制动装置的结构

CA6140 型车床上采用的制动装置是闸带式制动器，如图 9–3 所示。它由制动轮 8、制动带 7 和杠杆 4 等组成。制动轮是一个钢质圆盘，与传动轴 9 用花键连接。制动带为一钢带，其内侧固定着一层铜丝石棉，以增大摩擦因数。

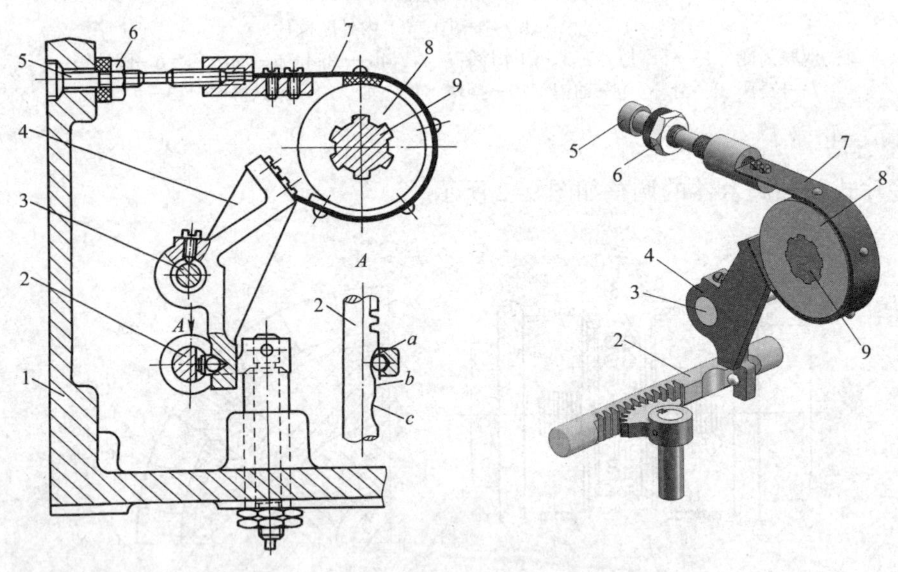

图 9–3　闸带式制动器

1—主轴箱　2—齿条轴　3—杠杆支撑轴　4—杠杆
5—调节螺钉　6—螺母　7—制动带　8—制动轮　9—传动轴

制动带绕在制动轮上，它的一端通过调节螺钉 5 与主轴箱 1 连接，另一端固定在杠杆 4 的上端。杠杆可绕杠杆支撑轴 3 摆动，当它的下端与齿条轴 2 上的圆弧形凹部 a 或 c 接触时，主轴处于反转或正转状态，制动带松开。移动齿条轴 2，其上凸部分 b 与杠杆 4 的下端接触时，杠杆绕轴 3 逆时针摆动，使制动带包紧制动轮，传动轴 9 停止转动。

3. 调整方法

（1）切断电源，打开主轴箱盖。

（2）用活扳手（或呆扳手）松开螺母 6。

（3）用内六角扳手在主轴箱 1 的背后旋转调节螺钉 5（顺时针旋转调节螺钉 5 时拉紧制动带，逆时针旋转时松开制动带），调整制动带 7 的松紧。

（4）调整好后，用活扳手（或呆扳手）把螺母 6 锁紧。将车床主轴转速调整至 320 r/min，若停车时能在 2 ～ 3 r 内制动，而在开车时制动带能完全松开，说明制动带的松紧程度调整合适。

提示：拉紧制动带时，应同时检查在操纵杆手柄扳到开车位置时制动带是否完全松开，若没有完全松开则应将其稍微放松些。

调整制动带时，要防止制动带产生歪扭现象。

三、开合螺母机构的调整

1. 开合螺母机构的功用

开合螺母机构的功用是接通和断开从丝杠传来的运动。车削螺纹和蜗杆时，将开合螺母合上，丝杠通过开合螺母带动溜板箱及螺纹车刀运动。

若开合螺母手柄过松，车螺纹时，开合螺母容易跳起，造成乱牙等现象。若开合螺母手柄过紧，会造成操纵费劲且不方便。

2. 开合螺母机构的结构

开合螺母机构的结构如图 9–4a 所示，其上、下两个半螺母 2 和 1 装在溜板箱后壁的燕尾形导轨中，可上下移动。上、下半螺母的背面各装有一个圆柱销 3，其伸出端分别嵌在槽盘 4 的两条曲线槽中。当逆时针转动手柄 6 时，通过轴 7 使槽盘 4 逆时针转动。

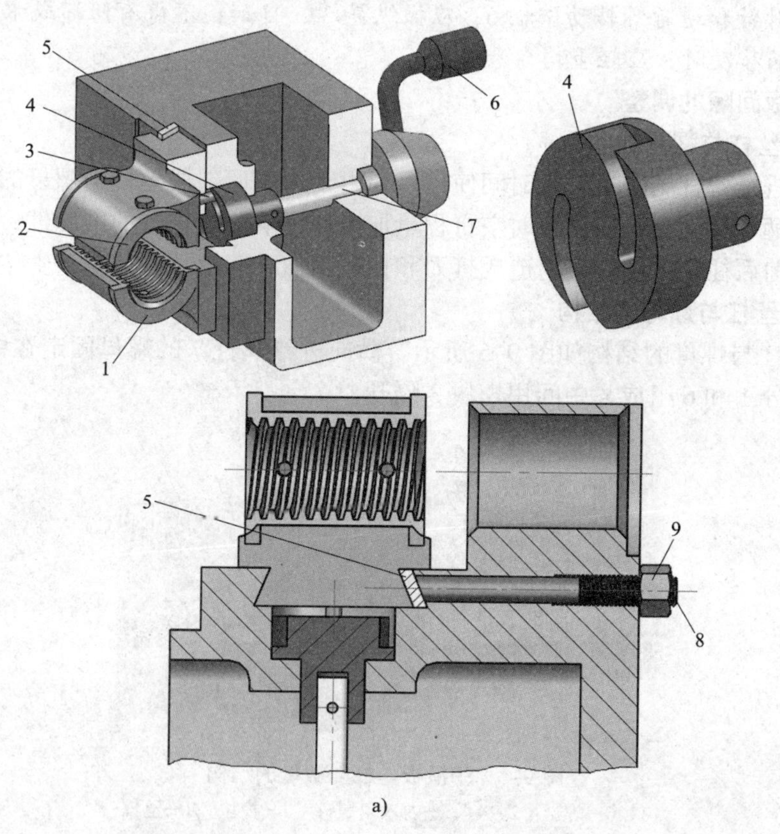

a)

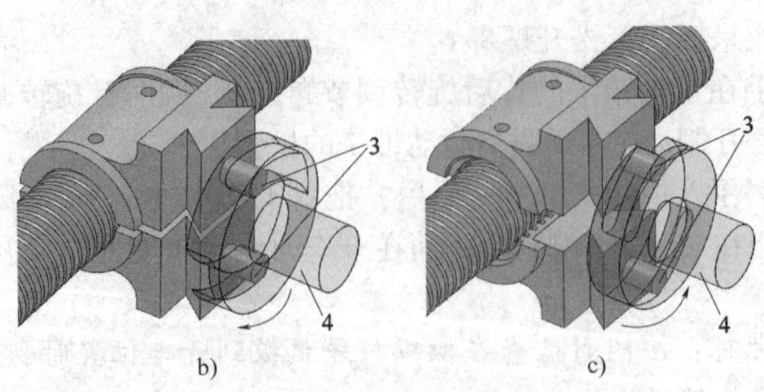

图 9–4　开合螺母机构

a）结构图　b）槽盘逆时针转动时　c）槽盘顺时针转动时

1、2—半螺母　3—圆柱销　4—槽盘　5—楔铁　6—手柄　7—轴　8—螺钉　9—螺母

从图 9–4b 中可以看出，当槽盘 4 逆时针转动时，曲线槽迫使两圆柱销 3 互相靠近，从而带动上、下半螺母合拢，使其与丝杠啮合，刀架便由丝杠螺母副经溜板箱带动进给。当槽盘顺时针转动时，曲线槽通过圆柱销使两个半螺母相互分离（图 9–4c），两个半螺母与丝杠脱开，刀架便停止进给。

3. 调整方法

（1）切断电源。

（2）用活扳手（或呆扳手）松开螺母 9。

（3）用一字旋具通过螺钉 8 支紧或放松楔铁 5 进行调整，使开合螺母在燕尾形导轨中滑动轻便。

（4）开合螺母与燕尾形导轨配合的松紧程度调整好后，拧紧螺母 9。

提示：顺时针和逆时针转动手柄 6，应操纵灵活、自如，不得有阻滞或卡住现象，无异常声音。溜板箱移动时，应轻重均匀和平稳。

四、中滑板间隙的调整

1. 中滑板丝杠与螺母的功用

车床横向进给丝杠副经过较长时间使用后，由于磨损而造成丝杠与螺母的间隙增大，其影响有：使手柄和刻度盘正、反转时空行程量加大，影响刻度把握的准确性；断续切削时会使中滑板产生前后往复窜动，容易造成打刀和打坏工件；车螺纹时容易产生“扎刀”现象。

2. 中滑板丝杠与螺母的结构

中滑板丝杠与螺母的结构如图 9–5 所示。横向进给丝杠 7 的螺母固定在中滑板的底面，由分开的两部分 1 和 6 组成，中间用楔块 3 隔开。

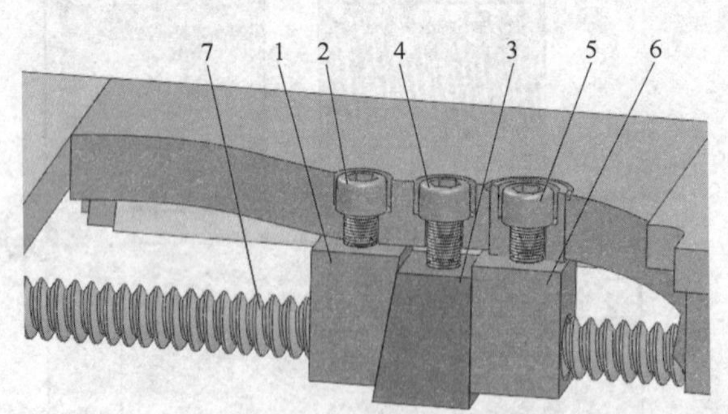

图 9–5　中滑板丝杠与螺母的结构

1、6—螺母　2、4、5—内六角螺钉　3—楔块　7—丝杠

3. 丝杠副间隙的调整

（1）先松开前螺母 1 上的内六角螺钉，不要将其卸下。

（2）一边正、反转摇动横向进给手柄，一边缓慢交替拧紧中间的内六角螺钉 4，将楔块 3 向上拉，依靠斜楔作用减小丝杠与螺母牙侧的间隙。

（3）调整合适后拧紧前螺母上的内六角螺钉 2。

（4）将前、后内六角螺钉拧紧，中间内六角螺钉 4 按手感拧紧即可。

提示：*调整后，要求中滑板丝杠手柄摇动灵活。正、反转时的空行程在 r/20 以内。*

4. 中滑板刻度盘的结构

中滑板刻度盘的结构如图 9–6 所示，中滑板刻度盘是横向进刀量读数的标记。刻度盘太松时，会跟着中滑板手柄做不同步的转动，从而无法得到准确的读数；太紧则不便于调整刻线格数。

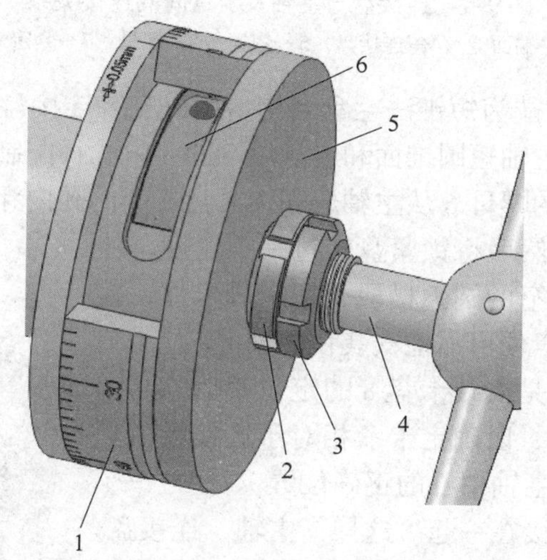

图 9–6　中滑板刻度盘的结构

1—刻度盘　2—调节螺母　3—锁紧螺母　4—轴　5—圆盘　6—弹簧片

5. 中滑板刻度盘松紧的调整

（1）将锁紧螺母 3 和调节螺母 2 松开。

（2）抽出圆盘 5 和圆盘槽中的弹簧片 6。

（3）如果刻度盘与圆盘连接太松，刻度盘不能跟随圆盘完全同步转动，则应适当增加弹簧片的弯曲程度，使其弹力增大；如果连接太紧，又不易手动调整刻度盘与圆盘上的零线，则应适当减小弹簧片的弯曲程度，使其弹力减小一些。

（4）按要求装好，并拧紧调节螺母，待刻度盘在圆盘上转动的松紧程度适宜时，将锁紧螺母锁紧。

提示：*中滑板刻度盘应转动灵活，无明显阻滞现象。*

五、卡盘在主轴上的安装与拆卸

1. 卡盘与车床主轴的连接

由于三爪自定心卡盘是通过连接盘与车床主轴连为一体的，因此，连接盘与车床主轴、三爪自定心卡盘之间的同轴度精度要求很高。连接盘与主轴及卡盘间的连接关系如图 9–7 所示。

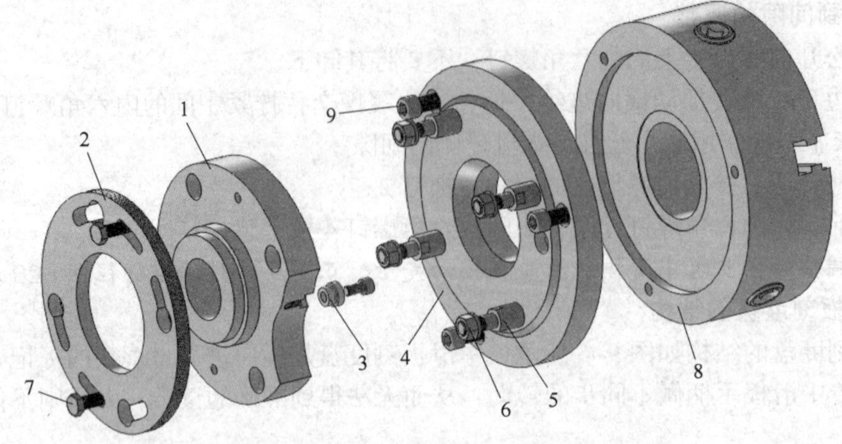

图 9–7　连接盘与主轴及卡盘间的连接关系

1—主轴　2—锁紧盘　3—端面键　4—连接盘　5—螺栓　6—螺母　7—紧定螺钉　8—卡盘　9—螺钉

CA6140 型车床主轴前端为短锥法兰盘结构，用以安装连接盘。连接盘由主轴上的短圆锥定位。安装前，要根据主轴短圆锥面和卡盘后端的台阶孔径配制连接盘。安装时，让连接盘 4 的四个螺栓 5 及其上的螺母 6 从主轴肩和锁紧盘 2 上的孔内穿过，螺栓中部的圆柱与主轴轴肩上的孔精密配合，然后将锁紧盘转过一个角度，使螺栓进入锁紧盘上宽度较窄的圆弧槽段，把螺母卡住，接着再拧紧螺母，于是连接盘便可靠地安装在主轴上。

连接盘前面的台阶面是安装卡盘 8 的定位基面，与卡盘的后端面和台阶孔配合，以确定卡盘相对于连接盘的正确位置（实际上是相对于主轴中心的正确位置）。通过三个螺钉 9 将卡盘与连接盘连接在一起。这样，主轴、连接盘、卡盘三者便可靠地连为一体，并保证了主轴与卡盘同轴，如图 9–8 所示。

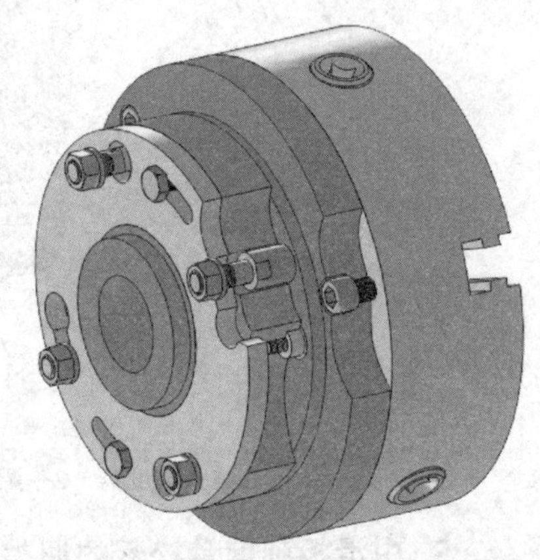
图 9–8　卡盘的连接

图 9–7 中端面键 3 可防止连接盘相对主轴转动，是保险装置。紧定螺钉 7 用于紧固锁紧盘。

2. 卡盘的拆卸

（1）切断电动机电源，即将机床电源总开关由“ON”扳至“OFF”位置。

（2）在主轴孔内插入一根硬木棒，木棒的另一端伸出卡盘之外并搁置在刀架上，在靠近主轴处的床身导轨上垫上木板，以保护导轨面。由于卡盘较重，应注意安全，最好由两人配合完成。

（3）用扳手将连接盘四个螺栓上的螺母拧松，将锁紧盘转过一个角度，让螺栓从锁紧盘宽度较宽的圆弧槽段和主轴肩上的孔内穿过，则可将卡盘卸下。

（4）用硬木棒小心地抬下卡盘，撤去床身护板。

3. 卡盘的安装

（1）切断电动机电源，即将机床电源总开关由“ON”扳至“OFF”位置。

（2）在主轴孔内插入一根硬木棒，在靠近主轴处的床身导轨上垫上木板，以保护导轨面。由于卡盘较重，应注意安全，最好由两人配合完成。

（3）将卡盘、连接盘与主轴相配合的各部位（表面）擦干净并涂上润滑油。

（4）让连接盘的四个螺栓及其上的螺母从主轴肩和锁紧盘上的孔内穿过，螺栓中部的圆柱与主轴轴肩上的孔精密配合，然后将锁紧盘转过一个角度，使螺栓进入锁紧盘上宽度较窄的圆弧槽段，把螺母卡住，交替拧紧四个螺母，卡盘与主轴的连接完成。

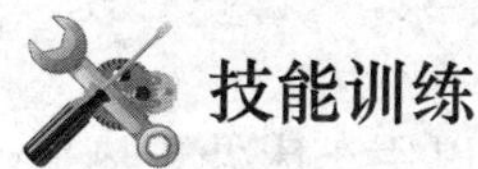

技能训练

卧式车床部件的调整练习

1. 按照前面的步骤，在教师的指导下完成摩擦离合器间隙的调整练习。
2. 按照前面的步骤，在教师的指导下完成卡盘在主轴上的安装与拆卸练习。

课题三 卧式车床精度对加工质量的影响

车床的切削运动由主轴、床身、床鞍、中（小）滑板等部件完成。如果这些部件本身的精度和运动有误差，则必然会反映到工件上。卧式车床的精度主要分为几何精度和工作精度两种。

一、卧式车床的几何精度

卧式车床的几何精度是指卧式车床某些基础零部件本身的几何形状精度、相互位置的几何精度和相对运动的几何精度。车床的几何精度是保证加工质量最基本的条件。根据国家标准《卧式车床　精度检验》（GB/T 4020—1997），卧式车床几何精度要求的项目如下：

1. 床身导轨调平。

（1）导轨在垂直平面内的直线度（纵向）。

（2）导轨应在同一平面内（横向）。

2. 床鞍移动在水平面内的直线度。

3. 尾座移动对床鞍移动的平行度。

4. 主轴的轴向窜动和主轴轴肩支撑面的轴向圆跳动。

5. 主轴定心轴颈的径向圆跳动。

6. 主轴轴线的径向圆跳动。

7. 主轴轴线对床鞍纵向移动的平行度。

8. 主轴顶尖的径向圆跳动。

9. 尾座套筒轴线对床鞍移动的平行度。

10. 尾座套筒锥孔轴线对床鞍移动的平行度。

11. 主轴和尾座两顶尖的等高度。

12. 小滑板纵向移动对主轴轴线的平行度。

13. 中滑板横向移动对主轴轴线的垂直度。

14. 丝杠的轴向窜动。

15. 由丝杠所产生的螺距累积误差。

二、卧式车床的工作精度

卧式车床的工作精度是指车床在运动状态和切削力作用下的精度，可以用车床处于热平衡状态下所加工出工件的精度来评定。它综合反映了切削力和夹紧力等各种因素对加工精度的影响。卧式车床工作精度要求的项目及数值见表 9–5。

表 9–5　　卧式车床工作精度要求的项目及数值

卧式车床工作精度要求的项目（GB/T 4020—1997）		CA6140 型卧式车床工作精度要求的项目	CA6140 型卧式车床工作精度的数值
1. 精车外圆	（1）圆度	精车外圆的圆度	0.009 mm
	（2）在纵截面内直径的一致性	精车外圆的圆柱度	0.027 mm/300 mm
2. 精车端面的平面度		精车端面的平面度	0.019 mm/ϕ 300 mm
3. 精车 300 mm 长度螺纹的螺距累积误差		精车螺纹的螺距精度	0.04 mm/100 mm 0.06 mm/300 mm
1 和 2 项中，还必须达到一定的表面粗糙度要求		精车表面粗糙度	Ra1.6 ~ 0.8 μm

三、卧式车床精度对加工质量的影响

在车床上加工工件时，影响加工质量的因素很多，如车床本身的精度、工件的装夹方法、车刀的几何参数、切削用量等。其中，车床的精度是影响工件加工质量的关键因素。卧式车床精度对加工质量的影响见表 9–6。

表 9–6　　卧式车床几何误差和工作误差对加工质量的影响

序号	工件产生的缺陷	与机床有关的因素
1	车削工件时圆度超差	1. 主轴前、后轴承间隙过大 2. 主轴轴颈的圆度超差
2	车圆柱形工件时产生锥度	1. 主轴轴线对床鞍移动的平行度超差 2. 床身导轨面严重磨损 3. 一夹一顶或两顶尖装夹工件时尾座轴线与主轴轴线不重合 4. 地脚螺栓松动，车床水平变动
3	精车后工件端面平面度超差	1. 中滑板移动对主轴轴线的垂直度超差 2. 主轴轴向窜动量超差
4	精车后工件轴向圆跳动超差	主轴轴向窜动量超差
5	车外圆时工件素线的直线度超差	1. 两顶尖装夹工件时，床头和尾座两顶尖的等高度超差 2. 床鞍移动的直线度超差 3. 利用小滑板车削时，小滑板移动对主轴轴线的平行度超差

续表

序号	工件产生的缺陷	与机床有关的因素
6	钻孔、扩孔、铰孔时工件孔径扩大或孔变为喇叭形	1. 尾座套筒锥孔轴线对床鞍移动的平行度超差 2. 尾座套筒轴线对床鞍移动的平行度超差 3. 前、后顶尖的等高度超差
7	车螺纹时螺距精度超差	1. 丝杠的轴向窜动量超差 2. 从主轴至丝杠间的传动链传动误差过大 3. 开合螺母磨损造成啮合不良或间隙过大
8	车外圆时表面上有混乱的波纹（振动）	1. 主轴滚动轴承滚道磨损，间隙过大 2. 主轴的轴向窜动量超差 3. 床鞍及中、小滑板滑动表面间隙过大
9	精车外圆时表面上轴向出现有规律的波纹	1. 溜板箱纵向进给小齿轮与齿条啮合不良 2. 光杠弯曲，或光杠、丝杠的三孔轴线不同轴，并与车床导轨不平行 3. 溜板箱内某一传动齿轮（或蜗轮）损坏 4. 主轴箱、进给箱中的轴弯曲或齿轮损坏
10	精车外圆时圆周表面上出现有规律的波纹	1. 主轴上的传动齿轮齿形不正确，齿部损坏或啮合不良 2. 电动机旋转不平衡而引起振动 3. 带轮等旋转零件振幅过大而引起振动 4. 主轴轴承间隙过大或过小

四、卧式车床的常见故障

车床在使用过程中会产生各种各样的故障。故障一方面严重影响工件的加工质量，甚至使加工无法继续进行下去；另一方面将使车床有关部件磨损加剧，甚至导致部件损坏。因此，当车床出现故障时，应能尽快地分析并判断出故障的发生部位和产生原因，进一步分析并找出与故障相关的部件，提出排除故障的建议和方法，同时对一般性的故障自行排除。表 9–7 所列为一些常见故障和产生故障的主要原因。

表 9–7　　卧式车床常见故障分析

序号	常见故障	故障现象	主要原因
1	制动不灵	在车床停车过程中，主轴不能迅速停止，影响工作效率，易发生事故	1. 主轴箱内多片式摩擦离合器中摩擦片间隙过小，造成停车后摩擦片未完全脱开 2. 制动装置中制动钢带过松
2	闷车	闷车即在车削过程中，背吃刀量较大时造成主轴停转	主轴箱内多片式摩擦离合器中摩擦片间隙过大，摩擦片之间的摩擦力较小，因传递动力不足而造成“闷车”现象
3	强力车削时机动进给停止	强力车削时机动进给停止	1. CA6140 型车床溜板箱内安全离合器的弹簧压力过低 2. 机动进给手柄的定位弹簧过松
4	卡盘圆跳动误差大	当卡盘本身的精度较高时，装在主轴上圆跳动误差大的原因主要是主轴间隙过大	造成主轴间隙过大的原因如下： 1. 主轴轴承磨损 2. 主轴调整后未锁紧，在切削力和振动的影响下，使主轴轴承松动而造成主轴间隙过大

续表

序号	常见故障	故障现象	主要原因
5	主轴温度过高	主轴温度过高	1. 主轴轴承间隙过小，使摩擦力增大，摩擦热过多，造成主轴温度过高 2. 主轴箱内油泵循环供油不足，不仅使主轴轴承润滑不良，而且使主轴轴承产生的热量不能传散而造成主轴轴承温度过高。如果供油过多，也会使主轴轴承发热 3. 主轴长时间满负荷工作

课题四　卧式车床的一级保养

一、一级保养的内容及要求

通常，车床运行 500 h 后需要进行一次一级保养。一级保养工作以操作者为主，在维修人员的配合下进行。保养时，必须先切断电源，然后按要求进行。一级保养的内容及要求见表 9–8。

表 9–8　一级保养的内容及要求

内容	要　求
外保养	1. 清洁车床外表面及各罩盖，要求内外清洁，无锈蚀，无油污 2. 清洗丝杠、光杠、操纵杆 3. 检查并补齐外部缺件，如螺钉、手柄球、手柄等
主轴箱	1. 检查主轴锁紧螺母有无松动，紧定螺钉是否拧紧 2. 调整制动器及离合器摩擦片间隙 3. 清洗过滤器
交换齿轮箱	1. 拆洗齿轮、轴套，并在油杯中注入新油脂 2. 调整齿轮啮合间隙 3. 检查轴套有无晃动现象 4. 检查 V 带张紧力是否合适，表面是否有裂纹
刀架和滑板部分	1. 拆下刀架并进行清洗 2. 拆下中、小滑板的丝杠、螺母、楔铁并进行清洗 3. 拆下床鞍防尘油毛毡，进行清洗、加油和复装 4. 中滑板丝杠、螺母、楔铁、导轨加油后复装，调整楔铁间隙和丝杠螺母间隙 5. 小滑板丝杠、螺母、楔铁、导轨加油后复装，调整楔铁间隙和丝杠螺母间隙 6. 擦净刀架底面，涂油，复装，压紧
尾座	1. 拆下尾座套筒和压紧块，进行清洗、涂油 2. 拆下尾座丝杠、螺母，进行清洗、加油

续表

内容	要　求
尾座	3. 清洗尾座并加油 4. 复装尾座部分并调整
润滑系统	1. 清洗冷却泵、过滤器、油杯和盛液盘 2. 保证油路畅通，油孔、油绳、油毡无切屑 3. 检查润滑油，油质应保持良好，油杯应齐全，油标应清晰
冷却系统	1. 清洗过滤网和盛液盘 2. 清洗切削液池 3. 保证管道畅通完好、固定牢靠 4. 切削液无明显污染，质量符合要求
电气系统	1. 清扫电动机、电气箱上的尘屑 2. 检查电气装置是否固定整齐
附件等	清洁，防锈，摆放整齐，正常，可靠

二、保养时的注意事项

1. 保养前做好准备工作，准备好拆装工具、清洗装置、清洗剂、润滑油料、放置机件的盘子以及备件等。

2. 按保养步骤进行。

3. 拆下的机件要成组放好，注意不要遗失。

4. 要文明操作，注意拆装的方法和力度，以免损坏机件。

技能训练

卧式车床的一级保养

按照前面的步骤，在教师的指导下完成卧式车床的一级保养练习。

课题五　其他常用车床

一、立式车床

1. 立式车床的结构

立式车床有单柱式和双柱式两种。单柱立式车床加工直径一般小于 1 600 mm；双柱立式车床加工直径超过 25 000 mm。

（1）单柱立式车床的结构原理

如图 9–9 所示，单柱立式车床有一个箱形立柱，与底座固定连接成一体，构成机床的支撑骨架。工作台装在底座的环形导轨上，工件装在它的台面上，由工作台带动工件绕垂直轴线旋转，完成主运动。

在立柱的垂直导轨上装有横梁和侧刀架，侧刀架可在立柱的导轨上做垂直进给，还可沿刀架滑座的导轨做横向进给。在横梁的水平导轨上装有一个垂直刀架。垂直刀架可沿横梁导轨移动做横向进给，以及沿刀架滑座的导轨移动做垂直进给。刀架滑座可左右回转一定的角度，以使刀架做斜向进给。

（2）立式车床的结构特点

主轴竖直布置，一个直径很大的圆形工作台呈水平布置，供装夹工件用，从而使笨重工件的装夹和找正较方便。由于工件及工作台的重力由床身导轨或推力轴承承受，大大减轻了主轴及其轴承的载荷，因此较易保证加工精度。

图 9–9　单柱立式车床

1—底座　2—工作台　3—立柱
4—垂直刀架　5—横梁
6—垂直刀架进给箱　7—侧刀架
8—侧刀架进给箱

2. 立式车床加工工件的类型

立式车床主要用于加工径向尺寸大而轴向尺寸相对较小且形状复杂的大型或重型工件。加工工件的类型包括以下几种：

（1）大直径的盘类、套类和环形工件及薄壁工件，如图 9–10 所示。

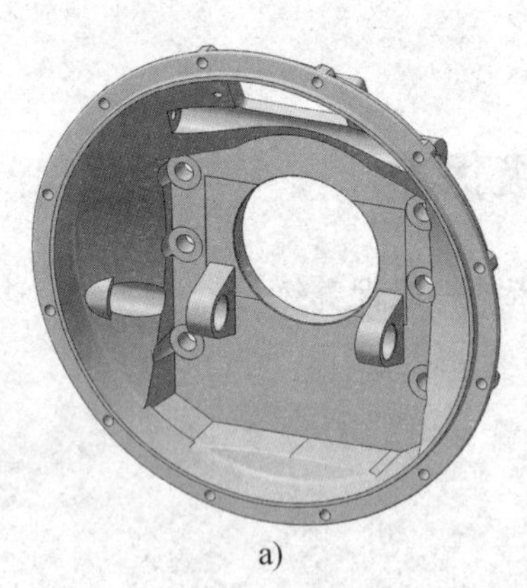

a）

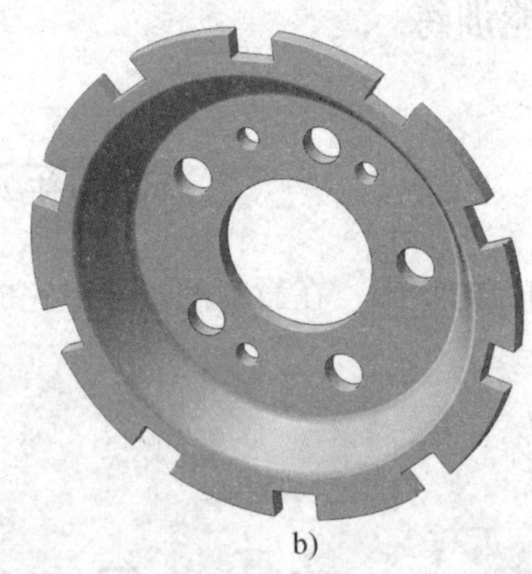

b）

图 9–10　薄壁工件

a）飞轮壳　b）盖板

（2）组合件、焊接件及带有各种复杂型面的工件，如图 9–11 所示的蜗轮壳等。

（3）大直径圆锥工件等，如图 9–12 所示。

3. 工件的定位和找正

在立式车床上，工件的定位就是确定工件的定位基面。所选定的定位基准必须能保证定位精度和定位可靠，减小工件变形并保证操作安全。一般以端面及内孔、外圆的轴线定位。

工件找正是使工件中心与工作台旋转中心相重合。找正应在工件尚未完全夹紧和定位状态下进行，找正时应同时调整夹紧机构夹紧力的大小，直到找正后工件完全符合工艺要求，则夹紧、定位和找正同时完成。

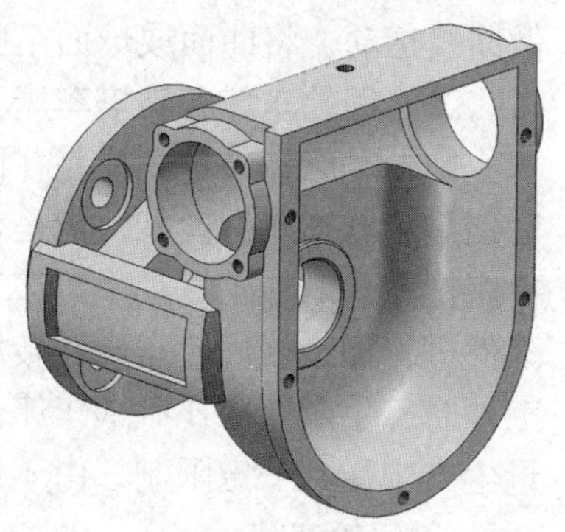

图 9–11 蜗轮壳

4. 在立式车床上车削圆锥、球面和曲面的方法

在立式车床上车削圆锥、球面和曲面的原理与卧式车床相同，工件直接装夹在工作台（或中间垫入垫铁）上车削。

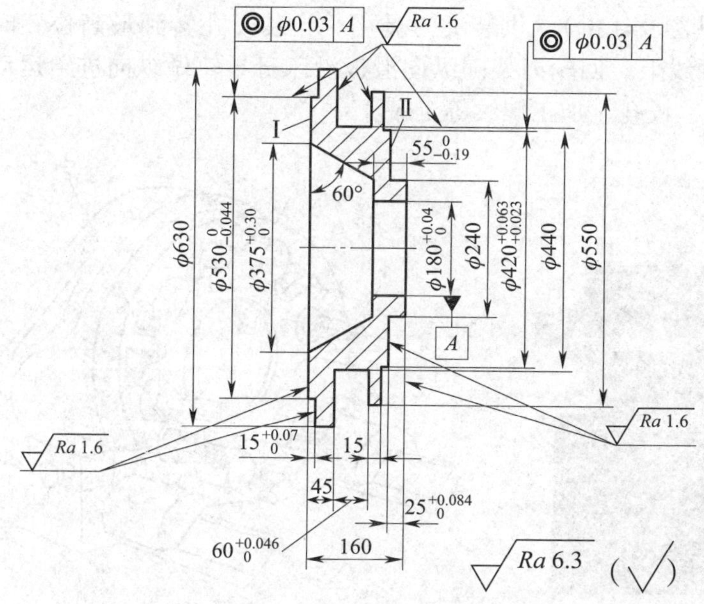

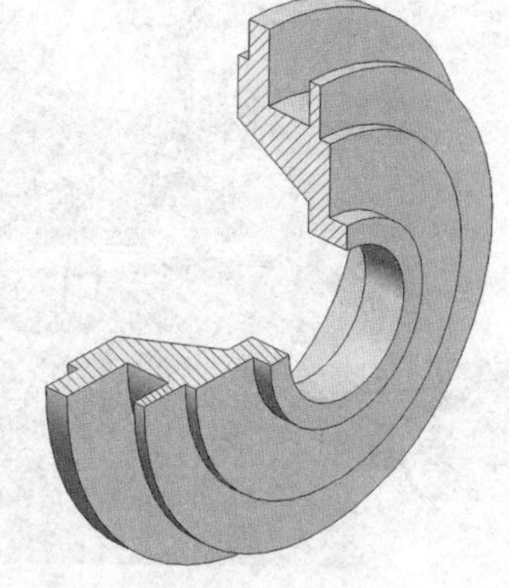

图 9–12 大直径圆锥工件

（1）在立式车床上车削圆锥

1）首先应确定垂直刀架的转动角度。在立式车床上车削精度较高的圆锥角度，主要是依靠正弦规来找正垂直刀架转动角度的误差，通常能保证角度误差为 ±(30″~1′)。

2）其次保证圆锥的尺寸。精度较高的最大、最小圆锥直径是在保证角度正确的前提下，用圆柱量棒、钢球、百分尺和量块等经过换算间接测量的。这种测量精度可达 ±0.01~±0.05 mm。

3）车削圆锥时，车刀刀尖与工作台旋转轴线必须重合，尤其最后精加工圆锥时，换刀或磨刀后必须重新对准；否则，所车的圆锥母线不平直，并造成角度误差。

4）圆锥还可以用磨头磨削，达到所要求的精度和表面粗糙度。

（2）在立式车床上车削球面和曲面

车刀的运动为垂直运动和水平运动的合成运动。当用垂直刀架或侧刀架车削曲面或球面时，不能采用机动进给，只能采用手动控制方法，使车刀同时做纵向、横向运动，此时车刀做曲线运动，将曲面或球面车削成形。

二、回轮车床和转塔车床

回轮车床和转塔车床是在卧式车床的基础上发展起来的一种车床，它与卧式车床的主要区别是没有尾座和丝杠，而是在尾座的位置上有一个可以纵向移动的多工位刀架，其上可装夹多把刀具。加工过程中，多工位刀架可周期性地转位，将不同刀具依次转到加工位置，对工件进行加工。回轮车床和转塔车床的优点如下：在成批生产中，特别是在加工形状复杂的工件时，生产效率比卧式车床高。但是，由于调整此类机床需要较多时间，故在单件、小批量生产中受到一定限制；由于没有丝杠，只能用丝锥和板牙加工内、外螺纹。

1. 回轮车床

图 9-13a 所示为回轮车床的外形，在回轮车床上没有前刀架，只有一个可绕水平轴线转位的圆盘形回轮刀架，其回转轴线与主轴轴线平行。回轮刀架上沿圆周均匀地分布着许多轴向孔（通常为 12~16 个，见图 9-13b），供装夹刀具用。当装刀孔转到最高位置时，其刀具轴线与主轴轴线在同一轴线上。回轮刀架随纵向滑板沿床身导轨做纵向进给运动，完成车内孔和外圆、钻孔、扩孔、铰孔、加工螺纹等工序。

图 9-13　回轮车床

a）外形图　b）回轮刀架

1—刀具　2—回轮刀架　3—横向定程机构

2. 转塔车床

图 9-14 所示为转塔车床的外形，它除了一个前刀架外，还有一个转塔刀架。前刀架与卧式车床的刀架相似，既可做纵向进给，切削大直径的外圆柱面，也可做横向进给，加工端面和外圆槽。转塔刀架可做纵向进给和绕垂直轴线转位，但不能做横向进给。转塔刀架一般为六角形，可在六个面上各装夹一把或一组刀具。转塔刀架用于车削内孔和外圆、钻孔、扩孔、铰孔和镗孔、攻螺纹和套螺纹等。转塔车床的前刀架和转塔刀架各有一个独立的溜板箱来控制它们的运动。转塔刀架设有定程装置，加工过程中，当刀架到达预先调定位置时，可自动停止进给或快速返回原位。

图 9–14 转塔车床

在转塔车床上加工工件时，需根据工件的加工工艺过程，预先将所用的全部刀具装在刀架上，根据工件的加工尺寸调整好每把刀具的位置；同时，根据需要调整定程装置，以便控制刀具的终点位置。每完成一个工步，刀架手动转位一次，将下一组所需使用的刀具转到加工位置。

三、自动车床和多刀车床

一台车床无须操作者参与，能自动完成一切切削运动和辅助运动，一个工件加工完成后，还能自动重复进行，这样的车床称为自动车床。能自动地完成一个工作循环，但必须由操作者卸下加工完毕的工件，装上待加工的坯料并重新启动车床，才能开始下一个新的工作循环的车床，称为半自动车床。

自动车床和半自动车床能减轻操作者的劳动强度，并能提高加工精度和劳动生产率。自动车床的分类方法很多，按主轴的数目可分为单轴和多轴，按结构形式可分为立式和卧式，按自动控制方式可分为机械控制、液压控制、电气控制、数字控制等。

1. 单轴转塔自动车床

单轴转塔自动车床的结构如图 9–15 所示，其自动循环由凸轮控制。床身固定在底座上，床身左上方固定有主轴箱，在主轴箱的右侧分别装有前刀架、后刀架和上刀架，它们可以做横向进给运动，用于车特形面、车槽和切断等。在床身的右上方装有可做纵向进给运动的转塔刀架，在转塔刀架的圆柱面上有 6 个装夹刀具的安装孔，装上各种刀具后用于完成车外圆、钻孔、扩孔、铰孔、攻螺纹和套螺纹等工作。在床身的侧面装有分配轴，其上装有凸轮和定时轮，用于控制机床各部分的协同动作，完成自动工作循环。

2. 多刀车床

多刀车床的车削原理如图 9–16 所示，前刀架用于完成纵向车削，后刀架只能横向进给。前、后刀架上都可以同时装夹多把车刀，在一次工作行程中对几个表面进行加工。因此，多刀车床具有较高的生产效率，可用于批量生产台阶轴及盘类、轮类工件。

四、数控车床

数控车床又称 CNC（computer numerical control）车床，即用计算机数字控制的车床。它是当今国内外使用量最大、覆盖面最广的一种数控机床，主要用于旋转体工件的加工。数控车床一般能自动完成内外圆柱面、内外圆锥面、复杂内外曲面、圆柱螺纹和圆锥螺纹等工件的车削，并能进行车槽、钻孔、车孔、扩孔、铰孔、攻螺纹等工作。

图 9–15　单轴转塔自动车床

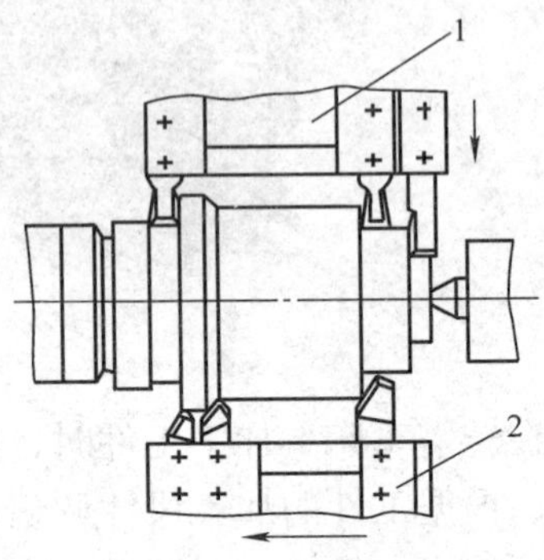

图 9–16　多刀车床的车削原理

1—后刀架　2—前刀架

数控车床由输入装置、数控装置、伺服系统、检测反馈装置及机床本体等部分组成，如图 9–17 所示。

数控车床具有高柔性、高精度、高生产效率、劳动强度低、工作条件优良等优点，适合加工结构和形状比较复杂、多品种、小批量生产的工件。

目前较先进的车削中心也已出现在机械制造企业，如图 9–18 所示。

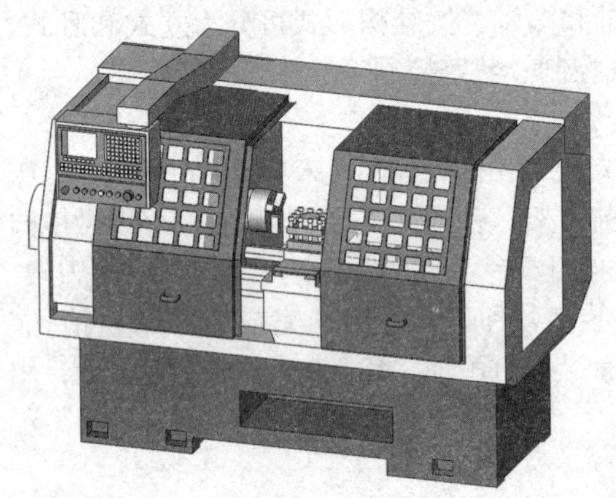

图 9–17　数控车床

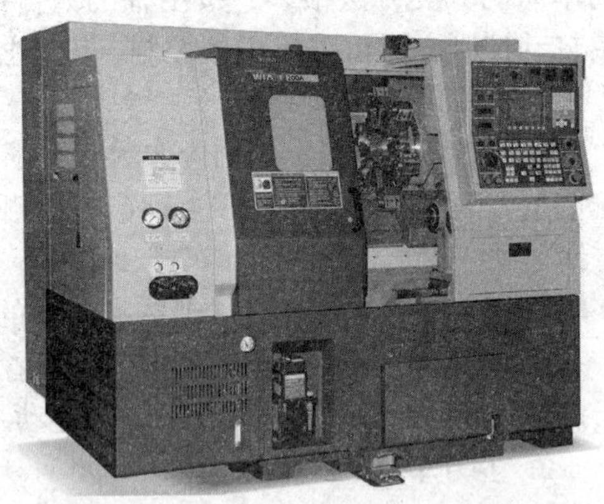

图 9–18　车削中心

第十单元

典型工件的车削工艺分析

采用机械加工的方法，直接用来改变原材料或毛坯的形状、尺寸和表面质量等，使之成为半成品或成品的过程称为机械加工工艺过程，简称工艺过程。

在生产过程中，为了进行科学管理，常把合理的工艺过程中的各项内容编写成文件来指导生产。这类规定工件制造工艺过程和操作方法等的工艺文件称为机械加工工艺规程，简称工艺规程。工艺规程制定得是否合理，直接影响工件的质量、劳动生产率和经济效益。一个工件可以用几种不同的加工方法制造，但在一定的条件下，只有某一种方法是比较合理的。因此，在制定工艺规程时，必须从实际出发，根据设备条件、生产类型等具体情况，尽量采用先进的加工方法，制定出合理的工艺规程。工艺规程包括工艺过程卡片、工序卡片、检验卡片等。

课题一 机械加工工艺过程的组成

机械加工工艺过程往往是比较复杂的，是由一个或若干个按顺序排列的工序组成的，而工序又可分为安装、工位、工步和行程（图 10–1）。毛坯依次通过这些工序就成为成品。

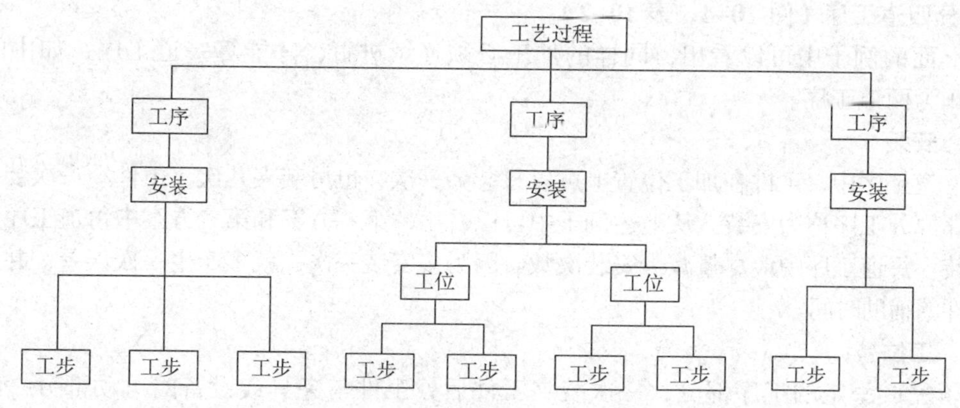

图 10–1 机械加工工艺过程的组成

一、工序

一个或一组工人，在一个工作地对同一个（或同时对几个）工件所连续完成的那部分加工过程称为工序。车削图 10–2 所示的轴套，它的工艺方案很多，现介绍以下两种：

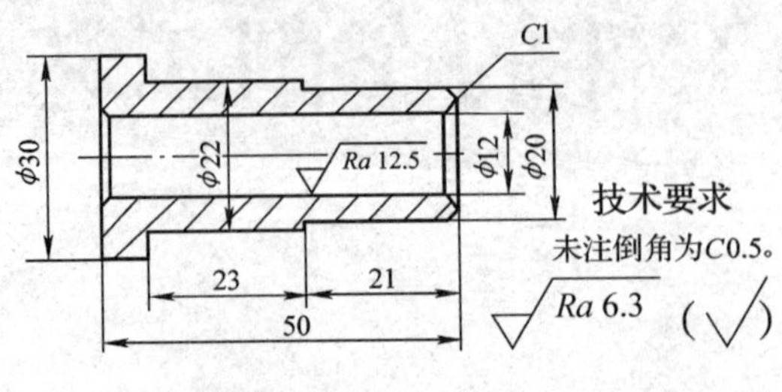

图 10–2　轴套

1. 分两道工序（图 10–3、表 10–1）

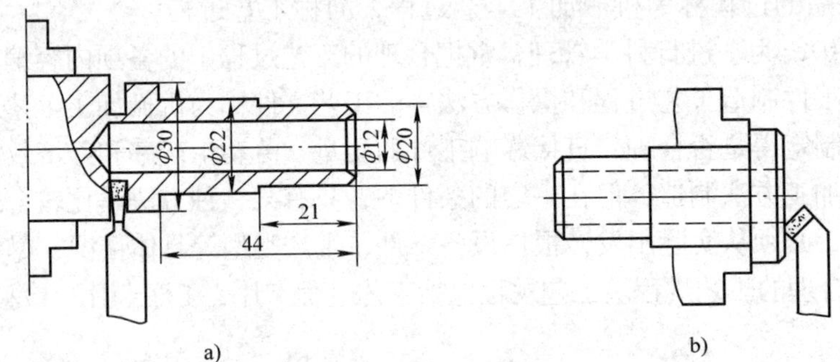

图 10–3　分两道工序车削轴套

a）工序 1　b）工序 2

表 10–1　　分两道工序车削轴套

工序序号	工种	工序内容
1	车	车端面，车外圆及台阶，倒角，钻孔，倒角，切断
2	车	掉头，车端面，倒角

2. 分四道工序（图 10–4、表 10–2）

从上面的例子中可以看出，同样的加工必须连续进行，才能算一道工序，如中间有中断，就作为两道工序。

二、安装

在一道工序中，工件在加工位置上可以只装夹一次，也可装夹几次。工件经一次装夹后所完成的那部分工序称为安装。从上述例子中可以看出，第一方案和第二方案中每道工序都只有一次安装。每道工序中应尽量减少安装次数。因为多安装一次，就多产生一次误差，并且增加装卸工件的辅助时间。

三、工位

为了完成一定的工序部分，一次装夹工件后，工件与夹具或设备的可动部分一起相对于刀具或设备的固定部分所占据的每个位置称为工位。如在车床上加工图 10–5 所示的齿轮

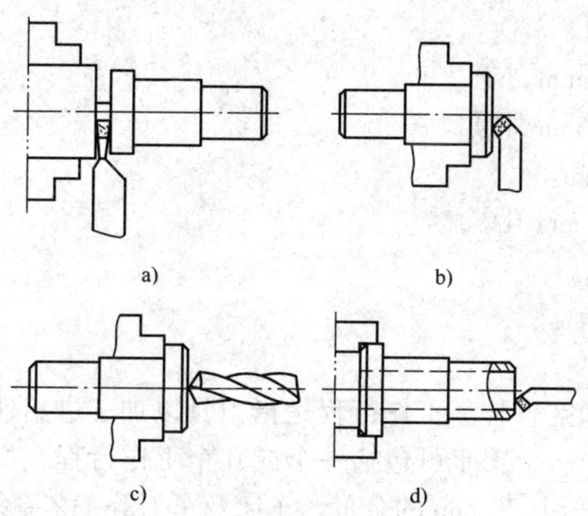

图 10–4　分四道工序车削轴套

a）工序 1　b）工序 2　c）工序 3　d）工序 4

表 10–2　**分四道工序车削轴套**

工序序号	工种	工序内容
1	车	车端面，车外圆及台阶，倒角，切断
2	车	掉头，车端面，倒角
3	车	钻孔，倒角
4	车	掉头，倒角

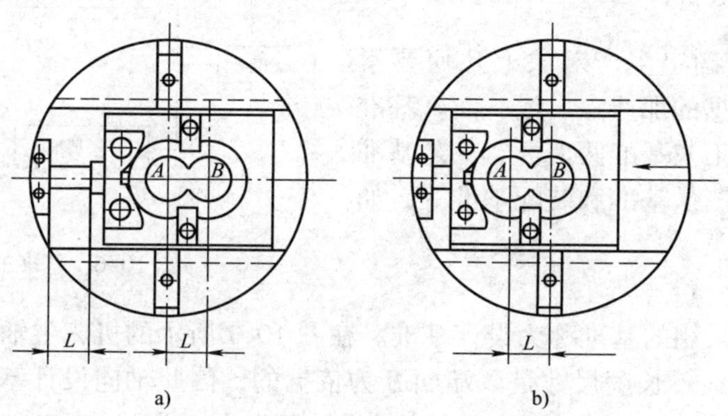

图 10–5　两个工位车削齿轮泵体

a）工位 1　b）工位 2

泵体，工件装夹在夹具中，车削 *A* 孔时为一个工位；车削 *B* 孔时，必须把工件移动一个中心距 *L* 并夹紧，这时就是第二个工位。

四、工步

在加工表面和加工工具不变的情况下所连续完成的那部分工序称为工步。如其中一个（或两个）因素变化，则为另一个工步。如图 10–3a 所示工序 1 中包括下列 8 个工步：

（1）车端面。

（2）车 ϕ30 mm 外圆。

（3）车 ϕ22 mm × 44 mm 外圆。

（4）车 ϕ20 mm × 21 mm 外圆。

（5）外圆倒角 C0.5 mm。

（6）钻 ϕ12 mm × 52 mm 孔。

（7）孔口倒角 C1 mm。

（8）切断。

五、行程

行程分为工作行程和空行程。工作行程是指刀具以加工进给速度相对于工件所完成一次进给运动的工步部分。一个工步可包括一个或几个工作行程。如将 ϕ65 mm 的外圆车至 ϕ45 mm，需在直径方向车去 20 mm 的余量，车床及车刀等工艺系统的刚度低，不允许一次切除，必须分几次进给，则每次进给运动就是一个工作行程。

空行程是指刀具以非加工进给速度相对于工件所完成一次进给运动的工步部分。

课题二　车削工件的基准和定位基准的选择

一、基准

基准就是用来确定生产对象上几何要素间的几何关系所依据的那些点、线、面。基准可分为设计基准、工艺基准两大类。工艺基准又分为定位基准、测量基准和装配基准等，如图 10–6 所示。

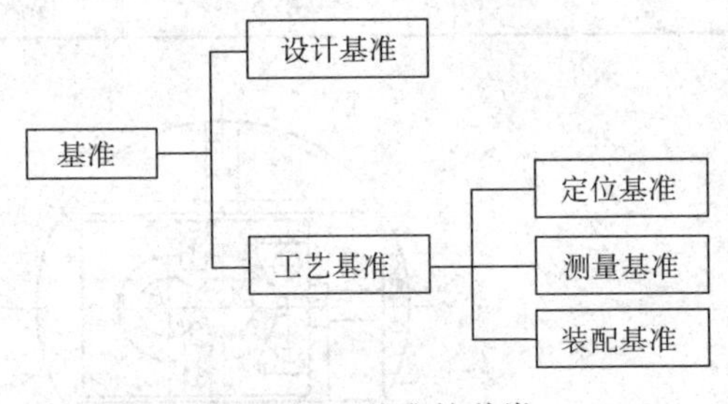

图 10–6　基准的种类

1. 设计基准

设计图样上所采用的基准称为设计基准。在图 10–7 所示的机床主轴中，各级外圆的设计基准为主轴的轴线。长度尺寸是以端面 B 为依据的，因此轴向设计基准是端面 B。而在图 10–8 所示的轴承座中，ϕ40H7 孔中心高的设计基准为底平面 A。

2. 工艺基准

（1）定位基准

在加工中用作定位的基准称为定位基准。图 10–7 所示的机床主轴用两顶尖装夹车削和磨削时，其定位基准是两端中心孔。而图 10–8 所示的轴承座用花盘角铁装夹车削轴承孔时，底面装夹在角铁上，底面 A 即为定位基准。

车削图 10–9 所示锥齿轮的齿轮坯时，以 ϕ25H7 孔和端面 B 装夹在心轴上，以保证齿轮坯圆锥面与孔的同轴度以及长度尺寸 $18.53^{\ 0}_{-0.07}$ mm。内孔就是径向定位基准，端面 B 为轴向定位基准。

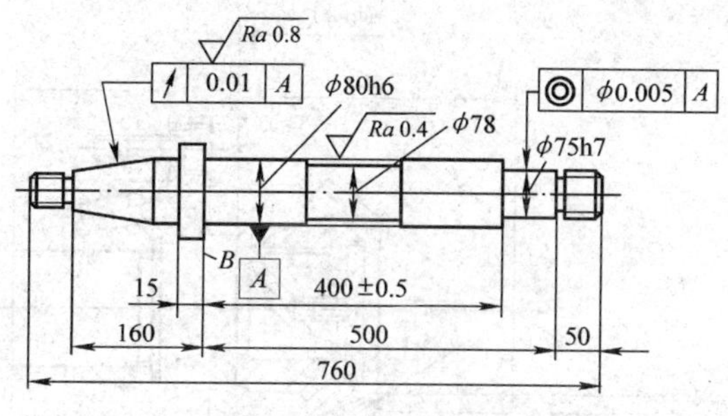

图 10–7　机床主轴

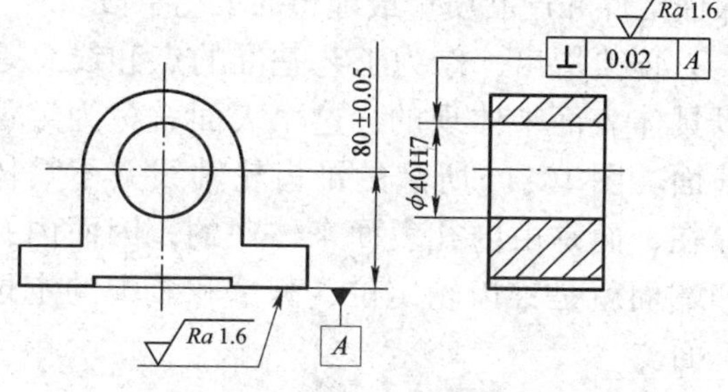

图 10–8　轴承座

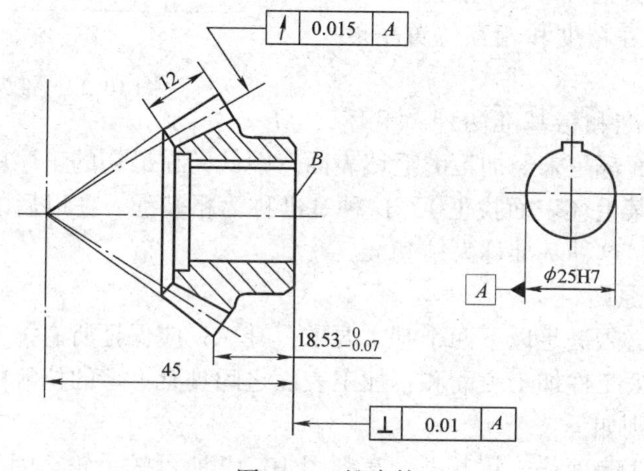

图 10–9　锥齿轮

（2）测量基准

测量时所采用的基准称为测量基准。

检验图 10–7 所示机床主轴的圆锥面对 *A* 的径向圆跳动误差，可把 φ80h6 外圆安放在 V 形架中，并采用轴向定位，用百分表测量圆锥面的径向圆跳动误差，φ80h6 外圆就是测量基准。

测量图 10–8 所示的轴承座时，把工件放在平板上，孔中插入一根心轴，以底平面为依据，用百分表根据量块的高度，用比较测量法来测量中心高（80 ± 0.05）mm；再用百分表在心轴的两端测量轴承孔与底平面的平行度误差（图 10–10），轴承座的底平面就是测量基准。

（3）装配基准

装配时用来确定零件或部件在产品中的相对位置所采用的基准称为装配基准。

在图 10–11 所示的锥齿轮装配图中，φ25H7 为径向装配基准，端面 *B* 为轴向装配基准。加工此锥齿轮的齿形时，应装夹在心轴上以孔和端面作为测量基准。因此，齿轮轴线和端面 *B* 既是设计基准，又是定位基准、测量基准和装配基准，这称为基准重合。基准重合是

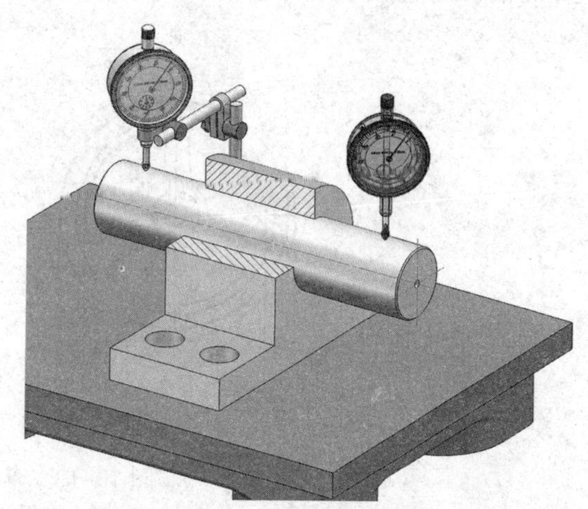

图 10–10　测量轴承座的平行度误差

保证工件和产品质量最理想的工艺手段。

必须指出，作为工艺基准的点和线总是以具体表面来体现的，这个表面就称为定位基面。图 10–11 所示的锥齿轮轴线并不具体存在，而是由内孔表面来体现的，因而内孔和端面就是锥齿轮定位、测量和装配的定位基面。

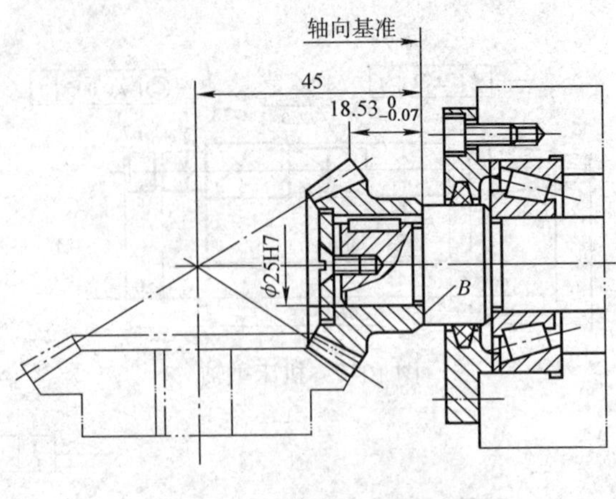

图 10–11 锥齿轮装配图

二、定位基准的选择

在机械加工工艺过程中，合理选择定位基准对保证工件的尺寸精度和相互位置精度起决定性的作用。

定位基准有粗基准和精基准两种。毛坯在开始加工时，其表面都是未经加工的毛坯表面。因此，在最初的工序中，用未经加工的毛坯表面定位（或根据某毛坯表面找正），这种基准称为粗基准。在以后的工序中，用加工过的表面作为定位基准，这种基准称为精基准。

1. 粗基准的选择原则

选择粗基准时，必须满足以下两个基本要求：其一，应保证所有加工表面都有足够的加工余量；其二，应保证工件加工表面和不加工表面之间具有一定的位置精度。

粗基准的选择原则如下：

（1）应选择不加工表面作为粗基准。车削图 10–12 所示的手轮，因为铸造时有一定的几何误差，在第一次装夹车削时，应选择手轮内缘的不加工表面作为粗基准，加工后就能保证轮缘厚度 a 基本相等（图 10–12a）。

如果选择手轮外缘（加工表面）作为粗基准，加工后因铸造误差不能消除，使轮缘厚薄明显不一致（图 10–12b）。也就是说，在车削前应该找正手轮内缘，或用三爪自定心卡盘反撑在手轮的内缘上进行车削。

（2）对所有表面都需要加工的工件，应该根据加工余量最小的表面找正，这样不会因位置的偏移而造成余量太小的部位车不出来。

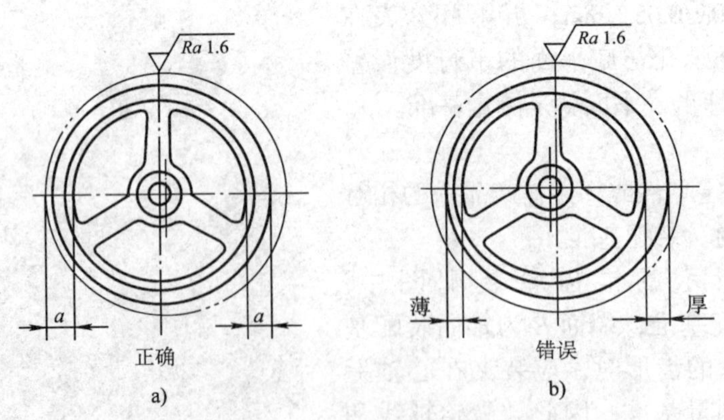

图 10–12 车手轮时粗基准的选择

a）以内缘作基准 b）以外缘作基准

图 10–13 所示的台阶轴是锻件毛坯，*A* 段余量较小，*B* 段余量较大，粗车时应找正 *A* 段，再适当考虑 *B* 段的加工余量。

（3）应选用比较牢固、可靠的表面作为粗基准，否则会夹坏工件或使工件松动。

（4）粗基准应尽量平整、光滑，没有飞边、浇口、冒口、毛刺或其他缺陷，以使工件定位准确，夹紧可靠。

（5）粗基准不能重复使用。车削图 10–14 所示的小轴，如重复使用毛坯面 *B* 定位去加工表面 *A* 和 *C*，则必然会使表面 *A* 与 *C* 的轴线产生较大的同轴度误差。因此，加工中粗基准应避免重复使用。

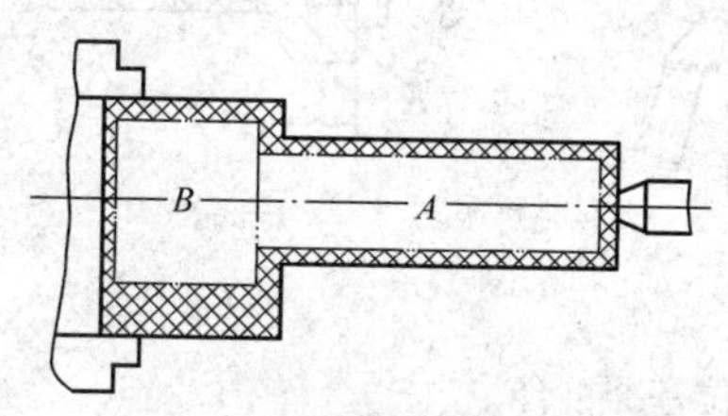

图 10–13　根据余量最小的表面找正

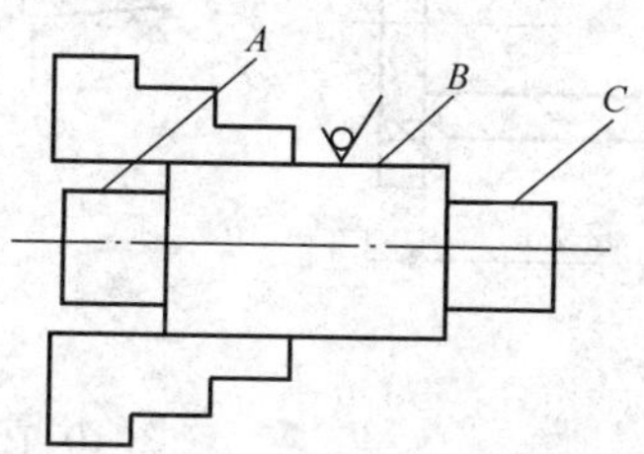

图 10–14　粗基准重复使用实例

当然，若毛坯制造精度较高，而工件加工精度要求较低，则粗基准也可重复使用。

2. 精基准的选择原则

（1）尽可能采用设计基准（或装配基准）作为定位基准。一般的套、齿轮和带轮在精加工时，多数利用心轴以内孔作为定位基准来加工外圆及其他表面（图 10–15a、b、c）。这样，定位基准与装配基准重合，装配时较容易达到设计所要求的精度。在车配卡盘的连接盘时（图 10–15d），一般先车好内孔和螺纹，然后把它旋在主轴上再车配安装卡盘的凸肩和端面，这样容易保证卡盘与主轴的同轴度。

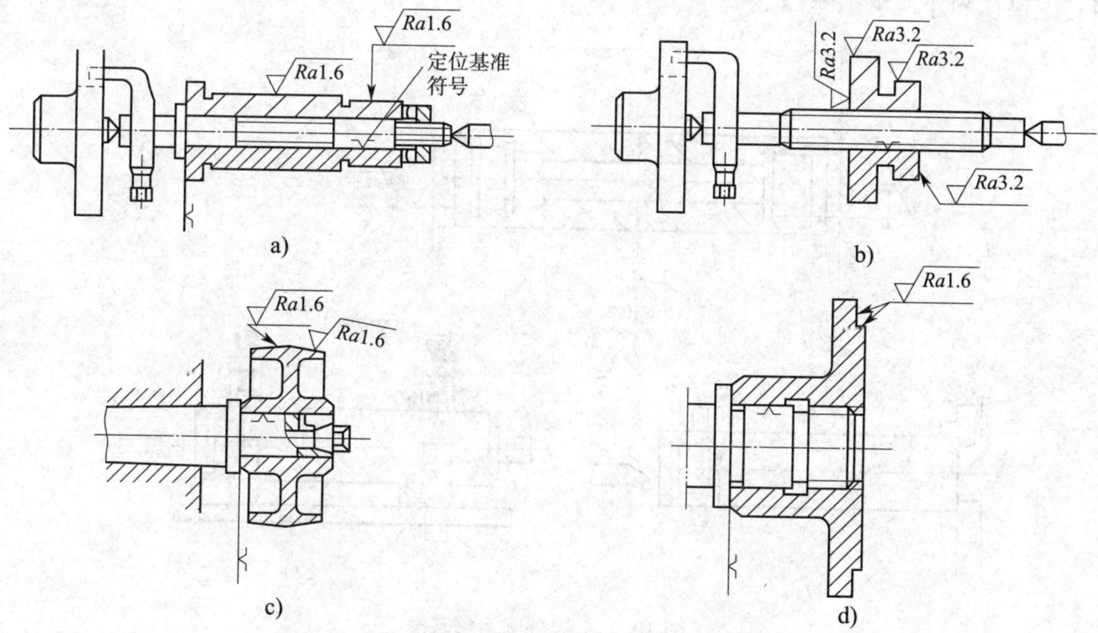

图 10–15　设计基准（或装配基准）和定位基准重合

（2）尽可能使定位基准和测量基准重合。图 10–16a 所示的套，长度尺寸及公差要求是端面 A 和 B 之间的距离 $42^{\ 0}_{-0.02}$ mm，测量基准为 A。用图 10–16b 所示的心轴加工时，因为轴向定位基准是 A 面，这样定位基准与测量基准重合，使工件容易达到长度公差要求。如果用 C 面作为长度定位基准（图 10–16c），由于 C 面和 A 面之间也有一定误差，则很难保证长度要求。

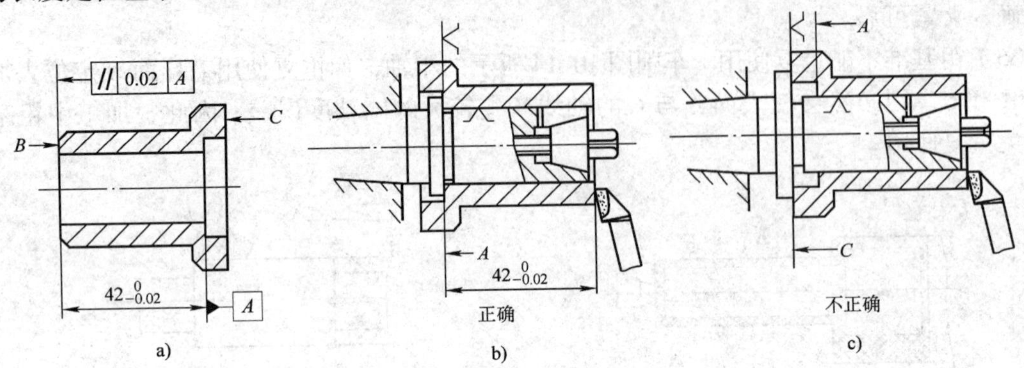

图 10–16 测量基准和定位基准重合

a）工件 b）直接定位 c）间接定位

（3）尽可能使基准统一。除第一道工序外，其余工序尽量采用同一个精基准。因为基准统一后，可以减小定位误差，提高加工精度，使装夹方便。例如，在车削、铣削、磨削等工序中，始终用轴类的中心孔作为精基准。又如齿轮加工时，先把内孔加工好，然后始终以孔作为精基准。

必须指出，当本原则与原则（2）相抵触而不能保证加工精度时，就必须放弃这个原则。

（4）选择精度较高、装夹稳定可靠的表面作为精基准，并尽可能选用形状简单和尺寸较大的表面作为精基准，这样可以减小定位误差并使定位稳固。图 10–17a 所示的内圆磨具套筒外圆长度较长，形状简单，而两端要加工的内孔长度较短，形状复杂。在车削和磨削内孔时，应以外圆作为精基准。

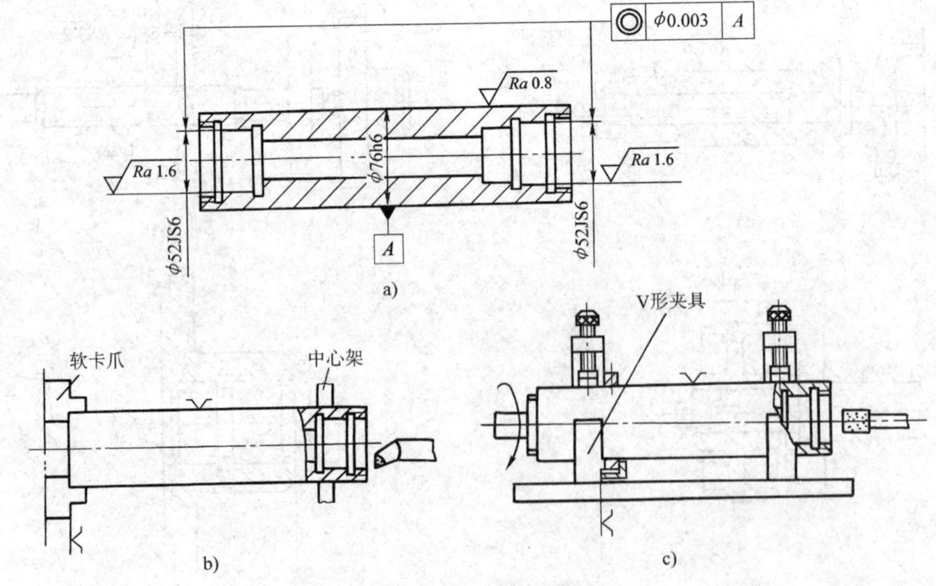

图 10–17 以外圆为精基准

a）工件 b）车内孔 c）磨内孔

车削内孔和内螺纹时，应该一端用软卡爪夹住，一端搭中心架，以外圆作为精基准（图 10–17b）。磨削两端内孔时，把工件装夹在V形夹具（图 10–17c）中，同样以外圆作为精基准。

又如内孔较小、外径较大的V带轮，就不能以内孔为基准装夹在心轴上车削外缘上的V形槽。这是因为心轴刚度不够，容易引起振动（图 10–18a），并使切削用量无法提高。因此，车削直径较大的V带轮时，可采用反撑的方法（图 10–18b），使内孔和各条V形槽在一次装夹中加工完毕。或先把外圆、端面及V形槽车好后，装夹在软卡爪中以外圆为基准精车内孔（图 10–18c）。

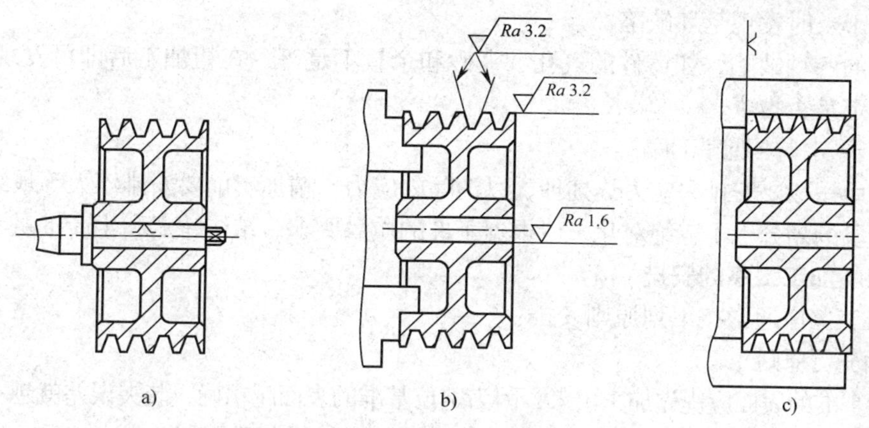

图 10–18　车V带轮时精基准的选择

a）不正确　b）、c）正确

课题三　工艺路线的制订

一、工艺过程划分阶段

1. 工艺过程的四个阶段

（1）粗加工阶段

切除毛坯上大部分多余的金属，主要目标是提高生产效率。

（2）半精加工阶段

使主要表面达到一定的精度，留有一定的精加工余量，并可完成一些次要表面的加工，如扩孔等。

（3）精加工阶段

保证各主要表面达到规定的尺寸精度和表面粗糙度要求，主要目标是全面保证加工质量。

（4）光整加工阶段

对工件上精度和表面质量要求很高的表面需进行光整加工，主要目标是提高尺寸精度，减小表面粗糙度值。此阶段一般不能用来提高位置精度。

2. 划分加工阶段的目的

（1）保证加工质量

按加工阶段加工，粗加工造成的加工误差可以通过半精加工和精加工来纠正。

（2）合理使用机床

粗加工可采用功率大、刚度高、效率高而精度低的机床。精加工可采用高精度机床。这样发挥了设备各自的特点，既能提高生产效率，又能延长精密设备的使用寿命。

（3）便于及时发现毛坯缺陷

对毛坯的各种缺陷，如铸件的气孔、夹砂和余量不足等，在粗加工后即可发现，便于及时修补或决定是否报废。

（4）便于安排热处理工序

粗加工后一般要安排去应力热处理，以消除内应力。精加工前要安排淬火等最终热处理。

加工阶段的划分也不应绝对化，应根据工件的质量要求、结构特点和生产批量灵活掌握。

二、切削加工工序的安排

切削加工工序通常按下列原则安排：

1. 基面先行原则

用作精基准的表面应优先加工出来，因为定位基准的表面越精确，装夹误差就越小。如加工轴类工件时，总是先加工中心孔，再以中心孔为基准加工外圆表面和台阶。

2. 先粗后精原则

各表面的加工按照粗加工→半精加工→精加工→光整加工的顺序依次进行，逐步提高表面的加工精度并减小表面粗糙度值。

3. 先主后次原则

工件的主要表面、装配基面应先加工，从而及早发现毛坯中主要表面可能存在的缺陷。次要表面的加工可穿插进行，放在主要加工表面加工到一定程度后、精加工之前进行。

4. 先面后孔原则

对复杂工件，一般先加工平面再加工孔。一方面以平面定位稳定、可靠；另一方面在加工过的平面上加工孔比较容易，并能提高孔的加工精度，特别是钻出的孔轴线不易偏斜。

三、热处理工序的安排

根据不同的热处理目的，一般将热处理工序分为预备热处理和最终热处理，具体内容见表 10–3。

表 10–3　热处理工序简介

工序	工艺	工艺代号	应　用	工序位置安排	目的
预备热处理	退火	511	用于铸铁或锻件毛坯，以改善其切削性能	毛坯制造后、粗加工之前进行	改善材料的力学性能，消除毛坯制造时的内应力，细化晶粒，均匀组织，并为最终热处理准备良好的金相组织
	正火	512			
	低温时效		用于各种精密工件，消除切削加工的内应力，保持尺寸的稳定性，对于特别重要的高精度的工件要经过几次低温时效。有些轴类工件在校直工序后也要安排低温时效	半精车后，或粗磨、半精磨后	
	调质	515	调质工件的综合力学性能良好，对某些硬度和耐磨性要求不高的工件，也可作最终热处理	粗加工后、半精加工之前	

续表

工序	工艺	工艺代号	应　　用	工序位置安排	目的
最终热处理	淬火	513	适用于碳素结构钢。由于工件淬火后表面硬度高，除磨削和线切割等加工外，一般方法不能对其进行切削	半精加工后、磨削加工之前	提高工件材料的硬度、耐磨性和强度等力学性能
	渗碳淬火	531—13	适用于低碳钢和低合金钢（如15、15Cr、20、20Cr等），其目的是先使工件表层含碳量增加，然后经淬火使表层获得高的硬度和耐磨性，而心部仍保持一定的强度及较高的韧性和塑性。渗碳淬火还可以解决工件上部分表面不淬硬的工艺问题	半精加工与精加工之间	
	渗氮	533	渗氮是使氮原子渗入金属表面，从而获得一层含氮化合物的热处理方法。渗氮层较薄，一般不超过0.6 mm。渗氮后的表面硬度很高，不需淬火	精磨或研磨之前	

四、辅助工序的安排

辅助工序主要包括检验、清洗、去毛刺、去磁、倒钝锐边、涂防锈油和平衡等。其中检验工序是主要的辅助工序，是保证产品质量的主要措施之一，一般安排在粗加工之后、精加工之前、重要工序之后、工件在不同车间之间转移前后和工件全部加工结束后进行。

五、普通机械加工工序与数控加工工序的衔接

数控加工工序前、后一般都穿插有其他普通工序，如衔接不好就容易产生矛盾，因此，应解决好数控加工工序与非数控加工工序之间的衔接问题。最好的办法是建立相互状态要求，例如，要不要为后道工序留加工余量，留多少；定位面与孔的精度要求及几何公差等。其目的是相互能满足加工需要，且质量目标与技术要求明确，交接验收有依据。

有关手续问题，如果是在同一个车间，可由编程人员与主管该工件的工艺员协商确定，在制定工序工艺文件中互审会签，共同负责；如果不是在同一个车间，则应用交接状态表进行规定，共同会签，然后反映在工艺规程中。

六、典型工件工艺路线简介

1. 轴类工件工艺路线

加工轴类工件主要是加工外圆表面及相关端面，轴线为设计基准，两端中心孔为定位基面。

一般主轴的加工工艺路线如下：

下料→锻造→退火（正火）→粗加工→调质→半精加工→表面淬火→粗磨→低温时效→精磨。

2. 套类工件工艺路线

套类工件一般由孔、外圆、端面和槽组成，如图10–19所示。套类工件的主要表面是同轴度精度要求较高的内孔、外圆表面，而孔是套类工件中起支撑或导向作用的最主要表面。支撑孔或导向孔所表达的轴线是设计基准，而支撑孔或导向孔则是定位基面。

具有花键孔的双联齿轮的加工工艺路线如下：

下料→锻造→粗车→调质→半精车→拉花键孔→套花键心轴车外圆→插齿（或滚齿）→齿部倒角→齿面淬火→珩齿或磨齿。

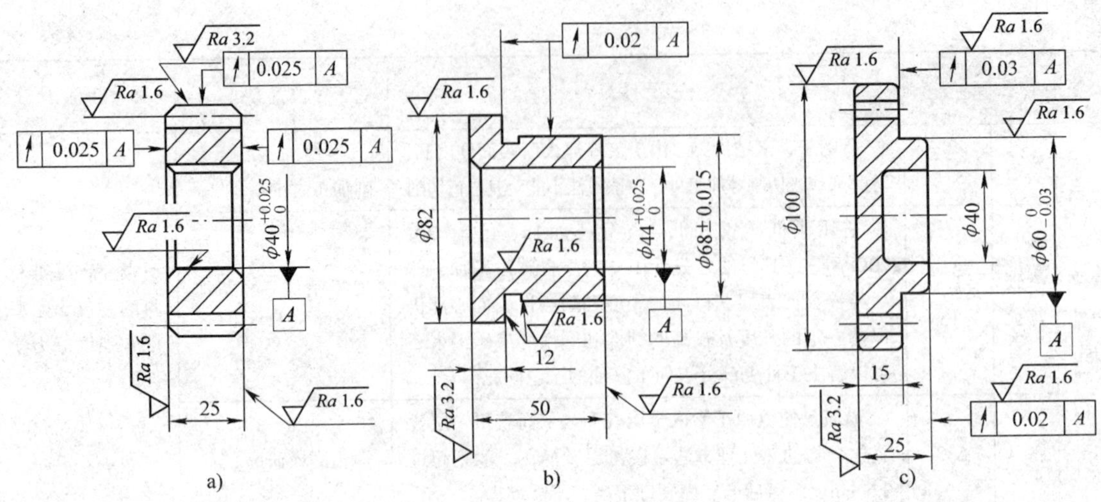

图 10–19 套类工件实例

3. 支架、箱体类工件工艺路线

常见的支架和箱体类工件如图 10–20 所示。箱体的结构较复杂，箱壁上有相互平行或垂直的孔系。箱体的底平面（或侧平面、上平面）既是装配基准，也是加工过程中的定位基准。

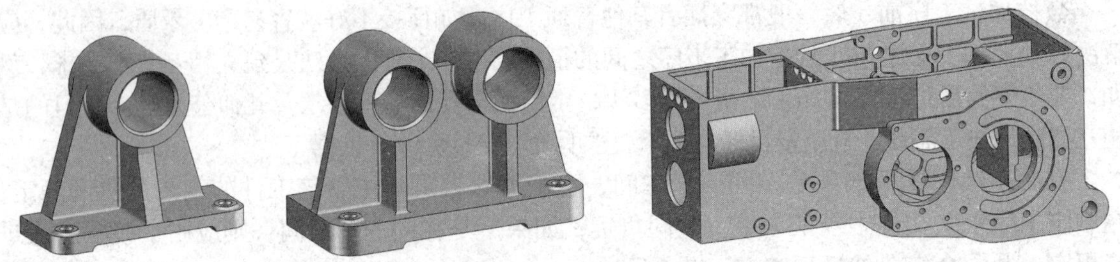

图 10–20 常见的支架和箱体类工件

一般先加工主要平面，后加工支撑孔。对于刚度较低、要求较高的支架类工件，为了减小加工后的变形，宜分粗、精加工工序。

单件、小批量生产，精度要求较高的支架、箱体类工件的加工工艺路线如下：铸造毛坯→退火→划线→粗加工主要平面→粗加工支撑孔→精加工主要平面→精加工支撑孔。其他次要表面的加工可根据情况穿插安排，螺钉孔的加工往往放在最后进行。

七、工序余量的确定

工件相邻两工序的工序尺寸之差称为工序余量（加工余量）。选择毛坯时表面应留的加工余量称为毛坯余量。如粗车后要在直径上留 1 mm 余量精车，1 mm 是精车余量；又如精车后要留 0.4 mm 磨削，0.4 mm 是磨削余量。

在制定工艺卡时，必须确定适当的工序余量。如淬火工件，磨削余量留得太多，磨削时容易使工件表面退火；余量太少，又往往因工件淬火后变形等原因，下道工序无法把上道工序的痕迹切除而使工件报废。

工序余量一般采用查表方法获得。轴类工件毛坯在长度上的工序余量不宜留得过大。

课题四　轴类工件的车削工艺分析

台阶轴是轴类工件中用得最多、结构最典型的一种工件。

一、轴类工件的技术要求

1. 尺寸精度

轴颈是轴类工件的主要表面，轴颈的公差等级一般为 IT9 ~ IT6 级，特别精密的可达 IT5 级。

2. 几何精度

轴颈的形状精度一般限制在直径公差范围内。

方向、位置、跳动精度主要是指配合轴颈相对于轴承支撑轴颈的同轴度，通常用配合轴颈对支撑轴颈的径向圆跳动来表示。根据使用要求，一般精度的轴径向圆跳动公差为 0.01 ~ 0.03 mm。此外还有内孔和外圆的同轴度以及轴向定位端面与轴线的垂直度要求等。

3. 表面粗糙度

工件不同工作部位的表面有不同的表面粗糙度要求。如常用机床主轴支撑轴颈的表面粗糙度 *Ra* 值为 0.63 ~ 0.16 μm，配合轴颈的表面粗糙度 *Ra* 值为 2.5 ~ 0.63 μm。

现以图 10-21 所示的传动轴为例分析轴类工件的车削工艺，生产件数为 5 件。

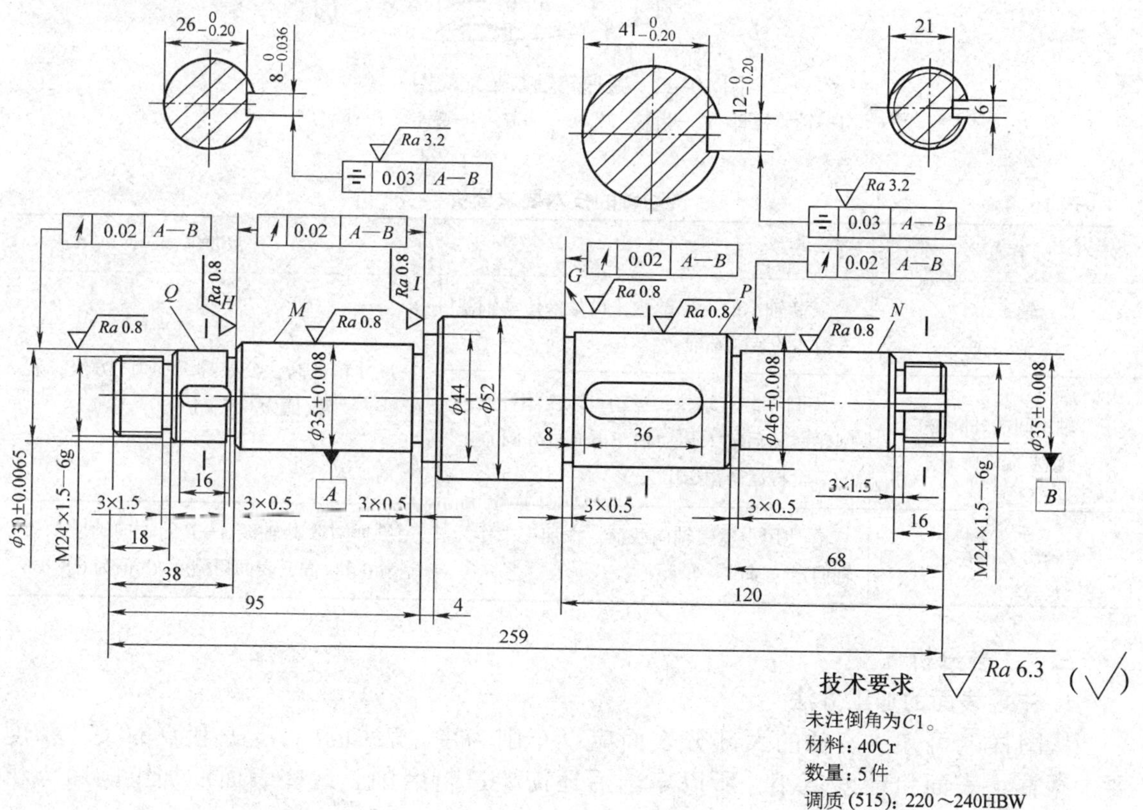

图 10-21　传动轴

二、传动轴的技术要求

由图 10-21 及其装配简图（图 10-22）可知，传动轴的技术要求见表 10-4。此外，为提高该轴的综合力学性能，安排了调质（515）。

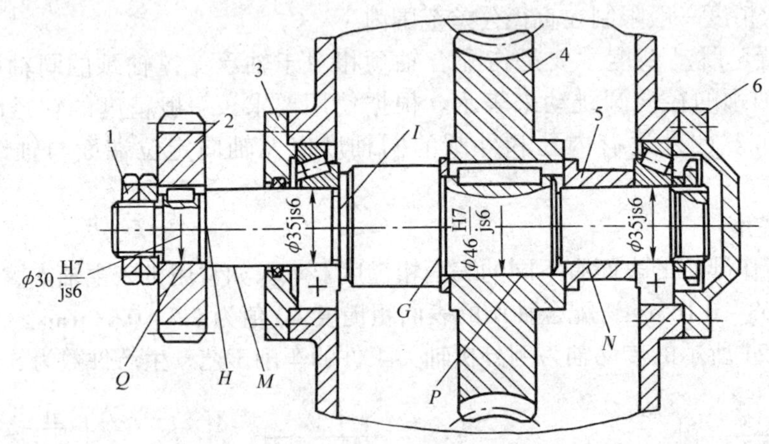

图 10-22　减速箱轴系装配简图

1—锁紧螺母　2—齿轮　3、6—端盖　4—蜗轮　5—隔套

表 10-4　　**传动轴的技术要求分析**

工作部位	作　用	技术要求
轴颈 M 轴颈 N	安装轴承的支撑轴颈，也是该传动轴装入箱体的装配基准	尺寸精度高，公差等级均为 IT6 级，表面粗糙度 Ra 值为 0.8 μm
轴中间的外圆 P 轴左端外圆 Q	外圆 P 装有蜗轮，运动可以由蜗杆通过蜗轮减速后输入传动轴，再通过外圆 Q 上的齿轮将运动输送出去	
轴肩 G、H、I	在使用中承受轴向载荷，在加工中作为轴向定位基准	端面对公共轴线 $A—B$ 的轴向圆跳动公差为 0.02 mm，表面粗糙度 Ra 值为 0.8 μm

三、工艺分析

1. 主要表面的加工方法

从图样上可知，该轴的大部分表面应以车削为主。表面 M、N、P 和 Q 的尺寸精度要求很高，表面粗糙度值小，所以车削后还需要进行磨削。这些表面的加工顺序为粗车→调质→半精车→磨削。

2. 选择定位基准

由于该轴的几个主要配合表面和台阶面对基准轴线 *A*—*B* 均有径向圆跳动和轴向圆跳动的要求，因此，应在粗车之前加工 B 型中心孔作为径向定位基面。

3. 选择毛坯类型

轴类工件的毛坯通常选用圆钢或锻件。对于直径相差较小、传递转矩不大的一般台阶轴，其毛坯多采用圆钢；而对于传递较大转矩的重要轴，无论其轴径相差多少，形状简单与否，均应选用锻件作毛坯。

图 10–21 所示的传动轴为一般用途的台阶轴，且批量仅 5 件，故选用圆钢坯料，材料为 40Cr 钢。

4. 拟定工艺路线

拟定该轴工艺路线时，在考虑主要表面加工的同时，还要考虑次要表面的加工和热处理。要求不高的外圆表面（如 ϕ52 mm 外圆）和退刀槽、砂轮越程槽、倒角、螺纹应在半精车时加工。键槽在半精车后再划线、铣削。调质安排在粗车后，调质后一定要研修中心孔。在磨削前，一般还应研修一次中心孔，以提高定位精度。

四、传动轴机械加工工艺过程卡

传动轴机械加工工艺过程卡见表 10–5。

表 10–5　　传动轴机械加工工艺过程卡

工序号	工步	工序内容	加工简图	设备
1	下料	ϕ55 mm × 263 mm		
2		粗车各台阶 用三爪自定心卡盘夹持棒料毛坯	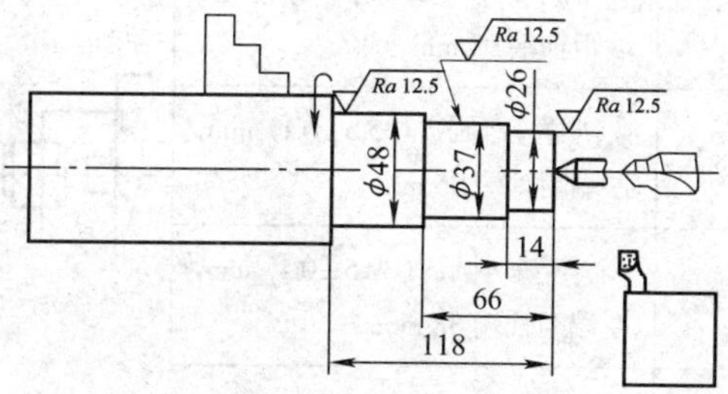	CA6140
	（1）	车平右端面		
	（2）	钻中心孔		
		一夹一顶装夹		
	（3）	粗车外圆 ϕ48 mm × 118 mm		
	（4）	粗车外圆 ϕ37 mm × 66 mm		
	（5）	粗车外圆 ϕ26 mm × 14 mm		
		掉头夹 ϕ48 mm 外圆处	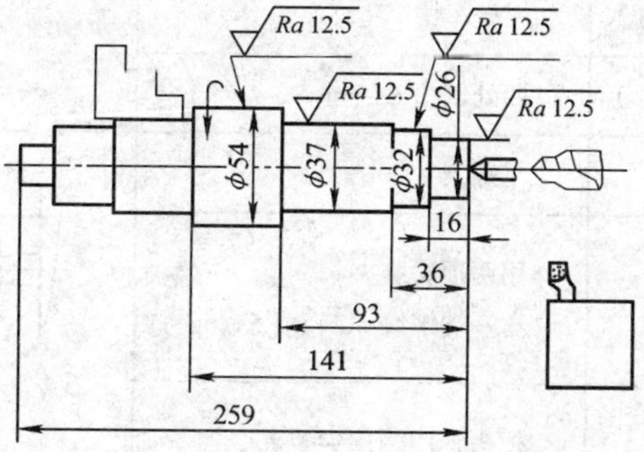	CA6140
	（6）	车端面，保证总长 259 mm		
	（7）	钻中心孔		
		一夹一顶装夹		
	（8）	粗车外圆 ϕ54 mm × 141 mm		
	（9）	粗车外圆 ϕ37 mm × 93 mm		
	（10）	粗车外圆 ϕ32 mm × 36 mm		
	（11）	粗车外圆 ϕ26 mm × 16 mm		
3	热	调质（515）220 ~ 240HBW		

续表

工序号	工步	工序内容	加工简图	设备
4	钳	修研两端中心孔	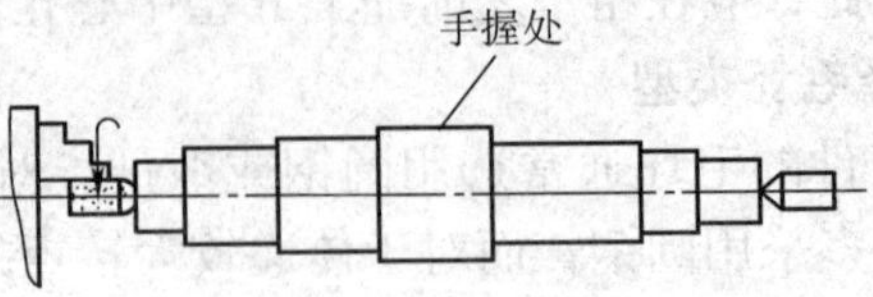 手握处	
5		半精车台阶 两顶尖装夹	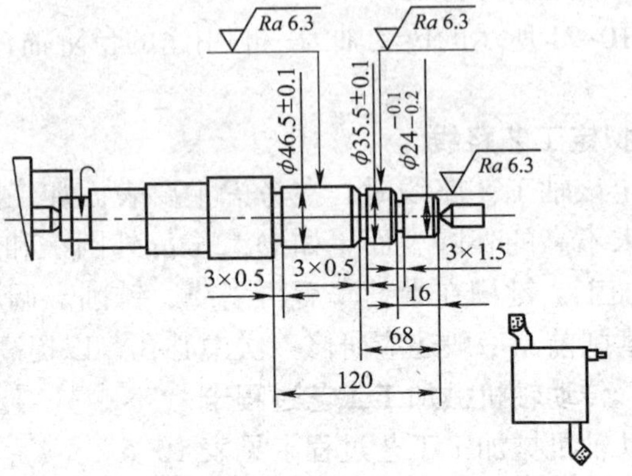 Ra 6.3　Ra 6.3　φ46.5±0.1　φ35.5±0.1　$φ24^{-0.1}_{-0.2}$　Ra 6.3　3×1.5　3×0.5　3×0.5　16　68　120	CA6140
	(1)	半精车外圆 ϕ (46.5±0.1) mm、左端距轴端 120 mm		
	(2)	半精车外圆 ϕ (35.5±0.1) mm、左端距轴端 68 mm		
	(3)	半精车外圆 $\phi 24^{-0.1}_{-0.2}$ mm × 16 mm		
	(4)	三处车槽		
	(5)	三处倒角 C1 mm		
		掉头，用两顶尖装夹	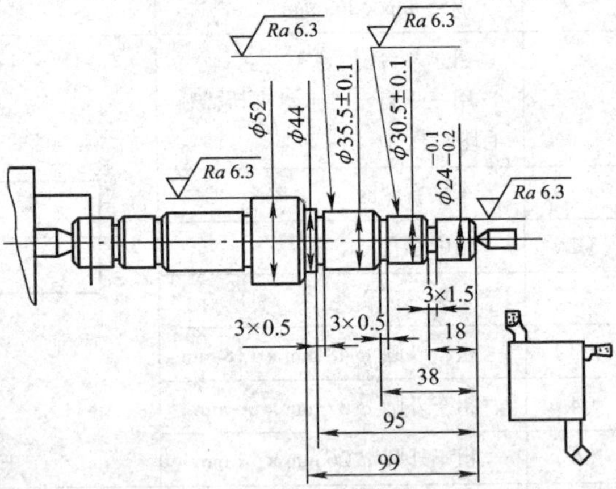 Ra 6.3　Ra 6.3　φ52　φ44　φ35.5±0.1　φ30.5±0.1　$φ24^{-0.1}_{-0.2}$　Ra 6.3　Ra 6.3　3×1.5　3×0.5　3×0.5　18　38　95　99	
	(6)	车外圆 ϕ52 mm 到尺寸		
	(7)	车外圆 ϕ44 mm 到尺寸，左端距轴端 99 mm		
	(8)	半精车外圆 ϕ (35.5±0.1) mm，左端距轴端 95 mm		
	(9)	半精车外圆 ϕ (30.5±0.1) mm，左端距轴端 38 mm		
	(10)	半精车外圆 $\phi 24^{-0.1}_{-0.2}$ mm × 18 mm		
	(11)	三处车槽		
	(12)	四处倒角 C1 mm		
6		车螺纹	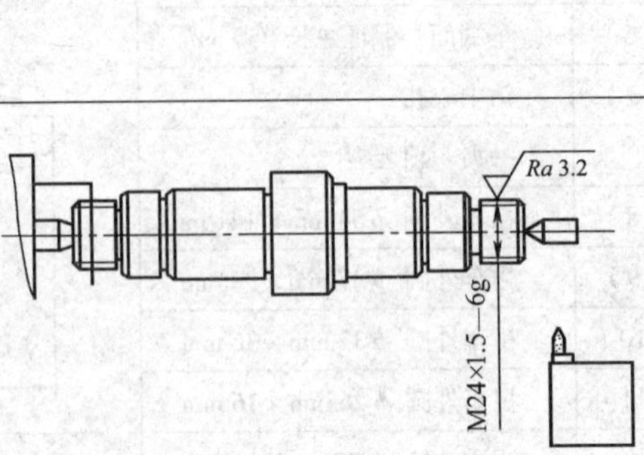 Ra 3.2　M24×1.5—6g	CA6140
	(1)	用两顶尖装夹 车一端螺纹 M24 × 1.5—6g		
	(2)	掉头，用两顶尖装夹 车另一端螺纹 M24 × 1.5—6g		

续表

工序号	工步	工序内容	加工简图	设备
7	钳	划键槽和止动垫圈槽加工线		
8	铣	铣键槽和止动垫圈槽	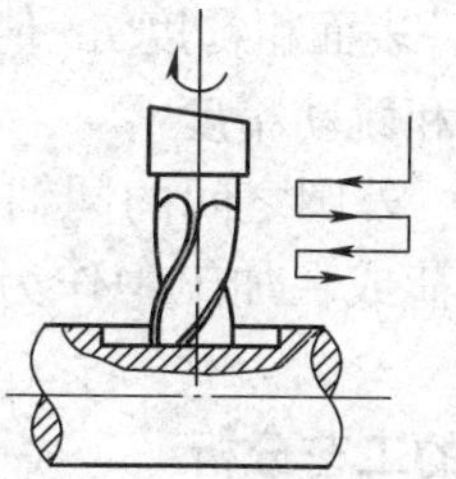	X6132
	(1)	铣键槽，宽 $12^{\ 0}_{-0.20}$ mm，深 5.25 mm		
	(2)	铣键槽，宽 $8^{\ 0}_{-0.036}$ mm，深 4.25 mm		
	(3)	铣右端止动垫圈槽，宽 6 mm，深 3 mm		
9	钳	修研两端中心孔	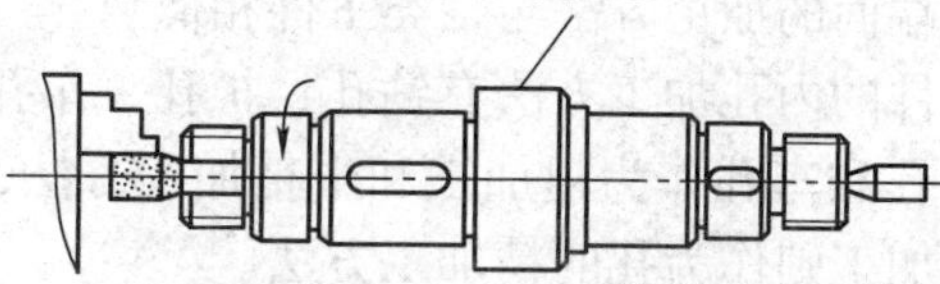	
10		磨外圆，靠磨台阶 用两顶尖装夹工件	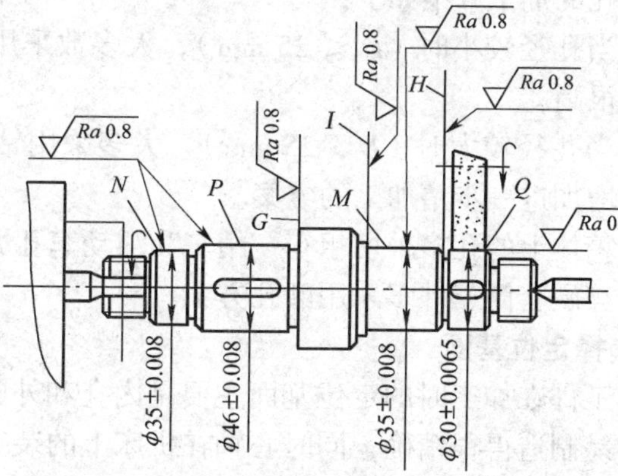	M1432A
	(1)	磨外圆 ϕ（30 ± 0.006 5）mm，并靠磨台阶 H		
	(2)	磨外圆 ϕ（35 ± 0.008）mm，并靠磨台阶 I		
		掉头，用两顶尖装夹		
	(3)	磨外圆 ϕ（35 ± 0.008）mm		
	(4)	磨外圆 ϕ（46 ± 0.008）mm，并靠磨台阶 G		
11	检	检验		

课题五　套类工件的车削工艺分析

一、套类工件的技术要求

套类工件起支撑或导向作用的主要表面是内孔和外圆，其主要技术要求如下：

1. 内孔

内孔是套类工件的最主要表面。孔径公差等级一般为 IT7 级。孔的形状精度应控制在孔径公差以内。对于长套筒，除了圆度要求外，还应注意孔的圆柱度和孔轴线的直线度要求。内孔的表面粗糙度 Ra 值控制在 1.6 ~ 0.16 μm。

2. 外圆

外圆一般是套类工件的支撑表面，外径尺寸公差等级通常取 IT7 ~ IT6 级；形状精度控制在外径公差以内，表面粗糙度 Ra 值为 3.2 ~ 0.4 μm。

3. 方向、位置和跳动精度

套类工件内孔、外圆之间的同轴度要求较高，一般为 0.01 ~ 0.05 mm；若套筒的端面在使用中承受轴向载荷或在加工中作为定位基准时，其内孔轴线与端面的垂直度公差一般为 0.01 ~ 0.05 mm。

二、套类工件的工艺分析

1. 主要表面的加工方法

外圆和端面的加工方法与轴类工件相似。

套类工件的内孔加工方法有钻孔、扩孔、车孔、铰孔、磨孔、研磨孔及滚压加工等。其中钻孔、扩孔和车孔作为粗加工和半精加工方法，而车孔、铰孔、磨孔、珩磨孔、研磨孔、拉孔和滚压加工则作为孔的精加工方法。

通常孔的加工方案如下：

（1）当孔径较小时（$D \leqslant 25$ mm），大多数采用钻孔、扩孔、铰孔的方案，其精度和生产效率均很高。

（2）当孔径较大时（$D > 25$ mm），大多采用钻孔后车孔或对已有铸造孔、锻造孔直接车孔，并增加进一步精加工的方案。

（3）箱体上的孔多采用粗车、精车和浮动车孔方案。

（4）淬硬套筒工件多采用磨孔方案。

2. 选择定位基面

套类工件在加工时的定位基面主要是内孔和外圆。其中多采用内孔定位，因为心轴结构简单，容易制造得很精确，同时心轴在机床上的装夹误差较小。

3. 保证套类工件几何公差的装夹方法

（1）加工数量较少、精度要求较高的工件，可在一次装夹中尽可能将内孔、外圆和端面全部加工完毕，这样可以获得较高的位置精度。

（2）工件以内孔定位时，采用心轴装夹，加工外圆和端面。这种方法得到了广泛的应用。

（3）工件以外圆定位时，用软卡爪或弹簧套筒装夹，加工内孔和端面。此法装夹迅速、可靠，且不易夹伤工件表面。

（4）加工薄壁工件时，防止变形是关键，常采用开缝套筒、软卡爪和专用夹具装夹。

4. 保证内孔表面质量要求

套类工件内孔的表面粗糙度值一般要求较小，保证内孔表面质量要求的具体内容见表 3–19。

5. 正确安排加工顺序

车削一般套类工件的加工顺序可参考以下方式：

粗车端面→粗车外圆→钻孔（扩孔）→粗车孔→{以外圆为定位基准半精车或精车外圆→半精车或精车内孔（精铰或磨孔）；以内孔为定位基准半精车或精车内孔（精铰或磨孔）→半精车或精车外圆}→

精车端面→倒角

三、固定套的车削工艺分析

现以图 10–23 所示的固定套为例，具体分析其车削工艺。

1. 该工件主要表面的尺寸精度、形状精度、位置精度及表面质量等要求都比较高。端面 P 为固定套在机座上的轴向定位面，并依靠外圆 ϕ40k6 与机座孔过渡配合；内孔 ϕ22H7 与传动轴间隙配合。

2. 考虑该工件使用时要求耐磨，又由于其轴径相差不大，故选铸铁棒料作毛坯较合适。

3. 铸铁坯料应进行退火（511）。

4. 由于工件精度要求较高，故加工过程应划分为粗车→半精车→精车等阶段。

5. 为满足同轴度和垂直度等位置精度要求，应以内孔为定位基准，配以小锥度心轴，用两顶尖装夹方式，精车外圆和端面。

6. 精加工内孔时，以粗车后的 ϕ42 mm 外圆作定位基准，将 ϕ52 mm 外圆端面车平。由于有一定批量，为提高生产效率，内孔采用扩孔→铰孔为好。

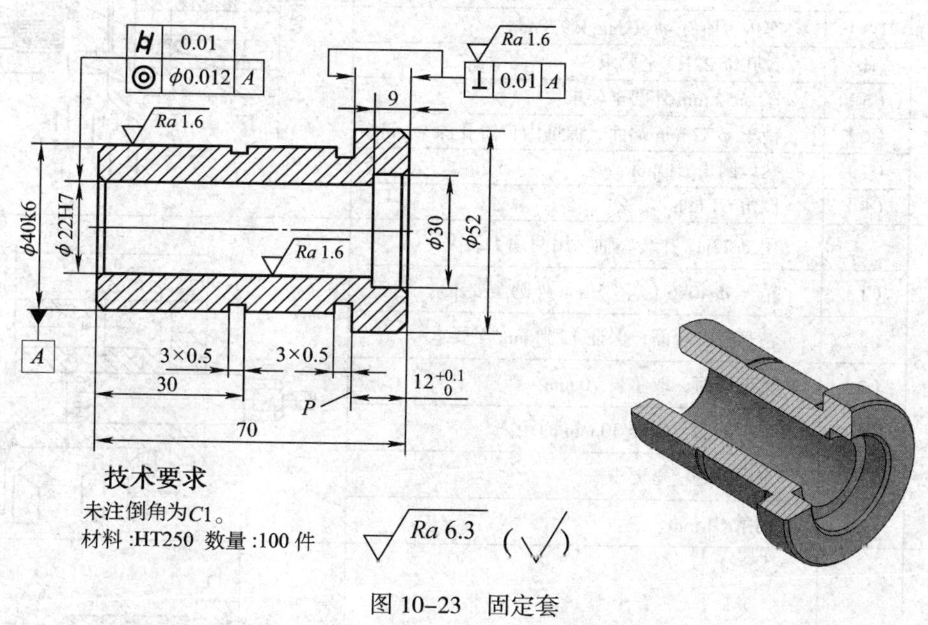

图 10–23 固定套

四、固定套机械加工工艺过程卡

固定套的机械加工工艺过程卡见表 10–6。

表 10–6　　固定套的机械加工工艺过程卡

零件名称	材　料	毛　坯			
固定套	HT250	种类	铸棒	规格	ϕ58 mm × 320 mm（4件）

工序	工种	工步	加工内容	工序简图
1	铸		铸铁棒料 ϕ58 mm × 320 mm，退火（511）后硬度达 196 ~ 229HBW	
2	车		四件同时粗车各外圆 用三爪自定心卡盘夹外圆	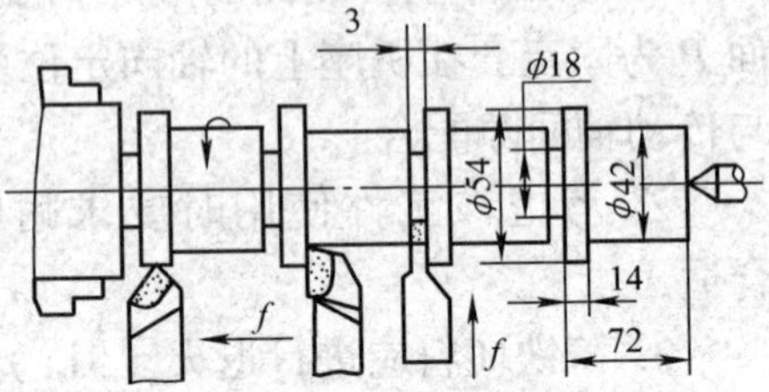
		（1）	车端面	
		（2）	钻中心孔后以尾座顶尖支顶	
		（3）	车外圆 ϕ54 mm，长（72+3）mm × 4	
		（4）	分四段车外圆 ϕ42 mm ×（58+4）mm	
		（5）	四处车槽，深 12 mm	
3	车		用三爪自定心卡盘装夹，钻孔 ϕ19 mm 后成单件	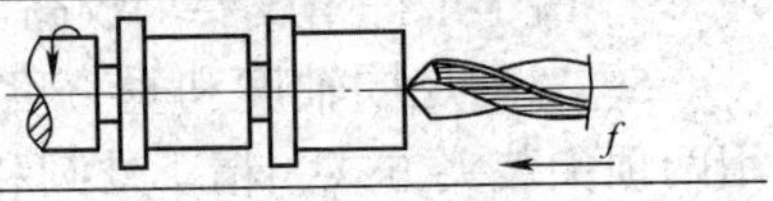
4	车		用三爪自定心卡盘夹持 ϕ42 mm 处，找正	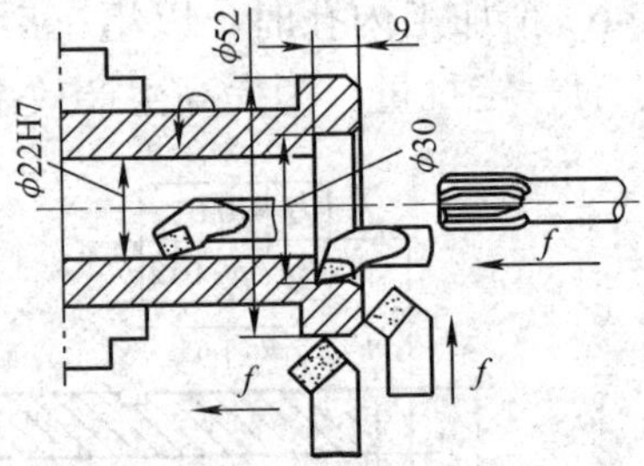
		（1）	车端面	
		（2）	半精车孔 $\phi 21.8^{+0.1}_{0}$ mm	
		（3）	车内台阶孔 ϕ30 mm × 9.5 mm	
		（4）	铰孔 ϕ22H7 至要求	
		（5）	车 ϕ52 mm 外圆至要求	
		（6）	精车 ϕ52 mm 端面，保证内台阶孔深 9 mm	
		（7）	孔口倒角 $C1$ mm	
		（8）	倒角 $C1$ mm	
5	车		用 ϕ22H7 孔装心轴，用两顶尖装夹	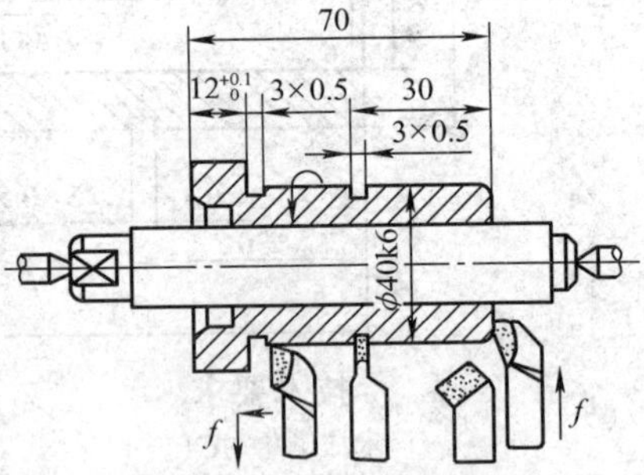
		（1）	精车 $\phi 40k6\left(^{+0.018}_{+0.002}\right)$ mm 外圆至要求	
		（2）	精车台阶端面，保证 $12^{+0.1}_{0}$ mm 至要求	
		（3）	精车端面，取总长 70 mm	
		（4）	车中部槽，保证 30 mm 的距离	
		（5）	车台阶处槽至要求	
		（6）	倒角 $C1$ mm	
6	车		用软卡爪夹持 ϕ52 mm 处，孔口倒角 $C1$ mm	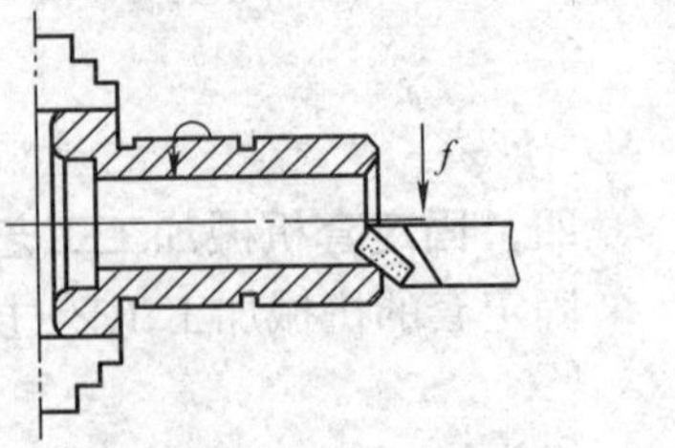

第十一单元

中级技能训练课题

课题一　螺纹组合件的加工

一、工件图样（图 11-1）

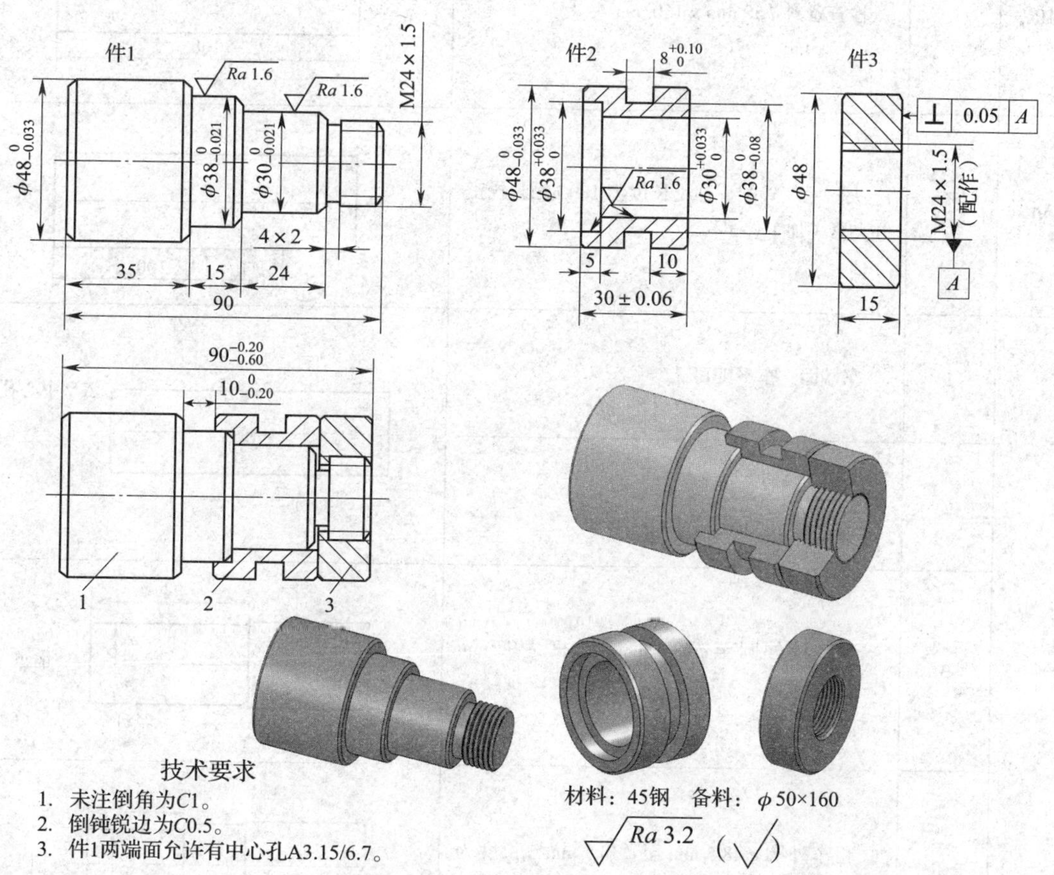

图 11-1　螺纹组合件

二、工艺分析

该组合件虽是三件配的螺纹组合件，但难度不大，都是基本技能的考核。主要应保证的精度有三角形螺纹尺寸、外槽精度、件 1 中间 $\phi 38_{-0.021}^{0}$ mm 和 $\phi 30_{-0.021}^{0}$ mm 外圆相对于件 2 $\phi 38_{0}^{+0.033}$ mm 和 $\phi 30_{0}^{+0.033}$ mm 内孔相配后间距 $10_{-0.20}^{0}$ mm 的精度、件 3 的 ⊥ 0.05 A 精度。根据轴基准件先加工的原则，先加工件 1，再加工件 2，最后加工件 3。

件 1 可在一次安装中全部加工完成各表面，但需注意粗、精车要分开完成。为了防止热胀冷缩，先将件 2 的所有表面进行粗加工。然后在一次安装中加工件 3，保证 ⊥ 0.05 A 的精度。最后精加工件 2 所有表面，使其与件 1 相配后的间隙为$10_{-0.20}^{0}$ mm。

为保证孔、轴相配精度，车件 1 外圆 $\phi 38_{-0.021}^{0}$ mm、$\phi 30_{-0.021}^{0}$ mm 时尽可能车至 $\phi 38_{-0.018}^{-0.010}$ mm 和 $\phi 30_{-0.018}^{-0.010}$ mm，以增加与内孔 $\phi 38_{0}^{+0.033}$ mm、$\phi 30_{0}^{+0.033}$ mm 的配合间隙，降低配合难度。

三、加工工艺卡（表 11–1）

表 11–1　　加工工艺卡

工序	工步	内容	图示
10		检查备料 ϕ50 mm × 160 mm	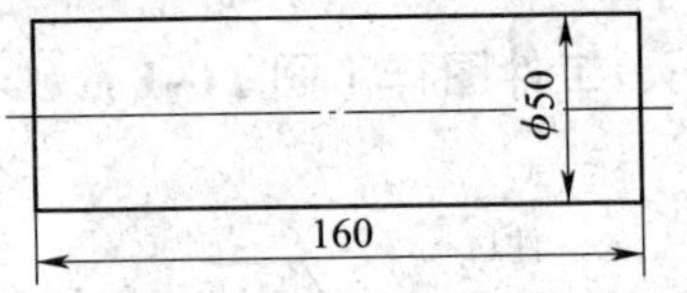 ϕ50 160
20		夹持毛坯外圆，伸出长度为 100 mm，找正并夹紧（加工件 1）	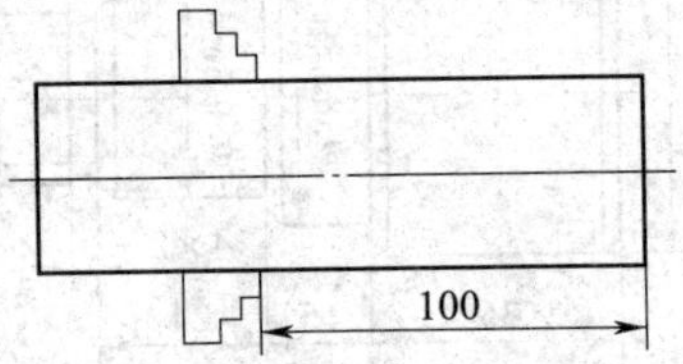 100
	1	车端面，车平即可	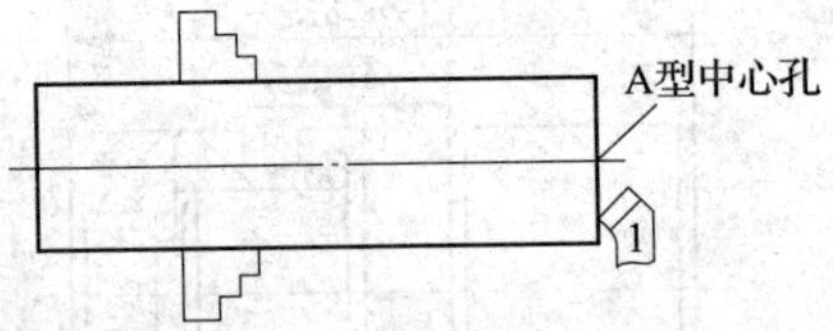 A型中心孔 1
	2	钻中心孔 A3.15/6.7	
	3	车毛坯外圆至 ϕ48.5 mm，长度为 92 mm（一夹一顶）	92 ϕ48.5 顶尖 3
	4	粗车外圆 ϕ48.5 mm 至 ϕ38.5 mm，长度为 54.5 mm	54.5 ϕ38.5 顶尖 4

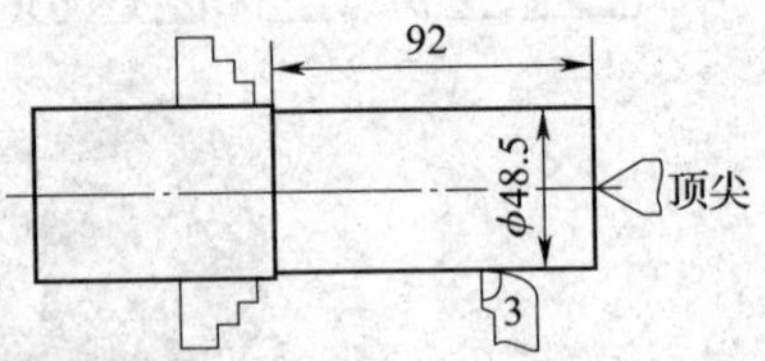

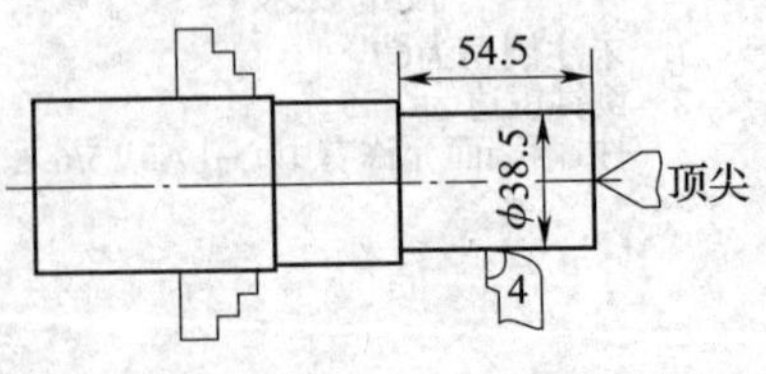

续表

工序	工步	内容	图示
	5	粗车外圆 $\phi 38.5$ mm 至 $\phi 30.5$ mm，长度为 39.5 mm	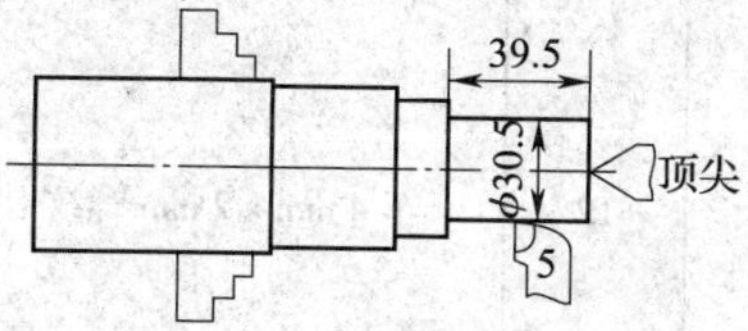 39.5　$\phi 30.5$　顶尖　5
	6	粗车 $\phi 30.5$ mm 外圆至 $\phi 24.5$ mm，长度为 15.5 mm	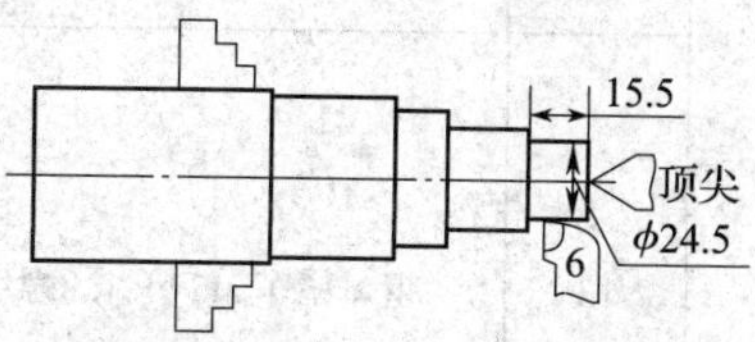 15.5　顶尖　$\phi 24.5$　6
	7	精车端面，精修中心孔	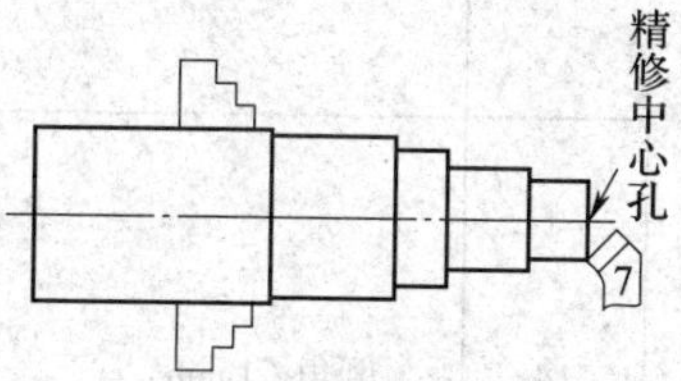 精修中心孔　7
	8	精车 $\phi 48_{-0.033}^{0}$ mm 外圆，长度为 92 mm	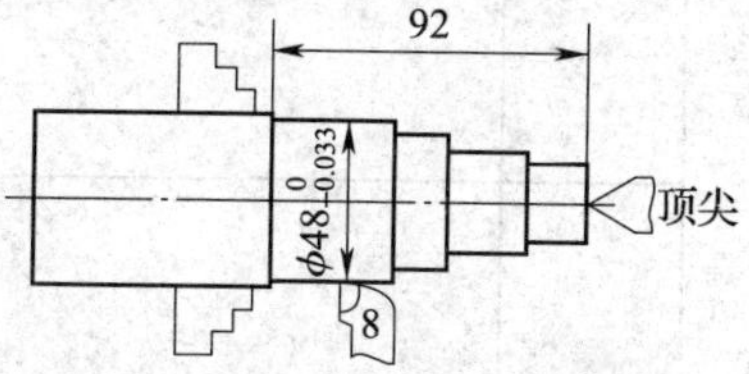 92　$\phi 48_{-0.033}^{0}$　顶尖　8
	9	精车 $\phi 38_{-0.021}^{0}$ mm 外圆，长度为 55 mm，表面粗糙度 $Ra1.6$ μm	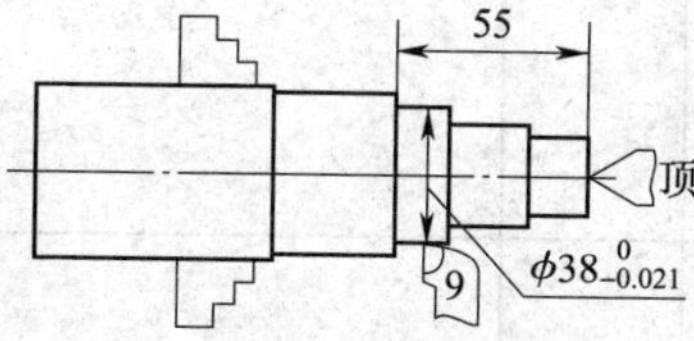 55　顶尖　9　$\phi 38_{-0.021}^{0}$
	10	精车 $\phi 30_{-0.021}^{0}$ mm 外圆，长度为 40 mm，同时保证 $\phi 38_{-0.021}^{0}$ mm 外圆的长度为 15 mm，表面粗糙度 $Ra1.6$ μm	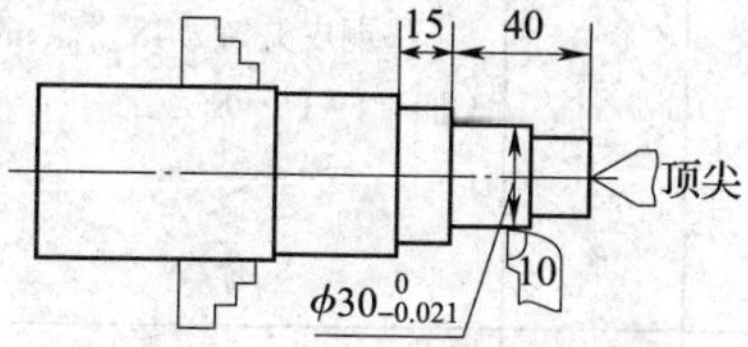 15　40　顶尖　10　$\phi 30_{-0.021}^{0}$
	11	精车 M24×1.5 外圆至 $\phi 24_{-0.20}^{-0.10}$ mm，长度为 16 mm，同时保证 $\phi 30_{-0.021}^{0}$ mm 外圆的长度为 24 mm	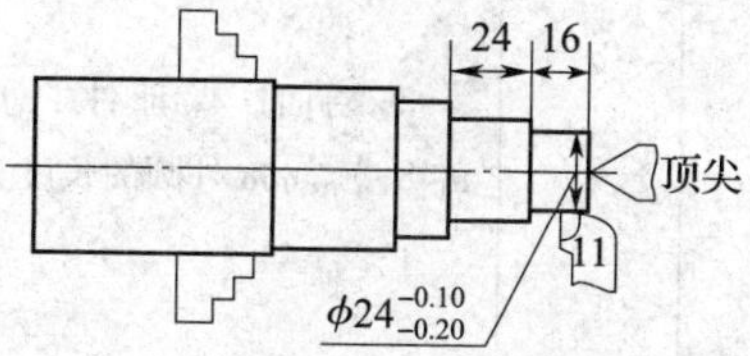 24　16　顶尖　11　$\phi 24_{-0.20}^{-0.10}$

续表

工序	工步	内容	图示
	12	车 4 mm × 2 mm 螺纹退刀槽	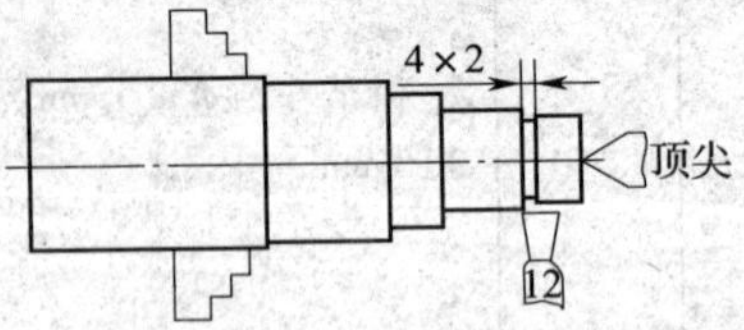 4×2 顶尖 12
	13	粗、精车 M24×1.5 螺纹，用螺纹环规检测	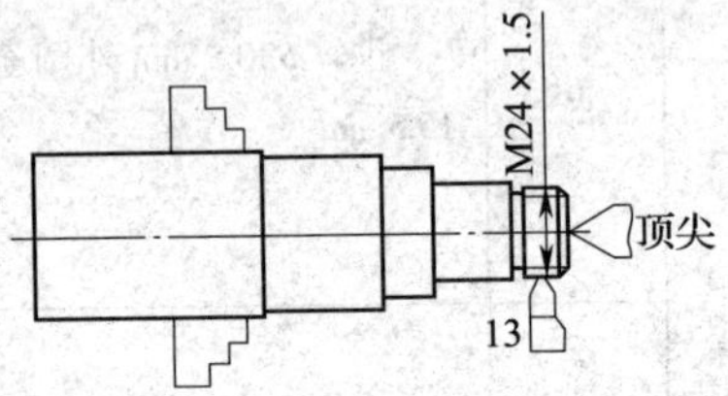 M24×1.5 顶尖 13
	14	倒角 $C1$ mm	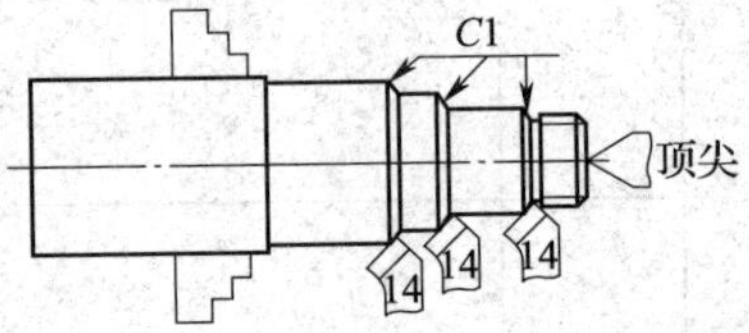 $C1$ 顶尖 14 14 14
	15	切断，件 1 总长至 90.5 mm	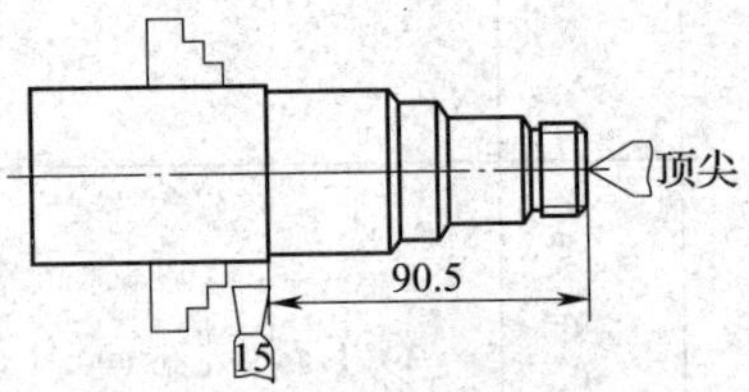 顶尖 90.5 15
30		垫铜皮夹持 $\phi48_{-0.033}^{\ 0}$ mm 外圆，找正并夹紧（加工件 1）	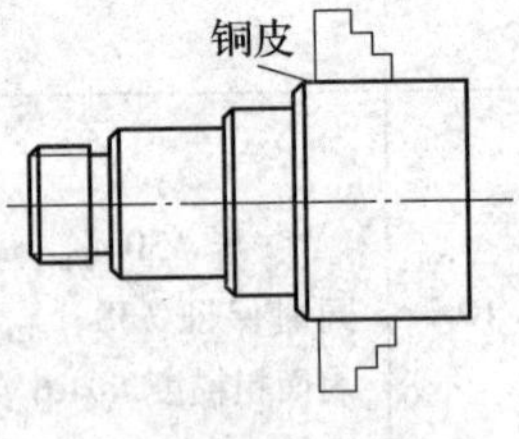 铜皮
	1	车端面，保证件 1 总长为 90 mm。同时 $\phi48_{-0.033}^{\ 0}$ mm 外圆的长度为 35 mm	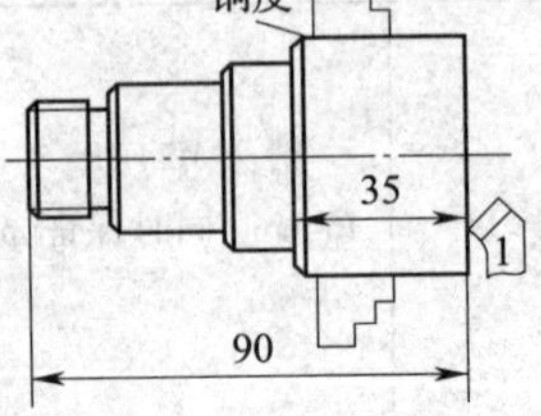 铜皮 35 1 90

续表

工序	工步	内容	图示
	2	钻中心孔 A3.15/6.7	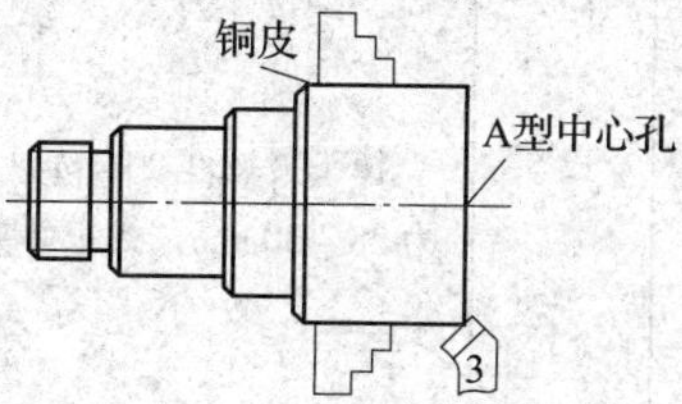 铜皮 A型中心孔 3
	3	倒角 $C1$ mm	
	4	检查质量，合格后卸下件 1	
40		夹持余下毛坯外圆，伸出长度为 45 mm，找正并夹紧（粗加工件 2）	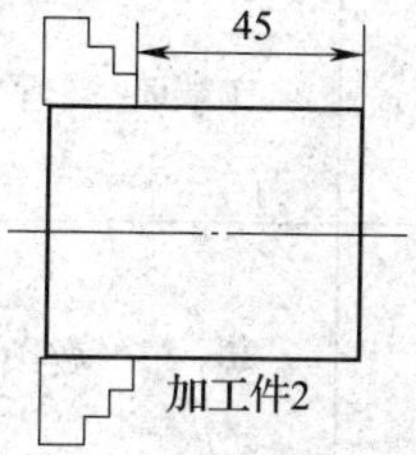 45 加工件2
	1	车端面，车平即可	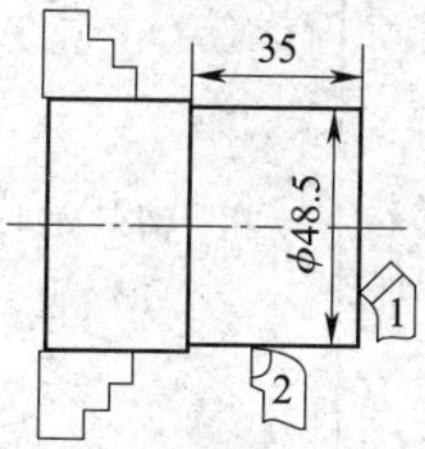 35 ϕ48.5 1 2
	2	车毛坯外圆至 ϕ48.5 mm，长度为 35 mm	
	3	钻中心孔，用 ϕ20 mm 麻花钻钻通孔	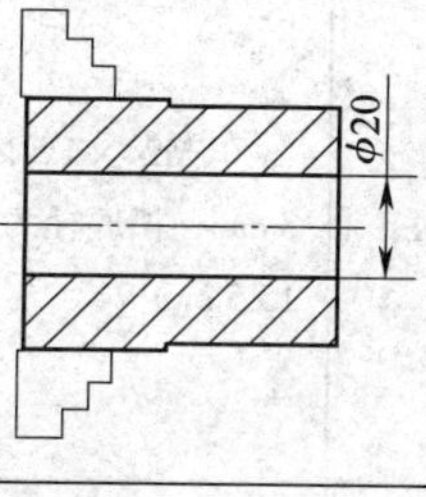 ϕ20
	4	粗车内孔 ϕ20 mm 至 ϕ29 mm，长度为 45 mm	45 ϕ29 4
	5	粗车外槽，槽宽为 6 mm，槽底径为 38.5 mm	6 13 ϕ38.5 5
	6	不切断件 2，卸下工件	

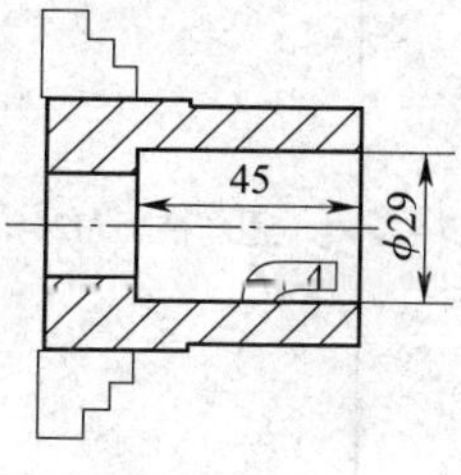

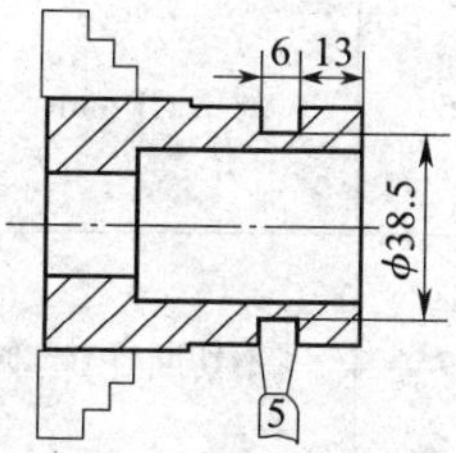

续表

工序	工步	内容	图示
50		掉头夹持件 2 的 ϕ48.5 mm 外圆，夹持长度为 28 ~ 30 mm，找正并夹紧（加工件 3）	28 ~ 30
	1	车端面，车平即可	20 ϕ48 1 2
	2	粗、精车 ϕ48 mm 外圆，长度为 20 mm	
	3	粗、精车 M24×1.5 内螺纹的孔径为 22.5 mm	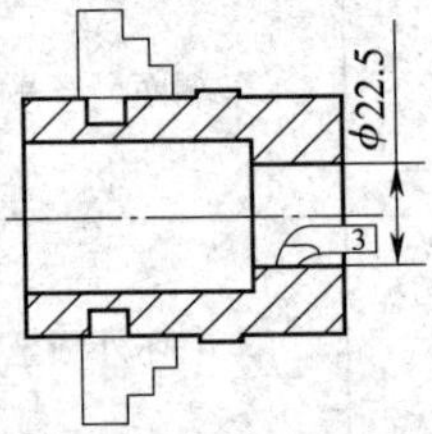 ϕ22.5 3
	4	车 M24 × 1.5 内螺纹的工艺退刀槽，槽宽为 8 mm，槽底径为 28 mm，同时保证件 3 总长为 15.5 mm	15.5 ϕ28 4
	5	粗、精车 M24×1.5 内螺纹，达到图样要求	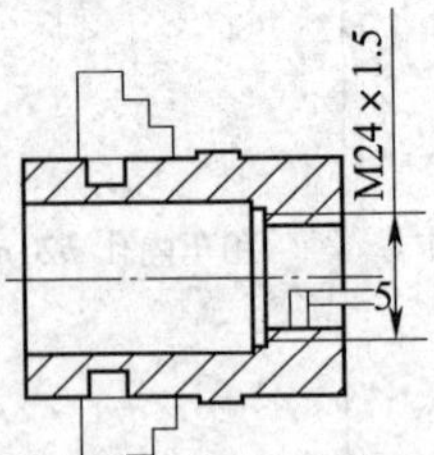 M24 × 1.5 5
	6	倒角 C1 mm	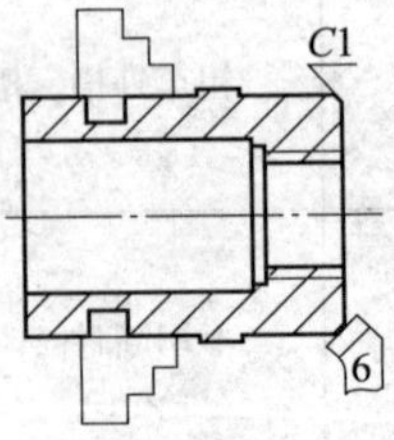 C1 6
	7	不切断件 3，卸下工件	

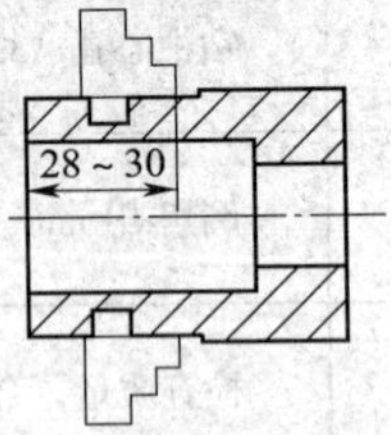

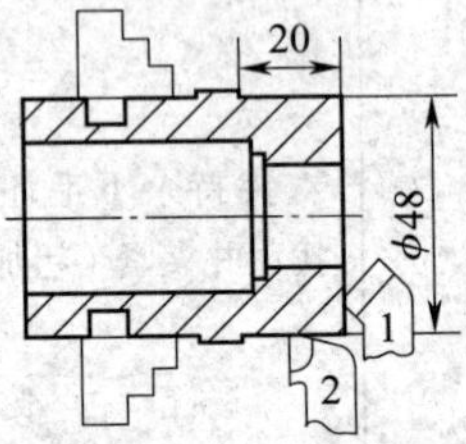

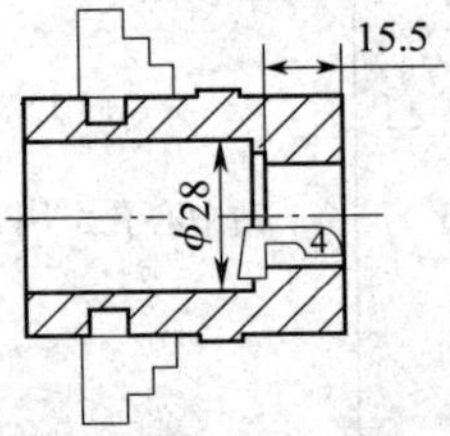

续表

工序	工步	内容	图示
60		掉头，垫铜皮夹持件3的 $\phi48$ mm外圆，夹持长度为20 mm，找正并夹紧（加工件2）	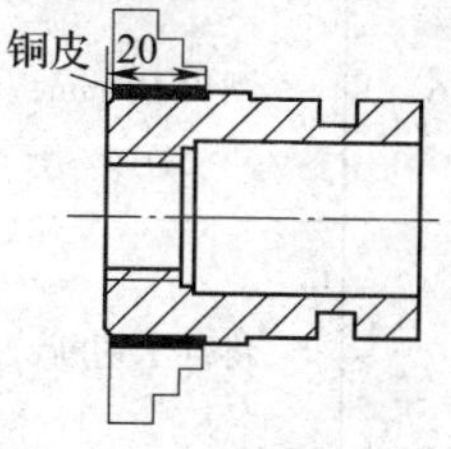 铜皮 20
	1	精车端面	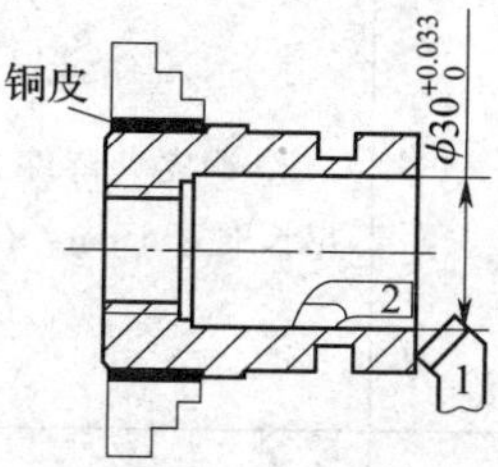 铜皮 $\phi30^{+0.033}_{0}$ 2 1
	2	精车 $\phi30^{+0.033}_{0}$ mm内孔，长度不小于35 mm，表面粗糙度 $Ra1.6$ μm	
	3	精车 $\phi38^{+0.033}_{0}$ mm内孔，长度为5 mm，表面粗糙度 $Ra1.6$ μm；同时保证件1与件2相配后所产生的间隙为 $10^{0}_{-0.20}$ mm	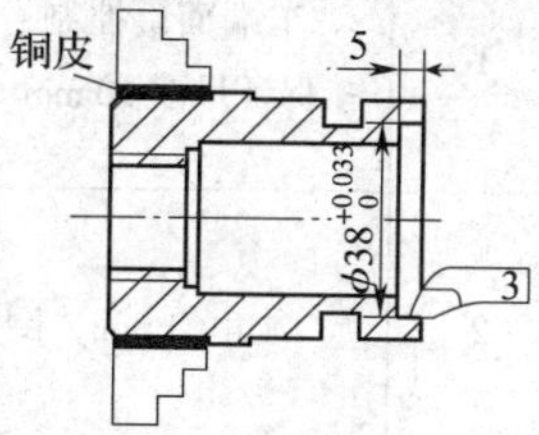 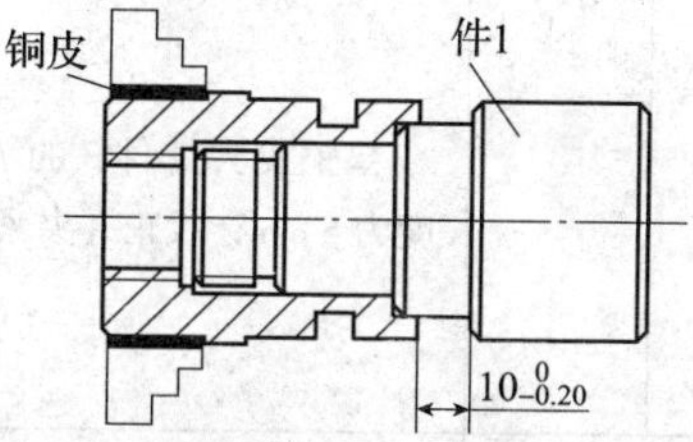 铜皮 5 $\phi38^{+0.033}_{0}$ 3 铜皮 件1 $10^{0}_{-0.20}$
	4	精车 $\phi48^{0}_{-0.033}$ mm外圆，长度为35 mm	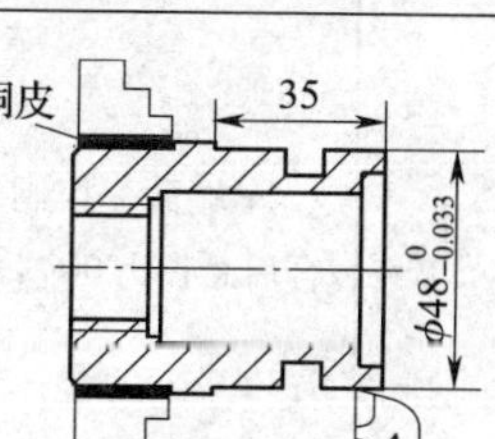 铜皮 35 $\phi48^{0}_{-0.033}$ 4
	5	精车外槽，槽宽为 $8^{+0.10}_{0}$ mm，槽底径为 $38^{0}_{-0.08}$ mm	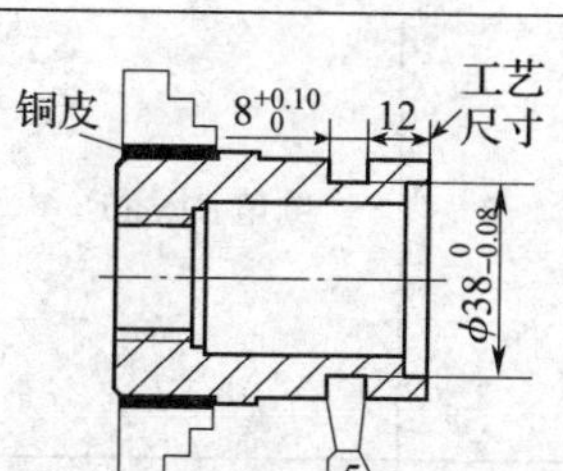 铜皮 $8^{+0.10}_{0}$ 12 工艺尺寸 $\phi38^{0}_{-0.08}$ 5

续表

工序	工步	内容	图示
	6	倒角 $C1$ mm，倒钝锐边为 $C0.5$ mm	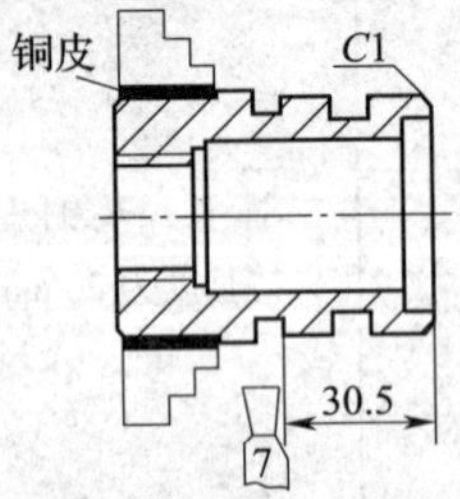
	7	将件 2 切断，总长为 30.5 mm	
70		垫铜皮夹持件 2 的 $\phi48^{\ 0}_{-0.033}$ mm 外圆，伸出长度为 5 mm，找正并夹紧（加工件 2）	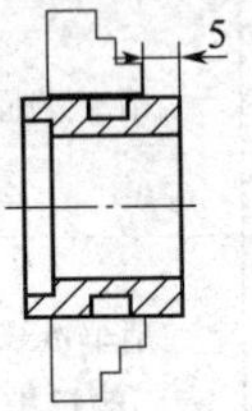
	1	车端面，控制总长为（30 ± 0.06）mm，间接保证尺寸 10 mm	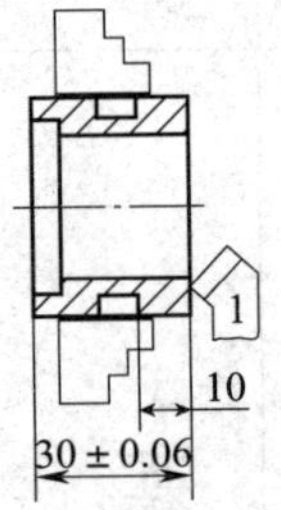
	2	倒角 $C1$ mm，倒钝锐边为 $C0.5$ mm	
80		垫铜皮夹持件 3 的 $\phi48$ mm 外圆，伸出长度为 5 mm，找正并夹紧（加工件 3）	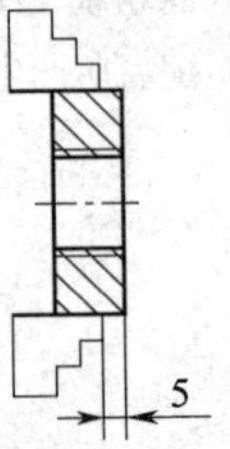
	1	车端面，控制总长为 15 mm；保证三件组合后总长为 $90^{-0.20}_{-0.60}$ mm	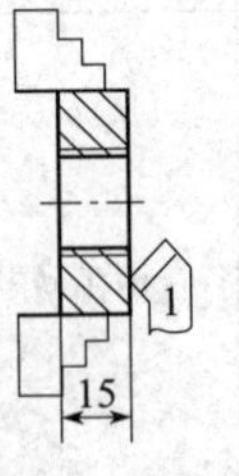
	2	倒角 $C1$ mm	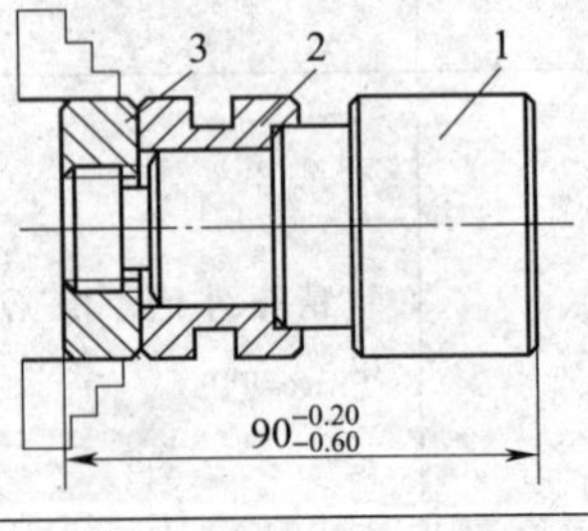
90		将三件组合，检查尺寸，合格后卸下	

课题二 螺纹轴的加工

一、工件图样（图 11–2）

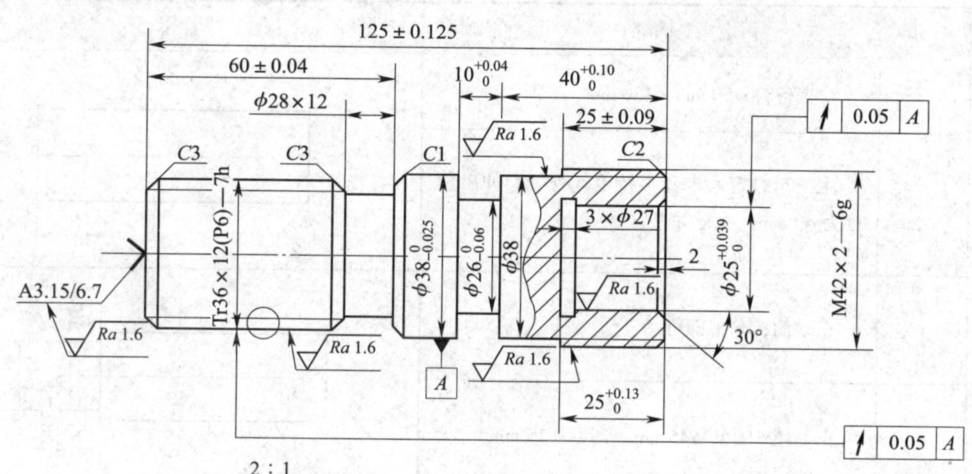

2∶1

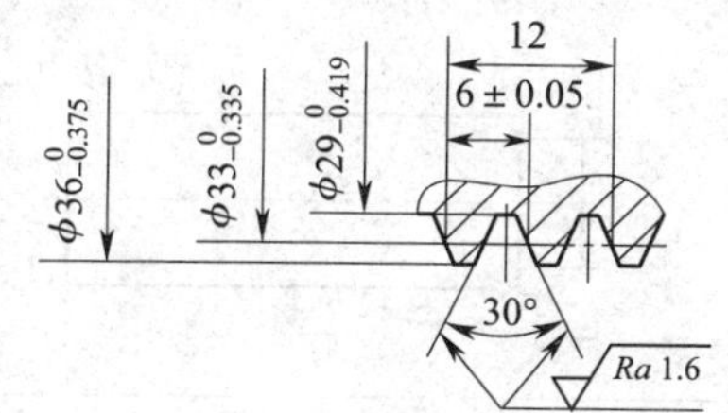

技术要求

1. 未注倒角为$C0.5$。
2. M42×2—6g螺纹中径尺寸为$\phi 40.70_{-0.22}^{-0.04}$。
3. 未注尺寸公差按GB/T 1804—m。

材料：45钢　备料：$\phi 50\times 130$

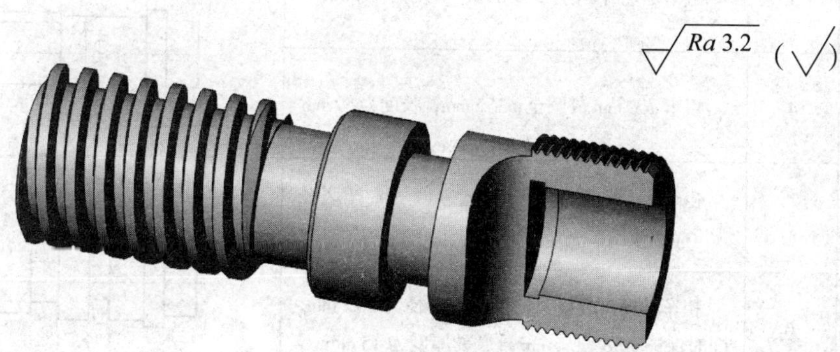

图 11–2 螺纹轴

二、工艺分析

零件为单件，梯形螺纹轴线和内孔轴线相对于中间 $\phi 38_{-0.025}^{\ 0}$ mm 基准圆轴线有几何公差要求 ［↗ | 0.05 | A］，而梯形螺纹一端允许留有中心孔，加上车削梯形螺纹切削力较大，所以采用一夹一顶先加工梯形螺纹及 $\phi 38_{-0.025}^{\ 0}$ mm 基准圆一端。

掉头用 C 形套夹住梯形螺纹外圆，必须用百分表在 $\phi 38_{-0.025}^{0}$ mm 基准圆上找正，使径向圆跳动误差≤ 0.05 mm，仍采用一夹一顶，用反偏刀加工三角形螺纹前 ϕ38 mm 外圆，外表面加工完毕，再加工 $\phi 25_{0}^{+0.039}$ mm 内孔。加工内孔时，要减小切削用量，防止工件从机床上掉下。

三、加工工艺卡（表 11–2）

表 11–2　　　　加工工艺卡

工序	工步	内容	图示
10		检查备料 ϕ50 mm × 130 mm	40
20		用三爪自定心卡盘夹持毛坯外圆，伸出长度为 40 mm，找正并夹紧	
	1	车端面，车平即可	15；ϕ45；1；2
	2	车毛坯外圆至 ϕ45 mm，长度为 15 mm	
30		掉头夹持 ϕ45 mm × 15 mm 外圆，找正并夹紧	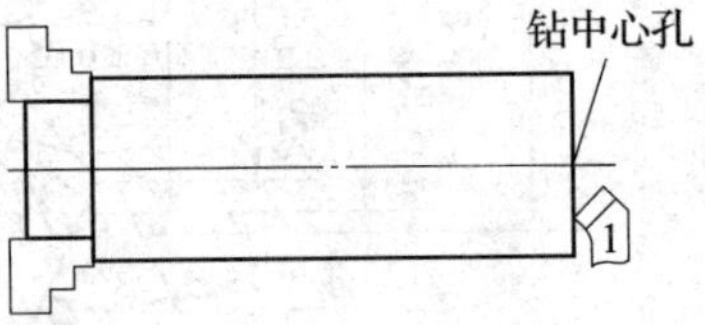 钻中心孔；1
	1	车端面，车平即可	
	2	用 A3.15/6.7 中心钻钻中心孔（用于一夹一顶装夹工件）	
	3	粗车毛坯外圆至 ϕ39 mm，长度为 99 mm	99；59；ϕ39；ϕ36.5；顶尖；3；4
	4	粗车 ϕ39 mm 外圆至 ϕ36.5 mm，长度为 59 mm	
	5	粗车梯形螺纹退刀槽，槽宽为 10 mm，槽底径为 28.5 mm	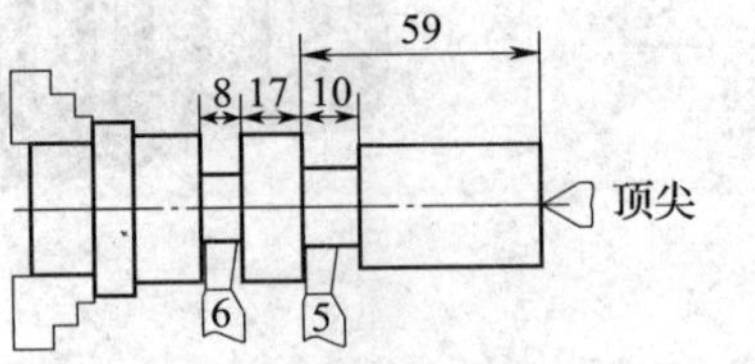 59；8；17；10；顶尖；6；5
	6	粗车外槽，槽宽为 8 mm，槽底径为 26.5 mm，同时保证 $\phi 38_{-0.025}^{0}$ mm 外圆的厚度为 15 mm	
	7	半精车梯形螺纹大径 ϕ36.5 mm 至 ϕ36.3 mm	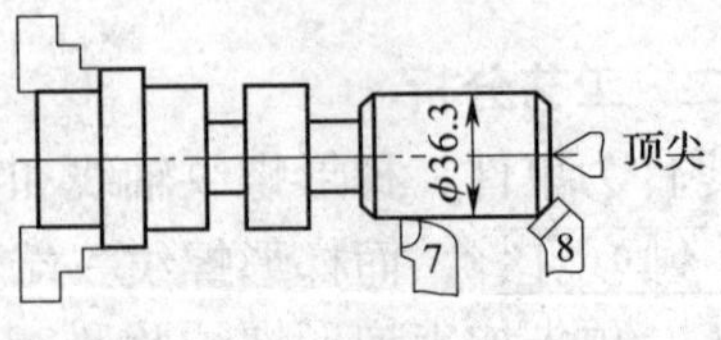 ϕ36.3；顶尖；7；8
	8	梯形螺纹外圆两端倒角 C3 mm	

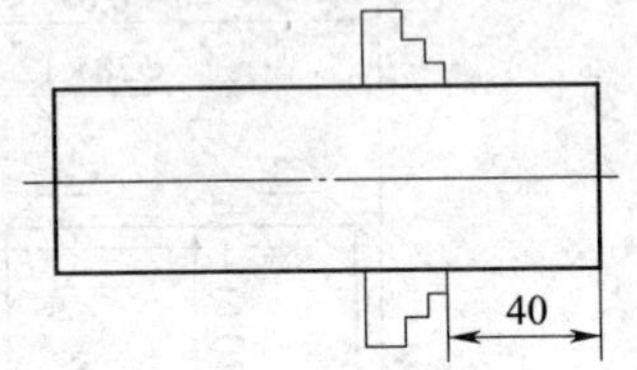

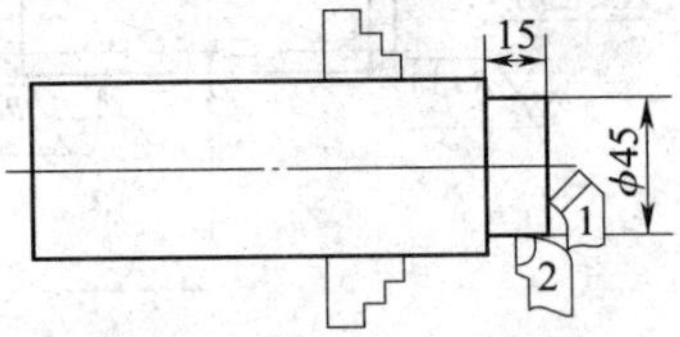

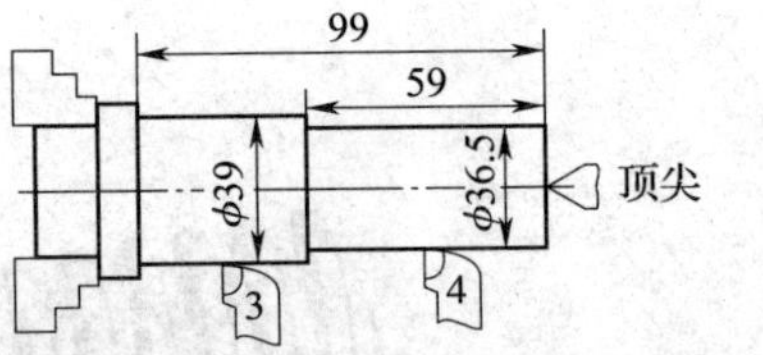

续表

工序	工步	内容	图示
	9	粗车梯形螺纹 Tr36×12（P6）—7h，各部分尺寸均留有余量	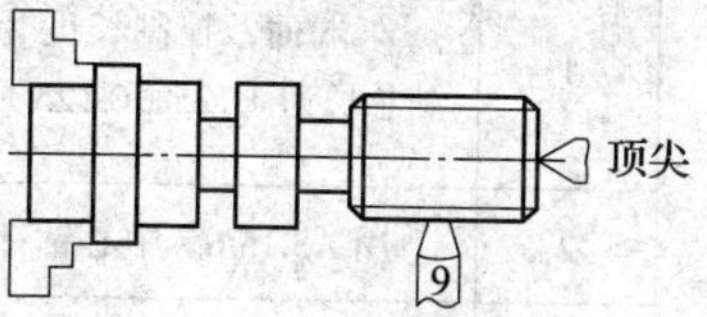 顶尖 9
	10	精修中心孔 A3.15/6.7 将顶尖取下，换上中心钻，采用慢速加切削液精修中心孔，表面粗糙度 $Ra \leqslant 1.6\ \mu m$	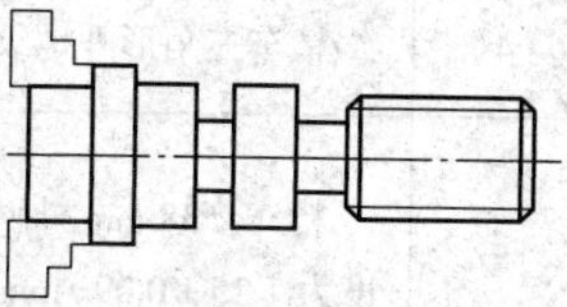
	11	精车 $\phi 38_{-0.025}^{\ 0}$ mm 外圆，控制长度 84 mm，表面粗糙度 $Ra \leqslant 3.2\ \mu m$	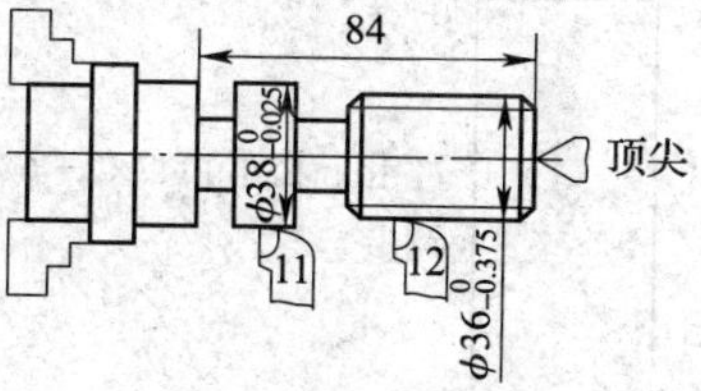 84 $\phi 38_{-0.025}^{\ 0}$ 11 12 $\phi 36_{-0.375}^{\ 0}$ 顶尖
	12	精车梯形螺纹大径至 $\phi 36_{-0.375}^{\ 0}$ mm	
	13	精车梯形螺纹退刀槽，槽宽为 12 mm，槽底径为 28 mm，并保证梯形螺纹加退刀槽的总长为（60±0.04）mm	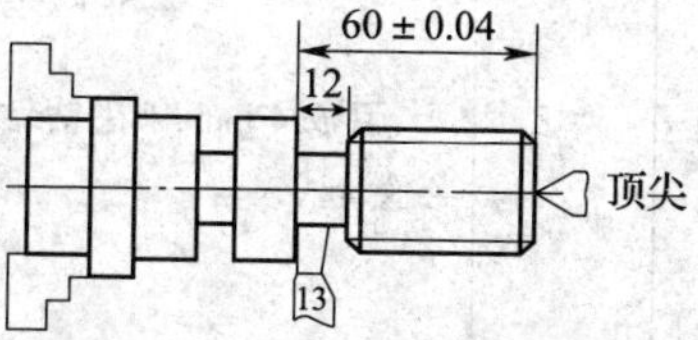 60±0.04 12 13 顶尖
	14	精车外槽，槽宽为 $10_{\ 0}^{+0.04}$ mm，槽底径为 $26_{-0.06}^{\ 0}$ mm	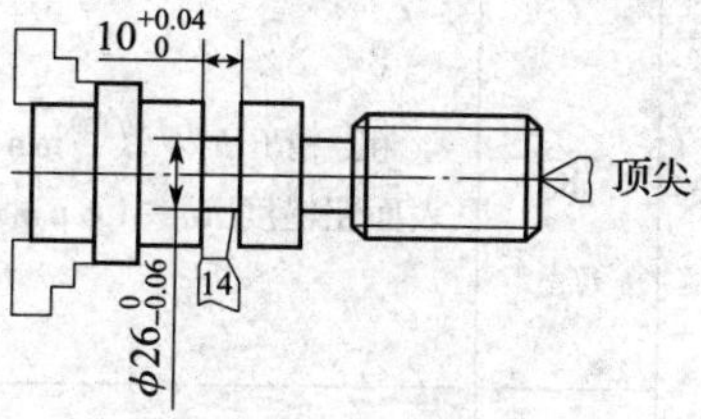 $10_{\ 0}^{+0.04}$ $\phi 26_{-0.06}^{\ 0}$ 14 顶尖
	15	精车梯形螺纹 Tr36×12（P6）—7h 达图样要求	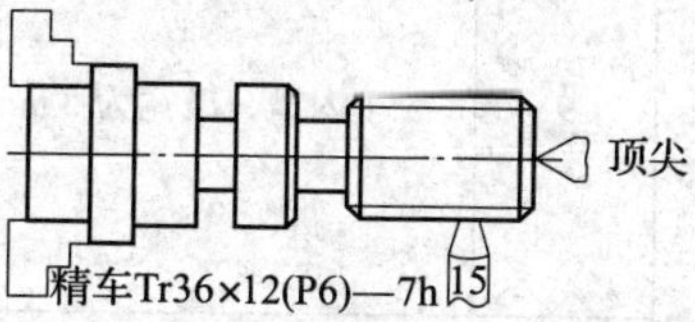 顶尖 精车Tr36×12(P6)—7h 15
	16	倒角 $C1$ mm、$C0.5$ mm	
40		掉头，在梯形螺纹外表面套 C 形套，夹紧并用百分表在 $\phi 38_{-0.025}^{\ 0}$ mm 外圆上找正	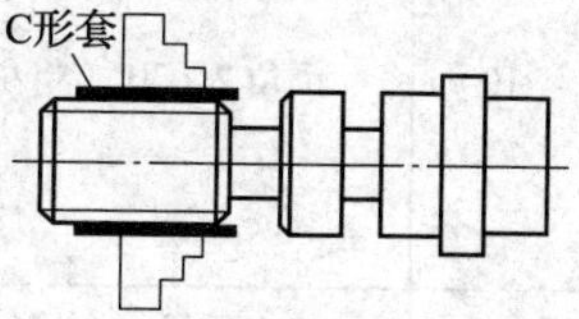 C形套

续表

工序	工步	内容	图示
	1	车端面，控制长度为 $40^{+0.10}_{0}$ mm，同时控制总长为（125 ± 0.125）mm	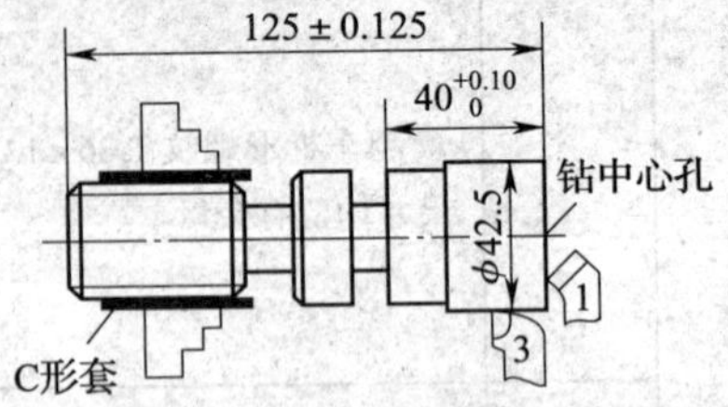 125 ± 0.125；$40^{+0.10}_{0}$；钻中心孔；$\phi42.5$；C形套；1；3
	2	用 A3.15/6.7 中心钻钻中心孔（一夹一顶）	
	3	粗车外圆至 $\phi42.5$ mm	
	4	精车三角形外螺纹外圆至 $\phi42^{-0.15}_{-0.25}$ mm	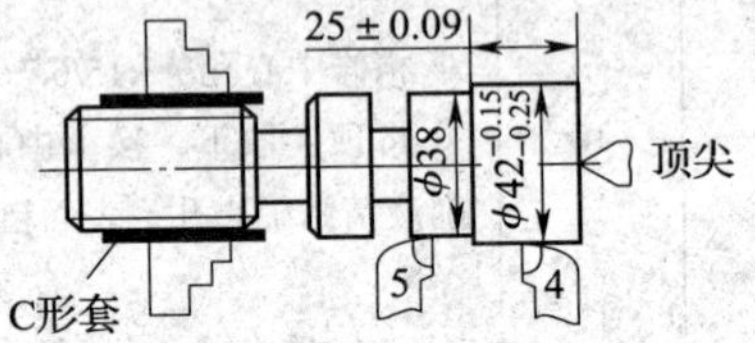 25 ± 0.09；$\phi38$；$\phi42^{-0.15}_{-0.25}$；顶尖；C形套；5；4
	5	精车 $\phi38$ mm 外圆，保证三角形外螺纹长度为（25 ± 0.09）mm。倒角 $C2$ mm	
	6	粗、精车 M42×2—6g 螺纹，用螺纹千分尺测量	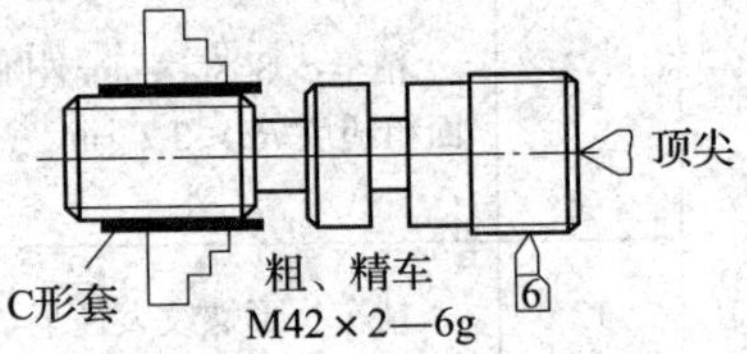 顶尖；C形套；粗、精车 M42 × 2—6g；6
	7	用 $\phi24$ mm 麻花钻钻孔，深 24 mm（以钻尖算起）	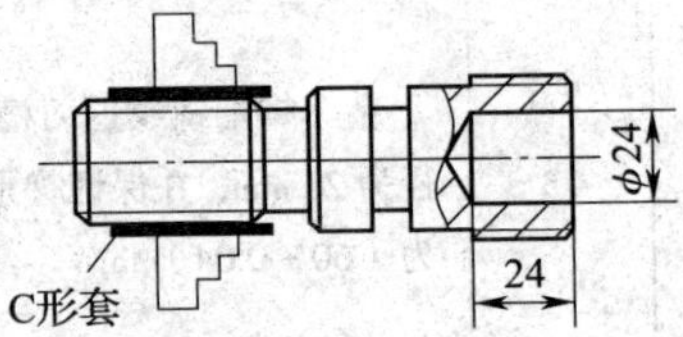 $\phi24$；24；C形套
	8	粗、精车 $\phi25^{+0.039}_{0}$ mm 内孔，深为 $25^{+0.13}_{0}$ mm，表面粗糙度 $Ra \leqslant 1.6$ μm	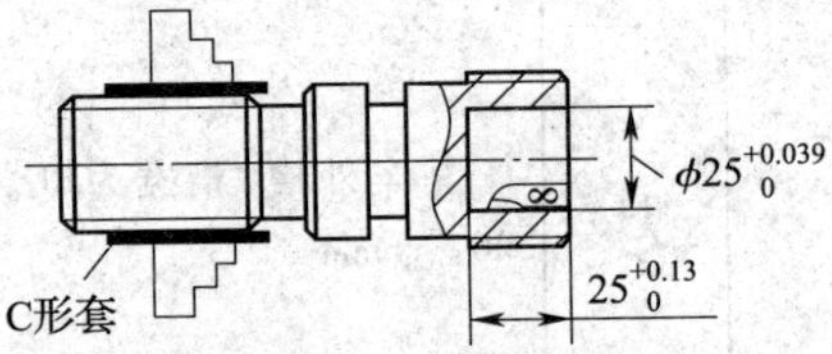 $\phi25^{+0.039}_{0}$；$25^{+0.13}_{0}$；8；C形套
	9	车内槽，槽宽为 3 mm，槽底径为 27 mm	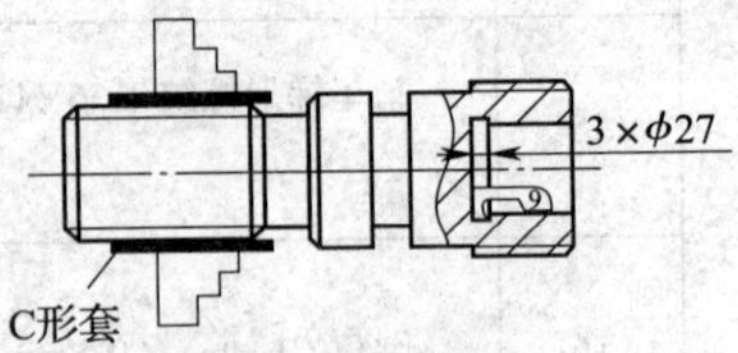 3 × $\phi27$；9；C形套
	10	倒角 2 × 30°（将小滑板顺时针转动 30°）	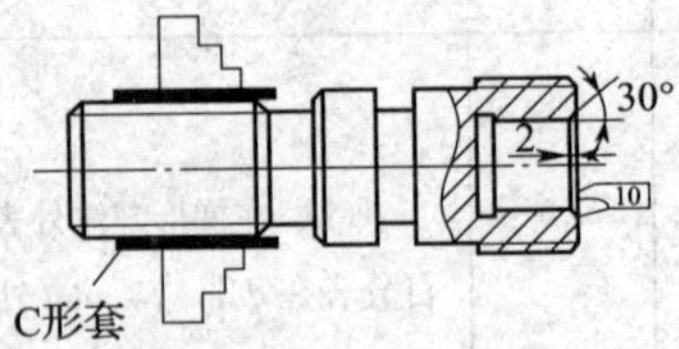 30°；2；10；C形套
50		检查质量，合格后卸下工件，上油	

课题三 锥套轴的加工

一、零件图样（图 11–3）

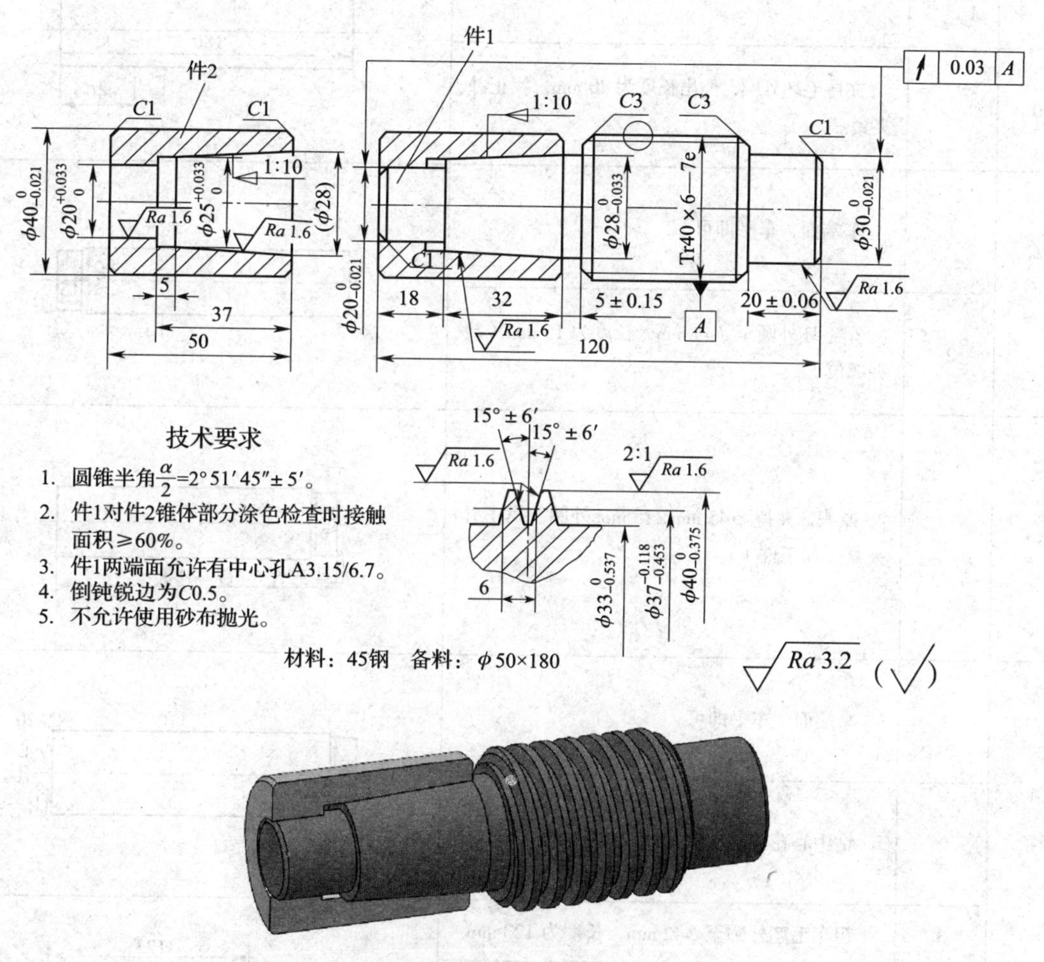

图 11–3　锥套轴

二、工艺分析

该零件是两件配的锥套轴，主要应保证的精度有梯形螺纹尺寸、圆锥精度及件 1 两端 $\phi 20_{-0.021}^{\ 0}$ mm、$\phi 30_{-0.021}^{\ 0}$ mm 外圆相对于梯形螺纹轴线的几何公差 | ↗ | 0.03 | A |。根据毛坯尺寸，先加工件 1，再加工件 2。件 1 可在一次安装中全部加工完成各表面，从工艺上保证了 | ↗ | 0.03 | A |。但需注意粗车后要先加工梯形螺纹，再精车件 1 其余表面。精车梯形螺纹前要修正中心孔。

为保证圆锥接触面精度，用转动小滑板法一次车内、外圆锥。车件 1 外圆锥时工件反转车削，外圆 $\phi 20_{-0.021}^{\ 0}$ mm 尽可能车至 $\phi 20_{-0.021}^{-0.014}$ mm 来保证与内孔 $\phi 20_{\ 0}^{+0.033}$ mm 的配合间隙，降低配合难度。车内圆锥时，以件 1 外圆锥配作，内、外圆锥车削刀具都要严格对正中心，内孔 $\phi 20_{\ 0}^{+0.033}$ mm 尽可能车至 $\phi 20_{+0.022}^{+0.033}$ mm。

三、加工工艺卡（表 11-3）

表 11-3 加工工艺卡

工序	工步	内容	图示
10		检查备料 ϕ50 mm × 180 mm	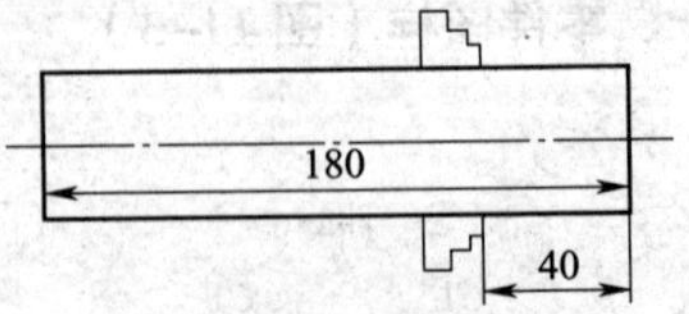
20		夹持毛坯外圆，伸出长度为 40 mm，找正并夹紧	
	1	车端面，车平即可	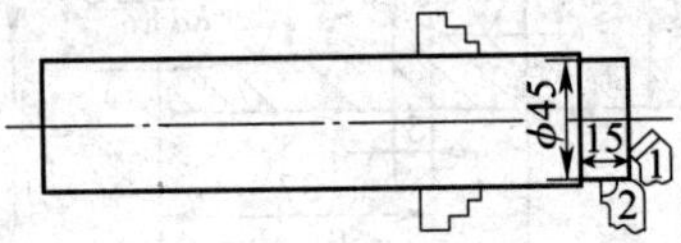
	2	车毛坯外圆至 ϕ45 mm，长度为 15 mm（装夹部位）	
30		掉头，夹持 ϕ45 mm×15 mm 外圆，找正并夹紧（加工件 1）	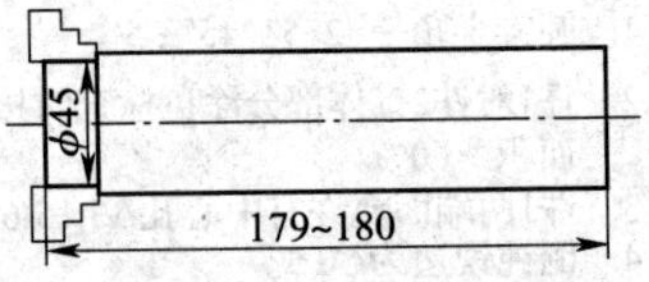
	1	车端面，车平即可	
	2	钻中心孔 A3.15/6.7（一夹一顶）	
	3	粗车毛坯外圆至 ϕ42 mm，长度为 123 mm	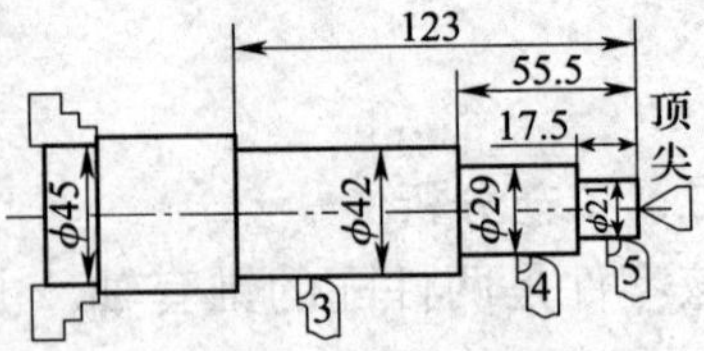
	4	粗车外圆锥 ϕ42 mm 外圆至 ϕ29 mm，长度为 55.5 mm	
	5	粗车 ϕ29mm 外圆至 ϕ21mm，长度为 17.5 mm	
	6	粗车 ϕ42 mm 外圆至 ϕ31 mm，长度为 20 mm，同时要保证 Tr40 × 6—7e 梯形螺纹长度为 47 mm（长度上有 2 mm 精车余量）	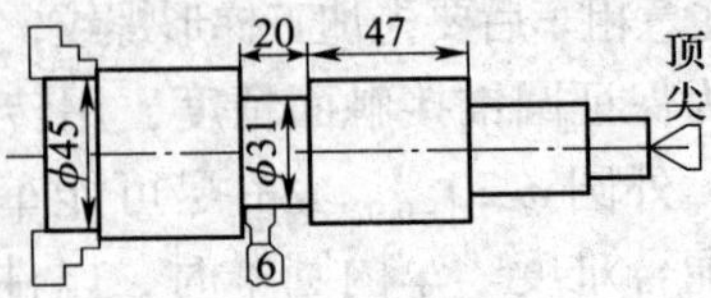

续表

工序	工步	内容	图示
	7	半精车 $\phi42$ mm 外圆至 $\phi40.3$ mm，两端倒角 $C3$ mm	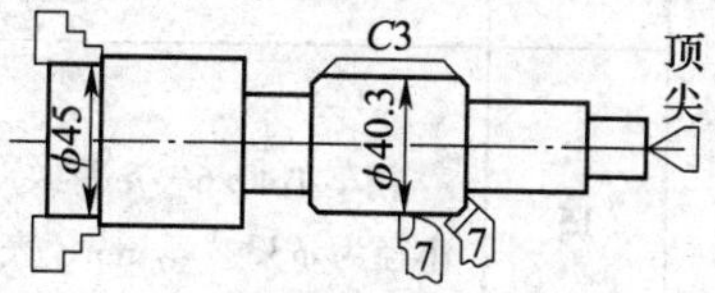
	8	粗车梯形螺纹 Tr40×6—7e，各部分尺寸均留余量	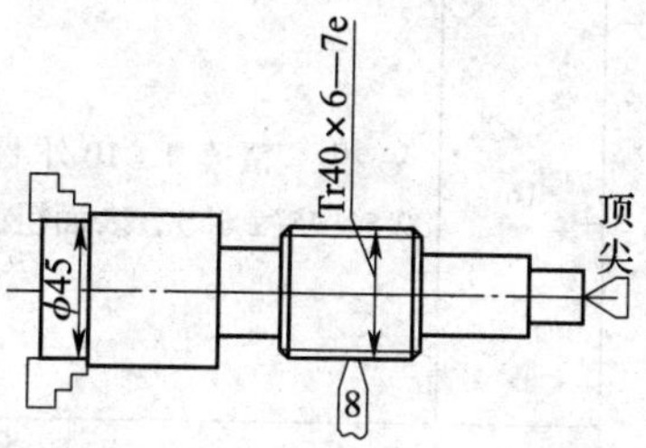
	9	精修中心孔 A3.15/6.7	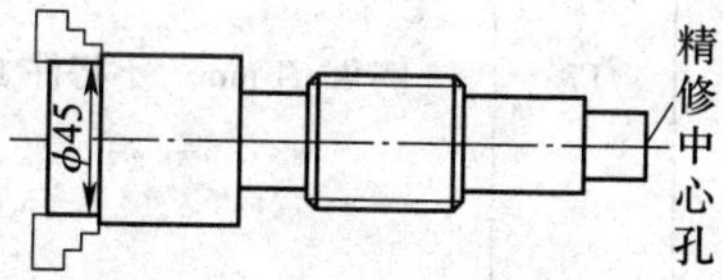
	10	精车梯形螺纹 Tr40×6—7e 大径 $\phi40_{-0.375}^{0}$ mm，表面粗糙度 $Ra1.6$ μm	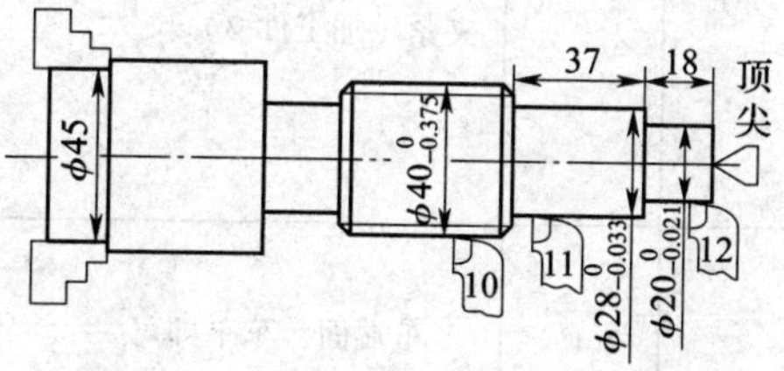
	11	精车外圆锥大端直径为 $28_{-0.033}^{0}$ mm，长度为 37 mm，表面粗糙度 $Ra1.6$ μm	
	12	精车 $\phi20_{-0.021}^{0}$ mm 外圆，长度为 18 mm，表面粗糙度 $Ra1.6$ μm	
	13	精车 $\phi30_{-0.021}^{0}$ mm 外圆，长度为 21 mm，表面粗糙度 $Ra1.6$ μm，并控制 Tr40×6—7e 螺纹有效长度为 45 mm	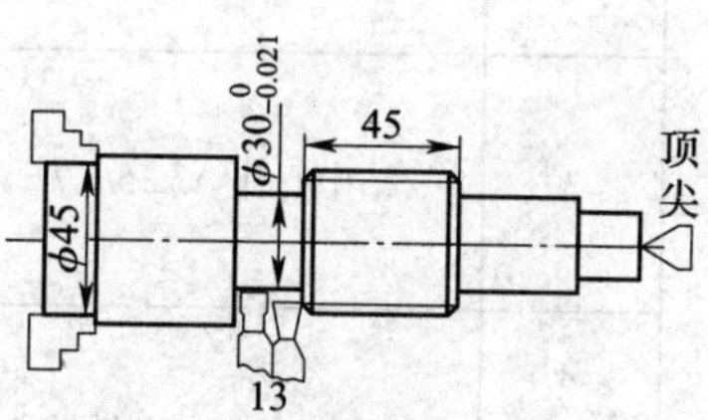

续表

工序	工步	内容	图示
	14	精修 Tr40 × 6—7e 螺纹的两端倒角 $C3$ mm	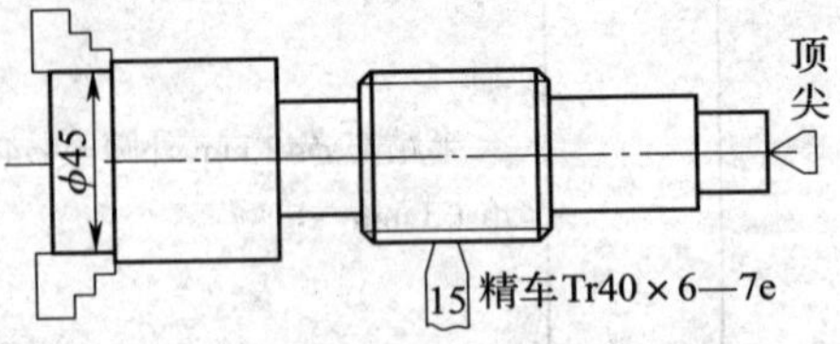 顶尖 $\phi45$ 15 精车 Tr40 × 6—7e
	15	精车 Tr40×6—7e 螺纹，中径为 $\phi37^{-0.118}_{-0.453}$ mm，小径为 $\phi33^{\ 0}_{-0.537}$ mm，表面粗糙度 $Ra1.6$ μm	
	16	粗、精车 1 : 10 外圆锥（圆锥半角为 2°51′45″ ± 5′），表面粗糙度 $Ra1.6$ μm	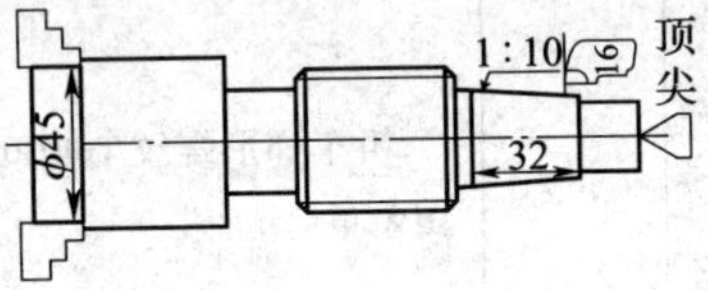 顶尖 1 : 10 16 $\phi45$ 32
	17	倒角 $C1$ mm（不将件 1 切断）	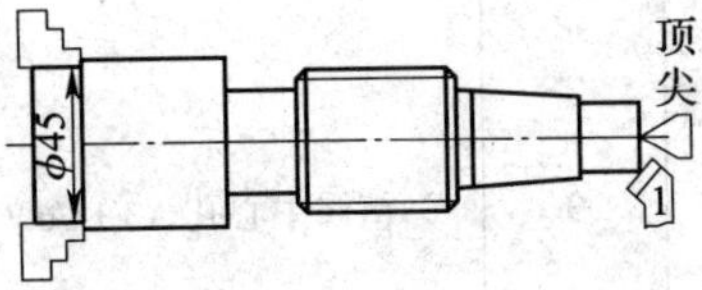 顶尖 $\phi45$ 1
40		在梯形螺纹外圆上套 C 形套装夹，找正并夹紧（加工件 2）	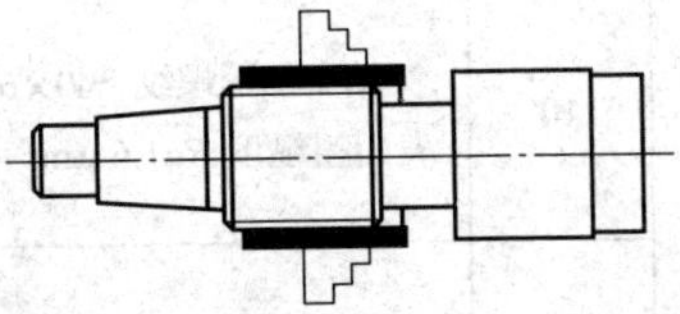
	1	车端面，车平即可	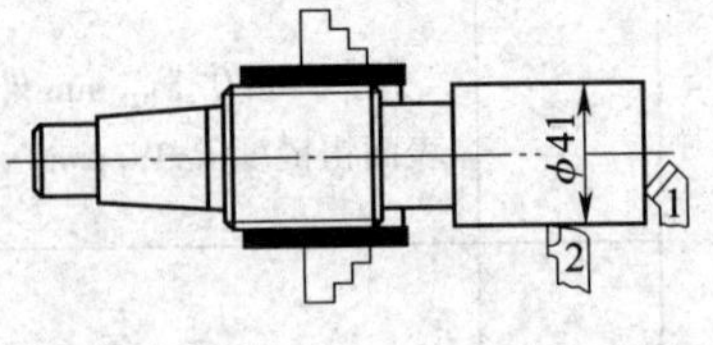 $\phi41$ 1 2
	2	粗车毛坯外圆至 $\phi41$ mm，长度为 51 mm	
	3	钻中心孔 A3.15/6.7	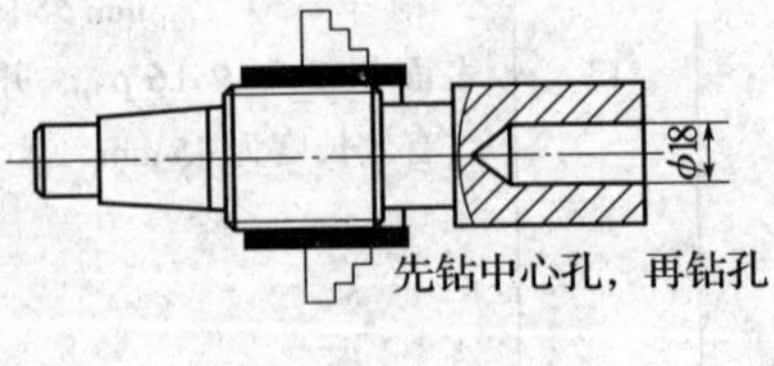 $\phi18$ 先钻中心孔，再钻孔
	4	用 $\phi18$ mm 麻花钻钻孔，深为 51 mm	

续表

工序	工步	内容	图示
	5	精车 $\phi40_{-0.021}^{0}$ mm 外圆，表面粗糙度 $Ra3.2$ μm	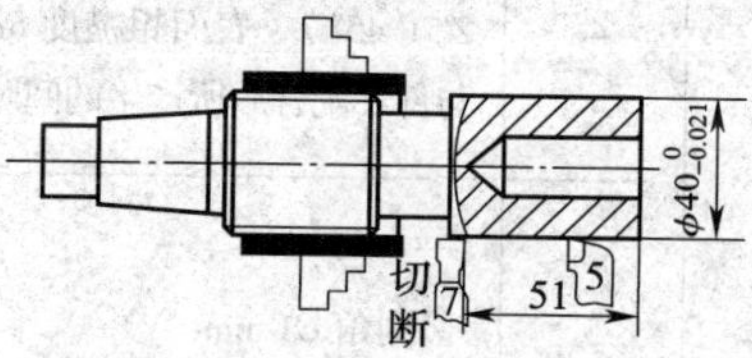
	6	倒角 $C1$ mm	
	7	将件 2 切下，控制长度为 51 mm	
50		在梯形螺纹外圆上套 C 形套装夹，并校正径向圆跳动误差≤ 0.03 mm 后夹紧（加工件 1）	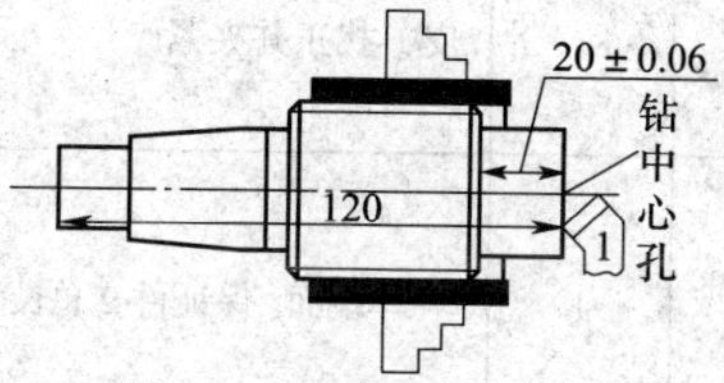
	1	车端面，控制 $\phi30_{-0.021}^{0}$ mm 外圆长度为（20 ± 0.06）mm，并保证件 1 总长为 120 mm	
	2	倒角 $C1$ mm；钻中心孔 A3.15/6.7	
60		在件 2 的 $\phi40_{-0.021}^{0}$ mm 外圆上包铜皮，找正并夹紧	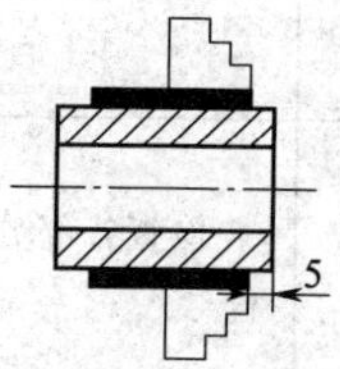
	1	车端面，车平即可	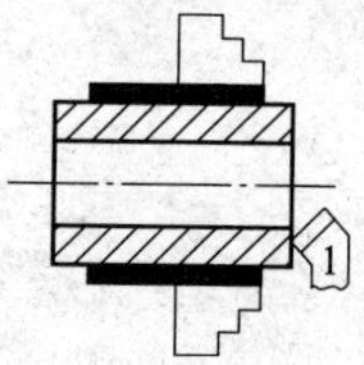
	2	粗、精车 $\phi20_{0}^{+0.033}$ mm 内孔，长度为 51 mm，表面粗糙度 $Ra1.6$ μm	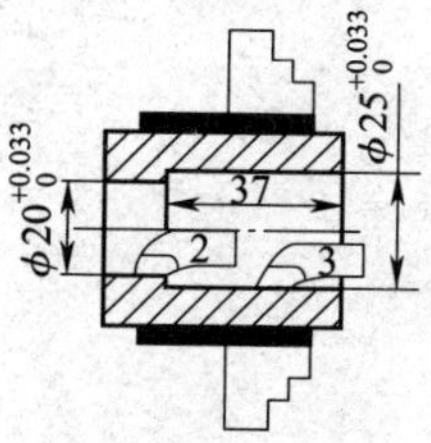
	3	粗、精车 $\phi25_{0}^{+0.033}$ mm 内圆锥孔，长度为 37 mm	

续表

工序	工步	内容	图示
	4	粗、精车1∶10内圆锥（圆锥半角为2°51′45″），表面粗糙度 $Ra1.6\ \mu m$，并控制件1与件2配合后所产生的间隙为（5±0.15）mm	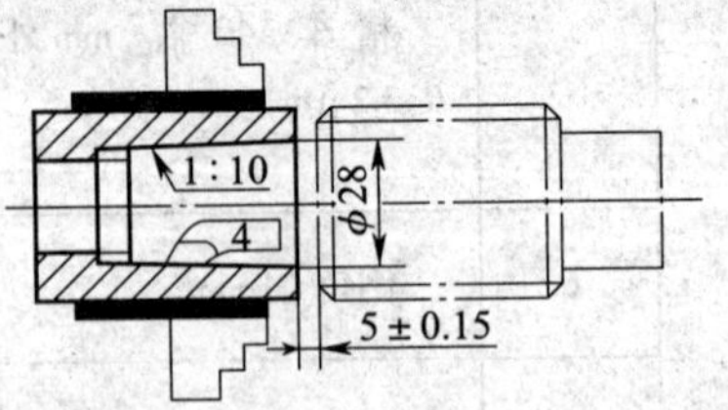
	5	倒角 $C1$ mm	
70		将件2掉头，在 $\phi40_{-0.021}^{\ 0}$ mm外圆上包铜皮，找正并夹紧	
	1	车端面，保证件2总长为50 mm	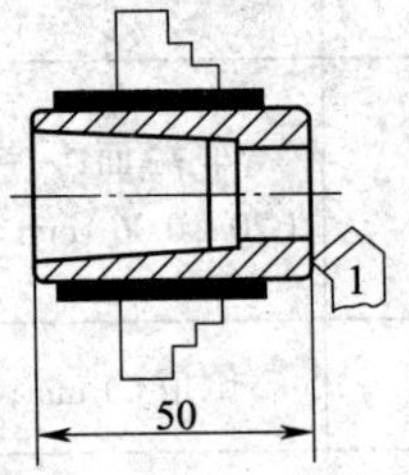
	2	倒角 $C1$ mm	
80		检查各部分尺寸后，将件1与件2进行配合	

附表

附表 1　　硬质合金车刀半精车、精车外圆和端面时的进给量参考值

工件材料	表面粗糙度 Ra/μm	切削速度范围 /（$m \cdot min^{-1}$）	刀尖圆弧半径 r_ε/mm		
			0.5	1.0	2.0
			进给量 f /（$mm \cdot r^{-1}$）		
铸铁、青铜、铝合金	6.3	不限	0.25~0.40	0.40~0.50	0.50~0.60
	3.2		0.15~0.25	0.25~0.40	0.40~0.60
	1.6		0.10~0.15	0.15~0.20	0.20~0.35
碳钢、合金钢	6.3	<50	0.30~0.50	0.45~0.60	0.55~0.70
		>50	0.40~0.55	0.55~0.65	0.65~0.70
	3.2	<50	0.18~0.25	0.25~0.30	0.30~0.40
		>50	0.25~0.30	0.30~0.35	0.35~0.50
	1.6	<50	0.10	0.11~0.15	0.15~0.22
		50~100	0.11~0.16	0.16~0.25	0.25~0.35
		>100	0.16~0.20	0.20~0.25	0.25~0.35

附表 2　　一般用途圆锥的锥度与锥角（GB/T 157—2001）

基本值		推算值				应用举例
系列 1	系列 2	圆锥角 α			锥度 C	
		(°)(′)(″)	(°)	rad		
120°		—	—	2.094 395 10	1 : 0.288 675 1	螺纹的内倒角、中心孔的护锥
90°		—	—	1.570 796 33	1 : 0.500 000 0	沉头螺钉、沉头铆钉、阀的锥度，重型工件的顶尖孔、重型机床顶尖，外螺纹、轴及孔的倒角
	75°	—	—	1.308 996 94	1 : 0.651 612 7	直径小于（或等于）8 mm 的丝锥及铰刀的反顶尖
60°		—	—	1.047 398 16	1 : 1.866 025 4	机床顶尖、工件中心孔
45°		—	—	0.785 398 16	1 : 1.207 106 8	管路连接中，轻型螺旋管接口的锥形密合
30°		—	—	0.523 598 78	1 : 1.866 025 4	传动用摩擦离合器、弹簧夹头
1 : 3		18°55′ 28.719 9″	18.924 644 42°	0.330 297 35	—	易于拆开的结合结构，具有极限扭矩的摩擦离合器
	1 : 4	14°15′ 0.117 7″	14.250 032 70°	0.248 709 99	—	车床主轴法兰的定心锥面
1 : 5		11°25′ 16.270 6″	11.421 186 27°	0.199 337 30	—	锥形摩擦离合器、磨床砂轮主轴端部外锥
	1 : 7	8°10′ 16.440 8″	8.171 233 56°	0.142 614 93	—	管件的开关旋塞
	1 : 8	7°9′ 9.607 5″	7.152 668 75°	0.124 837 62	—	受径向力、轴向力的锥形零件的接合面
1 : 10		5°43′ 29.317 6″	5.724 810 45°	0.099 916 79	—	主轴滑动轴承的调整衬套，受轴向力、径向力及扭矩的接合面，弹性圆柱销联轴器的圆柱销接合面

续表

基本值		推算值				应用举例
		圆锥角 α			锥度 C	
系列 1	系列 2	(°)(′)(″)	(°)	rad		
	1∶12	4°46′ 18.797 0″	4.771 888 06°	0.083 285 16	—	部分滚动轴承内圈的锥孔
	1∶15	3°49′ 5.897 5″	3.818 304 87°	0.066 641 99	—	受轴向力的锥形零件的接合面、主轴与齿轮的配合面
1∶20		2°51′ 51.092 5″	2.864 192 37°	0.049 989 59	—	米制工具圆锥、锥形主轴颈、圆锥螺栓
1∶30		1°54′ 34.857 0″	1.909 982 51°	0.033 330 25	—	锥形主轴颈、铰刀及扩孔钻锥柄的锥度
1∶50		1°8′ 45.2″	1.145 877 40°	0.032 273 14	—	圆锥销、定位销、圆锥销孔的铰刀、楔铁

注：1. 应优先选用系列 1，其次选用系列 2。

2. GB/T 157—2001 不含“应用举例”项的内容。

附表 3　　机床和工具柄用自夹圆锥的尺寸和公差（GB/T 1443—2016）

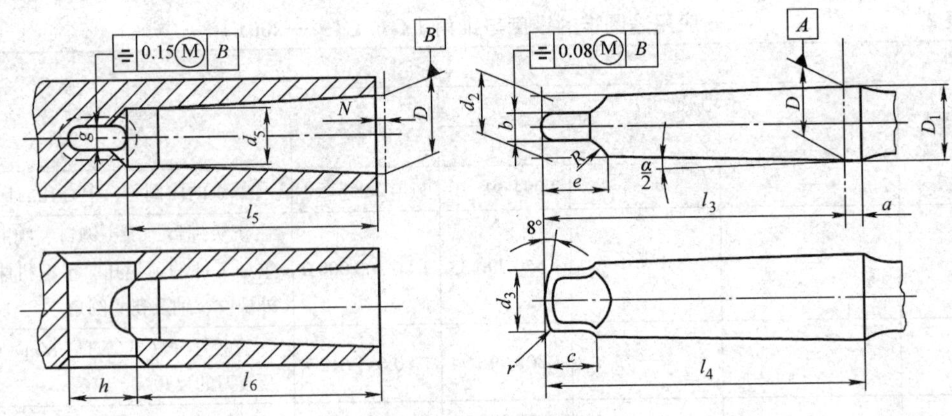

带扁尾的内圆锥和外圆锥

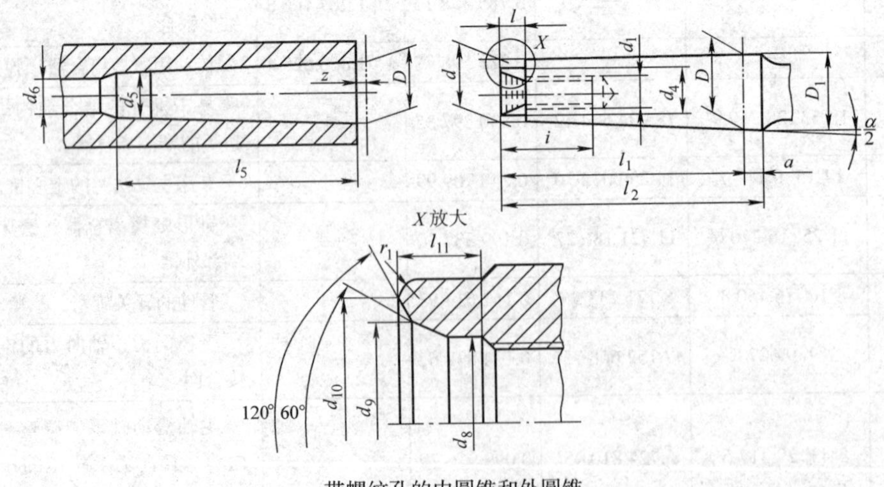

带螺纹孔的内圆锥和外圆锥

续表

莫氏圆锥的尺寸

mm

莫氏圆锥号		0	1	2	3	4	5	6
锥度		1∶19.212=0.052 05	1∶20.047=0.049 88	1∶20.020=0.049 95	1∶19.922=0.050 20	1∶19.254=0.051 94	1∶19.002=0.052 63	1∶19.180=0.052 14
外圆锥	D	9.045	12.065	17.780	23.825	31.267	44.399	63.348
	a	3	3.5	5	5	6.5	6.5	8
	$D_1 \approx$	9.2	12.2	18	24.1	31.6	44.7	63.8
	D_2	—	—	15	21	28	40	56
	$d \approx$	6.4	9.4	14.6	19.8	25.9	37.6	53.9
	d_1	—	M6	M10	M12	M16	M20	M24
	$d_2 \approx$	6.1	9	14	19.1	25.2	36.5	52.4
	$d_3 \leqslant$	6	8.7	13.5	18.5	24.5	35.7	51
	$d_4 \leqslant$	8	9	14	19	25	35.7	51
	d_8	—	6.4	10.5	13	17	21	26
	d_9	—	8	12.5	15	20	26	31
	$d_{10} \leqslant$	—	8.5	13.2	17	22	30	36
	$l_1 \leqslant$	50	53.5	64	81	102.5	129.5	182
	$l_2 \leqslant$	53	57	69	86	109	136	190
	$l_{3\,-1}^{\ \ 0}$	56.5	62	75	94	117.5	149.5	210
	$l_4 \leqslant$	59.5	65.5	80	99	124	156	218
	$l_{7\,-1}^{\ \ 0}$	—	—	20	29	39	51	81
	$l_{8\,-1}^{\ \ 0}$	—	—	34	43	55	69	99
	l_{11}	—	4	5	5.5	8.2	10	11.5
	l_{12}	—	—	27	36	47	60	90
	p	—	—	4.2	5	6.8	8.5	10.2
	bh13	3.9	5.2	6.3	7.9	11.9	15.9	19
	c	6.5	8.5	10	13	16	19	27
	$e \leqslant$	10.5	13.5	16	20	24	29	40
	$i \geqslant$	—	16	24	24	32	40	47
	$R \leqslant$	4	5	6	7	8	12	18
	r	1	1.2	1.6	2	2.5	3	4
	r_1	0.2			0.6	1	2.5	4
	$t \leqslant$	4	5		7	9	10	16

续表

莫氏圆锥的尺寸								mm
莫氏圆锥号		0	1	2	3	4	5	6
内圆锥	d_5 H11	6.7	9.7	14.9	20.2	26.5	38.2	54.8
	$d_6 \geqslant$	—	7	11.5	14	18	23	27
	d_7	—	—	19.5	24.5	32	44	63
	$l_5 \geqslant$	52	56	67	84	107	135	188
	l_6	49	52	62	78	98	125	177
	l_9	—	—	22	31	41	53	83
	l_{10}	—	—	32	41	53	67	97
	l_{13}	—	—	27	36	47	60	90
	g A13	3.9	5.2	6.3	7.9	11.9	15.9	19
	h	15	19	22	27	32	38	47
	P	—	—	4.2	5	6.8	8.5	10.2
	z	1	1	1	1	1	1	1

米制圆锥的尺寸								mm
米制圆锥		4	6	80	100	120	160	200
锥度		1 : 20=0.05						
外圆锥	D	4	6	80	100	120	160	200
	a	2	3	8	10	12	16	20
	$D_1 \approx$	4.1	6.2	80.4	100.5	120.6	160.8	201
	D_2	—	—	—	—	—	—	—
	$d \approx$	2.9	4.4	70.2	88.4	106.6	143	179.4
	d_1	—	—	M30	M36	M36	M48	M48
	$d_2 \approx$	—	—	69	87	105	141	177
	$d_3 \leqslant$	—	—	67	85	102	138	174
	$d_4 \leqslant$	2.5	6	67	85	102	138	174
	d_8	—	—	—	—	—	—	—
	d_9	—	—	—	—	—	—	—
	$d_{10} \leqslant$	—	—	—	—	—	—	—
	$l_1 \leqslant$	23	32	196	232	268	340	412
	$l_2 \leqslant$	25	35	204	242	280	356	432
	$l_{3\,-1}^{\;\,0}$	—	—	220	260	300	380	460
	$l_4 \leqslant$	—	—	228	270	312	396	480
	$l_{7\,-1}^{\;\,0}$	—	—	—	—	—	—	—

续表

米制圆锥的尺寸 mm								
米制圆锥		4	6	80	100	120	160	200
外圆锥	$l_{8\,-1}^{\ 0}$	—	—	—	—	—	—	—
	l_{11}	—	—	—	—	—	—	—
	l_{12}	—	—	—	—	—	—	—
	P	—	—	—	—	—	—	—
	bh13	—	—	26	32	38	50	62
	c	—	—	24	28	32	40	48
	$e \leqslant$	—	—	48	58	68	88	108
	$i \geqslant$	—	—	59	70	70	92	92
	$R \leqslant$	—	—	24	30	36	48	60
	r	—	—	5	5	6	8	10
	r_1	0.2		5	5	6	8	10
	$T \leqslant$	2	3	24	30	36	48	60
内圆锥	d_5 H11	3	4.6	71.5	90	108.5	145.5	182.5
	$d_6 \geqslant$	—	—	33	39	39	52	52
	d_7	—	—	—	—	—	—	—
	$l_5 \geqslant$	25	34	202	240	276	350	424
	l_6	21	29	186	220	254	321	388
	l_9	—	—	—	—	—	—	—
	l_{10}	—	—	—	—	—	—	—
	l_{13}	—	—	—	—	—	—	—
	g A13	2.2	3.2	26	32	38	50	62
	h	8	12	52	60	70	90	110
	P	—	—	—	—	—	—	—
	z	0.5	0.5	1.5	1.5	1.5	2	2

注：1. 机床和工具柄用自夹圆锥的形式有带扁尾的内圆锥和外圆锥以及带螺纹孔的内圆锥和外圆锥。

2. 机床和工具柄用自夹圆锥的尺寸含莫氏圆锥的尺寸和米制圆锥的尺寸。

3. 机床和工具柄用自夹圆锥的公差、圆锥的角度公差按 GB/T 11334 中 AT7 的规定，外圆锥为正偏差，内圆锥为负偏差。内、外圆锥的基本尺寸 D 和公差用相应的量规检验。

附表 4　**普通螺纹基本尺寸**

mm

公称直径 D、d			螺距 P	中径 D_2 或 d_2	小径 D_1 或 d_1
第一系列	第二系列	第三系列			
1			**0.25**	0.838	0.729
			0.2	0.870	0.783
	1.1		**0.25**	0.938	0.829
			0.20	0.970	0.883

续表

公称直径 D、d			螺距 P	中径 D_2 或 d_2	小径 D_1 或 d_1
第一系列	第二系列	第三系列			
1.2			**0.25**	1.038	0.929
			0.20	1.070	0.983
	1.4		**0.30**	1.205	1.075
			0.20	1.270	1.183
1.6			**0.35**	1.373	1.221
			0.20	1.470	1.383
	1.8		**0.35**	1.573	1.421
			0.20	1.670	1.583
2			**0.40**	1.740	1.567
			0.25	1.838	1.729
	2.2		**0.45**	1.908	1.713
			0.25	2.038	1.929
2.5			**0.45**	2.208	2.013
			0.35	2.273	2.121
3.0			**0.50**	2.675	2.459
			0.35	2.773	2.621
	3.5		(**0.60**)	3.110	2.850
			0.35	3.273	3.121
4.0			**0.70**	3.545	3.242
			0.50	3.675	3.459
	4.5		(**0.75**)	4.013	3.688
			0.50	4.175	3.959
5.0			**0.80**	4.480	4.134
			0.50	4.675	4.459
		5.5	**0.50**	5.175	4.959
6.0			**1.00**	5.350	4.917
			0.75	5.513	5.188
			(0.50)	5.675	5.459
		7.0	**1.00**	6.350	5.917
			0.75	6.513	6.188
			0.50	6.675	6.459
8.0			**1.25**	7.188	6.647
			1.00	7.350	6.917
			0.75	7.513	7.188
			(0.50)	7.675	7.459

续表

公称直径 D、d			螺距 P	中径 D_2 或 d_2	小径 D_1 或 d_1
第一系列	第二系列	第三系列			
		9.0	(**1.25**)	8.188	7.647
			1.00	8.350	7.917
			0.75	8.513	8.188
			0.50	8.675	8.459
10			**1.50**	9.026	8.376
			1.25	9.188	8.647
			1.00	9.350	8.917
			0.75	9.513	9.188
			(0.50)	9.675	9.459
		11	(**1.50**)	10.026	9.376
			1.00	10.350	9.917
			0.75	10.513	10.188
			0.50	10.675	10.459
12			**1.75**	10.863	10.106
			1.50	11.026	10.376
			1.25	11.188	10.647
			1.00	11.350	10.917
			(0.75)	11.513	11.188
			(0.50)	11.675	11.459
	14		**2.00**	12.701	11.853
			1.50	13.026	12.376
			(1.25)①	13.188	12.647
			1.00	13.350	12.917
			(0.75)	13.513	13.188
			(0.50)	13.675	13.459
		15	**1.50**	14.026	13.376
			(1.00)	14.350	13.917
16			**2.00**	14.701	13.835
			1.50	15.026	14.376
			1.00	15.350	14.917
			(0.75)	15.513	15.188
			(0.50)	15.675	15.459

①M14×1.25 仅用于火花塞。

续表

公称直径 D、d			螺距 P	中径 D_2 或 d_2	小径 D_1 或 d_1
第一系列	第二系列	第三系列			
		17	**1.50**	16.026	15.376
			(1.00)	16.350	15.917
	18		**2.50**	16.376	15.294
			2.00	16.701	15.835
			1.50	17.026	16.376
			1.00	17.350	16.917
			(0.75)	17.513	17.188
			(0.50)	17.675	17.459
20			**2.5**	18.376	17.294
			2.00	18.701	17.835
			1.50	19.026	18.376
			1.00	19.350	18.917
			(0.75)	19.513	19.188
			(0.50)	19.675	19.459
	22		**2.50**	20.376	19.294
			2.00	20.701	19.835
			1.5	21.026	20.376
			1.00	21.350	20.917
			(0.75)	21.513	21.188
			(0.50)	21.675	21.459
24			**3.00**	22.051	20.752
			2.00	22.701	21.835
			1.50	23.026	22.376
			1.00	23.350	22.917
			(0.75)	23.513	23.188
		25	**2.00**	23.701	22.835
			1.50	24.026	23.376
			(1.00)	24.350	23.917
		26	**1.50**	25.026	24.376
	27		**3.00**	25.051	23.752
			2.00	25.701	24.835
			1.50	26.026	25.376
			1.00	26.350	25.917
			(0.75)	26.513	26.188

续表

公称直径 D、d			螺距 P	中径 D_2 或 d_2	小径 D_1 或 d_1
第一系列	第二系列	第三系列			
		28	**2.00**	26.701	25.835
			1.50	27.026	26.376
			1.00	27.350	26.917
30			**3.50**	27.727	26.211
			(3.00)	28.051	26.752
			2.00	28.701	26.835
			1.50	29.026	28.376
			1.00	29.350	28.917
			(0.75)	29.513	29.188
		32	**2.00**	30.701	29.835
			1.50	31.026	30.376
	33		**3.50**	30.727	29.211
			(3.00)	31.051	29.752
			2.00	31.701	30.835
			1.50	32.026	31.376
			(1.00)	32.350	31.917
			(0.75)	32.513	32.188
		35②	**1.50**	34.026	33.376
36			**4.00**	33.402	31.670
			3.00	34.051	32.752
			2.00	34.701	33.835
			1.50	35.026	34.376
			(1.00)	35.350	34.917
		38	**1.50**	37.026	36.376
	39		**4.00**	36.402	34.670
			3.00	37.051	35.752
			2.00	37.701	36.835
			1.50	38.026	37.376
			(1.00)	38.350	37.917
		40	(**3.00**)	38.051	36.752
			(2.00)	38.701	37.835
			1.50	39.026	38.376
			4.50	39.077	37.129

②M35×1.50 仅用于滚动轴承锁紧螺母。

续表

公称直径 D、d			螺距 P	中径 D_2 或 d_2	小径 D_1 或 d_1
第一系列	第二系列	第三系列			
42			（4.00）	39.402	37.670
			3.00	40.051	38.752
			2.00	40.701	39.835
			1.50	41.026	40.376
			（1.00）	41.350	40.917
	45		**4.50**	42.077	40.129
			（4.00）	42.402	40.670
			3.00	43.051	41.752
			2.00	43.701	42.835
			1.50	44.026	43.376
			（1.00）	44.350	43.917
48			**5.00**	44.752	42.587
			（4.00）	45.402	43.670
			3.00	46.051	44.752
			2.00	46.701	45.835
			1.50	47.026	46.376
			（1.00）	47.350	46.917
		50	（**3.00**）	48.051	46.752
			（2.00）	48.701	47.835
			1.50	49.026	48.376
	52		**5.00**	48.752	46.587
			（4.00）	49.402	47.670
			3.00	50.051	48.752
			2.00	50.701	49.835
			1.50	51.026	50.376
			（1.00）	51.350	50.917
		55	（**4.00**）	52.402	50.670
			（3.00）	53.051	51.752
			2.00	53.701	52.835
			1.50	54.026	53.376

注：1. 直径优先选用第一系列，其次选用第二系列，第三系列尽量不用。

2. 括号内的螺距尽量不用。

3. 用黑体字表示的螺距为粗牙。

附表 5

55° 非密封螺纹基本尺寸

尺寸代号	每 25.4 mm 内的牙数 n	螺距 P/mm	牙高 h/mm	基本直径		
				大径 $D=d$/mm	中径 $D_2=d_2$/mm	小径 $D_1=d_1$/mm
1/16	28	0.907	0.581	7.723	7.142	6.561
1/8	28	0.907	0.581	9.728	9.147	8.566
1/4	19	1.337	0.856	13.157	12.301	11.445
3/8	19	1.337	0.856	16.662	15.806	14.950
1/2	14	1.814	1.162	20.955	19.793	18.631
5/8	14	1.814	1.162	22.911	21.749	20.587
3/4	14	1.814	1.162	26.441	25.279	24.117
7/8	14	1.814	1.162	30.201	29.039	27.877
1	11	2.309	1.479	33.249	31.770	30.291
$1\frac{1}{8}$	11	2.309	1.479	37.897	36.418	34.939
$1\frac{1}{4}$	11	2.309	1.479	41.910	40.431	38.952
$1\frac{1}{2}$	11	2.309	1.479	47.803	46.324	44.845
$1\frac{3}{4}$	11	2.309	1.479	53.746	52.267	50.788
2	11	2.309	1.479	59.614	58.135	56.656
$2\frac{1}{4}$	11	2.309	1.479	65.710	64.231	62.752
$2\frac{1}{2}$	11	2.309	1.479	75.184	73.705	72.226
$2\frac{3}{4}$	11	2.309	1.479	81.534	80.055	78.576
3	11	2.309	1.479	87.884	86.405	84.926
$3\frac{1}{2}$	11	2.309	1.479	100.330	98.851	97.372
4	11	2.309	1.479	113.030	111.551	110.072
$4\frac{1}{2}$	11	2.309	1.479	125.730	124.251	122.772
5	11	2.309	1.479	138.430	136.951	135.472
$5\frac{1}{2}$	11	2.309	1.479	151.130	149.651	148.172
6	11	2.309	1.479	163.830	162.351	160.872

附表 6　　梯形螺纹基本尺寸　　mm

公称直径 d		螺距 P	中径 $D_2=d_2$	大径 D_4	小径	
第一系列	第二系列				d_3	D_1
16		2	15.000	16.500	13.500	14.000
		4	14.000	16.500	11.500	12.000
	18	2	17.000	18.500	15.500	16.000
		4	16.000	18.500	13.500	14.000
20		2	19.000	20.500	17.500	18.000
		4	18.000	20.500	15.500	16.000
	22	3	20.500	22.500	18.500	19.000
		5	19.500	22.500	16.500	17.000
		8	18.000	23.000	13.000	14.000
24		3	22.500	24.500	20.500	21.000
		5	21.500	24.500	18.500	19.000
		8	20.000	25.000	15.000	16.000
	26	3	24.500	26.500	22.500	23.000
		5	23.500	26.500	20.500	21.000
		8	22.000	27.000	17.000	18.000
28		3	26.500	28.500	24.500	25.000
		5	25.500	28.500	22.500	23.000
		8	24.000	29.000	19.000	20.000
	30	3	28.500	30.500	26.500	27.000
		6	27.000	31.000	23.000	24.000
		10	25.000	31.000	19.000	20.000
32		3	30.500	32.500	28.500	29.000
		6	29.000	33.000	25.000	26.000
		10	27.000	33.000	21.000	22.000
	34	3	32.500	34.500	30.500	31.000
		6	31.000	35.000	27.000	28.000
		10	29.000	35.000	23.000	24.000
36		3	34.500	36.500	32.500	33.000
		6	33.000	37.000	29.000	30.000
		10	31.000	37.000	25.000	26.000
	38	3	36.500	38.500	34.500	35.000
		7	34.500	39.000	30.000	31.000
		10	33.000	39.000	27.000	28.000
40		3	38.500	40.500	36.500	37.000
		7	36.500	41.000	32.000	33.000
		10	35.000	41.000	29.000	30.000
	42	3	40.500	42.500	38.500	39.000
		7	38.500	43.000	34.000	35.000
		10	37.000	43.000	31.000	32.000

续表

公称直径 d		螺距 P	中径 $D_2=d_2$	大径 D_4	小径	
第一系列	第二系列				d_3	D_1
44		3	42.500	44.500	40.500	41.000
		7	40.500	45.000	36.000	37.000
		12	38.000	45.000	31.000	32.000
	46	3	44.500	46.500	42.500	43.000
		8	42.000	47.000	37.000	38.000
		12	40.000	47.000	33.000	34.000
48		3	46.500	48.500	44.500	45.000
		8	44.000	49.000	39.000	40.000
		12	42.000	49.000	35.000	36.000
	50	3	48.500	50.500	46.500	47.000
		8	46.000	51.000	41.000	42.000
		12	44.000	51.000	37.000	38.000
52		3	50.500	52.500	48.500	49.000
		8	48.000	53.000	43.000	44.000
		12	46.000	53.000	39.000	40.000
	55	3	53.500	55.500	51.500	52.000
		9	50.500	56.000	45.000	46.000
		14	48.000	57.000	39.000	41.000
60		3	58.500	60.500	56.500	57.000
		9	55.500	61.000	50.000	51.000
		14	53.000	62.000	44.000	46.000
	65	4	63.000	65.500	60.500	61.000
		10	60.000	66.000	54.000	55.000
		16	57.000	67.000	47.000	49.000
70		4	68.000	70.500	65.500	66.000
		10	65.000	71.000	59.000	60.000
		16	62.000	72.000	62.000	54.000

附表 7　　**圆柱蜗杆的基本尺寸和参数**

模数 m/mm	轴向齿距 p_x/mm	分度圆直径 d_1/mm	头数 z_1	直径系数 q	齿顶圆直径 d_{a1}/mm	齿根圆直径 d_{f1}/mm	分度圆柱导程角 γ
1	3.141	18	1	18.000	20	15.6	3°10′ 47″
1.25	3.927	20	1	16.000	22.5	17	3°34′ 35″
		22.4	1	17.920	24.9	19.4	3°11′ 38″
1.6	5.027	20	1	12.500	23.2	16.16	4°34′ 26″
			2				9°05′ 25″
			4				17°44′ 41″
		28	1	17.500	31.2	24.16	3°16′ 14″

续表

模数 m/mm	轴向齿距 p_x/mm	分度圆直径 d_1/mm	头数 z_1	直径系数 q	齿顶圆直径 d_{a1}/mm	齿根圆直径 d_{f1}/mm	分度圆柱导程角 γ
2	6.283	22.4	1	11.200	26.4	17.6	5°06′ 08″
			2				10°07′ 29″
			4				19°39′ 14″
			6				28°10′ 43″
		35.5	1	17.750	39.5	30.7	3°13′ 28″
2.5	7.854	28	1	11.200	33	22	5°06′ 08″
			2				10°07′ 29″
			4				19°39′ 14″
			6				28°10′ 43″
		45	1	18.000	50	39	3°10′ 47″
3.15	9.896	35.5	1	11.270	41.8	27.9	5°04′ 15″
			2				10°03′ 48″
			4				19°32′ 29″
			6				28°01′ 50″
		56	1	17.778	62.3	48.4	3°13′ 10″
4	12.566	40	1	10.000	48	30.4	5°42′ 38″
			2				11°18′ 36″
			4				21°48′ 05″
			6				30°57′ 50″
		71	1	17.750	79	61.4	3°13′ 28″
5	15.708	50	1	10.000	60	38	5°42′ 38″
			2				11°18′ 36″
			4				21°48′ 05″
			6				30°57′ 50″
		90	1	18.000	100	78	3°10′ 47″
6.3	19.792	63	1	10.000	75.6	47.9	5°42′ 38″
			2				11°18′ 36″
			4				21°48′ 05″
			6				30°57′ 50″
		112	1	17.778	124.6	96.9	3°13′ 10″

续表

模数 m/mm	轴向齿距 p_x/mm	分度圆直径 d_1/mm	头数 z_1	直径系数 q	齿顶圆直径 d_{a1}/mm	齿根圆直径 d_{f1}/mm	分度圆柱导程角 γ
8	25.133	80	1	10.000	96	60.08	5°42′ 38″
			2				11°18′ 36″
			4				21°48′ 05″
			6				30°57′ 50″
		140	1	17.500	156	120.8	3°16′ 14″
10	31.416	90	1	9.000	110	66	6°20′ 25″
			2				12°31′ 44″
			4				23°57′ 45″
			6				33°41′ 24″
		160	1	16.000	180	136	3°34′ 35″
12.5	39.270	112	1	8.960	137	82	6°22′ 06″
			2				12°34′ 59″
			4				24°03′ 26″
		200	1	16.000	225	170	3°34′ 35″
16	50.265	140	1	8.75	172	101.6	6°31′ 11″
			2				12°52′ 30″
			4				24°34′ 02″
		250	1	15.625	282	211.6	3°39′ 43″

附表 8　车床组、系划分表（GB/T 15375—2008）

组		系		组		系	
代号	名称	代号	名称	代号	名称	代号	名称
0	仪表小型车床	0	仪表台式精整车床	1	单轴自动车床	0	主轴箱固定型自动车床
		1				1	单轴纵切自动车床
		2	小型排刀车床			2	单轴横切自动车床
		3	仪表转塔车床			3	单轴转塔自动车床
		4	仪表卡盘车床			4	单轴卡盘自动车床
		5	仪表精整车床			5	
		6	仪表卧式车床			6	正面操作自动车床
		7	仪表棒料车床			7	
		8	仪表轴车床			8	
		9	仪表卡盘精整车床			9	

续表

组		系	
代号	名称	代号	名称
2	多轴自动、半自动车床	0	多轴平行作业棒料自动车床
		1	多轴棒料自动车床
		2	多轴卡盘自动车床
		3	
		4	多轴可调棒料自动车床
		5	多轴可调卡盘自动车床
		6	立式多轴半自动车床
		7	立式多轴平行作业半自动车床
		8	
		9	
3	回轮、转塔车床	0	回轮车床
		1	滑鞍转塔车床
		2	棒料滑枕转塔车床
		3	滑枕转塔车床
		4	组合式转塔车床
		5	横移转塔车床
		6	立式双轴转塔车床
		7	立式转塔车床
		8	立式卡盘车床
		9	
4	曲轴及凸轮轴车床	0	旋风切削曲轴车床
		1	曲轴车床
		2	曲轴主轴颈车床
		3	曲轴连杆轴颈车床
		4	
		5	多刀凸轮轴车床
		6	凸轮轴车床
		7	凸轮轴中轴颈车床
		8	凸轮轴端轴颈车床
		9	凸轮轴凸轮车床
5	立式车床	0	
		1	单柱立式车床
		2	双柱立式车床
		3	单柱移动立式车床
		4	双柱移动立式车床
		5	工作台移动单柱立式车床
		6	
		7	定梁单柱立式车床
		8	定梁双柱立式车床
		9	
6	落地及卧式车床	0	落地车床
		1	卧式车床
		2	马鞍车床
		3	轴车床
		4	卡盘车床
		5	球面车床
		6	主轴箱移动型卡盘车床
		7	
		8	
		9	
7	仿形及多刀车床	0	转塔仿形车床
		1	仿形车床
		2	卡盘仿形车床
		3	立式仿形车床
		4	转塔卡盘多刀车床
		5	多刀车床
		6	卡盘多刀车床
		7	立式多刀车床
		8	异形多刀车床
		9	
8	轮、轴、辊、锭及铲齿车床	0	车轮车床
		1	车轴车床
		2	动轮曲拐销车床
		3	轴颈车床
		4	轧辊车床
		5	钢锭车床
		6	
		7	立式车轮车床
		8	
		9	铲齿车床
9	其他车床	0	落地镗车床
		1	
		2	单能半自动车床
		3	气缸套镗车床
		4	
		5	活塞车床
		6	轴承车床
		7	活塞环车床
		8	钢锭模车床
		9	